建筑应用电工

第五版

赵连玺　赵晓玲　樊伟樑　编

中国建筑工业出版社

图书在版编目（CIP）数据

建筑应用电工/赵连玺，赵晓玲，樊伟樑编．—5版．北京：中国建筑工业出版社，2012.10

ISBN 978-7-112-14498-3

Ⅰ．①建…　Ⅱ．①赵…②赵…③樊…　Ⅲ．①建筑工程-电工技术　Ⅳ．①TU85

中国版本图书馆CIP数据核字（2012）第153177号

本书根据目前建筑电气技术发展水平在第四版的基础上作了较大的修订，增加了高新技术和提高实践能力的内容。全书共分为两篇十章，第一篇为交流电的基本知识，通过电工试验和数据比较，详细阐述了基本概念和理论知识；第二篇为电工技术的应用部分，介绍了变压器变配电系统、电动机及其控制保护、建筑照明、建筑物防雷及接地、建筑物弱电系统、建筑电气施工及电气概预算编制等内容。本书每章均配有复习思考题和习题。

本书可供建筑电气技术人员和工人阅读，也可作为相关专业师生的教学参考书。

*　*　*

责任编辑：刘　江
责任设计：李志立
责任校对：肖　剑　刘　钰

建筑应用电工
第五版
赵连玺　赵晓玲　樊伟樑　编
*
中国建筑工业出版社出版、发行（北京西郊百万庄）
各地新华书店、建筑书店经销
霸州市顺浩图文科技发展有限公司制版
北京市燕鑫印刷有限公司印刷
*
开本：787×1092毫米　1/16　印张：24¼　插页：2　字数：613千字
2012年11月第五版　2012年11月第二十三次印刷
定价：**58.00**元
ISBN 978-7-112-14498-3
（22549）

第五版说明

自 1999 年本书第四版问世后，经过十余年的教学和生产实践，同时考虑到建筑电气技术的飞速发展，特决定对本书进行修订，出版第五版。

在坚持少而精、突出实际应用和跟上时代的发展思想指导下，删除了陈旧的内容，增加了高新技术和提高实践能力的内容。全书以某院校教学楼的电气设计、施工和管理为主线展开，通过实验手段和试验数据对比的方法，引出电工技术的重要理论知识，以培养读者的创新意识和能力。

第五版的内容分为两篇，第一篇为交流电的基本理论知识，在其三章的叙述中，安排了多次电工试验，通过对不同试验数据的对比，依次引出几个重点问题，进而加以分析和解决。第二篇是电工技术的应用部分。在其七章的内容中，围绕某教学楼的电气设计和其变配电系统等的全套电气施工图纸展开。先后讲述变压器及其变配电系统、电动机及其控制、保护（含视图）、建筑照明等的电气设计、建筑物防雷及接地、建筑物的弱电系统（智能建筑）、建筑电气工程施工以及电气概预算的编制。全书共十章，各章均配有复习思考题及习题。

本书可供从事建筑电气设计、施工、监理、管理以及相关人员阅读，也可作为建筑工程院校的师生作为教学参考书或其他相关读者阅读。

全书是由赵连玺、樊伟樑共同策划、分工合作历经几年才写成的，赵连玺执笔、主编，樊伟樑“把关”、审查并提出修改意见。还有北京建筑工程学院的邢汉丰、田振宽、李英姿、王佳、张培华等多位老师提出了宝贵意见。参加本书编写工作的还有张志华、张亚倩、赵小玲、赵书亮、安成云、徐东、董适等同志，在此表示衷心感谢。

鉴于编者的水平、能力有限，谬误之处在所难免，恳请读者给予批评指正。

编者

2011 年 5 月

目 录

第一篇
电工基础知识

本篇重点解决的问题：

1. 建立额定值的概念
2. 学会安全使用交流电源
3. 建立有功功率、无功功率、视在功率及阻抗、电抗等重要概念
4. 掌握功率因数重要概念
5. 了解三相电路中的中线作用

第一章　交流电源

尽管光能、风能或其他形式能源正在成为建筑物的新型能源，但大多数能源仍以交流电的形式提供给建筑物。

本章从简单的电路入手，讲解电流、电压、额定值以及交流电的有关概念；通过介绍三相电源的产生和输送，建立“三相”概念；最后，重点讲清 10/0.4kV 低压配电线路（TN-S 系统）。

1.1　电路概述

一、电路的组成

电路的形式多种多样，但概括可分为图 1-1 中的（*a*）、（*b*）两大类。

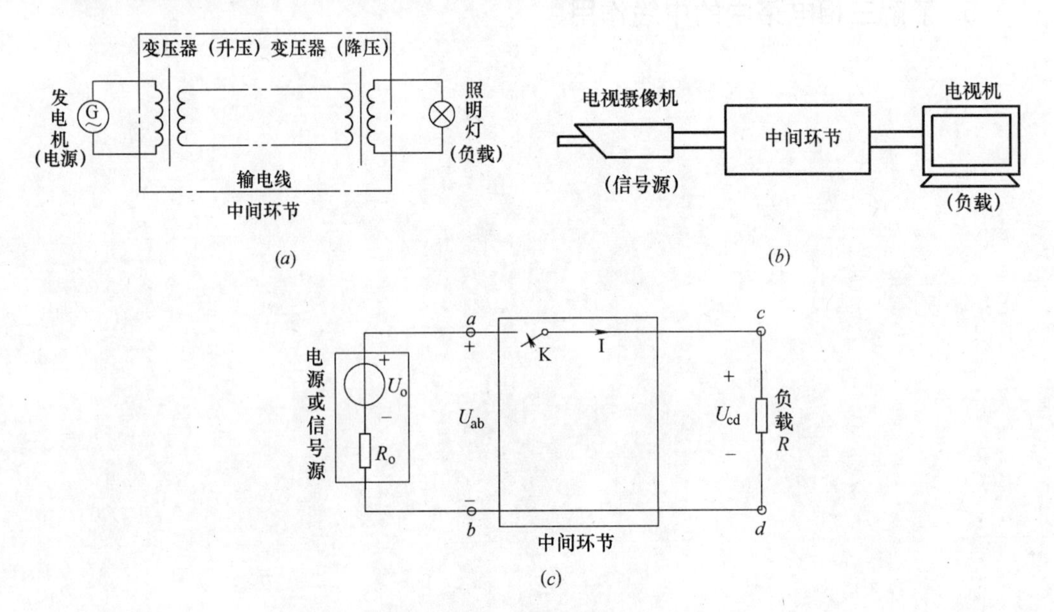

图 1-1　电路示意图

（*a*）强电电路示意图；（*b*）弱电电路示意图；（*c*）电路模型示意图

图（*a*）中的发电机相当于电源，它可将热能、水位的势能、原子能、太阳能、风能等转换为电能；其中的变压器和输电线统称为中间环节，它们可将电源电压升高，输送到用电地点后再降到市电电压送到用户；图（*a*）中的照明灯也可以是电动机等，表示用户的用电设备，它可将电能转换为光能、机械能或热能等，统称为负载；总之图（*a*）电路可实现电能的传输与转换。

图（*b*）中的摄像机可将捕捉到的图像转换成信号，表示电路的信号源；信号经中间环节的放大、处理、输送到监视室的电视机屏幕上；电视机表示此电路的负载。总之图（*b*）电路完成了信号的处理和传递作用。所以类似图（*b*）的这种电路，称其为“弱电”电路；同理图（*a*）的那类电路称其为“强电”电路。

不论是图（*a*）还是图（*b*）它们都是由电源或信号源、中间环节和负载三部分组成。绘制时都用一定的符号表示，如图（*c*）所示，称为电路模型示意图。

二、电流、电压和功率

在图 1-1（*c*）电路中，按下开关 K 后，在电源电压 U_0 的作用下产生电流 I，电流 I 流过负载电阻 R 就会做功，照明灯才亮。为此下面顺序介绍电流、电压和功率等概念。

1. 电流——电荷的定向移动称做电流，因此，电流是有方向的。在电路中电流的方向用箭头表示。在直流电路中此方向为正电荷移动的方向，以“I”表示，标于箭头旁。在交流电路中也要标出箭头，此方向表示为参考方向，标以“i”。

电流的单位为“安”［培］或“A”；小电流可以用毫安（mA）、微安（μA）表示。它们之间存在如下关系：1A＝1000mA＝10^3mA；1mA＝10^3μA。电流的大小可以用电流表测量出来。例如点亮 220V、40W 白炽灯的电流表读数为 0.182A；而点亮达到同样照度的节能灯则小于 0.1A。人体的感知电流为 0.5～1mA。

2. 电位与电压——电压与电位的单位都是伏［特］或“V”；高电压用千伏（kV），1kV＝10^3V。它们的符号用 U 或 u（交流）。手电筒用干电池，两极之间为 1.5V；市电交流电压为 220V；人体所触及的安全电压小于 50V。

（1）电位的概念：电路中有时为了比较其高低，常引入“电位”概念。如图 1-2 所示。图中为了比较 a 与 c 两点电位的高低，常将 b、d 两点相连并选为参考点，如图虚线所示。参考点在图中标以“接地”符号（并不是真与大地相接）。一般设参考点电位为零，即 b、d 两点电位为零，表示为 $U_b=U_d=0$。电位相等的两点也称为等电位点。从图中看出 a 点电位比参考点高 1.5V，记为 $U_a=1.5$V；同理 c 点电位 $U_c=6$V；由此可知 c 点的电位比 a 点高，即 $U_c>U_a$。

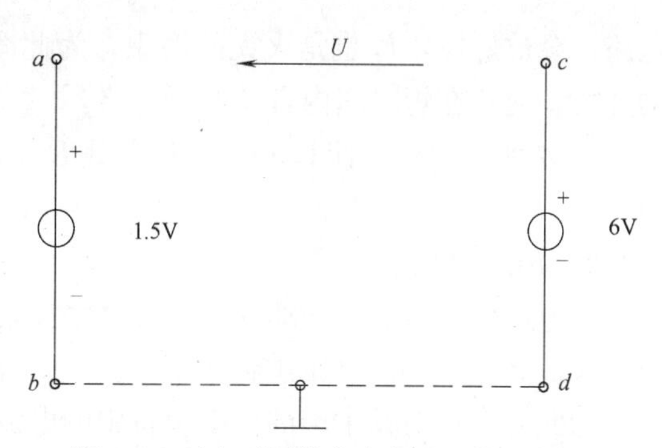

图 1-2　两个不同的直流电源比较示意图

（2）电压：电压也称为“电位差”，即两点之间电位之差。特别注意是“两点”之间才有可能出现电压，比如图 1-2 中的 a、b 两点之间电位差即电压为 1.5V，记做 $U_{ab}=1.5$V，也可记做 $U_{ba}=-1.5$V，表示 b 点比 a 点低 1.5V；同理，c 点与 a 点之间可写为 $U_{ca}=U_c-U_a=6-1.5=4.5$V；或 $U_{ac}=U_a-U_c=1.5-6=-4.5$V。

电压也是有方向的，它的方向是从高电位指向低电位的。有下列三种方法标注：

① 在电压 U 符号的右下方标注出两点，顺序为先写高点，后写低点。例如 $U_{ca}=4.5$V。

② 在电压 U 符号旁画箭头，箭头指向低电位点。如图 1-2 中箭头所示代替 U_{ca}。

③ 在电压 U 符号上、下或两侧标出“＋”、“－”极性，高电位点标“＋”极。

3. 功与功率——在直流电路中电流 I 与电压 U 的乘积称电功率，以 P 表示，所以

$$P=U\cdot I=IR^{[1]}\cdot I=I^2R \tag{1-1}$$

功率 P 的单位为瓦（W）或千瓦（kW）。

功率（P）与时间（t）的乘积称为功或电能，如 1kW 的投光灯，点亮 1 小时（h）所消耗的电能就是 1“kW·h”，俗称 1 度电。电能（度）表就是测量电能的。

4. 电阻　消耗电能的元件，以 R 表示，单位为欧姆（Ω）。在直流电路中，负载的主要成分是电阻。在电源内部也有电阻存在，称为电源的内电阻，常以 R_o 或 r_o 表示。

三、电路的状态和额定值概念

电路常见有开路、短路和额定三种状态。

1. 开路（断路）状态

当图 1-1（c）中开关 K 没闭合，或电路因故断开，电路不通，电路中电流 $I=0$ 时，电路呈开路状态，也称空载状态，这时电源两端电压 $U_{ab}=U_o$，称此为开路电压。

负载 R 中无电流，所以 R 两端也无电压，即 $U_{cd}=0$，负载 R 无法工作。

2. 短路状态

因为某种事故会造成图 1-1（c）电路中的 c、d 两点相碰，则电源被“短”接，称电路为短路状态。

这时整个电路中只有阻值很小的电源内阻 R_o，由欧姆定律可求得电路中的电流 $I=\frac{U_o}{R_o}=I_s$。其中 I_s 会很大，称其为短路电流。I_s 流经的地方，如电源内部、开关 K 和部分电路，会被烧坏，I_s 也是火灾的隐患，为此图 1-1（c）中的 K 应选用带过电流保护装置的开关，使其在短时间内自动切断电路。

c、d 两点短路，使 $U_{cd}=0$，使负载 R 中电流为零，则负载 R 仍不能工作，但也不会被烧坏。

3. 额定工作状态

用电设备（负载）损坏的原因多种多样，但多为以下两种电气方面原因造成：①因电流过大而烧坏；②因电压过高而击穿。

为此生产厂对其生产的用电设备中的电流和电压或其他量都规定了容许值加以限制，这个具体的容许数值就称为“额定值”，例如电流的额定值即额定电流以“I_N”表示；额定电压以“U_N”表示；额定功率以“P_N”表示。这些额定值均标注在用电设备上。例如白炽灯泡上标注的“220V 40W”表示灯泡的额定电压 U_N 为 220V，额定功率 P_N 为 40W。当实际电压高于 220V，实际功率会大于 40W，灯泡会更亮，但寿命会缩短为小于 1000h（电压升高 1%时，寿命将缩短 13%）。反之实际电压<220V 时，寿命延长，但功率会小于 40W。

图 1-1（c）电路中负载电阻 R 变化时，电路中的电流 I 也随之改变（电流按 $I=\frac{U_o}{R_o+R}$规律变化）。当电流达到负载的额定电流即 $I=I_N$ 时，电路就称为额定工作状态，

---

〔1〕　欧姆定律按图示的 U、I 方向，有以下三种表达方式：

（I → R，+ U −）①$I=U/R$；②$U=IR$；③$R=U/I$。

此时也称电路为满载运行。同理，称 $I \ll I_N$ 为轻载；$I=\frac{1}{2}I_N$ 为半载；$I>I_N$ 超载。

电路处于有载运行时，即 $I>0$，电源两端电压 $U_{ab}<U_o$，这是因为电源内阻 R_o 上会损失一部分电压，这个电压大小为"IR_o"，也称此为内部电压损失或内部电压降。

1.2　交流电的概念

电源有直流电源和交流电源两种，如图 1-3 所示。其中图（a）表示的是直流电源的电压 U，图中的横坐标轴代表时间 t，纵坐标轴代表电压 U 的大小和方向。从图中看出电压的大小和方向都不随时间 t 而变化，即 $U=U_o$。

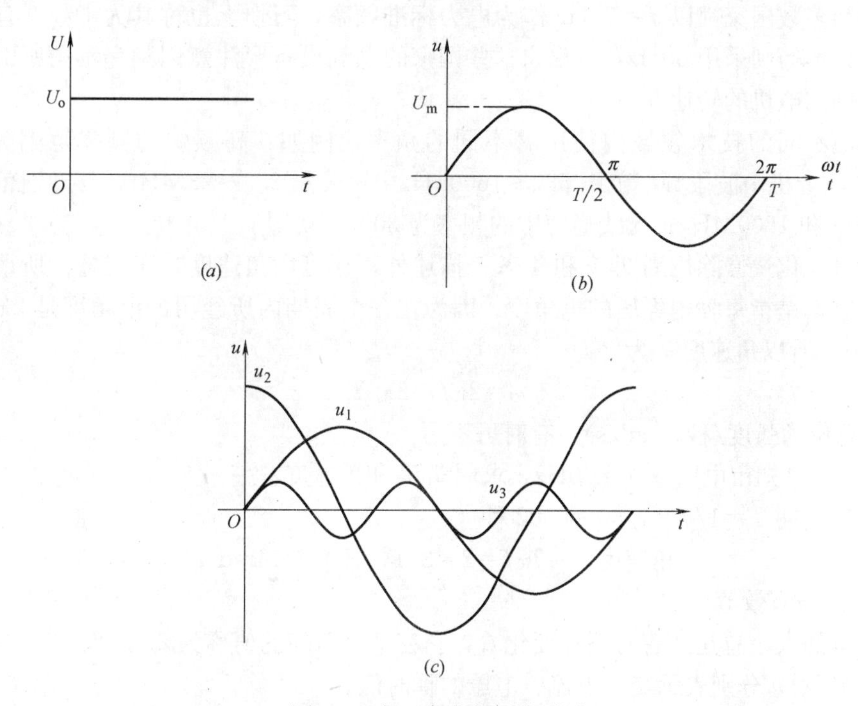

图 1-3　交、直流电压波形图

（a）直流电压 U 的波形图；（b）交流电压 u 的波形图；（c）三个交流电压 u_1、u_2、u_3 比较图

图 1-3（b）表示的是交流电压 u 或交流电流 i，可看出，电压 u 或 i 的大小和方向都在随着时间 t 而变化，其变化特点是有规律、波形平滑无突变，称按此变化规律的电压 u 或电流 i 为正弦交流电压或电流，统称正弦交流电。按正弦规律变化的交流电压 u，其数学表达式为：

$$u=U_m \sin\omega t$$

式中　U_m——交流电压 u 的最大值，(V)；

sin——正弦的符号；

ω——交流电变化的角速度；

t——表示变化的时间，(秒或 s)。

我们所用交流电源中的电压 u 和电流 i 就是按这种正弦规律变化的。

描述正弦交流电或称为正弦量要比描述直流电困难。从图 1-3 的（c）图可看出，三个交流电压各不相同：u_1 和 u_2 比，①它们的大小（幅值）不同，②它们的初始角度（初相角）不同；u_1、u_2 和 u_3 比，其变化速率（频率）不同。所以一个正弦量要由频率或周期、幅值或有效值和初相角三个因素才能确定，俗称此为正弦量的三要素。

一、正弦量的三要素

1. 周期与频率

正弦量变化一次（一个循环）所需的时间（秒或 s）称为周期，以 T 表示。

正弦量每秒内变化的次数（周期数）称为频率，以 f 表示，其单位为赫（兹）（Hz）。

频率和周期之间互为倒数关系，即

$$f=1/T \tag{1-2}$$

我国和多数国家都以 $f=50$Hz 作为电力标准频率，习惯上也称其为工频。有些国家如美国、日本等则采用 60Hz，进出口这些国家的电气设备要注意因频率不同所引起的相关变化，例如电机的转速等。

在其他不同的技术领域内使用着不同的频率，例如，高频炉的频率范围为 200～300kHz；收音机中波段频率范围 530～1600kHz，短波段 2.3～23MHz；移动通信的频率为 900MHz 和 1800MHz；无线通信中的频率为 300GHz。[1]

正弦量变化快慢除用周期 T 和频率 f 描述外，还可用角速度 ω 来描述。所谓角速度或称为角频率是指每秒内经历的电角度，因为在一个周期内所经历的电角度是 2π 弧度见图 1-3（b），所以角速度 ω 为

$$\omega=2\pi f=2\pi/T \tag{1-3}$$

ω 的单位为弧度/秒（rad/s），有时可不写。

例 1.1　已知市电频率 $f=50$Hz，求周期 T 和角速度 ω？

解　∵周期 $T=1/f=1/50=0.02$ 秒（s）

角速度 $\omega=2\pi f=2\times3.14\times50=314$rad/s

2. 幅值与有效值

交流电的大小总是随着时间在变化着，它在某一瞬间的值称为瞬时值，以小写英文字母表示，如 i、u 分别表示交流电流、电压的瞬时值。

瞬时值中最大的值称为幅值或最大值，用带下标 m 的大写英文字母表示，如 I_m、U_m 分别代表交流电流、电压的幅值。

不论是瞬时值还是幅值都不能反映交流电在电路中的真实效果，为此引出“有效值”这个概念。

有效值概念是根据电流的发热等效原理建立起来的。它是指：某一交流电流 i 流过电阻 R 在一个周期内产生的热量，和另一直流电流 I 流过同一电阻在相同时间内所产生的热量相等时，则交流电流 i 的有效值在数值上就等于这个直流电流 I 的值。

交流电的有效值是用大写英文字母表示的。如用 I、U 分别表示交流电流 i、交流电压 u 的有效值，和表示直流电的字母一样。

由实验或数学推导可证明：正弦交流电的有效值与其幅值之间存在如下关系：

---

〔1〕 $1G=10^3M=10^6k=10^9$

$$I=I_m/\sqrt{2}=0.707I_m \quad 或 \quad I_m=\sqrt{2}I \tag{1-4}$$

$$U=U_m/\sqrt{2}=0.707U_m \quad 或 \quad U_m=\sqrt{2}U \tag{1-5}$$

通常所说的交流电压 220V，就是指有效值，实际上其最大值是 $220\times\sqrt{2}=311$V。

有效值用途很广，电气设备铭牌上标注的电压和电流值，一般交流电流表和电压表上的读数都是指有效值。

例 1.2 比较图 1-4 中的两个交流电流 i_1 和 i_2 相同和不同之处？

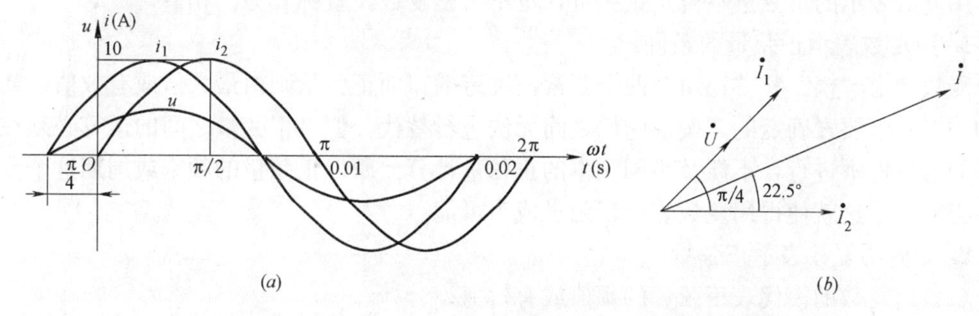

图 1-4 正弦量 i_1、i_2 和 u 的波形图及用相量表示的相量图

(*a*) 正弦曲线表示的电流电压；(*b*) 相量表示的电流电压

解 图中 i_1 和 i_2 的最大值相同均为 $I_m=10$A，可算出其有效值 I_1 和 $I_2=10/\sqrt{2}=7.09$A。

i_1 和 i_2 变化一周所用时间均为 0.02 秒，即 $T=0.02$s，可算出频率必相同即 $f=1/T=1/0.02=50$Hz，角速度均为 $\omega=2\pi f=2\times3.14\times50=314$rad/s。总之，$i_1$ 和 i_2 的大小和变化快慢都是相同的。

i_1 和 i_2 的不同之处是初相角，令 φ_1 和 φ_2 分别表示 i_1 和 i_2 的初相角，$\varphi_1=\frac{\pi}{4}$，$\varphi_2=0$ 则 i_1 和 i_2 的数学表达式为：

$$i_1=I_m\sin(\omega t+\varphi_1)=10\sin\left(314t+\frac{\pi}{4}\right) \quad (\text{A})$$

$$i_2=I_m\sin(\omega t+\varphi_2)=10\sin314t \quad (\text{A})$$

3. 初相角与相位差角

正弦量如电流 $i=I_m\sin(\omega t+\varphi)$ 中，称 $(\omega t+\varphi)$ 为相位角，当 $t=0$ 时的相位角就称为初始相位角，简称初相角，即“φ”角。

从图 1-4 中可看出：当 $t=0$ 时，i_1 的瞬时值 $i_1(0)>0$，$\varphi_1>0$（即 φ_1 角为正）；i_1 从零值到坐标原点之间为$\frac{\pi}{4}$角，所以确定 $\varphi_1=\frac{\pi}{4}$。而 i_2 在 $t=0$ 时为零，所以 $\varphi_2=0$。

由于正弦量之间存在着初相角的差异，称其为“相位差”，常以“φ”表示，例如 i_1 与 i_2 之间的相位差 $\varphi=\varphi_1-\varphi_2=\frac{\pi}{4}$。

同时，两个同频率而不同物理量的正弦量也可以比较。图 1-4 中的电压 u 和电流 i_1 其初相角相同，电工术语称为“同相”；电压 u 与 i_2 比较时，因 u 先达到最大值称为“导前” i_2，导前角 $\varphi=\frac{\pi}{4}$；也可以说 i_2 滞后 u，且 φ 角为$\frac{\pi}{4}$。

当 $\varphi=\pi$ 或 $180°$时，称两正弦量为“反相”。

应该指出不同频率的正弦量不能比较相位。

后面还会提到负载两端电压 u 与流入负载中的电流 i 的相位差 φ，以及“φ”的余弦，即“$\cos\varphi$”（功率因数）等重要概念。

二、相量的概念

为方便同频率正弦量之间的运算，如 i_1+i_2，特选用数学中的“复数”来表示正弦量。用复数表示的正弦量不再是正弦量，也不再是复数，就称其为“相量”。

1. 用复数表示正弦量的条件

复数是由“模”和“辐角”两个要素而确定的；而正弦量则由最大值或有效值、初相角和频率三个要素确定的。按说它们之间无法进行替代。但是正弦量之间的运算必须在频率相同的条件下进行，不涉及不同频率的正弦量计算。所以正弦量的频率或周期这个要素可不必顾及。这就使得用复数表示正弦量成为可能。

2. 如何用复数表示正弦量

（1）用复数的模代表正弦量的幅值或有效值；

（2）用复数的辐角代表正弦量的初相角。

新产生出来的第三量就称为“相量”。

3. 相量表示方法

不论正弦量是电压还是电流，均用大写英文字母，并在其上方如“·”表示新的相量。

例如电压相量可以写成“$\dot{U}_m$”，称最大值相量，$\dot{U}_m=U_m\angle\varphi_u$，其中 φ_u 为电压 u 的初相角。也可写成有效值相量“$\dot{U}$”，即 $\dot{U}=U\angle\varphi_u$。

同理，电流相量可以写成“$\dot{I}_m=I_m\angle\varphi_i$”或“$\dot{I}=I\angle\varphi_i$”。

例 1.3　用相量表示图 1-4 中的电压 u 和电流 i_1、i_2。

解　从图 1-4 可看出电流 i_1 的最大值 $I_m=10A$，其有效值 $I=I_m/\sqrt{2}=10/\sqrt{2}=7.07A$；初相角 $\varphi_1=\frac{\pi}{4}$。所以电流 i_1 的相量可以写成下述两种：

$$\dot{I}_{1m}=10\angle\frac{\pi}{4}(A)$$

$$\dot{I}_1=7.07\angle\frac{\pi}{4}(A)$$

同理可写出电流 i_2 的相量 $\dot{I}_{2m}=10$（A）；$\dot{I}_2=7.07$（A）。

电压 u 的最大值 $U_m=100$（V），有效值 $U=100/\sqrt{2}=70.7$（V），它的初相角与 φ_1 相同，所以电压 u 的相量为：

$$\dot{U}_m=100\angle\frac{\pi}{4}(V);\dot{U}=70.7\angle\frac{\pi}{4}(V)$$

以上的表示只是复数的一种表示法，称其为极坐标表示法。此法适于复数的乘、除运算。表示法中的“$\angle$”只是个符号，只要将角度的具体值标在上述符号之内即可。

例 1.4　通过相量运算求 $i_1+i_2=i$。

解

$$\dot{I}_{1m}=10\angle\frac{\pi}{4}=10\times\cos\frac{\pi}{4}+j10\times\sin\frac{\pi}{4}$$
$$=7.07+j7.07(\text{A})$$
$$\dot{I}_{2m}=10(\text{A})$$
$$\dot{I}_{1m}+\dot{I}_{2m}=7.07+j7.07+10=17.07+j7.07=I_m\angle\varphi_i$$

其中 I_m 为相量“$\dot{I}_{1m}+\dot{I}_{2m}$”的模，$I_m=\sqrt{17.07^2+7.07^2}=18.5$（A）。而 φ_i 为 $\dot{I}_{1m}+\dot{I}_{2m}$ 的初相角，$\varphi_i=\tan^{-1}\frac{7.07}{17.07}=22.5°$。

所以新的相量 $\dot{I}_m=\dot{I}_{1m}+\dot{I}_{2m}=18.5\angle22.5°$（A）相量图见图 1-4（$b$）。

新相量 $\dot{I}_m$ 代表的正弦量 $i=i_1+i_2$ 的频率与 i_1、i_2 相同，均为 50Hz，所以新的正弦量 i 为：

$$i=18.5\sin(314t+22.5°)\quad(\text{A})$$

1.3 三相交流电源及其输送

一、“三相”的概念

利用正弦交流电相互之间的相位差角，俄罗斯人多里沃早在 1891 年发明了三相交流发电机。即用一台发电机同时发出三个交流电源，这三个交流电源的电压最大值相等，频率相同，而相位角则互差 120°。称此为三相交流对称电压。我们目前使用的交流电源就是这种三相交流电源。

三相交流对称电压的波形图如图 1-5（a）所示。

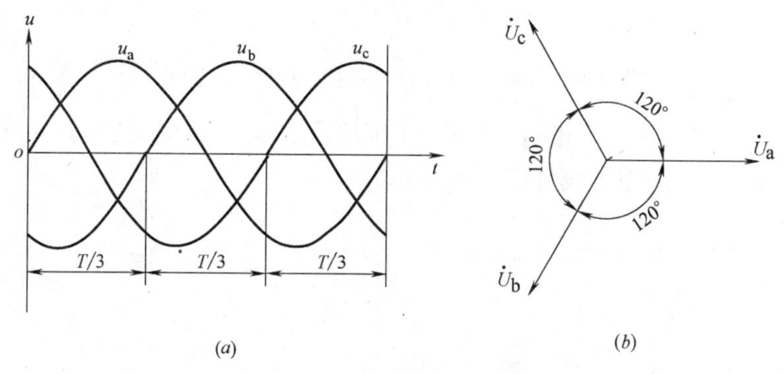

图 1-5 三相交流对称电压

（a）波形图；（b）相量图

若用数学表达式表示的三相交流对称电压如下：

$$\left.\begin{aligned}u_a&=U_m\sin\omega t\\u_b&=U_m\sin(\omega t-120°)\\u_c&=U_m\sin(\omega t+120°)\end{aligned}\right\}\qquad(1\text{-}6)$$

若用相量表示的三相交流对称电压如下：

$$\left.\begin{aligned}\dot{U}_a&=U\angle 0°=U\\ \dot{U}_b&=U\angle -120°=U\left(-\frac{1}{2}-j\frac{\sqrt{3}}{2}\right)\\ \dot{U}_c&=U\angle 120°=U\left(-\frac{1}{2}+j\frac{\sqrt{3}}{2}\right)\end{aligned}\right\}〔1〕 \tag{1-7}$$

式中$\dot{U}_a$、$\dot{U}_b$、$\dot{U}_c$是有效值相量，而U是它们的模，即有效值。也可以用相量图表示，如图1-5（*b*）所示。

二、三相电源的输送

三相交流发电机发出的（线）电压通常为10kV左右。这样的电压输送距离宜在20km之内。远距离输电时要提高输电电压。

图1-6是从发电厂到用户的输配电过程示意图。由各种电压等级的电力线路将一些发电厂、变电所和用户联系起来的一个发电、输电、变电、配电和用户的整体，叫做供电系统（电力系统）。而供电系统中，由变电所和各种不同电压等级的电力线路的组合称为电力网。电力网是联系发电厂和用户的中间环节。

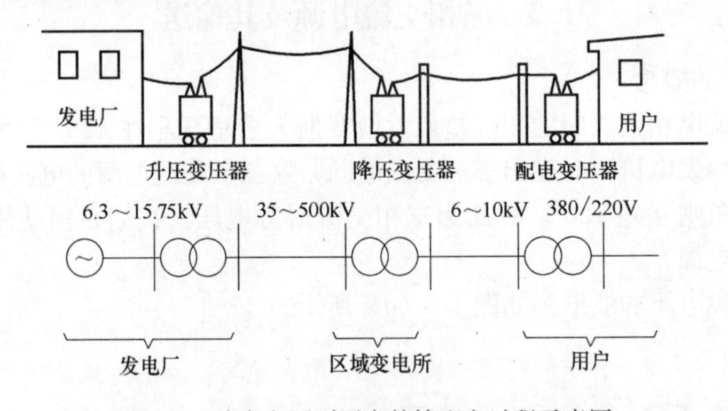

图1-6　从发电厂到用户的输配电过程示意图

1. 输电线的数量　因为三相电源在发电机内部可联接成星形（Y）或三角形（D）如图1-7所示。所以每一路输电线只用三条即可。

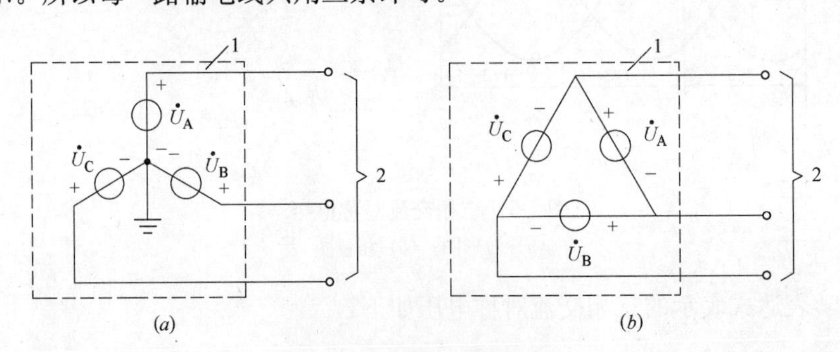

图1-7　三相电源的联接

（*a*）星形（Y）；（*b*）三角形（D）

1—三相交流发电机；2—三条输电线

〔1〕这是复数的另一种表示法，称为代数表示法，此方法适于复数的加减运算。其中的“*j*”为虚数的单位，即“$\sqrt{-1}$”。

三相交流电源还可以经过换流装置变成直流电源后再输送，称为直流输电。用于远距离、大容量输电，因为还可以改变频率，所以可以跨国界输电。直流输电有许多形式，图1-8是较简单的一种，称为单极直流输电系统。可看出只用一条输电线输送一路三相电源。

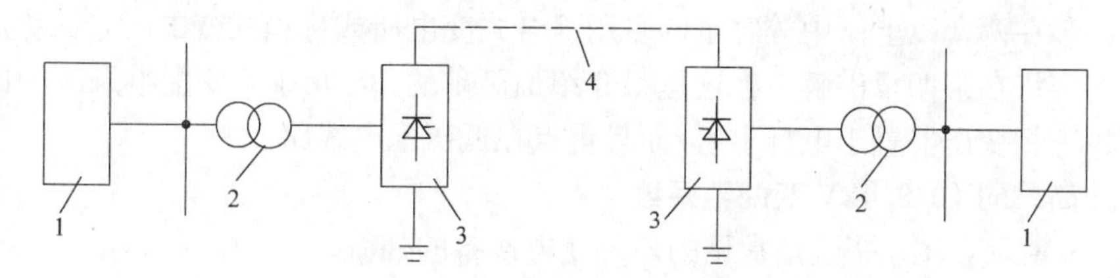

图1-8　单极直流输电系统

1—交流电力系统；2—三相变压器；3—换流系统；4—直流输电线

我国于1990年投入运行的葛州坝至上海全长1050km的500kV输电系统就是直流输电，输送容量为1200MW。±800kV特高压直流输电，向家坝至上海全长1907km，于2009.11.16全线贯通。

2. 输电电压　为减少输电线中的能量损耗，必须减小输电电流。从公式（1-1）$P=UI$可知，在输送一定功率P的情况下，要减小输电线路上的电流I就必须提高输电电压U，电压U愈高，电流I才能愈小，在线路上的损失“I^2R”才能愈小。

目前我国超高压输电电压普遍已提高到500kV。特高压的交流输电电压10^3kV，输送容量10^4MW、输电距离超过10^3km的也有采用。

当输电距离和输电容量不同时，可根据表1-1选用不同的输电电压。

各级电压与送电线路的输送容量和距离间的关系，如表1-1所示。

输电电压与送电容量和送电距离的关系　　**表1-1**

额定输电电压（kV）	送电容量（MW）	送电距离（km）
0.4	小于0.25	0.5以下
10	0.25～2.5	0.5～25
35	2.0～15	20～50
60	3.5～30	30～100
110	10～50	50～150
220	100～500	100～300
330	200～1000	200～600
500	500～1500	250～1000
750	1000～2000	500～1500

用于输配电的额定电压应合理地搭配成系列。在我国就有500/220/110/35/10kV，或500/220/110/10kV等系列，分别用于各省、市、县、乡、村之间的输电电压。

10kV的三相电源输送到终端用户是乡村或城市的某小区或某单位。因电压仍属高压，必须再经过一次降压，即变成380/220V低电压，用户才能使用。这就是10/0.4kV变配电系统，即低压配电系统。

1.4　低压配电系统

10/0.4kV 变配电系统的规模，因容量的不同差异很大。容量大的通常要建变配电所，变压器多在两台以上；中等容量的多用组合式变电所或称箱式变电所，又称成套变电所。以上内容将在第四章讲解。在这里只介绍最简单的 10/0.4kV 变配电系统中的杆上变压器台（将三相变压器置于电杆上），而且重点在低压配电线路。

一、最简单的 10/0.4kV 变配电系统

如图 1-9 所示，图 1-9 就是常见的户外变电设备的外貌。

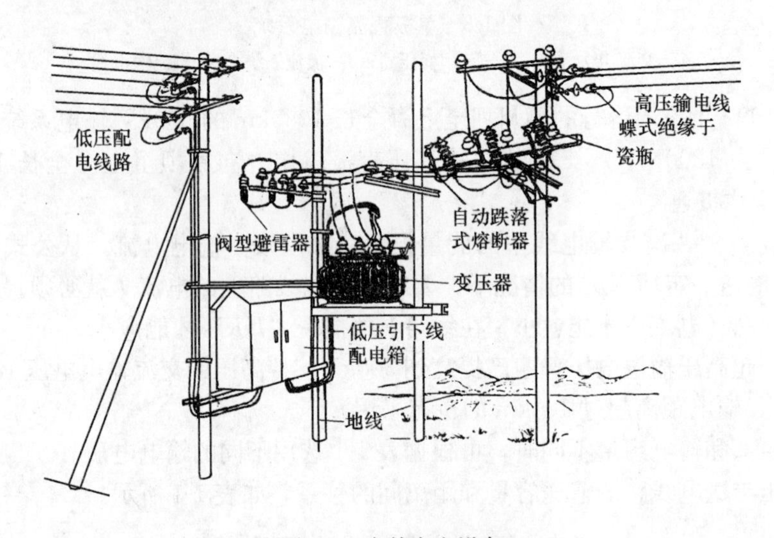

图 1-9　户外变电设备

图中变压器将高压 10kV 变成低压 0.4kV；自动跌落式熔断器为变压器的过载和短路保护设备，一旦出现这种故障时，熔断器因熔体熔断而会自动“跌落”从而切断高压线路；阀型避雷器也是变压器的保护设备，一旦雷电击中高压线路，避雷器在雷电高压作用下，会变“低阻状态”，将雷电电流直接导入地下。

低压配电箱是“分配”电能的，它将 0.4kV 低压电源按需要分几路分配给不同的用户。内装有隔离开关、低压断路器和电能表等。

将图 1-9 中的电气设备实物用表 1-2 中的电气符号表示时，就可画出 10/0.4kV 变配电系统示意图，如图 1-10 所示。

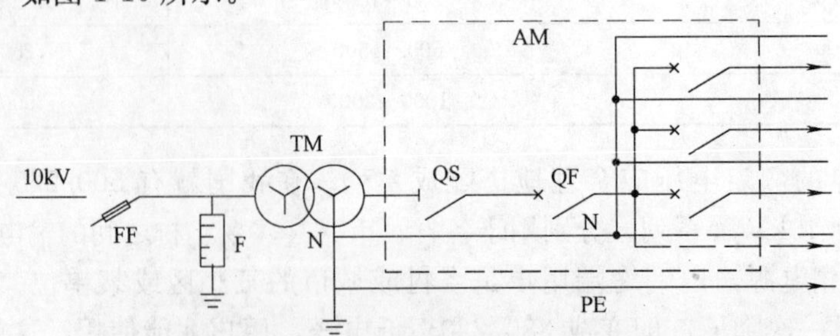

图 1-10　最简单的 10/0.4kV 变配电系统示意图

部分电气设备的电气符号对照表　　表 1-2

序号	名称	电气符号	文字符号	序号	名称	电气符号	文字符号
1	自动跌落式熔断器		FF	5	低压断路器		QF
2	避雷器		F	6	三根输电线	3	
				7	中性线		N
3	三相变压器		TM	8	保护线		PE
4	隔离开关		QS	9	电源配电箱		AM

二、10/0.4kV 电力变压器副边的星形联接

10/0.4kV 电力变压器多为三相变压器（将在第四章讲述），除了将电压从 10kV 降到 0.4kV 外，还要为用户提供两种低电压 220V 和 380V 供选择。为此三相变压器副边必须联接成“y_n”接法，如图 1-11 所示。“y”表示星形联接，因为副边表示低压侧，所以用小写英文字母。

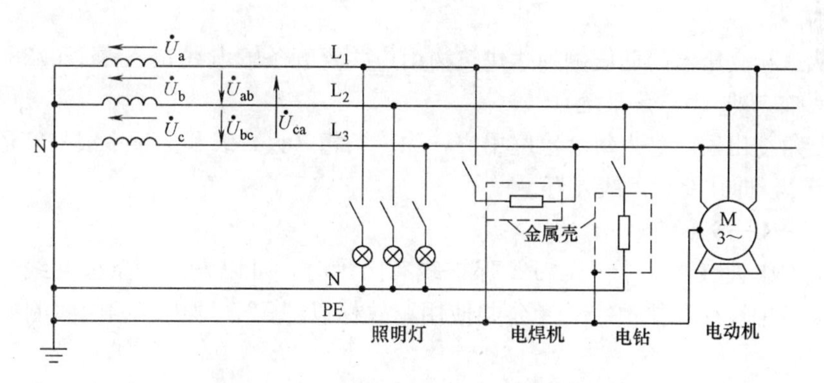

图 1-11　10/0.4kV 电力变压器副边的星形联接

从图 1-11 可看出星形联接是将三个绕组的末端联接在一起成为公共点，称为中性点，以 N 表示。从 N 点引出一条线，称为中性线，即中线，标以“N”。所以“y_n”表示带中线的星形接法。为区分中线，从三个绕组首端引出的线都称为相线，俗称火线。分别标以 L_1、L_2、L_3。

三、相电压和线电压

1. 相电压——任一条相（火）线与中线之间形成的电压即为相电压，三条相线与中线必形成三个相电压，即 $\dot{U}_a$、$\dot{U}_b$、$\dot{U}_c$，三者之间的大小（模）相等，即 $U_a=U_b=U_c=U_p$；它们之间互差 120°。

2. 线电压——相（火）线之间的电压称为线电压，三条相线之间必形成三个线电压，即 $\dot{U}_{ab}$、$\dot{U}_{bc}$、$\dot{U}_{ca}$，三者之间的模相等，即 $U_{ab}=U_{bc}=U_{ca}=U_L$；它们之间也互差 120°。

3. 相电压与线电压关系——通过推导可证明其大小关系为：线电压 U_L 比相电压 U_p 大$\sqrt{3}$倍，即

$$U_L = \sqrt{3} U_p \tag{1-8}$$

通常 10/0.4kV 都是指线值，即高压侧线电压是 10kV；低压侧 0.4kV＝400V 也是指线电压。由此可知低压侧的相电压 $U_p = 400/\sqrt{3} = 231V$。此值是变压器的出口电压，经过输送过程，线路上可能要损失 10V 左右，所以送到用户能保持在 220V。

四、TN—S 系列[1]

为保证用电安全，常采用图 1-11 所示的 220/380V 低压配电系统。此系统特点有二点：

1. 将中性点 N 直接接地，称为“工作接地”。

2. 从中性点 N 处引出二条线，两条线分开引出后不再接触。

其中一条为中性线，引出后不许中断，以“N”标识。常用淡蓝色导线加以区分。将 N 线作为一条电源线送到 $U_N = 220V$ 的各用电设备上，如照明灯和双眼或三眼插座处。

引出另一条线为保护线，以“PE”标识。常用绿/黄两种颜色的导线区分。此线专接电气设备的金属外壳上，以保证用电安全。例如三眼和四眼插座中居上的大孔接的就是 PE 线。PE 线输送过程中可多次重复接地。

为区分中性线 N 和保护线 PE，三条相（火）线 L_1、L_2、L_3 常用黄、绿、红三种颜色以示区别。

这样从三相变压器的低压侧到达建筑物用户共要五条输电线，俗称 220/380V 三相五线制配电系统，即 TN—S 系统。

从安全角度出发，进入每个家庭用户，除一条相（火）线和一条中线外，还要有一条保护线（PE），即共要三条线才好。

五、TN—C—S 系统

当从电源中性点 N 直接引出 PE 保护线有困难时，可以先用一条公共线（PEN）代替，这条线是中性线和保护线二者公共使用，故标以“C”。即用三相四线制配电系统输送电源。

当到达建筑物时，使 PEN 线做重复接地，也可与建筑物的防雷接地直接连接。

由此接地点分别引出中性线 N 和保护线 PE 两条线，从此点分开后，两线不再接触，这就是 TN—C—S 系统。进入建筑物后，两条线只要按前述方法使用，此系统仍可获得 TN—S 系统的优点。

复习思考题

1-1　电荷用肉眼能看到它们吗？在日常生活中通过哪些现象可以观察到它们的存在，试举出二三事例。

1-2　什么叫电压？它的单位是什么？电压的大小、高低意味着什么？一节干电池的电压是多大？普通照明用电源的电压是多少伏？你知道多少伏以下的电压才是安全电压吗？

1-3　什么是电路？它是由哪几部分组成的？你能列举二三实例来说明各部件从电路的观点看，它们

---

〔1〕 第一个字母“T”表示电源端中性点直接接地；
第二个字母“N”表示电气设备的金属外壳通过 PE 线与中性点 N 直接连接；
第三个字母“S”表示中性线与保护线是分开的。

所起的作用吗？

1-4 什么叫电流？它的单位是什么？电流的正方向是如何规定的？

1-5 什么叫电阻？它的单位是什么？一个导体的电阻大小与哪些因素有关？

1-6 什么是欧姆定律？它说明了什么？

1-7 什么叫电功率、电能？它们有何不同？它们的单位是什么？

1-8 在一个电路中，电源产生的是功率、负载得到的电功率、电源内部损耗的电功率以及由于输电线路上的电阻而消耗的电功率，都是如何计算的？根据能量守恒这一原理，它们之间有何关系？

1-9 当两盏白炽灯泡的额定电压相同时，额定功率大的灯泡的灯丝电阻大，还是额定功率小的电阻大？为什么？

1-10 什么叫开路（断路）？电路开路时的特征是什么？

1-11 什么叫短路？当电源被短路时，电路的特征是什么？有何危害？应当采取什么措施来保证不致因短路电流过大而烧毁电源设备？

1-12 什么叫电气设备的额定值与额定工作状态？试举出一二实例并说明其含义。

1-13 对一二台发电设备（电源），空载、轻载、满载和超载指的是什么？在什么情况下会出现如上几种工作状态？

1-14 什么是交流电？它与直流电有何不同？为什么在工农业生产中大都应用交流电？

1-15 什么叫正弦交流电？什么是正弦量的三要素？

1-16 如何来表示一个正弦量变化的快慢？什么是周期、频率和角频率？它们三者间有何关系？

1-17 如何表示一个正弦量的大小？什么是瞬时值、最大值和有效值？它们之间有何关系？

1-18 一盏220V、100W的白炽灯泡，其额定电流是0.455A，这是指的什么值？

1-19 什么是初相位？

1-20 什么是相位差？当两个同频率的正弦量进行比较时，应该注意到的主要特征是什么？什么叫导前、滞后、同相和反相？

1-21 已知某交流电源的电压$u=325\sin(377t+45°)$V，试问，它是否为正弦交流电？它的有效值、周期、频率、角频率以及初相位各是多少？

1-22 什么是三相交流电？什么是三相对称电源？如何获得三相对称电动势？

1-23 什么叫三相五线供电？何为端线（相线）？何为中线（零线）？什么叫相电压？什么叫线电压？

1-24 三相五线供电的特点是什么？线电压与相电压在大小上有什么关系？

1-25 试问以下两台三相交流发电机作星形联接时，它们的线电压各是多少？

（1）发电机每相绕组的电压最大值是310V；

（2）发电机每相绕组的电压有效值是3464V。

1-26 一般常见的低压配电架空线路，在一条横担上，为什么总是架设着四条电线？你能用眼睛观察的办法，判断出哪一条是地线吗？如果把这四条线由电杆上引下来，你能用验电笔判断出哪几根是火线，哪根是地线吗？你能用电压表量测电压的办法，判断出哪几根是火线，哪根是地线吗？

1-27 在380/220V三相四线供电线路中，你若站在地上摸到中线，会遭到电击吗？为什么？如果一时不慎，碰到了一条相线，会是什么后果？如若在操作中，由于麻痹大意，两只手各碰到了一条相线，会造成什么严重的后果？

1-28 为什么办公室中供收音机或台灯使用的两线电源插座，用验电笔试验时，其中只有一条线“发光”，而另一条线“无光”？你能确定哪一端是地线吗？

习 题

1-1 试求220V 100W和220V 40W的白炽灯泡，在正常工作时的电阻值（热电阻）各是多少？（注：白炽灯的灯丝在未通电时测得的电阻（冷电阻）值远小于其热电阻值，这是因为灯丝（钨丝）的电阻值是随着温度的升高而加大的)，功率大的灯泡的阻值是大还是小？为什么？

1-2　今有一只空载电压为 24V 的蓄电瓶，已知其内电阻为 0.5Ω，试问，当其输出电流为 5A 时，蓄电瓶的端电压是多少？这时电源产生的电功率，内部消耗的电功率以及送到外电路的电功率各是多少？

1-3　某工程为了加快施工进度，拟于夜间施工，安装了 5 盏 1000W 的投光灯照明，若每晚工作 8 小时，试问半个月（15 天）耗用电费多少？（电费为 0.49 元/度）。

1-4　某家庭使用的电器设备有：电灯 5 盏（计 100W)，电冰箱一台（120W)，电视机一台（70W)，洗衣机一台（150W)，试问，在其总闸处的电流是多少安培的？

1-5　在习图 1-1 所示电路中，已知 $I_2=5A$，问 I_7 为多少？

1-6　试问，习图 1-2 所示电路中的电流 I 为多少？应如何考虑？

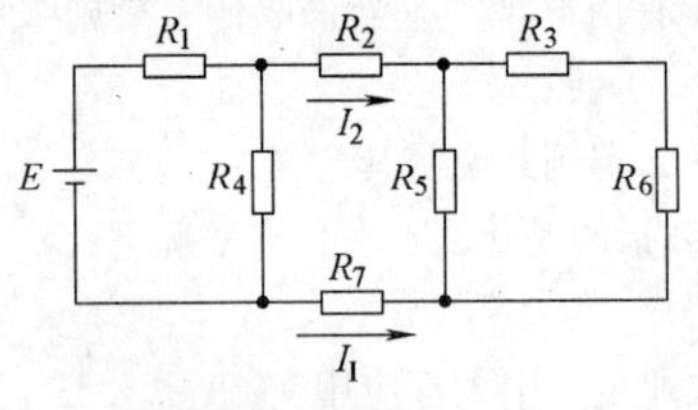

习图 1-1　题 1-5 图

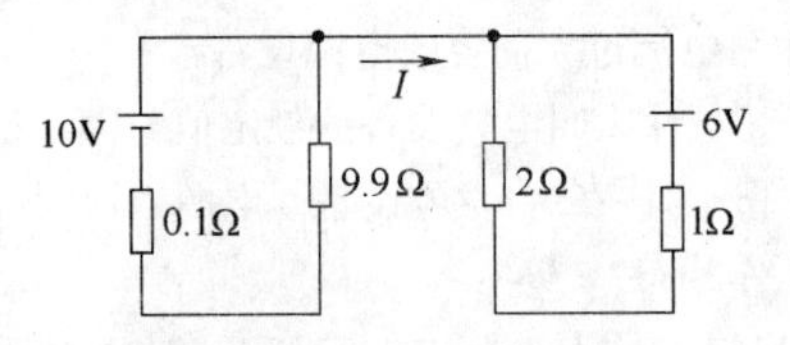

习图 1-2　题 1-6 图

1-7　在习图 1-3 所示电路中，已知 $u_1=10V$，$E_1=4V$，$E_2=2V$，$R_1=4\Omega$，$R_2=2\Omega$，$R_3=5\Omega$，1、2 两点间处于开路状态，试计算其开路电压 u_2 之值。（选作）

1-8　在习图 1-4 所示电路中，已知：$I_1=2A$、$I_2=2A$，$I_5=1A$，$E_3=3V$，$E_4=4V$，$E_5=6V$，$R_1=2\Omega$，$R_2=3\Omega$，$R_3=4\Omega$，$R_4=5\Omega$，$R_5=6\Omega$。试求电压 U_{AF} 和 C、D 两点的电位 V_c、V_D。（选作）

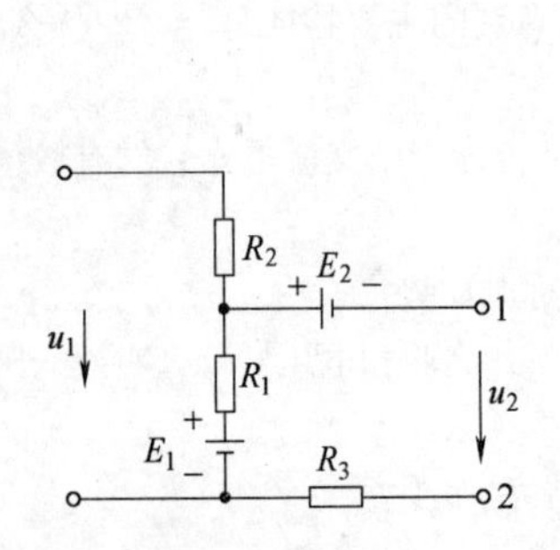

习图 1-3　题 1-7 图

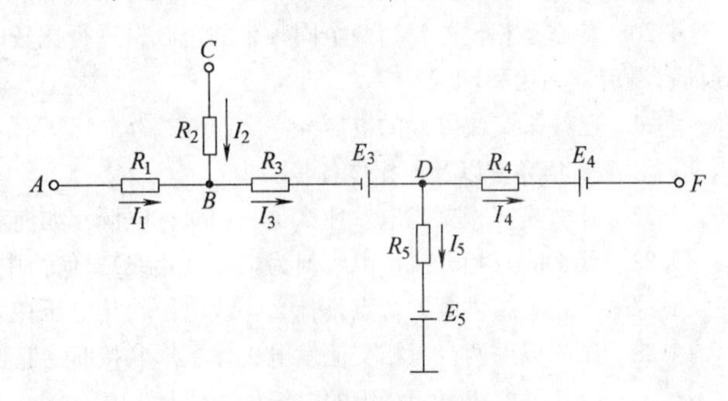

习图 1-4　题 1-8 图

1-9　在习图 1-5 所示电路中，如果 15Ω 电阻上的电压降为 30V，其极性如图所示，试求电阻 R 之值及 B 点的电位 V_B。

1-10　习图 1-6 是由两个电阻 R_1、R_2 组成的分压电路。已知 $R_1=24k\Omega$，当 $u_i=50mV$ 时，若欲使输出电压 $u_0=2mV$，求 R_2 应为多少？（选作）

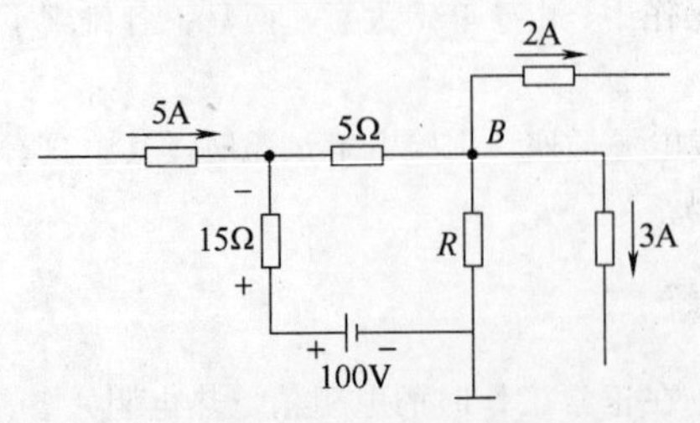

习图 1-5　题 1-9 图

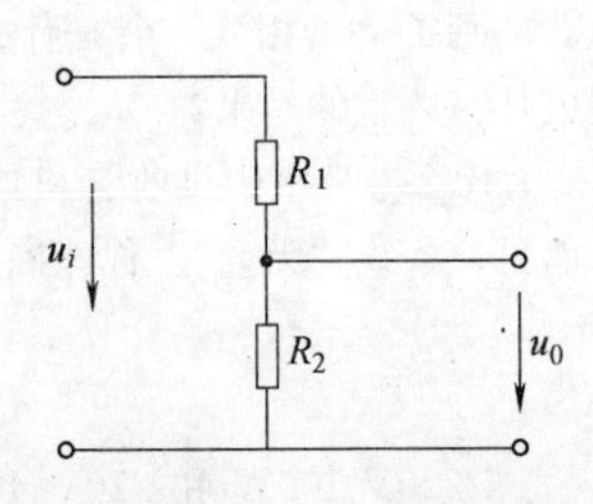

习图 1-6　题 1-10 图

1-11　若将 220V 40W 和 220V 100W 的白炽灯泡并联，接在 220V 的电源上，那么电源流出的总电流是多少？它们的等效电阻是多少？这时两只灯泡实际消耗的功率各是多少？日常生活中的用电设备是并联还是串联接入电源的？为什么？

1-12　试估算习图 1-7 所示电路中的电流 I。

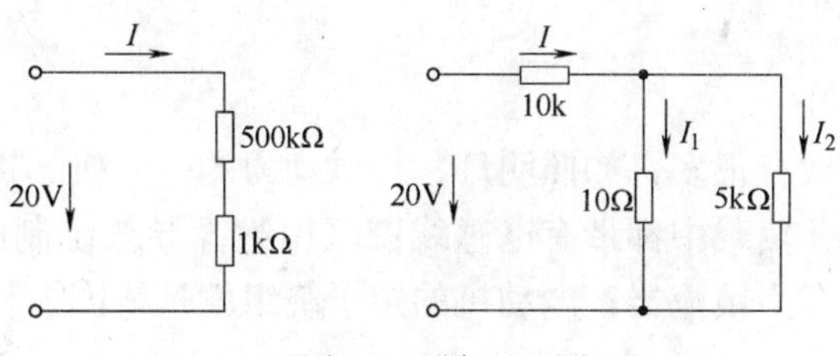

习图 1-7　题 1-12 图

1-13　试计算习图 1-8 所示电路中的电阻 R 之值。

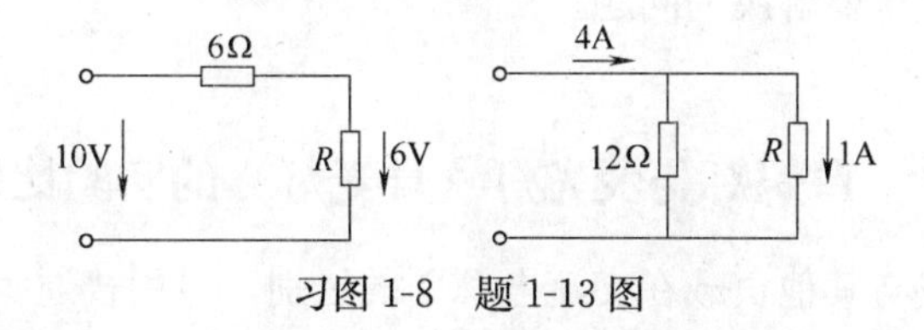

习图 1-8　题 1-13 图

1-14　试计算一个标有额定值为 5W、100Ω 的电阻器的额定电流和额定电压应是多少？

1-15　一台额定电压为 110V、额定功率为 2.5kW 的直流发电机，其额定电流是多少？它是否允许空载或轻载运行？它是否能带动一台 110V 3.0kW 的直流电动机正常工作？发电机超载的后果是什么？

第二章　交流电路的负载

使用交流电源的负载有很多，如照明灯、提供动力的电动机、提供热能的电炉等。众多负载中，有很大一部分负载中都带有电感线圈（用绝缘导线绕制的线圈），如日光灯上有绕在铁心上线圈，称其为镇流器；电动机的定子绕组就是线圈。称带有电感线圈的负载为感性负载。

带有线圈的感性负载接入交流电源会产生什么影响？在当前倡导节约能源的时代会带来什么效果？这就是本章要解决的问题。

2.1　白炽灯与荧光灯（日光灯）的实验比较

为了讲清感性负载与其他负载在交流电源下的区别，引用普通负载的典型代表——白炽灯与感性负载的典型代表——荧光灯（日光灯）进行实验对比。将功率相同的白炽灯和日光灯接入同一交流电源测量电压、电流和功率。

一、实验电路

如图 2-1 所示。

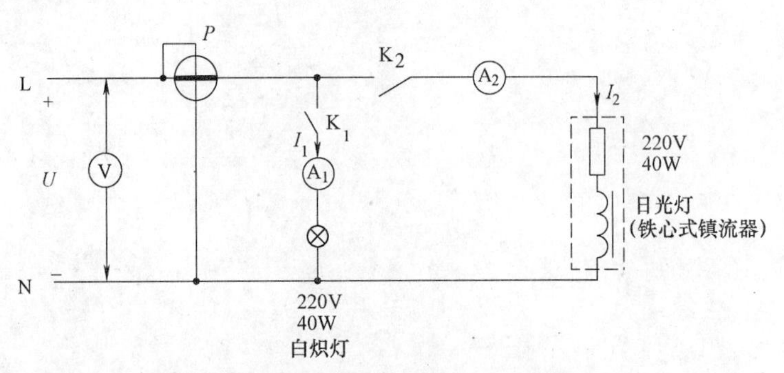

图 2-1　220V 40W 白炽灯和日光灯实验电路

图 2-1 中Ⓥ、Ⓟ、Ⓐ分别表示电压表、功率表、电流表、A_1、A_2分别测白炽灯支路、日光灯支路的电流。应该指出日光灯的镇流器要铁心式。

测量时用开关 K_1、K_2 控制测量对象，合 K_1 断 K_2 测白炽灯；合 K_2 断 K_1 测日光灯。

二、实验数据

如表 2-1 所示。

220V 40W 白炽灯、日光灯的实验数据　　　　**表 2-1**

测量值	工作电压 U(V)	工作电流 I(A)	消耗功率 P(W)	功率因数 $\cos\varphi$	备　注
220V 40W 白炽灯	220	(I_1)0.182	(P_1)40	1	
220V 40W 日光灯	220	(I_2)0.428	(P_2)46.6	0.495	使用铁心式镇流器

三、说明

1. 工作电压是指电源电压，也就是白炽灯和日光灯两端的实际电压。220V 是电压表的实际读数。此值是指电源电压的有效值。可看出两灯的电压是相同的。

2. 工作电流是指白炽灯和日光灯正常工作时从电源取用的电流有效值。表中 $I_1=0.182A$、$I_2=0.428A$，就是电流表 A_1、A_2 的读数。

从 I_1 和 I_2 的大小可知，日光灯的电流远大于白炽灯的电流。

3. 消耗功率是用有功功率表测出的功率。

它的读数表示实际消耗的功率值，即白炽灯消耗 40W，日光灯为 46.6W。可见两者相差并不大。

2.2　交流电路中的三种功率——有功功率、无功功率和视在功率

在表 2-1 的数据中，发现工作电压 U 与工作电流 I 的乘积“$U\cdot I$”不等于消耗功率 P，尤其日光灯的数据特别明显。从而发现存在三种不同的功率。

一、有功功率

就是表 2-1 中的消耗功率，以“P”表示，单位为瓦（W）或千瓦（kW）。其值 46.6W 表示日光灯实际消耗的功率值，略大于标称的“40W”，原因是铁心镇流器也消耗有功功率。

二、视在功率

工作电压与工作电流有效值的乘积，即“$U\cdot I$”。为区分于有功功率 P，视在功率以“S”表示，单位为伏安（VA）或千伏安（kVA）。它表示负载工作时，从电源吸取的总容量，或称为“占用”电源的总容量。

从表 2-1 的数据中可看出：

1. 白炽灯的视在功率 S_1 和有功功率 P_1 基本相等，分别为：

$$S_1=U\cdot I_1=220\times0.182=40\text{VA}$$

$$P_1=40\text{W}$$

$$\text{比值 } P_1/S_1=40/40=1$$

可见白炽灯工作时，从电源吸取的总容量 S_1 全部变成有功功率 P_1 消耗掉。

白炽灯工作中基本不存在第三种功率。

2. 日光灯工作中存在三种不同的功率：

（1）视在功率 $S_2=UI_2=220\times0.428=94.2\text{VA}$；

（2）有功功率 $P_2=46.6\text{W}$。

比值 $P_2/S_2=46.6/94.2=0.495$。

从此值上看出，日光灯工作时，真正消耗的有功功率 P_2 只占视在功率 S_2 的 0.495 倍。这说明日光灯工作时，还存在着第三种功率，为区分有功功率和视在功率，故称其为“无功功率”。

三、无功功率

无功功率是一种往返于电源与负载之间，进行等量的“吞”、“吐”交换，而不真正做功的功率。

由于无功功率的存在，它占用了视在功率的部分容量，使电源送出的视在功率只有一部分被消耗掉变成有功功率，导致 $P/S<1$。

后面会讲到，无功功率产生的根源是电路中存在有储能元件：电感 L 和电容 C。

无功功率的文字符号为“Q”，其单位为“乏”（Var）或千乏（kVar）。它的大小可以用无功功率表测量出来。

四、视在功率 S、有功功率 P 和无功功率 Q 三者之间的关系

通过推导发现三者之间为：

$$S=\sqrt{P^2+Q^2} \tag{2-1}$$

可理解为如图 2-2（a）中的直角三角形的三个边长之间关系，俗称功率三角形。

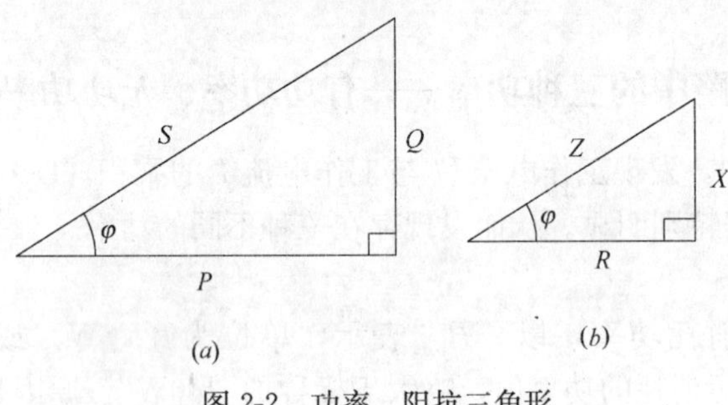

图 2-2　功率、阻抗三角形

也可写成如下的几种形式：

$$P=S\cos\varphi=UI\cos\varphi \tag{2-2}$$

$$Q=S\sin\varphi=UI\sin\varphi \tag{2-3}$$

$$Q=P\tan\varphi \tag{2-4}$$

公式中的“φ”是指电压 u 与电流 i 之间的相位差角，$\cos\varphi$、$\sin\varphi$ 及 $\tan\varphi$ 则分别是 φ 角的余弦、正弦及正切。

其中公式（2-4）是利用已知的有功功率 P 和角 φ 去求无功功率 Q 的，它是负荷计算中常用的公式。

例 2.1　根据表 2-1 中的数据计算日光灯电路中的无功功率 Q？

解　已知日光灯的视在功率 S_2 和有功功率 P_2 分别为：

$$S_2=UI_2=220\times0.428=94.2\text{VA}$$

$$P_2=46.6\text{W}$$

根据公式（2-1）可知日光灯的无功功率 Q_2 为：

$$Q_2=\sqrt{S_2^2-P_2^2}=\sqrt{94.2^2-46.6^2}=81.9\text{Var}$$

同理，可求白炽灯的无功功率 $Q_1=0$。

由计算公式（2-1）可知，S 与 P、Q 之间，$S\neq P+Q$。

2.3　交流电路中的电阻、电抗和阻抗

在直流电路，负载两端电压 U 与流过负载的电流以 I 之比是电阻 R，即 $U/I=R$。称其为直流电路的欧姆定律。

在交流电路中，负载两端电压有效值 U 与流过负载电流有效值 I 之比，称其为“阻抗”。以大写英文字母“Z”表示。即“$U/I=Z$”，称为交流电路的欧姆定律。

一、分析白炽灯与日光灯的阻抗 Z 与电阻 R 的关系

由表 2-1 中的数据中看出：

1. 白炽灯负载中其阻抗与电阻基本相等，即：

(1) 阻抗 $Z_1=U/I_1=1210\Omega$；

(2) 白炽灯的电阻 R_1：

由公式 (1-1) $P=I^2R$ 可知，白炽灯的电阻 R_1 为：

$$R_1=P_1/I_1^2=40/0.182=1210\Omega。$$

从白炽灯的阻抗 Z_1 和电阻 R_1 的数值上看出：

$$Z_1=R_1$$

说明白炽灯负载中只有电阻 R_1 一种参数或一种成分。

2. 日光灯负载中电阻只是阻抗中的一种成分，还存在第二种成分，即：

(1) 阻抗 $Z_2=U/I_2=220/0.428=514\Omega$；

(2) 电阻 $R_2=P_2/I_2^2=46.6/0.428^2=254\Omega$。

从 $Z_2\neq R_2$ 可知，日光灯负载中，除有电阻 R_2 成分外，还存在另外一种成分，称其为“电抗”，以大写英文字母“X”表示。

从以上分析可知，一般交流电路中都存在电阻、电抗和阻抗。

二、如何理解电阻 R

电阻 R 也称为耗能元件，它表示从电源获取的能量全部被消耗掉。

1. 白炽灯工作时的电阻 $R_1=Z_1$

白炽灯是靠灯丝工作的，而灯丝的主要成分是金属钨。当电流流过灯丝时，灯丝的温度达 2400～3000K[1]，因白炽化而发光。白炽灯工作时，其能量转变过程为：电能→热能→部分转变为光能。而这种转变是不可逆的。白炽灯具备了电阻 R 的所有特征，所以它属于电阻性负载，这类负载从电源取用的视在功率全部变成有功功率。即表 2-1 中 $S_1=P_1$。这类负载的阻抗 Z_1 与其电阻 R_1 相等。

2. 日光灯工作时的电阻 $R_1\neq Z_2$

日光灯是由灯管和镇流器串联而成（详见第六章）。其中灯管将电能直接转变成光能，被消耗掉，所以灯管属于电阻性负载，其电阻 R_2 在前面计算中可知 $R_2=254\Omega$。

日光灯的阻抗 Z_2　前面也已算出 $Z_2=514\Omega$，为什么两者不等？为什么 $Z_2>R_2$？其主要原因是日光灯镇流器的存在：

镇流器是日光灯构造中的主要组成部分，而由镇流器工作时产生的感抗则是日光灯阻抗 Z_2 另外的重要组成部分。镇流器就是一个绕在铁心上的线圈。

三、线圈在正弦交流电路中形成的感抗 X_L

1. 线圈中的电感 L 及其性能

(1) 电感 L

电感 L 用通俗话说就是指线圈。以日光灯的铁心镇流器为例，其铁心镇流器就是一

[1] K（开尔文）是绝对温度，与普通温度℃的关系：K=℃+273.15。

个绕在铁心上的线圈，其中铁心的作用，只是增加线圈的磁导率，它的主体是线圈，就是用绝缘导线绕制出来的线圈，称其为电感线圈，以“L”表示。单位为亨或 H。

（2）电感线圈 L 具有如下性质：

① 穿过线圈中的磁通变化时，则线圈两端会感应出电压，线圈电路如果呈闭合状态时，就出现电流。俗称“磁动生电”。即电磁感应现象。也可理解为：线圈在一定条件下可将磁场能量转换成电场能量。

② 通入电流的线圈会产生磁场和磁通，即“电动生磁”。也可理解为：线圈也能将电能转换成磁能。

值得注意的是“转换”两字，这不同于“消耗”。这种转换可理解为“储存与释放”或理解为“吞与吐”。这种不断转换的功率就称为“无功功率”。

总之，电感线圈 L 可以储存能量，故又称为储能元件。储存能量的多少与线圈电流和线圈匝数、几何尺寸、介质的磁导率等有关。

属于储能元件的除电感线圈 L 外，还有电容元件 C。所不同的是吞与吐的顺序不同。

与储能元件 L 或 C 不同的是耗能元件——电阻 R。只有电阻 R 才是真正消耗功率的耗能元件。

总之，日光灯电路中含有储能元件（电感线圈即铁心镇流器），所以出现了较大的无功功率。白炽灯电路中没有储能元件，所以没有无功功率。

2. 电感 L 在正弦交流电路中形成的电抗——感抗 X_L

将储能元件——电感线圈 L，放在正弦交流电路中，由于对交流电流起到阻碍其变化的作用，既影响了交流电流的大小，又使交流电流 i 在相位上落后于电源电压 u 一个角度。此角度以“φ”表示，φ 的大小取决于电路的电阻 R 和电感 L 的大小。

影响交流电流大小的另一个因素称为“感抗 X_L”，X_L 计算如下：

$$X_L = \omega L = 2\pi f \cdot L \tag{2-5}$$

式中　ω——角频率，弧度/秒或 rad/s；

f——正弦交流电的频率，赫兹或 Hz；

L——电感线圈的电感数值，亨或 H；

X_L——电感 L 所具有的感抗，欧姆或 Ω。

四、电容元件 C 与容抗 X_C

如果将储能元件——电容 C，放入正弦交流电路中，电容 C 的充电（吞）及放电（吐）作用也会影响交流电流的大小和相位。

电容 C 影响交流电大小的称为容抗 X_C，计算如下：

$$X_C = \frac{1}{\omega C} = \frac{1}{2\pi f \cdot C} \tag{2-6}$$

式中　ω——角频率，弧度/秒或 rad/s；

f——正弦交流电的频率，赫兹或 Hz；

C——电容的容量，法（F）或微法（μF），$1\text{F}=10^6\mu\text{F}$；

X_C——电容的容抗，欧姆或 Ω。

电容 C 的充、放电作用，还使交流电流 i 在相位上超前电源电压 u 很大的一个角度，这个角度接近 90°即$\frac{\pi}{2}$。

五、关于阻抗的概念

正弦交流电路中电源电压有效值 U 与负载电流有效值 I 之比，就称为负载的阻抗，以英文大写字母 Z 表示，单位 Ω。在表 2-1 中，白炽灯的阻抗 $Z_1=U/I_1=220/0.182=1210\Omega$，$Z_1$ 的成分都是电阻，即 $Z_1\approx R_1$；

在日光灯电路中，其阻抗 $Z_2=U/I_2=220/0.428=514\Omega$，$Z_2$ 的成分中，有日光灯灯管形成的电阻 R_2 和铁心镇流器形成的感抗 X_L。阻抗、电阻和感抗三者之间关系如图 2-2（b）所示，即：

$$Z=\sqrt{R^2+X_L^2}\quad(\Omega)\tag{2-7}$$

$$R=Z\cos\varphi\quad(\Omega)\tag{2-8}$$

$$X_L=Z\sin\varphi\quad(\Omega)\tag{2-9}$$

例 2.2　根据表 2-1 中的数据计算日光灯电路的等效电阻 R 和等效感抗 X_L 和电感 L？

解　前面已算出日光灯电路的阻抗　　　$Z_2=U/I_2=514\Omega$

由公式（1-1）$P=I^2R$ 可知：日光灯的等效电阻

$$R_2=P_2/I_2^2=46.6/0.428^2=254\Omega$$

由公式（2-7）可知：日光灯的等效感抗

$$X_L=\sqrt{Z_2^2-R_2^2}=\sqrt{514^2-254^2}=447\Omega$$

由公式（2-5）可知等效电感　　　$L=X_L/2\pi f=447/2\times3.14\times50=1.42\text{H}$

2.4　功率因数与节能

一、关于功率因数

负载的有功功率 P 与视在功率 S 之比，称为负载的功率因数。它在数值上等于负载两端电压 u 与电流 i 之间的相位差角“φ”的余弦，所以都用“$\cos\varphi$”表示。即功率因数 $\cos\varphi$ 为：

$$\cos\varphi=P/S=P/UI=R/Z\tag{2-10}$$

功率因数 $\cos\varphi$ 是表示负载性质的重要参数，此值越大越好，按《民用建筑电气设计规范》JGJ 16—2008 要求功率因数不宜低于 0.9。

从表 2-1 数据可看出：日光灯的功率因数很低。

白炽灯的功率因数 $\cos\varphi_1=P_1/UI_1=40/220\times0.182=0.999\approx1$；

日光灯的功率因数 $\cos\varphi_2=P_2/UI_2=46.6/220\times0.428=0.495$。

是因为日光灯电路中串联了电感线圈 L，从而出现了大量的无功功率 Q 造成的。

二、功率因数低带来的不良后果

功率因数低是无功功率 Q 大造成的。前已提到无功功率是指发生在感性负载与正弦交流电源之间的，相互吞吐而不消耗的一种能量形式，因为无休止的能量转换，挤占了视在功率的部分容量，使发电、变电设备的容量被无功功率占用，从而得不到充分的利用。

同时，无功功率 Q 在电源与负载之间的往返传送，在输电线上也造成：

① 输送 Q 的电流，流过输电线上的电阻造成能量损耗，白白地消耗在输电线上；

② 在输电线上，过大的电压损失，使用户的电压达不到额定值。

要节能，首要任务是减少无功功率，提高功率因数。

三、如何减少无功功率？——实验验证

我们仍以 220V 40W 日光灯为例，在日光灯电路两端并联 $C=4.75\mu F$ 电容器进行实验。

1. 实验电路如图 2-3（*a*）所示。图中使用的仪表和接法与图 2-1 相同，用开关 K 控制电容元件 *C* 的支路。

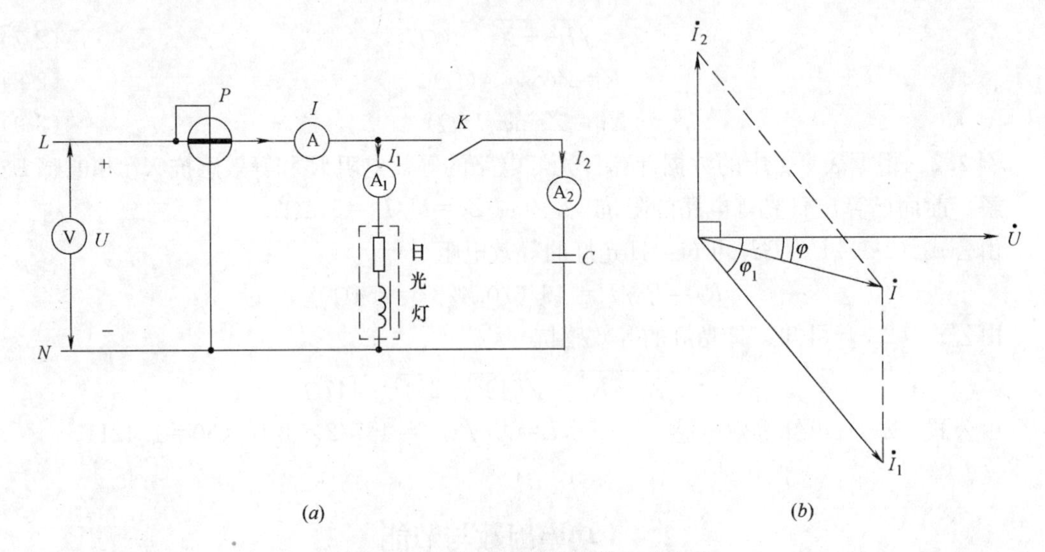

图 2-3　日光灯并联电容的实验电路

2. 实验数据如表 2-2 所示。

日光灯两端并联电容的实验数据　　**表 2-2**

测量值	工作电压 U(V)	总电流 I(A)	日光灯电流 I_1(A)	电容 C I_2(A)	电流消耗功率 P(W)	功率因数 $\cos\varphi$	备注
(K 断) 220V 40W 日光灯没并联电容	220	0.428	0.428	0	46.6	0.495	
(K 闭) 日光灯并联电容 $C=4.75\mu F$	220	0.24	0.428	0.324	48.5	0.92	

3. 分析实验数据：

(1) 并联电容 *C* 不影响日光灯工作，因为灯两端电压 *U* 和日光灯支路的电流 I_1 没有变化；

(2) 电容 *C* 基本上不消耗有功功率，由表 2-2 可知，电容 *C* 实际消耗功率为 $P_C=48.5-46.6=1.9W$，其值 $1.9W \ll 46.6W$；

(3) 并联电容 *C* 后，总电流 *I* 变小了，从 0.428A 降到 0.24A。说明从电源取用的视在功率变小了，从原来的 220×0.428=94.2VA 降到 220×0.24=52.8VA。而消耗功率基本没变，说明从电源取用的无功功率 *Q* 变小，即从原来的 81.9Var（例 2.1）降到 20.9Var（计算过程从略）。所以功率因数 $\cos\varphi$ 从原来的 0.495 提高到 0.92，达到了节能的目的。

并联电容 C 可使总电流变小，使功率因数提高也可以通过相量图如图 2-3（b）[1] 得到证明。

四、无功功率补偿办法

1. 采用并联电力电容器补偿

实验证明，在感性负载两端并联适当大小的电容，可减少线路总电流，减少电源对负载的无功功率供应，从而提高电路的功率因数，以达到节约电能的目的。

因为并联电容可抵消感性负载的部分无功功率，所以这种办法也称为无功功率补偿。这是补偿办法中最常用的。此外还有其他辅助办法。

2. 利用同步电动机补偿

当工艺条件适当、合理时，可利用同步电动机过励磁超前运行的办法，以补偿系统的感性无功功率。

3. 提高用电设备的自然功率因数

据统计，一般工业企业消耗的无功功率中，异步电动机约占 70%，变压器占 20%，线路占 10%。而电动机在满载工作状态时，功率因数最高时可达 0.9，在空载、轻载工作时，功率因数最低约 0.2～0.3；变压器的负荷率宜在 75%～85%，不要低于 60%。所以设计中应正确选择电动机和变压器的容量，防止“大马拉小车”。

五、无功功率的补偿要求与计算

1. 对无功功率的补偿要求

由于提高供电系统的功率因数是节能的重要途径，为此，国家要求功率因数不宜低于 0.9，即 $\cos\varphi \geqslant 0.9$。

虽然功率因数最高可达到 1.0；但考虑到当功率因数高到一定程度后再提高，它所需并联电容器的容量会加倍增大，而总电流减小的效果则不明显，所以功率因数不是越接近 1.0 越好。

2. 并联电容器的容量或补偿容量的计算

根据图 2-3（b）可推导出（推导从略），在电源电压 U（V）一定的情况下，输送一定的有功功率 P（W）的供电系统中，若将原来的功率因数 $\cos\varphi_1$ 提高到新的功率因数 $\cos\varphi$ 时，所需并联电容器（补偿电容）的电容量 C（F）为：

$$C=\frac{P}{\omega U^2}(\tan\varphi_1-\tan\varphi) \tag{2-11}$$

式中 ω——交流电的角频率，当频率 $f=50$Hz 时，$\omega=2\pi f=2\times3.14\times50=314$（rad/s）；

$\tan\varphi_1$——原系统的功率因数 $\cos\varphi_1$ 对应的正切；

---

[1] 以电源电压 $\dot{U}$ 做参考相量即 $\dot{U}=220\angle0°$（V），因为电容电流 $\dot{I}_2$ 超前电压 $\dot{U}$90°，可画出 $\dot{I}_2=0.324\angle90°$（A）或写成 $\dot{I}_2=j0.324$（A）的相量；因为并联电容前 $\cos\varphi_1=0.495$，可知 $\varphi_1=60.3°$；又因感性负载电流落后电源电压，可画出相量 $\dot{I}_1=0.428\angle-60.3°$（A）。则总电流相量 $\dot{I}=\dot{I}_1+\dot{I}_2$，可通过平行四边形方法画出 $\dot{I}$。这时的总电流 $\dot{I}$ 的绝对值肯定小于 $\dot{I}_1$，即 $|\dot{I}|<|\dot{I}_1|$。同时可解出 $\varphi=23°$（$\cos\varphi=0.92$）。即总电流与电源电压之间相位差变小了，即功率因数提高了。

$\tan\varphi$——新系统的功率因数 $\cos\varphi$ 对应的正切。

通常情况下是计算补偿电容所需的无功功率，称此为补偿容量。

补偿容量 Q_C 可按下式计算：

$$Q_C = \alpha \cdot P_C(\tan\varphi_1 - \tan\varphi) \tag{2-12}$$

式中　Q_C——补偿电容器所需的补偿容量（kVar）；

α——年平均有功负荷系数，一般取 0.7～0.75；

P_C——计算有功负荷（kW）；

$\tan\varphi_1$、$\tan\varphi$——补偿前、后功率因数角的正切值。

例 2.3　将 220V 40W 日光灯的功率因数，从原来的 $\cos\varphi_1 = 0.5$ 提高到 $\cos\varphi = 0.9$，求在日光灯两端并联电容器的电容量 C＝？

解

当 $\cos\varphi_1 = 0.5$ 时，对应的 $\tan\varphi_1 = 1.73$

当 $\cos\varphi = 0.9$ 时，对应的 $\tan\varphi = 0.484$

$$C = \frac{P}{\omega U^2}(\tan\varphi_1 - \tan\varphi) = \frac{40}{314 \times 220^2}(1.73 - 0.484)$$

$$= 3.28 \times 10^{-6}(\text{F}) = 3.28(\mu\text{F})$$

3. 补偿用并联电容器的安放地点选择

(1) 10 (6)kV 及以下无功功率补偿宜在配电变压器低压侧集中补偿。

(2) 补偿基本无功功率的电容器组，宜在变电所内集中补偿。

(3) 容量较大、负荷平稳且经常使用的用电设备的无功功率宜单独就地补偿。

例 2.4　某感性负载的功率 $P = 10\text{kW}$，$U_N = 220\text{V}$，$\cos\varphi_1 = 0.8$，现采用并联电容的方法，使功率因数分别提高到 0.85、0.90、0.95、1.0。试通过计算，求出 $\cos\varphi$ 每提高 0.05，与之对应的电流和需并联电容器的电容量，并比较之（电源频率 $f = 50\text{Hz}$）。

解　$\cos\varphi_1 = 0.8$ 时的线路电流为

$$I_1 = \frac{P}{U_N \cos\varphi_1} = \frac{10 \times 10^3}{220 \times 0.8} = 56.8\text{A}$$

$\cos\varphi = 0.85$ 时的线路电流为

$$I_2 = \frac{10 \times 10^3}{220 \times 0.85} = 53.5\text{A}$$

当 $\cos\varphi_1 = 0.8$ 时，$\tan\varphi_1 = 0.75$

当 $\cos\varphi = 0.85$ 时，$\tan\varphi = 0.62$

故由 $\cos\varphi_1 = 0.8$ 提高到 $\cos\varphi = 0.85$，所需并联的电容量为

$$C = \frac{P}{\omega U^2}(\tan\varphi_1 - \tan\varphi)$$

$$= \frac{10 \times 10^3}{314 \times 220^2}(0.75 - 0.62)$$

$$= 8.55 \times 10^{-5}\text{F} = 85.5\mu\text{F}$$

其余计算类似，计算结果列表如下：

$\cos\varphi$	0.80	0.85	0.90	0.95	1.0
I(A)	56.8	53.5	50.5	47.8	45.5
C(μF)	0	86	178	276	493

由上表可见，随着 $\cos\varphi$ 的提高，功率因数每提高 0.05 所需并联的电容器的容量越来越大，而对线路电流减小的效果越来越小，特别是当 $\cos\varphi$ 大于 0.9 以后看得更清楚。所以供电系统并不要求用户的功率因数提高到 1，否则电容器的投资太大，从全局来看，反而不经济。

复习思考题

2-1　什么叫做单相负载？什么叫做三相负载？你怎样判定一个电气设备是单相还是三相负载呢？

2-2　原来能正常工作的一盏台灯（白炽灯），突然无法点燃了，试分析可能发生故障的原因。

2-3　你是否发现，在晚间当响熄灯（电）铃时，宿舍的白炽灯的灯光会暗下来；或是在冬季当锅炉房的电动机启动时，也会使白炽灯变暗，这是什么缘故呢？

2-4　你能举出哪些实例，说明电流的热效应给人们带来了不利或危害？又有哪些实例，说明人们正是运用了电流热效应这一规律，来为生产和生活服务的？

2-5　试分析判断在下述情况下，日光灯不能正常工作的原因，并提出应采取的措施。(1) 当打开电门后，日光灯不亮（毫无动静）？(2) 当打开电门后，仅灯管两端发出暗光，但长期不能点燃？(3) 当打开电门后，灯管总在闪烁，不能彻底点燃？(选作)

2-6　你能在没有启动器的情况下，把一盏日光灯点亮吗？

2-7　什么是纯电阻、纯电感和纯电容性质的负载？它们在交流电路中所起的作用，各有何不同？

2-8　什么是感抗？什么是容抗？它们的大小与交流电的频率各有何关系？

2-9　感性负载的阻抗指的是什么？它的大小由何决定？何为交流电路的欧姆定律？

2-10　电路（或负载）的功率因数指的是什么？感性负载的功率因数为什么都小于 1？

2-11　供电线路（或负载）的功率因数低有什么不好？如何来提高功率因数？

2-12　在交流电路中，所说的视在功率、有功功率和无功功率，指的都是什么？各有何不同？它们的单位各是什么？

2-13　如果说日光灯镇流器的作用，只在于日光灯点燃后，限制流过灯管的电流，那么，为什么不用一只电阻而偏偏要用一个由电感线圈制成的镇流器呢？

2-14　试分析你所见到的电气设备，对于交流电路来说，各属于什么性质？

习　题

2-1　某盏白炽灯灯泡上标称 220V 100W，但实测结果是当电源电压为 220V 时，流过该灯泡的电流为 0.496A，试问该灯泡在 220V 电压下工作时的实际功率是多少？

2-2　某工地交流电源是由三相四线制配电的，电源变压器出口的线电压为 400V，因输电距离过远，冬季负荷加大时，施工现场的单相电压已降至 200V。试问，这一相线路电压降去了多少伏？这时对照明负载的正常工作有何影响？此时一盏标称 220V 100W 的白炽灯，实际工作电流是 0.435A，那么这盏灯实际自电源取用的功率是多少？

2-3　某工地拟为夜间施工照明，安装 220V 1kW 投光灯三盏，由一个开关进行控制，试问，应在该闸刀处的电流多大？若一个夜班工作八小时，那么三盏投光灯一个夜班，耗用的电费是多少？

2-4　某安全灯变压器供给四盏 24V 60W 白炽灯工作，试问，该安全灯变压器输出端应安装额定电流多大的开关？

2-5　某办公室内装有220V 40W日光灯六盏（均未加装电容器），试问，为这六盏灯供电的配电导线，至少应能承受多少安培的电流？

2-6　今有一台单相手电钻，其额定电压为380V，额定功率为0.5[1]，功率因数为0.78，已知该手电钻的效率为85%。试问，为该手电钻供电的配电导线，至少应能承受多少安培的电流？

2-7　某办公楼是由单相220V电源供电的，全楼用电设备情况如下：(1) 40W日光灯50盏（未加装电容器）；(2) 40W白炽灯15盏；(3) 电源插座20个，（每个按40W计）；(4) $\frac{1}{4}$hp[1]排风扇4台(其效率为0.82，功率因数为0.78)。若需要系数按0.92考虑（即同时工作的负载只有全部用电设备的92%）。试问，(1) 应采用何种规格的电源总开关？(2) 自楼外电杆到楼内配电盘的电源引入线，应至少能承受多少安培的电流？

2-8　在一盏日光灯电路中，已知灯管的等值电阻$R=530\Omega$，镇流器的电感$L=1.9$H（镇流器的电阻略去不计），电源电压为220V，频率$f=50$Hz。试求，电路中的电流，镇流器两端的电压，灯管两端的电压和电路的功率因数各是多少？

2-9　一台额定容量为100kVA的电源变压器，能供给几个额定功率为5.5kW、功率因数为0.6的感性负载用电？若负载的功率因数为0.9时，该变压器又能供给几个这样的负载用电？

2-10　一台交流发电机，其额定容量为10kVA，额定电压为220V，$f=50$Hz，与一感性负载相联，负载的功率因数$\cos\varphi=0.6$，功率$P=8$kW，试问：(1) 发电机的电流是否超过了它的额定值？(2) 如果将$\cos\varphi$从0.6提高到0.95，应在负载两端并联多大的电容器？(3) 功率因数提高到0.95后，发电机的容量是否有剩余？剩余多少？

2-11　把一个线圈接在48V的直流电源上，电流为8A；将它改接在50Hz，120V的交流电源上时，电流为12A，试求此线圈的电阻和电感。

2-12　把一个100μF的电容器先后接在$f=50$Hz和$f=5000$Hz、电压均为220V的交流电源上，试分别计算在上述两种情况下的容抗和通过电容器的电流各是多少？

〔1〕 hp（马力）表示功率的一种单位，1hp=0.736kW。

第三章　负载与三相电源的联接

负载分为单相负载和三相负载。单相负载如一个额定电压为 200V 的照明灯只需要三相电源中的任一相（火）线与中线 N 组成的单相电源供电。三相负载必须是三相电源供电，如三相交流异步电动机。

所谓负载的联接是指将负载正确联接在电源上，使其能正常工作。

3.1　负载与电源的联接原则

不论是单相还是三相负载，为使其正常工作必须满足负载额定电压的这个条件，即加于负载两端的电源电压 U 要等于负载的额定电压 U_N。即

$$U = U_N \tag{3-1}$$

例如“220V40W”的白炽灯，其额定电压 $U_N = 220$ 伏。从前一章可知，三相电源中任一相的相电压 U_P 都是 220V，所以应将此灯接于任一条相（火）线和中线 N 之间。

3.2　负载的星形（Y）联接

一、单相负载的星形（Y）联接

当建筑物内额定电压为 220V 的照明负载有很多时，就该引入三相电源，将众多照明负载按功率和使用条件分成三等份，使其三相尽量对称，每份分别接于 L_1、L_2、L_3 相（火）线和中线 N 之间。称此为星形（Y）接法。如图 3-1（*a*）所示。（*b*）、（*c*）两图虽然画法不同，但每相负载都接于相（火）线和中线 N 或中性点 N′之间，所以均为星形（Y）联接，图中 Z_1、Z_2、Z_3；等代表各相的负载阻抗。

二、三相负载的星形（Y）联接

最典型的三相负载是三相异步电动机。

图 3-1 中的（*c*）图为三相交流电动机等动力负载Y接的示意图。因其定子由三组完全对称的绕组构成，称三相对称绕组，各相绕组的负载阻抗完全相同，即 $Z_1 = Z_2 = Z_3 = Z$，所以图中少了一条中线 N，只与三相电源的三条相（火）线相接。出于安全原因，动力负载的金属外壳应接保护线 PE。

小结：根据公式（1-8）可知，负载星形（Y）联接的条件——①当众多单相负载的额定电压等于三相电源的相电压 U_P 或等于三相电源线电压 U_L 的 $1/\sqrt{3}$时，则众多单相负载应接成星形（Y）接法。将各单相负载分别接于各相（火）线与中线之间。

② 三相负载如三相交流电动机的铭牌上标出：电源电压为 380V，电动机Y接。

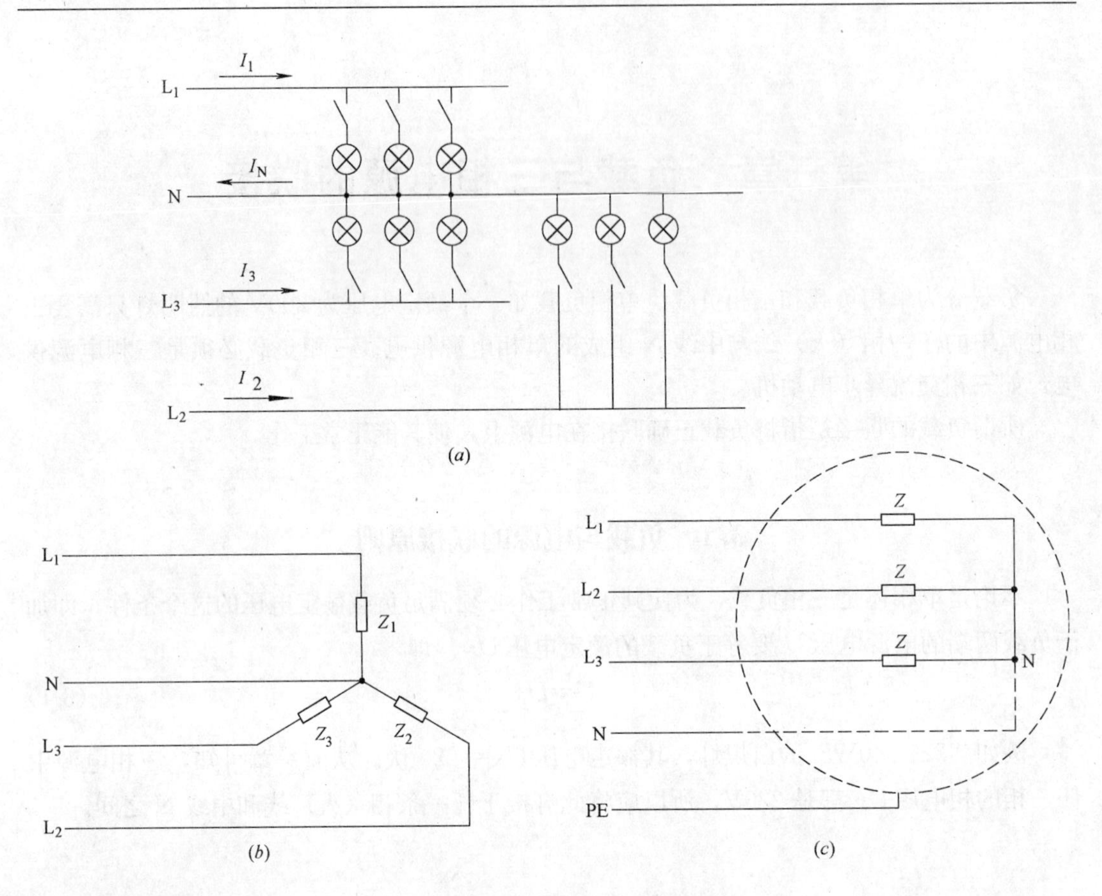

图 3-1　负载的星形（Y）联接

(a) 照明负载的星形（Y）联接；(b) 一般负载的星形（Y）联接；(c) 动力负载的星形（Y）联接

3.3　星形（Y）联接的中线作用

星形（Y）联接的中线作用是指中线电流有多大和断开中线是否可以正常工作两方面问题。为此仍通过实验加以说明。

一、实验电路与实验数据

参照图 3-1 (a) 所示。图中的三相负载均为 220V100W 白炽灯，共三组，每组五盏。接入线电压为 380V 的三相电源。三条火线电流分别以 I_1、I_2、I_3 表示，中线电流为 I_N。

1. 当三相负载的各相接入灯的数量变化时，各条线上的电流值如表 3-1 所示。

三相负载变化时各条线上电流值　　表 3-1

三相负载状况		火线电流 I_1(A)	火线电流 I_2(A)	火线电流 I_3(A)	中线电流 I_N(A)
三相不平衡	L_1 相亮 2 灯 L_2 相亮 3 灯 L_3 相亮 5 灯	0.94	1.41	2.33	1.18
三相平衡	各相均亮 5 灯	2.35	2.35	2.35	0

2. 在图 3-1（*a*）图中，在电源位置断开中线 N，这时三相负载仍保持星形（Y）联接。当各相灯的数量变化时，用电压表分别测量各相灯的两端电压 U_1、U_2、U_3，并观察灯的明暗程度。记录如表 3-2 所示。

断开中线，三相负载变化时各相电压值　　　　表 3-2

三相负载状况		测量各相电压			观察各灯亮度		
		U_1(V)	U_2(V)	U_3(V)	L_1 相	L_2 相	L_3 相
三相平衡	各相均亮 5 灯	220	220	220	正常	正常	正常
三相不平衡	L_1 相亮 4 灯 L_2 相亮 5 灯 L_3 相亮 5 灯	238	208	208	变亮	稍暗	稍暗
	L_1 相亮 3 灯 L_2 相亮 5 灯 L_3 相亮 5 灯	260	200	200	更亮	更暗	更暗

二、实验证明

1. 三相负载不平衡时，中线 N 有电流流过，但一般较火线电流为小。

这是因为中线电流 I_N 是三条火线电流 I_1、I_2、I_3 的相量和，而这三个电流在相位上互差 120°的缘故。

所以一般中线的导线截面积小于火线的导线截面积。

2. 当三相负载平衡（负载对称）时，如三相交流电动机，其中线电流为零，所以三相交流电动机的中线可除去不用。但是照明负载因为很难使三相平衡，所以中线不能除去。

3. 中线不允许中断，否则会造成三相负载的相电压不对称，影响负载正常工作。

为此中线上绝不允许安装熔断器和开关类电器。

总之，中线是确保负载相电压对称的保证。

3.4　负载的三角形（D）联接

一、单相负载的三角形（D）联接

当单相负载的额定电压 U_N 等于三相电源的线电压 U_L 时，应将此负载跨接在三相电源的任意两条相（火）线之间，如 $U_N = 380V$ 的单相电焊机；如果此类负载较多，则应考虑三相尽可能对称，使三条相（火）线负担相近，接成图 3-2 的三角形（D）联接。

二、三相平衡负载（三相负载对称）的三角形（D）联接

三相平衡负载如三相异步电动机的联接均标注在铭牌上，通常与电压等其他数据一起标注。如果标出："电压——380V；接法——D"时则表明是三角形联接。

目前国产 Y 系列三相异步电动机；其容量在 4kW 以上的均为三角形（D）联接，如图 3-2（*b*）图所示。

三角形（D）联接的三相负载工作时不用中线 N。

如果图 3-2（*a*）图中的电气设备有金属外壳，就应按（*b*）图的方法接入保护线 PE。

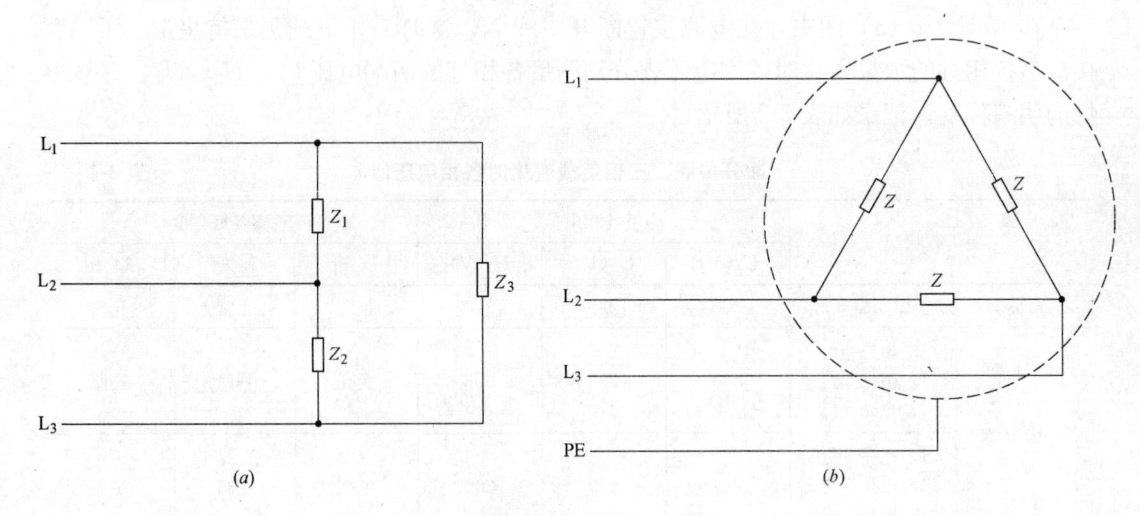

图 3-2　负载的三角形（D）联接

（a）众多单相负载接成的 D 联连；（b）三相交流电动机的 D 联接

三、线电流、相电流

应该指出，图 3-2 三角形联接的电路中，有线电流和相电流之分。

线电流指三相电路中相（火）线中的电流。三相电路中三条相（火）线中的电流以 I_{L1}、I_{L2}、I_{L3} 表示；三相平衡负载中三个线电流大小相等，都用 I_L 表示。

相电流是指每相负载中的电流。三相负载中分别用 I_{P1}、I_{P2}、I_{P3} 表示每相负载的电流；三相平衡负载中三个相电流大小相等，都用 I_P 表示。

当三相负载平衡时，其线电流 I_L 与相电流 I_P 具有如下大小关系：

$$I_L = \sqrt{3} I_P \qquad (3\text{-}2)$$

3.5　负荷计算要点

负荷计算主要是计算功率、功率因数和电流。为选变压器容量和计算导线截面积提供主要依据。

所谓功率的计算包含有功功率、无功功率和视在功率的计算。

一、单相电路的计算

1. 有功功率
$$P_P = U_P I_P \cos\varphi \qquad (3\text{-}3)$$

式中 P_P、U_P、I_P 都是指单相电路的有功功率、相电压、相电流；而 $\cos\varphi$ 中的"φ"是指相电压 U_P 与相电流 I_P 之间的相位差角。

2. 无功功率
$$Q_P = U_P I_P \sin\varphi \qquad (3\text{-}4)$$

3. 视在功率
$$S_P = U_P I_P = \sqrt{P_P^2 + Q_P^2} \qquad (3\text{-}5)$$

4. 功率因数 $\cos\varphi$ 可从公式（3-3）中导出。

5. 相电流 I_P 可从上述公式中导出。

二、三相电路的计算

（一）三相负载不对称时，每相都按单相电路的计算方法计算出各相的有功功率 P_1、

P_2、P_3 和各相的无功功率 Q_1、Q_2、Q_3。

则三相总的有功功率　　$P=P_1+P_2+P_3$　　(3-6)

三相总的无功功率　　$Q=Q_1+Q_2+Q_3$　　(3-7)

三相总视在功率　　$S=\sqrt{P^2+Q^2}$　　(3-8)

（二）当三相负载对称时，每相的有功功率都是相等的，因此三相总的有功功率为

$$P=3P_P=3U_P I_P\cos\varphi \tag{3-9}$$

式中 φ 角是相电压 U_P 与相电流 I_P 之间的相位差角。

当对称负载是星形联接时，可知：

$$U_L=\sqrt{3}U_P\text{（线电流 }I_L\text{ 与相电流 }I_P\text{ 是相同的）}$$

而对称负载是三角形联接时，可知：

$$I_L=\sqrt{3}I_P\text{（线电压 }U_L\text{ 与相电压 }U_P\text{ 是相同的）}$$

不论对称负载是星形联接或是三角形联接，如将上述关系代入可得

$$P=\sqrt{3}U_L I_L\cos\varphi \tag{3-10}$$

式中 φ 角仍是相电压 U_P 与相电流 I_P 之间的相位差角。

公式（3-9）和公式（3-10）都是用来计算三相总的有功功率的，但通常多应用后者，因为线电压 U_L 和线电流 I_L 是容易测量出的，或者是已知的。

同理，可得出三相总无功功率 Q 和视在功率 S：

$$Q=3U_P I_P\sin\varphi=\sqrt{3}U_L I_L\sin\varphi \tag{3-11}$$

$$S=3U_P I_P=\sqrt{3}U_L I_L \tag{3-12}$$

例 3.1　某施工现场拟临时安装 220V/1000W 卤钨灯六盏、220V250W 高压钠路灯十二盏和 220V400W 日光色镝灯或称金属卤化物灯八盏、为施工现场及其道路照明。上述三种照明灯中除卤钨灯的功率因数高，即 $\cos\varphi_1\approx1$ 外，后两种功率因数都差，约 $\cos\varphi_{2,3}=0.5$。试计算①各相的功率及线路电流？②三相总功率？

解

（一）三种灯的联接及其分配

∵所有灯的额定电压均相同，即 $U_N=220$V，

∴应采用星形（Y）联接。

为计算方便，可使三相电源中每相只接一种灯：第一相（L_1-N）接卤钨灯；第二相（L_2-N）接高压钠路灯；第三相（L_3-N）接金属卤化物灯。

（二）各相的功率和电流

1. 第一相（L_1 火线与中线 N 之间）

有功功率 $P_1=1000\times6=6000$W（瓦）

无功功率 $Q_1=P_1\tan\varphi$（∵$\cos\varphi_1=1$，∴$\tan\varphi_1=0$）

$=6000\times0$

$=0$

视在功率 $S_1=\sqrt{P_1^2+Q_1^2}=6000VA$。

第一条火线中的电流 $I_1=S_1/U_N=6000/220=27.3A$。

2. 第二相（L_2 与 N 之间）

$$P_2=250\times12=3000W$$

$$Q_2=P_2\tan\varphi_2\text{（}\because\cos\varphi_2=0.5\quad\therefore\tan\varphi_2=1.73\text{）}$$

$$=3000\times1.73$$

$$=5200\text{Var（乏）}$$

$$S_2=\sqrt{P_2^2+Q_2^2}=\sqrt{3000^2+5200^2}=6003\text{VA（伏安）}$$

$$I_2=S_2/U_N=6003/220=27.3A$$

3. 第三相（L_3 与 N 之间）

$$P_3=400\times8=3200W$$

$$Q_3=P_3\cdot\tan\varphi_3=3200\times1.73=5536Var$$

$$S_3=\sqrt{P_3^2+Q_3^2}=\sqrt{3200^2+5536^2}=6394VA$$

$I_3=S_3/U_N=6394/220=29.1A$

（三）三相总功率及平均功率因数

有功功率 $P=P_1+P_2+P_3=6000+3000+3200=12200W$

$=12.2kW$

无功功率 $Q=Q_1+Q_2+Q_3=0+5200+5536=10.7kVar$

视在功率 $S=\sqrt{P^2+Q^2}=\sqrt{12.2^2+10.7^2}=16.2kVA$

应该指出 $S\neq S_1+S_2+S_3$（$=6+6+6.39=18.39kVA$）

平均功率因数 $\cos\varphi=P/S=12.2/16.2=0.753<0.9$

由于功率因数低于 0.9，不符合《民用建筑电气设计规范》JGJ 16—2008 的要求，所以应在每盏高压钠路灯和金属卤化物灯上并联电容量适当的电容器用来提高功率因数。

（四）电容量 C 的计算

按每盏灯均并联电容量并将功率因数从 0.5 提高到 0.9 计算电容量。

1. 为 220V250W 的高压钠路灯，计算电容量 C_2：按公式（2-11）可知

$$C_2=\frac{P}{\omega U^2}(\tan\varphi_1-\tan\varphi)=\frac{250}{314\times220^2}\text{（}1.73-0.484\text{）}$$

$$=2.05\times10^{-5}\text{F(法)}=20.5\mu\text{F（微法）}$$[1]

为每盏 220V250W 的高压钠路灯，并联 20.5μF 电容的电容器。

2. 同理可计算出 220V400W 的金属卤化物灯的电容量 C_3 为：

$$C_3=\frac{400}{314\times220^2}(1.73-0.484)=32.8\mu F$$

[1] 式中的 $\tan\varphi_1$ 是指原来的功率因数为 $\cos\varphi_1$ 时对应的正切值。即本题的 $\cos\varphi_2=0.5$ 时对应的正切值 $\tan\varphi_2=1.73$。式中的 $\tan\varphi$ 则是指功率因数 $\cos\varphi$ 提高后对应的正切值。即本题的 $\cos\varphi=0.9$ 时对应的 $\tan\varphi=0.484$。

复习思考题

3-1　什么是三相负载、单相负载和单相负载的三相联接？三相交流电动机有三根引出线要接到电源的 L_1、L_2、L_3 三条火线上才能正常工作，称为三相负载；而电灯有两根引出线，为什么不称为两相负载，而称为单相负载？

3-2　什么叫做三相平衡（对称）负载？举例说明。

3-3　什么叫做三相负载的星形联接？什么叫做三相负载的三角形联接？

3-4　三相负载在接入三相电源时，究竟采用何种联接方法，取决于什么？对于某一具体的三相负载在接入某一三相电源时，可以采用任意的接法吗？

3-5　某三相负载应作星形联接，误接成三角形联接，或应作三角形联接而误接成星形联接，各有什么不好？在联接前应注意什么才不致误接？

3-6　什么叫做三相四线制系统和三相三线制系统？各应用在什么情况下？

3-7　在三相四线制供电线路中，如其中一相出了故障（断开或负载短路），对其他两相的工作是否有影响？为什么？

3-8　中线有什么作用？从三相四线制电源配电线路中，怎样辨认出中线来？在电源配电盘上，中线能加装开关吗？为什么？

3-9　把三个 20Ω 的电阻联接成星形，接到线电压为 380V 的三相电源上，把另外三个相等的电阻联接成三角形，接到同一电源上，若二者从电源取用的（线）电流相等，试确定作三角形联接的负载每相的电阻是多少？二者间是否有一定的数值关系？

3-10　星形联接的三相照明负载，突然发现一相负载的开闭对其他两相负载的工作有影响，有的灯变得很亮，有的灯变得很暗，试分析故障的所在。

3-11　三角形联接的三相照明负载，突然发现有两相电灯变暗，而另一相则工作正常，试分析故障的所在。

3-12　在习图 3-1 中，负载为星形联接，各相阻值相等，由三相对称电源供电，试问，在 A 相负载 R_A 断开前后，两电流表 A_1 和 A_2 的读数有无变化？有何变化？为什么？

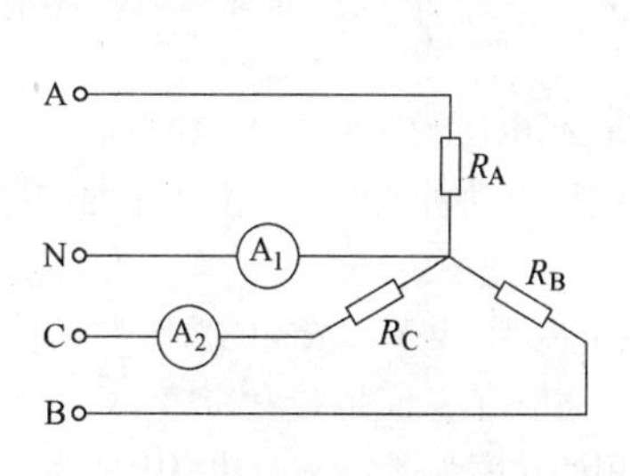

习图 3-1　题 3-12 图

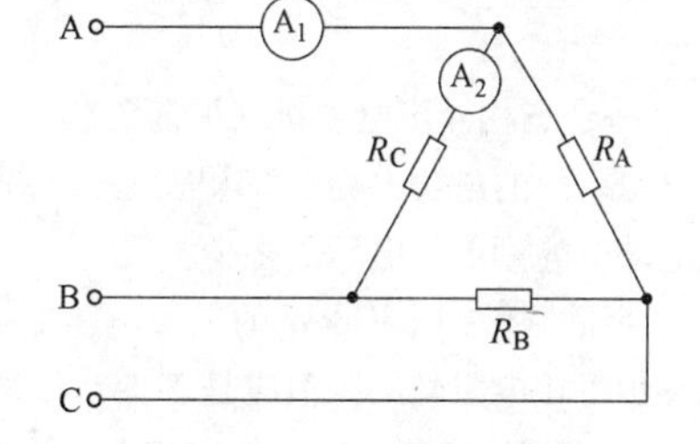

习图 3-2　题 3-13 图

3-13　在习图 3-2 中，负载为三角形联接，各相阻值相等，由三相对称电源供电，试问，在 A 相负载 R_A 断开前后，两电流表 A_1 和 A_2 的读数有无变化？有何变化？为什么？

3-14　有两组三相负载，一组的额定相电压为 220V，另一组的额定相电压为 380V，试问，在欲接入 380/220V 三相四线制供电线路时，各应采用何种接法？画出接线电路图。

3-15　试指出下列各结论中哪个是正确的？哪个是错误的？

（1）当负载作星形联接时，必须要用中线。

（2）凡负载作三角形联接时，线电流必为相电流的$\sqrt{3}$倍。

（3）当三相负载越接近平衡（对称）时，中线电流就越小。

(4) 所谓三相负载平衡，是指它们各相的阻抗相等。

(5) 凡负载作星形联接时，负载的相电压必等于电源线电压的$1/\sqrt{3}$。

(6) 负载作星形联接时，线电流必等于相电流。

(7) 中线的作用在于保证星形联接的不对称负载的相电压保持对称，因此中线内不得接入保险丝或闸刀开关。

(8) 三相负载不论是作星形还是三角形联接，其三相总功率都可按下式计算

$$P=\sqrt{3}\cdot U_L\cdot I_L\cdot\cos\varphi$$

习　题

3-1　把一批额定电压为220V、功率为100W的白炽灯，接在线电压为380V的三相四线制供电电源上，若A相所接灯数为20盏，B相接30盏，C相接40盏，试分析求出各条火线中的电流？此时中线中有电流流过吗？

3-2　某大楼需安装220V40W日光灯210盏（功率因数$\cos\varphi_1=0.5$），220V60W白炽灯90盏（功率因数$\cos\varphi_2=1$），电源是380/220V三相四线供电，试分配其负载并指出应如何联接？电源闸刀开关处应安装多少安培的保险丝？

3-3　有一三相平衡负载，其每相的电阻$R=8\Omega$，感抗$X_L=6\Omega$。如果将负载联接成星形接于线电压$U_1=380$V的三相电源上，试求其相电压、相电流和线电流。

3-4　如将上题的负载联接成三角形接于线电压$U_L=220$V的三相电源上，试求其相电压、相电流和线电流。将所得结果与上题结果加以比较。

3-5　某人采用铬铝电阻丝三根，制成三相加热器，每根电阻丝电阻为40Ω，其最大允许电流为6A。试根据电阻丝的最大允许电流，来决定此三相加热器应如何接入三相电源（电源线电压为380V）。

3-6　某施工现场拟临时安装三盏220V1000W的投光灯（白炽灯泡），已知该工地的电源是由三相四线380V供电的。试问，该三盏投光灯应如何接入三相电源才较合理？绘出接线电路图。当三盏灯同时工作时，中线电流是多少？火线上的电流又是多少？若熄灭一盏，对其他两盏有无影响，为什么？

3-7　一台三相异步电动机（平衡负载），采用星形联接接在线电压为380V的三相电源上工作，已知它自电源取用的电功率为3.35kW，其功率因数为0.84。试问该电动机从电源线上取用的线电流是多少？该电动机的额定相电压是多少？

3-8　今欲制做一个15kW的三相电阻加热炉，已知电源线电压为380V，试问，采用三角形联接时，电阻加热炉每相电阻丝的阻值应是多少？若采用星形联接，其每相阻值又应是多少？

3-9　某三相平衡负载，其额定相电压为220V，从电源取用的功率为5.3kW，功率因数为0.85，准备接在线电压为220V的三相电源上工作。试问，应采用哪种接法？它从电源线上取用的电流是多少？每相中流过的电流又是多少？

3-10　某三相平衡负载，其额定相电压为220V，每相负载中的额定电流为38A，功率因数为0.92，如将该负载接入线电压为220V的三相电源上工作。试问，应采用哪种联接方法？负载从电源线上取用多少电流？负载从电源取用的功率又是多少？

3-11　某三相交流电动机绕组作三角形联接，其额定线电压为380V，额定线电流为17.3A、自电源取用的电功率为4.5kW。试求此三相交流电动机每相的等效电阻（R）和感抗（X_L）（可把电动机的每一相看成是由电阻R和感抗X_L串联的电路）。

3-12　三相平衡负载作星形联接。其每相阻抗$Z=40\Omega$，$\cos\varphi=0.9$，电源的线电压$U_L=380$V，试求线电流及负载取用的三相总功率P。

3-13　某三相平衡负载，应作星形联接接入线电压为380V的三相电源上才能正常工作，它取用的电功率为2.2kW，自电源取用的电流为4.8A。试问，该负载的功率因数是多少？负载的额定相电压是多少？若把该负载接至三相220V的电源上，应采用哪种联接法？它从电源取用的功率是否还是2.2kW？

第二篇
电工技术应用

本篇具体要求如下：

1. “识图”是本篇最重点的内容，可分为熟练掌握和一般了解两个档次。

应熟练掌握的内容有：①高、低压一次系统图；②电动机控制电路图；③建筑物照明、电气及防雷平面图；

可一般了解的内容有：①高、低压二次接线图；②建筑物的弱电系统平面图。

2. 会选择常用低压电器及导线。

3. 了解下述计算过程：①负荷计算；②建筑物电气概、预算的编制与计算等。

4. 了解建筑电气施工过程。

第四章　变压器及10kV变、配电系统

4.1 变　压　器

变压器是一种常见的电气设备，在电力系统和电子线路中应用广泛。

变压器的种类很多，其用途各异。有用于输电、变电的电力变压器；有起动电动机用的自耦变压器；有用来配合测量仪表的电压、电流互感器，用于焊接的电焊变压器、用于输出安全电压的行灯变压器；此外还有用在电子线路中的电源变压器及用来耦合电路、传递信号并实现阻抗匹配的各式各样的变压器等。在这里主要讲解电力变压器。

电力变压器有小、中、大型之分：630kVA及以下为小型；800～6300kVA为中型；8000～63000kVA为大型；大于或等于90MVA（90000kVA）为特大型。目前我国变压器最大单台容量为400MVA（三相），最高电压等级为500kV。

一、变压器的基本构造

电力变压器的结构与外形如图4-1所示。

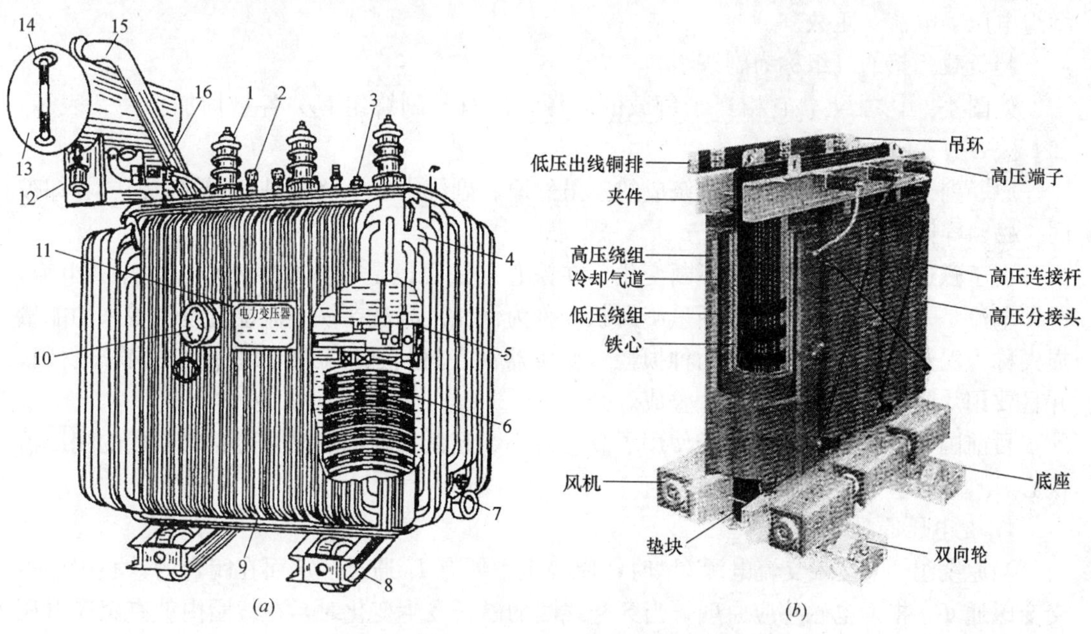

图4-1　电力变压器结构与外形图

(*a*) 油浸式电力变压器；(*b*) 干式电力变压器

1—高压套管；2—低压套管；3—分接开关；4—油箱；5—铁心；6—绕组及绝缘层；7—放油阀门；8—小车；9—接地螺栓；10—信号式温度计；11—铭牌；12—吸湿器；13—储油柜（油枕）；14—油位计；15—安全气道；16—气体继电器

从（a）图可看出，变压器铁心5及绕在上的高、低压绕组6都浸泡在油中，用油的循环带走铁心和绕组中产生的热量，以保持变压器不会产生过高的温度。

但是由于油的污染以及在防火、防爆等方面存在的问题，因此在防火要求较高的场所使用干式变压器。干式变压器是将绕组和铁心置于空气或六氟化硫气体中，为了使铁心和绕组结构更稳固，常用环氧树脂浇注，如图4-1中（b）所示。

《民用建筑电气设计规范》JGJ 16—2008第4.3.5有“设置在民用建筑中的变压器，应选择干式、气体绝缘或非可燃性液体绝缘的变压器。……”

二、变压器的工作原理

为讲解清楚，取三相变压器中的一相来进行分析，如图4-2所示。这是一台单相变压器的原理示意图，变压器主要是由电路与磁路两部分组成的。

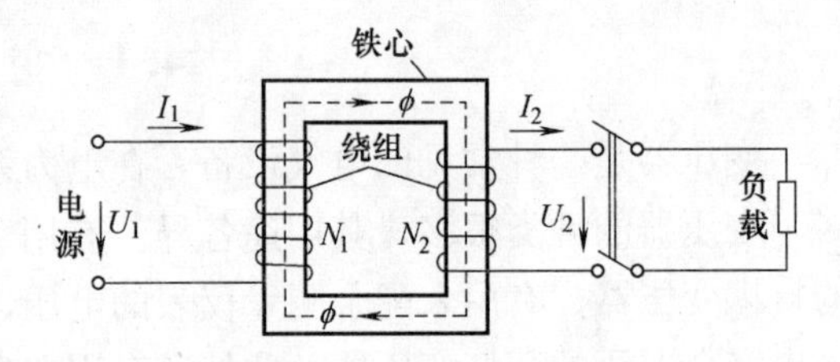

图4-2 变压器原理示意图

磁路部分（铁心）：为了减少磁滞损失[1]，和涡流损失变压器的铁心用0.35～0.5毫米的硅钢片叠成，硅钢片表面涂有绝缘漆以使各片相互绝缘。铁心形状有“口”字形（心式）与“日”字形（壳式）等几大类。

电路部分（绕组）：由两个或两个以上匝数不等的绕组（俗名线包）组成。

与电源相连接的绕组称为原绕组。如图4-2中的N_1，它相当于电源的负载。为叙述方便起见，所有与原绕组有关各量都加脚注1表示，如用U_1、I_1、N_1……等分别表示原绕组电压、电流、匝数。

与负载相接的绕组称为副绕组。

如图4-2中之N_2，它相当于负载的电源。所有与副绕组有关各量均加脚注2表示，如U_2、I_2、N_2……等。

原、副绕组都是用绝缘导线绕成的。虽然原、副绕组在电路上是分开的，但二者却被同一磁路穿链起来。

由于磁通中的大小和方向不断变化，在铁心（铁心也是导体）中感应出电压和电流，这种电流是一层层、一圈套一圈呈旋涡状，称为涡流。涡流在铁心流动过程中带来的能量损失称为涡流损失。为减少这两种损耗，变压器铁心材料选取磁滞回线瘦窄的软磁材料，并且要用片间彼此绝缘的硅铁片叠成。

目前国内有些生产厂家已经使用了高导磁率、超低损耗的非晶合金材料制成的变压器铁心。

1. 变电压原理

当原绕组N_1接入交流电源U_1时，原绕组中便有I_1通过，从而在闭合的铁心中产生交变磁通Φ。根据电磁感应原理，当穿链线圈的磁通发生变化时，在线圈内就有感应电压产生，而且线圈中感应电压的大小是和线圈的匝数成正比的。这一交变磁通Φ不仅穿链着副绕组N_2，而且也与原绕组N_1穿链着。因此它必在原绕组N_1中也产生出感应电压

〔1〕 由于交流电的方向不断变化引起磁通Φ的方向也不断变化，磁通在方向改变时引起的能量损失称为磁滞损失。就好像人在不停的急速的“向后转”时要消耗能量一样。

U_1'、在副绕组 N_2 中产生出感应电压 U_2，且两者感应电压的大小，是与两者的匝数成正比的。即

$$\frac{U_1'}{U_2}=\frac{N_1}{N_2} \tag{4-1}$$

当略去绕组中的内阻和漏磁通（通过气隙而闭合的磁通）的影响，我们可以近似地认为 $U_1'\approx U_1$，故得：

$$\frac{U_1}{U_2}=\frac{N_1}{N_2}=K \tag{4-2}$$

上述结果说明变压器原、副边电压与其匝数成正比（式中 K 称为变压比）。这正是变压器之所以能改变电压的原因。如果副绕组的匝数少于原绕组就能降低电压，叫降压变压器。反之，如果副绕组的匝数多于原绕组就是升压变压器。我们根据需要；制成各种匝数比的原副绕组就可以得到不同变压比的变压器。

2. 变电流原理

变压器不仅能改变交流电压，而且还能改变电流，所以变压器也是变流器。变压器为什么也能改变电流呢？因变压器是输送电能的设备，它本身消耗电能极少，即变压器的效率很高，达95%以上，当副绕组接通负载后，可近似认为原边输入的视在功率 S_1 必定与副边输出的视在功率近似相等，即 $S_1\approx S_2$，或 $U_1I_1\approx U_2I_2$

得
$$\frac{I_1}{I_2}\approx\frac{U_2}{U_1}$$

因为
$$\frac{U_2}{U_1}=\frac{N_2}{N_1}$$

所以
$$\frac{I_1}{I_2}=\frac{N_2}{N_1} \tag{4-3}$$

上述结果说明变压器原、副边电流与其匝数成反比。即降压变压器的副绕组电流 I_2 大于原绕组电流 I_1，也可以说，同一变压器的原、副绕组中，电压低的绕组电流大。

另外，当负载电流即变压器的副绕组电流 I_2 增大时，变压器的原绕组电流 I_1 也按比例增大。为防止电流过大而烧坏变压器，在变压器的铭牌上标有额定值，以提醒人们注意。

变压器不但能变换交流电压和电流，还能变换负载的阻抗。我们可以采用不同匝数比的变压器，把负载阻抗变换为所需要的、比较合适的数值。这种做法通常称为阻抗匹配。

三、变压器的铭牌

目前国产中、小型电力变压器型号有SC9、S9-M（M表示全封闭）、S10-M_a^b（a为户外型，b为户内型）、S11-M・R（R表示卷绕封闭形铁心）、SH（H表示非晶体合金铁心）等。它的技术数据可见附录七所示。其主要技术数据（以SC9为例）都标在产品的铭牌上，如表4-1所示。

变压器主要技术数据含义如下：

1. 型号含义

SC9表示三相树脂浇注薄绝缘铜线干式电力变压器。供交流50、60Hz输配电系统作为城市电网的变配电之用。主要适用于高层建筑、商业中心、机场、火车站等场所。

电力变压器铭牌　　**表 4-1**

型号	SC9-500	额定容量	500kVA
相数、频率	三相　50Hz、60Hz	额定电压	高压 35kV、低压 0.4kV
连接组标号	Y，yn0	空载损耗	1.75kW
短路阻抗	6%	空载电流	2%
负载损耗	6.97kW	质量	2500kg
外形尺寸	长×宽×高(mm) 1720×890×1605		

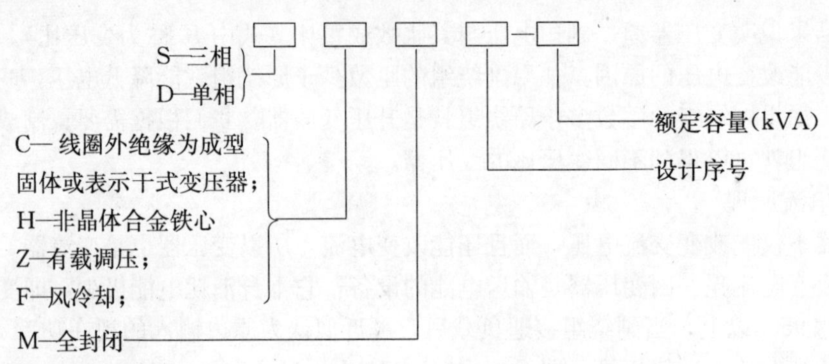

2. 额定电压（指线值）

它分为原边（高压）U_{1N}和副边（低压）U_{2N}两种额定电压。U_{1N}是电压加到原绕组上的额定电压；U_{2N}是原边绕组加上额定电压后，副边开路即空载运行时副绕组的端电压。

配电变压器较多的采用10/0.4（kV）即U_{1N}为10kV，U_{2N}为0.4kV。但是SC9—500型电力变压器是直接将35kV变为0.4kV。

3. 额定电流

是指变压器原边和副边允许长时间连续通过的线电流，以 I_{1N}/I_{2N}表示，单位为安。当变压器没有提供此数据时，可计算出来。

4. 额定容量

额定工作状态下变压器的视在功率称为变压器的额定容量（S_N），单位为 kVA 或 VA。额定容量与额定电压、电流关系为

单相变压器中

$$S_N = U_{2N} I_{2N} \quad (\text{kVA}) \tag{4-4}$$

三相变压器中

$$S_N = \sqrt{3} U_{2N} I_{2N} \quad (\text{kVA}) \tag{4-5}$$

5. 联接组别

是指变压器原、副绕组的联接方法，常见的有“Y，$yn0$”、“D、$yn11$”等，前者表示原、副绕组均为星形联接，n表示副边带中线N，其中“0”表示原、副绕组对应的线电压相位差为零，即同相；后者表示原绕组为三角形联接，副绕组为星形联接，其中“11”表示原、副绕组对应的线电压相位差为30°（这是一种用时钟表示原、副边线电压相位关系的方法，即高压边线电压为时钟的长针，并永远指在钟面的“12”上；低压边线电压为短针，它指在钟面上的数字定为联接组别的标号）。如图 4-3 所示。

6. 空载电流和空载损耗

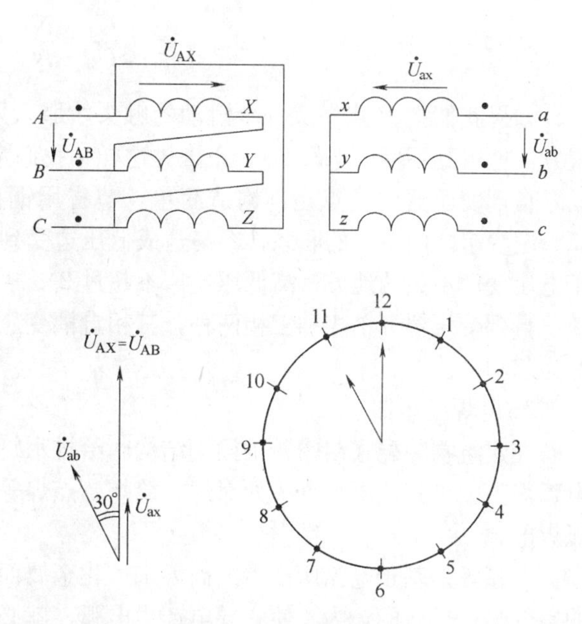

图 4-3　三相变压器的联接及标号

变压器原边加上额定电压 U_{1N}，副边开路时，（变压器呈空载状态）原绕组中流过的电流称为空载电流。

一般的电力变压器空载电流很小，约占原边额定电流 I_{1N} 的（2～10）%。此值越小越好。

同样，变压器呈空载状态下测量出来的有功功率称为空载损耗。此部分功率主要消耗在变压器铁心的磁滞损耗和涡流损耗上，所以也称为“铁损耗”。它基本上不随负载变化。

空载电流和空载损耗可判断铁心质量和线圈是否短路。

7. 负载损耗和短路阻抗

负载损耗和短路阻抗都是通过变压器的短路实验[1]测量、计算出来的。

短路实验时测量出的有功功率主要消耗在原、副绕组的导线上，所以也称“铜损耗”。此损耗相当于变压器满载时原、副绕组的损耗，故也称负载损耗。

铁、铜损耗之和就是变压器的总损耗，据此可计算出变压器的效率。

同样，通过短路实验测量出原边短路电压，原边电流就可计算出短路阻抗。此值是标幺值（比值）所以也称为短路电压或阻抗电压。

短路阻抗是表示变压器在额定运行情况下，副边电压降低情况的，所以越小越好。一般为 2%～6%。它也是变压器并列运行的重要参数。

四、特种变压器

在此只介绍常见的自耦变压器和施工现场常用的电焊变压器。

1. 自耦变压器

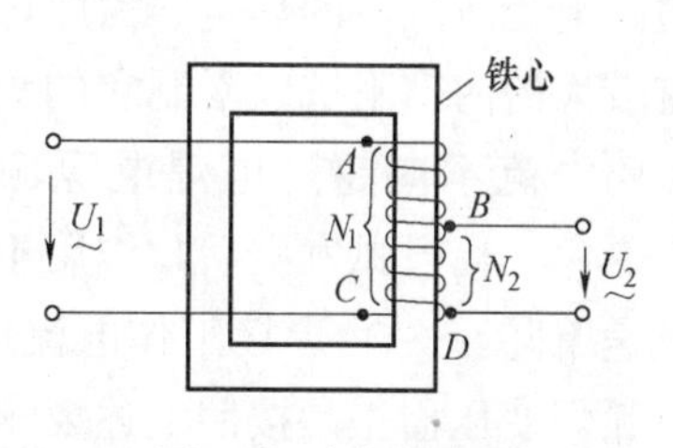

图 4-4　自耦变压器

前面讲的是普通变压器，它的原绕组和副绕组是分开的。如果把原、副绕组合成一个，如图 4-4 所示，就成为只有一个绕组的变压器，其中高压绕组的一部分兼作低压绕组，这种变压器就称为自耦变压器。

自耦变压器的变压原理与普通变压器是一样的。当原绕组 AC（N_1）的两端加上交变电压 U_1 后，铁心中产生了交变磁通，因而在整个绕组的每一匝上都产生了感应电压。且每一匝上的感应电压都相等，因此绕组 N_1 与 N_2 上的感应电压 U_1 和 U_2 的大小，必与匝数成正比。

[1] 短路实验是将变压器的副边加以短路，将原边电压降到很低，原边电压降低到副边的短路电流等于其额定电流 I_{2N} 时，测量出这时的原边电压、电流和功率就可计算出负载损耗和短路阻抗。

故
$$\frac{U_1}{U_2}=\frac{N_1}{N_2} \tag{4-6}$$

如果我们把 B 点做成一个滑动的触头，那么只要我们改变 B 点的上下位置，就可以很方便地得到不同的电压 U_2。正因为这样，我们常把自耦变压器用做为调压变压器。

自耦变压器的优点是：构造简单，节省用铜量，效率比普通变压器高。其缺点是：原、副绕组之间有电的联系，容易造成低压边受到高电压的威胁。因此自耦变压器只能用于电压变动不大的地方（高低压比值不超过 2）。

自耦变压器分单相和三相两种，三相自耦变压器可做为大型异步电动机的起动设备，称为起动补偿器。

2. 电焊变压器

在建筑物装配式结构、桥梁钢结构、给排水管线的连接、煤气及热力管线的连接中以电弧焊为主，其他电焊方式如对焊、缝焊、点焊等相对应用的较少，因此本节着重介绍电弧焊电源。

电弧焊是基于电弧所产生的高温来熔化金属而达到焊接的目的。本来焊件与焊条之间的空气是不导电的，为了使它导电产生电弧，就必须使气隙间的气体电离。为此，首先要把焊条和焊件接触，使电焊电源短路。因为接触点的电阻很小，电源短路时电流也很大，使接触处产生高热，致使焊条端白炽。这时再把焊条提起，由于焊条端很热、上面的电子开始不断离开金属表面，在气隙间形成热电子发射。离开焊条端的热电子以极高的速度飞向焊件。途中，电子与高热的空气分子和原子以及焊条药皮和金属的蒸气分子互相冲击，引起了分子和原子的分解而形成了电离。于是，空气隙变成了导电体，从而在焊条与焊件间形成电弧。这一过程称为引弧。在引弧的最初阶段，由于电极和空气隙不够热，所以要求引弧电压比正常焊接时要高一些，以促进气体的电离。再者，由于焊接操作过程中，经常的引弧必定使电焊电源发生频繁的短路，因此电焊电源必须能经得起这种短路。而且当电弧发生后，作用于电弧的电压应迅速下降，以免电焊电流太大。

归纳上述情况，供电弧焊用的电源（电焊机）应该具有这样的特性：(1) 电焊机空载时应具有较高的电弧点火电压（约 60～70V），足以使电弧引燃。(2) 电焊机应能经得起短路电流所产生的热量。为此，电焊电源必须有较大的内部阻抗以限制它的短路电流，一般短路电流不应超过电焊电源额定电流的 1.5 倍。(3) 当电弧发生后，作用于电弧的电压应迅速下降。(4) 焊接工作电流应当能够调节。电弧焊变压器正是按照上述要求设计的。它是由一台降压变压器与一只电抗器组成的，其原理示意图见图 4-5。

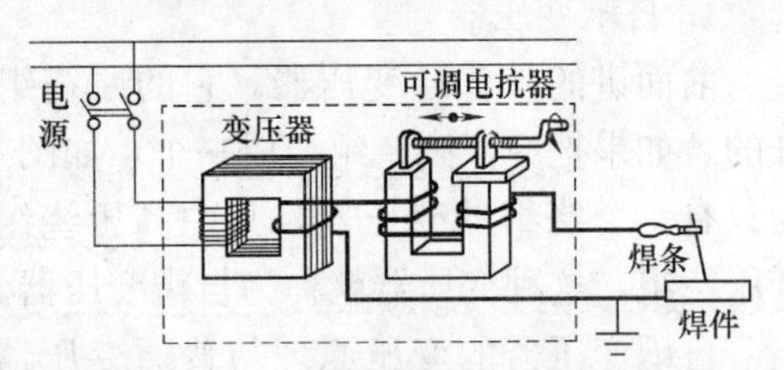

图 4-5　交流弧焊机的原理示意图

当电弧焊变压器原绕组接入 380V（或 220V）电源时，由于副绕组圈数较少而导线很粗，故可得到较低的电压（空载时为 70V 左右），电流可达几十到几百安培。当焊条与焊件尚未相接时，因电路未通，尽管有电抗器串联在副绕组的电路中，焊条与焊件间仍能得到较高的点火电压（70V 左右）。当焊件与焊条接触时，虽然电源短路，但因电路中串联着电抗器而限制了过大的短路电流，保护了变压器不被烧坏。当起弧以后，由于电抗器的两端产生了电压降落，以致电弧两端的电压下降到 25V 左右，这正满足了电弧的要求。随着焊件的大小及焊条的粗细，我们可以利用调节电抗器铁心的气隙来达到调节焊接电流的目的。这是因为当改变电抗器铁心的气隙时，即改变了电抗器的电感值，因而其感抗也随着变化，这样它阻止电流的能力也随着变化，从而达到调节电流的目的。

在使用电弧焊变压器时，应注意如下一些事项：

(1) 接线要正确，原绕组电流小，电源应接在小的端子上。副绕组电流大，焊把与焊件应接在大的端子上。

(2) 导线与焊钳手柄的绝缘必须良好。

(3) 焊件应与大地有良好的接触，即电焊变压器副绕组的接焊件的一端应妥善接地。

(4) 电弧焊变压器的空载电压不得超过 80V。

(5) 电焊工要穿戴必要的防护设备，如胶皮手套、皮鞋、有色眼镜或防护罩等。

在基本建设工程中往往也用直流电弧焊。直流电焊机的电源有三种：(1) 用硅整流器将交流电整流成直流电；(2) 用交流电动机带动直流发电机发电；(3) 用内燃机带动直流发电机发电。(1)、(2) 应用居多。

直流弧焊机的正极温度较负极高，因此常把焊件接正极，焊条接负极。当焊件比较薄时则将焊件接负极，焊条接正极，避免焊件被“烧穿”(交流电焊机无所谓正负极)。

直流弧焊机的特点是电弧稳定，焊条飞溅少，省电，可以使用无焊药的焊条。直流弧焊机适合焊有色金属和合金。

直流电焊虽然有许多优点，但设备费较高，所以应用不如交流弧焊机广泛，除非有特殊要求时，一般较少采用。

五、电力变压器的选择

1. 变压器类型的选择

各类变压器的适用范围如表 4-2 所示。

2. 变压器绕组连接组别的选择

各类变压器的适用范围及参考型号　　**表 4-2**

变压器型式	适用范围	参考型号
普通油浸式 密闭油浸式	一般正常环境的变电所	应优先选用 S9～S11、S15、S9-M 型配电变压器
干式	用于防火要求较高或潮湿、多尘环境的变电所	SC(B)9～SC(B)11 等系列环氧树脂浇铸变压器；SC10 型非包封线圈干式变压器
密封式	用于具有化学腐蚀性气体蒸汽或具有导电及可燃粉尘、纤维会严重影响变压器安全运行的场所	S9-M_a^b、S11-M·R 型油浸变压器
防雷式	用于多雷区及土壤电阻率较高的山区	SZ 等系列防雷变压器。变压器绕组的连接方法一般为 D,yn11 及 Y,zn0

三相变压器绕组的连接方法，应根据中性点是否引出及与其他变压器并联运行等来选择。常用的绕组连接方法分为星形、三角形及曲折形（Z形）[1]。

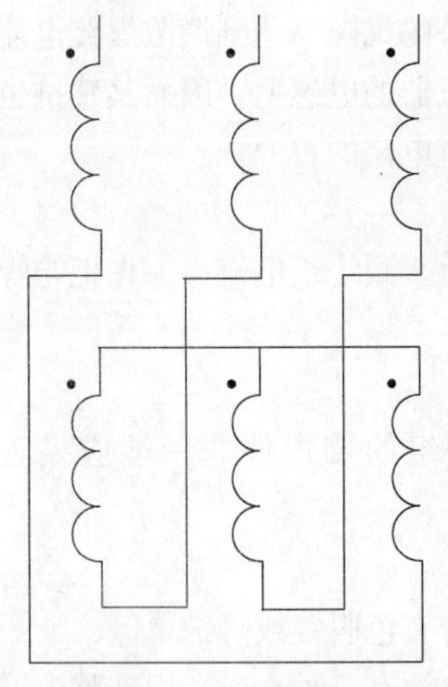

图 4-6　三相变压器副边绕组的曲折形（Z形）连接

三相变压器常用连接组别和适用范围：

(1) Y，yn0（原边星形、副边星形并引出中性线，原、副边对应线电压同相）：

适用于三相负载基本平衡，其中性线电流不超过低压绕组额定电流 I_{ZN} 的 25%。供电系统中谐波干扰不严重。用于 10kV 配电系统。

(2) Y，zn0：

适用于多雷地区。

(3) D，yn11：

适用于中性线电流超过 I_{ZN} 的 25%。供电系统中存在着较大的“谐波源”[2]，$3n$ 次谐波电流比较突出时。用于 10kV 配电系统，需要提高低压侧单相接地故障保护灵敏度时。

(4) Y，d11：

适用于 35kV 配电系统。

3. 10（6）kV 配电变压器台数和容量的选择

(1) 当有大量一级或二级[3]负荷或季节性负荷变化较大或集中负荷较大时宜装设两台及以上变压器。

(2) 装有两台及以上变压器的变电所，当其中任何一台变压器断开时，其余变压器的容量应满足一级负荷及二级负荷的用电，并宜满足工厂主要生产用电。

---

〔1〕曲折形（Z形）连接法如图 4-6 所示。

〔2〕我们使用的电源电压是按正弦规律变化的，然而，在很多情况下，有些电路中的电压或电流往往是非正弦的，例如带铁心的电路、照明设备中的气体放电灯等。

在研究非正弦电路时，我们常常利用数学上的傅立叶级数将非正弦量分解成一系列的不同频率的正弦量，然后按正弦电路进行分析计算。

在一系列的不同频率的正弦量中，与非正弦量频率 f 相同的正弦分量的波形称为“基波”，其余各分量，因其频率为基波频率 f 的整倍数统称高次“谐波”，其中 $2f$ 及 $2nf$ 称为二次谐波及偶次谐波，$3f$ 及 $3nf$ 的称三次谐波及奇次谐波。而在非正弦波形中与横轴对称的非正弦波形不包含偶次谐波。

在星形联接的三相四线制电路中，当电流为非正弦波时，即使三相负载对称，而中线上也仍有电流存在。这是因为中线电流 i_N 等于三相电流之和。而三相电流之中只有 $3f$ 及 $3nf$ 的谐波电流其大小相等，相位（$3\times120°=360°=0°$）相同，故其和等于一相电流的三倍；而其他分量的电流因相位互差 120°，故其相量和等于零。由此可见，中线电流是由 $3f$ 及 $3nf$ 的谐波电流组成的，其有效值为：

$$I_N=3\sqrt{I_3^2+I_9^2+I_{15}^2+\cdots\cdots} \tag{4-6'}$$

式中　I_3，I_9，I_{15} 分别为三、九、十五次谐波的相电流有效值。

由于 I_N 较大，使中线之间电压 $U_{NN'}$ 较大，使负载中性点 N' 的电位较高，带来安全隐患；而且还造成三极负载的相电压不对称，不但影响负载正常工作还对设备构成威胁。

〔3〕一级负荷：供电中断将造成人身伤亡，或将造成重大政治影响，或重大设备损坏且难以修复，将给国民经济带来重大损失以及将造成公共场所秩序严重混乱者。

二级负荷：停止供电会造成产品的大量减产、大量原材料报废，或将发生重大设备损坏事故，交通运输停顿，公共场所的正常秩序造成混乱者。

三级负荷：所有不属于一级及二级负荷的用电设备。这类负荷对供电方式无特殊要求。

（3）变压器容量应根据计算负荷选择。对昼夜或季节性波动较大的负荷，通过技术经济比较，可采用容量不一致的变压器。

（4）一般情况下，动力和照明宜共用变压器。

4.2　高压电器

为了保证变压器及其高压线路正常运行，必须用高压电器加以保护和控制。高压电器有高压断路器、高压负荷开关、高压避雷器、互感器等。

一、高压断路器

高压断路器功能较齐全，不仅能通断正常负荷电流，而且能接通和承受一定时间的短路电流，并能在继电保护装置的作用下自动跳闸，切除短路故障。但开关断开后，不像高压隔离开关那样有明显可见的断开间隙，因此，为了保证电气设备的安全检修，通常要在断路器的前端或前后两端装高压隔离开关。

高压断路器种类较多，按其采用的灭弧介质可分为：油断路器、六氟化硫断路器、真空断路器、空气断路器、磁吹断路器等。其型号表示如下：

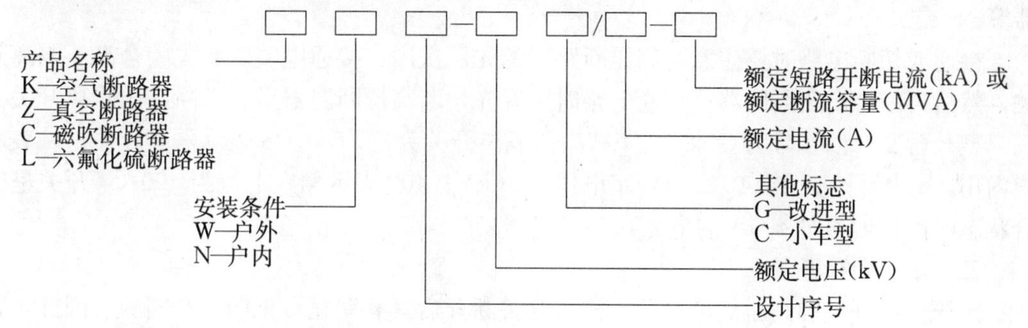

图 4-7 为断路器的整体结构和灭弧装置图。

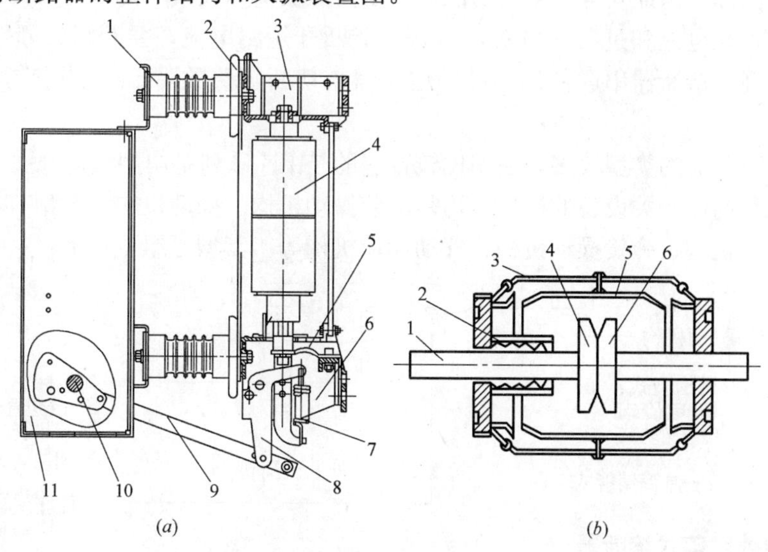

图 4-7　高压真空断路器结构图

(a)

1—绝缘子；2—均压板；3—上出线；4—真空灭弧室；5—软连接；6—下出线；7—触头簧；8—拐臂；9—绝缘拉杆；10—主轴；11—机构箱

(b)

1—动触头导电杆；2—波纹管；3—绝缘圆筒形玻璃外壳；4—圆盘状动触头；5—金属蒸汽凝结屏蔽罩；6—圆盘状静触头

真空断路器的触头置于高度真空灭弧室的玻璃壳内进行灭弧，如图 4-6（*b*）图所示。由于真空室内具有较高的绝缘强度，同时没有气体的游离作用，因此随着触头的分离即能灭弧。所以真空断路器具有动作快、体积小，寿命长，噪声和震动小等优点。适用频繁操作的负荷配电装置，尤其是高层建筑内的高压配电装置。

六氟化硫（SF6）高压断路器是利用六氟化硫进行灭弧的高压电器。由于六氟化硫是一种化学性能非常稳定的、绝缘强度很高的惰性气体，所以灭弧能力强，多次切断短路电流以后，气体绝缘强度不会降低，触头也无需进行检修。因此 SF6 断路器不仅适用于频繁操作，同时也延长了检修周期。

因高压断路器价格较高在有些场合可以采用高压负荷开关。

二、高压隔离开关

高压隔离开关的结构有如下特点：断开后有明显可见的断开间隙，而且断开间隙的绝缘及相间绝缘都是足够可靠的，能够充分保证人身和设备的安全。所以它的功能主要是隔离高压电源，以保证其他电气设备的安全检修。由于隔离开关没有专门的灭弧装置，所以不允许带负荷进行操作。当然通断一定的小电流还是可以的，如不超过 2 安的空载变压器等。

接通或切断电路时要注意与高压断路器的先后次序：接通电路时要先闭合高压隔离开关，然后再闭合高压断路器；切断电路时则要先切断高压断路器后再切断高压隔离开关。

型号含义：以型号为 GN8-10/400 高压隔离开关为例，其中 G 表示隔离开关；N 表示户内用；8 为设计序号；10 表示额定电压为 10kV；400 表示额定电流为 400A（开关呈闭合状态时能长期通过 400A 的电流）。

三、高压负荷开关

高压负荷开关和高压隔离开关一样，开关断开后具有明显可见的断开间隙。因此，它也具有隔离电源、保证安全检修的功能。由于高压负荷开关具有简单的灭弧装置，因而能通断一定的负荷电流和过负荷电流，但它不能断开短路电流，要获得切断短路电流的能力，必须与高压熔断器串联使用，借助熔断器来切断短路故障。或采用带熔断器的负荷开关。

高压负荷开关的类型较多，使用比较普遍的是 FN 系列室内型负荷开关。

以上几种高压开关设备的操作，均须配装操动机构。操动机构的类型有：手力操动机构、电磁操动机构、弹簧操动机构、气动操动机构等。其型号组成如下：

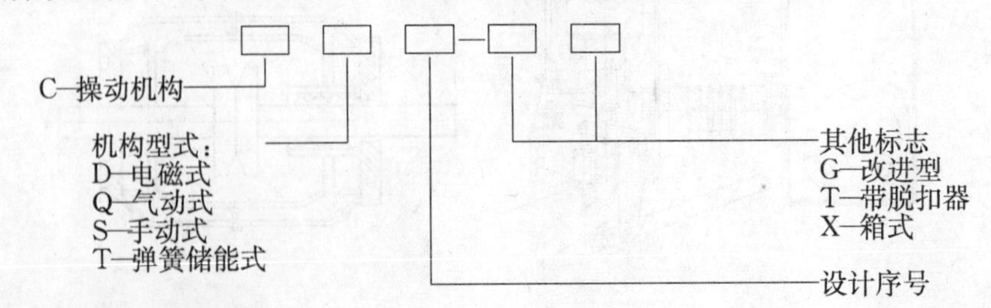

四、户外跌落式熔断器

跌落式熔断器如图 4-8 所示。

跌落式熔断器是一种最简便、价格低廉、性能良好的户外线路开关保护设备。其功能既可以作配电线路和变压器的短路保护，又可在一定条件下（用高压绝缘钩棒操作），可以切断或接通小容量空载变压器或线路。

跌落式熔断器是由固定的支持部件和活动的熔管及熔体组成。熔管外壁由环氧玻璃钢构成，内壁衬红钢纸或桑皮纸用以灭弧，称为灭弧管。

当线路发生故障时，故障电流使熔体迅速熔断并产生电弧。电弧的高温使灭弧管壁分解出大量气体，使管内压力剧增，高压气体沿管道纵向强烈喷出，形成纵向吹弧，电弧迅速熄灭。同时，在熔体熔断后、熔管下端动触头失去张力而下翻，紧锁机构释放，在触头弹力和熔管自身重力作用下，绕轴跌落，造成明显可见的断路间隙。由于熔体熔断后，靠熔管自身重力跌落，故名跌落式熔断器。

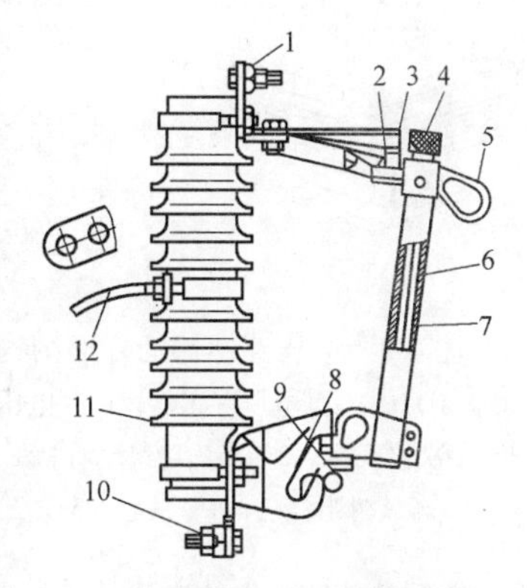

图 4-8　跌落式熔断器外形图

1—上接线端子；2—上静触头；3—上动触头；4—管帽；5—操作环；6—熔管；7—铜熔丝；8—下动触头；9—下静触头；10—下接线端子；11—绝缘子；12—固定安装板

五、互感器

互感器是一种特殊的变压器，它被广泛应用于供电系统中，向测量仪表和继电器的电压线圈或电流线圈供电。

依据用途的不同，互感器分为两大类：一类是电流互感器，它是将一次测的大电流，按比例变为适合通过仪表或继电器使用的、额定电流为 5A 的低压小电流的设备；另一类是电压互感器，它是将一次侧的高电压降到线电压为 100V 的低电压，供给仪表或继电器用电的专用设备。

由于互感器一次侧和二次侧没有电的联系，只有磁的联系，因而使测量仪表和保护电器与高压电路隔开，以保证二次设备和人员的安全。

互感器的准确度等级一般分为 0.2、0.5、1、3 等级。一般 0.2 级作实验室精密测量用，0.5 级作计算电费测量用，1 级供配电盘上的仪表使用，一般指示仪表和继电保护用 3 级。

1. 电压互感器　电压互感器按绝缘及冷却方式来分，有干式和油浸式。按相数来分，有单相和三相等。以环氧树脂浇注绝缘的单相干式电压互感器应用最广泛。

（1）电压互感器　型号含义：

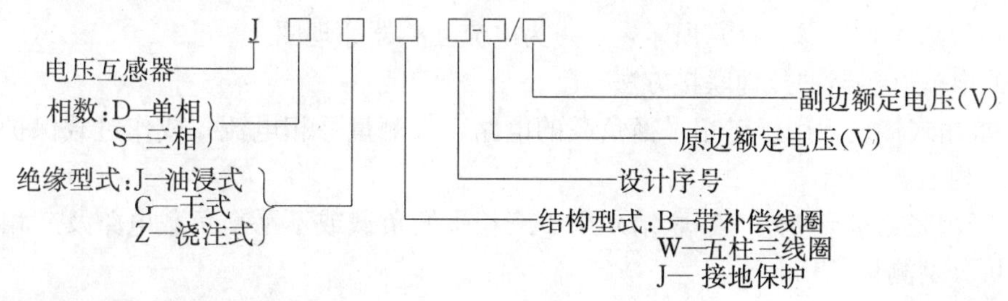

结构及原理图如图 4-9 所示。

（2）电压互感器的几种联接方法

① Yy 联结　由三个单相互感器一次、二次侧均接成Y形，可供给要求线电压的仪表和继电器以及要求相电压的绝缘监视电压表。

② V—V 接线　由两个单相互感器接线成 V—V 形，供测量线电压和测量电能。

③ Dd 联结　该联结仅适用于测量三相三线式的线电压。

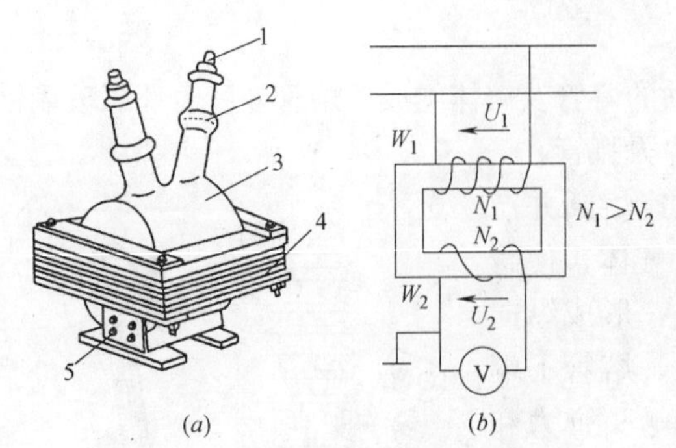

图 4-9　电压互感器的外形结构及原理图
(a) JDZ—10 型电压互感器；(b) 电压互感器原理图
1—一次接线端；2—高压绝缘套管；3—一、二次绕组环氧树脂浇注；4—铁心；5—二次接线端

④ Yyn△联结　该联结在三相系统工作正常时，三相电压平衡，开口三角形（△）两端电压为零。当某一相接地时，开口三角形两端出现零序电压，使接在两端的继电器动作，发出信号。

(3) 使用注意事项

① 电压互感器的二次侧在工作时不能短路。在正常工作时，二次侧的电流很小，近似于开路状态，当二次侧短路时，其电流很大（二次阻抗很小），将烧毁设备。

② 电压互感器的二次侧，必须有一端接地，防止一、二次侧击穿时，高压窜入二次侧，危及人身和设备安全。

③ 电压互感器接线时，应注意一、二次侧接线端子的极性，以保证测量的准确性。

④ 电压互感器的一、二次侧通常都应装设熔丝作为短路保护，同时一次侧应装设隔离开关作为安全检修用。

2. 电流互感器

(1) 型号和结构

电流互感器的型号含义

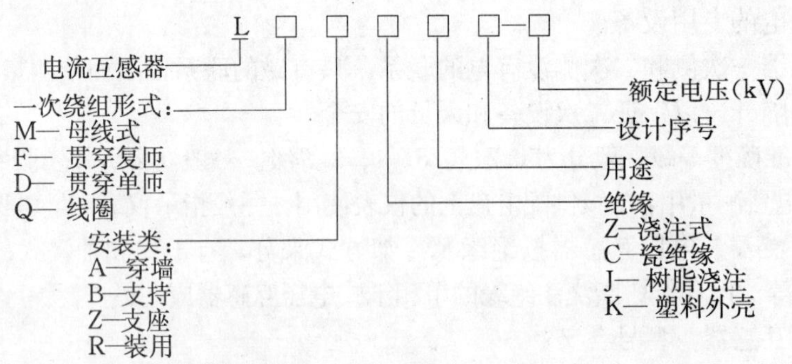

结构如图 4-10 (a)、(b) 所示，(c) 为电流互感器原理图。

(2) 电流互感器的几种联接方法

① 单相式接线　用于三相平衡负载的电路，仅测量一相电流，或作过载保护，一般装在第二相上。

② 三相完全星形接线（Y 联结）用于三相平衡负载或不平衡负载电路及三相四线制电路，可分别测量三相电流。

③ 两相不完全星形（V 联结）两只电流互感器三只电流表测量三相电流，流入第三块电流表的电流为 L1、L3 两相电流的相量和，反映第三相（L2）的电流，此接线被广泛应用于中性点不接地的三相三线制中。

④ 三角形联结（D 联结）当变压器需要差动继电器保护时，多采用电流互感器 D 联结。

⑤ 零相序联结　该联结使三个电流互感器并联，测量的是二次侧中性线中的电流，等于

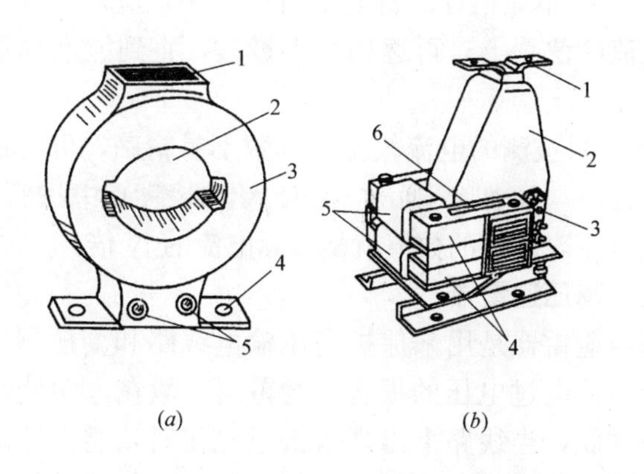

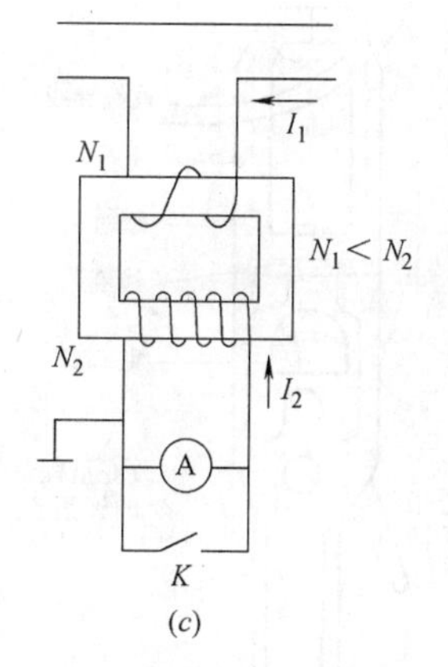

图 4-10　电流互感器

(a) LMZJ1—0.5；
1—铭牌；2—一次母线穿过；3—铁心，外绕二次绕组环氧树脂浇注；4—安装板；5—二次接线端

(b) LQJ—10；
1—一次接线端；2—一次绕组；3—二次接线端；4—铁心；5—二次绕组；6—警告牌

(c) 电流互感器原理图

三相电流之相量和，反映的是零相序电流。该接线方式用于架空线路单相接地的零序保护。

⑥ 两相差联结　该联结使两个电流互感器作差接，流入继电器中的电流为线电流，一般用于电动机保护中。

(3) 使用注意事项

① 电流互感器的二次侧在使用时绝对不可开路。一旦开路，一次电流全部变成铁心的励磁电流，因此，铁心极度饱和而导致发热，同时二次侧感应出危险的高压，其电压可达几千伏甚至更高，此时不仅危及人身安全，绕组可能被击穿而起火烧毁，铁心由于过饱和而产生的剩磁还会影响电流互感器的误差。使用过程中，拆卸仪表或继电器时，应事先将二次侧短路。安装时，接线应可靠，不允许二次侧安装熔丝。

② 二次侧必须有一端接地。防止一、二次侧绝缘损坏，高压窜入二次侧，危及人身和设备安全。

③ 接线时要注意极性。电流互感器一、二次侧的极性端子，都用“±”或字母表明极性。在接线时一定要注意极性标记，否则二次侧所接仪表、继电器中的电流不是预想值，甚至引起事故。

④ 一次侧串接在线路中，二次侧与继电器或测量仪表串接。

(4) 钳形电流表

经常使用的钳形电流表，就是电流互感器和电流表的组合，只是其中电流互感器只有副绕组而没有原绕组。使用时，将被测的导线套入铁心中，被测的导线实际上变成了原绕组，如图 4-11 所示。

从图中可看出，测量某根导线的电流时，不用断开电路，只要将活动钳形铁心张开，套入被测导线即可。使用它测量低压系统 0～1000A 交流电流是比较方便的。

使用钳形电流表应注意的事项：

① 应该把被测导线置于铁心窗口的中心，而且应使钳口（铁心）紧密闭合，读数才准确。

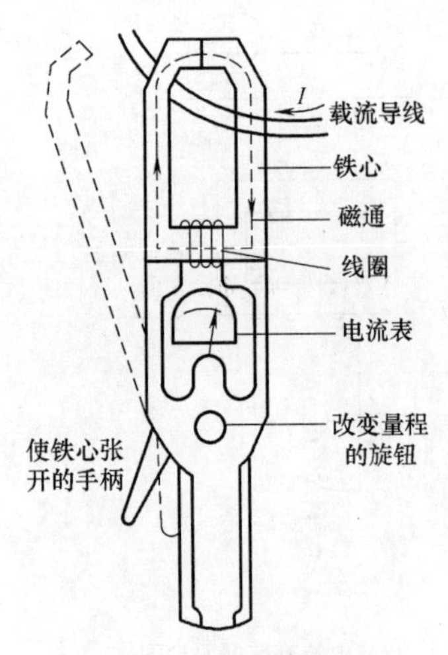

图 4-11　钳形电流表

② 如果不能估计出待测电流的大小，应使量程处于测最大电流的位置上，再逐档减小量程，直到能准确地读出数值为止。

③ 如果被测的电流较小，读数不易精确，可将被测导线多绕几匝（比如 N 匝），再套入钳形铁心中进行测量。这时从电流表读出的数值就是实际电流的 N 倍。

六、高压避雷器

高压避雷器是用来保护高压输电线路和变压器、电气设备免遭雷电过电压的损害。避雷器一般在电源侧与被保护设备并联，当线路上出现雷击过电压时，避雷器的火花间隙被击穿或高阻变为低阻，对地放电，从而保护了输电线路和电气设备。避雷器的文字符号为 F，其外形和结构如图 4-12 所示。图中所示为阀型避雷器，用于变、配电场所。其中（*a*）图用于 10kV，（*b*）图用于 0.4kV。常用的为氧化锌避雷器（F 系列）。

避雷器型号的含义如下：

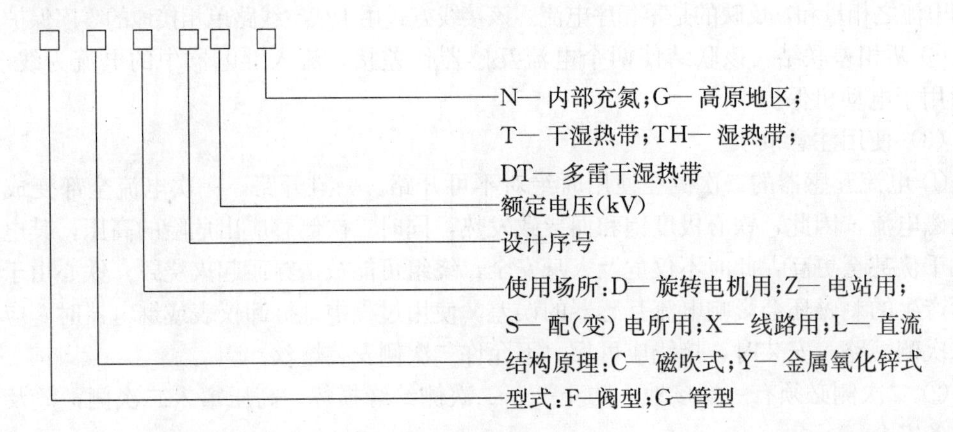

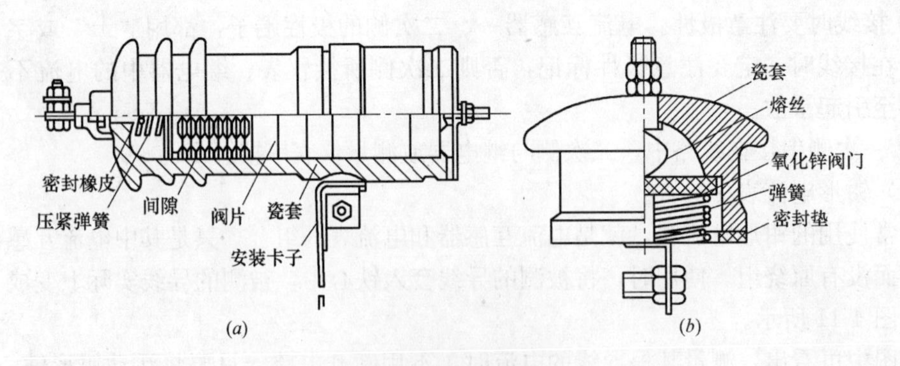

图 4-12　阀式避雷器
（*a*）FS4—10 型；（*b*）FS4—0.38 型

所有高、低压电器，包括断路器、隔离开关、负荷开关、电压与电流互感器等的图形符号、文字符号等可见附录五。

4.3　变配电所的高压电气主接线——一次接线

一、母线、主接线概念

1. 母线

母线又称汇流排，它是电路中的一个电气节点，由导体构成。其作用是将一个点或一条线分成若干条支线输送和分配电能，例如将 10kV 高压进线经过母线，并且分成多条支线，就可引到控制、保护、计量、出线等几个电气柜上。

一般传输大电流的场合均采用母线。

母线分为裸母线和母线槽两大类。前者敷设在绝缘子上，可以达到任何电压等级。裸母线截面形状有矩形、圆形、管形等，价格便宜。母线槽是将几根裸母线分别用绝缘材料包裹覆盖后，紧贴通道壳体放置，形成密集型、相互绝缘的母线槽。

由于母线槽传输电流大、安全性能好、结构紧凑、占空间小，所以大量用于高层民用建筑中，只是其价格较贵。

2. 主接线

主接线或称一次接线、一次电路，是指由各种开关设备（断路器、隔离开关等）、电力变压器、避雷器、互感器、母线、电力电缆、移相电容器等电气设备依一定次序相连接，具有接受和分配电能的电路。

主接线的型式因直接影响到电气设备的选择、变电所的布置、系统的安全运行和保护控制等诸多方面，所以正确确定主接线的型式是供电中的重要环节。

电气主接线图通常采用单线图表示。各种电气设备的图形符号和文字符号见附录五。

二、常用主接线型式

1. 单母线不分段接线

如图 4-13 所示。

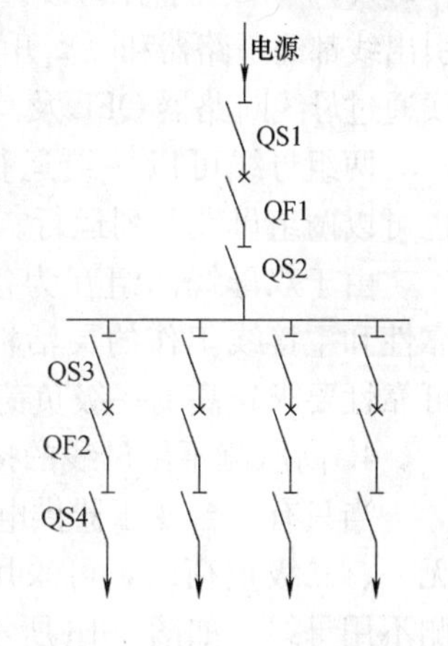

图 4-13　单母线不分段接线图

电源的引入与引出是通过同一根母线连接的。

图中断路器（QF1、QF2）用来切断负荷电流或故障电流；隔离开关有两种，靠近母线侧的称为母线隔离开关（QS2、QS3），作为隔离母线电源，以便检修母线使用；靠近线路侧的称为线路隔离开关（QS1、QS4），防止在检修断路器时从电源侧的雷电过电压沿线路侵入或用户侧反向送电，以保证维修人员的安全。

这种接线电路简单，使用设备少，费用低，但可靠性和灵活性差。只适用于用户对供电连续性要求不高的二级、三级负荷。

2. 单母线分段接线

如图 4-14 所示。将母线分为Ⅰ、Ⅱ两段，用隔离开关或断路器联络。一般每段有一个或两个电源，使各段引出线的用电负荷要尽可能与其电源能提供的电力负荷相平衡，以减少各段之间的功率交换。

单母线分段接线可以分段运行，也可以并列运行。

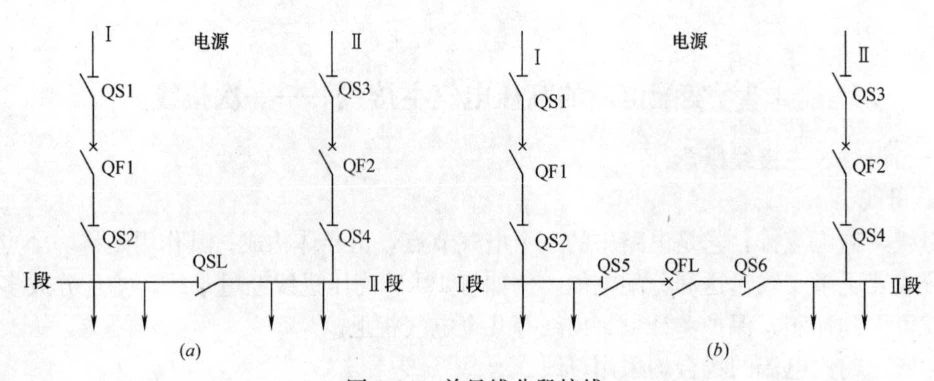

图 4-14　单母线分段接线
(a) 用隔离开关分段；(b) 用断路器分段

图 4-14（a）图适用于由双回路供电的、允许短时停电的具有二级负荷的用户。

用负荷开关代替隔离开关 QSL 做母线联络开关时，其功能与特点基本上同（a）图。

图 4-14（b）图由于可靠性提高了，所以可以带一级负荷，但要有后备措施。

3. 双母线接线

10（6）kV 配电所主接线宜采用单母线或分段单母线；当供电连续性要求较高，不允许停电检修断路器或母线时，可采用双母线接线。

双母线接线如图 4-15 所示。其中母线 WB1 为工作母线，WB2 为备用母线。任一电源进线回路或负荷引出线都经断路器和隔离开关接于双母线上。两个母线通过母线断路器 QFL 及其隔离开关相连接。

两组母线可以一组运行一组备用（分列运行）也可以两组母线并列运行。

由于双母线两组互为备用，大大提高了供电可靠性和主接线工作的灵活性，所以一般用在对供电可靠性要求较高的一级负荷。

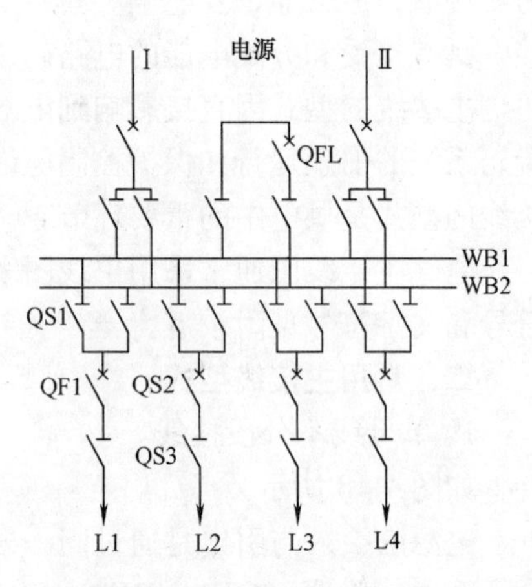

图 4-15　双母线不分段接线

4. 高压侧不用母线的接线方式

当只有一台变压器供电，而且变压器容量较小，无一、二级负荷时，可采用树干式供电方式，高压侧不用母线。如图 4-16 所示。

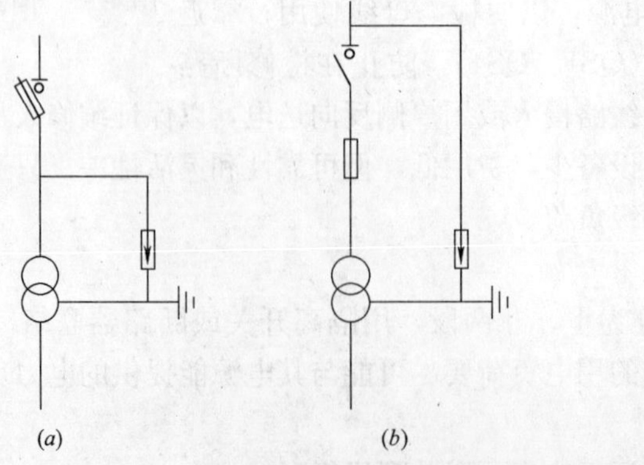

图 4-16　树干式供电高压侧无母线接线

高压侧的开关设备应用带熔断器的负荷开关或断路器，如（*a*）图；变压器的容量<500kVA时，可用隔离开关和熔断器，如（*b*）图；露天变电所的变压器容量≤630kVA时，宜用跌落式熔断器如（*c*）图，实物图如图1-9。

因是架空引入线，图4-15中均装有避雷装置。

4.4　某学校的高、低压电气主接线实例

某学校建筑群包括教学楼、公寓、食堂和实训基地等多层建筑。

以上建筑的电气负荷中有消防设备、应急照明及疏散指示等二级负荷。为此采用双电源供电形式。双电源的高压10kV分别来自供电局分支室的两段不同的母线。

高、低压主接线均采用单母线分段系统。

一、高压部分的单母线分段主接线

如图4-17所示。

1. 进线电缆　在图4-17右下方有两条额定电压为12kV的进线电缆，其型号为“YJV22—3×150”。表示这是两条三芯交联聚乙烯绝缘、聚氯乙烯护套、钢带铠装的电力电缆，每芯截面积为150mm^2。这是由市政外网引来两路10kV独立高压电源。两路电源分别通过高压电气柜（A）AH1和（A）AH10接在单母线上，两根单母线之间有（A）AH5和（A）AH6中的高压断路器3QV和高压隔离开关进行联络，形成单母线分段形式。两路电源同时工作，互为备用，每路10kV电源均能承担全部电气负荷。

两路高压电源再通过/溃线（变压器）柜（A）AH4和（A）AH7和两条高压电缆YJV23—3×120（交联聚乙烯绝缘、聚乙烯护套、钢带铠装三芯电力电缆，每芯120mm^2）分别送往两台容量为1600kVA的电力变压器。变压器将10kV变成0.4kV（即220/380V）后负责向整个校区用电设备供电。

联系高压电气柜之间的母线为TMY—3（8×80）。表示三条硬铜母线，每条母线厚8mm，宽80mm。

2. 各高压配电柜作用

高压配电柜型号为“KYN20—12”表示额定电压为12kV、户内、手车式、金属封闭铠装式电气柜。设计序号为“20”。

（1）进线隔离及电压互感器柜（A）AH1和（A）AH10

内装的电气设备及用途如下：

① 隔离进线电源用的手车式隔离开关；

② 监视及保护用的电压互感器TV及其熔断器FU；

③ 检查电源波形畸形程度的零序电流互感器TAZ。

所谓零序电流是指在三相电路中，当各相的电流相位相同时，称这样的三相电流为零序电流。例如三相中的非正弦波形中三次及三的倍数次的谐波电流就属于此类。此类电流通常在中性线中可测量到。

用零序互感器可测量出电流波形发生畸变的程度。当畸变严重引起零序电流大增时，可通过与其相连的继电器动作达到报警或跳闸的目的。

④ 高压带电监视指示灯HL。

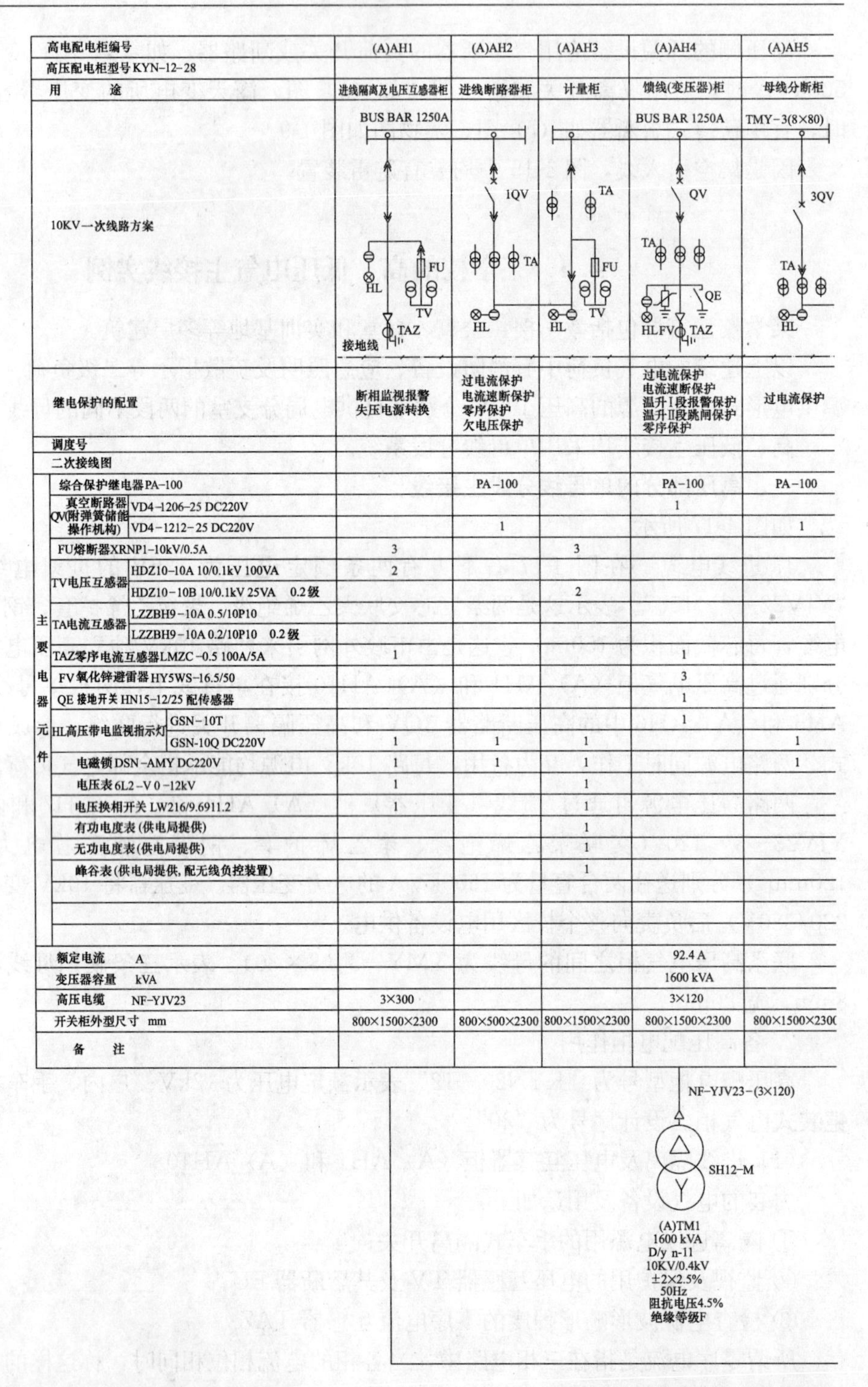

高电配电柜编号		(A)AH1	(A)AH2	(A)AH3	(A)AH4	(A)AH5
高压配电柜型号 KYN-12-28						
用　途		进线隔离及电压互感器柜	进线断路器柜	计量柜	馈线(变压器)柜	母线分断柜
10KV一次线路方案						
继电保护的配置		断相监视报警 失压电源转换	过电流保护 电流速断保护 零序保护 欠电压保护		过电流保护 电流速断保护 温升Ⅰ段报警保护 温升Ⅱ段跳闸保护 零序保护	过电流保护
调度号						
二次接线图						
主要电器元件	综合保护继电器PA-100		PA-100		PA-100	PA-100
	真空断路器QV(附弹簧储能操作机构) VD4-1206-25 DC220V				1	
	真空断路器QV(附弹簧储能操作机构) VD4-1212-25 DC220V		1			1
	FU熔断器XRNP1-10kV/0.5A	3		3		
	TV电压互感器 HDZ10-10A 10/0.1kV 100VA	2				
	TV电压互感器 HDZ10-10B 10/0.1kV 25VA　0.2级			2		
	TA电流互感器 LZZBH9-10A 0.5/10P10					
	TA电流互感器 LZZBH9-10A 0.2/10P10　0.2级					
	TAZ零序电流互感器LMZC-0.5 100A/5A	1			1	
	FV氧化锌避雷器HY5WS-16.5/50				3	
	QE 接地开关 HN15-12/25 配传感器				1	
	HL高压带电监视指示灯 GSN-10T				1	
	HL高压带电监视指示灯 GSN-10Q DC220V	1	1	1		1
	电磁锁DSN-AMY DC220V	1	1	1		1
	电压表6L2-V 0-12kV	1		1		
	电压换相开关 LW216/9.6911.2	1		1		
	有功电度表(供电局提供)			1		
	无功电度表(供电局提供)			1		
	峰谷表(供电局提供,配无线负控装置)			1		
额定电流	A				92.4 A	
变压器容量	kVA				1600 kVA	
高压电缆	NF-YJV23	3×300			3×120	
开关柜外型尺寸	mm	800×1500×2300	800×500×2300	800×1500×2300	800×1500×2300	800×1500×230(
备　注						

注：1.继电保护采用综合继电器，具有现场总线接口.
2.高压系统纳入A监控管理站，并考虑纳入楼宇系
3.操作电源采用一套65AH铅酸免维护电池组PZD
4.设一套信号及管理操作控制台和信号模拟屏.

变配电室高压配电系统图

图 4-17　某学校的

(A)AH6	(A)AH7	(A)AH8	(A)AH9	(A)AH10
母线分断隔离柜	馈线(变压器)柜	计量柜	进线断路器柜	进线隔离及电压互感器柜
HL	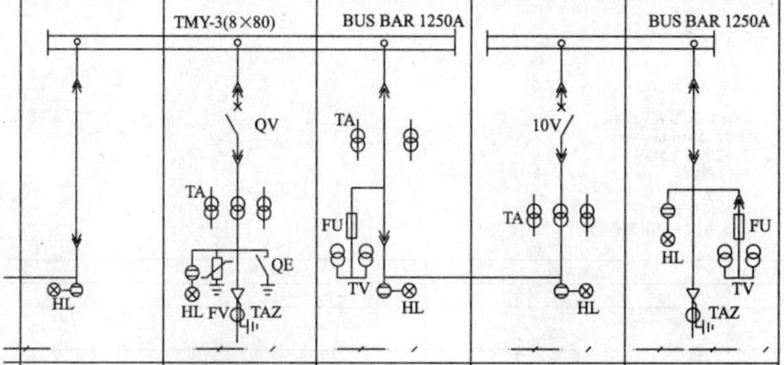 TMY-3(8×80) QV TA QE HL FV TAZ	BUS BAR 1250A TA FU TV HL	10V TA HL	BUS BAR 1250A HL FU TV TAZ
	过电流保护 电流速断保护 温升Ⅰ段报警保护 温升Ⅱ段跳闸保护 零序保护		过电流保护 电流速断保护 零序保护 欠电压保护	断相监视报警 失压电源转换
	PA-100		PA-100	
	1			
			1	
		3		3
				2
		2		
	1			1
	3			
	1			
	1			
1		1	1	1
1		1	1	1
		1		1
		1		1
		1		
		1		
		1		
	92.4 A			
	1600 kVA			
	3×120			3×300
800×1500×2300	800×1500×2300	800×1500×2300	800×1500×2300	800×1500×2300

NF-YJV23-(3×120)

SH12-M

(A)TM2
1600 kVA
D/y n-11
10KV/0.4kV
±2×2.5%
50Hz
阻抗电压4.5%
绝缘等级F

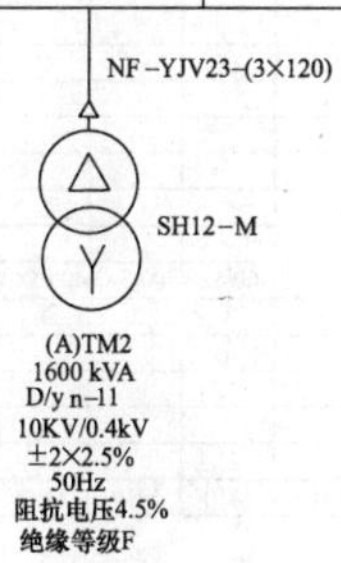

供电局分支室#2电源引来
NF-YJV-22 3×150

供电局分支室#1电源引来
NF-YJV-22 3×150

统监测.
1-100AH DC220V.

高压电气系统图

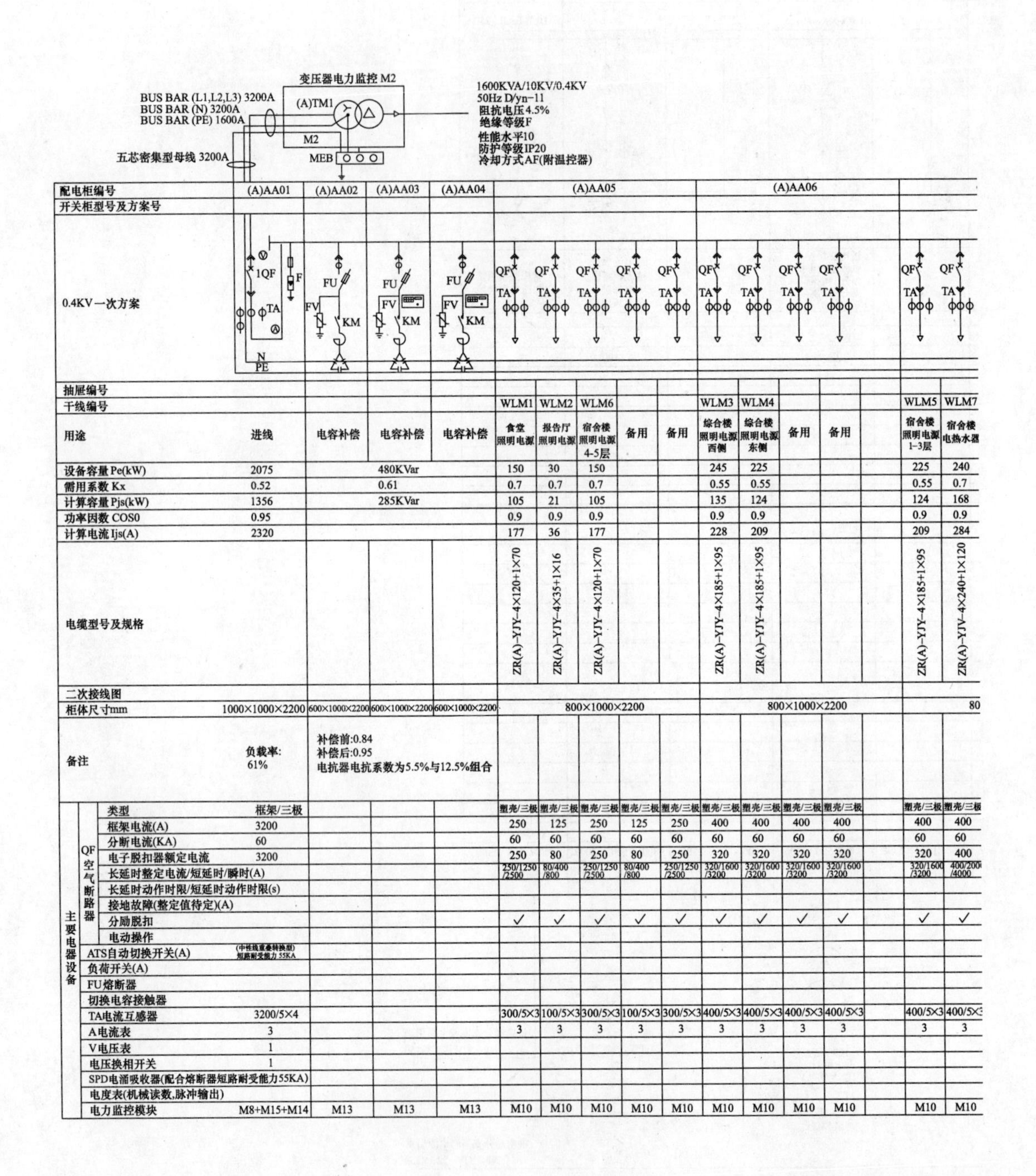

配电柜编号	(A)AA01	(A)AA02	(A)AA03	(A)AA04	(A)AA05					(A)AA06						
开关柜型号及方案号																
0.4KV一次方案																
抽屉编号																
干线编号					WLM1	WLM2	WLM6			WLM3	WLM4				WLM5	WLM7
用途	进线	电容补偿	电容补偿	电容补偿	食堂照明电源	报告厅照明电源	宿舍楼照明电源4-5层	备用	备用	综合楼照明电源西侧	综合楼照明电源东侧	备用	备用		宿舍楼照明电源1-3层	宿舍楼电热水器
设备容量 Pe(kW)	2075		480KVar		150	30	150			245	225				225	240
需用系数 Kx	0.52		0.61		0.7	0.7	0.7			0.55	0.55				0.55	0.7
计算容量 Pjs(kW)	1356		285KVar		105	21	105			135	124				124	168
功率因数 COS0	0.95				0.9	0.9	0.9			0.9	0.9				0.9	0.9
计算电流 Ijs(A)	2320				177	36	177			228	209				209	284
电缆型号及规格					ZR(A)-YJY-4×120+1×70	ZR(A)-YJY-4×35+1×16	ZR(A)-YJY-4×120+1×70			ZR(A)-YJY-4×185+1×95	ZR(A)-YJY-4×185+1×95				ZR(A)-YJY-4×185+1×95	ZR(A)-YJV-4×240+1×120
二次接线图																
柜体尺寸mm	1000×1000×2200	600×1000×2200	600×1000×2200	600×1000×2200	800×1000×2200					800×1000×2200					80	
备注	负载率: 61%	补偿前:0.84 补偿后:0.95 电抗器电抗系数为5.5%与12.5%组合														
主要电器设备 QF空气断路器 类型	框架/三极				塑壳/三极	塑壳/三极	塑壳/三极	塑壳/三极	塑壳/三极	塑壳/三极	塑壳/三极	塑壳/三极	塑壳/三极		塑壳/三极	塑壳/三极
框架电流(A)	3200				250	125	250	125	250	400	400	400	400		400	400
分断电流(KA)	60				60	60	60	60	60	60	60	60	60		60	60
电子脱扣器额定电流	3200				250	80	250	80	250	320	320	320	320		320	400
长延时整定电流/短延时/瞬时(A)					250/1250/2500	80/400/800	250/1250/2500	80/400/800	250/1250/2500	320/1600/3200	320/1600/3200	320/1600/3200	320/1600/3200		320/1600/3200	400/2000/4000
长延时动作时限/短延时动作时限(s)																
接地故障(整定值待定)(A)																
分励脱扣					✓	✓	✓	✓	✓	✓	✓	✓	✓		✓	✓
电动操作																
ATS自动切换开关(A)	(中性线重叠转换型)短路耐受能力 55KA															
负荷开关(A)																
FU熔断器																
切换电容接触器																
TA电流互感器	3200/5×4				300/5×3	100/5×3	300/5×3	100/5×3	300/5×3	400/5×3	400/5×3	400/5×3	400/5×3		400/5×3	400/5×
A电流表	3				3	3	3	3	3	3	3	3	3		3	3
V电压表	1															
电压换相开关	1															
SPD电涌吸收器(配合熔断器短路耐受能力55KA)																
电度表(机械读数,脉冲输出)																
电力监控模块	M8+M15+M14	M13	M13	M13	M10	M10	M10	M10	M10	M10	M10	M10	M10		M10	M10

图 4-18 某学校的

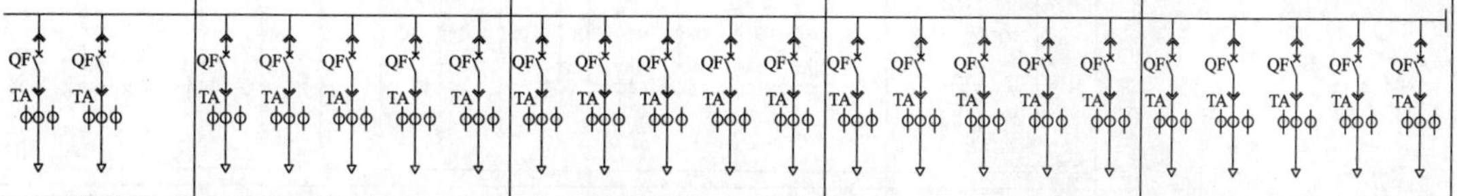

(A)AA07			(A)AA08					(A)AA09					(A)AA10					(A)AA11				
QF TA	QF TA		QF TA	QF TA	QF TA	QF TA	QF TA	QF TA	QF TA	QF TA	QF TA	QF TA	QF TA	QF TA	QF TA	QF TA	QF TA	QF TA	QF TA	QF TA	QF TA	QF TA
			WLM8	RFWLM1				WEM1	WEM3	WEM5	WKM1		WPEM2	WPEM4	WPM5			WPM4	WKM2	WKM3		
备用	备用		实训楼照明电源	人防照明电源	备用	备用	备用	变电室专用电源	值班室专用电源	弱电机房专用电源	综合楼空调电源	备用	消防泵房动力电源（备用）	实训楼消防动力（备用）	综合楼动力电源（备用）	备用	备用	食堂动力电源（备用）	实训基地空调电源	实训基地空调电源	备用	备用
			300	20				30	30	40	90		200	50	50			130	150	150		
			0.55	0.8				0.7	0.7	0.7	0.7		0.5	0.7	0.7			0.65	0.7	0.7		
			165	16				21	21	28	63		100	35	35			85	105	105		
			0.9	0.9				0.8	0.8	0.8	0.8		0.8	0.8	0.8			0.8	0.9	0.9		
			279	27				40	40	54	120		190	67	67			161	178	178		
			ZR(A)-YJY-4×240+1×120	ZR(A)-YJY-5×16				NH(A)-YJY-4×35+1×16	NH(A)-YJY-4×35+1×16	NH(A)-YJY-4×35+1×16	ZR(A)-YJY-4×95+1×50		NH(A)-YJY-3×120+2×70	NH(A)-YJY-3×35+2×16	ZR(A)-YJY-3×35+2×16			ZR(A)-YJY-3×120+2×70	ZR(A)-YJY-4×120+1×70	ZR(A)-YJY-4×120+1×70		
0×1000×2200			800×1000×2200					800×1000×2200					800×1000×2200					800×1000×2200				
塑壳/三极	塑壳/三极		塑壳/三极	塑壳/三极	塑壳/三极	塑壳/三极	塑壳/三极	塑壳/三极	塑壳/三极	塑壳/三极	塑壳/三极		塑壳/三极	塑壳/三极	塑壳/三极	塑壳/三极	塑壳/三极	塑壳/三极	塑壳/三极	塑壳/三极	塑壳/三极	塑壳/三极
400	400		400	125	250	250	400	125	125	125	250		250	125	125	250	125	250	250	250	250	400
60	60		60	60	60	60	60	60	60	60	60		60	60	60	60	60	60	60	60	60	60
320	400		360	50	200	200	360	80	80	80	160		250	100	100	250	100	250	250	250	250	400
320/1600/3200	400/2000/4000		360/1800/3600	50/250/500	200/1000/2000	200/1000/2000	360/1800/3600	80/400/800	80/400/800	80/400/800	160/800/1600		250/1250/2500	100/500/1000	125/625/1250	250/1250/2500	100/500/1000	250/1250/2500	250/1250/2500	250/1250/2500	250/1250/2500	400/2000/4000
✓	✓		✓	✓	✓	✓	✓	✓	✓	✓	✓				✓		✓	✓	✓	✓	✓	✓
													✓	✓		✓						
400/5×3	400/5×3		400/5×3	100/5×3	300/5×3	300/5×3	400/5×3	200/5×3	200/5×3	200/5×3	200/5×3		300/5	200/5	200/5	300/5	200/5	400/5	300/5×3	300/5×3	300/5×3	400/5
3	3		3	3	3	3	3	3	3	3	3		1	1	1	1	1	1	3	3	3	1
M10	M10		M10	M10	M10	M10	M10	M10	M10	M10	M10		M10+M11	M10+M11	M10	M10+M11	M10	M10	M10	M10	M10	M10

低压电气系统图（一）

配电柜编号	(A)AA12	(A)AA13					(A)AA14					(A)AA15				
开关柜型号及方案号																
0.4kV一次方案	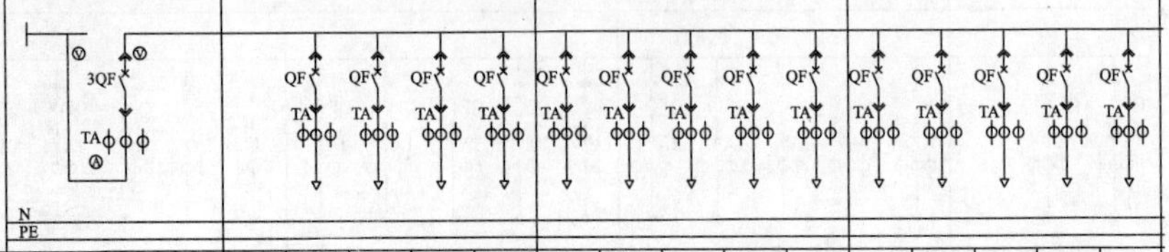 3QF TA N PE		QF TA	QF TA	QF TA	QF TA	QF TA	QF TA	QF TA	QF TA	QF TA	QF TA	QF TA	QF TA	QF TA	QF TA
抽屉编号																
干线编号			备用	备用	(Y)WLM2	(Y)WLM1	备用	备用	(Y)WLM5	(Y)WLM4	(Y)WLM3	备用	备用	WEM6	WEM4	WEM2
用途	母联				教训楼原有照明	图书馆原有照明			学生宿舍原有空调	学生宿舍原有照明	教训楼原有空调			弱电机房专用电源(备用)	值班室专用电源(备用)	变电室专用电源(备用)
设备容量 Pe(KW)					180	270			75	100	75			40	30	30
需用系数 Kx					0.7	0.6			0.7	0.7	0.7			0.7	0.7	0.7
计算容量 Pjs(KW)					126	162			53	70	53			28	21	21
功率因数 COS0					0.8	0.8			0.8	0.8	0.8			0.8	0.8	0.8
计算电流 Ijs(A)					240	309			100	133	100			54	40	40
电缆型号及规格					ZR(A)-YJY-4×185+1×95	ZR(A)-YJY-4×240+1×120			ZR(A)-YJY-4×50+1×25	ZR(A)-YJY-4×95+1×50	ZR(A)-YJY-4×50+1×25			NH(A)-YJY-4×35+1×16	NH(A)-YJY-4×35+1×16	NH(A)-YJY-4×35+1×16
二次接线图																
柜体尺寸mm	800×1000×2200	800×1000×2200					800×1000×2200					800×1000×2200				
备注																
主要电器设备 QF空气断路器 类型	框架/三极				塑壳/三极	塑壳/三极	塑壳/三极	塑壳/三极	塑壳/三极	塑壳/三极	塑壳/三极	塑壳/三极	塑壳/三极	塑壳/三极	塑壳/三极	塑壳/三极
框架电流(A)	3200				400	400	250	125	125	250	125	125	125	125	125	125
分断电流(KA)	60				60	60	60	60	60	60	60	60	60	60	60	60
电子脱扣器额定电流	3200				320	400	200	125	125	200	125	80	80	80	80	80
长延时整定电流/短延时/瞬时(A)	3200/1600/32000				320/1600/3200	400/2000/4000	200/1000/2000	125/625/1250	125/625/1250	200/1000/2000	125/625/1250	80/400/800	80/400/800	80/400/800	80/400/800	80/400/800
长延时动作时限/短延时动作时限(S)																
接地故障(整定值待定)(A)																
分励脱扣					✓	✓	✓	✓	✓	✓	✓	✓	✓	✓	✓	✓
电动操作																
ATS自动切换开关(A) (中性线重叠转换型) 短路耐受能力 55KA																
负荷开关(A)																
FU熔断器																
切换电容接触器																
TA电流互感器	3200/5×3				400/5×3	400/5×3	300/5×3	200/5×3	200/5×3	300/5×3	200/5×3	200/5×3	200/5×3	200/5×3	200/5×3	200/5×3
A电流表	3				3	3	3	3	3	3	3	3	3	3	3	3
V电压表																
电压换相开关																
SPD电涌吸收器(配合熔断器短路耐受能力55KA)																
电度表(机械读数,脉冲输出)																
电力监控模块					M10	M10	M10	M10	M10	M10	M10	M10	M10	M10	M10	M10

图 4-18　某学校的

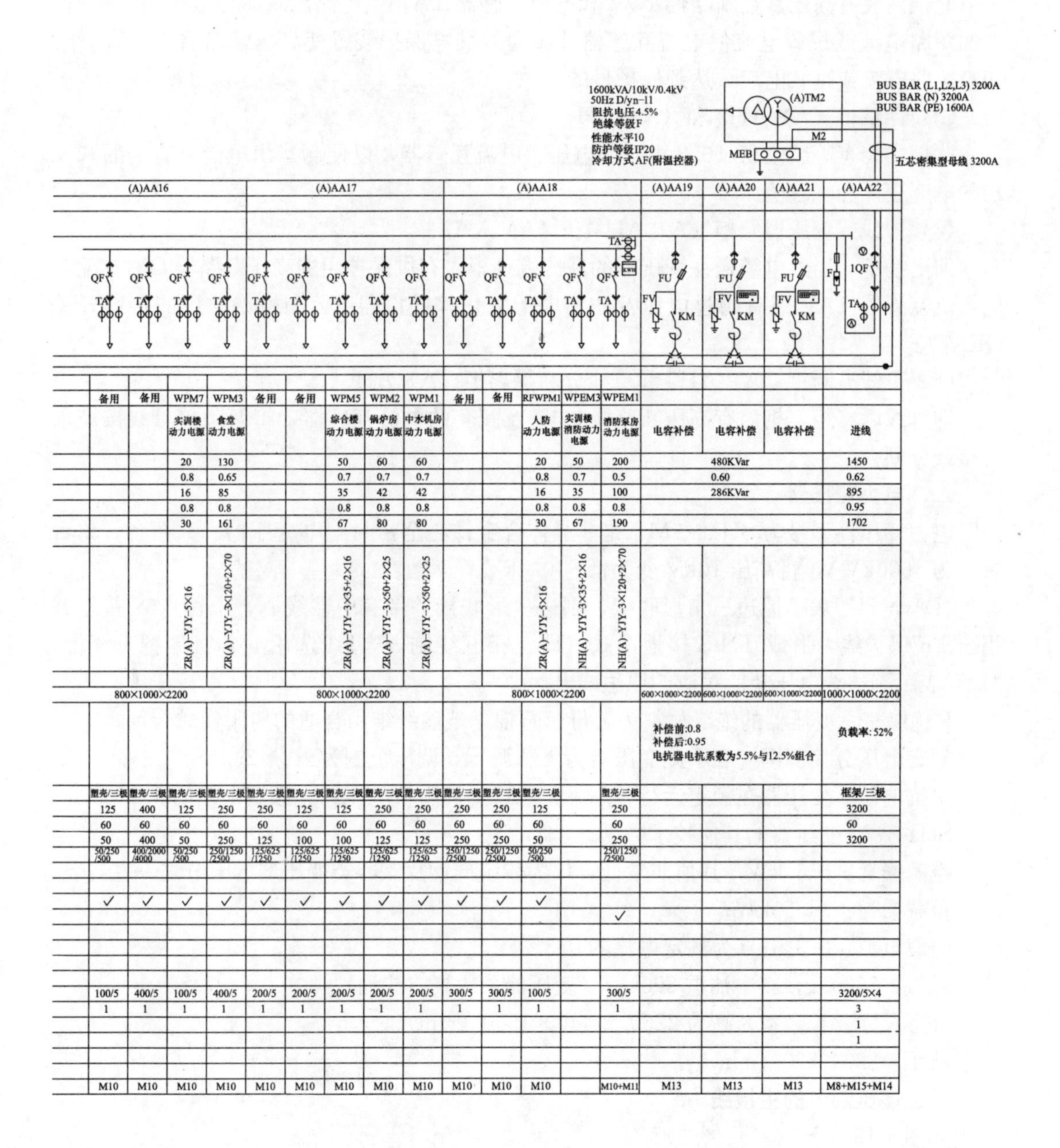
1600kVA/10kV/0.4kV
50Hz D/yn-11
阻抗电压4.5%
绝缘等级F
性能水平10
防护等级IP20
冷却方式 AF(附温控器)
(A)TM2
M2
MEB
BUS BAR (L1,L2,L3) 3200A
BUS BAR (N) 3200A
BUS BAR (PE) 1600A
五芯密集型母线 3200A
(A)AA16
(A)AA17
(A)AA18
(A)AA19
(A)AA20
(A)AA21
(A)AA22
QF
TA
FU
FV
KM
1QF
备用
WPM7
WPM3
WPM5
WPM2
WPM1
RFWPM1
WPEM3
WPEM1
实训楼动力电源
食堂动力电源
综合楼动力电源
锅炉房动力电源
中水机房动力电源
人防动力电源
实训楼消防动力电源
消防泵房动力电源
电容补偿
进线
480KVar
0.60
286KVar
ZR(A)-YJY-5×16
ZR(A)-YJY-3×120+2×70
ZR(A)-YJY-3×35+2×16
ZR(A)-YJY-3×50+2×25
NH(A)-YJY-3×35+2×16
NH(A)-YJY-3×120+2×70
800×1000×2200
600×1000×2200
1000×1000×2200
补偿前:0.8
补偿后:0.95
电抗器电抗系数为5.5%与12.5%组合
负载率: 52%
塑壳/三极
框架/三极
3200/5×4
M10
M10+M11
M13
M8+M15+M14

低压电气系统图（二）

（2）进线断路器柜（A）AH2 和（A）AH9

此柜内装有高压真空断路器 1QV 和电流互感器 TA。当电路出现短路故障或过载时，大的短路电流或过载电流使电流互感器 TA 通过继电保护装置使高压断路器 1QV 动作，切断短路电流或过载电流，达到保护目的。

（3）计量柜（A）AH3 和（A）AH8

此柜内装有等级较高（0.2 级）的电压、电流互感器，以便测量出电能（有功的和无功的电度表）和峰谷值。

（4）馈线（变压器）柜（A）AH4 和（A）AH7

即出线柜，通过电缆送往变压器的高压端。柜内有供保护用的高压断路器 QV 及配套的电流互感器 TA；还有防过电压及防雷电的氧化锌避雷器 FV 和检修时用的接地开关 QE 等。

（5）母线分断柜（A）AH5 和母线分断隔离柜（A）AH6

即母线联络柜，柜内有高压断路器 3QV 及配套的电流互感器，将两条单母线按需求连接或分断。

二、电力变压器

电力变压器型号为 SH12—M，是非晶体合金铁心全密封配电变压器。共两台，单台容量为 1600kVA，将高压 10kV 变为低压 0.4kV。

“D/yn-11”表示原边三角形联接，副边星形联接并带有中性线 N，中性点 N 接地并引出 PE 保护线，形成 TN-S 接地形式（即三相五线制），母线选用五芯密集型母线槽，“11”表示副边线电压超前对应的原边线电压 30°。

F 绝缘表示变压器的绝缘材料为云母、石棉、玻璃纤维用合适的树脂作黏合剂。

额定电压分接范围　表示此变压器为无载调压，调压范围为±2×2.5%。

阻抗电压　变压器在额定运行状态下，副边内部阻抗电压约为额定电压的 4.5%。

SH12—M 变压器的其他技术数据：

空载损耗：0.60kW；其值非常低，仅为传统硅钢片铁心类变压器的五分之一左右。

负载损耗：14.50kW；

空载电流：0.3%；（为额定电流的 0.3%）。

总重：3660kg，其中油重 890kg，（变压器采用真空注油）。

外形尺寸：长×宽×高为 2260×1440×1500（mm）。

轨距：820×820（mm）。

三、低压部分的主接线

如图 4-18 所示（一）、（二）。

从图看出，图 4-18 的母线属于单母线分段形式。选用了五芯密集型母线槽。每组单母线都带着包含进线柜、电容柜等在内的十余面低压柜，负责向全校包括教学楼在内各楼供电，为各楼的照明、动力、人防、弱电提供电源。

两组单母线通过低压联络柜（A）AA12 进行联络。

低压柜都装有断路器、电流互感器等保护和计量电器。

进线柜中还装有电涌吸收器 F 以吸收操作过电压或雷电过电压。

电容柜是为提高功率因数而设的，通过在低压端集中补偿可将功率因数提高到 0.95。

电容柜中的三相电容器 C 一般都联接三角形。其中的电抗器 L 是限制合闸涌流的。放电电阻 FV 为合闸涌流提供泄流路径。

传输电缆一般为阻燃型交联聚乙烯绝缘塑料电缆（NR（A）-YJV 型）。而通往消防动力、机房、变电室、值班室等处的电缆为耐火 NH 型。

4.5　成套变电站

成套变电站是组合式变电站、箱式变电站、可移动式变电站的统称，因其体积小、占地少、施工快、可靠性高而广泛应用于高层建筑（配装干式变压器）、住宅小区、工矿企业等场所及临时设施之处。近年来，在我国有加速发展的势头。应用范围也越来越广泛。

目前，国内生产的成套变电站大体上可分为国产的、仿制欧洲的和引进美国技术的三种类型。国产型与欧式箱式变压器结构形式比较接近。美式箱式变电站是将变压器、高压负荷开关、高压限流式熔断器安装在变压器的箱体内，以矿物油进行绝缘和冷却的新型配电装置。所以美式箱式变压器结构更加紧凑合理、体积更小。

国产的、美式的和仿欧的三种典型组合接线方案：

一、国产 DXB 系列典型组合接线之一：DXB—10/630kVA“目”字形环网高压供电低压计量。如图 4-19 所示。

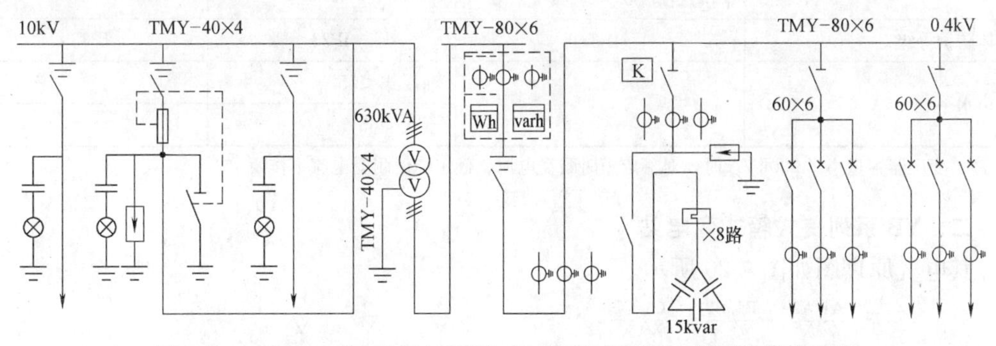

图 4-19　DXB—10/630kVA“目”字形环网高压供电低压计量接线图

从图 4-19 看出，全图由高压供电、变压器和低压计量及配电连接而成，分成三个功能隔室，即高压室、变压器室和低压器。

高压室内装有带熔断器的高压负荷开关，并且与接地开关构成防误操作连锁系统。带指示的高压可布置成一进一出的环网供电、两进的双电源供电或终端供电等多种供电方式。高压室内还装有宽 40mm、厚 4mm 的铜硬母线和防雷电的避雷器。

变压器室内的变压器可选择 S_9 系列及其他非晶态低损耗油浸变压器和干式变压器。室内设自起动强迫风冷系统及照明系统。

低压室可根据用户要求，有动力配电、照明配电、无功功率补偿、电能计量等多种功能。

电能计量还可按要求放在高压侧。

高压室、变压器室和低压室可组成“目”字或“品”字形。

箱体采用热镀锌彩钢板或防锈铝合金板制成，经防腐处理，确保长期户外使用，防腐、防水、防尘，同时，外形美观。

DXB 系列箱式变压器技术数据见表 4-3。

DXB 系列箱式变电站技术数据　　**表 4-3**

功能单元		高压电器	变压器	低压电器
额定电压	(kV)	6、10	6/0.4、10/0.4	0.4
额定容量	(kVA)		Ⅰ型 100～1250	
			Ⅱ型 50～400	
额定电流	(A)	200～630		100～3000
额定开断电流	(A)	负荷开关 400～630		15～63
	(kA)	组合电器取决于熔断器		
额定短时耐受电流	(kV/s)	20/2	200～400kVA	15/1
		12.5/4	>400kVA	30/1
额定峰值耐受电流	(kA)	31.5;50	200～400kVA	30
			>400kVA	63
额定关合电流	(kA)	31.5;50		
工频耐压(1min)	(kV)	相对地及相间 42	油浸式 35	≤300V 2kV
		隔离断口 48	干式 28	>300V 2.5kV
雷电冲击耐压(峰值,kV)		相对地及相间 75	75	
		隔离断口 85		
箱体防护等级		IP33	IP23	IP33
噪声水平	(dB)		油浸式<55	
			干式<65	

注：变压器容量小于 200kVA 时，对额定短时耐受电流、额定峰值耐受电流不作要求。

二、YB 系列美式箱式变电站

其电气原理图如图 4-20 所示。

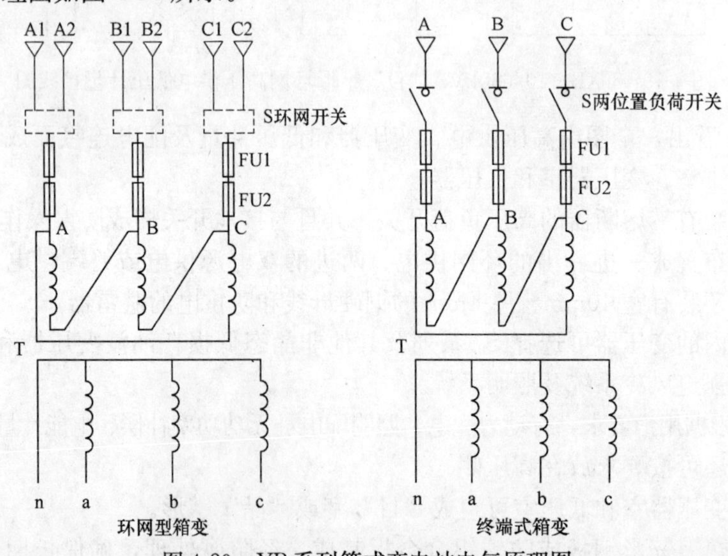

图 4-20　YB 系列箱式变电站电气原理图

A1、B1、C1—环网型 1 路高压端子；A2、B2、C2—环网型 2 路高压端子；A、B、C—终端型高压端子；a、b、c、n—低压端子；FU1—后备保护熔断器；FU2—插入式熔断器；T—D，yn 变压器

YB系列美式箱式变电站高压一次线路方案如表4-4所示。

YB系列美式箱式变电站高压一次线路方案 **表4-4**

一次线路方案编号	Ⅰ	Ⅱ	Ⅲ
一次线路方案图	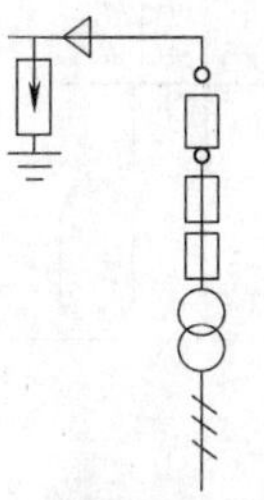 用于终端	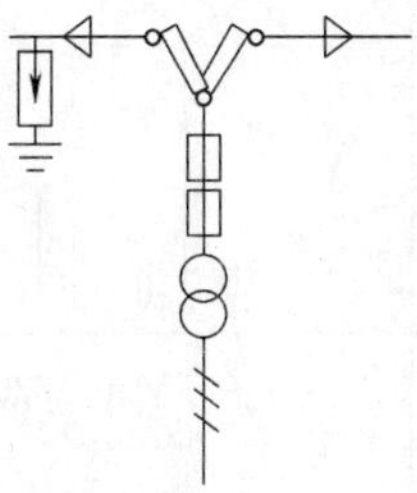 双电源供电	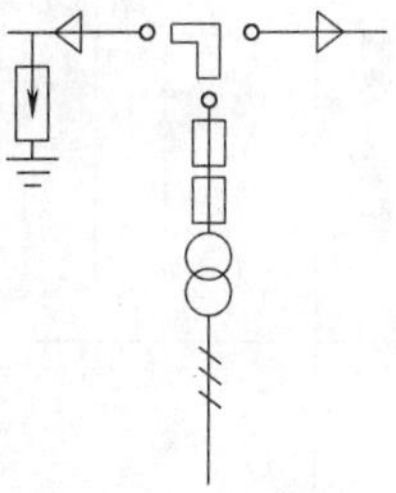 用于环网、双电源供电
负荷开关	200A、400A、630A	200A、400A、630A	200A、400A、630A
一次线路方案编号	Ⅳ	Ⅴ	
一次线路方案图	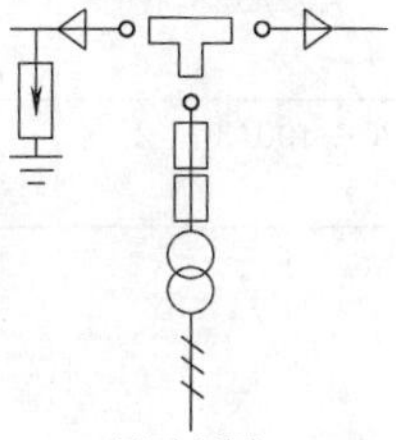 用于环网	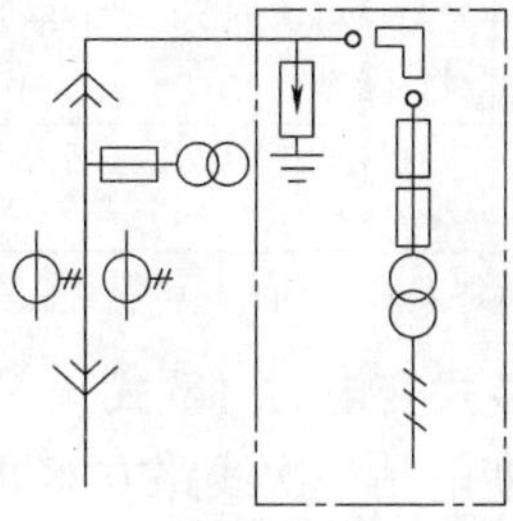 高压计量方案	
负荷开关	200A、400A、630A	200A、400A、630A	

注：插入式熔断器和后备限流熔断器由箱式变电站制造厂家按变压器容量确定。

YB系列美式箱式变电站低压一次线路方案如表4-5所示。

YB系列美式箱式变电站低压一次线路方案 **表4-5**

编号		001	002	003	004
主回路方案图		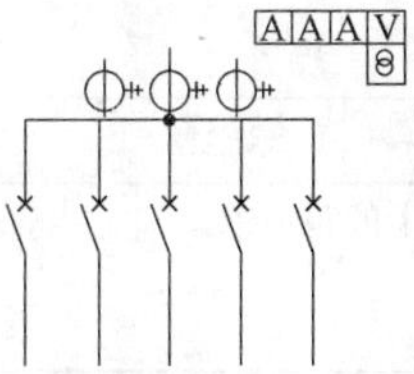 A A A V ⊖	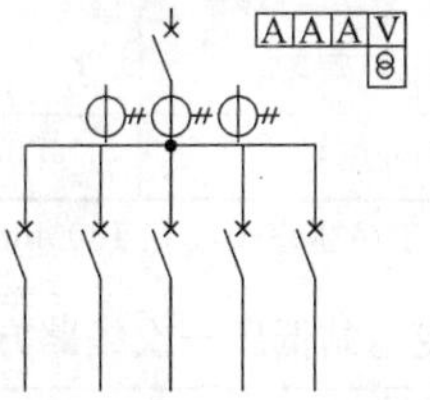 A A A V ⊖	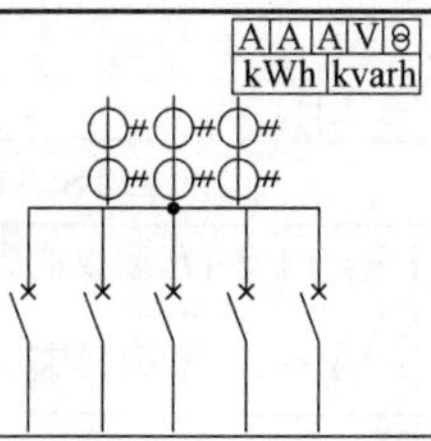 A A A V ⊖ kWh kvarh	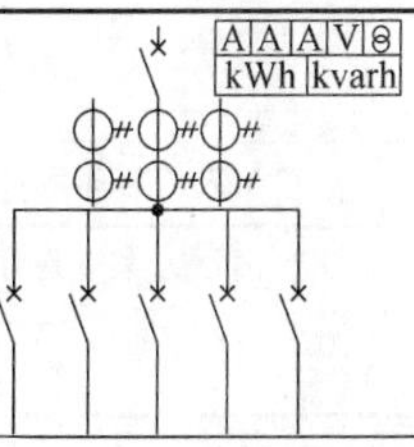 A A A V ⊖ kWh kvarh
主要元件	支路开关	CM1—400/3（或400A以下）×4	CM1—400/3（或400A以下）×4	CM1—400/3（或400A以下）×4	CM1—400/3（或400A以下）×4
		TM30—400/3（或400A以下）×4	TM30—400/3（或400A以下）×4	TM30—400/3（或400A以下）×4	TM30—400/3（或400A以下）×4
		DZ20—400/3×1+200/3×3	DZ20—400/3×1+200/3×3	DZ20—400/3×1+200/3×3	DZ20—400/3×1+200/3×3

续表

编号		005	006	007	008
主回路方案图					
主要元件			主开关 TM30—630 至 1250/3		主开关 TM30—630 至 1250/3
	支路开关	T0—400/3（或 400A 以下）×5	T0—400/3（或 400A 以下）×5	T0—400/3（或 400A 以下）×5	T0—400/3（或 400A 以下）×5
		TM30—400/3（或 400A 以下）×5	TM30—400/3（或 400A 以下）×5	TM30—400/3（或 400A 以下）×5	TM30—400/3（或 400A 以下）×5
		DZ20—400/3×1＋200/3×4	DZ20—400/3×1＋200/3×4	DZ20—400/3×1＋200/3×4	DZ20—400/3×1＋200/3×4
		（DZ20—400/3×2＋200/3×2）	（DZ20—400/3×2＋200/3×2）	（DZ20—400/3×2＋200/3×2）	（DZ20—400/3×2＋200/3×2）

注：可依照用户需要，提供其他方案的产品。

三、YB—12 系列预装式变电站（欧式）

YB—12 系列预装式变电站一次线路方案见表 4-6 所示。

YB—12 系列预装式变电站高压一次线路方案 **表 4-6**

方案 1	方案 2	方案 3		
GA2K1TS 环网开关柜	GA1TS1A1 环网开关柜	GE1K	GE1M	GE1TS

注：由于方案 3 选用高压计量，因尺寸所限仅能放置于高压室长度在 1800mm 以上的箱体中。

YB—12 系列预装式变电站低压一次线路方案 **表 4-7**

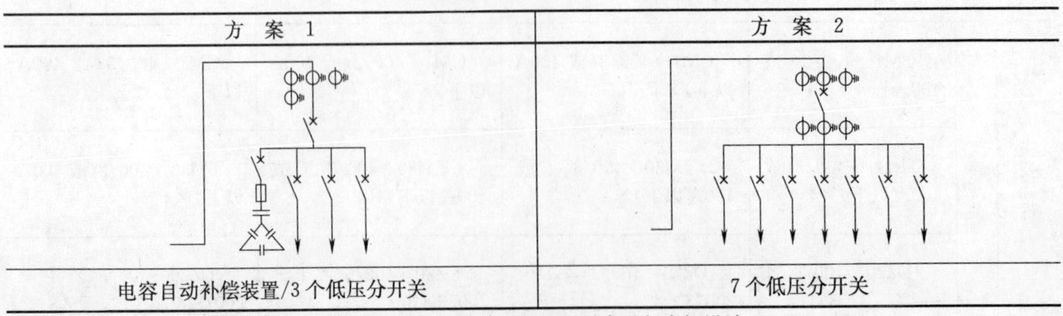

方 案 1	方 案 2
电容自动补偿装置/3 个低压分开关	7 个低压分开关

注：用户如有典型配置方案以外的供货需求，该公司可针对需求进行专门设计。

4.6　变配电系统二次电路图

对主结线的电气设备，即对一次设备进行监视、测量、保护和控制的设备称为二次设备，或称为辅助设备，如电流互感器、电压互感器、监视测量仪表、控制及信号电器、继电保护装置以及自动、远动装置等。

表明二次设备之间互相连接关系的电路称二次接线图，或称为辅助接线图，有时也称二次回路。由于二次设备多，其工作电源种类多，所以比起一次系统图，二次接线图要复杂些，也有几种不同的画法。一般分为集中式（整体式）原理图、展开式原理图两种。

一、集中式（整体式）原理图

图 4-21 是 10kV 高压供电线路和变压器进行定时限过流保护的整体式接线图。图中电器主要是二次设备，也包括与二次设备有关的一次设备。图左侧就是与二次接线有关的一次设备电气系统图，即高压电源从 10kV 母线引下，经高压隔离开关 QS、高压断路器 QF、电流互感器 TA 送到变压器 TM。

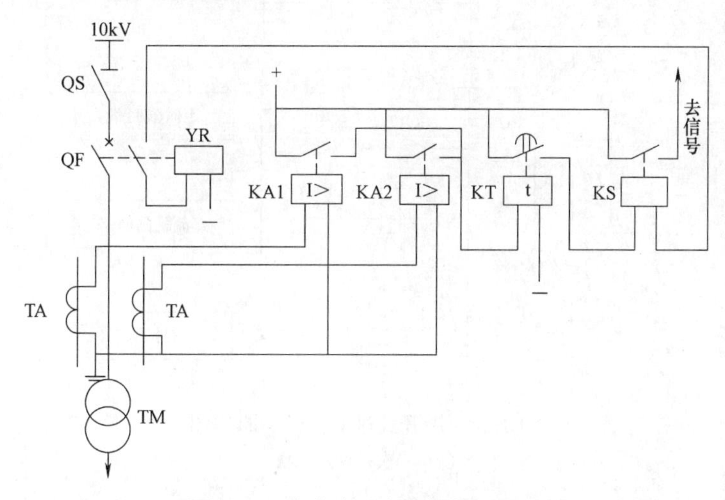

图 4-21　集中式过电流保护原理图

当工作过程中 QS、QF 呈闭合状态。一旦变压器 TM 或高压线路中出现短路或过载时，电流互感器 TA 的一、二次的电流过大，使过流继电器 KA1、KA2 吸合；KA1 或 KA2 的常开触头接通了时间继电器 KT 线圈的电路，经过延时后 KT 的延时闭合的常开触头变闭合状态，使信号继电器 KS 的线圈接通了 QF 断路器的脱扣器线圈 YR 的电路，使 QF 脱扣断开电路，同时信号继电器 KS 通过其常开触头闭合送出信号。

集中式原理图的特点如下：

① 集中式原理图是以器件、元件为中心绘制的图，图中器件、元件都以集中的形式表示，如图中的线圈与触点绘制在一起。设备和元件之间的连接关系比较形象直观，使看图者对系统有一个明确的整体概念。

② 为了更好地说明二次线路对一次线路的测量、监视和保护功能，在绘制二次线路中要将有关的一次线路、一次设备绘出，为了区别一次线路和二次线路，一般一次线路用粗实线表示，二次线路用细实线表示，使图面更加清晰、具体。

③ 所有的器件和元件都用统一的图形符号表示，并标注统一的文字符号说明。所有电器的触点均以原始状态绘出，即电器均不带电、不激励、不工作状态。如继电器的线圈不通电，铁心未吸合；手动开关均断开位置，操作手柄置零位，无外力时触点的状态。

④ 为了突出表现系统的工作原理，图中没有给出二次元件的内部接线图，引出线的编号和接线端子的编号也可省略；控制电源只标出“＋、－”极性，没有具体表示从何引来，信号部分也只标出“去信号”，没有画出具体接线，简化电路，突出重点。但不能按这样的图去接线、查线，特别是对于复杂的系统，设备、元件的连接线很多，用集中式表示，对绘制和阅读都比较困难。因此，在绘制中，较少采用集中表示法，而是用展开法来绘制。

二、展开式原理图

如图 4-22 所示。因为是图 4-21 的另一种画法，所以其工作原理和保护过程同前所述。

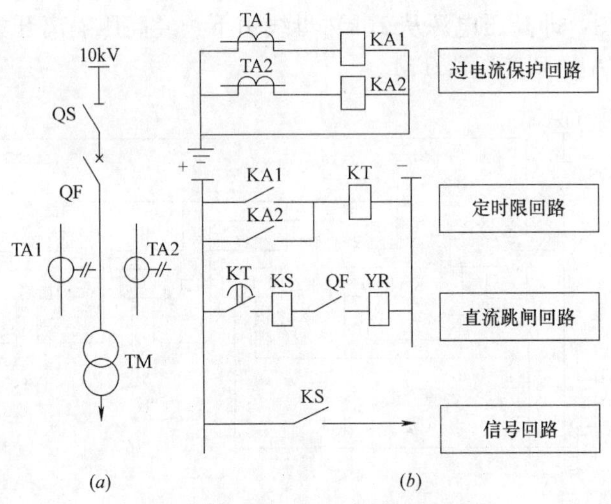

图 4-22　展开式过电流保护原理图

(a) 一次；(b) 二次

展开式原理图一般按动作顺序从上到下水平布置，并在线路旁注明功能、作用，使线路清晰，易于阅读，由于一、二次电路分开绘制便于了解整套装置的动作顺序和工作原理，在一些复杂的图纸中，展开式原理图的优点更为突出。

展开式原理图的特点如下：

① 展开式原理图是以回路为中心，同一回路中，可以有许多不同电器的元件，如图在直流跳闸回路中有 KT 的触头、KS 线圈、QF 触头和 YR 线圈等。

② 同一电器的各个元件按作用分别绘制在不同的回路中。如电流继电器 KA 的线圈串联在 TA1 或 TA2 的电流回路中，其触点 KA1 或 KA2 绘制在时间继电器 KT 的回路中。同一个电器的各个元件应标注同一个文字符号，对于同一个电器的各个触点也可用数字来区分。

③ 展开式原理图可按不同的功能、作用、电压高低等划分为各个独立回路，并在每个回路的右侧注有简单的文字说明，分别说明各个电路及主要元件的功能、作用等。

④ 线路可按动作顺序，从上到下，从左到右平行排列。线路可以编号，用数字或文

字符号加数字表示，变配电系统中线路有专用的数字符号表示。

三、测量电路图

为了了解变配电设备的运行情况和特征，需要对电气设备进行各种测量，如电压、电流。功率、电能等的测量。

1. 电流测量电路

为了用较小量程的电流表测量大电流，一般要用电流互感器。常用的测量方法见图 4-23。图中 TA 表示电流互感器。

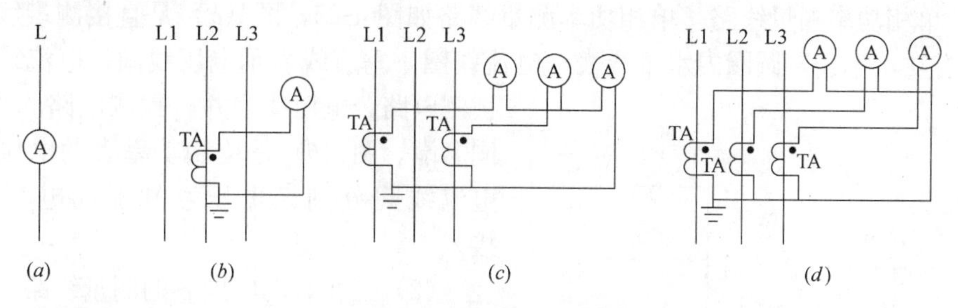

图 4-23　电流测量线路

（1）当线路电流比较小时，可将电流表直接串入线路。

（2）在电流较大时，电流表串接在电流互感器的二次侧，通过电流互感器测量线路电流，

如图 4-23（c）所示，在两相线路中接有两只电流互感器，组成 V 形接法，在两个电流互感器的二次侧接有三只电流表（三表二元件）。两个电流表与两个电流互感器二次侧直接连接，测量这两相线路的电流，另一个电流表所测的电流是两个电流互感器二次侧电流相量和，正好是未接电流互感器那相的二次电流（数值）。三个电流表通过两个电流互感器测量三相电流。这种接线适用于三相平衡的线路中。

图 4-23（d）为三表三元件电流测量电路，三只电流表分别与三个电流互感器的二次侧连接，分别测量三相电流，这种接法广泛用于负荷不论平衡与否的三相电路中。

2. 电压测量线路

低压线路电压的测量，可将电压表直接并接在线路中，见图 4-24（a）。高压配电线路电压的测量，一般要加装电压互感器，电压表通过电压互感器来测量线路电压。图中 TV 表示电压互感器。

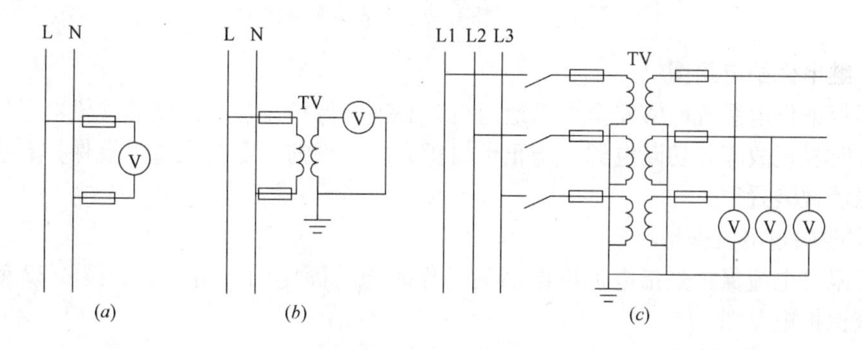

图 4-24　电压测量线路

（1）单相电压互感器测量线路　图 4-24（b）为单相电压测量线路，图中电压表接在

单相电压互感器的二次测，通过电压互感器测量线路间的电压，适用于高压线路的测量。

(2) 三相Y接电压测量线路　图 4-24 (c) 为三相Y接电压测量线路，图中三只电压表分别与三台单相电压互感器二次侧连接，分别测量三相电压，适用于三相电路的电压测量和绝缘监视。

3. 功率、电能测量线路

为了掌握线路的负荷情况，还要测量有功功率、无功功率，有功和无功电能。常用的测量线路有以下几种。

(1) 单相功率测量线路　单相功率测量线路如图 4-25，图 (a) 是直接测量线路，图中 W 为有功功率表，圆圈内水平线表示电流线圈，垂直线表示电压线圈。电流线圈串入被测电路，电压线圈并入被测电路。"*"为同名端。图 (b) 是单相功率表的电压线圈和电流线圈分别经电压互感器和电流互感器接入。

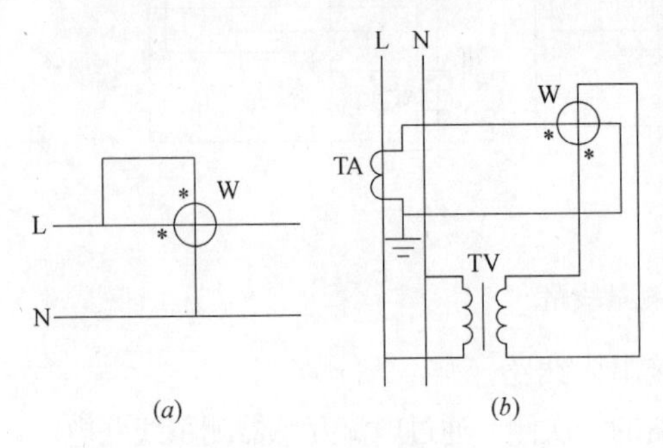

图 4-25　单相功率表测量线路

(2) 三相有功电度表的测量线路　图 4-26 是三相二元件有功电度表线路，表头的电压线圈和电流线圈经电压互感器和电流互感器接入。图 (a) 为集中表示法，图 (b) 为展开式表示法。图中 Wh 表示电能表（即千瓦小时表）。

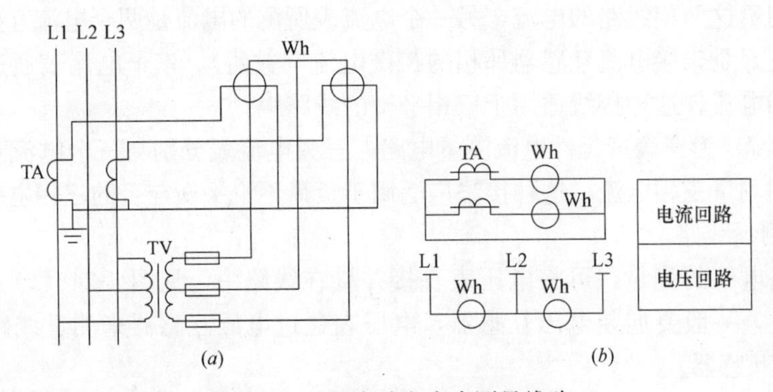

图 4-26　三相有功电度表测量线路

四、继电保护电路图

为了保证供电系统能够安全可靠地运行，必须有保护设备，以便监视供电系统的工作情况，及时发现故障并切断电源，防止事故扩大。常用的有定时限过电流保护、变压器保护及绝缘监视装置等。

1. 定时限过电流保护

定时限过电流保护是指电流继电器的动作时限是固定的。图 4-21、图 4-22 就是定时限过电流保护电路图。

2. 反时限过电流保护

反时限过电流保护是指电流继电器的动作时限与通过它的电流的大小成反比，即电流超过额定值越大，动作时限越短。电路如图 4-27 所示。

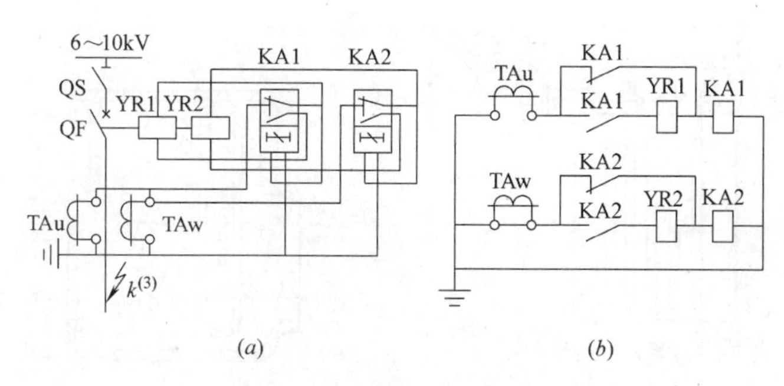

图 4-27　反时限过电流保护装置

(*a*) 集中式原理；(*b*) 展开图

反时限过电流保护装置采用感应型继电器 KA1、KA2 就可以实现。由于这种电流继电器本身具有时限、掉牌、功率大、触点数量多等特点，可以省掉了时间继电器、信号继电器、中间继电器。正常运行时，过电流继电器不动作，KA1、KA2 的常开触点都是断开的。断路器跳闸线圈 YR1、YR2 断路，断路器 QF 处在闭合状态。

当在保护范围内发生故障或过电流时，电流继电器 KA1、KA2 动作，经一定时限后其常开触点先闭合，常闭触点后打开，跳闸线圈 YR1、YR2 的短路分流支路被常闭触点断开，操作电源被常开触点接通，断路器 QF 跳闸，其信号牌自动掉落，显示继电器动作、当故障切除后，继电器返回，信号掉牌用手动复位。

3. 单相接地保护——绝缘监视装置电路图

如图 4-28 所示。

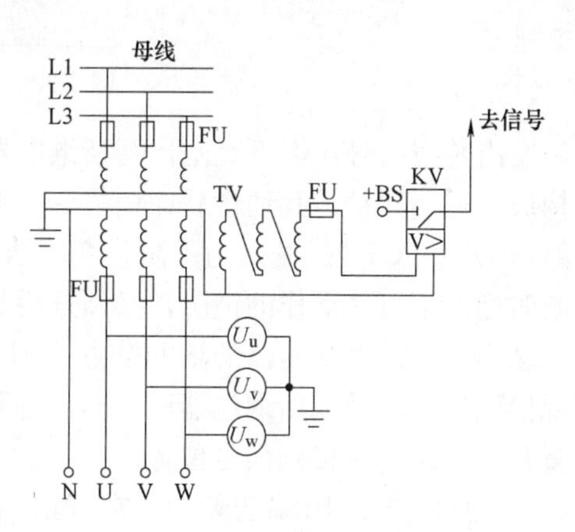

图 4-28　无选择绝缘监视装置

在变电所母线上装一套三相五柱式电压互感器。电压互感器二次侧有两组线圈，一组接成星形，在它的引出线上接三个电压表，反映各相电压。另一组接成开口三角形，并在开口处接一过电压继电器 KV，反映接地时出现的零序过电压。

在正常运行时，系统三相电压对称，三个电压表数值相等，开口三角形两端的电压为零，继电器不动作。当系统某一相绝缘损坏发生单相接地时，接地相的相电压变为零，此相的电压表指示零；其他两相的对地电压升高$\sqrt{3}$倍，电压表数值升高，同时开口三角形两端电压很高使电压继电器 KV 动作，发出接地故障信号。

该装置只适用于线路数目不多，并且允许短时停电的电网中。

4. 变压器（油浸式）的瓦斯保护

瓦斯保护　当变压器内部故障时，短路电流所产生的电弧将使绝缘物和变压器油分解而产生大量的气体，利用这种气体来实现的保护装置叫瓦斯保护。油浸式变压器容量在 800kVA 以上的变压器应设置瓦斯保护。

瓦斯保护主要有瓦斯继电器构成，安装在变压器油箱和油枕之间。如图 4-29 所示。

瓦斯保护的原理接线图如图 4-30 所示。

瓦斯继电器触点 KG-1 由图 4-29 中的上油杯 5 控制，构成轻瓦斯保护，其继电器动作

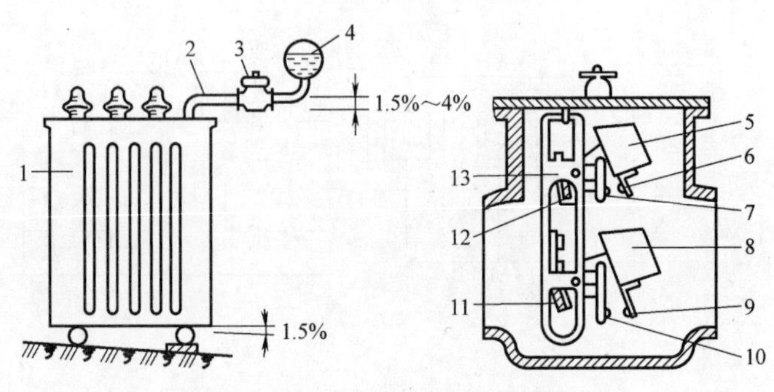

图 4-29　瓦斯继电器的位置与构造

1—变压器；2—连通管；3—瓦斯气体继电器；4—油枕；5—上油杯；6—上动触头；7—上静触点
8—下油杯；9—下动触头；10—下静触点；11、12—下、上油杯平衡锤；13—支架

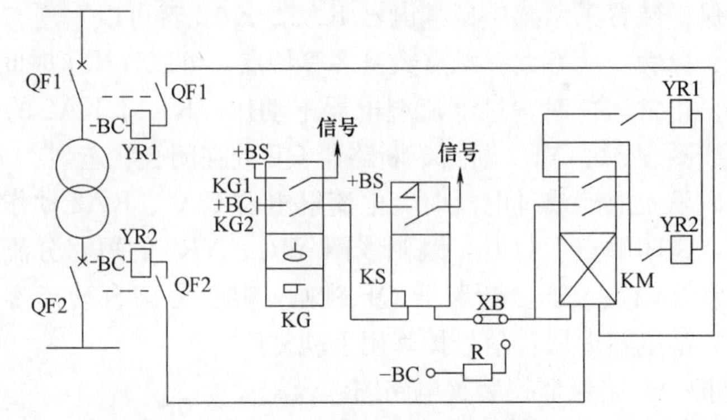

图 4-30　瓦斯保护的原理接线

后发出警报信号，但不跳闸。瓦斯继电器的另一触点 KG-2 由图 4-29 中的下油杯 8 控制，构成重瓦斯保护，其动作后经信号继电器 KS 起动中间继电器 KM，KM 的触点分别使断路器 QF1、QF2 跳闸。为了防止变压器内严重故障时油流速不稳定，造成重瓦斯触点时断时通的不可靠动作的情况，必须选用具有自保持电流线圈的出口中间继电器 KM。在保护动作后，借助断路器的辅助触点 QF1、QF2 来解除出口回路的自保持。在变压器加油或换油后，以及瓦斯继电器试验时，为防止重瓦斯保护误动作，可以利用切换片 XB，使重瓦斯保护暂时接到信号位置。

瓦斯保护可以用做防御变压器油箱内部故障和油面降低的主保护，瞬时作用于信号或跳闸。

五、10kV 变电所变压器柜二次接线图

图 4-31 所示为某 10kV 变电站变压器柜二次回路接线图。由图可知，其一次侧为变压器配电柜系统图（图左侧），二次侧回路为控制回路、保护回路、电流测量和信号回路图等。

图中 YC、YT 表示断路器 QF 的跳闸、合闸线圈，KK 为手动转换开关。

控制回路中防跳合闸回路通过 ZLC 中间继电器 KM 及 KA 实现联锁；为防止变压器开启对人身构成伤害，控制回路中设有变压器门开启联动装置，并通过继电器线圈 KS6 将信号送至信号屏。

保护回路主要包括过电流保护、速断保护、零序保护和超温保护等。过流保护的动作过程为：当电流过大时，继电器 KA3、KA4、KA5 动作，使时间继电器 KT1 通电，其触点延时闭合，通过 KS2 使真空断路器跳闸，同时信号继电器 KS2 向信号屏显示动作信号；速断保护通过继电器 KA1、KA2 动作，使 KM 得电，迅速断开供电回路，同时通过信号

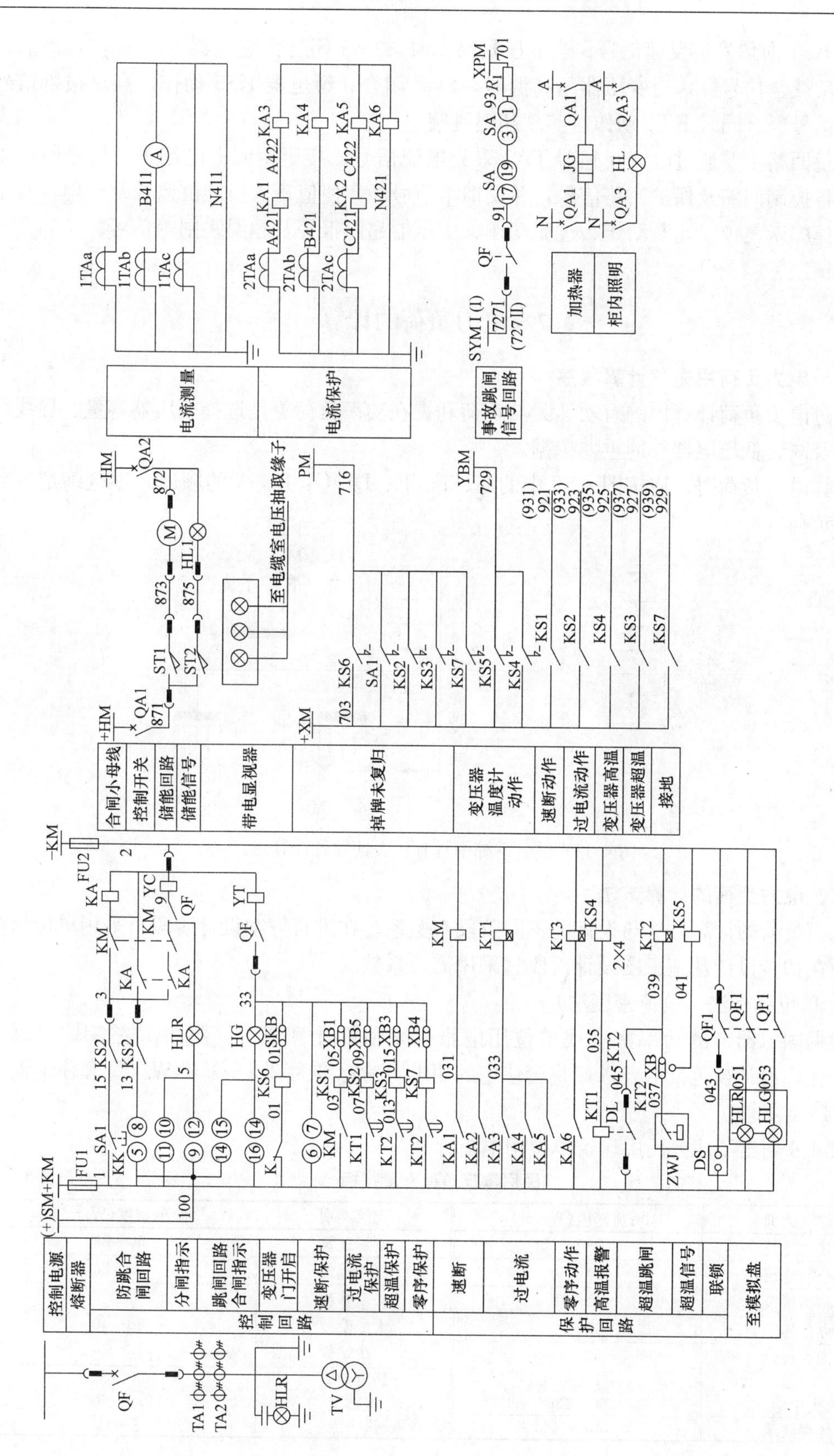

图 4-31　10kV 变电所变压器柜二次接线图

继电器 KS1 向信号屏反馈信号；当变压器高温时，1WJ 闭合，继电器 KS4 动作，高温报警信号反馈至信号屏，当变压器超高温时，2WJ 闭合，继电器 KS5 动作，高温报警信号反馈至信号屏，同时 KT2 动作，实现超温跳闸。

测量回路主要通过电流互感器 TA1 采集电流信号，接至柜面上电流表。信号回路主要采集各控制回路及保护回路信号，并反馈至信号屏，使值班人员能够监控及管理，其主要包括掉牌未复位、速断动作、过流动作、变压器超温报警及超温跳闸等信号。

4.7　电力负荷的计算

一、电力负荷用途和计算程序

通过电力负荷计算出的有功、无功负荷和视在功率负荷等是选择变压器容量、导线截面积以及高、低压电器等的重要依据。

计算电力负荷时，应按图 4-32 中的 G、F、E、D、C、B、A 的顺序，逐级确定各点的计算负荷。

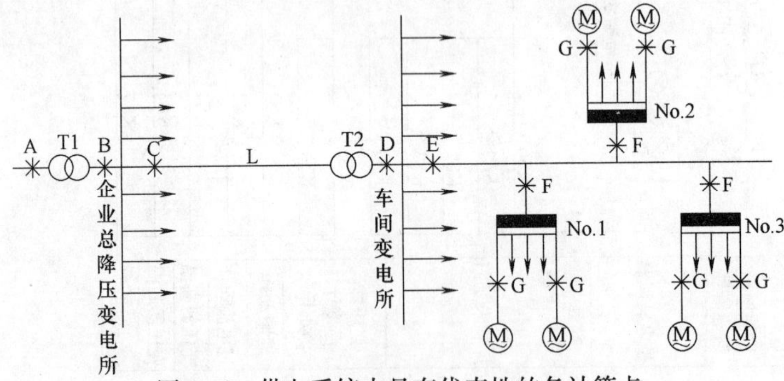

图 4-32　供电系统中具有代表性的各计算点

二、电力负荷的计算方法

电力负荷的计算方法与设计的不同阶段有关系。在进行方案设计阶段可采用单位指标法，而在初步设计及施工图设计阶段宜采用需要系数法。

1. 单位指标法（负荷密度法）

根据国家给定的功率密度或单位用电指标来估算计算负荷。例如，按 GB 50096—1999《住宅设计规范》的要求，每套住宅的用电负荷标准为 2.5～4.0kW（每套住宅面积应为 34～68m^2）。

表 4-8 列出了部分民用建筑单位用电指标。

民用建筑负荷密度指标　　　　**表 4-8**

建筑类别	负荷密度（W/m^2）	建筑类别	负荷密度（W/m^2）
住宅建筑	20～60	剧场建筑	50～80
公寓建筑	30～50	医疗建筑	40～70
旅馆建筑	40～70	教学建筑	
办公建筑	30～70	大专院校	20～40
商业建筑		中小学校	12～20
一般	40～80	展览建筑	50～80
大中型	60～120	演播室	250～500
体育建筑	40～70	汽车库	8～15

有功计算负荷 P_c 为

$$P_c=\frac{P_0 S}{1000}\quad(\mathrm{kW})\tag{4-7}$$

式中　P_0——单位面积功率（功率密度），W/m^2；

S——建筑面积，m^2。

由于单位用电指标的确定与国家的经济发展、电力政策以及人民消费水平的高低有直接关系，因此，这一数据变化会很频繁。另外，由于我国地域辽阔，经济发展不平衡，人民的消费水平差别也很大，这就造成全国各地区的单位用电指标也有很大的差异。

2. 按需要系数法确定计算负荷

所谓需要系数法就是用设备功率乘以需要系数就可直接求出计算负荷。

(1) 需要系数

考虑到所有用电设备不可能同时工作。不可能同时满载、效率也各不相同等因素，所以计算负荷时需综合考虑一个系数，这就是需要系数或称需用系数。

需要系数是根据多年运行经验和积累而总结出的数字，所以，不同性质的负荷、不同的建筑类型等其需要系数是不同的。如表 4-9、表 4-10。

建筑照明需用系数　　**表 4-9**

建筑类别	K_x	建筑类别	K_x	建筑类别	K_x
仓库	0.5～0.7	锅炉房	0.9	旅馆	0.6～0.7
宿舍区	0.6～0.8	医院	0.5	科研楼	0.8～0.9
食堂	0.9～0.95	商店	0.9	生产厂房	0.8～1
高层建筑	0.4～0.5	住宅建筑	0.3～0.7	通道照明	1.0
大会堂	0.51	火车站	0.76	体育馆	0.65～0.86
学校	0.6～0.7	展览馆	0.7～0.8	办公楼	0.7～0.8
餐厅宴会厅	0.9～1.0	生产厂房	0.8～1.0	教学楼	0.8～0.9
图书馆、阅览室	0.8	影剧院	0.6～0.8	托儿所	0.55～0.65

土建施工临时用电设备的需要系数和功率因数　　**表 4-10**

序号	用电设备名称	数量	功率因数 $\cos\varphi/\tan\varphi$	需要系数 K_x
1	混凝土及砂浆搅拌机	10 以下	0.65/1.17	0.7
2	混凝土及砂浆搅拌机	10～30	0.65/1.17	0.6
3	混凝土及砂浆搅拌机	30 以上	0.60/1.33	0.5
4	破碎机、筛洗石机	10 以下	0.75/0.88	0.75
5	破碎机、筛洗石机	10～50	0.7/1.02	0.7
6	点焊机		0.6/1.33	0.35
7	对焊机		0.7/1.02	0.35
8	自动焊接变压器		0.5/1.73	0.5～0.6
9	手动弧焊变压器		0.4/2.29	0.35
10	给排水泵、泥浆泵空气压缩机电动发电机组		0.8/0.75	0.6～0.8
11	皮带运输机(机械联锁)		0.75/0.88	0.7
12	皮带运输机(非机械联锁)		0.75/0.88	0.6
13	电阻炉、干燥箱、加热器		0.95/0.33	0.8
14	吸尘器、空气压缩机、电动打夯机		0.8/0.75	0.75

续表

序号	用电设备名称	数量	功率因数 $\cos\varphi/\tan\varphi$	需要系数 K_x
15	X射线设备		0.5/1.73	0.5
16	提升机、起重机、掘土机、卷扬机	10以上	0.7/1.02	0.3
17	提升机、起重机、掘土机、卷扬机	10以下	0.65/1.17	0.2
18	振捣器		0.7/1.02	0.7
19	仓库照明		1.0/0	0.35
20	室内照明		1.0/0	0.8
21	室外照明		1.0/0	0.35
22	木工机械		0.5～0.6/1.73～1.33	0.2～0.3
23	液压机		0.6/1.33	0.3
24	各种风机、空调器		0.8/0.75	0.7～0.8

（2）设备功率的确定

1）连续工作制电动机的设备功率等于额定功率。

2）短时或周期工作制电动机，如起重机用电动机等的设备功率，应统一换算到负载持续率ε[1]为25%下的设备功率，换算公式为

$$P_e = P_N\sqrt{\frac{\varepsilon_N}{0.25}} \tag{4-8}$$

式中　P_e——换算到$\varepsilon=25\%$时的设备功率；

P_N——换算前的电动机额定功率，kW；

ε_N——换算前（对应于P_N时）的电动机额定负载持续率；

3）电焊机的设备功率应统一换算到负载持续率ε为100%时的设备功率。

$$P_e = P_N\varepsilon_N = S_N\cdot\varepsilon_N\cdot\cos\varphi \tag{4-9}$$

式中　P_N或S_N——电焊机的额定功率（kW）或额定容量（kVA）；

ε_N——对应于P_N或S_N的负载持续率；

$\cos\varphi$——电焊机的额定功率因数。

4）白炽灯和卤钨灯的设备功率等于灯泡额定功率。

5）气体放电灯的设备功率应为灯管额定功率加镇流器的功率损耗（荧光灯采用普通电感镇流器加25%，采用节能型电感镇流器加15%～18%，采用电子镇流器加10%；金属卤化物灯、高压钠灯、荧光高加汞灯用普通电感镇流器时加14%～16%，用节能型电感镇流器时加9%～10%）。

6）单相用电设备的设备功率要换算为等效三相负荷

单相用电设备较多时，应将它们均匀地接在三相电源上，使三相电路尽量对称；当不能做到三相对称时，其等效三相负荷的计算要看单相用电设备的接线位置：

当接于相线与中线之间时，取最大相负荷的3倍；

当接于相线之间时，取最大线间负荷的$\sqrt{3}$倍。

（3）确定各种用电设备的计算负荷

先将各用电设备需要系数K_x和功率因数$\cos\psi$相同的合并成组，分别计算有功计算负荷、无功计算负荷。

---

〔1〕负载持续率表示负载工作时间与整个周期时间之比，常以ε或FC%表示。

1）有功计算负荷为同组用电设备的设备功率（P_e）总和乘以需要系数 K_x，即

$$P_c = K_x \cdot \Sigma P_e \tag{4-10}$$

式中　P_c——某一类用电设备的有功计算负荷（kW）；

ΣP_e——同一类设备的总设备功率（kW）；

K_x——同一类设备的需要系数。

2）无功计算负荷 Q_c

$$Q_c = P_c \cdot \tan\psi \tag{4-11}$$

式中　Q_c——某一类用电设备的无功计算负荷（kVar）；

$\tan\psi$——与 $\cos\psi$ 对应的正切值。

（4）确定总计算负荷

1）总有功计算负荷 P_{js}

$$P_{js} = K_\Sigma \cdot \Sigma P_c \tag{4-12}$$

2）总无功计算负荷 Q_{js}

$$Q_{js} = K_\Sigma \cdot \Sigma Q_c \tag{4-13}$$

3）总视在功率 S_{js}

$$S_{js} = \sqrt{P_{js}^2 + Q_{js}^2} \tag{4-14}$$

上式中 K_Σ 为同时系数，是考虑到各组用电设备的最大负荷不同时出现而加的系数，一般可取 0.9～1。

例 4.1　某建筑工地的用电设备列表如下，由 380/220 伏三相电源供电，试计算该工地的计算负荷。

序号	用电设备名称	设备额定功率(kW)	台数	备注
1	混凝土搅拌机	10	4	
2	砂浆搅拌机	4.5	4	
3	皮带运输机	7	5	有机械联锁
4	升降机	4.5	2	
5	塔式起重机	7.5×2 22×1 3.5×1	1	ε_N=25%
6	电焊机(手动弧焊)	25	5	ε_N=25%，单相 380 伏
7	照明	20		

解　为方便划分①～⑦组负荷

① 混凝土搅拌机组

查表 4-9 得需要系数 $K_{x1}=0.7$，$\cos\psi_1=0.65$，$\tan\psi_1=1.17$

则 $P_{c1}=K_{x1}\Sigma P_{N1}=0.7(10\times4)=28$kW

$Q_{c1}=P_{c1}\cdot\tan\psi_1=28\times1.17=32.76$kVar

② 砂浆搅拌机组

查表 4-9 得 $K_{x2}=0.7$，$\cos\psi_2=0.65$，$\tan\psi_2=1.17$

$P_{c2}=K_{x2}\cdot\Sigma P_{N2}=0.7(4.5\times4)=12.6$kW

$Q_{c2}=P_{c2}\cdot\tan\psi_2=12.6\times1.17=14.74$kVar

③ 皮带运输机组

查表 4-9 得 $K_{x3}=0.7$，$\cos\psi_3=0.75$，$\tan\psi_3=0.88$

$P_{c3}=K_{x3}\cdot\Sigma P_{N3}=0.7\ (7\times5)=24.5\text{kW}$

$Q_{c3}=P_{c3}\cdot\tan\psi_3=24.5\times0.88=21.56\text{kVar}$

④ 升降机组

查表 4-9 得 $K_{x4}=0.2$，$\cos\psi_4=0.65$，$\tan\psi_4=1.17$

$P_{c4}=K_{x4}\cdot\Sigma P_{N4}=0.2\ (4.5\times2)=1.8\text{kW}$

$Q_{c4}=P_{c4}\cdot\tan\psi_4=1.8\times1.17=2.11\text{kVar}$

⑤ 塔式起重机组

因为塔式起重机只有一台，负载持续率为 25%，不用换算。而且塔机上的四台电动机同时工作且负荷满载是经常的，所以需要系数 K_{x5} 取的大一些，取 $K_{x5}=0.7$。

查表 4-9 得 $\cos\psi_5=0.65$，$\tan\psi_5=1.17$

$P_{c5}=K_{x5}\cdot\Sigma P_{N5}=0.7\ (7.5\times2+22\times1+3.5\times1)=28.35\text{kW}$

$Q_{c5}=P_{c5}\cdot\tan\psi_5=28.35\times1.17=33.17\text{kVar}$

⑥ 电焊机组

查表 4-9 得 $K_{x6}=0.45$，$\cos\psi_6=0.4$，$\tan\psi_6=2.29$

电焊机是单相负载 5 台，考虑到三条火线负担一致，故按三相对称计算，即按 6 台单相电焊机进行计算。

同时给出的条件中暂载率为 $\varepsilon_N=25\%$，应统一换算到 100%时的额定功率。

$P_{c6}=K_{x6}\cdot\Sigma P_{N6}\cdot\sqrt{\varepsilon_N}=0.45\ (25\times6\times\sqrt{0.25})=33.75\text{kW}$

$Q_{c6}=P_{c6}\cdot\tan\psi_6=33.75\times2.29=77.29\text{kVar}$

⑦ 施工现场照明

施工现场照明以室外照明为主。

查表 4-9 得 $K_{x7}=0.35$，$\cos\psi_7=1.0$，$\tan\psi_7=0$

$P_{c7}=K_{x7}\cdot\Sigma P_{N7}=0.35\times20=7\text{kW}$

$Q_{c7}=P_{c7}\cdot\tan\psi_7=7\times0=0$

⑧ 总计算负荷

同时系数 K_Σ 取 0.9。

$P_{js}=K_\Sigma\cdot\Sigma P_c=0.9\ (28+12.6+24.5+1.8+28.35+33.75+7)=122.4\text{kW}$

$Q_{js}=K_\Sigma\cdot\Sigma Q_c=0.9\ (32.76+14.74+21.56+2.11+33.17+77.29+0)=163.5\text{kVar}$

$S_{js}=\sqrt{P_{js}^2+Q_{js}^2}=\sqrt{122.4^2+163.5^2}=204\text{kVar}$

还可算出计算电流 $J_{js}=\dfrac{S_{js}}{\sqrt{3}\cdot U_L}=\dfrac{204\times10^3}{\sqrt{3}\times380}=310\text{A}$

施工现场平均功率因数 $\cos\psi=\dfrac{P_{js}}{S_{js}}=\dfrac{122.4}{204}=0.6$

其中 S_{js} 是选择变压器容量的主要依据，而 I_{js} 是安装总电能表和选择导线截面积的主要依据。

4.8 配电导线选择

配电导线有电线和电缆两大类，本节将介绍导体材料和绝缘材料并重点讲述导体截面积的选择。

一、配电导线的导体材料

用作电线电缆的导电材料，通常有铜和铝两种。铜材的导电率高，20℃时的电阻率$\rho_{铜}$为$1.72\times10^{-6}\Omega\cdot cm$，$\rho_{铝}$为$2.82\times10^{-6}\Omega\cdot cm$；载流量相同时，铝线心截面约为铜的1.5倍；采用铜线心损耗低，铜材的机械性能优于铝材，在延展性、抗疲劳强度等方面铜材均优于铝材，故应用很广泛。但铝材比重小、较轻，在电阻值相同时，铝线心的质量仅为铜的一半，因此在架空输电线路中铝材多有应用。

二、配电导线的绝缘材料

1. 普通电线、电缆所用的绝缘材料目前有聚氯乙烯、交联聚乙烯和橡皮绝缘三种。

聚氯乙烯绝缘及护套VV（PVC）的电缆已在很大范围内代替了油浸纸绝缆电缆、滴干绝缘和不滴流浸渍纸绝缘电缆。但是聚氯乙烯对气候适应性能差，其适应温度范围仅为+60℃～-15℃之间。而且在燃烧时会散放有毒烟气。

交联聚乙烯（YJV（XLPE）电线、电缆[1]则对环境适应能力大大提高，线芯长期允许工作温度90℃，短路热稳定允许温度250℃。由于交联聚乙烯料轻，故1kV级的电缆价格与聚氯乙烯电缆相差有限。由于燃烧时不会产生大量毒气及烟雾，所以称其为“清洁电线、电缆”。

橡皮绝缘电力电缆其弯曲性能好，能够在严寒气候下敷设，它不仅适用于固定敷设的线路，也可用于移动的敷设线路，例如建筑用塔式起重机的供电回路应采用橡皮绝缘橡皮护套软电缆。

2. 关于阻燃电线、电缆

阻燃电线、电缆是指在规定试验条件下被燃烧，具有使火焰蔓延仅在限定范围内，撤去火源后，残焰和残灼能在限定时间内自行熄灭的电线、电缆。

阻燃电线、电缆的性能主要用氧指数和发烟性两项指标来评定。

（1）氧指数：在规定的试验条件下，材料在维持燃烧状态下所需的氧气最低浓度值。由于空气中氧气占21%，因此对于氧指数超过21的材料在空气中会自熄，材料的氧指数愈高，则表示它的阻燃性能愈好。例如聚氯乙烯的氧指数为40.3，而聚乙烯仅为17.4。

（2）电线、电缆的发烟性能可以用透光率来表示。透光率愈小表示材料的燃烧发烟量愈大。大量的烟雾伴随着有害的气体，妨碍救火工作，损害人体及设备。

阻燃电线、电缆按阻燃等级分为A、B、C、D四级，A级最好。若不注明阻燃等级者，一律视为C级。

阻燃电线电缆按燃烧时的烟气特性分为一般阻燃（ZR或Z）、低烟低卤（DDZR或

---

[1] 所谓交联聚乙烯是指应用高能电子以2.5M的频率辐射处理，使聚乙烯分子由线性结构变成空间网状结构，使热塑性聚乙烯变成热固性的交联聚乙烯。在机械性能、热老化性及环境适应能力大大提高。而且具有结构简单、外径小、重量轻、不怕辐射、抗落差等优点。

DDZ)、无卤（WDZR或WDZ）三大类。

一般阻燃电线电缆其阻燃性能可达到所标注的阻燃等级，价格低廉，但燃烧时烟雾浓、酸雾及毒气大。

无卤阻燃电线电缆烟少、毒低、无酸雾。它的烟雾浓度比一般阻燃电线电缆低10倍。但阻燃性能较差，大多只能做到C级，而价格比一般的贵很多。而且无卤型只能做到0.6/1kV电压等级，6～35kV中压电缆很难做到阻燃要求。

由于有机材料的阻燃概念是相对的，数量较少时是阻燃特性而数量较多时有可能呈不阻燃特性。因此，电线电缆成束敷设时，应采用阻燃型电线电缆。

3. 耐火电线电缆

耐火电线电缆是指在规定试验条件下，在火焰中被燃烧一定时间内能保持正常运行特性的电线电缆。

耐火电线电缆按耐火特性分为A、B两类。A类可耐受900～1000℃高温，B类只有750～800℃。当采用B类耐火时可省略标注。

耐火电线电缆按绝缘材质可分为有机型和无机型两种。

（1）有机型主要是采用耐高温800℃的云母带作为耐火层，外部采用聚氯乙烯或交联聚乙烯为绝缘。其耐火等级只能做到B类，加入隔氧层后才可达A类。

（2）无机型是矿物绝缘电线电缆，它采用氧化镁作为绝缘材料，用铜管作为护套的电线电缆。国际上称为“MI”电线电缆。在某种意义上它是一种真正的耐火电缆，只要火焰温度不超过铜的熔点1083℃，它就安然无恙。它允许长期工作在250℃的高温下，还有较好的耐喷淋、耐机械撞击、耐腐蚀等性能。

由于外护层为铜质可兼作PE线，接地可靠。

（3）耐火电线电缆的标注

① 无机型耐火电线电缆通常标注为BTT型、BTTQ（轻型）、BTTZ（重型）。

例如某矿物绝缘电线电缆的标注为：

BTTVZ4×(1H150)

其中BTT为矿物绝缘电线电缆代号；

V为PVC材料的外护层，无护层者不标注；

Z为重型，耐压750V；

4为总的根数；

(1H150）为每根只一芯，截面积为150mm^2。

② 一般耐火电线电缆的标注为“NH”。

例如：NH-VV-0.6/1 3×240+1×20则表示一般B类耐火型聚氯乙烯绝缘及护套的电力电缆，额定电压为0.6～1kV，共有四芯，其中三芯为240mm^2，一芯为120mm^2。

（4）耐火电线电缆的应用范围

耐火电线电缆主要用于：凡是在火灾时，仍需保持正常运行的线路，如工业与民用建筑的消防系统。包括应急照明系统、救生系统、报警及重要的监测回路——①消防泵、喷淋泵、消防电梯的供电线路及控制线路。②防火卷帘门、电动防火门、排烟系统风机、排烟阀、防火阀的供电控制线路。③消防报警系统的手动报警线路，消防广播及电话线路等。

三、电线、电缆截面积的选择

电线、电缆截面积的选择应同时满足以下三个方面的要求：①长期通过线芯额定电流时，线芯温度不应超过电线、电缆所允许的长期工作温度。称此为按温升或按安全载流量选截面积；②电压损失在允许范围内；③满足机械强度的要求。

1. 按安全载流量选择

各类导线通过电流时，由于导线本身的电阻及电流的热效应而使导线发热，温度升高。如果导线温度超过一定限度，导线绝缘就要加速老化，甚至受到损坏。为了使导线不致过分发热而损坏绝缘，对一定截面的不同材料和绝缘情况的导线就有一个规定的容许电流值，称为安全载流量（或持续载流量）。这个数值是根据导线绝缘材料的种类、允许温升、表面散热情况及散热面积的大小等条件来确定的，附录九给出了各类导线在不同敷设条件下的长期连续负荷允许载流量，也可参阅《建筑电气通用图集》92DQ1

在选择导线时，导线中通过的电流不允许超过表内规定的数值。

应该指出同样截面积的导线，在不同的环境温度下、不同的敷设条件下、不同的绝缘时其允许通过的电流是不同的。例如，截面积为 2.5mm^2 的聚氯乙烯绝缘铜芯导线，同样在环境温度 30℃的条件下，明敷设时允许通过的电流为 32A，穿管时降为 24A，而管内导线数量达 4 根时降为 19A；当环境温度升高到 40℃时只允许 17A 的电流通过。而交联聚乙烯绝缘导线明敷设时 2.5mm^2 在环境温度 30℃下达 40A。

为此，要选择合适的导线截面积，必须先确定①导线中的电流值、②导线的绝缘材料、③导线的敷设方式、④导线的环境温度等条件，最后才能去查表选出合适的截面积。

三相四线制中的保护接地中性线（PEN）、三相五线制中的中性线（N）保护接地线（PE）应按下述原则选择：

当相线线芯不大于 16mm^2（铜）或 25mm^2（铝）时，应选择与相线相等的截面。

当相线线芯大于 16mm^2（铜）或 25mm^2（铝）时，可选择小于相线截面，但不应小于相线截面的 50%，且不小于 16mm^2（铜）或 25mm^2（铝）。

电线穿管敷设时，对不载流或正常情况下载流很小的中性线，可不计入电线根数。

2. 按允许电压损失选择　配电线路上的电压损失应低于最大允许值，以保证供电质量。

当有电流流过导线时，由于线路中存在电阻、电感等因素，必将引起电压降落。如果电源端（变压器出口）的电压为 U_1，而负载端的电压为 U_2，那么线路上电压损失的绝对值为

$$\Delta U = U_1 - U_2 \tag{4-15}$$

对不同等级的电压，绝对值 ΔU 不能确切地表达电压损失的程度，所以工程上常用它与额定电压 U_n 的百分比来表示相对电压损失，即

$$\varepsilon = \frac{U_1 - U_2}{U_n} \times 100\% \tag{4-16}$$

显然，线路电压损失的大小是与导线的材料、截面的大小、线路的长短和电流的大小密切相关的，线路越长，负荷越大，线路电压损失亦将越大。

一切用电设备都是按照在额定电压下运行的条件而制造的，当端电压与额定值不相同时，用电设备的运行就要恶化。例如白炽灯，当电压较额定值低 5%时，其光通量要减少 18%，而当电压较额定值高 5%时，其寿命要降低一半。因此规定在照明电路中的允许电

压波动范围不应超过±5%。对于感应电动机，因为它的转矩与电压的平方成正比，当电压太低时，电动机会出现严重过载。这是因为在电动机所拖动的机械负载一定时，电动机输出的机械功率也必保持一定，所以电压越低，电流就越大，使电动机绕组的温度升高，加速绝缘老化。因此，一般对电动机规定的允许电压波动范围不应超过±5%。

下面介绍一种工程计算中简化计算的方法。考虑到（相对）电压损失 ε 与负荷的电功率 P，线路长度 l 成正比，与导线截面 S 成反比，此外还与负荷的功率因数有关，而对于380/220伏低压供电系统，若整条线路的导线截面、材料、敷设方式都相同，且 $\cos\varphi\approx1$ 时，可得到计算（相对）电压损失的公式

$$\varepsilon=\frac{P\cdot l}{C\cdot S}\% \tag{4-17}$$

因此，在给定允许（相对）电压损失 ε 之后，便可计算出相应的导线截面。

$$S=\frac{P\cdot l}{C\cdot \varepsilon}\% \tag{4-18}$$

式中　$P\cdot l$——称为负荷矩（kW·m）；

P——线路输送的电功率（kW）；

l——线路长度（指单程距离）（m）；

ε——允许（相对）电压损失；

S——导线截面（mm^2）；

C——系数，视导线材料、送电电压及配电方式等而定，见表 4-11。

按允许电压损失计算导线截面公式中的系数 C 值　　表 4-11

线路额定电压（V）	线路系统及电流种类	系数 C 值	
		铜线	铝线
380/220	三相四线	77	46.3
220	单相或直流	12.8	7.75
110	单相或直流	3.2	1.9
36	单相或直流	0.34	0.21
24	单相或直流	0.153	0.092
12	单相或直流	0.038	0.023

3. 按机械强度选择　导线必须保证不致因一般机械损伤而致折断。

导线在敷设时和敷设后所受的拉力，与线路的敷设方式和使用环境有关。电线本身的重量，以及风雨冰雪等的外加压力，使电线内部都将产生一定的应力，导线过细就容易断裂。因此，为了保障供电安全，不论室内或室外的电线都必须具有一定的机械强度。在各种不同敷设方式下，导线按机械强度要求的最小允许截面列于表 4-12 中。

按机械强度允许的导线最小截面积（mm^2）　　表 4-12

<table>
<tr><th rowspan="2">序号</th><th rowspan="2" colspan="3">导线敷设条件、方式及用途</th><th colspan="3">导线最小截面积</th></tr>
<tr><th>铜线</th><th>软铜线</th><th>铝线</th></tr>
<tr><td>1</td><td colspan="3">架空线</td><td>10</td><td></td><td>16</td></tr>
<tr><td rowspan="3">2</td><td rowspan="3">接户线</td><td rowspan="2">自电杆上引下</td><td>档距<10m</td><td>2.5</td><td></td><td>4.0</td></tr>
<tr><td>档距 10～25m</td><td>4.0</td><td></td><td>6.0</td></tr>
<tr><td colspan="2">沿墙敷设档距≤6m</td><td>2.5</td><td></td><td>4.0</td></tr>
</table>

续表

序号	导线敷设条件、方式及用途			导线最小截面积		
				铜线	软铜线	铝线
3	敷设在绝缘支持件上的导线	支持点间距 1～2m	室内	1.0		2.5
			室外	1.5		2.5
		支持点间距	2～6m	2.5		4.0
			6～15m	4		6.0
			15～25m	6		10
4	穿管敷设和槽板敷设的绝缘线或塑料护套线的明敷设			1.0		2.5
5	照明灯头线		民用建筑室内	0.5	0.4	1.5
			工业建筑室内	0.8	0.5	2.5
			室外	1.0	1.0	2.5
6	移动式用电设备导线				1.0	

注：此表适用于低压线路。

在选择导线截面时，应从以上三个方面计算出（或确定出）导线的截面后，取其中截面最大的一个作为最终选择导线的依据，这样才能同时满足对温升、电压损失和机械强度三个方面的要求。在供电设计中，对于户外的配电干线，由于一般距离较远，导线截面的选择主要是根据电压损失来计算，而以温升条件来校核，这样易于满足三个方面的要求；对于自配电盘至动力负荷的配电线路，由于距离不会太长，一般用温升条件（即按安全载流量）来选导线截面，而以电压损失来校核即可。但无论是根据电压损失或是根据温升条件计算出的导线截面，最终都必须满足导线对机械强度的要求。

例 4.2　某工地要在距配电变压器 550m 处安装一台 400L 混凝土搅拌机，采用 380/220V 三相四线供电，其电动机的功率为 15 马力（1 马力＝736W），$\cos\varphi=0.83$，效率 $\eta=0.81$。如采用 BLX 型橡皮绝缘铝线供电，试问应选用多大截面的导线（$\varepsilon=5\%$）。

解　(1) 按允许电压损失计算

首先应求出电动机自电源取用的电功率

$$P=\frac{736\times15}{\eta}=\frac{736\times15}{0.81}=13600\text{W}=13.6\text{kW}$$

由表 4-11 中查得，当采用 380/220V 三相四线供电时，铝线的 C 值为 46.3、将已知数据代入式（4-18），即可求得导线截面为

$$S=\frac{P\cdot l}{C\cdot\varepsilon}\%=\frac{13.6\times550}{46.3\times5\%}\%=\frac{7480}{231}=32.4\text{mm}^2$$

(2) 按安全载流量选择

首先应计算出电动机的工作电流

$$I_l=\frac{736\times15}{\sqrt{3}\times380\times0.83\times0.81}=24.95\text{A}$$

然后由附录九中查得 $S=2.5\text{mm}^2$ 的橡皮绝缘铝线明设在支柱上的连续负荷允许载流量为 25A，可以满足电动机的要求。

(3) 按机械强度条件选择

由表 4-11 可以查得，绝缘导线在户外架空敷设时，铝线的最小截面是 16mm^2。

最后，为了满足以上三个条件，必须选用截面为 35mm^2 的 BLX 型橡皮绝缘铝线。

由例 4-2 可以看到，虽然送电的功率并不算大，但因送电距离较远（达 550m），线路电压降是主要矛盾，故应根据电压损失来计算导线截面，而以温升条件和机械强度来较核。

复习思考题

4-1　施工现场所用的电能是如何输送到工地的？有哪些主要设备？

4-2　变压器是作什么用的？为什么它能变压又能改变电流？

4-3　如果把一台 220/110V 的变压器的高压绕组接到 220V 的直流上能否变压？会产生什么后果？

4-4　在生产、生活上常见的电力变压器中，你如何判断哪几个端子是高压进线端子，哪几个是低压出线端子？

4-5　有一台行灯变压器（降压变压器），铭牌上标明，380/36V、300VA。试问：36V60W 的白炽灯泡能接入几盏？220V60W 的灯泡能使用吗？

4-6　交流电弧焊电源与普通变压器有什么不同？它的主要特点是什么？

4-7　高压真空断路器有何特点？

4-8　互感器有何用？使用中各应注意哪些事项？

4-9　书中图 4-17 有哪些电气设备？各有何用？

4-10　选择电力变压器时，应从哪几个方面考虑？

4-11　箱式变压器有何优点？有何局限？

4-12　说明图 4-22 中过电流保护的原理？

4-13　电力负荷计算的目的？

4-14　表 4-9 中学校的教学楼和一般住宅建筑其需要系数为什么不一样？

4-15　什么是负载持续率？YZR 40kW，$\varepsilon=40\%$的电动机，在进行负荷计算时如何换算？

4-16　电线、电缆的氧指数高好吗？为什么？

4-17　交联聚乙烯（YJV）电缆与一般电缆有何优点？

4-18　耐火（NH）电缆与阻燃（ZR）电缆有何区别？

4-19　选择电线电缆的截面积应从哪几方面考虑？

4-20　三相五线制供电中的中性线 N 和保护线 PE 线的截面积与相线截面积有何关系？

习　题

4-1　在某电力变压器铭牌上标出；SH12-M-500；高压电压 10kV；低压电压 0.4kV；连接组别——D，yn11；阻抗电压 4%。试回答：

(1) 说明其含义；

(2) 计算原、副边额定电流？

(3) 计算空载电流？

4-2　某工地为了加速施工进度，拟临时增加夜班施工，突击室内抹灰，急需安装 16 盏 60W 白炽灯，供照明使用。为了保障工人安全，采用 36VA 全电压，现场低压配电线路为 380/220V 三相四线供电，请选定一台适当的行灯变压器。

4-3　试为某中学选配一台变压器，供照明用电。已知该校用白炽灯 18kW，日光灯 30kW，其中有 26kW 的日光灯已装电容器，将功率因数提高到了 0.95，而其余的 4kW 日光灯未加装电容器（$\cos\varphi$ 可按 0.5 考虑）。若照明设备的同时使用系数（即需要系数）按 0.95 考虑，试问应选何种规格的电力变压器（当地电源高压为三相 10000V，照明需要 220V）？

4-4　某生产车间内有连续工作的电动机 10 台，其功率因数 $\cos\varphi_1=0.6$，容量分别为 7.5kW 一台，3kW 二台，5kW 七台；车间内还有桥式吊车一台，电动机总容量为 39.6kW，$\varepsilon=40\%$，效率 0.8，功率因数 $\cos\varphi_2=0.5$，车间内电压 380V。

试计算车间总线路上的计算负荷？

4-5　某楼房照明负荷系统如下图，求各支路的计算负荷？按安全载流量计算总进线的铜导线的截面积？

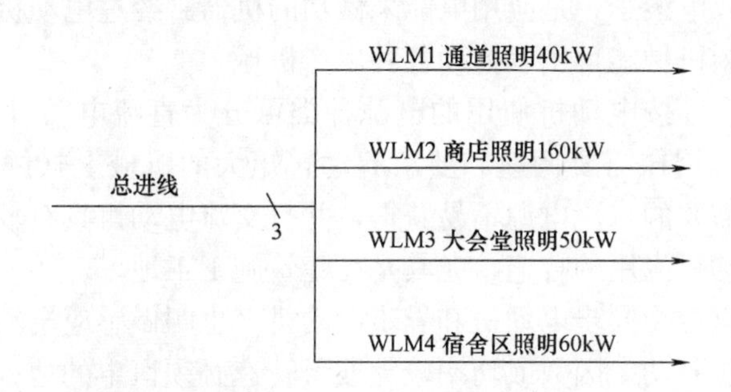

第五章　三相交流异步电动机及其控制与保护电路

电动机俗称马达或电滚子，是应用电能来做功的机器。经过电动机的作用，将由供电线路取得的电能变换为机械能，用以拖动各种生产机械。

电动机的种类很多，按电动机使用的电源种类可分为直流电动机和交流电动机两大类。直流电动机主要应用在需要调速和要求起动转矩大的机械上（例如大型起重机械）。但是由于直流电动机需要的直流电源不易获得，并且交流电动机具有较多的优点，所以直流电动机不如交流电动机应用的普遍，尤其是在建筑施工工地。

交流电动机又可以分为同步电动机和异步电动机（也叫做感应电动机）两大类。同步电动机一般用在需要提高功率因数或功率较大或者转速必须恒定的地方。由于它的构造复杂、造价较高、起动和维护都比较麻烦，因此应用的不普遍。感应电动机具有构造简单、坚固耐用、工作可靠、价格便宜、使用和维护方便等优点，因此，它是所有电动机中应用最广的一种，约占90%。如施工中经常用的起重机、卷扬机、搅拌机、振捣器、水泵、蛙式打夯机、电锯等，这些机械一般都是用感应电动机来拖动的。

5.1　三相交流异步电动机

一、三相交流异步电动机构造

异步电动机是由工作部分——定子和转子、支承保护部分——机座、端盖以及若干附属部件等组成。固定不动的部分称为定子；转动部分称为转子。转子装在定子当中，它们不相接触，彼此间保持一定的气隙。异步电动机的外形和部件，如图5-1和图5-2所示。

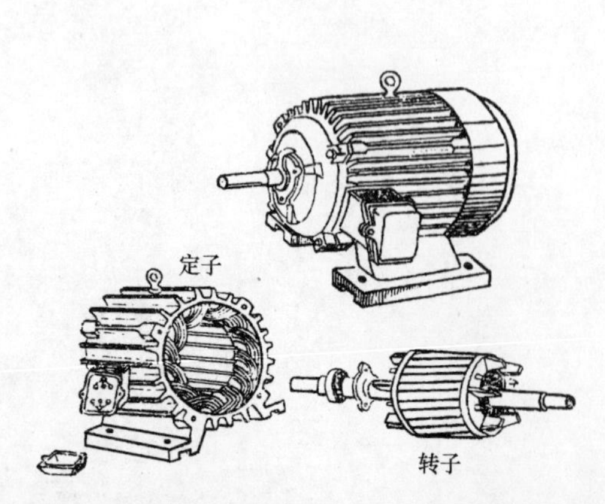

图5-1　鼠笼式异步电动机的外形和部件

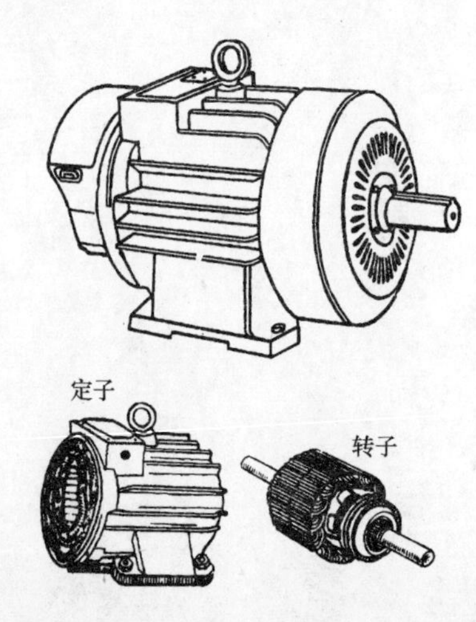

图5-2　绕线式异步电动机的外形和部件

依据转子结构的不同，异步电动机可分为鼠笼式和绕线式两种。从图中可以看出，鼠笼式和绕线式异步电动机的定子构造是相同的。它们都是由机座、定子铁心和定子绕组三部分组成。机座通常由铸铁铸成。它的作用是固定和保护定子铁心、定子绕组和固定两个端盖的，是电动机的主要支架。机座内装有0.5mm厚的硅钢片叠成的铁心。铁心的内表面上有若干均匀分布的平行槽，用来安装定子绕组。定子绕组由绝缘铜线绕成，定子绕组是由三个绕组组成，每个绕组的始末端，引到装在机座外壳的接线盒上，使用时从接线盒中接入三相电源〔1〕。

三相异步电动机的转子是由转子铁心和转子绕组两部分组成。由于转子绕组构造的不同，又可分为鼠笼式（短路式）和绕线式（滑环式）两种。

鼠笼式转子的铁心是用0.5mm厚的硅钢片叠成，并固定在转轴上。在铁心表面上有若干均匀分布的平行槽，槽内放置裸铜条，铜条两端分别焊接在两个铜环上。目前100kW以下的中小型鼠笼式电动机，其转子绕组大多是用铝浇铸在转子铁心槽内制成。由于转子绕组形状好像一个装松鼠的笼子，因此叫做鼠笼式转子。

绕线式转子的铁心与鼠笼式转子的铁心很相似，但转子铁心的槽中放入的是仿照定子绕组形式制成的三相绕组，通常把三相绕组连接成星形，即三相绕组的末端连接在一起，三个始端连接在三个铜制的滑环上，滑环固定在转轴上。滑环之间、滑环与转轴都互相绝缘。在滑环上用弹簧压着碳质电刷。后面会讲到，起动或调速用的电阻器就是借助于电刷同滑环和转子绕组连接的。

因为具有三个滑环的构造特点，所以绕线式异步电动机也称为滑环式异步电动机。

二、三相异步电动机转动原理

三相异步电动机所以能转动，是基于三相交流电在定子上所产生的旋转磁场来工作的。

1. 旋转磁场

我们知道异步电动机定子的作用是产生旋转磁场的，让我们还是通过实验的办法，来观察一下定子绕组通入三相交流电后所产生的旋转磁场。

将一台三相异步电动机的转子抽出，再用一台三相自耦调压变压器把三相电源的电压降低后，通入定子三相绕组（此时切不可加额定电压于定子绕组，否则电流极大会将绕组烧毁），此时定子的内膛即可产生一旋转磁场。磁场的存在人们用肉眼是直接观察不到的，但我们可借助于磁针，只要在定子内膛中放置一个可转动的磁针，就会发现磁针会很快的旋转起来。这就说明了定子的内膛有一旋转着的磁场，在吸引着磁针使其转动，而磁针的转向，也必是旋转磁场的转向。当我们把通入定子的三条火线任意对调两条后，便会发现磁针反转了，这说明旋转磁场的转向也反过来了。

究竟为什么在定子绕组中通入三相交流电，就能产生旋转磁场，对于这个问题，我们不作详细的分析了。但有一点可以指出的是，只要定子的几个绕组不在空间的同一位置上，且在通入时间上有相位差的交流电时，就会产生旋转磁场。对于三相感应电动机来说，正是因为定子的三相绕组在空间的位置互差120°排列，而且通入三相绕组中的是交

---

〔1〕 还有一种单相异步电动机，其定子上只有一相绕组，使用时接入单相交流电源。这种电动机的功率一般较小，大都在1kW以下，例如电风扇、吹风机、小型电钻等。

流电，在时间上它们的相位又互差 120°，所以在定子的内膛中就产生了旋转磁场。

基于上述的实验，以及进一步的理论分析，我们可以得出，通三相交流电于定子三相绕组所产生的旋转磁场，具有以下的特性：

(1) 旋转磁场旋转的速率与通入定子绕组电流的频率成正比，与旋转磁场的磁极对数成反比。其关系式如下

$$n_0=\frac{60f_1}{p} \tag{5-1}$$

式中　n_0——旋转磁场每分钟的转数，又称同步转速（r/min）；

f_1——通入定子绕组的交流电流的频率（Hz）；

p——所产生旋转磁场的磁极对数。如为两个磁极时，$p=1$，四个磁极时，$p=2$。感应电动机的磁极对数 p，是由定子绕组的制做方式决定的。

(2) 磁场旋转的方向，由三相定子绕组内电流流过的先后次序（也叫相序）而定。只要任意对调两条火线，磁场就会改变转向。

例 5.1　某异步电动机有一对磁极时，其旋转磁场的同步转速是多少？若该电动机有两对磁极、三对磁极、四对磁极时其同步转速又是多少？（电源频率 $f_1=50$Hz）

解　一对磁极时，$p=1$（两个极）

$$n_0=\frac{60f_1}{p}=\frac{60\times50}{1}=3000\text{r/min}$$

二对磁极时，$p=2$（四个极）

$$n_0=\frac{60f_1}{p}=\frac{60\times50}{2}=1500\text{r/min}$$

三对磁极时，$p=3$（六个极）

$$n_0=\frac{60f_1}{p}=\frac{60\times50}{3}=1000\text{r/min}$$

四对磁极时，$p=4$（八个极）

$$n_0=\frac{60f_1}{p}=\frac{60\times50}{4}=750\text{r/min}$$

2. 转动原理

当三相交流电通入异步电动机定子绕组时，在定子空气隙中就产生了旋转磁场。为分析方便起见，在图 5-3 中画出了一对转速为 n_0 的旋转的磁极，来表示旋转磁场。这时静止的转子（以一个闭合线圈表示）同旋转磁场之间就有了相对运动 v，于是转子导体就被旋转磁场的磁力线所切割而感应出电压。由于转子导体是闭合的，因此在感应电压的作用下，转子导体内就有电流 I_2 通过。此电流 I_2 又与磁场相互作用而产生电磁力 F。这个力对转子轴就形成一个转矩 T，它的方向同旋转磁场的方向一致。因此转子就顺着旋转磁场的旋转方向转动起来。

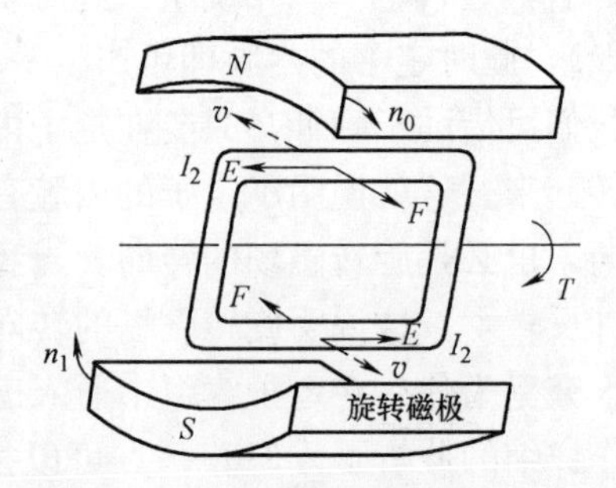

图 5-3　异步电动机转动原理示意图

如果旋转磁场的旋转方向改变了，那么，转子导体切割磁力线的速度 v 的方向也就改

变了，I_2 与 T 的方向也都改变了，所以转子的旋转方向也就随着改变了。

在一般情况下，电动机转子的转速（以 n 表示）是小于旋转磁场的转速 n_0 的。

只有在特殊运行状态下如发电制动运行状态下，例如，起重机下放重物时，拖动起重机下放的异步电动机的转速 n 会大于 n_0 的。但是始终保持着，$n \neq n_0$ 的关系。所以这种电动机才称为异步电动机。也就是说转子和旋转磁场不能同步。其中（$n_0 - n$）/n_0 称为转差率以 S 表示。又因为这种电动机的转子电流是由电磁感应而产生的（它是基于电磁感应原理而工作的），所以这种电动机又称为感应电动机。感应电动机正常工作时，它的转速随着机械负载的增大而下降。但是由空载（无负载）到满载（额定负载）其转速 n 下降的并不大。这种转速随着负载变化不大的特性，称为"硬"特性。例如异步电动机带动水泵，在未抽水时（近似空载），它的转速若为 1490r/min，当抽水量增大到额定值时，其转速 n 相应地下降，但降的并不多，这时的转速约为 1430r/min。

鼠笼式感应电动机的转速仅有几种，不能获得任意转速，它只能稍低于 3000、1500、1000、750、600、500r/min。应该指出 $n_0 < 500$r/min 的电动机，将引起尺寸过大、价贵、效率低等问题。

三、三相交流异步电动机的铭牌

异步电动机的铭牌就是指机座外壳上钉的一块金属牌，上面注明了这台电动机的一些必要技术数据，如表 5-1 所示。

Y 系列三相异步电动机铭牌　　　　**表 5-1**

三相交流异步电动机			
型号	Y160M-4	功率	11kW
转速	1460r/min	电流	22.6A
效率	88%	功率因数	0.84
起动电流倍数(I_{st}/I_N)	7.0	起动转矩倍数(T_{st}/T_N)	2.2
过载能力 λ(T_m/T_N)	2.2	净重	120kg
额定电压	380V	接法	D
防护等级	IP44	绝缘等级	B
冷却方式	自扇冷	负载持续率	连续

铭牌技术数据含意：

（1）型号是表示电机种类、性能、定子及转子类型等的代号。其数据含意如下：

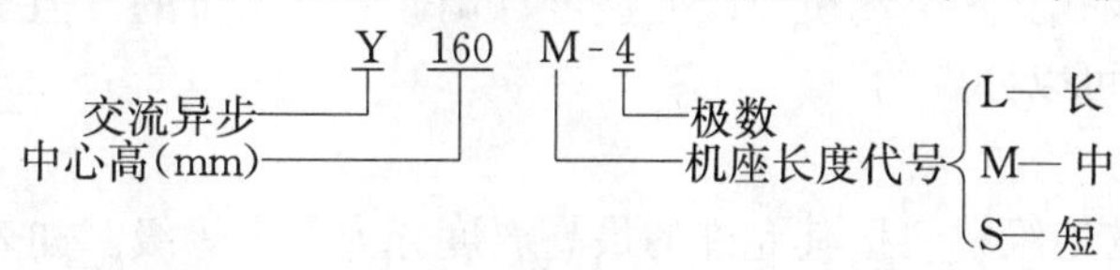

Y 系列是供一般用途的全封闭自扇冷鼠笼型三相异步电动机，它是全国统一设计新系列电动机，用来取代 JO 系列。它按连续工作制设计，额定电压 380V，3kW 及以下者为 Y 接，4kW 及以上者为 D 接，额定频率为 50Hz。

此外还有 YZ 和 YZR 系列起重专用的鼠笼式和绕线式异步电动机、YD 或 JDO_2 系列变极式多速异步电动机等。

（2）额定电压是指电动机在额定运行时定子绕组上应加的线电压值。以 U_N 表示。Y 系列电动机的额定电压只有 380V 一个等级。只有大功率异步电动机才用 3000V 和 6000V。

当电源电压偏高，由于使励磁电流增大，电动机会过分发热；而且过高的电压还会危及电动机的绝缘材料，使其有被击穿的危险。

当电压过低时，电动机产生的转矩就会大大降低，如果负载转矩没有相应减少，则造成电动机过载，使电流增大，过分发热，时间长则会影响电动机寿命。

当三相电压不对称时，即某一相电压低，或某相电压偏高，都会导致某相电流过大，使发热情况恶化。同时电动机的转矩也会减小，还会发出“嗡嗡”声，时间长也会损坏绕组。

总之，不论电压偏高、过低或三相电压不对称都会造成电流过大，电动机过热，损坏电动机。所以国家标准规定：当电动机的电源电压在额定值±5%的变化范围内，电动机的输出功率允许维持额定值；电动机的电源电压不允许超过额定电压的10%；三相电源各相电压之间的差值不应大于额定值的5%。

(3) 功率即额定功率或称满载功率，以 P_N 表示，是指电动机在额定状态下从轴上输出的机械功率。它说明了电动机做功的能力。常用单位为千瓦，旧电机有时标注马力（1马力=0.736kW）；

(4) 电流即额定电流，以 I_N 表示，是指电动机在额定负载状态下，定子绕组从电源取用的线电流；

(5) 功率因数是指电动机在额定负载状态下的 $\cos\varphi$，因为电动机是感性负载，定子相电流比相电压要滞后一个 φ 角，所以 $\cos\varphi$ 值小于1。

应该指出，电动机的效率和功率因数都是随着轴上输出功率的大小而变化的，在空载或半载时其效率和功率因数很低，所以应尽量使异步电动机工作在满载状态。

(6) 效率是指电动机在额定负载状态下（满载时），从轴上输出的机械功率（即 P_N）与定子绕组从电源输入的电功率 $P_电$ 之比，常以 η 表示；

其中 $P_电=\sqrt{3}U_N I_N\cos\varphi$（从公式3-10可知）$=\sqrt{3}\times380\times22.6\times0.84=12.5\text{kW}$；所以效率 $\eta=P_N/P_电=11/12.5=0.88$。

应该指出异步电动机的电效率是可变的，空载时低，75%载荷时最高。

(7) 转速　即额定转速以 n_N 表示，是指电动机满载时转子每分钟的转数；从转速的数值可知，同步转速 $n_0=1500\text{r/min}$，定子绕组为四极（即极对数 $p=2$）。

一般而言，鼠笼式异步电动机要改变速度（调速）是困难的。但是如果使用变频设备（改变电源频率）是可以办到的。

(8) 绝缘等级

电动机所使用的绝缘材料按其允许的最高温度分为六个等级。如表5-2所示。

电动机绝缘材料等级表　　**表5-2**

绝缘材料	A	E	B	F	H	C
允许最高温度（℃）	105	120	130	155	180	180℃以上
使用材料举例	浸渍处理过的有机材料如纸、棉纱、普通漆包线及绝缘漆等	聚酯薄膜、三醋酸纤维薄膜；高强度漆包线及绝缘漆等	云母带、云母纸、玻璃漆布	云母、石棉、玻璃纤维、用合适的树脂作黏合剂	云母、石棉、玻璃纤维等，以硅有机树脂作黏合剂	天然云母、玻璃、陶瓷、聚四氟乙烯

表中所列的最高允许温度，是根据绝缘材料能保证电动机在一定期限内（一般为

15～20年）可靠地工作而规定的。当实际温度高于上述温度而连续运行时，绝缘材料的寿命即电动机的寿命将缩短。以A级绝缘材料为例，温度每上升8℃，寿命将缩短一半。

所以使用时，电动机的温度或温升（电动机的实际温度与环境温度之差）不能超过额定值。当温度过高，要停机检查，直到故障排除后，才允许工作。

（9）防护等级

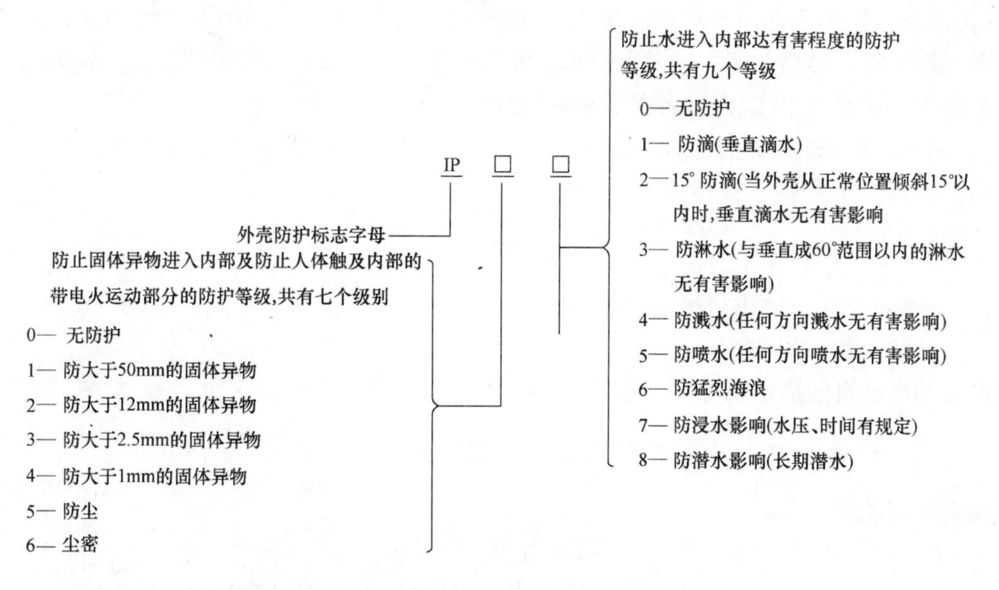

（10）负载持续率　即工作方式，电动机常见以下三种：

① 连续工作方式，以 s_1 表示；

② 短时工作方式，以 s_2 表示，分10、30、60、90min（分钟）四种；

③ 断续周期性（重复短时）工作方式，以 s_3 表示。每10分钟为一周期，每个周期内电动机实际的工作时间称为负载持续率。标准持续率有15％，25％，40％，60％几种。

（11）接法　是指定子三相绕组的接法。通常有星形（Y）和三角形（D）两种接法。

一般鼠笼式电动机的接线盒中有六根引出线，标有 U_1，V_1，W_1，U_2，V_2，W_2，其中：

U_1，U_2 是三相绕组中第一相绕组的两端（旧标号是 A，X）；

V_1，V_2 是第二相绕组的两端（旧标号是 B，Y）；

W_1，W_2 是第三相绕组的两端（旧标号是 C，Z）。

如果 U_1，V_1，W_1 分别为三相绕组的始端（头），则 U_2，V_2，W_2 是相应的末端（尾）。当需要做Y接时，必须把三个尾端接于一点，把另外三个对应端分别接在三条火线上。如图5-4（a）所示。如需要接做D接时，必须把第一相绕组的末端（X 或 U_2）与第二相绕组的起端（B 或 V_1）相接；第二相绕组的末端（Y 或 V_2）与第三相

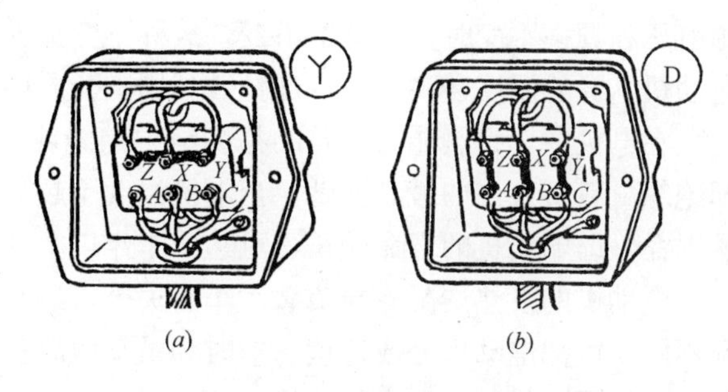

图5-4　定子三相绕组的Y接与D接法

绕组的起端（C 或 W_1）相接；第三相绕组的末端（Z 或 W_2）与第一相绕组的起端（A 或 U_1）相接；在三个接点上再分别接到三条火线上。如图 5-4（b）所示。

有时容量较小的电动机没有接线盒，而把六条引线直接引出，但线端编有号码，在联接时仍需按上述方法进行连接，切不可将对应端接错。

（12）起动电流倍数　是指鼠笼式电动机在起动瞬间电流 I_{st} 是很大的，I_{st} 通常比额定电流 I_N 大（4～7）倍。此电动机的起动电流 $I_{st}=7I_N=7\times22.6=158A$ 因为很大的 I_{st}，会使电源电压下降，影响在同一电网上的其他负载正常工作。为此大容量的鼠笼式异步电动机要另选用起动设备。（此内容将在 5.5 中介绍）

（13）起动转矩倍数　是指电动机的起动转矩 T_{st} 与额定转矩 T_N 之比为 2.2 倍。

电动机的转矩 T 可按下式计算：

$$T=9550\frac{P}{n}\quad(N\cdot m) \tag{5-2}$$

式中　P——为电动机的输出机械功率（kW）；

　　　n——为电动机的转速（r/min）。

由此可知电动机的额定转矩 T_N 为

$$T_N=9550\frac{P_N}{n_N}=9550\frac{11}{1460}=72N\cdot m(\text{牛顿}\cdot\text{米})$$

电动机的起动转矩 T_{st} 为

$$T_{st}=2\cdot2T_N=2\cdot2\times72=158N\cdot m。$$

（14）过载能力 λ　是指电动机所能产生的最大转矩 T_m 与额定转矩之比。λ 值大好。

从铭牌上看出，其 T_m 与 T_{st} 大小相等，并不很大。

由起动电流 I_{st} 很大和起动转矩 T_{st} 并不很大可看出，鼠笼式异步电动机的起动性能不佳，只能用于拖动无特殊要求的一般生产机械。

线绕式异步电动机的基本性能与鼠笼式相同，而且还有良好的起动性能，并可在一定范围内平滑调速，只是价格贵，可用于起重机、卷扬机等场所。

四、三相异步电动机的功率（容量）选择

一台电动机功率选择的是否合适，主要看这台电动机在工作中能否承受住它本身的发热。也就是说电动机的功率主要是依据它本身的发热情况进行选择的。

电动机的发热来源，主要是电动机的绕组和铁芯。绕组的发热，即绕组内阻上的功率损耗造成的发热，也就是铜耗造成的发热，它与绕组中电流的平方成正比，是随负载而变化的，故称为可变的损耗；铁芯的发热是由铁耗造成的，它与电源电压和频率有关，当电源电压和频率不变时，它基本不变，故称不变损耗。这两种损耗都变成了热能，一部分使电动机本身的温度升高；另一部分散到周围介质中。

在电机中，耐热能力最差的是绕组中的绝缘材料。在表 5-2 中列举了不同绝缘等级，即绝缘材料所允许的最高温度。当电机温度不超过绝缘材料的最高允许温度时，绝缘材料的寿命，即电动机的寿命较长，可达二十年以上。

电动机的发热情况除与负载大小有关外，还与工作时间长短有关系。按电动机发热情况不同，可把电动机分成连续、短时和重复短时三类工作方式。选择电动机的功率时，要按三种不同工作制分别进行选择。

1. 连续工作制下电动机功率的选择

连续工作制（s_1）是指电动机工作时间长，其温升[1]能达到稳定值。

首先要计算出生产机械或称为电动机的负载所需要的功率 P。

再在电动机产品目录中选择一台合适的电动机，使所选电动机的额定功率 $P_N \geqslant P$ 即可。

对于起动条件沉重的负载选用笼型异步电动机的 P_N 后，还要校验其起动 T_{st} 和起动时间 t_{st}，使其满足起动要求。

2. 短时工作制（s_z）下电动机功率的选择

电动机的工作时间短，温升还没有达到稳定值时，电动机就停止工作，而停止时间较长，使电动机的温度能降到周围环境温度，即温升为零。对于这种负载，可选用为连续工作制设计的电动机，也可选用专为短时工作而设计的电动机。

（1）当选用为连续工作设计的电动机时，由于工作时间短，电动机的发热已经不是主要问题。为了充分利用电动机，一般按电动机的过载能力来确定电动机的功率。即

$$P_N \geqslant \frac{P_g}{\lambda \cdot \eta} \tag{5-3}$$

式中　P_N——所选用的电动机额定功率（kW）；

P_g——短时负载功率（kW）；

λ——电动机的过载能力；

η——传动机构的效率。

（2）选用短时工作的电动机。我国专为短时工作而设计的电动机，其工作时间为15、30、60和90min四种。选择这种电动机时，当实际工作时间接近上述标准时间时很方便，只要按对应的工作时间与功率，由产品目录上直接选用即可。当实际工作时间 t_x 与标准时间 t 不同时，应把 t_x 下的功率 P_x 换算成 t 下的功率 P_g，按 P_g 及 t 来选择电动机。换算公式为：

$$P_g = P_x \sqrt{\frac{t_x}{t}} \tag{5-4}$$

换算时，应取与 t_x 最接近的 t 值代人上式。

不论选哪种电动机，选好后再校验一下电动机的起动能力即可。这对鼠笼式异步电动机尤为重要。

3. 重复短时工作制下电动机的功率选择。

电动机工作与停止交替进行，而两段时间都短，在工作时间内，电动机温升达不到稳定值，而在停止时间内，温升又达不到零。这样每经过一个周期，温升都有所上升，最后在某一范围内上下波动。其负载图 $P=f(t)$ 及温升 τ 的曲线如图5-5所示。

在重复短时工作制中，工作时间 t 与整个周期 t_z 之比，称为负载持续率，以FC%或 ε 表示。

$$FC\% = \frac{t}{t+t_0} \times 100\% = \frac{t}{t_z} \times 100\% \tag{5-5}$$

式中　t_0——电动机停止工作时间。一般 $t+t_0 \leqslant 10$（min）。

---

[1] 温升是指实际温度与周围环境温度之差。

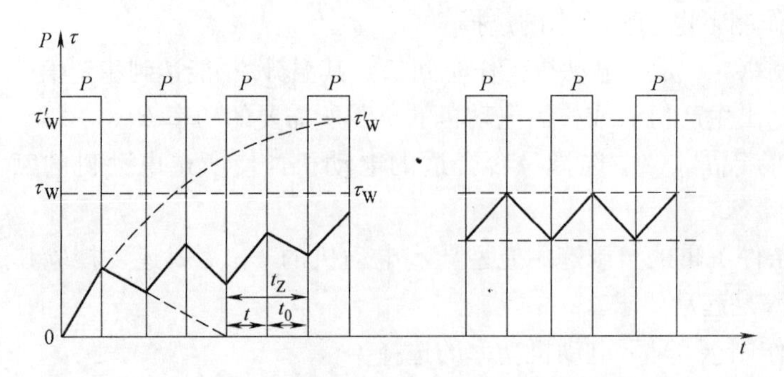

图 5-5　重复短时工作制的负载图及温升曲线

我国有专为重复短时工作制生产的电动机如附表八中 YZR 系列电动机。YZ 及 YZR 电动机的标准持续率有 15%、25%、40%及 60%分别对应有相应的功率、电流和转速等。铭牌上标注的功率、电流和转速等都是以 FC%＝40%条件下标注的，这与旧系列 JZ、JZR 按 25%标注的有所不同。

选择步骤如下：

(1) 根据图 5-5 负载图中提供的负载所需的功率 P 和负载持续率 $FC_x=\frac{t}{t+t_0}\times 100\%$，在附录八中查找相同的 FC%和额定功率 P_N，使：

① 计算出的 $FC_x\%$＝标准的 FC%；

② $P_N \geqslant P$。

选出同时满足以上两条件的电动机。

例如计算出的 $FC_x\%=15\%$，$P=12kW$ 时，就要在 FC%＝15%栏目下，找与 12kW 接近但是要大一些的如选 $P_N=15kW$ 的“YZR”的电动机。

(2) 当电动机实际的 $FC_x\%$与标准值 FC%不同时，应把 $FC_x\%$下的功率 P_x 换算成标准值 FC%下的功率 P，根据 P 和 FC%去选电动机的功率。其换算方法为：

$$P=P_x\sqrt{\frac{FC_x}{FC}} \tag{5-6}$$

换算时，应将与 $FC_x\%$接近的 FC%代入上式。

例 5.2　选择起重用的四极电动机。已知：$FC_x\%=33\%$，$P_x=16kW$。

解　$FC_x\%$接近标准的负载持续率 FC%＝40%，在 FC%时的功率 P 为：$P=P_x\sqrt{\frac{FC_x}{FC}}=16\sqrt{\frac{33}{40}}=14.5kW$。

查附录，选 FC%＝40%，$P_N=15kW$ 的 YZR180L。

当负载持续率 $FC_x\%<10\%$时，可按短时工作制选择电动机；如果 $FC_x\%>70\%$，就按连续工作制选择电动机。

前面介绍的选择电动机功率的方法，有时在实际工作中会遇到一些困难，其计算工作量也较大。一般较为实用的方法是类比法，即在调查同类生产机械的电动机功率的基础上，通过比较，确定电动机的功率。

5.2　单相异步电动机

单相异步电动机是由单相电源供电的一种驱动用小功率（几瓦到几百瓦）电动机。因不需要三相电源，所以成了电扇、洗衣机和电冰箱等家用电器的动力。

从构造上看，它的转子多为鼠笼式，与三相鼠笼式异步电动机的转子相似。它的定子绕组是单相或两相绕组。

由于单相交流电流在单相绕组上只能产生脉动磁场，而不能产生旋转磁场。为了产生旋转磁场根据定子绕组的分布及供电的不同，单相异步电动机有以下几种类型：

（1）单相电阻分相起动异步电动机；

（2）单相电容分相起动异步电动机；

（3）单相电容运转异步电动机；

（4）单相电容起动与运转异步电动机；

（5）单相罩极式异步电动机。

现重点分析其中的（2）与（5）两种类型。

1. 单相电容分相起动异步电动机

如图 5-6 所示。它的定子绕组是由两个在空间相隔 90°电角度的线圈（主绕组和副绕组）组成。其中副绕组 2 与开关 3 和电容器 4 串联。两线圈共用同一单相电源。由于电容 C 的作用，主、副绕组中的电流不同相（即“分相”），其相位差角接近 90°。这样满足了产生旋转磁场的条件，即①定子具有空间不同位置的两个绕组；②两个绕组在时间上通入了不同相位的电流。旋转磁场驱使转子起动。

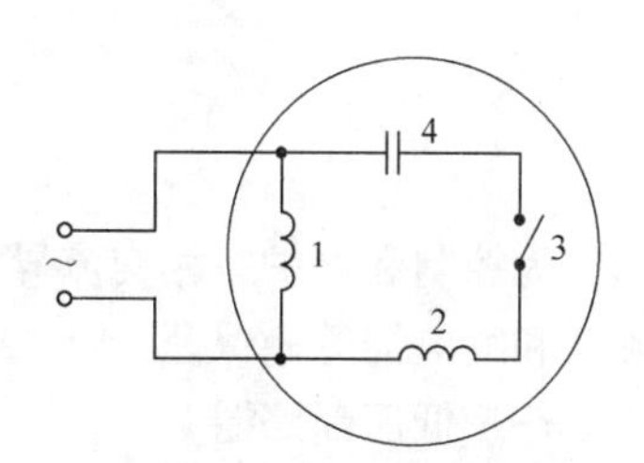

图 5-6　单相电容分相起动异步电动机示意图

1—主绕组；2—副绕组；3—离心开关；4—电容器

转子一经起动，其转向与旋转磁场相同，使电动机的旋转磁场得到了加强。这样，一方面保证了转子的继续运转；另一方面也使副绕组 2 变得可有可无，因为这时不论副绕组 2 有无电流，电动机中出现的磁场都是旋转磁场。为此，图中设有离心开关 3，当转子达到一定转速时，借助其离心作用，使离心开关 3 变断开，从而切断了副绕组 2 的电路。

图 5-6 中若没有开关 3，就是第（3）类型的单相电容运转异步电动机原理图，这种电动机由于电容器的长期作用，使电动机气隙的旋转磁场较强，其性能更好。如果用两个并联的电容代替原来的电容，起动后利用离心开关将其中一个电容去掉，则电动机不论起动时还是运转时都能得到比较好的性能，这就是单相电容起动与运转异步电动机。即第（4）类型。

如果在图 5-6 中没有电容器 4，而将副绕组 2 的匝数减少，绕制的导线截面积也减小，则主、副绕组电流的相位也不同，也会产生旋转磁场，这就是（1）类的单相电阻分相起动异步电动机的原理。这种电动机的功率因数较高。

需要改变旋转方向时，可将主绕组或者副绕组中的任何一个绕组的两端对调即可。

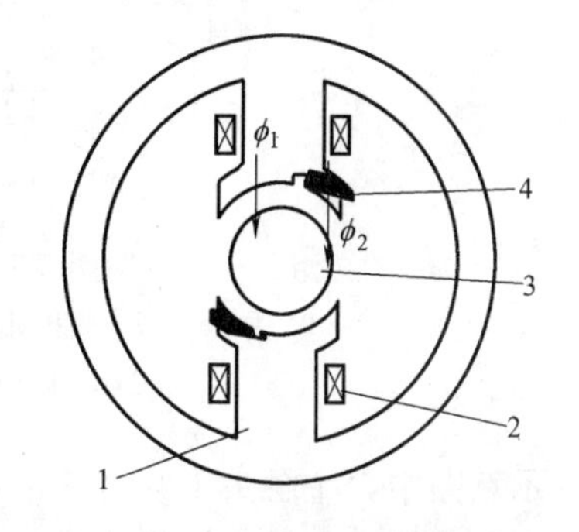

图 5-7　单相罩极式异步电动机示意图

1—定子的凸形磁极；2—定子绕组；3—转子；4—短路环

2. 单相罩极式异步电动机

单相罩极式异步电动机的结构分为凸极式和隐极式两种，前者简单，如图 5-7 所示。从图中看出，定子有凸起的磁极 1（即凸极式名称的由来），在磁极上套的集中绕组就是定子的单相绕组或称主绕组 2。极面的一边约 1/3 处开有槽，内放置铜环称为短路环 4。因短路环罩住一小部分磁极，故称为罩极式异步电动机。

当定子绕组接通单相交流电源时，凸极中产生的交变磁通被短路环分成了两部分 ϕ_1 和 ϕ_2。由于短路环的电磁感应现象使其穿过的磁通 ϕ_2 在时间上落后 ϕ_1 一个相位角（电角度）；而 ϕ_2 与 ϕ_1 在空间位置上也相差一个空间角，磁通 ϕ_1 和 ϕ_2 分布的这种特点就好象一个磁极从未罩部分逐渐移向被罩部分，这种随时间移动的磁场就成为驱使转子运转的旋转磁场。

由于旋转磁场的转向只能从磁极的未罩部分移向被罩部分，转子也只能朝此方向运转。若想改变旋转方向则比较困难。加上它的效率和功率因数都较低，所以一般只做成数瓦至数十瓦的小容量的单相异步电动机。

5.3　低压电器及其选择

为控制和保护三相交流异步电动机，使其能正常工作，必须有合适的低压断路器、接触器和继电器等做保证。

一、低压断路器

低压断路器又称自动空气开关或自动开关，它属于能自动切断故障电路的一种控制兼保护用的电器。它在正常情况下，可以操作使其“分闸”或“合闸”；在电路出现短路或过载时，它又能自动切断电路，有效地保护串接在它后面的电气设备；它的动作值可调整，而且动作后一般不需要更换零部件。加上它的分断能力较强，所以应用极为广泛，是低压配电网络中非常重要的一种保护电器，也可做为操作不频繁电路中的控制电器。如作为电动机的不频繁起动之用。

1. 原理

低压断路器自动切断故障电路的原理如图 5-8 所示。

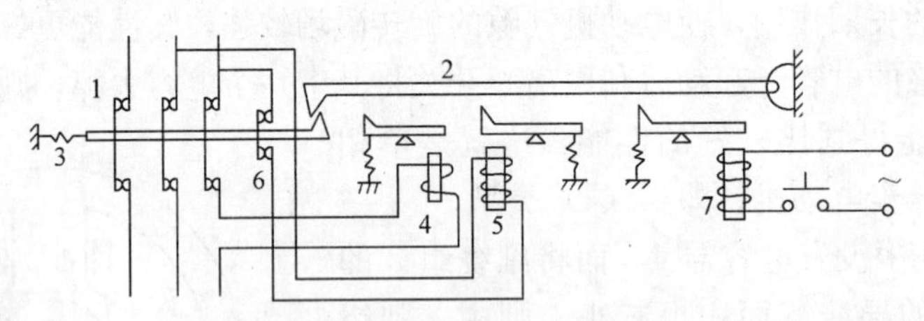

图 5-8　低压断路器保护原理示意图

1—主触头；2—脱扣机构；3—弹簧；4—过电流脱扣器；5—低电压（失压）脱扣器；6—辅助触头；7—分励脱扣器

示意图中，主触头 1 共有三个，上接三相电源，下接负载，电路处于闭合状态。

当负载侧出现过载或短路时，电路中的电流增大，此大电流使过电流脱扣器 4 线圈铁芯，吸力增大，将其衔铁右端吸下，而衔铁左端推动脱扣机构 2 使其脱扣，则主触头 1 在弹簧 3 的拉力下断开，从而切断了负载与电源的联系，使电路和负载免遭大电流的冲击，起到了保护作用。

当电源电压过低，低电压（失压）脱扣器5的线圈吸力过小，吸不住本身的衔铁，其衔铁摆脱开线圈吸力的束缚，推动脱扣机构2，也使主触头1断开，使负载免遭低电压的危害。

分励脱扣器由另外控制电源供电，它可以按照操作人员的命令或继电保护讯号使分励脱扣器线圈通电，使其衔铁推动脱扣机构2，也使主触头1分断。

对于一台低压断路器可按实际需要，装2或3只过电流脱扣器（如图中过电流脱扣器4的接法一样，串入其余2条火线上）。失压脱扣器和分励脱扣器则可选装其中之一或两者兼有。

2. 断路器的主要技术数据及含义

低压断路器型号很多，现以SB系列塑料外壳式断路器的技术数据为例，见表5-3所示。

（1）断路器额定电流　是指断路器中的电流脱扣器能长期允许通过的电流值。也就是脱扣器额定电流。

它是选用断路器中首先要选择的对象。

（2）壳架等级额定电流　表示每一塑壳中所能装的最大脱扣器的额定电流值。

以SB-100Y为例，在它的塑壳中可单独装入16、20……100A九种不同额定电流的脱扣器。则100A就是壳架等级额定电流。

（3）短路分断能力　表示在负载边短路时断路器的触头能分断的最大短路电流值。此值越大越好。按分断能力将断路器分为C（一般级）、Y（标准级）、J（较高级）和G（最高级）共四种级别。例如SB-100G在额定状态下能分断50kA，而SB-100Y仅为30kA。

（4）保护特性　在负载过载或短路时，断路器的触头分断的时间与其电流值之间的关系。每种断路器都配有此关系曲线。例如，SB-100Y型断路器当短路电流达10倍额定电流时触头能瞬间分断。

3. 断路器的容量选择

（1）断路器额定电流和壳架等级额定电流的选择

断路器额定电流按负载的额定电流选择。例如一台额定电流为75A的电动机，应按表5-3中选择断路器额定电流为80A，壳架等级额定电流为100A的断路器来控制此电动机。

（2）断路器短路分断能力的选择

断路器的额定短路分断能力要等于或大于线路中可能出现的最大短路电流。为此，可根据线路中的最大短路电流值，按表5-3选择C、Y、J、G中合适的分断能力等级。

（3）选择脱扣器的瞬时动作整定电流或整定倍数，即脱扣器不动作时，瞬时允许通过的最大电流值。应考虑电路可能出现的最大尖峰电流。一般选择方法如下：

当用低压断路器控制单台电动机，按电动机的起动电流乘以系数选择，即

$$I_Z = KI_Q \tag{5-7}$$

式中　I_Z——脱扣器的瞬时动作整定电流（A）；

I_Q——电动机的起动电流（A）；

K——系数，DW系列为1.35；DZ系列为1.7。

当用低压断路器控制配电干线时：

SB、GM 系列塑料外壳式断路器技术数据　　表 5-3

型号		SB-63C	SB-63Y	SB-63J	SB-100C	SB-100Y	SB-100J	SB-100G	SB-200C	SB-200Y	SB-200J	SB-200G
壳架等级额定电流 I_{nm}(A)		63			100				200			
断路器额定电流 I_n(A)		10、16、20、25 32、40、50、63			16、20、25、32、 40、50、63、80、100			40、50、63、 80、100	100、125、160、 180、200(225) *			
极数		2、3	2、3	3、4	2、3	2、3	3、4	3	2、3	2、3	3、4	3
额定绝缘电压(V)		AC 690　DC 250										
极限短路分断能力 (有效值) IFC947-2GB 14048. 2 I_{cu}(kA)	~690V	—		—	—	—	15	—	—	—	15(65)	—
	~400V	15	30	50	25	50	65	100	35	50	70	100
	~240V	30	85	85	50	85	100	125	50	85	100	125
	=220V	—	—	—	—	20	20	40	—	20	20	40
额定运行短路分断能力 I_{cs}(kA)	~690V	—	—	—	—	—	10	—	—	—	10	—
	~400V	10	15	25(35)		30	40	50		30	40	50
保护特性	A AC-3	油液电磁脱扣			过载热脱扣和短路瞬时脱扣的二段保护(瞬时脱扣器整定电流为 $10I_n$，但 800A 壳架等级为 $8I_n$，1250A 为 $7I_n$ 或 $4I_n$，2000A 为 $5I_n$，AC-3 为 $12I_n$)整定电流具有±20%的准确度								
安装方式		竖装或横装										
飞弧距离(mm)		0						50	0			50
外形尺寸(mm) 三极	a	75	75	75	90	90	90	105	105	105	105	105
	b	130	130	130	155	155	155	165	165	165	165	165
	c	60	60	78	60	82	82	100	82	82	100	99.5
	d	80	80	98	82	104	104	127	110	110	127	127
连接导线最大截面积(mm^2)		16			35				95			
寿命次数(次)		≥15000			≥10000				≥8000			

续表

型号		SB-400C	SB-400Y	SB-400J	SB-400G	SB-630C	SB-630Y	SB-630J	SB-630G	SB-800C	SB-800Y	SB-800J	SB-800G	SB-1250J	SB-2000J
壳架等级额定电流 I_{nm}(A)		400				630				800				1250	2000
断路器额定电流 I_n(A)		200、250、315、350、400				400、500、630				700、800				630、700、800、1000、1250	1000、1250、1400、1600、1800、2000
极数		2、3	2、3	3、4	3	2、3	2、3	3、4	3	2、3	2、3	3、4	3	3	3
额定绝缘电压(V)		AC 690　DC 250													
极限短路分断能力(有效值) IEC 947-2 GB 14048.2 I_{cu}(kA)	~690V	—	—	25	—	—	—	25	—	—	—	25	—	20	35
	~400V	35	50	70	100	35	50	70	100	35	50	70	100	65	100
	~240V	—	85	100	125	—	85	100	125	—	85	100	125	—	—
	=220V	—	40	40	40	—	40	40	40	—	40	40	40	—	—
额定运行短路分断能力 I_{cs}(kA)	~690V	—	—	15	—	—	—	15	—.	—	—	15	—	15	25
	~400V		30	40	50		30	40	50		30	40	50	325	50
保护特性	A AC-3	油液电磁脱扣				过载热脱扣和短路瞬时脱扣的二段保护(瞬时脱扣器整定电流为 $10I_n$,但 800A 壳架等级为 $8I_n$,1250A 为 $7I_n$ 或 $4I_n$,2000A 为 $5I_n$,AC-3 为 $12I_n$)整定电流具有±20%的准确度									
安装方式		竖装或横装													
飞弧距离(mm)		0			50	0			50	0				120	150
外形尺寸(mm)（三极）	a	140	140	140	140	210	210	210	210	210	210	210	210	210	393
	b	257	257	257	257	275	275	275	275	275	275	275	275	330	330
	c	103	103	103	103	103	103	103	103	103	103	103	103	140	247.5
	d	146	146	146	146	146	146	146	146	146	146	146	146	191	305
连接导线最大截面积(mm^2)		240				185×2				240×2				1000A2 根 60×5 ≥1000A 2 根 80×5	1600A2 根 100×5 ≥1600A 3 根 100×5
寿命次数(次)		≥5000				≥3000				≥3000				≥3000	≥3000

* 不符合 200A 壳架分等标准规定，如用户需要，仍可按表 225A 选用。

$$I_Z \geqslant 1.3(I_{mQ}+\Sigma I) \tag{5-8}$$

式中　I_{mQ}——配电回路中最大电动机的起动电流（A）；

　　ΣI——配电回路中其余负载的工作电流的总和（A）。

脱扣器的瞬时动作整定电流选定后，还要进行校验，即此整定电流值要比配电线路末端单相对地的短路电流值小 1.25 倍以上。

低压断路器的额定电压和欠电压脱扣器的额定电压都应按线路上的额定电压选择。

二、漏电动作保护器

漏电动作保护器也称剩余电流动作保护器。

主要用来对有致命危险的人身触电进行保护，以及防止因电气设备或线路漏电引起的电气火灾和电气设备损坏事故。

漏电保护器包括各类漏电断路器、带漏电保护的插头（座）、漏电保护继电器、漏电火灾报警器、带漏电保护功能的组合电器等。它们都属于电流动作型，即指当电路中的漏电电流超过允许值时，能够自动切断电源或报警的漏电保护装置。

以单相漏电保护器为例，其原理如图 5-9 所示。

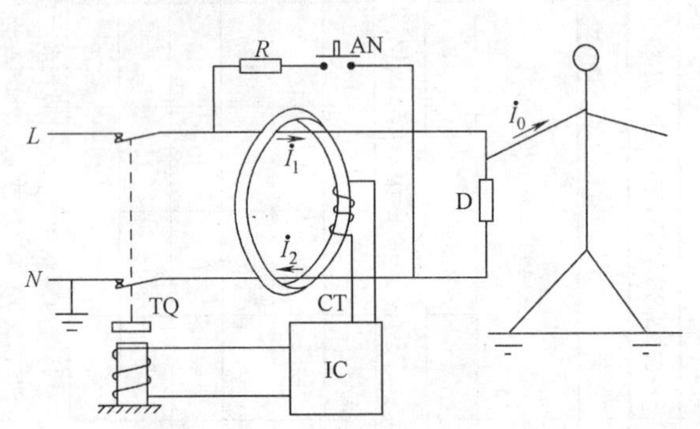

图 5-9　漏电保护器原理图

TQ—漏电脱扣器；IC—电子放大器；CT—零序电流互感器；AN—试验按钮；R—电阻；D—电动机或其他负荷

在电动机或其他负荷正常运行时，两条线上电流相等，相量和为零，漏电保护器不动作。当线路或电气设备绝缘损坏而发生漏电或人触及带电体时，则有漏电电流 I_0 通过人体或地线、经大地而流向电源 N 线。此时两条线上电流不相等，其电流相量和$\dot{I}_1+\dot{I}_2=\dot{I}_0$。漏电电流 I_0 经高灵敏零序电流互感器检出，并在其二次回路感应出电压信号。经电子放大器放大送给漏电脱扣器。当漏电电流达到或超过给定值时，漏电脱扣器立即动作，切断电源，从而起到了保护作用。

AN 为试验按钮，漏电保护器安装完毕或定期按动 AN 以检验其可靠性。

剩余电流动作保护器的选用：

剩余电流动作保护器，实际上是一个塑壳式断路器加一个漏电保护脱扣器构成的，所以选择剩余电流动作保护断路器，其选用条件和一般断路器相同；而漏电保护脱扣器部分，则应选择合适的剩余动作电流。如果重点是进行人身保护，那么选用剩余电流动作电流 30mA 以下较为安全。如果是为了保安防火，防电气设备漏电，则可考虑选用 50～100mA 的剩余电流动作保护器。

三、接触器

接触器是用于远距离频繁通、断电路的一种电器，其主要控制对象是电动机，应用极为广泛。一般情况下接触器是用按钮、主令开关等操纵的，在自动控制系统中，也可以用继电器、限位器或其他控制元件操纵，以实现控制自动化

1. 接触器的构造与原理

为了便于理解，我们把接触器与按钮简化如图 5-10 所示。这是用接触器和按钮控制一台电动机的示意图。按钮的构造如图 5-11 所示。

从图 5-10 中可以看出，接触器主要由电磁线圈或称吸引线圈和触头（包括主触头和辅助触头）两大部分组成。动（起动）和停（停止）按钮是接在接触器的电磁线圈的电路中。

当按下起动按钮时，电磁线圈与电源接通，铁心产生吸力，使主触头闭合，接通了电动机的电源，电机即可起动。

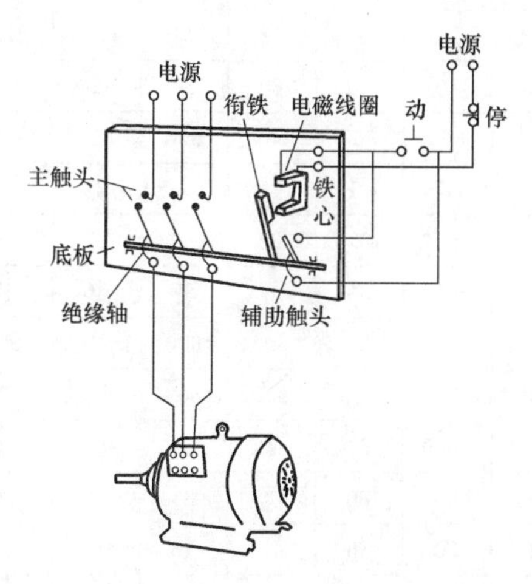

图 5-10　接触器的控制原理示意图

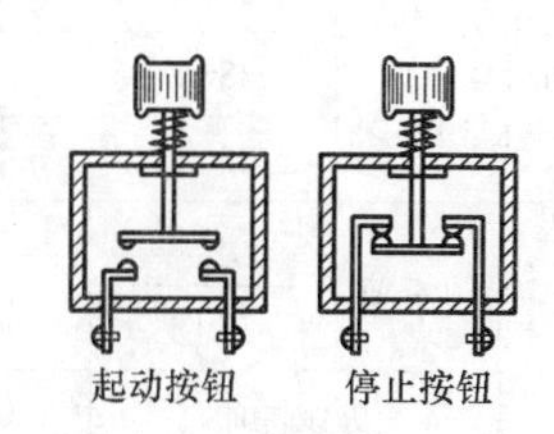

图 5-11　按钮

从图 5-10 中看出在起动按钮的两端并联了一对由接触器控制的辅助触头，它的作用是当手指离开起动按钮时，虽然按钮本身的触点断开，但此时辅助触头已经闭合把起动按钮两端接通，使电磁线圈仍能与电源保持接通状态。这种电路叫做“自锁”线路，起这种作用的辅助触头，叫做“自锁触头”或称“自保持触头”。一般接触器上都带有几对常开和常闭的辅助触头，留做备用。

当按下停止按钮时，电磁线圈断电，铁心失去磁力，衔铁靠自重或被弹簧力拉下来，带动主触头和自保持触头断开，切断了电动机的电源，使电动机停车。当手指离开停止按钮后，虽然停止按钮两端又被接通，但由于自保持触头已经断开，电磁线圈与电源之间已呈断路状态，电动机也就不会自行起动了，实现了电动机的停车。

当接触器的电磁线圈与电动机共用同一电源时，接触器具有低压、失压保护作用。如电源电压过低或停电时，接触器的电磁线圈产生的吸力过小或消失，铁心吸力小于重力或弹簧拉力使主触头和辅助触头断开，电动机停转。一旦电源电压恢复，电动机也不会自行起动，避免意外事故发生。

实际的接触器，其辅助触头分为“常开”和“常闭”两种。在正常情况下，电磁线圈不带电时处于断开状态的触头称为常开触头，如图 5-10 中的触头；在上述条件下，处于闭合状态的触头称为常闭触头。电磁线圈的铁芯末端都装有铜环（短路环），可减少噪声和振动。此外，在主触头上还装有灭弧罩。

2. 接触器的主要技术数据及含义

接触器品种繁多，现以 NC-1 系列交流接触器技术数据为例，如表 5-4 所示。

NC1 系列交流接触器技术数据　　**表 5-4**

<table>
<tr><td colspan="3">型号</td><td>NC1-09</td><td>NC1-12</td><td>NC1-18</td><td colspan="2">NC1-25</td><td colspan="2">NC1-32</td><td colspan="2">NC1-40</td><td colspan="2">NC1-50</td><td colspan="2">NC1-65</td><td colspan="2">NC1-80</td><td colspan="2">NC1-95</td></tr>
<tr><td rowspan="4">额定工作电流(A)</td><td rowspan="2">380V</td><td>AC-3</td><td>9</td><td>12</td><td>18</td><td colspan="2">25</td><td colspan="2">32</td><td colspan="2">40</td><td colspan="2">50</td><td colspan="2">65</td><td colspan="2">80</td><td colspan="2">95</td></tr>
<tr><td>AC-4</td><td>3.5</td><td>5</td><td>7.7</td><td colspan="2">8.5</td><td colspan="2">12</td><td colspan="2">18.5</td><td colspan="2">24</td><td colspan="2">28</td><td colspan="2">37</td><td colspan="2">44</td></tr>
<tr><td rowspan="2">660V</td><td>AC-3</td><td>6.6</td><td>8.9</td><td>12</td><td colspan="2">18</td><td colspan="2">21</td><td colspan="2">34</td><td colspan="2">39</td><td colspan="2">42</td><td colspan="2">49</td><td colspan="2">49</td></tr>
<tr><td>AC-4</td><td>1.5</td><td>2</td><td>3.8</td><td colspan="2">4.4</td><td colspan="2">7.5</td><td colspan="2">9</td><td colspan="2">12</td><td colspan="2">14</td><td colspan="2">17.3</td><td colspan="2">21.3</td></tr>
<tr><td colspan="3">约定发热电流(A)</td><td>20</td><td>20</td><td>32</td><td colspan="2">40</td><td colspan="2">50</td><td colspan="2">60</td><td colspan="2">80</td><td colspan="2">80</td><td colspan="2">110</td><td colspan="2">110</td></tr>
<tr><td colspan="3">额定绝缘电压(V)</td><td>660</td><td>660</td><td>660</td><td colspan="2">660</td><td colspan="2">660</td><td colspan="2">660</td><td colspan="2">660</td><td colspan="2">660</td><td colspan="2">660</td><td colspan="2">660</td></tr>
<tr><td colspan="2" rowspan="3">可控三相鼠笼型电动机功率(AC-3,kW)</td><td>220V</td><td>2.2</td><td>3</td><td>4</td><td colspan="2">5.5</td><td colspan="2">7.5</td><td colspan="2">11</td><td colspan="2">15</td><td colspan="2">18.5</td><td colspan="2">22</td><td colspan="2">25</td></tr>
<tr><td>380V</td><td>4</td><td>5.5</td><td>7.5</td><td colspan="2">11</td><td colspan="2">15</td><td colspan="2">18.5</td><td colspan="2">22</td><td colspan="2">30</td><td colspan="2">37</td><td colspan="2">45</td></tr>
<tr><td>660V</td><td>5.5</td><td>7.5</td><td>9</td><td colspan="2">15</td><td colspan="2">18.5</td><td colspan="2">30</td><td colspan="2">37</td><td colspan="2">37</td><td colspan="2">45</td><td colspan="2">45</td></tr>
<tr><td rowspan="3">操作频率(次/h)</td><td rowspan="2">电寿命</td><td>AC-3</td><td>1200</td><td>1200</td><td>1200</td><td colspan="2">1200</td><td colspan="2">600</td><td colspan="2">600</td><td colspan="2">600</td><td colspan="2">600</td><td colspan="2">600</td><td colspan="2">600</td></tr>
<tr><td>AC-4</td><td>300</td><td>300</td><td>300</td><td colspan="2">300</td><td colspan="2">300</td><td colspan="2">300</td><td colspan="2">300</td><td colspan="2">300</td><td colspan="2">300</td><td colspan="2">300</td></tr>
<tr><td colspan="2">机械寿命</td><td>3600</td><td>3600</td><td>3600</td><td colspan="2">3600</td><td colspan="2">3600</td><td colspan="2">3600</td><td colspan="2">3600</td><td colspan="2">3600</td><td colspan="2">3600</td><td colspan="2">3600</td></tr>
<tr><td rowspan="2">电寿命(万次)</td><td colspan="2">AC-3</td><td>100</td><td>100</td><td>100</td><td colspan="2">100</td><td colspan="2">80</td><td colspan="2">80</td><td colspan="2">80</td><td colspan="2">80</td><td colspan="2">60</td><td colspan="2">60</td></tr>
<tr><td colspan="2">AC-4</td><td>20</td><td>20</td><td>20</td><td colspan="2">20</td><td colspan="2">20</td><td colspan="2">15</td><td colspan="2">15</td><td colspan="2">15</td><td colspan="2">10</td><td colspan="2">10</td></tr>
<tr><td colspan="3">机械寿命(万次)</td><td>1000</td><td>1000</td><td>1000</td><td colspan="2">1000</td><td colspan="2">800</td><td colspan="2">800</td><td colspan="2">800</td><td colspan="2">800</td><td colspan="2">600</td><td colspan="2">600</td></tr>
<tr><td colspan="3">配用熔断器型号</td><td>RT16—20</td><td>RT16—20</td><td>RT16—32</td><td colspan="2">RT16—40</td><td colspan="2">RT16—50</td><td colspan="2">RT16—63</td><td colspan="2">RT16—80</td><td colspan="2">RT16—80</td><td colspan="2">RT16—100</td><td colspan="2">RT16—125</td></tr>
<tr><td rowspan="4">冷压端头</td><td></td><td>根</td><td>1～2</td><td>1～2</td><td>1～2</td><td>1</td><td>2</td><td>1</td><td>2</td><td>1</td><td>2</td><td>1</td><td>2</td><td>1</td><td>2</td><td>1</td><td>2</td><td>1</td><td>2</td></tr>
<tr><td>软线带冷压端头</td><td rowspan="3">mm²</td><td>2.5</td><td>2.5</td><td>4</td><td>4</td><td>4</td><td>4</td><td>4</td><td>10</td><td>10</td><td>16</td><td>16</td><td>16</td><td>16</td><td>50</td><td>25</td><td>50</td><td>25</td></tr>
<tr><td>软线不带冷压端头</td><td>4</td><td>4</td><td>6</td><td>10</td><td>6</td><td>10</td><td>6</td><td>16</td><td>10</td><td>25</td><td>16</td><td>25</td><td>16</td><td>50</td><td>35</td><td>50</td><td>35</td></tr>
<tr><td>硬线</td><td>4</td><td>4</td><td>6</td><td>6</td><td>6</td><td>6</td><td>6</td><td>10</td><td>10</td><td>25</td><td>—</td><td>25</td><td>—</td><td>50</td><td>—</td><td>50</td><td>—</td></tr>
<tr><td rowspan="3">线圈功率</td><td rowspan="3">50Hz</td><td>吸合(VA)</td><td>70</td><td>70</td><td>110</td><td colspan="2">110</td><td colspan="2">110</td><td colspan="2">200</td><td colspan="2">200</td><td colspan="2">200</td><td colspan="2">200</td><td colspan="2">200</td></tr>
<tr><td>保持(VA)</td><td>8</td><td>8</td><td>11</td><td colspan="2">11</td><td colspan="2">11</td><td colspan="2">20</td><td colspan="2">20</td><td colspan="2">20</td><td colspan="2">20</td><td colspan="2">20</td></tr>
<tr><td>功率(W)</td><td>1.8～2.7</td><td>1.8～2.7</td><td>3～4</td><td colspan="2">3～4</td><td colspan="2">3～4</td><td colspan="2">6～10</td><td colspan="2">6～10</td><td colspan="2">6～10</td><td colspan="2">6～10</td><td colspan="2">6～10</td></tr>
<tr><td colspan="3">动作范围</td><td colspan="17">吸合电压为 85%～110%U_s；释放电压为 20%～75%U_s</td></tr>
<tr><td rowspan="3">辅助触点</td><td colspan="2">基本参数</td><td colspan="17">AC—15：360VA；DC—13：33W，I_{th}10A</td></tr>
<tr><td colspan="2" rowspan="2">组合情况</td><td colspan="17">F4（两组）F4（两组）F4（两组）F4（四组）P4（四组）F4（四组）F4（四组）F4（四组）</td></tr>
<tr><td colspan="17">P4—20　F4—11　F4—02　F4—40　F4—31　F4—22　F4—13　F4—04</td></tr>
</table>

（1）表 5-4 中的 AC-3、AC-4 等是指接触器的使用类别，如表 5-5 所示。

从表 5-5 可知，AC-3 与 AC-4 都是用接触器去控制鼠笼式异步电动机的。所不同的是 AC-4 中的电动机在每个工作周期中不但包括起动与分断，而且还包括点动、反接制动和反转。这就造成其接触器的主触头要频繁地接通、断开 6 倍电动机的额定电流，工作更加繁重。

（2）表 5-4 中的约定发热电流是指按 AC-1 使用类别条件下，接触器的主触头允许通过的电流值。

从表 5-4 中可看出，型号为 NC1-09 的接触器在 380V 电压下，主触头的约定发热电流为 20A；按 AC-3 工作条件下为“9” A；而如果按 AC-4 工作条件时只有 3.5A。

（3）为与短路保护协调配合，当额定电压为 380V 时，推荐选用 RT16、RT17 系列熔断器或性能相同的其他系列熔断器。其中 RT16-20 表示熔断器中的熔体额定电流为 20A。

接触器的使用类别和用途　　**表 5-5**

接触器种类	使用类别代号	用　途
交流接触器	AC-1	无感或微感负载、电阻炉
	AC-2	绕线转子感应电动机的起动、分断
	AC-3	笼型感应电动机的起动、运转中分断
	AC-4	笼型感应电动机的起动、反接制动或反向运转、点动
	AC-5a	放电灯的通断
	AC-5b	白炽灯的通断
	AC-6a	变压器的通断
	AC-6b	电容器组的通断
	AC-7a	家用电器和类似用途的低感负载
	AC-7b	家用的电动机负载
	AC-8a	具有手动复位过载脱扣器的密封制冷压缩机中的电动机控制
	AC-8b	具有自动复位过载脱扣器的密封制冷压缩机中的电动机控制
直流接触器	DC-1	无感或微感负载、电阻炉
	DC-3	并励电动机的起动、反接制动或反向运转、点动、电动机在动态中分断
	DC-5	串励电动机的起动、反接制动或反向运转、点动、电动机在动态中分断
	DC-6	白炽灯的通断

3. 接触器的选择

选择接触器时，首先要将接触器的控制对象划分到表 5-5 中相应的使用类别中去，然后再根据相应的电流选择合适的接触器。

（1）用于控制电动机负载：接触器的额定工作电压、电流（功率）和额定操作频率均不得低于电动机的相应值。当用于断续周期工作制或短时工作制时，接触器的额定发热电流应不低于电动机实际运行的等效电流。此外，应按电动机的类型和实际使用的要求，选用有相应使用类别技术数据的接触器。

（2）用于控制非电动机负载：

① 控制电热设备　一般按接触器的 AC-1 使用类别的额定工作电流等于或大于电热设备的额定电流选用。电热设备一般为多路单极并联运行，可将多极接触器并联，以提高其允许负载电流。三极并联时，长期载流能力可增至 2.5 倍；两极并联时，可增至 1.8 倍。

② 控制电容器：一般按接触器的 AC-6b 额定工作电流不小于电容器的额定工作电流选用。

还可选择专门用于切换电容器的接触器，例如 GC2 系列接触器。

GC2 系列接触器采用了二组特殊辅助触头和限流、强制泄放电阻，使其具有抑制涌流能力，将涌流峰值限制在 20 倍额定电流之内。

③ 控制变压器：一般应按接触器 AC-6a 额定工作电流不小于变压器的额定工作电流选用。

④ 控制照明装置：如照明装置的灯具为放电灯或白炽灯，则分别按交流接触器的 AC-5a 或 AC-5b 的额定工作电流不小于相应灯具的额定工作电流选用。

⑤ 控制电磁铁：应根据电磁铁的额定电压和电流、通电持续率和时间常数或功率因数等主要技术参数选用接触器。直流起重电磁铁属于高电感负载，时间常数特别大，为了保证使用可靠，常在电磁铁线圈两端并联一个电阻，其电阻值不大于电磁铁线圈电阻值的 5 倍。

四、继电器

继电器是根据一定的信号例如电压、电流或时间来接通或断开小电流电路的电器。通常都利用它来接通或断开接触器的线圈电路，从而实现控制和保护的目的。

继电器的种类较多，其构造和原理与接触器相似，只是分断的电流小，所以体积小。本节将介绍应用较为广泛的热继电器、过电流继电器和时间继电器。

1. 热继电器

热继电器又称热过载继电器主要用于电动机的过载、断相和电流不平衡运行的保护以及其他电气设备发热状态的控制。

热继电器的型式主要有双金属片式、热敏电阻式和易熔合金式三种，其中以双金属片式热继电器应用最为广泛，它通常和接触器组合成磁力起动器。

现以双金属片式热继电器为例，其构造原理示意图如图 5-12 所示。

热继电器的主要元件是发热元件和常闭触点，其他都是机械元件。使用时，把发热元件串联在电动机的主电路中，把常闭触点串联在控制电路中，如图 5-22 中的“FR”所示。

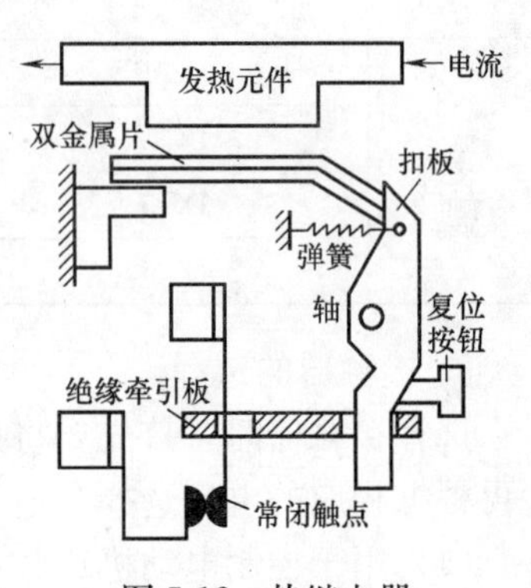

图 5-12　热继电器

当电动机过载时，主电路中电流大于电动机的额定电流，使图 5-12 中的发热元件过分发热，使双金属片被烤热而向上弯曲（这是因为双金属片的上、下两层金属线膨胀系数不同造成的）脱离开扣板，扣板在弹簧拉力下带动绝缘牵引板右移，将常闭触点断开，切断图 5-22 中的控制电路，使接触器 KM 断电，电动机停转，从而保护了电动机和线路。当故障排除后可按下复位按钮，使常闭触点恢复为闭合状态，为下次再保护做好了准备。

图 5-22 中使用的热继电器，只有两个发热元件，分别串在电动机的两条火线中。即为两极热继电器。如果使用三极热继电器，还可以起断相运转保护作用。

由于热继电器的热惰性较大，例如发热元件通过电流为 1.5 I_N 时，其常闭触点约 3 分钟才变断开，所以应用于连续运行、负载稳定的电动机中。对于负载变化大、重复短时工作制的电动机则不适用，这时要使用过电流继电器。

热继电器的选择主要是根据电动机的额定电流去选择近似相等的热元件额定电流。

2. 过电流继电器

过电流继电器也是一种常用的保护电器，其动作灵敏、可靠，应用于重复短时工作制下运行的电动机电路中，做过载和短路保护电器。它广泛应用于起重机的过流保护中。

过电流继电器的关键元件是线圈和常闭触点。其接线位置与热继电器极为相似，将线圈串联在电动机的主电路中，将常闭触点串联在控制电路中。

当电动机过载时，流过过电流继电器线圈的电流超过电动机的额定电流，线圈产生过大的吸力，通过一定的机构，使其常闭触点打开，迫使电动机停转，达到保护电动机的目的。

时间继电器

时间继电器是一种接受信号后其工作触点不立即动作，而是延迟一定时间后才动作，俗称“延时”。延时的长短可按需要调节。

它与其他继电器比较，结构上除了触点有延时机构外，其他部分都是相似的。为了取得触点的延时动作，有各种不同型式的时间继电器，如空气式延时机构的时间继电器、电动式时间继电器以及晶体管时间继电器等。

按其触点的延时动作，时间继电器分为以下两种类型：

(1) 缓吸式时间继电器。它的触点是在线圈通电后才有延时动作，它有以下两种触点：

1) 延时闭合的常开（动合）触点：此类触点在时间继电器的线圈没有通电时，呈断开状态；线圈通电后，又经过一段延时，触点才变成闭合状态。

2) 延时断开的常闭（动断）触点：此类触点在线圈没有通电时，呈闭合状态；线圈通电后，又经过一段延时，触点变成断开状态。

(2) 缓放式时间继电器。它的触点是在线圈断电后才有延时动作的，它也有以下两种触点：

1) 延时断开的常开触点：此类触点在线圈通电时，呈闭合状态；线圈断电后，通过一段延时，触点才恢复变成断开状态。

2) 延时闭合的常闭触点：此类触点在线圈通电时，呈断开状态；线圈断电后，经过一段延时，触点才恢复变成闭合状态。

此外，还有一种时间继电器兼有缓吸和缓放两种功能，所以它所控制的触点都有延时闭合与延时断开的功能。

各种开关、接触器及继电器的国标符号等见附录六。

五、熔断器

熔断器是一种保护电器，熔断器由熔断管、熔体和插座三部分组成。当电流超过规定值并经过足够时间后，使熔体熔化，把其所接入的电路断开，对电路和设备起短路或过载保护。按其结构形式可分为：有填料封闭管式、无填料密闭管式、半封闭插入式和自复熔断器。

1) 螺旋式　螺旋式熔断器又称塞头式熔断器见图 5-13。它由瓷帽、瓷座。铜片螺纹和熔管等组成。该熔断器的熔断体内已配好熔件，并有指示片。一旦熔断。连在熔丝上的弹簧即将指示片顶出，于是在瓷帽上的玻璃孔可见，需要更换熔丝管。常用于配电柜中，属于快速型熔断器。

2) 管式熔断器（又称无填料封闭管式熔断器）　该熔断器是应用压力灭弧原理，在熔断器分断电路时熔管在电弧高温作用下产生约 3～5MPa（30～80 大气压），使电弧受到强烈压缩而被熄灭。

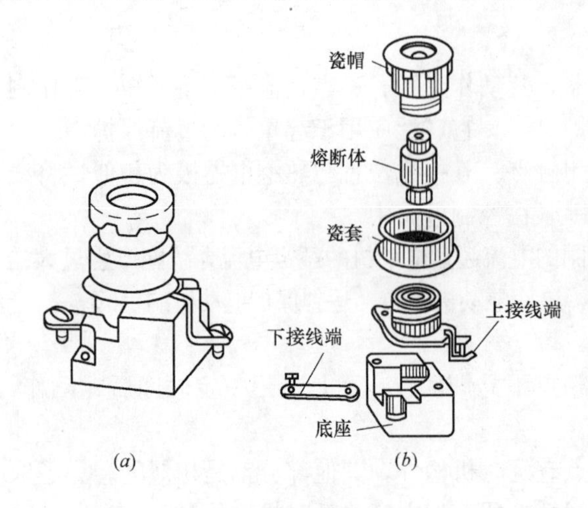

图 5-13　RL 型螺旋式熔断器

(*a*) 外形；(*b*) 结构

封闭管式熔断器是由管壳、熔丝(片)、刀片和管帽等组成。

熔断器的管壳（筒）采用三聚氰胺玻璃布经加热后卷成，再加压成型，管帽是用酚醛玻璃补加热后压制成，具有相当高的机械强度、耐热性、抗潮湿性和耐电弧性，内装熔丝或熔片。当熔丝熔化时，管内气压很高，能起到灭弧的作用，还能避免相间短路。这种熔断器常用在容量较大的负载上作短路保护。大容量的能达到 1kA。

3）有填料封闭管式熔断器　有填料封闭管式熔断器是一种高分断能力的熔断器，见图 5-14。一般由熔断体、底座、载熔件等组成。熔断体的熔管由耐热骤变、高强度的电瓷件制成，其内部按照一定工艺充填含二氧化硅大于 96%、三氧化二铁低于 0.35%的石英砂。熔体由特殊设计的变截面铜带和具有冶金效应的低熔点金属或合金（如纯锡和锡镉合金）组成的过载保护带构成，以保证有高的分断能力和优良的过载保护特性。

熔丝指示器（即色片及弹簧）和螺旋式熔断器中的相似，当色片不见了表示熔体已熔断。此时不能只更换熔体，而要更换成新的熔断器。

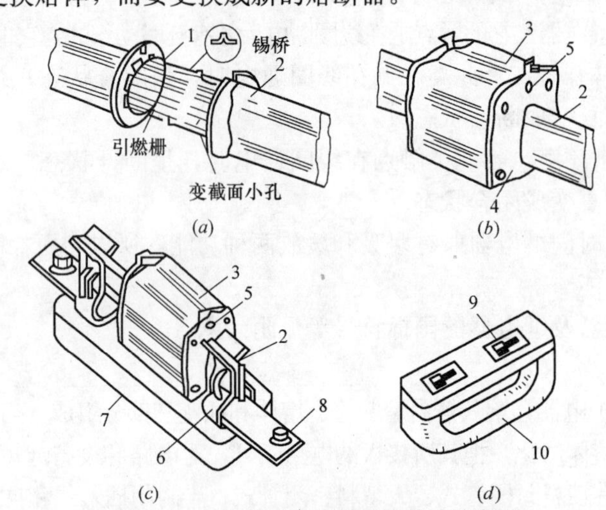

图 5-14　RT0 型有填料封闭管式熔断器

(*a*) 熔体；(*b*) 熔管；(*c*) 熔断器；(*d*) 操作手柄

1—工作熔体（栅状）；2—触刀；3—瓷熔管；4—盖板；5—熔断指示器；

6—弹性触头；7—底座；8—接线端；9—扣眼；10—操作手柄

4）快速熔断器　快速熔断器可保护晶闸管或硅整流电路，结构和图 5-14 的 RT0 系列相似，不同之处是它的熔体材料是用纯银制造的，它切断短路电流的速度更快，限流作用更好。

5）瓷插式熔断器　瓷插式熔断器见图 5-15。

六、刀开关（低压隔离开关）

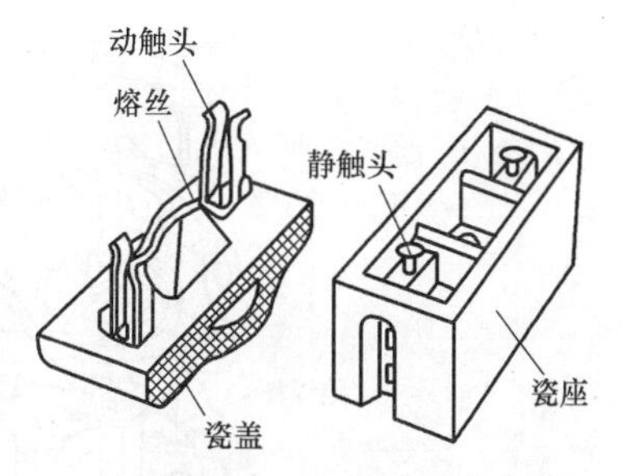

图 5-15　RC 型瓷插式熔断器

刀开关又称为低压隔离开关。由于刀开关没有任何防护，一般只能安装在低压配电柜中使用。主要用于隔离电源和分断交直流电路。刀开关按闸刀的投放位置分为单投刀开关和双投刀开关；按操作手柄的位置分为正面操作和侧面操作两种。常用的刀开关是 HD 系列单投刀开关。HD 系列单投刀开关和 HS 系列双投刀开关，如图 5-16 所示。

1）开启式负荷开关（习称胶盖刀开关）开启式负荷开关的主要特点是容量小，常用的有 15、30A，最大为 60A；没有灭弧能力，容易损伤刀片，只用于不频繁操作。

2）半封闭式负荷开关（习称铁壳刀开关）半封闭式负荷开关的主要特点是有灭弧能力、铁壳保护和联锁装置（即带电时不能开门），有短路保护能力，只用于不频繁操作的场合中的线路。

刀开关的选用应注意其交流和直流电压不应超过开关的交流额定值和直流额定值（一般交流电压不超过 500V，直流电压不超过 440V）。其额定电流不应超过开关所在线路的计算负荷电流。开关分断的电流不应大于开关的允许分断电流。

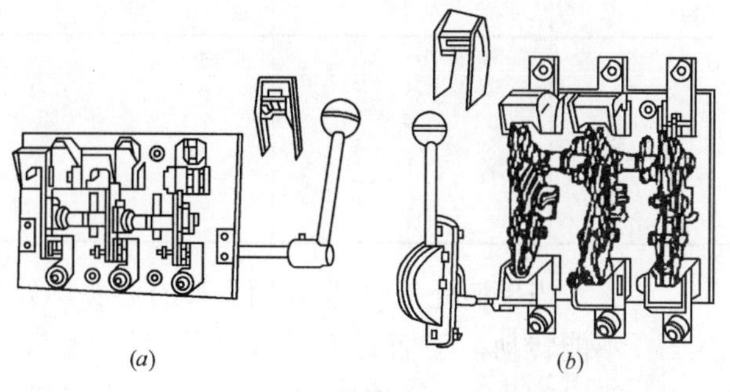

图 5-16　HD 和 HS 系列刀开关
（*a*）HD 系列单投刀开关；（*b*）HS 系列双投刀开关

七、万能转换开关

其外形和结构如图 5-17 所示。万能转换开关的档位多，而触头可多可少，能适应较复杂电路控制和转换的需要，所以有“万能”之称。

由于它的触头容量较小，常用来控制接触器；有时可直接控制小型电动机。

万能转换开关的触头通断原理如图 5-18 所示。它是由若干节触头座组合而成，每节都装有一对触头。操作时手柄带动转轴和凸轮旋转，从而控制触头通或断。由于凸轮的形状不一样，所以手柄在不同位置时，每节触头的通断情况也不一样。

为能正确使用万能转换开关，制造厂家都随着产品附有“触头通断顺序表”，以 LW5-15（5.5kW）为例，如表 5-6 所示。

表中标明，此开关有六对触头，手柄有三个位置，即分别为“0”、“左 45°”和“右 45°”，每对触头只在标有“×”的档位上才呈闭合状态，否则为断开状态。

利用此开关可做为小型（5.5kW 及以下）电动机的正、反转控制。如图 5-19 所示。图中各触头要对照表 5-6 一起看。

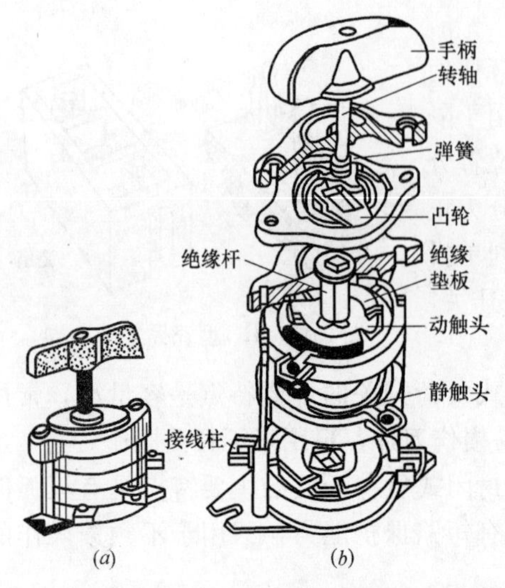

图 5-17　HZ10-10/3 型组合开关外形和结构

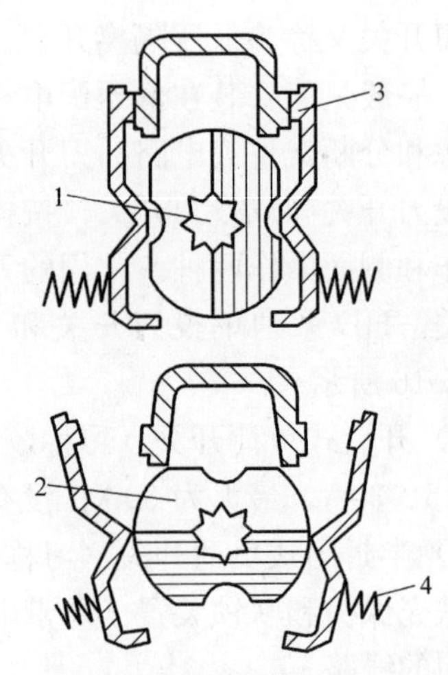

图 5-18　万能转换开关触头通断原理图
1—转轴；2—凸轮；3—触头；4—弹簧

LWS-15（5.5kW）触头通断闭合表　　　　**表 5-6**

手动触头及编号		左 45°	0	右 45°
┘└	1～2	×		×
	3～4	×		×
	5～6	×		
	7～8			×
	9～10			×
	11～12	×		

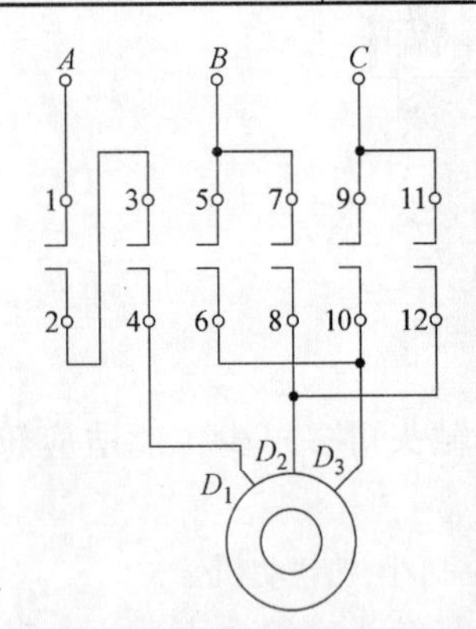

图 5-19　用 LW5-15 控制电动机正、反转电路图

当手柄处于“0”位时，所有触头均处于断开状态，电动机不能转动；手柄处于“右 45°”时，触头 1～2，3～4，7～8，9～10 闭合，三相电源 A、B、C 依次接到电动机定子的 D_1、D_2、D_3 上，电动机朝某一方向转动；而手柄处于“左 45°”时，触头 1～2，3～4，5～6，11～12 变闭合，这时三相电源 A、B、C 被依次接到 D_1、D_3、D_2 上，由于相序变化，电动机反方向转动。

八、行程（限位）开关

行程开关与图 5-11 的按钮十分相似，它们都是向继电器、接触器发出电信号指令，实现对生产机械的控制。不同的是按钮靠手动操作，行程开关则是靠生产机械的某些运动部件与它的传动部位发生碰撞，令其内部触头动作，分断或切换电路，从而限制生产机械行程、位置或改变其运动状态，指令生产机械停车、反转或变速等。

为了适应生产机械对行程开关的碰撞，行程开关与生产机械的碰撞部分有不同的结构形式，常用碰撞部分有直动式（按钮式）和滚轮式（旋转式）。其中滚轮式又有单滚轮式和双滚轮式两种，如图 5-20 所示。

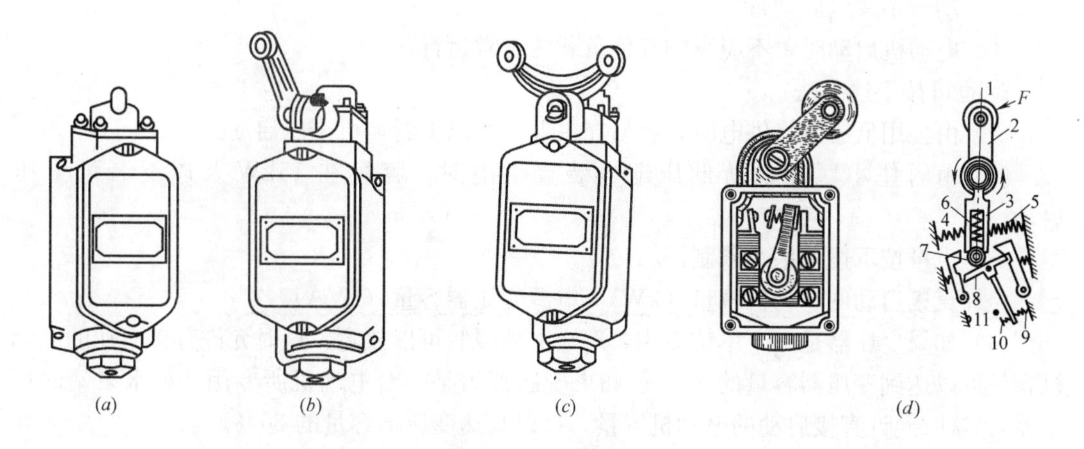

图 5-20　行程开关

(a) 直动式；(b) 单滚轮式；(c) 双滚轮式；(d) 内部构造

1—圆轮；2—上转臂；3—下转臂；4、5—平衡弹簧；6—下压弹簧；7—滚轮；

8—丁字板；9、11—静触头；10—动触头

5.4　三相鼠笼异步电动机的直接启动及其电路图

一、直接启动特点与影响

所谓直接启动是指将三相鼠笼式异步电动机定于绕组直接接入三相交流电源，转子从静止状态开始运转直到稳定转速的过程。由于定子绕组瞬间达到额定电压，所以直接启动也称全压启动。

1. 直接启动的特点

当定子绕组与三相电源接通后，由于转子还处在静止状态，这时旋转磁场以最大的相对速度切割转子导体，转子导体产生很大的感应电压，因而转子导体内的电流就很大，又由于转子中的电能是由定子那里传递过来的，所以定子绕组中跟随着出现了很大的电流。在启动过程中自电源流入定子绕组的电流称为启动电流，以 I_{st} 表示，其值约为额定电流的 4～7 倍。这种大启动电流维持的时间并不长，约为几分之一秒到数秒，所以对连续运行的电动机本身影响并不大。

2. 大的启动电流对电网的影响

大启动电流会造成电网上电压的显著降落，以致影响接在同一电网的其他用电设备的正常工作。例如，使附近照明灯变暗，使附近正在工作着的异步电动机的转矩减小，转速下降等。由此可见，电动机在启动时，应该把启动电流限制在一定数值内，以保证同一线路上的其他负载的正常工作。为此必须根据电网的要求合理地选择电动机的启动方式。

二、允许直接启动的有关规定

1. 中华人民共和国行业标准《民用建筑电气设计规范》JGJ 16—2008 中的第 9.2.2 条规定，当符合下列条件时，笼型电动机应全压启动：

(1) 机械能承受电动机全压启动时的冲击转矩；

(2) 电动机启动时，配电母线的电压不宜低于额定电压的 90％（电动机频繁启动）～

85%（电动机不频繁启动）；

（3）电动机启动时，不应影响其他负载的正常运行。

2. 也可按下述办法：

（1）由公用低压网络供电时，容量在 11kW 及以下者，可全压启动。

（2）由居住小区变电所低压配电装置供电时，容量在 15kW 及以下者可全压启动。

（3）也可按下述关系式限制：

允许直接启动的电动机容量（kW）≤电源变压器容量（kVA）×7%

（4）如果变压器是一个单位专用，那么上列限制可以放宽，这时允许直接启动的电动机容量可以达到变压器容量的 30%。如果变压器为某一台电动机所专用（如水泵站的变压器），这时允许直接启动的电动机容量，可以高达变压器容量的 80%。

直接启动的优点是简单、方便、启动时间短。

三、直接启动电动机常用的电器设备及作用

1. 刀开关

作为电动机的隔离开关。当电动机或线路出现故障或维修时隔离开三相电源。

2. 熔断器

（1）作为主电路的熔断器是电动机的短路保护电路。一旦短路时，熔断器的熔体会熔断，切断电动机与电源的联系。但是，由于短路状况的不同，三个熔体不会同时熔断。如果只断一条火线，将会造成电动机单相运行，电动机极易被烧坏。

（2）控制电路的过载和短路保护也多用熔断器，只是电流小，熔体电流在 5A 以下。

3. 低压断路器

用来取代刀开关和主电路的熔断器。因三极同时动作，不会出现前述的电动机单相运行。

4. 接触器

用来频繁操作电动机的启动或停止。

5. 热继电器

与接触器一起可作为电动机的过载保护设备。

四、直接启动的基本控制电路

1. 常用电器的图形符号和文字符号

见表 5-7 或书的附录六。

常用电器的图形和文字符号　　表 5-7

序号	电器名称[注]	图形符号	文字符号	备注
1	断路器		QF	
2	刀开关		QS	

续表

序号	电器名称[注]		图形符号	文字符号	备注
3	接触器	电磁线圈	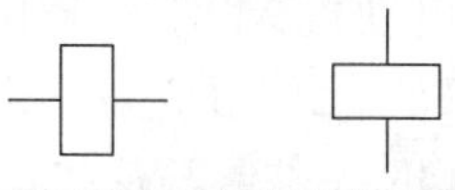	KM	
		常开主触头（动合）	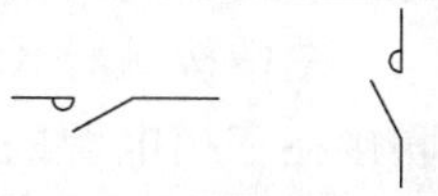	KM	线圈不带电时处于断开状态的触头称为常开触头；线圈不带电时处于闭合状态的触头称为常闭触头。
		常开辅助触头（动合）		KM	
		常闭辅助触头（动断）	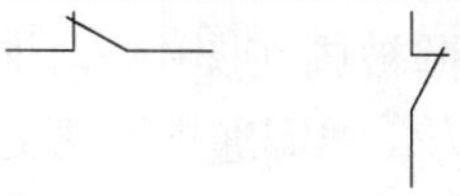	KM	
4	按钮	动合（启动）	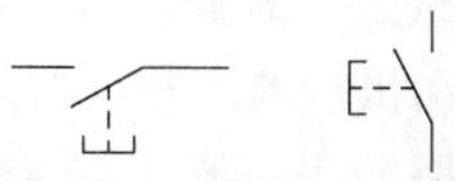	SB	
		动断（停止）	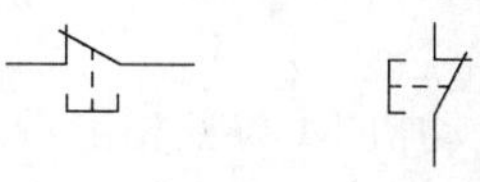	SB	
5	热继电器	发热元件（串于主电路）	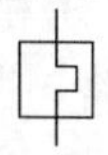	KH(FR)	
		常闭触点（串于控制回路）	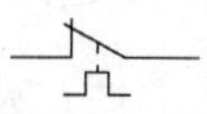	KH(FR)	
6	缓吸时间继电器	线圈		KT	
		延时闭合的常开触点（延时闭合的动合触点）	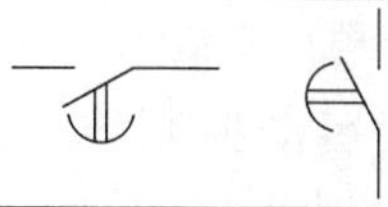	KT	从弧顶到弧心的方向表示为各触点的延时运动方向。
		延时断开的常闭触点（延时断开的动断触头）	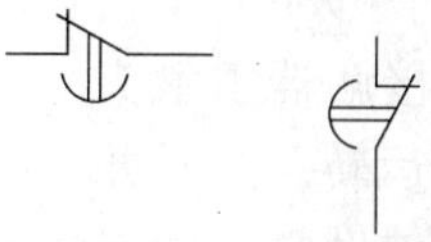	KT	
7	缓放时间继电器	线圈	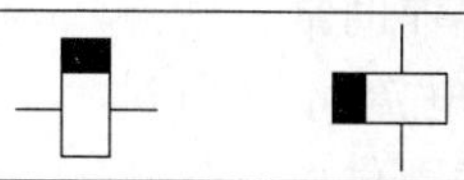	KT	
		延时断开的常开触点	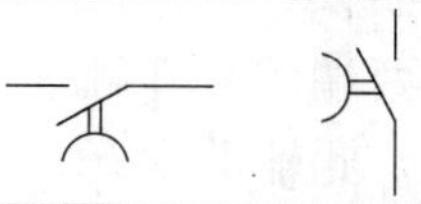	KT	各触点的延时运行方向同上。
		延时闭合的常闭触点	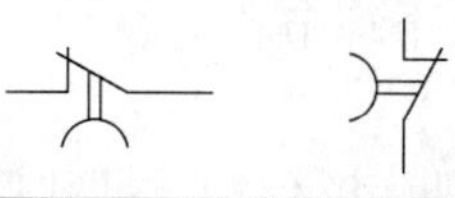	KT	
8	熔断器		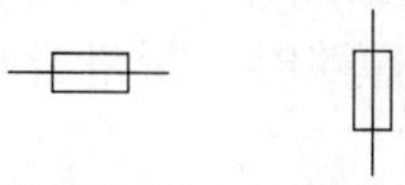	FU	

注：其他电器的符号可见附录六。

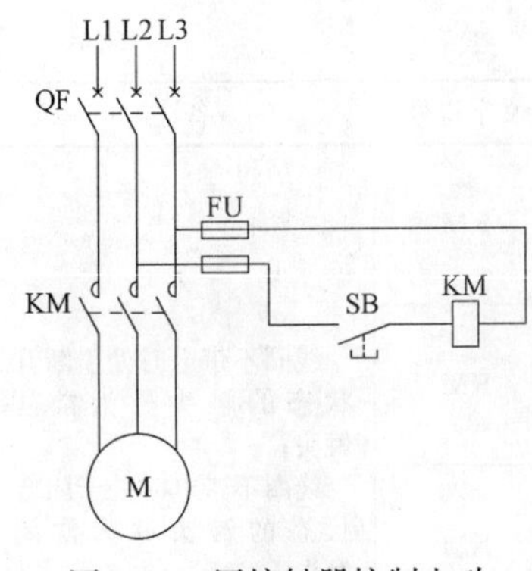

图 5-21　用接触器控制电动机的电路

2. 电动机的“点”动控制电路

如图 5-21 所示，接触器 KM 的三对主触头，串接入电动机 M 的三条相线中，主触头上端接三相电源。图中 L1、L2、L3 为三相电源的三条相线，通常用低压断路器 QF 来控制与保护。主触头下端接电动机 M。

图中接触器 KM 线圈的额定电压为交流 380V，故并联接在三相电源的任意两条相线之间（L2 与 13 之间），为防止线圈的两条相线因短路造成损害，分别串接入熔断器 FU 进行保护。

值得注意的是，同属于接触器 KM 上的主触头和线圈被画在图中的不同位置，用“KM”文字符号将两者联系在一起。两者之间的因果关系为：线圈通电与否是起因，主触头的闭合或断开是结果。

从图中可看出，当压下按钮 SB 时 SB 变闭合，接触器 KM 的线圈通电吸合带动接触器 KM 的常开主触头闭合，使电动机接通三相电源 L1、L2、L3 而转动；当松开按钮时，图中的 SB 断开，则接触器的线圈断电，其主触头（动合触头）断开，电动机 M 停止工作。

图 5-21 分为两部分，其中电动机 M 与三相电源 L1、L2、L3 连接起来的电路称为主电路（包括接触器的主触头 KM），通常用粗实线画出；由接触器线圈 KM 和启动按钮 SB、熔断器 FU 组成的电路称为辅助电路，其中电流仅为接触器线圈 KM 中的电流，电流较小，故一般用细线。

因为此电路只要按下按钮电动机才工作，松开按钮，就停止工作，所以称为点动控制电路。它适宜短时、点动工作的场合，如地面操作的小型起重机（电动葫芦）等。

由于主电路和辅助电路公用同一电源，所以电路具有低电压保护作用。

3. 电动机直接启动控制线路（单向运转）

如图 5-22 所示是电动机直接启动控制线路。工作时，合上低压断路器 QF，按下启动按钮 SB2，接触器线圈 KM 通电，接触器主触头闭合，接通主电路，电动机启动运转。此时并联在启动按钮 SB2 两端的接触器辅助常开触点 KM 闭合，确保 SB2 松开后，电流可以通过 KM 的辅助触点继续给 KM 的线圈供电，保持电动机运转。故这对并联在 SB2 两端的常开触点称为自锁触点（或自保持触点，此辅助常开触头即为图 5-10 中辅助触头。这个环节称为自锁环节）。

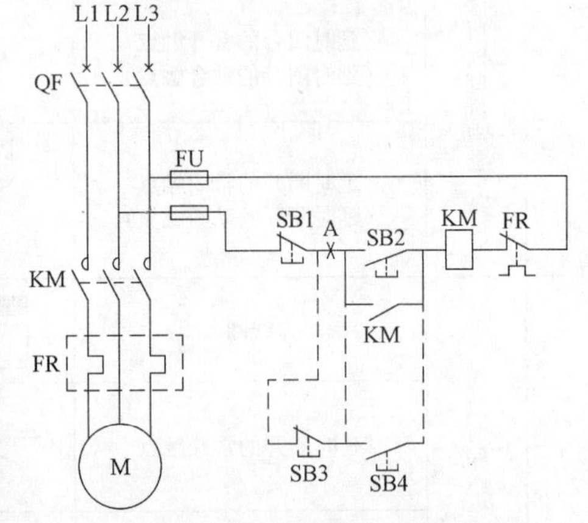

图 5-22　电动机直接启动线路

线路中的保护环节有三种，即短路保护、过载保护、零压保护。其中短路保护有 QF 断路器、FU 熔断器。主电路发生短路时，断路器 QF 自动跳闸，断开电路，起到保护作用；FU 为控制线路的短路保护。

热继电器 FR 是电动机的过载保护。热继电器的结构如图 5-12 所示。热元件串接入

图 5-22 的电动机主电路中，其常闭触头串接在辅助电路中，均用热继电器的文字符号 FR 标注。

当电动机过载时，电流增大，超过了额定值，热继电器中的发热元件，使其旁边的双金属片过分弯曲，使常闭触头断开，切断图中辅助电路接触器线圈 KM 电源，从而断开接触器的主触头，使电动机断电而停止转动，起到了保护作用。当过载故障过去后，需要重新启动电动机时，按下复位按钮即可。

电动机的零压保护是由接触器 KM 的线圈和 KM 的自锁触点组成。KM 线圈的电流是通过自锁触点供电的，当线圈失去电压后，自锁触点断开，主触头断开，电动机停止转动。当恢复供电压，此时 KM 自锁触点不通，电动机不会自行启动（避免了电动机突然启动造成人身事故和设备损坏）。这种保护称为零压保护（也叫欠电压保护或失压保护）。若要电动机运行，必须重新按下 SB2 才能实现。

如果需要两处或多处独立控制同一台电动机时，可在图 5-22 基础上，再加上一对或数对附加按钮（起动按钮和停止按钮各一个为一对）。附加按钮的连接原则：附加的启动按钮与原起动按钮并联；附加的停止按钮串联在控制电路中，（在图 A 点处断开）。如图 5-22 的虚线所示。

但图 5-22 的电动机只能朝某一方向运转。

4. 电动机正反转控制线路

如图 5-23 所示。图中使用了 KM1 和 KM2 两个接触器。

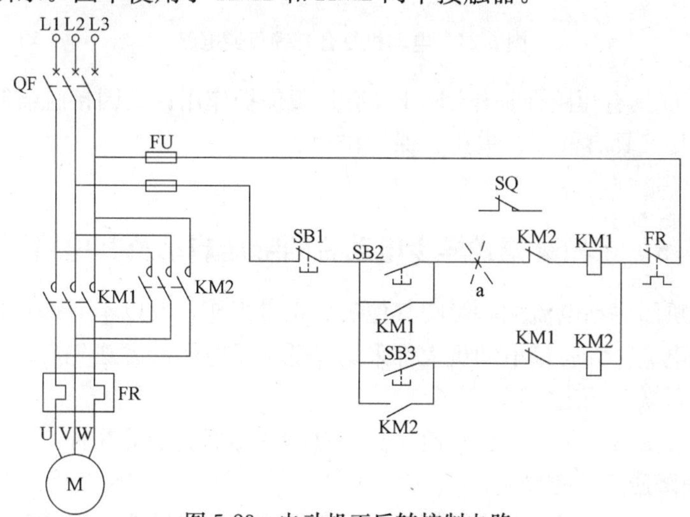

图 5-23　电动机正反转控制电路

当 KM1 工作时，它的常开主触头闭合，三相电源 L1、L2、L3 被依次接到电动机定子的 U、V、W 上，电动机朝某一方向运转，若定此为正转；当 KM2 工作时，其（KM2）常开主触头闭合，则三相电源 L1、L2、L3 依次接到 W、V、U 上，这相当于电动机的两端子 U 与 W 发生了对调，三相电源的相序发生了变化，使电动机反转。

为了防止两接触器同时工作引起短路事故，在 KM1 线圈电路中串入了 KM2 的常闭辅助触头，这样当 KM2 工作时，KM2 的常闭辅助触头变断开，切断了 KM1 的线圈电路，如果误按下 SB2 按钮，KM1 线圈也不会吸合；同理，在 KM2 线圈电路中串入了 KM1 的常闭辅助触头，在 KM1 工作时，KM2 也不会动作，这种相互制约的电路称为

“互锁”电路，其中的常闭辅助触头也称为互锁触头。

当利用图 5-23 的电动机拖动起重机的起升机构时，可在图中“a”点处断开，串入限位开关 SQ，以限制提升重物的高度。

为了获得互锁作用，也可以使用复合按钮，这种电路更可靠，如图 5-24 所示。图中的 SB2 和 SB3 都是复合按钮，它有动合、动断两钮组成，按下后，一起动作，图中以虚线表示。

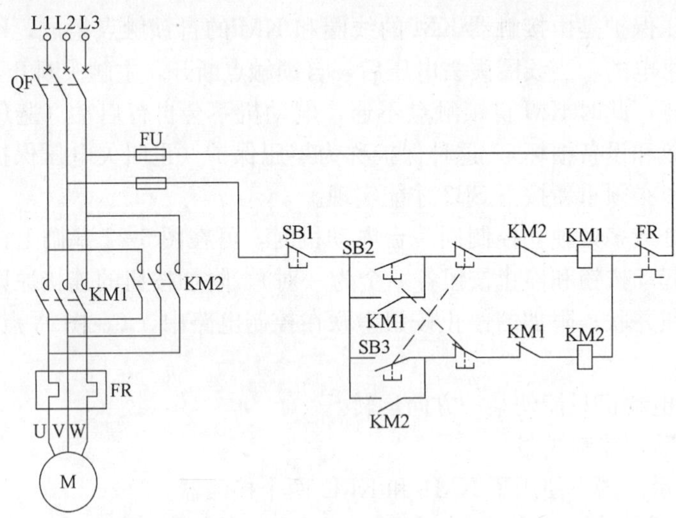

图 5-24 电动机复合互锁可逆电路

图中 QF、FU 具有短路保护作用，FR 有过载保护作用；又因接触器线圈与电动机公用同一电源，所用又具有低压、失压、保护作用。

5.5 三相鼠笼式异步电动机的降压启动及其电路图

大容量电动机因启动电流大，影响其他负载正常工作，所以不允许直接启动。

为减少启动电流，大容量电动机大都采用降低定子电压的方法先启动，待电动机转速接近预定值时，再恢复额定电压。

降压启动的方法常用星——三角启动法和自耦变压器启动等几种。

一、星-三角降压启动控制

此方法仅适用于正常工作时定子绕组为三角形联接的电动机。启动时，先将定子绕组联接成星形，这时定子各相绕组的电压仅为额定电压的 $1/\sqrt{3}$；待转速达到预定值后，再将定子绕组接成三角形联接，这样启动电流仅为直接启动电流的 1/3。但启动转矩也仅为直接启动的 1/3，所以此种启动方法只能轻载或空载启动。

因为此启动方法简单实用，所以应用较广。为推广此方法，国产 Y 系列 4kW 以上的电动机，其定子绕组均为三角形联接。

星-三角降压启动的电路可设计成多种，图 5-25 就是其中的一种。

图 5-25 中用了三个接触器，当 KM1 和 KM2 工作时，电动机做星形联接；KM1 和 KM3 工作时电动机为三角形联接。用缓吸式时间继电器 KT 的两个延时触头使得从星接

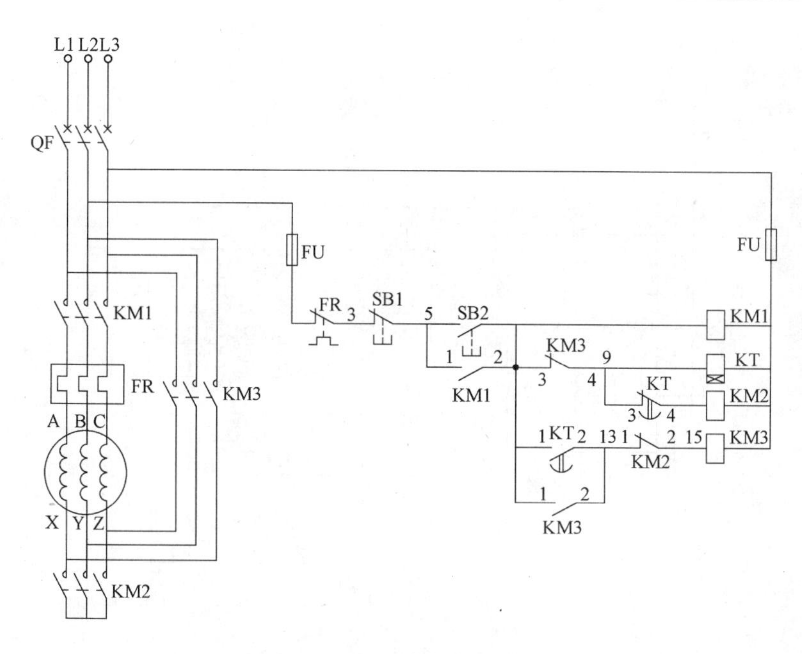

图 5-25　Y-△降压启动电路

转换到三角接中间有一段延时时间。

启动时先合上低压断路器 QF，再按下启动（动合）按钮 SB2，使接触器 KM1、KM2 和时间继电器 KT（缓吸式）的线圈同时通电，KM1、KM2 常开主触头变闭合，使电动机定子绕组星形联接，并开始启动。

KM1 的辅助常开触头闭合，实现自锁。KM2 的辅助常闭触头断开，将 KM3 线圈置于断电状态下。电动机维持在星接下启动运转。

待延时一段时间后（延时时间可调），时间继电器 KT 的延时断开的常闭（动断）触点变断开，使 KM2 线圈断电，KM2 的辅助常闭触头变闭合；同时，KT 的延时闭合（动合）的常开触点变闭合，又使 KM3 线圈通电，KM3 的常开主触头变闭合，将电动机定子绕组改为三角形联接，电动机在额定电压下运行，完成了启动过程。

这时，KM3 的辅助常开触头闭合实现自锁，KM3 的辅助常闭触头断开，靠其互锁作用使 KT 线圈断电。

二、自耦变压器（启动补偿器）降压启动线路

自耦变压器是个只有一个绕组的变压器。当用于启动电动机时，开始启动时电压低，电动机转速接近平稳后再恢复额定电压。

使用自耦变压器启动电动机的电路较多，图 5-26 就是其中一种。图中由自耦变压器 T、交流接触器 KM1～KM3、热继电器 FR 和缓吸式时间继电器 KT 等组成。可用于 14～300kW 三相笼型电动机降压启动。

启动时，按下启动按钮 SB2，接触器 KM1 线圈通电，使其常开主触头 KM1 闭合，自耦变压器 T 接入三相电源；同时，KM1 的辅助常闭触头断开，利用其互锁作用切断 KM3 线圈电路；与此同时，KM1 的辅助常开触头闭合，使 KM2、KT 线圈通电，接触器 KM2 的常开主触头闭合，使自耦变压器 T 星接投入工作，电动机 M 从自耦变压器 T 上

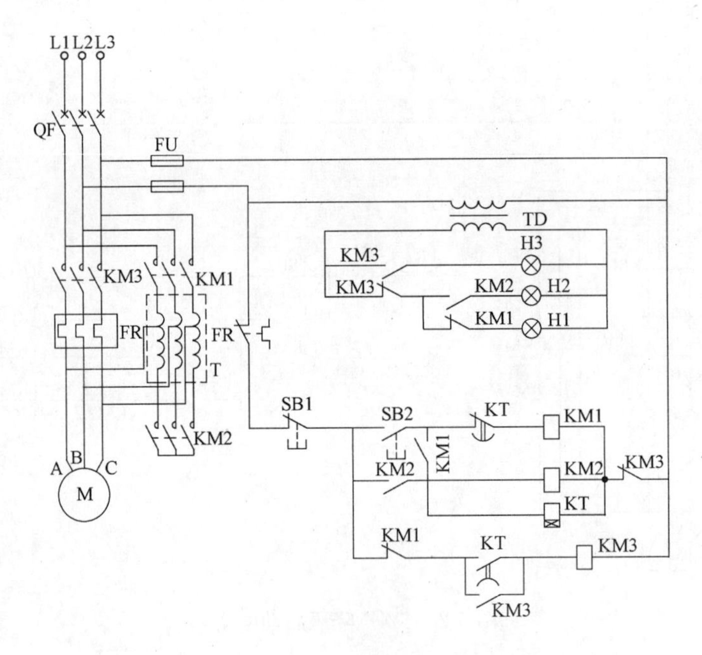

图 5-26　自耦变压器降压启动电路

获得 65%的额定电压开始启动。

这时，KM2 辅助常开触头闭合，实现自锁；缓吸式时间继电器 KT 延时一定时间后，延时断开的常闭（动断）触头断开，使 KM1 线圈断电；延时闭合的常开（动合）触头闭合，使 KM3 线圈通电，KM3 的常开主触头闭合，电动机 M 在全压下运行，完成了启动过程。

KM3 的辅助常开触头闭合，实现自锁；KM3 的辅助常闭触头断开，其互锁作用使 KM2、KT 线圈断电，自耦变压器 T 因 KM1 和 KM2 的常开主触头断开而停止工作。

电源变压器 TD 为指示灯提供低压电源，指示灯 H1 亮表示电源正常；H2 亮表示电动机处于启动状态；H3 亮表示电动机正常运行。

5.6　三相鼠笼式电动机的软启动

一、使用软启动的必要

星-三角启动和自耦变压器降压启动中，前者在切换瞬间会出现很高的尖峰电流，产生破坏性的动态转矩，由此引起的机械振动对电机转子、联轴节及负载等都是有害的；而后者则存在体积较大、维修率高，与负载匹配的电机转矩很难控制等缺点。

有些负载还需要软停车，例如高层建筑、大楼的水泵系统，如果瞬间停机，会使管道、甚至水泵遭到破坏，称此为“水锤效应”。为防止和减少“水锤效应”，需要电动机逐渐停机。即软停车。

电动机的软启动是指启动过程中，转速逐渐平滑上升，无冲击，启动电流小，还节能。

软启动器是集电机的软启动、软停车、轻载节能和多种保护功能于一体的新颖电动机的控制装置，越来越广泛采用，是传统启动器更新换代产品。国外称 soft starter。

二、软启动器的构成和原理

软启动器的主电路是由串接于电源与被控电动机之间的三相反并联晶闸管和旁路接触器构成。运用不同的方法，控制晶闸管的导通角，使被控电动机的输入电压按不同的要求而变化，就可实现不同的功能。

如果晶闸管得到停机指令后，晶闸管会从全导通逐渐地减少导通角，经过一定时间过渡到全关断的过程。其过程还可在 0～120 秒内进行调整。使电动机转速从全速运转逐渐地平滑减少，经过一定时间后电动机转速变为零。

三、软启动器实例

软启动器的电子控制电路各生产厂家各不相同。以×××系列软启动器为例，他们为数字电动机软启动器，采用了 16 位单片机控制。

1. ××软启动器典型控制实例

××软启动器典型控制原理图如图 5-27 所示。图中的主电路串入了反并联的晶闸管，启动时，利用改变其导通角，控制电动机的输入电压，从而得到较小的启动电流。

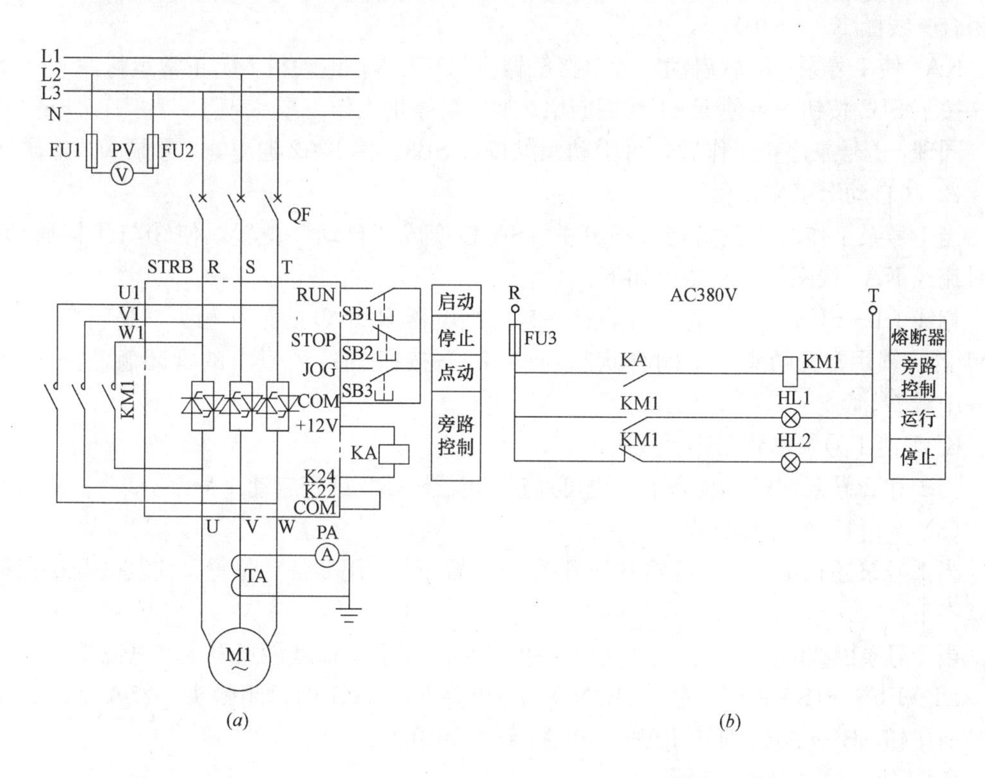

图 5-27　×××软启动器典型控制原理图

(a) 主回路；(b) 控制回路

启动完成后，利用中间继电器 KA 的常开触头接通旁路接触器 KM1 的线圈，使电动机通过 KM1 的常开主触头正常运行。

电动机需要停止工作时，只要按下停止按钮 SB2，中间继电器 KA 会使旁路接触器

KM1 退出同时晶闸管接入电动机主电路，利用改变晶闸管的导通角，平滑降低电动机输入电压，最后，电动机转速降为零。

电动机点动时，旁路接触器 KM1 可以不参与工作。

此电路适用于额定功率 7.5～500kW 三相笼型异步电动机，可作频繁或不频繁启动。

2. 消防泵软启动控制电路（备用自投）

控制电路如图 5-28 所示。图中 A1、A2 为消防泵电机 M1、M2 的控制柜，柜内装有晶闸管、旁路接触器、中间继电器等电路。

中间继电器 KA1（KA2）控制电机 M1（M2）电路的晶闸管和旁路接触器 KM1（KM2）。

其中的 KA1（AR2）和继电器 KA2（AR1）两者电路接成互锁关系。

工作过程按如下顺序加以说明：

（1）1 号泵 M1 的手动控制启动

在图 5-28（*b*）图中，将转换开关 1SA 置于“手动”位置，则①与②两点接通；按下 SB1 按钮，则中间继电器 KA1 线圈电路接通；流过线圈 KA1 的电流路径为：相线 L1→熔断器 FU3→1SA 的①与②点→按钮 SB1→“17”→按钮 SB2→常闭触点 AR1 靠互锁作用仍闭合→线圈 KA1→中线 N。

KA1 使 1 号泵 M1 软启动，旁路接触器 KM1 工作，电动机 M1 正常运行。

按下 SB2 按钮，可使 KA1 线圈断电，1 号泵停止工作。

同理，1 号泵停止工作后，可手动操纵按钮 SB3，使 KA2 通电，2 号泵 M2 工作。

（2）“自动”工作过程

当 1 号泵工作时，只要将转换开关 1SA 转换成“自动”位置，使③与④接通即可。这时流经 KA1 线圈的电流路径如下：

相线 L1→FU3→1SA 的③与④点→自控继电器 RUNO 的常开触头（呈闭合状态）→KA1 的自锁用常开触头（呈闭合状态）→“17”→按钮 SB2→AR1 的常闭触头→KA1 线圈→中线 N。

KA1 使 1 号泵继续工作。

当 1 和 2 号泵都停机状态下，也可通过继电器 AR2 重新启动 1 号泵。

（3）“互投”的工作过程

当 1 号泵还在工作时，应将转换开关 2SA 置于“1 用 2 备”位置，使其③与④保持接通状态下。

当 1 号泵因故障停止工作时，KA1 停止工作。这时 KA2 线圈通电，其电流路径如下：

L1→FU3→1SA 的③、④→RUNO 的常开触头→KA1 的常闭触头→2SA 的③、④→“23”→按钮 SB4→AR2 的常闭触头→KA2 线圈→中线 N。

KA2 使 2 号泵启动。

（4）消火栓按钮启动过程

发现火情→打碎消火栓箱内的消防专用按钮（SE00～SEN 的任一个）的玻璃，使该按钮变成断开状态→使继电器 K1 的线圈断电→RUNO 线圈断电→经消防中心确认后，通过“弱电控制模块”使 RUNO 线圈重新通电→再通过 AR2（或 AR1）自动启动 1 号（或 2 号）泵。

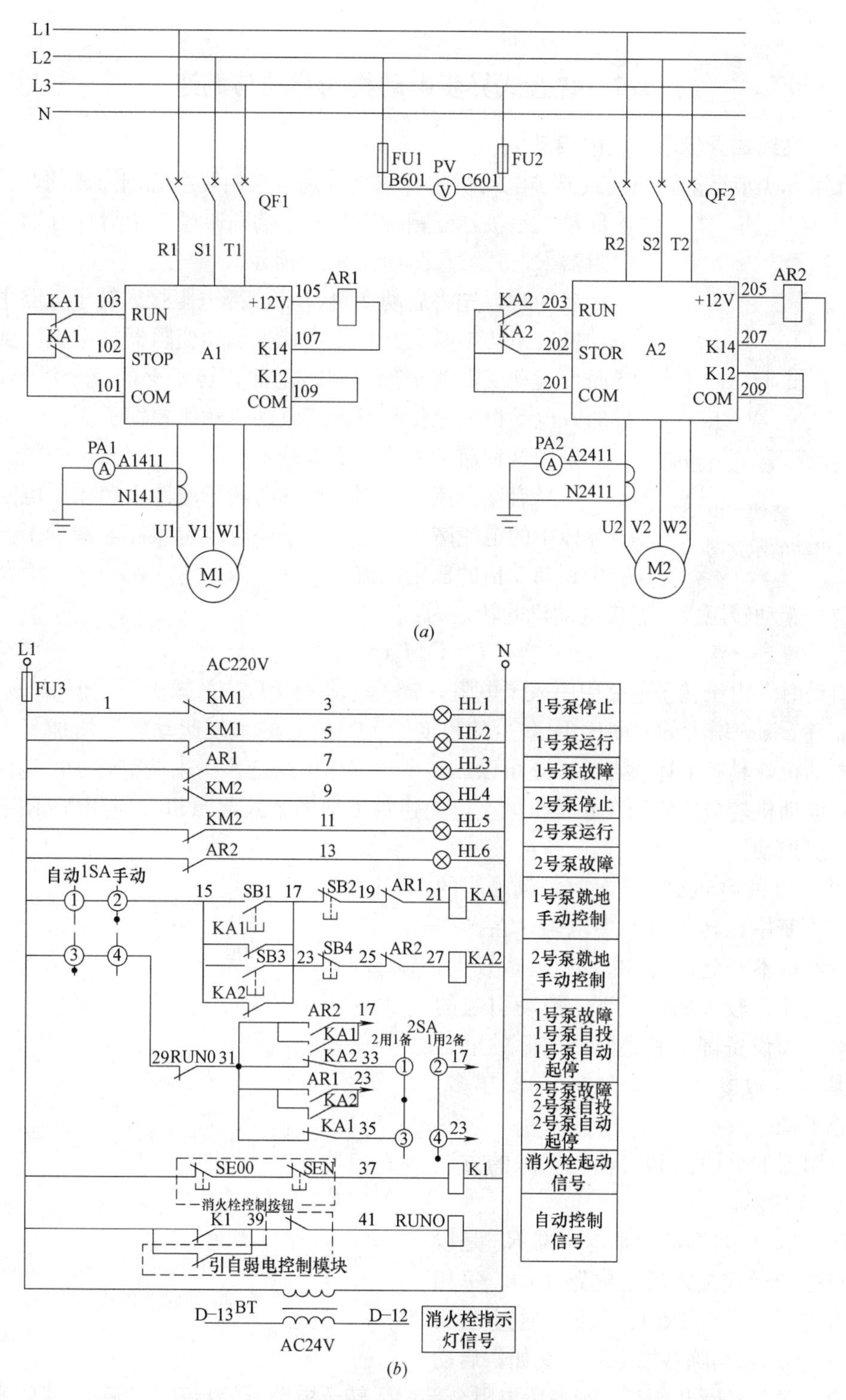

图 5-28　消防泵软启动控制原理（备用自投）

(*a*) 主电路；(*b*) 控制电路

KM1 触点—A1 旁路接触器辅助触点；

KM2 触点—A2 旁路接触器辅助触点

5.7　绕线式异步电动机的启动与调速

一、绕线式异步电动机的启动

在第5.1节已知，绕线式异步电动机的转子绕组是由三相绕组绕制而成的，其末端在内部接成星接，三相绕组的另一端则通过三个滑环分别串入可变电阻器R，其示意图如图5-29所示。

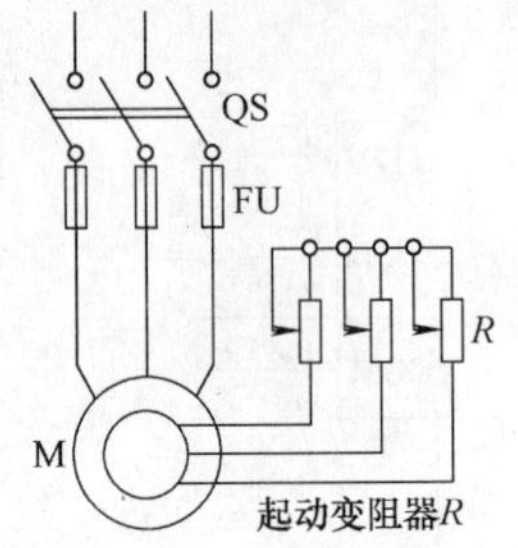

图5-29　绕线式电动机启动的示意图

启动时，先将启动变阻器R全部电阻接入转子电路中，随着电动机转速的不断上升，逐步减少起动变阻器的电阻，到起动完毕时，起动变阻器全部电阻被切除，转子上的三个滑环被短接，此时，电动机的工作与鼠笼式电动机就无差别了。

采用这种启动方法的优点是：

(1) 启动电流小，因为启动时转子电路中串入了电阻，使转子导体中的电流减小，因而定子中电流也跟随着减少了。一般能减少到2.5倍的额定电流。

(2) 起动转矩大，感应电动机的转矩为：

$$T=C\Phi I_2\cos\varphi_2$$

启动时，由于转子电路中串入了电阻，转子电流I_2和φ_2都减少了，但$\cos\varphi_2$却增大了，而且$\cos\varphi_2$增大的程度比I_2减少的程度为大，故总的来说起动转矩增加了。绕线式感应电动机除具有上述优点外，还可以靠转子电路串电阻的多少来调节转子的速度。所以线绕式电动机较多的应用在起重机械上，如建筑工地的塔式起重机多应用YZR系列线绕式电动机拖动。

图5-29的启动变阻器R靠滑动触头的滑动来改变串在转子电路中电阻，在操作上不方便也不安全，尤其电动机容量较大，其转子电流也较大的情况下，滑动引起的电弧对人和设备都不利。所以实际的电阻器都是分为数段（3～8）的，分段越多，起动越平稳。

电阻器的分段图和启动时切除的方法如图5-30所示。

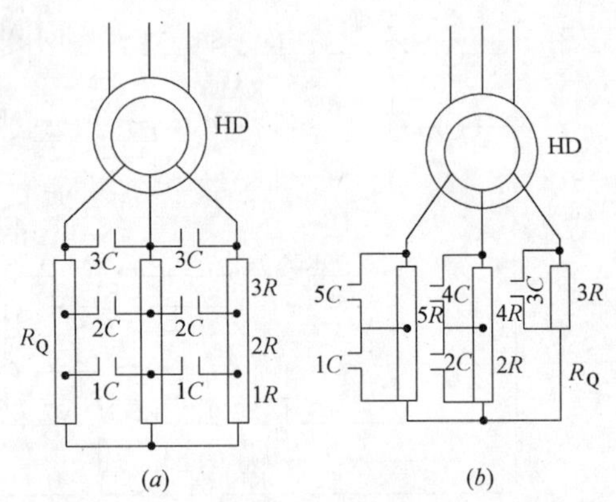

图5-30　接入转子电路中的电阻器分段图及其与切换触头的连接图

(*a*) 三相对称形式；(*b*) 三相不对称形式

图5-30 (*a*) 图的起动电阻器R_Q是以三相对称的形式接入转子电路中的。每相电阻都分为$1R$～$3R$共三段，通过触头$1C$～$3C$的通断切除各段电阻。例如，启动前将全部触头呈断开状态，则各段电阻全部串入转子电路开始启动；随着转速的升高，再使触头$1C$～$3C$依次闭合，则电阻的$1R$～$3R$被依次切除，直到$3C$闭合，电阻全部切除，电动机起动完毕。

触头$1C$～$3C$多采用接触器的主触头，这样，可通过对一个吸引线圈的控制实现触头的通断。

图 5-30（b）图的 R_Q 是以三相不对称的形式接入转子电路的，共有五段电阻，每段电阻并联一个触头。由于每次只切换一段电阻，所以起动过程中，转子电路的电阻时刻都不对称，造成其特性较差。但是，因为电阻器分段多，使用的触头也多，而保持着较高的起动级数，从而简化了起动设备，所以广泛应用于小型的线绕式异步电动机上。

图 5-30（b）中，切换 R_Q 的设备常使用手动的控制器和凸轮控制器。

在不要求调速的场合也可以在转子电路串接频敏变阻器来启动线绕式异步电动机。如图 5-31 所示。

频敏变阻器实际上是特殊的三相线圈，接入转子电路时，靠转子电流频率的变化，使三相线圈中的感抗和电阻发生变化。例如，刚起动时，转子电流频率高（旋转磁场切割转子绕组快），使感抗和电阻（涡流造成的）也大，从而限制了起动电流；起动完毕，因 $n_0 \approx n$（即旋转磁场转速≈转子的转速），使转子电流频率很小，这时在三相线圈中形成的感抗和电阻就小到几乎不起作用了。

此外，还有的在设计制造时就考虑了减少起动电流的问题，如深槽和双鼠笼型异步电动机。因此，使用时，可不另加起动设备。

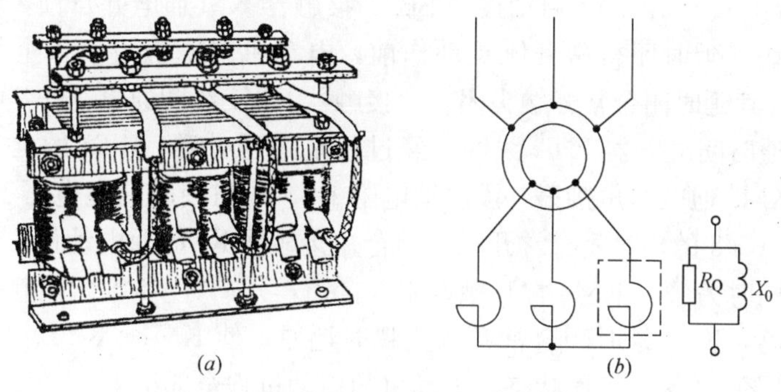

图 5-31　频敏变阻器的外形及等效电路

二、绕线式异步电动机的调速

绕线式异步电动机通过改变转子电路的电阻，从而得到不同的转速是可行的，但不理想。主要存在以下问题：

① 调速范围窄。在固定荷载下，只能得到有限的，并且较为接近的几种转速。

② 转子电路在串入电阻的情况下，转速在满载和空载时差别较大，俗称特性“软”。

③ 转子电阻上消耗能量较大。

所以需要调速时，较少采用。目前应用较多地是改变电源的频率，从而得到连续地无级调速，但是其成本较高。

也可以通过改变定子的极对数（如一对磁极变成两对磁极）进行调速。但也只能得到有限的（两种）转速。

三、时间继电器控制绕线式异步电动机启动电路

如图 5-32 所示。绕线式异步电动机的转子电路串入了三相对称电阻，每相电阻分为三段，利用三个时间继电器 KT1～KT3 依次自动切除。

启动过程如下：

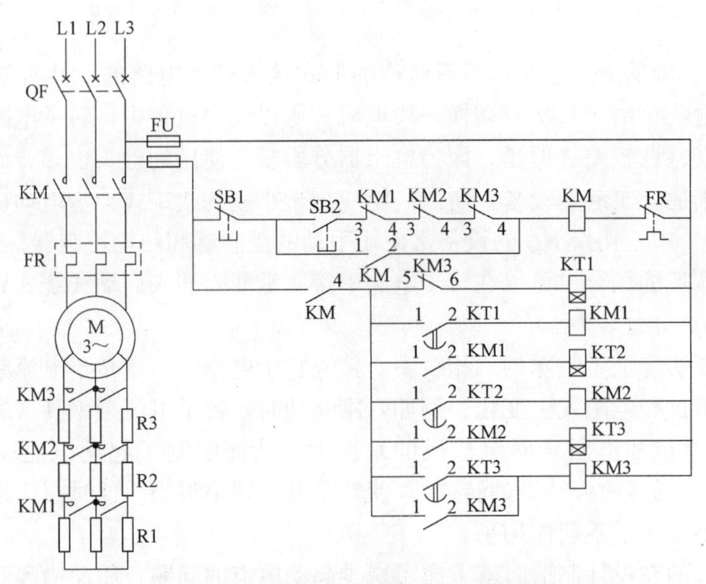

图 5-32　时间继电器控制绕线式异步电动机启动线路

启动时先合上 QF，再按下启动按钮 SB2，接触器 KM 通电并自锁，同时，时间继电器 KT1 通电，在其延时闭合常开触头动作前，电动机转子绕组串入全部电阻启动。当 KT1 延时终了，其延时闭合常开触头闭合，接触器 KM1 线圈通电动作，切除一段启动电阻 R1，同时接通时间继电器 KT2 线圈，经过整定的延时后，KT2 的延时闭合常开触头闭合，接触器 KM2 通电，短接第二段启动电阻 R2，同时使时间继电器 KT3 通电，经过整定的延时后，KT3 的延时闭合常开触头闭合，接触器 KM3 通电动作，切除第三段转子启动电阻 R3，同时另一对 KM3 常开触点闭合自锁，另一对 KM3 常闭触头切断时间继电器 KT1 线圈电路，KT1 延时闭合常开触头瞬时还原，使 KM1、KT2、KM2、KT3 依次断电释放。唯独 KM3 保持工作状态，电动机的启动过程全部结束。

接触器 KM1、KM2、KM3 常闭触头串接在 KM 线圈电路中，其目的是为保证电动机在转子启动电阻全部接入情况下进行启动。如果接触器 KM1、KM2、KM3 中任何一个触头因故障而没有释放，此时启动电阻就没有全部接入，若这样启动，启动电流将超过整定值，但由于在启动线路中设置了 KM1、KM2、KM3 的常闭触头，只要其中任意一个接触器的主触点闭合，电动机就不能启动。

5.8　双电源互投等电气控制电路图

在施工现场和工矿企业电气工程中，大量的是电气动力工程，其基本构成是电动机拖动某一工作机械完成一定的工作程序和工作任务，如起重机提升重物、水泵抽水、风机鼓风等，从而实现电能转换为机械能。工作机械的运动方式和工作程序是多种多样的，这就要对拖动其工作的电动机的运行方式进行控制。这种对电动机或其他用电设备的运行方式进行控制的装置称为电气控制装置。

电气控制装置还要对可能出现的短路、过载、断相等电气故障进行保护、报警等。

包括双电源互投电路、两台消防泵一用一备、自动喷淋泵一用一备。

一、双电源互投电路

重要的一类负荷其供电电源是不允许中断的。为此需双电源供电，两路供电电源中任一路电源发生断电或故障后，另一路自动投入，保证设备正常工作。

双电源互投电路有以下两种：

1. 双电源不分主次的互投电路

如图 5-33 所示。

图中主电路使用断路器 1QF 和 2QF 做为两路电源的隔离设备和保护设备，使用前均先使其处于闭合状态；而用接触器 1KM 和 2KM 做两路电源的控制设备。

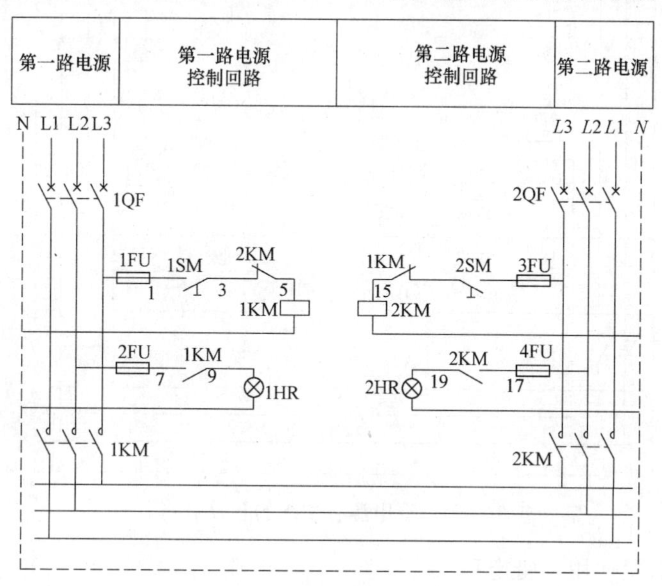

图 5-33　双电源不分主次的互投电路

图中控制电路中使用钮子开关 1SM 和 2SM，这种钮子开关与普通开关一样有通、断两种状态都可由人操作控制。

现场操作者若决定先让第一路电源工作，则将钮子开关 1SM 接通，使接触器 1KM 通电吸合，第一路电源被接入。当确认第一路电源接入后（指示灯 1HR 点亮），由人工将图中 2SM 钮子开关闭合，这样使 2KM 接触器处于“待命”状态；一旦第一路电源因故断电时，1KM 接触器断电释放，使接在第二路电源控制回路中的 1KM 常闭触点闭合，使 2KM 接触器通电吸合，则第二路电源自动投入运行。

2. 双电源有主次的互投电路

双电源有主有次，一主一备，适用于以动力电源为主，照明电源为辅的双电源切换方案。其电路如图 5-34 所示。

与图 5-33 比，此图多一个中间继电器 KI，其线圈接在第一路中，正常情况下只要 1QF 断路器处于闭合状态，KI 中间继电器就得电。这时，只要将 1SM 钮子开关接通，第一路电源就被接入。确认后，将 2SM 接通，第二路电源处于“待命”状态。当第一路电源断电后，KI 和 1KM 线圈因断电而释放，使第二路电源控制回路中的 KI 和 1KM 常闭触点闭合，则第二路电源自动投入运行。

当第一路电源又恢复时，KI 中间继电器也恢复得电，KI 的常闭触点切断 2KM 接触器的线圈，使第二路电源被切断；同时 KI 的常开触点接通了 1KM 接触器线圈电路，使第一路电源恢复供电。所以第一路电源为主电源，一般情况下都由第一路电源供电；第二路电源只在第一路断电或故障情况下临时使用，一旦第一路电源恢复时，能自动恢复供电，俗称“自投自复”。

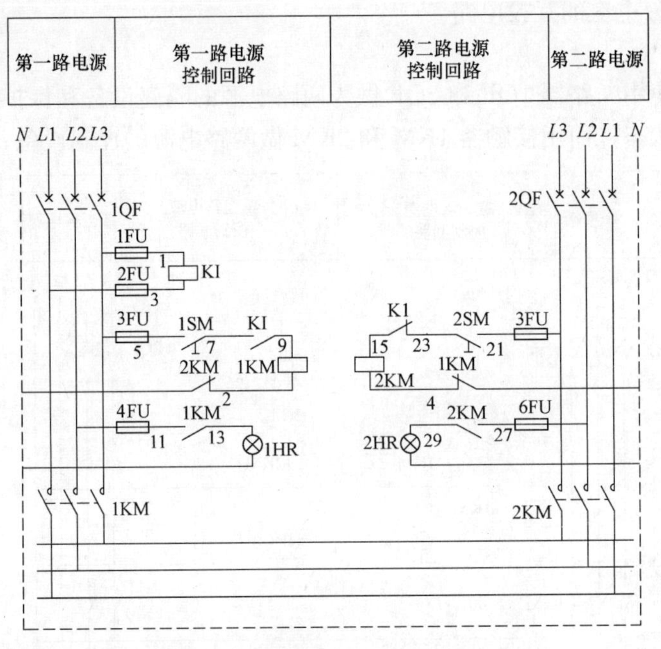

图 5-34　双电源有主次的互投电路

二、两台消防泵一用一备电路

两台消防泵一用一备电路如图 5-35 所示。

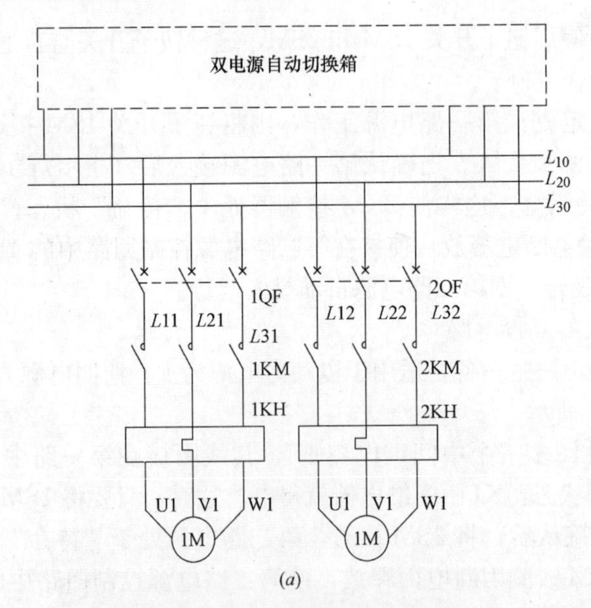

图 5-35　两台消防泵一用一备电路（一）
（a）主电路

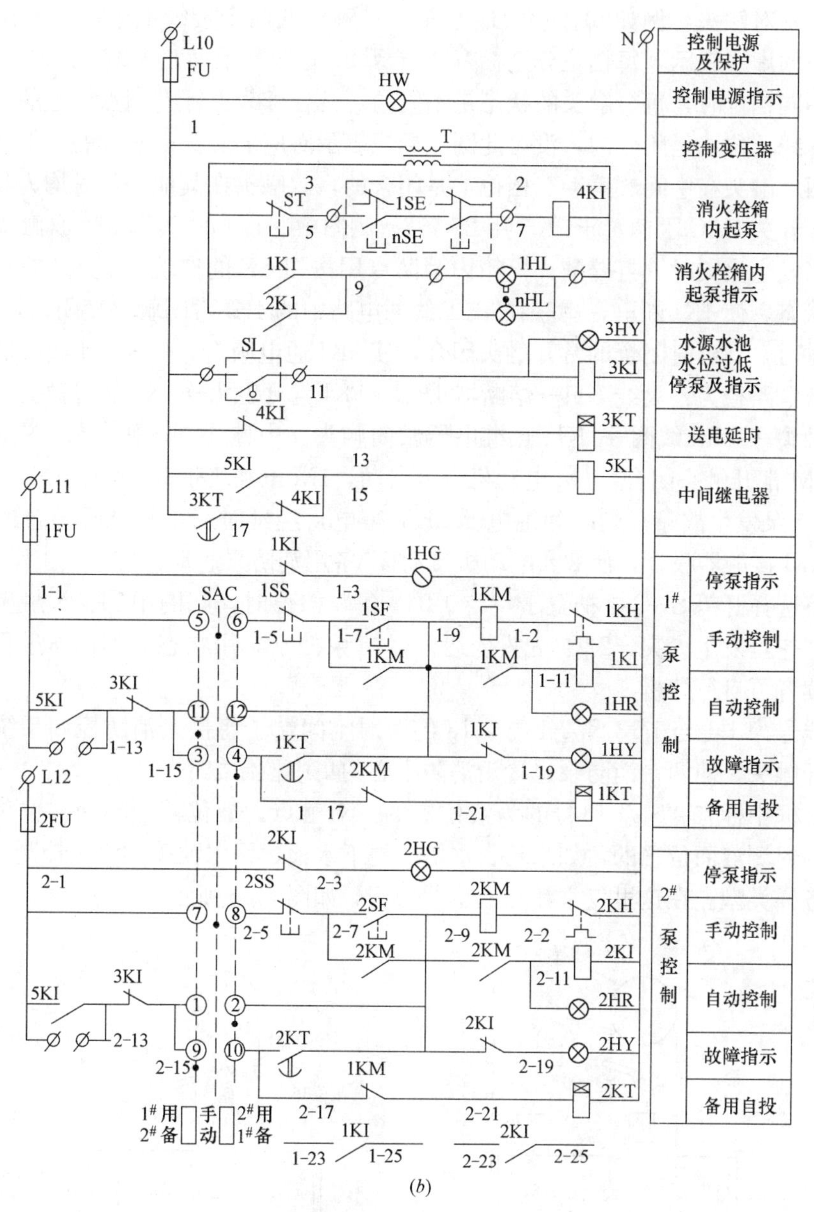

(*b*)

图 5-35　两台消防泵一用一备电路（二）

（*b*）控制电路

其中图 5-35（*a*）图为主电路，图的上部为双电源自动切换电路，因为前面已讲过，所以略去没画。由于消防泵属一级供电负荷，必须用双电源供电，防止电源中断。图中两台电动机 1M、2M 分别带 1#、2# 两台消防泵。每台电动机用接触器控制起动、停止；用热继电器 1KH、2KH 做过载保护；用断路器 1QF、2QF 做短路保护兼做隔离开关。

图 5-35 的（*b*）图为控制电路。图中 1SE…*n*SE 表示 *n* 个消防泵专用按钮串联起来，每个按钮安装在消火栓箱内，平时有玻璃片压着，其常开触点是处于闭合状态。使中间继电器 4KI 得电，时间继电器 3KT 断电，消防泵不运转，这就是在非火灾时的正常状态。

（*b*）图下半部有“SAC”选择开关（即本书的第 5.3 节中的万能转换开关），开关从上至下共有六对触头，例如⑤、⑥为最上面一对触头的两个接线端子；开关具有三个档位，用图中的虚线表示，每档位分别标有“1# 用 2# 备”、“手动”、“2# 用 1# 备”，这样选择开关在不同档位时，每个触头的状态是不同的：凡在虚线上标有圆点标记的，表示对应的触头在虚线档位上是闭合的，没有此圆点标记表示对应的触头是断开的。例如⑤、⑥和⑦、⑧这两对触头在中间“手动”档位上是闭合的，此触头在其他档位时均为断开状态。

若选择开关 SAC 手柄置于“1# 用 2# 备”，则图中⑨、⑩触头和⑪、⑫触头均处于闭合状态。当发生火灾时，打碎消火栓箱内消防专用按钮 SE 的玻璃，使 SE 的常开触头恢复到断开状态，使 4KI 断电，串联在 3KT 线圈电路中的 4KI 常闭触头变闭合，则 3KT 通电，经延时后，其延时闭合的常开触头闭合，使 5KI 通电吸合，使 1KM 接触器的线圈回路通电，通电路径为：火线 L11→熔断器 1FU→5KI 常开触头→3KI 常闭触头→选择开关的⑪、⑫触头→1KM 线圈→1KH 热继电器常闭触头→中性线 N。使（*a*）图主电路中的接触器 1KM 常开触头闭合，1M 电动机得电启动，1M 电动机带动 1# 消防泵起动。

如果 1# 泵发生故障，则时间继电器 2KT 得电，经延时后，其延时闭合的常开触头 2KT 使 2KM 接触器吸合，使 2M 电动机带动 2# 备用消防泵起动，使灭火工作不会中断。

如果将选择开关 SAC 手柄置于“2# 用 1# 备”档位时，则图中①、②触头和③、④触头闭合；一旦发生火灾，2# 泵先投入运行，1# 泵处于备用状态，其动作过程与前述过程类似，读者可自行分析。

图中线号为 1-1 与 1-13 和 2-1 与 2-13 的两对空间端子将接人消防控制系统控制模块的两个常开触头，使两台消防泵也置于消防中心的集中控制之下。

图中虚框中标有“SL”符号的为液位器的一对触点。液位器全称为液位传感器，是用来控制、遥测液面位置的，如水箱、水塔、地下水池、污水池等的水位控制。液位传感器有各种各样类型。在这里仅举浮球液位器为例，如图 5-36 所示。

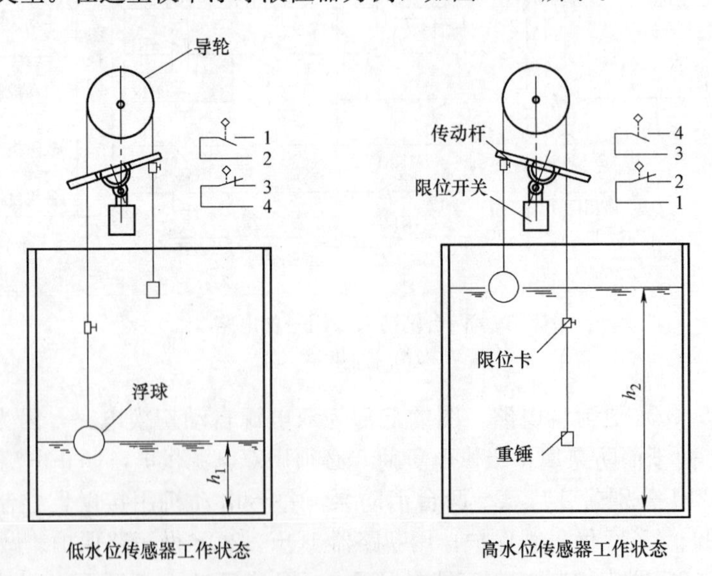

图 5-36　浮球液位器工作示意图

当液位降至低水位（图 5-36 中 h_1）时，限位卡碰到限位开关上的传动杆，使限位开关动作，使其 1，2 触点断开，3，4 触点闭合；而当水位升至高水位（h_2）时，限位卡作用于传动杆，使限位开关的 1，2 触点闭合，3，4 触点变断开，利用两对触点的通断控制泵自动调节水位。

图 5-35（*b*）中，当水源水池无水或被消防泵用尽时，则液位器触点 SL 闭合，3KI 通电，其常闭触点断开，使两接触器 1KM、2KM 均不能通电，未启动的电动机不能启动，正在运行的电动机也会停止运转，消防泵不能工作。

图 5-35 中所用的电器见表 5-8 所示。

两台消防泵一用一备所用电器一览表　　**表 5-8**

符号	名称	型号及规格	单位	数量	备注
1,2QF	断路器	C45N-4 或 DZ20	个	2	
1,2KM	交流接触器	CJ20-	个	2	
1,2KH	热继电器	JR16-	个	2	
FU1,2FU	熔断器	RL1-15/6	个	3	
1,2,5KI	中间继电器	JZ7-44～220V	个	3	
3KI	中间继电器	JZ7-26～220V	个	1	
4KI	中间继电器	JZ7-26～36V	个	1	
1～3KT	时间继电器	JS7-2A～220V60s	个	3	
SAC	选择开关	LW5-15D0724/3	个	1	（万能转换开关）
1,2SS	停止按钮	LA19-11	个	2	
1,2SF	起动按钮		个	2	
ST	试验按钮		个	1	
HW	白色信号灯	AD1-25/31	个	1	
1,2HR	红色信号灯		个	2	
1,2HG	绿色信号灯		个	2	
1～3HY	黄色信号灯		个	3	
T	控制变压器	BK-500～36V	个	1	
SL	液位器	UQK-86 系列	套	1	
1～*n*SE	紧急按钮	LA19-11			随消火栓箱附带
1～*n*HL	指示灯	AD1-25/31			

三、自动喷淋泵一用一备

其主电路与图 5-35 中（*a*）图相同，故略去。

其控制电路如图 5-37 所示。

当发生火灾时，喷淋系统的喷头自动喷水，设在主立管上的压力继电器或接在防火分区水平干管上的水流继电器 SP 接通，使 3KT 通电，经延时 3～5s 后，中间继电器 4KI 通电吸合。若 SAC 选择开关手柄置于“1# 用 2# 备”档位上，则 1KM 接触器通电吸合，1M 电动机带动 1# 泵起动向喷淋系统供水。

消防规范规定，火灾时喷淋泵起动运转 1 小时后，自动停泵，因此，4KT 时间继电器的延时整定时间为 1h，即 4KT 通电 1 小时后，其延时断开的常闭触点断开，使 4KI 断电释放切断接触器控制回路，使喷淋泵停止运行。

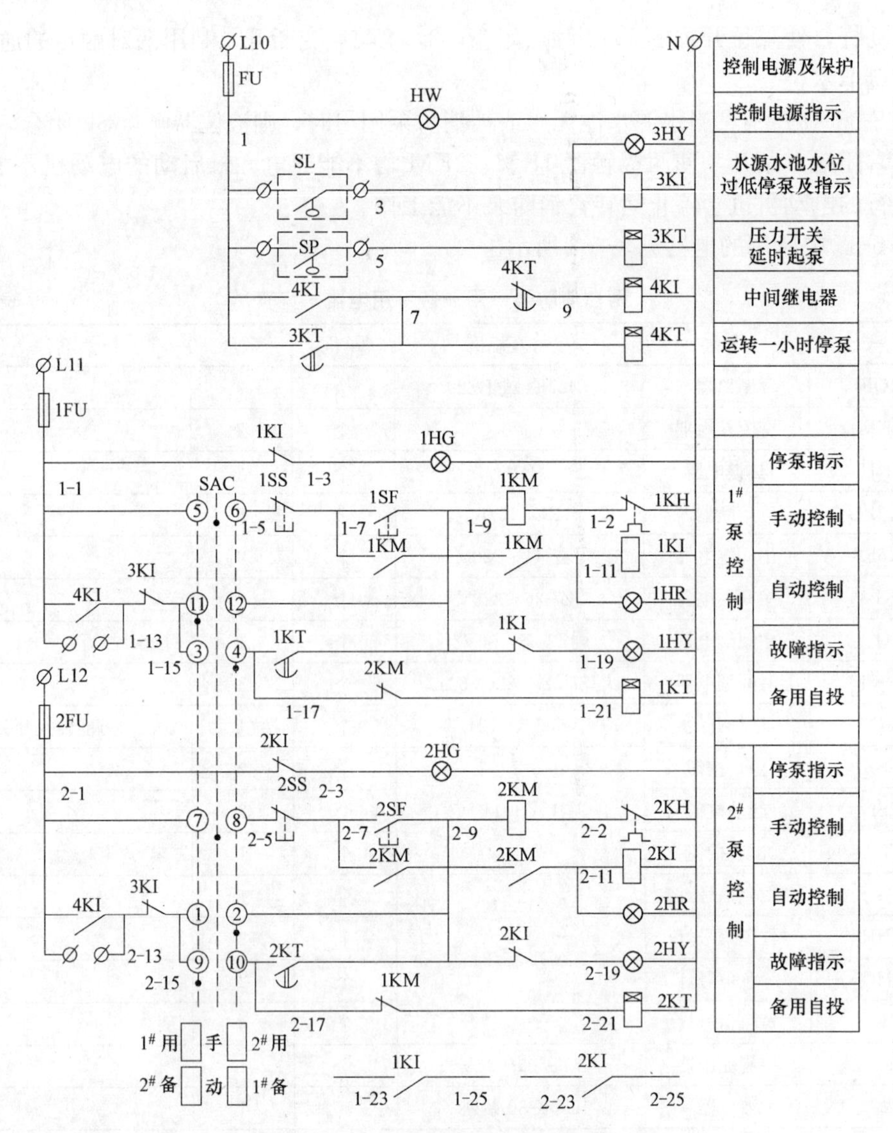

图 5-37　两台自动喷淋泵控制电路图

其他部分同图 5-35。

5.9　锅炉的电气控制电路图和快捷看图法

这里介绍的是 2T/h 锅炉及 2.8MW 锅炉（链条炉排热水锅炉）的电气控制图，包括锅炉房电力平面图、控制装置系统图及各部分控制电路原理图。

一、2T/h 锅炉及 2.8MW 锅炉房电力平面图

见图 5-38 所示。从进户线至 AP 动力配电箱，这是锅炉房的总电源。引出四路，其中 WP4 为照明配电箱 AL 供电；WP2、WP3 则为 AC1、AC2 控制台供电，是两台锅炉的电源；WP1 为 QF 负荷开关，是上煤设备的电源，四路均使用 BV 型塑料铜线，穿钢管 SC，埋地暗敷设。

图中指示出部分电动机的安装位置、标高及线路的走向，其中设备编号为 B11、B21 是引风机，B12、B22 是鼓风机，B13、B23、是出渣机，B14、B24 是炉排电机。位于平面图的右侧是水泵房（图中没有画出），内设有补水泵 B16、B26 及循环泵 B17、B18、B27、B28 以及上煤机 B15、B25（图中没有标出）。

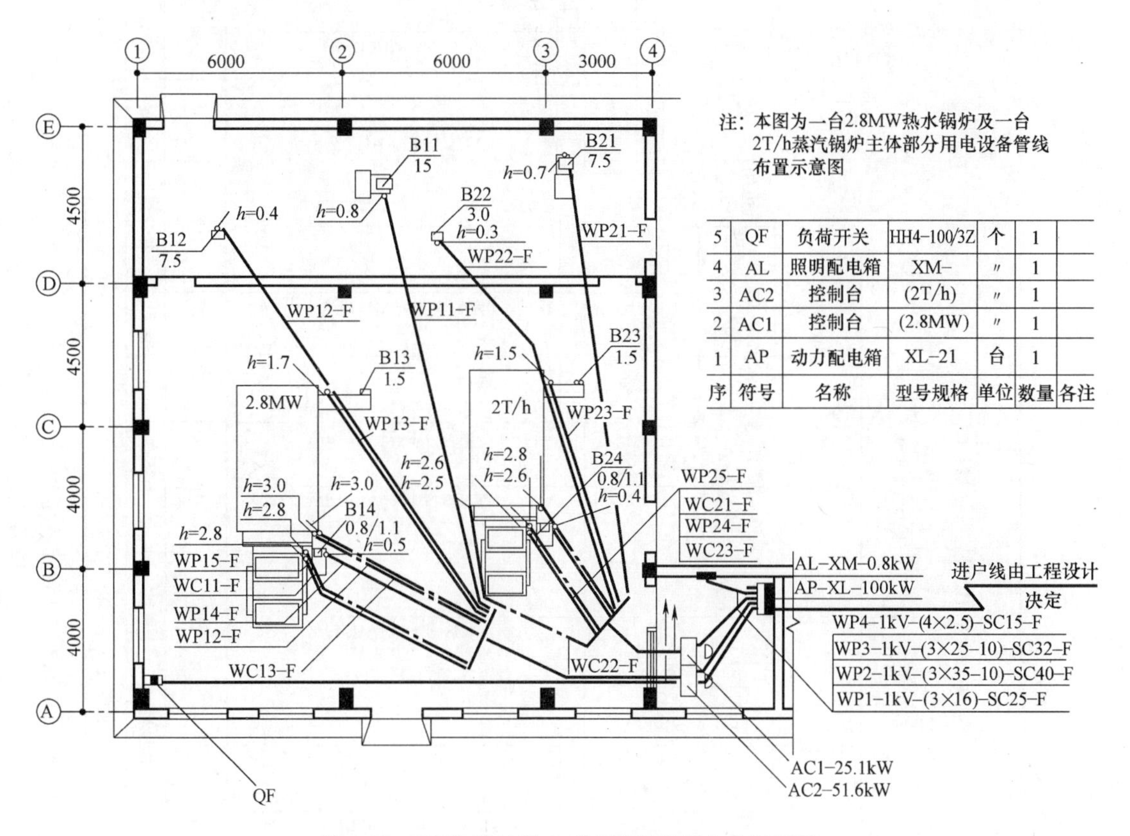

5	QF	负荷开关	HH4-100/3Z	个	1	
4	AL	照明配电箱	XM-	〃	1	
3	AC2	控制台	(2T/h)	〃	1	
2	AC1	控制台	(2.8MW)	〃	1	
1	AP	动力配电箱	XL-21	台	1	
序	符号	名称	型号规格	单位	数量	备注

图 5-38　2T/h 锅炉及 2.8MW 锅炉房电力平面图

二、内部设备系统图

图 5-38 中 AC1 是 AC742 控制台，AC2 是 AC743 控制台其内部设备系统图如图 5-39 所示。

从图可见，控制台的电源进线为三相五线供电，用低压断路器控制总电源，断路器型号为 DZ20Y-100/3300；控制台台面上有显示用电压、电流表，其中电流表是通过 100/5 电流互感器测量电流的，电流互感器型号为 LMKJ1-0.5（M 为母线式、K 为带外壳的、J 为加大容量，0.5 级的电流互感器 L）。每台电动机 M1～M8 都是用接触器控制，接触器型号为 CJ20；螺旋式熔断器 RL6 做各台电动机的短路保护电路；用 JR16 型热继电器做过载保护电器。从控制台至电动机或传感器、限位器等的线路也使用 BV 型铜线，穿钢管埋地暗敷设。导线根数、截面积和钢管直线均已标于图中。

各电动机 M1～M8 的主电路均标在图 5-39 中。

其中 M2 与 M6 采用接触器直接启动。因 M2 电动机容量 7.5kW 大于 M6 的 3kW，所以接触器主触头容量为 25A，大于 M6 的 10A；热继电器的热元件容量为 22A，（图中的 3D 为三相；20A 是热继电器额定电流）而 M6 的 11A；熔断器的熔体容量为 25A，而

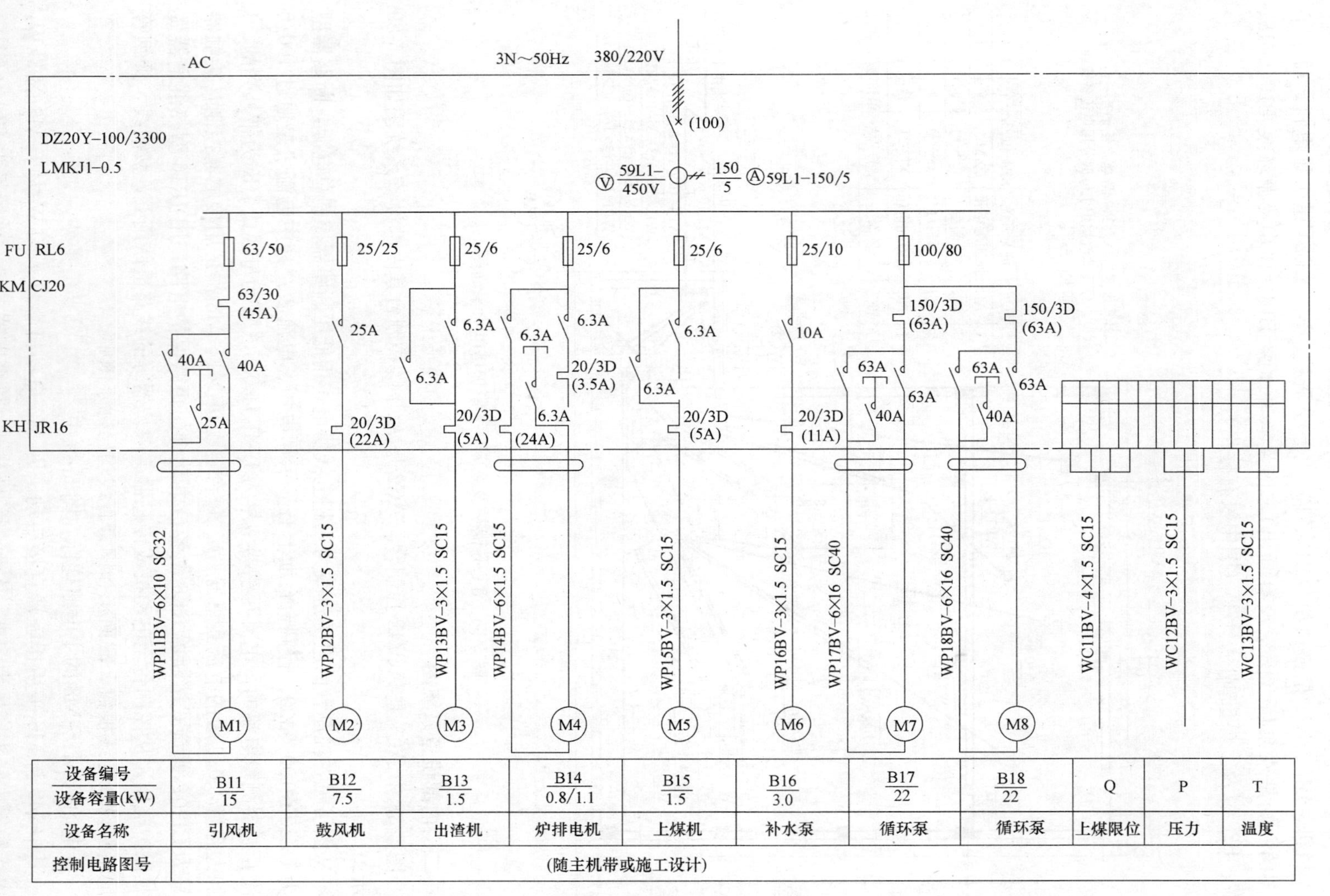

设备编号 / 设备容量(kW)	B11 / 15	B12 / 7.5	B13 / 1.5	B14 / 0.8/1.1	B15 / 1.5	B16 / 3.0	B17 / 22	B18 / 22	Q	P	T
设备名称	引风机	鼓风机	出渣机	炉排电机	上煤机	补水泵	循环泵	循环泵	上煤限位	压力	温度
控制电路图号	(随主机带或施工设计)										

图 5-39　AC743 控制装置系统图

M6 的 10A。

M3 与 M5 均为正反转控制方式。

M1、M7 与 M8 由于电动机容量较大，均采用 Y-D 启动控制方式。担任启动的接触器之中，专门负责 Y 接的接触器主触头容量较小，如 M1 中 Y 接的接触器为 25A，小于 D 接的 40A。

图 5-39 中的 M4，则为双速电动机控制方式，其工作原理可见图 5-44。

三、控制方式原理图

由于各电动机容量不同，要求不同，控制方式也就不同，大致分为：单方向运转的直接启动、补水控制、正反转控制、Y-D 启动控制和双速电机控制等几种不同方式。

1. 单方向运转的直接启动控制电路

一般容量较小而不要求反转的电动机，如设备编号为 M2 与 M6 的两台电动机均用此控制方式。其控制电路如图 5-40 所示。

图中“SA”为选择开关（5.3 节已讲过），操纵手柄可使 SA 处在手动、停止、自动三个不同档位上。选择开关有 1 和 2 两对触头，当处于手动档位时，1 触头闭合，可应用按钮 SB1、SB2 控制接触器 KM，使电动机 M 直接启动运转或停止。

图中点划线框内的触头 A 和 B（端子 X1∶5、X1∶6 和 X1∶9、X1∶9′之间的触头）来自外电路，可通过它直接操纵接触器 KM，实现对电动机 M 的远距离自动控制。

图中二式电路可实现两处独立控制电动机 M 的直接启动、停止。

图中所用接触器的吸引线圈额定电压均为 220V。

2. 补水控制电路

补水泵用的电动机 M6 其主电路见图 5-39。因电动机容量较小均采用直接起动。但补水泵应随着管网压力的不同或水位的高低自动投入。其自动投入原理如图 5-41 所示。

本图适用于锅炉供水系统有膨胀水箱的，电动机容量不超过 15kW 的补水泵，与压力传感器配套使用来实现对锅炉供水系统的自动控制。压力传感器 SP 上下限值由工艺决定。

例如管网供水系统在缺水时，其压力降低，当低于下限值时，压力传感器 SP 动作，使图中 X1∶5 和 X1∶7 之间呈接通状态（即图示位置），则 KA2 中间继电器得电，使接触器 KM 线圈吸合，电动机带动补水泵工作，给管网补水。同理，随着不断补水，压力升高，当达到上限值时，SP 又会动作接通 X1∶5 和 X1∶6 两点，使 KA1 中间继电器得电，切断 KA2 线圈电路，使 KM 断电，电动机停转。

当锅炉供水系统无膨胀水箱时，则电动机的控制电路应与循环泵进行电气联锁。

3. 正反转控制电路

锅炉中的出渣、上煤（图 5-39 之中的 M3、M5）均为正反转控制电路，两个接触器 KM1、KM2 分别控制正、反转。其控制电路如图 5-42 所示。

图中按钮为两套，可实现两处独立控制；两接触器为防止同时吸合造成的短路事故，采用两套互锁装置，其一：用常闭触头 KM1、KM2 分别串联在 KM2、KM1 线圈电路中，实现电气互锁；其二：使用复合按钮（常开、常闭两按钮组合），如按下 SB1 接通 KM1 线圈同时，也切断 KM2 线圈电路，实现了机械互锁。

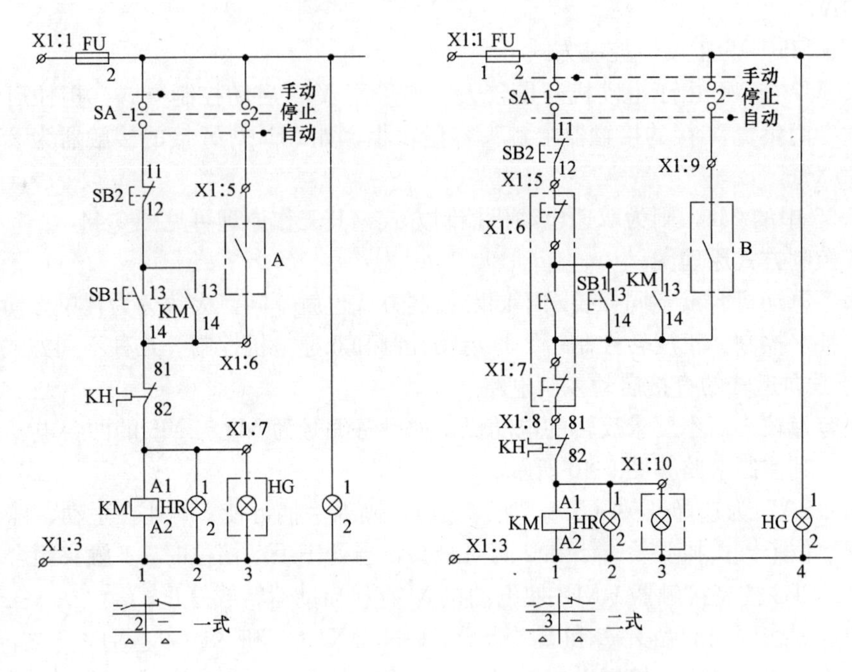

图 5-40　单方向运转的直接起动控制电路

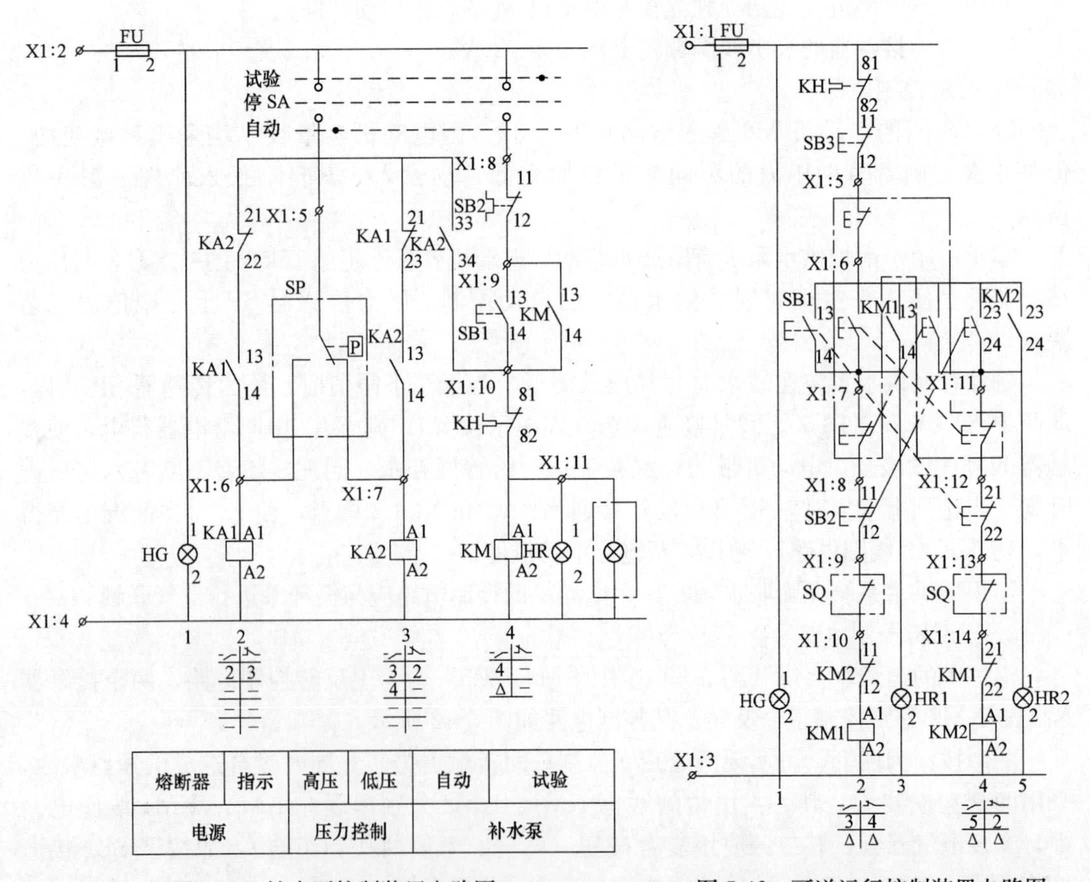

熔断器	指示	高压	低压	自动	试验
电源		压力控制		补水泵	

图 5-41　补水泵控制装置电路图

图 5-42　可逆运行控制装置电路图

图中点划线框内的 SQ 为限位开关（应选用自复式限位开关），用来限制工作装置的升、降或往返位置。

4. Y-D 启动控制电路图

当电动机容量较大时，若直接启动，将会影响同一电网其他负载正常工作，为此，常采用 Y-D 降压启动法以减少启动电流。

Y-D 起动电路图如图 5-43 所示。

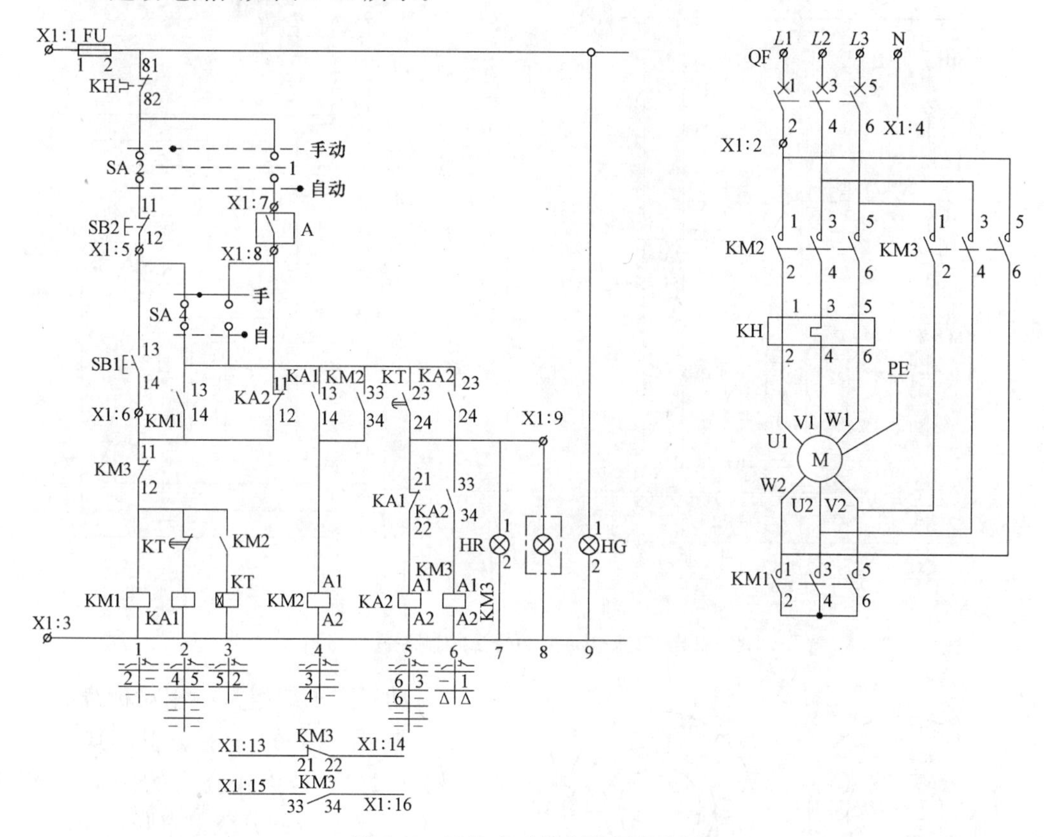

图 5-43　Y-D 启动控制装置电路图

本图适用于容量为 11～75kW，定子绕组为 D 形接法的 Y 系列电动机降压启动。图中线框 A 内的触点（X1：7 和 X1：8 之间）来自外电路，利用它实现自动控制。为读图方便，将主电路一起标出。

为实现自动控制，应首先将 SA 选择开关置于“自动”档位上。当需要启动电动机时，来自外电路的触头先闭合，KM1、KA1 线圈吸合，使 KM2 也相继吸合；电动机 M 以 Y 形联接接入电源开始启动，这时时间继电器 KT 也相继工作并且开始延时，当电动机转速接近稳定时，KT 的两对延时触头动作，切断 KA1 并接通了 KA2 线圈电路，相继使 KM3 吸合而使 KM1 断电，电动机从 Y 接变成 D 形联接，进入正常运行。

图 5-39 电路中的 M1、M7、M8 三台容量较大的电动机均使用上述的 Y-D 启动法，其主电路是简易画法。

而图 5-39 电路中的炉排电动机 M4，需要调节转速，以便调节锅炉温度，故采用双速电动机。

5. 双速电动机控制装置电路图

如图 5-44 所示。这是手动调节电动机转速的电路。当按下按钮 SB1 时，KM1 接触器吸合，电动机定子绕组为 D 联接。每相绕组相当两个绕组串联，因而转速较低；而当按下 SB2 时，KM2 和 KM3 相继吸合，每相绕组的两部分并联起来，并且都接成 Y 形，记为“YY”，这时转速提高。转速提高的原因，可从图 5-45 得到解释。

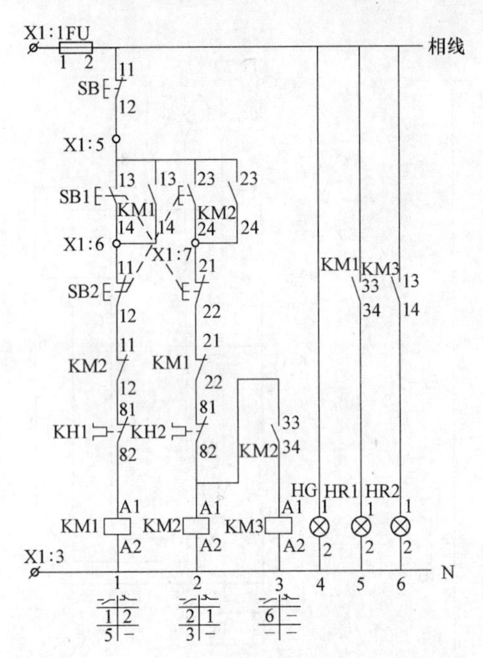

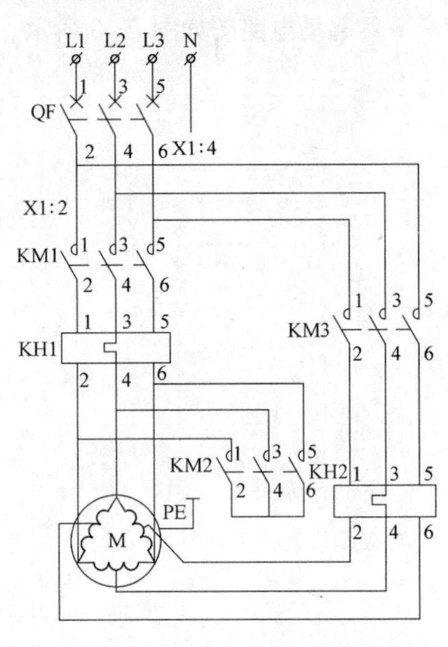

图 5-44　双速电动机 D/YY 控制装置电路图

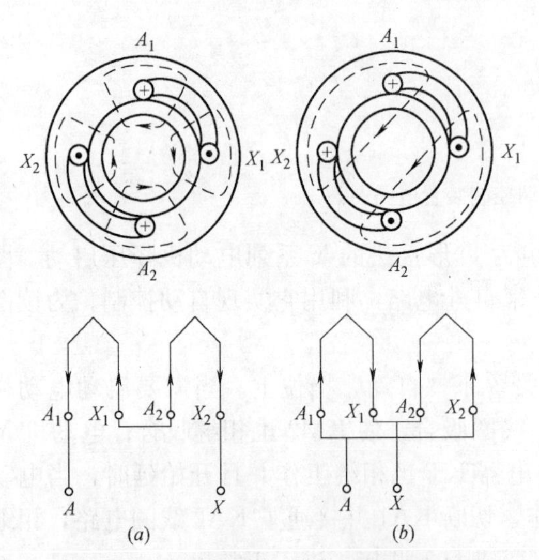

图 5-45　改变磁极对数 P 的调速示意图

电动机定子绕组是三相对称绕组，图 5-45 只画出其中的一相绕组，其中 A_1、X_1 和 A_2、X_2 是该相绕组的两个组成部分。(*a*) 图是两部分绕组串联，(*b*) 图是两部分绕组并联。这样在铁芯气隙中形成的磁极数量就大不相同，(*a*) 图磁极对数 P 多（图中标注的 $P=2$），(*b*) 图磁极对数 P 少（图中标注的 $P=1$），根据同步转速 $n_0=\frac{60f_1}{P}$，$f_1=50$ 赫，可知 (*a*) 图转速低，(*b*) 图转速高。

锅炉在正常运行中，还要随时检测排烟温度、进出口水的温度、汽包压力、给水压力和锅炉水位等，以便随时监视。同时利用温度传感器操纵引风机和鼓风机的风门挡板或改变炉排电动机的转速，从而实现温度的自动控制，使出水温度保持在用户选定的范围内，并且还有超温声光报警自动停机的功能。

四、快捷看图法

掌握控制电路特点，使看图更方便、快捷。

从图 5-40 至图 5-44 中看出，其控制电路画法与前面有所不同，这是比较常见的一种画法，例如，华北地区建筑设计标准化办公室主持编写的 92DQ7，就采用此画法。只要掌握其特点，就能使看图更方便和更快捷。

其控制电路画法特点：

(1) 将图纸按横向从左到右，划分为若干个区域，并在下面标注上 1、2、3…等数字，用以表示区域号（位置号）。

(2) 全图使用上、下两条水平线做为接触器、继电器的线圈电源。

并将所有的线圈、指示灯都排列并且接于下面的水平线上。每个线圈、指示灯都占一个区域。

(3) 将所有以线圈为控制对象的触头和按钮等都画在线圈之上，并与线圈进行串或并联的联接。

(4) 每个线圈所控制的触头其位置用所在的区域号表示。其区域号标注在该线圈之下。注意，是水平线之下。常开触头居左，常闭触头居右。

例如，图 5-44 左侧的控制电路。

全图共有三个接触器、三组指示灯，共划分为六个区域。接触器线圈上接水平线的相（火）线，下接水平线的中性线 N，由此可知，线圈电源电压为 220V。

其中，以位于“1”号区域的 KM1 线圈为控制对象的有三个触头（KH1、KM2、KM1）和三组按钮（SB1、SB2、SB），被画在线圈 KM1 之上，并按要求联接。

被线圈 KM1 控制的触头所在的区域，通过其下方标注的“$\begin{array}{c|c}1&2\\5&-\end{array}$”可找到位置和作用：

① 被接触器 KM1 所控制的常开触头共有两个，其中一个在本区域内做自锁触头；另一个在第“5”区域内，目的是点亮指示灯。

② 被 KM1 所控制的常闭触头处在第“2”区域，起互锁作用。

复习思考题

5-1　习图 5-1 所示表明，在铁芯 AB 上绕有线圈，线圈的两端接在直流电源 E 上，在 E 作用下，产生图示方向的电流 I，此电流使铁芯 A、B 分别变成 N、S 磁极。AB 之间有一个可以绕垂直于纸面的轴旋转的矩形闭合线圈 C。试问，当 AB 线圈以速度 v 顺时针方向旋转时，线圈 C 是否会受到力的作用？将按什么方向旋转？（提示：矩形线圈 C 是闭合的，当其两个边（导体）内产生感应电压后，线圈 C 内将有感应电流流过）。

5-2　从构造上看，异步电动机中绕线式和鼠笼式的区别是什么？

5-3　旋转磁场的转速由哪几个因素决定？如何改变旋转磁场的旋转方向？

5-4　你能归纳出定子产生旋转磁场的条件吗？

5-5　异步电动机为什么会转动？它的定子绕组电流和转子导体中的电流是如何得到的？如果鼠笼式转子绕组中去掉两端的短路环，电动机还能否转动？为什么？

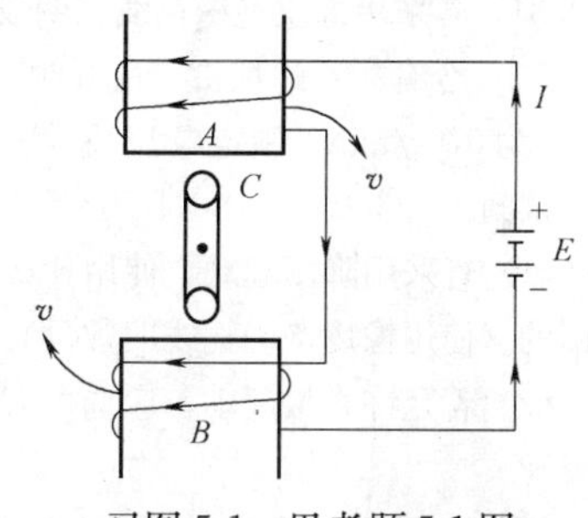

习图 5-1　思考题 5-1 图

5-6　你是如何理解异步电动机中的“异步”和感应电动机中

的“感应”两字的含意的？

5-7　一台额定转速 $n_N=720r/min$ 的异步电动机，其旋转磁场的速度是多少？它是几对磁极的？此电动机的转速在空载、半载和满载的情况下，大约各是多少？

5-8　一台额定功率 $P_N=11kW$ 的步异电动机若短时带动16kW的负载行吗？为什么？

5-9　当异步电动机定子绕组与电源接通后，转子受阻，长时间不能转动。试问对电动机有无危害？为什么？该怎么办？

5-10　一般情况下，为什么不允许大和较大容量异步电动机直接起动？有何规定？

5-11　大和较大容量的异步电动机都有哪些起动方法？各需要什么起动设备？

5-12　绕线式异步电动机在起动性能上比鼠笼式有哪些优点？

5-13　鼠笼式异步电动机在重载起动和轻载起动时其起动电流一样吗？

5-14　应从哪些方面去选择电动机？若生产机械需要10千瓦的电动机拖动，而选用了40千瓦的异步电动机，试问：会有何不良后果？

5-15　低压断路器有何特点？断路器额定电流与其壳架等级额定电流有何区别？

5-16　接触器有何特点？选用时应注意什么？

5-17　热继电器有何用途？选用时应注意什么？

习　题

5-1　某台电动机为2.8kW，电压220/380V，转速1430r/min，接法D/Y，功率因数0.84，效率为0.835，起动电流倍数为6。试问：

(1) 若电源线电压为380V时，应采用何种接法？正常工作时，从电源取用的电功率是多少？其额定线电流是多少？

(2) 若电源线电压为220V，应采用何种接法？正常工作时从电源取用的电功率是多少？额定线电流是多少？起动电流又是多少？

5-2　有一台感应电动机功率为20kW，电压为380/660V，接法D/Y，功率因数为0.88，效率为0.91，起动电流倍数为5.5，已知电源变压器的容量为180kVA，三相四线供电，电源线电压为380V。试问：

(1) 该电动机正常工作时应采用何种连接法？

(2) 该电动机是否可以直接起动？为什么？若降压起动采用哪种设备较好？其起动电流是多少？

5-3　一台感应电动机，额定功率为20kW，电压220/380V，转速735r/min，功率因数为0.82，功率为0.885，起动电流倍数为5，电源变压器的容量为100kVA，三相四线供电，线电压为380V。试问：

(1) 电动机正常运行时应采用何种接法？

(2) 该电动机用何种方法起动较好，其起动电流是多少？

(3) 电动机的同步转速是多少？

5-4　今有一台400L的混凝土搅拌机，用380V电源供电，功率为15马力，功率因数为0.83，效率为0.81，若采用橡皮绝缘铝线（明设），试问：电源引入的导线截面应多大？

5-5　今有一台通风机，由Y200L-6型鼠笼式异步电动机拖动，其额定功率 P_N，为22kW，额定转速 n_N 为970r/min，额定电流 I_N 为44.6A，效率为90.2%，功率因数为0.83，起动电流比 I_N 大6.5倍。试问：

(1) 若采用降压起动，使用什么起动设备？此时，应选用多大容量的熔丝？电源引入导线应选多大截面的（使用橡皮绝缘铜线明敷设）？

(2) 若允许直接起动，应选多大容量的熔丝？电源引入导线应选多大截面的（使用橡皮绝缘铝线明敷设）？

（提示：Y系列电动机4kW以上者均为380V，D接）

5-6　Y200L-4型三相异步电动机 $P_N=30kW$，$U_N=380V$，D接，$\eta=92.2\%$，$I_N=56.8A$，$n_N=1470r/min$，$\frac{T_{st}}{T_N}=2.0$，$\frac{I_{st}}{I_N}=7.0$，$\frac{T_m}{T_N}=2.2$。试求：

(1) 电动机满载时的功率因数；

(2) 额定转矩；最大转矩；

(3) 直接起动时的电流和转矩；

(4) 使用Y-D起动器起动时的电流和转矩。

5-7　为图5-23加入附加按钮，使在另外地方能独立控制电动机M的正、反转和停止工作。

5-8　某机床的润滑油泵和主轴分别由两台三相异步电动机带动。请根据以下要求画出电路图：

(1) 两台电动机均有各自的过载和短路保护功能。

(2) 油泵电动机启动后才允许主轴电动机启动。

(3) 主轴电动机能够正、反转。

第六章　建筑电气照明设计

电气照明设计的首要任务就是在缺乏自然光的工作场所或工作区域内，创造一个适宜于进行视觉工作的环境。合理的电气照明是保证安全生产、改善劳动条件、提高劳动生产率、减少生产事故、保护工作人员视力健康以及美化环境的必要措施。适用、经济和在可能条件下注意美观，是照明设计的一般原则。

对电气照明设计的要求，除了满足照度，消除阴影，避免眩光以及经济性等诸因素外，还必须满足功能要求。而对于所选用的灯具，既要表现在功能适用和结构合理上，也就表现在形式的美观上，以增加建筑艺术造型的美。

6.1　概　　述

一、照明技术的基本概念

电气照明是以光学为基础的，为了便于读者掌握有关照明设计的知识，首先将照明技术中最基本的概念介绍如下。

1. 光

光是能引起视觉的辐射级，它以电磁波的形式在空间传播。光的波长一般在 380～780 纳米（nm）范围内，不同波长的光给人的颜色感觉不同，如图 6-1 所示。

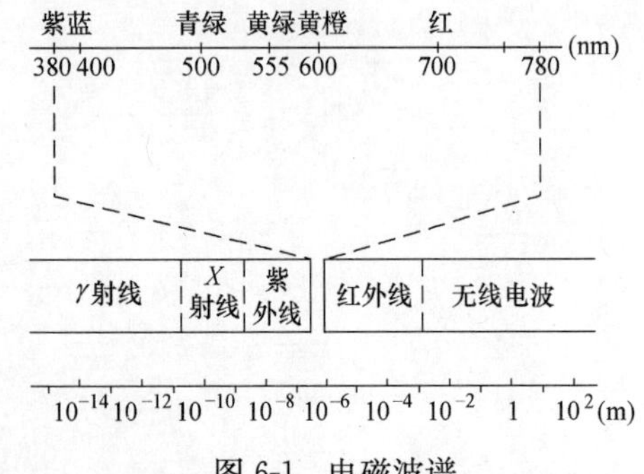

图 6-1　电磁波谱

2. 光谱

光源辐射的光往往由许多波长的单色光组成，把光线中不同强度的单色光按波长长短依次排列，称为光源的光谱。自然光、白炽灯是辐射连续光谱的光源，而气体放电光源除了辐射连续光谱外，还在某些波段上辐射很强的线状或带状光谱。具有连续光谱的光源，对物体颜色的显色性能较好。

人眼对可见光中波长为 555nm 的黄绿色光（汽车上雾灯的颜色）最灵敏，波长离 555nm 越远（如波长较长的红光和波长较短的紫光）灵敏度越低。

3. 光通量（Φ）

光源在单位时间内，向周围空间辐射出的、使人眼产生光感觉的能量，称为光通量，用符号 Φ 表示，单位为流明（lm）。

国际单位制中流明的定义是：当光源发出波长为 555nm 的单色光辐射，且辐射功率为 1/683W 时，称为一个流明。

光通量是光源的基本参数，是说明光源发光能力的基本量。通常该参数在产品出厂的技术参数表中给定。例如220V40W普通白炽灯的初始光通量为350lm，而220V40W直管荧光灯则大于2000lm。

4. 发光效率

人们通常以电光源消耗1W电功率所发出的流明数（lm/W）来表征电光源的特性，称为发光效率，简称光效。电光源的光效越高越好。

例如一般白炽灯的发光效率约为7.3～19lm/W，而直管荧光灯则为25～75lm/W。

发光效率是电光源的一个重要技术参数，它说明在同样亮度下，发光效率越高，使用的光源功率越小，就可以越节约电能。

5. 发光强度（光强）（I）

发光强度是表征光源（物体）发光能力大小的物理量。

光源在某一特定方向上单位立体角内（每球面度）辐射的光通量，称为光源在该方向上的发光强度（简称光强），用符号I表示，单位为坎德拉（cd）。

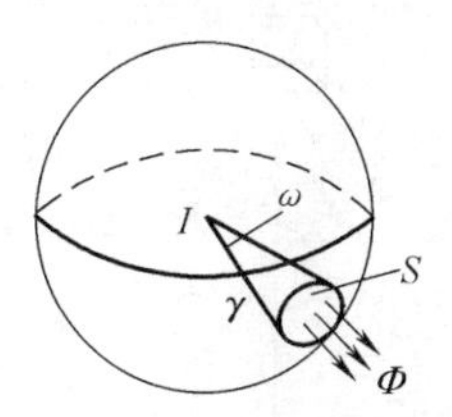

图6-2　发光强度的定义

如图6-2所示，对于向各方向均匀辐射光通量的光源，各方向的光强相等，其值为：

$$I=\frac{\Phi}{\omega} \tag{6-1}$$

式中　Φ——光源在ω立体角内所辐射出的总光通量（lm）；

ω——光源发光范围的立体角（球面度sr）。

球面上某部分与其球心所对应的空间，叫作立体角（空间角）。立体角ω等于与ω立体角相对应的球面面积S与球半径r的平方的比值，即

$$\omega=\frac{S}{r^2}$$

光强这一概念仅可应用于点光源。但当光源的最大尺寸与研究该光源性质时所取的距离的比值甚小时（≤1/10），该光源即可视为点光源。

例如，100W普通白炽灯的光通量为1250lm，假设光源光线是向四周均匀发射的，则根据式（6-1）可计算出光源在某方向上的光强为

$$I=\frac{\Phi}{\omega}=\frac{1250}{4\pi}=99.5(\text{cd})$$

当光源配装灯罩后，可以改变光源在空间某方向上的光强值。

工程上，光源或光源加灯具的发光强度常见于各种配光曲线图，它表示空间各个方向上光强的分布情况。

6. 照度（E）

当光通量投射到物体表面时，即可把物体表面照亮，因此对于被照面，常用落在它上面的光通量的多少来衡量它被照射的程度。

照度就是表示被照面上的光通量密度，亦即单位面积上接收到的光通量称为照度，用E表示，单位为勒克斯（lx）。

被光均匀照射的平面照度为：

$$E=\frac{\Phi}{S} \tag{6-2}$$

式中　Φ——被照面 S 上接收到的总光通量（lm）；

S——被照面面积（m^2）。

1lx 相当于 $1m^2$ 被照面上接收到的光通量为 1 流明时的照度。1lx 仅能大致辨认周围物体。在夏季阳光强烈的中午，地面照度约为 10^5lx；在冬季的晴天，地面照度约为 2×10^4lx；而在晴朗的月夜，地面照度约为 0.2lx。在作照明设计时，照度的大小是根据工作特点、对保护视力的要求等确定的。对于不同的工作场所，有国家标准，规定了必要的最低照度值。

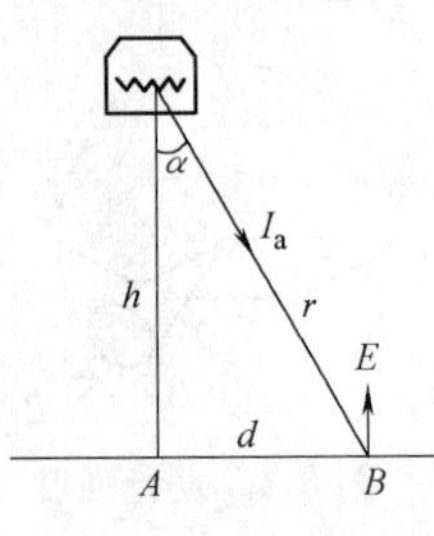

图 6-3　照度与光强的关系

当采用某方向的点状光源照明时，被照面上某点的水平照度 E 是与光源在这个方向的发光强度 I_a 和入射角 α 的余弦成正比与光源至此被照面的距离 r 的平方成反比（如图 6-3 所示）。即

$$E=\frac{I_a\cos\alpha}{r^2} \tag{6-3}$$

由此可见，在增加照度的措施中，以缩短灯至工作面间的距离，效果最为显著。

由于照度既不考虑被照面的性质（反射、透射和吸收），也不考虑观察者在哪个方向观察被照表面，因此它只能表明光照的强弱，并不表征被照物体的明暗程度。

7. 亮度（L）

某一物体（或发光体）的表面亮度是该物体单位面积向视线方向发出的发光强度，即单位投影面积上的发光强度。

亮度用符号 L 表示。

单位为坎德拉每平方米（cd/m^2）或千坎德拉每平方米（kcd/m^2）。

如无云的晴朗天空平均亮度为 $5kcd/m^2$，40W 荧光灯表面亮度为 $7kcd/m^2$，白炽灯丝的亮度约 $3000\sim5000kcd/m^2$，而太阳亮度则高达 200 万 kcd/m^2，使人无法睁眼。

亮度与照度不同，如在房间内的同一位置，放上黑、白两色的两个物体，尽管它们的照度相同，但在人们眼中却引起不同的视觉感觉，看起来白色的物体要亮得多。这是因为黑、白两色向人眼的视线方向反射的光通量数量不同，白色物体反射的多，发光强度大，所以亮度大。

8. 色温

当光源的发光颜色与黑体（能吸收全部光能的物体）加热到某一个温度所发出的光的颜色相同（对于气体放电光源为相似）时，称该温度为光源的颜色温度，简称色温（对于气体放电灯称为相关色温）。

光源发光的颜色虽可用红、橙、黄…来说明，但为定量表达，用“色温”更为准确。色温所用的温度是绝对温度 K（K=℃+273.15）。

不同的光源色温，人们产生的冷暖感觉有所不同，$>5000K$ 感觉为“冷”（冷色）；而 $<3300K$ 为暖色；两者之间为中间色。普通白炽灯的色温为 $2400\sim2900K$，直管荧光灯为 $3000\sim6500K$。

9. 显色性和显色指数

光源显现被照物体颜色的性能称为光源的显色性。

显色性的定量表达即为显色指数。它表示在被测光源照射下，物体的颜色与在标准光源（日光）照射下物体颜色相符合的程度。颜色失真小，则显色指数就高，说明光源的显色性好。一般显色指数以 R_a 表示。CIE（国际照明委员会）规定标准光源的显色指数为 100。

GB 50034—2004 中要求学校教室 R_a 为 80；普通白炽灯 R_a 为 95～99；直管荧光灯 R_a 为 70～80。

10. 反射比（ρ）

当光通量投射到被照面后，一部分被反射，一部分透过被照面，一部分则为被照面所吸收。这就是在相同照度下，不同物体有不同亮度的原因。

被物体反射的光通量 Φ' 与射向物体的光通量 Φ 之比，叫做反射比或称反射系数 ρ，即

$$\rho=\frac{\Phi'}{\Phi} \tag{6-4}$$

在《建筑照明设计标准》GB 50034—2004 中规定，长时间工作的房间，其表面反射比宜按表 6-1 选取。

工作房间表面反射比　　**表 6-1**

表面名称	反射比
顶棚	0.6～0.9
墙面	0.3～0.8
地面	0.1～0.5
作业面	0.2～0.6

反射比与被照面的颜色和光洁度有关，若被照面的颜色深暗，表面粗糙或有灰尘，则反射的光通量便少，反射比就小。建筑物内墙壁及顶棚、地面的反射比的近似值如表 6-2 所示。

墙壁、顶棚、地面反射比的近似值　　**表 6-2**

反射面性质	反射比	反射面性质	反射比
抹灰并大白粉刷的顶棚和墙面	0.7～0.8	混凝土地面	0.1～0.25
砖墙或混凝土屋面喷白(石灰、大白)	0.5～0.6	钢板地面	0.1～0.3
墙、顶棚为水泥砂浆抹面	0.3	广漆地面(耐酸、耐腐蚀)	0.1
混凝土屋面板	0.3	沥青地面	0.11～0.12
红砖墙	0.3	无色透明玻璃窗(2～6mm)	0.08～0.1

二、照明方式和种类

1. 室内照明，由于建筑物的功能和生产工艺流程的要求不同，对照度的要求也就不同。故在设计照明时，将照明方式分成下列三种：

（1）一般照明　在整个场所或场所的某部分照度基本上均匀的照明。对于工作位置密度很大而对光照方向又无特殊要求，或工艺上不适宜装设局部照明装置的场所，宜使用一般照明。它的优点是在工作表面和整个视界范围中，具有较佳的亮度对比；可采用较大功率的灯泡，因而光效较高；照明装置数量少，投资费用较小。

（2）局部照明　局限于工作部位的固定的或移动的照明。对于局部地点需要高照度并对照射方向有要求时，宜采用局部照明。

(3) 混合照明 一般照明与局部照明共同组成的照明。对于工作位置需要较高照度并对照射方向有特殊要求的场所，宜采用混合照明。混合照明的优点是可以在工作平面、垂直或倾斜表面上，甚至工作的内腔里，获得高的照度，易于改善光色，减少装置功率和节约运行费用。

混合照明中的一般照明照度，应按该等级混合照明照度的1/5～1/3选取，但不宜低于50lx。

2. 按照明的功能，照明可分成如下几类：

(1) 工作照明 正常工作时使用的室内、室外照明。它一般可单独使用，也可与事故照明、值班照明同时使用，但控制线路必须分开。

(2) 事故照明 当工作照明由于电气事故而断电后，为了继续工作或从房间内疏散人员而设置的照明。在由于工作中断或误操作会引起爆炸、火灾、人身伤亡或生产秩序长期混乱、造成严重后果和经济损失等的场所，应设置事故照明。

事故照明必须采用能瞬时可靠点燃的光源，一般采用白炽灯或卤钨灯。事故照明的供电线路应与工作照明分开，而且应该可靠。事故照明在工作面上产生的照度，不应小于规定照度的10%。对于人员密集的公共建筑（如影剧院、会场等）及其楼梯通道的事故照明的照度不应小于0.3lx。

(3) 值班照明 在非生产时间内为了保护建筑物及生产的安全，供值班人员使用的照明（包括传达室、警卫室的照明）。值班照明宜利用一般照明中能单独控制的一部分或利用事故照明的一部分或全部作为值班照明。

(4) 障碍照明 装设在建筑物上作为障碍标志用的照明。在飞机场周围较高的建筑上或有船舶通行的航道两侧的建筑物上，应按民航和交通部门的有关规定装设障碍照明。

6.2 建筑电气照明的质量要求

良好的照明能为视觉作业创造最佳的观看条件和视觉环境，因而必须满足：适当的照度水平、舒适的亮度分布、宜人的光色和良好的显色性、没有眩光干扰等。

一、适当的照度水平

在为特定的用途选择照度水平时，要考虑视觉功效、视觉满意程度、经济水平和能源的有效利用。

选择合适的照度是要综合考虑的，但首先要符合国家标准。

在民用建筑照明设计中有下列两部国家标准和设计规范要遵守：

1. 中华人民共和国国家标准《建筑照明设计标准》GB 50034—2004；

2. 中华人民共和国行业标准《民用建筑电气设计规范》JGJ 16—2008。

附录一中摘自中华人民共和国国家标准《建筑照明设计标准》中的几种不同性质民用建筑照明的照度标准值，可供参考。

二、均匀的照度

在工作环境中均匀的照度可使视力不易疲劳。照度是否均匀是用均匀度来衡量的。

照度均匀度 D_e 是指工作面上的最低照度 E_{min} 与平均照度 E_{av} 之比，即

$$D_e=\frac{E_{min}}{E_{av}} \tag{6-5}$$

在一般照明下我国规定照明均匀度 D_e 不应小于 0.7（CIE 推荐值为 0.8）。

为了获得满意的照度均匀度，应满足如下要求：

1. 办公室、阅览室等工作房间照度均匀度 D_e 不应小于 0.7。

2. 采用分区一般照明时，房间内通道和其他非工作区域，一般照明的照度值不宜低于工作面照度值的五分之一。

3. 局部照明与一般照明共用时，例如车间厂房，其照度值之差不宜过大，宜 1/5～1/3，而且不低于 50lx。

当对照度均匀度要求较高时，可采用间接型、半间接型灯具；或采用发光顶棚、发光带等照明方式，但其节能效果差，造价高。

三、适当的亮度分布

适当的亮度分布是看清物体的重要因素。为此作业面的亮度与周围环境的亮度不宜相差过大，一般环境亮度应低于作业面的亮度，但不能低于作业面的三分之一。

物体与背景之间的亮度对比应适当，亮度对比过小，会降低物体清晰度；而过大则容易使视觉疲劳。为此，一方面限制灯具和窗子的亮度，另一方面必须处理好顶棚、墙面和地面的亮度，限制其反射比，同时还要限制灯具和窗子的亮度。

四、眩光限制

若视野（头部不动时眼睛所观察到的空间范围）内有亮度极高的发光体或强烈的亮度对比，则可产生不舒适的感觉或视觉降低的现象称为眩光。

产生眩光一般由光源直接或反射进入视野造成的，与光源亮度、光源与视线的相对位置、光源表面积和背景亮度等有关。

限制眩光的方法：

1. 限制直接型灯具的遮光角

直接型灯具的遮光角如图 6-13 所示。

从图可知，遮光角越大则限制眩光的作用越明显。遮光角的取值大小与光源亮度有关，亮度大的光源取值应大些。如表 6-3 所示。

直接型灯具的遮光角　　表 6-3

光源平均亮度（kcd/m^2）	遮光角（°）	光源平均亮度（kcd/m^2）	遮光角（°）
1～20	10	50～500	20
20～50	15	≥500	30

2. 避免将灯具布置在与视线相同的垂直平面内。灯具有适当的悬挂高度。

3. 使用在视线方向发光强度小的特殊配光灯具，例如蝙蝠翼配光的灯具。

4. 适当提高周围环境亮度，例如照亮室内顶棚和墙的方法以减少亮度对比。

为了限制眩光，还可以选用不透明的或半透明的灯罩材料等。

五、光源颜色

视野中除亮度对比以外，还包括颜色对比。当亮度对比差时，可利用颜色对比提高可见度与视觉舒适感。

正确的颜色辨别只有在照明光谱接近天然光的情况下才能完成，否则，被照物体的颜色将有失真。因而需要正确辨别色彩地方，要使用较高显色指数的光源。其次，光源的色表对视觉的感受也有差异，在暖色调的灯光（＜3300K）下，较低的照度即可达到舒适感；而冷色调的灯光（＞5300K）需要较高照度才能适应。从视觉心理分析，在相同的照度下，显色性好的光源较显色性差的光源，在感觉上要明亮些，因而采用显色指数较低的光源时，应适当提高其照度水平。

室内照明光源的色表可按其相关色温分成三类，其分类及适用场所见表 6-4。

光源的色表类别　　**表 6-4**

色表类别	色表特征	相关色温(K)	适用场所示例
Ⅰ	暖	＜3300	客房、卧室等
Ⅱ	中间	3300～5300	一般生产车间、办公室、图书馆、商店等
Ⅲ	冷	＞5300	热加工车间、要求照度水平高或白天需补充自然光的场所

根据对颜色辨别的要求，可选用不同显色性的光源，光源的一般显色指数及其适用场所可按表 6-5 选取。一般来说，同一种光源的光效往往随其显色性能的改善而下降，但又不能不考虑显色性能而单纯根据光效选光源。

光源的一般显色指数类别　　**表 6-5**

显色类别	一般显色指数范围(R_a)	适用场所示例
$Ⅰ_A$	$R_a \geqslant 90$	颜色匹配、颜色检验、医疗诊断等场所
$Ⅰ_B$	$90 > R_a \geqslant 80$	印刷、食品、油漆、客房、卧室、绘图室、商店等
Ⅱ	$80 > R_a \geqslant 60$	机电装配、表面处理、控制室、办公室、体育馆等
Ⅲ	$60 > R_a \geqslant 40$	机械加工、热处理、铸造车间、行李房等
Ⅳ	$40 > R_a \geqslant 20$	仓库、道路等

六、照明安全与节能

照明安全与经济是矛盾的统一体，也就是说，在照明设计中既要保证足够的照度，又要注意节约电能。

为了避免发生工伤事故，设计时要注意：1）有危险性的工作场所要有较高的照度，但必须避免眩光；2）有些工作场所，除设置一般照明外，应按规定采用其他照明；3）局部照明、移动照明灯具要采用安全电压。

合理而经济的照明设计应保证安全，而又力求最大限度地满足照明要求，而决不是任意地采用高瓦数的灯泡来提高照度。为此应考虑：1）根据工作性质选择发光效率高的灯具；2）根据工作条件正确布置灯具；3）正确进行照度计算，力求达到容量小、效果好，并使安装、维修费用小而便利。

6.3　常用的电光源

一、电光源分类

常用的电光源按电能转换为光能的形式不同，大致可按图 6-4 分为三大类。

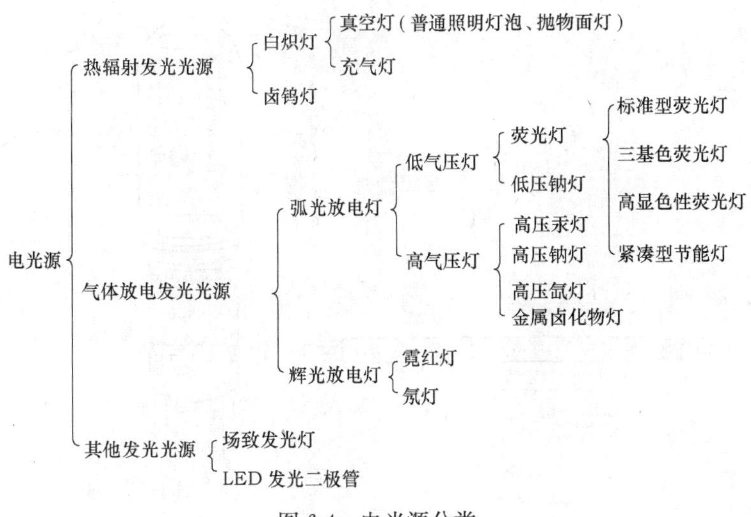

图 6-4　电光源分类

1. 热辐射发光光源

热辐射发光光源也可称为固体发光光源，是利用灯丝通过电流时被加热而发生的一种光源。白炽灯和卤钨灯都是以钨丝作为辐射体，被电流加热到白炽程度时产生热辐射而发光。

2. 气体放电发光光源

气体放电光源的发光原理完全不同于一般的白炽灯类热辐射光源。主要是利用电流通过气体而发射光的光源，如通过灯管中的水银蒸气放电，辐射出肉眼看不见的波长为 254nm 为主的紫外线，照射到灯管内壁的荧光物质上，激发出某个波长段的可见光。

图 6-4 中气体放电发光光电源中低气压灯、高气压灯中的高、低气压是指灯管内壁单位面积上所承受的负荷高与低而言，低气压灯约为 $280\sim400\text{W/m}^2$，而高气压灯其放电管管壁承受的负荷大于 $3\times10^4\text{W/m}^2$。

3. 其他发光光源

此类光源也可称为半导体发光光源，目前还属于非照明光源。

它是利用固体或 P 型、N 型半导体两端施加电压时发光来制成的发光光源。

二、常用的电光源

1. 白炽灯

白炽灯是第一代电光源的代表，它是靠通电加热钨丝（达 2400～2500℃），使其处于白炽状态而发生的。它的优点是构造简单、价格低、安装方便，所以仍是目前广泛使用的光源之一。但因热辐射中只有 2%～3%的电能转换为可见光，其余电能都以热辐射的形式损失掉了，故发光效率低，一般为 7～19lm/W；其平均寿命为 1000h，经不起振动。

电源电压变化对灯泡的寿命和光效有严重的影响，当电压升高 5%时，寿命将缩短 50%。故电源电压的偏移不宜大于±2.5%。由于钨丝的冷态电阻比热态电阻小得多，故其瞬时启动电流很大（最高为其额定电流 8 倍上），但在第六个周波开始即衰减到额定值。

2. 卤钨灯

卤钨灯如图 6-5 所示。

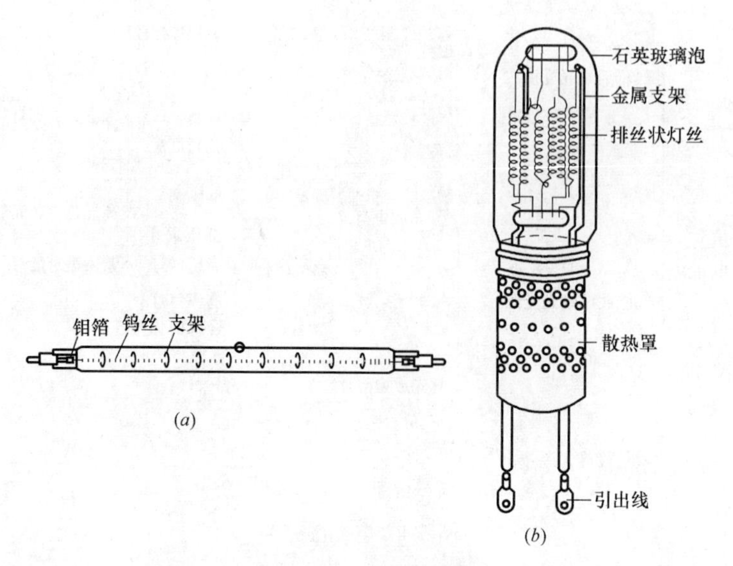

图 6-5 卤钨灯外形图

(a) 管形；(b) 柱形

其中管形卤钨灯是在直径为 12mm 或 13.5mm 的具有钨丝的石英灯管中充入微量的卤化物（碘化物或溴化物），利用卤钨循环来提高发光效率的一种热光源。

卤钨灯具有体积小、功率大、发光效率高（比白炽灯高 30%，约为 21lm/W）、光色好、光通稳定以及寿命长（平均寿命约为 1500～5000h）等优点，适用于面积较大、空间高的场所，灯具悬挂高度在 7m 以上使用比较合适。其缺点是对电压波动比较敏感，耐振性也较差，为了使卤钨循环能顺利进行，管形卤钨灯工作时需水平安装，倾角不得大于 4°，并且灯管表面温度很高（在 600℃左右），但不允许采用任何人工冷却措施（如用电扇吹、水淋等），否则将严重影响灯管的寿命。

3. 直管形荧光灯（日光灯）

荧光灯是一种低气压汞蒸气弧光放电灯，结构如图 6-6 所示。管内抽成真空后充入少量惰性气体，以降低灯管的启动电压和抑制阴极电子发射物的溅射，延长灯的寿命。管内少量汞是灯管的主要工作物质。当灯丝两端加入电压后，使灯丝预热并发射大量电子，在脉冲电压作用下，灯管内的汞、氩混合气体被电离放电。

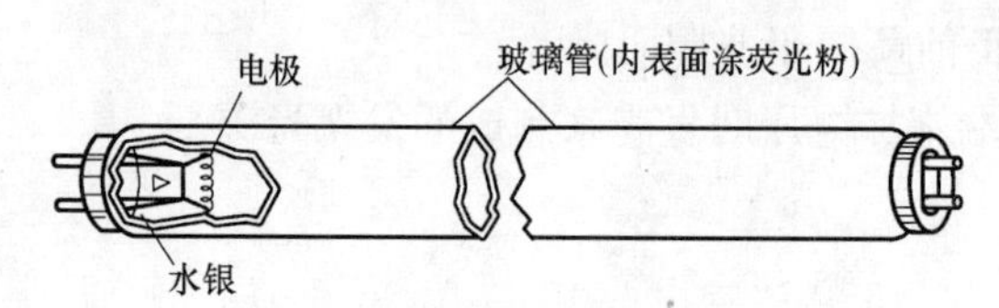

图 6-6 荧光灯结构示意图

汞蒸气放电所辐射的大量紫外线激发灯管内壁的荧光粉而发出可见光。荧光灯的管壁负荷很低（约 280～400W/m^2），表面亮度亦较低（约 10^{4}cd/m^2）。

因为改变荧光粉的成分即可获得不同色温和显色性的荧光灯，所以可制成不同形状和不同光色，是目前应用很广泛的高光效光源。

由于气体放电具有负阻特性，故荧光灯必须与镇流器配合才能稳定工作。常用荧光灯的工作线路如图 6-7。图 6-7 (a)、(b) 为预热式线路。S_2 为启辉器，结构图如图 6-8 所示，其作用是自动控制阴极预热时间。L 为镇流器，它在启动过程中的作用是限制预热电流，并在

S_2 开断预热电流瞬间产生脉冲高电压使灯点燃。灯点燃后，S_2 停止工作，L 与灯管串联以限制灯管电流，起镇流作用。图 *b* 中的镇流器具有副线圈，起动性能和限流性能均好，受电压变化的影响也小。在接线时要注意不能将主、副线圈极性接错，位置不能对调。

图 *c* 为快速起动线路，适用快速起动型荧光灯管。该类灯管内表面涂有导电层和装有接地极。起动变压器 L 在给灯管施加起动电压的同时，也给灯丝施加预热电流，所以在 1～2s 内即能点燃。

图 *d* 为采用电子镇流器的线路。电子镇流器由整流滤波器、超声频振荡器、限流线圈三部分组成。它大大改善了荧光灯的工作条件，虽然存在多次谐波的影响，但与电感式镇流器相比，具有体积小、耗电少、功率因数高（在 0.9 以上）、起动性能好、无噪声等优点，是荧光灯镇流器的发展方向。

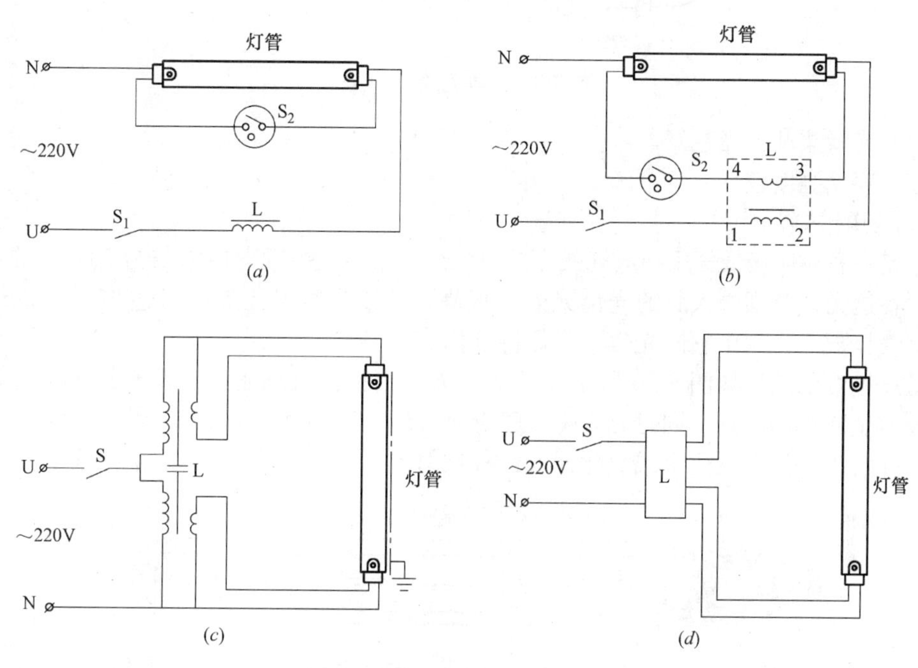

图 6-7　荧光灯的工作线路图

（*a*）常用预热式线路；（*b*）有副线圈的镇流器的预热式线路；（*c*）快速起动线路；（*d*）采用电子镇流器的线路

4. 紧凑型荧光灯

它是 20 世纪 80 年代开发的新型光源，属低压汞灯一类。它由细玻璃管做成各种形状，如双曲形、H 形、双 D 形等。灯管内壁涂有三基色荧光粉，光色接近白炽灯。并可将镇流器、启辉器、灯管组装在一起制成单端式，可直接替代白炽灯。目前国内也有高色温的紧凑型荧光灯供应。图 6-9 示出了几种紧凑型荧光灯。这类灯的特点是：

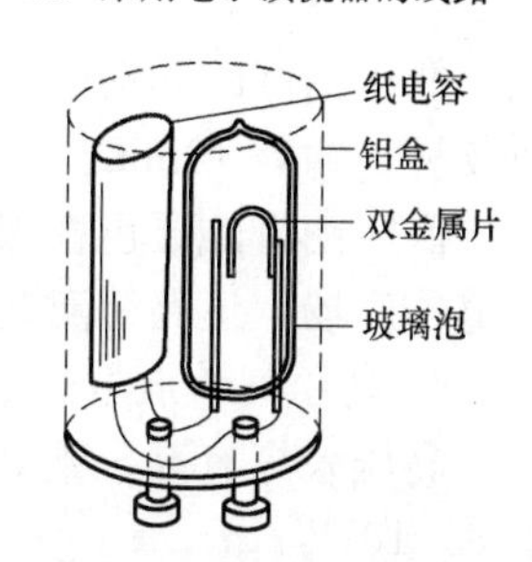

图 6-8　启辉器结构图

（1）结构紧凑，配以各种漂亮的灯具，便于室内装饰。

（2）光效高，约为同功率白炽灯的 4～8 倍。

（3）寿命长，约为白炽灯的 3～5 倍。

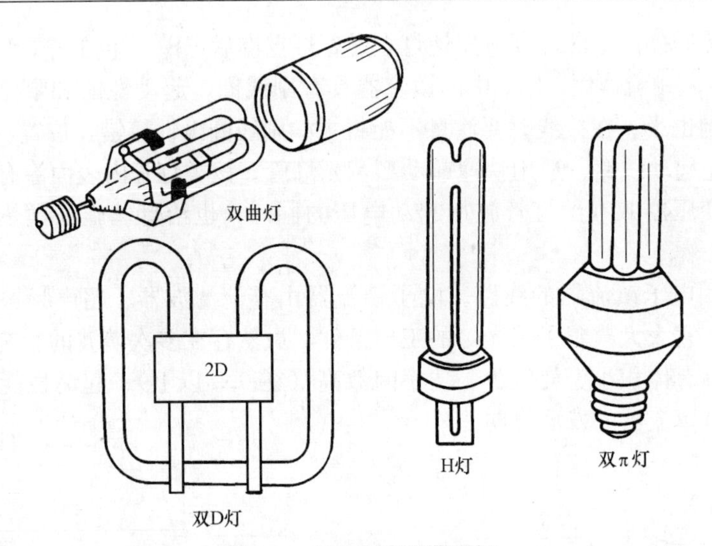

图 6-9　几种紧凑型荧光灯

（4）光线柔和，光色好。

（5）表面亮度较低。

5. 低压钠灯

它是一种热阴极低气压钠蒸气弧光放电灯。钠蒸气放电辐射以波长为 589nm 的黄色光为主。在这谱线范围内人眼的光谱光效率很高，所以它的发光效率可达 180～220lm/W，在所有气体放电光源中它的光效一直保持首位。

低压钠灯的结构如图 6-10 所示。U 形发光管由抗钠玻璃制成，发光管内壁均匀布置多个充有金属钠的小窝，同时充入氩、氖混合气体，以辅助启动。整个发光管封入真空外管内。外管内壁涂有氧化铟或氧化锡的红外反射层，以减少热损失，提高光效。

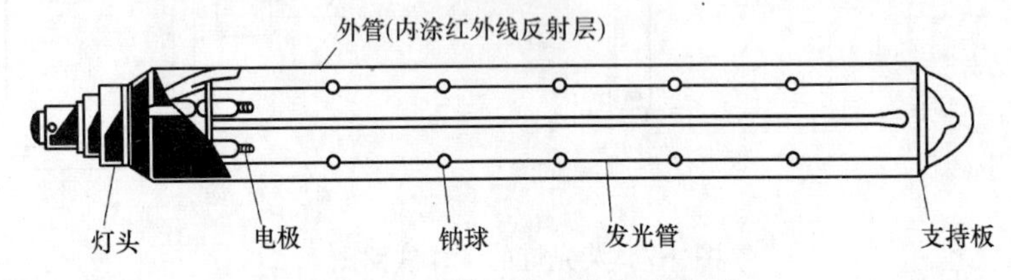

图 6-10　低压钠灯结构示意图

低压钠灯的起动电压较高，一般均用开路电压较高的漏磁变压器来起动。起动稳定时间较长，约需 10min。灯管寿命与点燃次数有关，一般可达 2000～5000h。

低压钠灯的显色性很差，是理想的仪器单色光源或作特殊用途的投光照明，亦可作为隧道、广场、道路等对光色要求不高的场所的照明光源。

6. 高压气体放电灯

高压汞灯、高压钠灯和金属卤化物灯均属于高压气体放电灯。其放电管的管壁负荷大于 $3\times10^4 W/m^2$。

灯的结构如图 6-11 所示。它们由放电管、外玻壳和电极组成。均是靠金属蒸气放电而发光，只是放电管的材料、发光物质及内部所充的气体不同而已。

7. LED 灯

LED 发光二极管是一种半导体光源，主要由电极、PN 结芯片和封装环氧树脂组成。

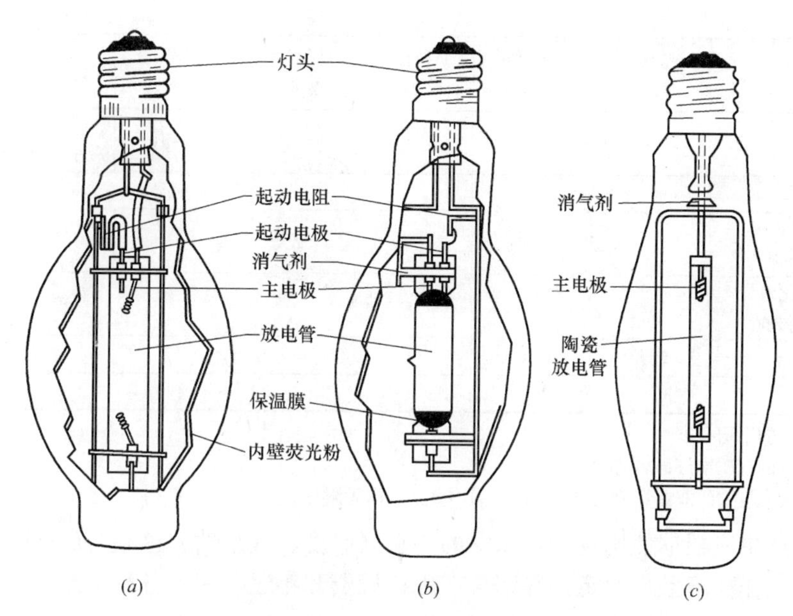

图 6-11　HID 光源结构示意图

（a）荧光高压汞灯；（b）金属卤化物灯；（c）高压钠灯

环氧树脂可以是白、红、绿、黄等彩色树脂，主要取决于发光二极管的光色。环氧树脂的几何形状可以控制光线照射方向，类似于灯具的反射器和透镜，此外封装的环氧树脂成为芯片的保护壳，延长其使用寿命。

发光二极管体积小、重量轻、耗电省、寿命长、可靠性高、转换速度快、与集成电路（IC）和大规模集成电路（LSI）等外部电路的连接性良好，是电子计算机和数字化仪表理想的显示器件，也可用作影剧院等的广告显示和导向灯，并可用于光通信和作半导体光激射器。

专家预测，发光二极管的发光效率可能达到 30～50lm/W，这样，高光效、高光强、长寿命、色彩丰富的 LED 最终发展成为普通照明光源已不是梦想。

三、各种电光源的主要特性及适用场所

各种电光源的主要特性比较如表 6-6 所示。

常用照明电光源的主要特性比较　　　　**表 6-6**

	普通照明灯泡	管形照明卤钨灯	直管形荧光灯	紧凑型荧光灯	荧光高压汞灯	高压钠灯	金属卤化物灯
额定功率范围(W)	15～1000	500～2000	4～125	5～28	50～1000	35～1000	125～3500
光效(lm/W)	7.3～19	19.5～21	25～75	44～71	32～53	64～130	52～110
平均寿命(h)	1000	1000～1500	3000～7000	3000	3500～6000	12000～24000	500～10000
亮度(cd/m^2)①	10^7～10^8		～10^4	(5～10)×10^4	10^5	(6～8)×10^6	(5～7)×10^6
一般显色指数(R_a)	95～99	95～99	70～80	>80	30～40	23～60	60～85
相关色温(K)	2400～2900	2800	3000～6500	2700～5000	5500	2000～2300	3600～6000
起动稳定时间(min)	瞬时		(1～3)s		4～8		4～10

续表

	普通照明灯泡	管形照明卤钨灯	直管形荧光灯	紧凑型荧光灯	荧光高压汞灯	高压钠灯	金属卤化物灯
再起动时间(min)	瞬时		<1s		5～10	1～2② 10～20	10～15
频闪效应	不明显		明显				
电压变化对光通输出的影响	大		较大			大	较大
环境温度变化对光通输出的影响	小		大		较小		
耐震性能	较差	差	较好		好	较好	好
附件	无		有③				

① 指发光体的平均亮度。

② 带触发器的高压钠灯再启动时间为1～2min。

③ 紧凑型荧光灯中的双曲灯镇流器和起动器为内藏式，即无附件。

光源的选用应根据使用场所对照明的要求（照度、显色性、色温、启动时间、再启动时间等）和工作环境条件而定，并综合考虑初投资和年运费用。各种电光源的适用场所及举例见表6-7。

各种电光源的适用场所及举例　　表6-7

光源名称	适用场所	举例
白炽灯	1. 辨认颜色要求较高或艺术需要的场所 2. 需要迅速点燃和频繁开关的场所 3. 需要调光的场所 4. 需要避免电磁干扰的场所 5. 照度要求不高、悬挂，高度较低(4m及以下)的车间、仓库等	1. 印染、印刷、美术馆、餐厅、艺术照明、装饰照明 2. 走廊、楼梯间、局部照明、应急照明 3. 剧场、影剧院、舞台照明、宾馆 4. 屏蔽室 5. 小型动力站房、小型厂房、仓库等
卤钨灯	1. 要求照度较高，色显性较好，且无振动的场所 2. 需要调光的场所	体育馆、大会堂、宴会厅、剧场、电影院、彩色电视演播室、摄影照明等
冷光束卤钨灯	1. 识别颜色要求较高的场所 2. 家庭住宅 3. 需要局部加强照度的场所	1. 商店橱窗、博物馆、展览馆、餐厅、会议室作定向加强照明 2. 居室的顶灯、壁灯、台灯、装饰照明 3. 工矿的局部照明
荧光灯	1. 要求高照度或进行长时间紧张视力工作的场所 2. 需要正确识别色彩的场所 3. 悬挂高度较低的场所(5m及以下) 4. 无自然采光或自然采光不足而人需要长期停留的场所	1. 设计室、阅览室、办公室、教室、医院、商场、主控室等 2. 理化计量室、精密加工、仪表装配、化学分析、实验室等 3. 住宅、旅馆、饭店
荧光高压汞灯	1. 对光色及显色性无特殊要求的场所 2. 悬挂高度较高(4m及以上) 3. 有振动的场所	中型厂房、仓库、动车站房、露天堆场、厂区道路、城市一般道路
高压钠灯	1. 要求照度高，但对光色和显色性无特殊要求的场所 2. 多烟尘的场所或有振动的场所 3. 悬挂高度在4m以上的场所	大、中型厂房、冶金车间、露天堆场、厂区道路、城市主要道路、广场、港口、码头、车站等
金属卤化物灯	1. 要求照度高，且对光色有一定要求的场所 2. 悬挂高度在4m以上的场所 3. 与高压钠灯组成混光光源	1. 大中型厂房 2. 体育场、体育馆 3. 城市主要道路、广场、车站、港口、码头等

6.4　灯具及选用

灯具是光源和控照器（灯罩）组装在一起的总称。

一、灯具的作用

1. 使光源发出的光通量按需要向某方向照射，以提高光源所发出的光通量的利用率；

2. 保护视觉，避免或减轻光源高亮度的刺激，减少眩光；

3. 保护灯泡或灯管，免受机械的损伤；

4. 对房间具有一定的装饰效果。

二、灯具的光学特性

灯具的光学特性主要包括发光强度的空间分布、灯具效率和保护角三个方面。

1. 发光强度的空间分布

灯具的这一特征主要决定于灯罩的形状和材料。一个光源配上了灯罩后，其光通就要重新分配，称为灯具的配光。为了表明灯具的光强在空间各方向上的分布，可用光强分布曲线来描述。灯具的光强分布曲线又称配光曲线，通常采用极坐标绘制。图 6-12 示出了几种灯具配光曲线的主要形状，对它们可作如下分类：

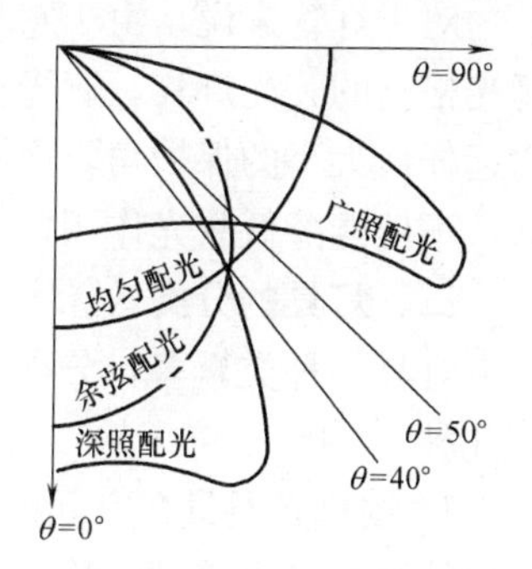

图 6-12　配光曲线的主要形状

均匀配光　光线在各方向的发光强度大致相等。其特性是这种灯具不带反射器或带平面反射器，如乳白色玻璃圆球灯属于此种配光。

深照配光　光通量和最大发光强度集中在 0°～30°的狭小立体角内。如镜面深照型灯具属于此种配光。

广照配光　光线的最大发光强度分布在较大角度上，可在较广的面积上形成均匀的照度。深照型和广照型配光通常具有镜面反射器。

余弦配光　光线在空间各方向的发光强度的近似值，符合于 $I_a = I_0 \cos\alpha$ 的余弦关系（式中 α 为空间某方向与灯具正下方 0°间的夹角）。此种配光大多数是带有珐琅质反射器的灯具，如搪瓷配照型灯和珐琅质万能型灯。

灯具的光强分布曲线可以形象地表示出灯具光通的分布情况。在有关手册中已给出了各种灯具的配光曲线的图形和数值，用这些图就可决定某种型式的灯具在空间某一方向光强的大小。

应该指出，手册或产品目录中所给出的光强分布曲线是按光通量等于 1000lm 的假想灯泡的灯具而绘出的，如果采用不同功率灯泡的同类型灯具，则其光强可以从给定曲线上所得的光强值乘以该灯泡的光通量（要以千流明为单位）求得，此种换算是基于光源的光通量与灯具的光强成正比关系这一假定的，而此假定是符合实际情况的。

2. 灯具的效率

控制器的效率是指控照器发出的光通量与光源的总光通量之比值。在灯罩重新分配光源的光能时，因有一部分光通被其吸收，引起光通量的损失，所以效率通常在 0.5～0.9 之间。该值用以评价灯具的经济性，它的大小与灯罩的材料性质、形状有关，另一方面也与灯管数目及排列方式有关。因此，在照明设计时，必须考虑到最有利的灯管排列方式，以便能获得较高的效率。

3. 灯具的保护角（遮光角）

限制眩光的方法之一，可以使灯具有一定的保护角。如图 6-13 所示的 α 角就称为灯具的保护角。

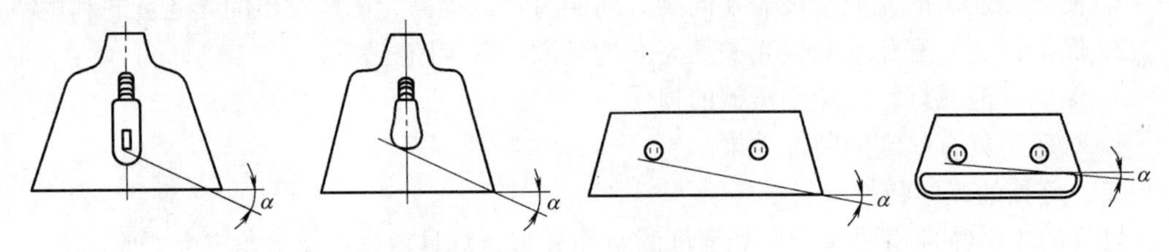

图 6-13　各种灯具的遮光角

一般灯具的保护角大，则配光曲线狭小，效率也低。一般说来，保护角范围应在 15°～30°之间。如果有困难，可在光源外加装散光罩。

对于灯管来说，由于它是长条形的，为了限制灯具的眩光作用，目前广泛采用着带有遮光格栅的荧光灯具，遮光格栅把灯具的输出光孔分成一系列的格栅，这些小格栅可以建立起任何大小的保护角，而不必增大控照器的尺寸。采用隔片组合灯具，能组合成任何形状，不但能降低眩光作用，而且能与建筑艺术照明相配合，增强环境美观。

三、灯具的分类

灯具的种类繁多，分类的方法也多。通常按总光通量在空间的分配和按安装方式分类等几种。

1. 按总光通量在空间的上射和下射的分配比例分类，如表 6-8 所示。从表中可看出，有直接型、半直接型、均匀漫射型、半间接型和间接型五种。

按光通在空间上下部分的分配比例分类　　表 6-8

类型	直接型	半直接型	漫射型	半间接型	间接型
配光曲线					
光通分布	上半球：0%～10% 下半球：100%～90%	上半球：10%～40% 下半球：90%～60%	上半球：40%～60% 下半球：60%～40%	上半球：60%～90% 下半球：40%～100%	上半球：90%～100% 下半球：10%～0%
灯罩材料	不透光材料	半透光材料	漫射透光材料	半透光材料	不透光材料

（1）直接型灯具　是指 90%～100%的光通量直接向下半球照射的灯具，常用反光性能良好的不透明材料做成，如工厂灯、镜面深照型灯、暗装天棚顶灯等均属此类，如图 6-14 所示。

直接型灯具具有效率较高，容易在工作面上形成高照度等优点，缺点是由于灯具的上半球几乎没有光线，顶棚很暗，它与明亮的灯具开口极易形成严重的对比眩光，而且光线的方向性强，容易造成阴影。

（2）半直接型灯具　为了改善室内的亮度分布，消除灯具与顶棚亮度之间的强烈对比，常采用半透明材料作灯罩，或在灯罩的上方开少许缝隙，使光的一部分能透射出去，这样就形成半直接型配光。如常用的乳白玻璃菱形灯罩、上方开口玻璃灯罩等均属此类，如图 6-15 所示。

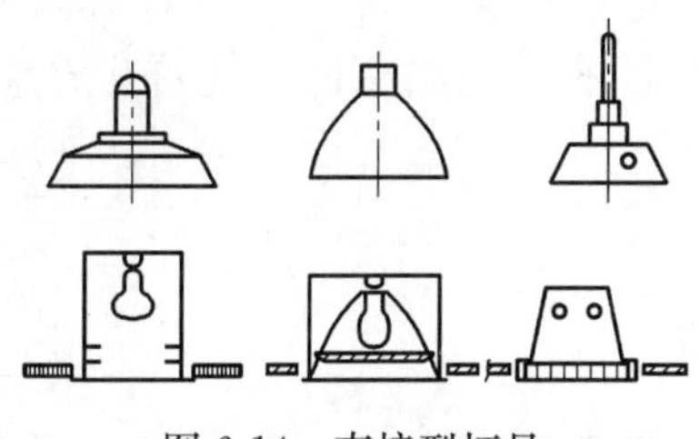
图 6-14　直接型灯具

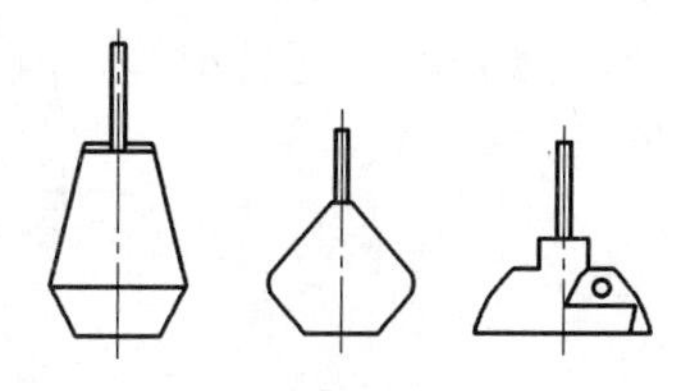
图 6-15　半直接型灯具

这一类型灯具既有直接型灯具的优点，能把较多的光线集中照射到工作面上，又使空间环境得到适当照明，改善了建筑物内的亮度比。

（3）均匀漫射型灯具　均匀漫射型灯具是用漫射透光材料做成的任何形状的封闭灯罩，乳白玻璃圆球吊灯就是一例。这类灯具在空间每个方向上的发光强度几乎相等，光线柔和，室内能得到优良的亮度分布，可达到无眩光。其缺点是因工作面光线不集中，只可作建筑物内一般照明，多用于楼梯间、过道等场所。

（4）半间接型灯具　这类灯具的上半部是透明的，下半部用漫射透光材料做成，因增加了反射光的比例，可使房间的光线更柔和而均匀。其缺点是，在使用过程中因上部透明部分很容易积尘，而使灯具的效率很快下降，清扫也较困难。这类灯具如图 6-16 所示。

（5）间接型灯具　如图 6-17 所示，灯具的全部光线都从顶棚反射到整个房间内，光线柔和而均匀，避免了灯具本身亮度高而形成的眩光。但由于有用的光线全部来自间接的反射光，其利用率比直接型低得多，在照度要求高的场所不适用，而且容易积尘而降低使用效率，要求顶棚的反射率高。一般只用于公共建筑照明，如医院、展览厅等。

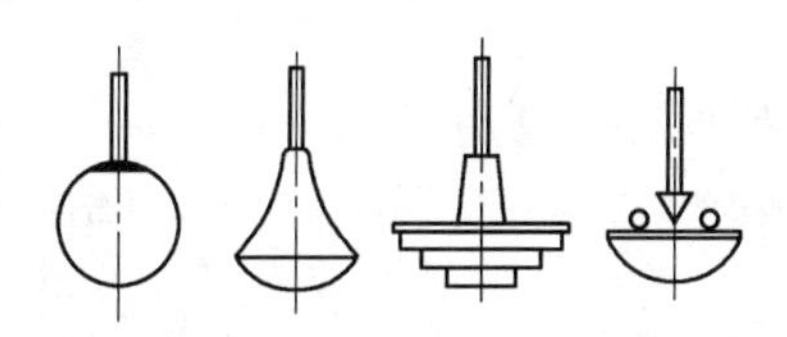
图 6-16　半间接型灯具

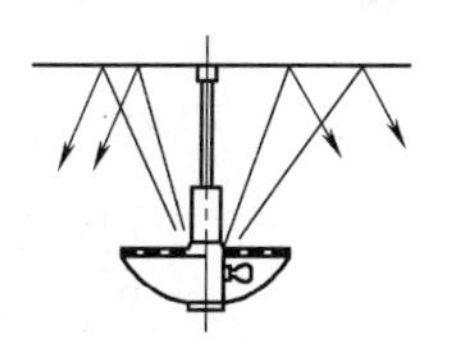
图 6-17　间接型灯具

2. 按安装方式分类

根据安装方式的不同，灯具大致分以下多种。

（1）吸顶灯　将灯具贴于顶棚面上安装。应用此较广泛。

（2）壁灯　将灯具安装在墙壁、庭柱上，主要用于局部照明、装饰照明或没有顶棚的场所。

（3）嵌入式灯　将灯具嵌入或半嵌入在吊顶内。

（4）吊灯　利用吊杆、吊链、吊管或吊灯线等，将灯具悬于房间内。是较普遍、最广泛的灯具安装方式。

（5）地脚灯　暗装于墙内，距地约 0.2～0.4m。用于照明走道，如医院、宾馆客房等场所。

此外还有落地灯、庭院灯、道路广场灯等。

3. 按防触电保护等级分类

为了保证用电安全，照明灯具所有带电部分必须采用绝缘材料等加以隔离，这种人身安全的措施称为防触电保护，它分为 O、Ⅰ、Ⅱ、Ⅲ共四类。其中 O 类灯具因只在易触及的部分及外壳有绝缘，其安全保护程度最低，目前有些国家已不允许生产 O 类照明器具。

6.5　灯具的布置

为了达到 6.2 中电气照明的质量要求，又要节能，还要做到维修方便、安全、美观和协调，因此正确布置灯具很重要。

这里主要讲述室内的灯具布置。

灯具的布置从平面的均匀布置、空间距离比和竖向布置等几个方面讲述。

一、灯具的均匀布置

灯具在房间内均匀布置时，一般采用有规律的正方形、矩形、菱形等形式。如图6-18所示。使用线光源（宽度与长度相比小得多的发光体）时一般多为按房间长的方向成直线布置。如图 6-19 所示。

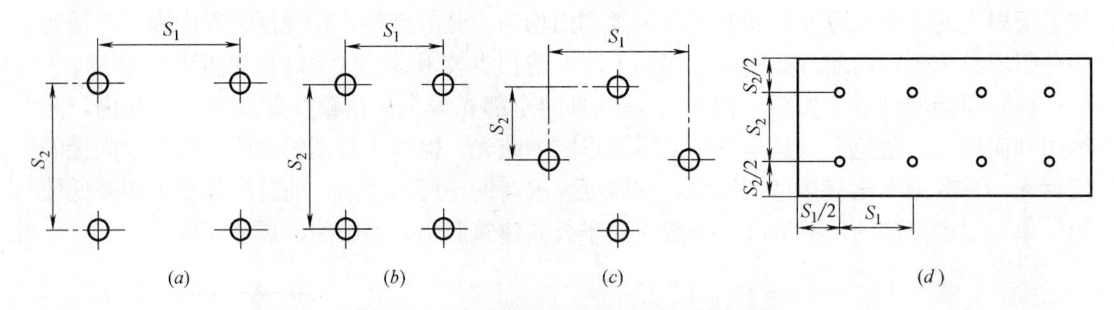

图 6-18　点光源均匀布灯几种形式的投影图

(a) 正方形 $s=s_1=s_2$；(b) 矩形 $s=\sqrt{s_1 s_2}$；(c) 平行四边形及菱形 $s=\sqrt{s_1 s_2}$；(d) 点光源布灯

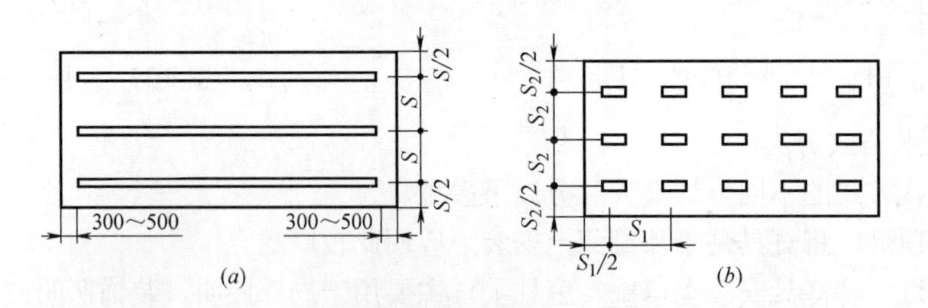

图 6-19　线状光源布灯法

(a) 光带布灯方式；(b) 间隔布灯方式

使用线光源的房间，如教室等，当视线方向固定时，其灯管应平行于视线方向。这是因为线光源如荧光灯，其光强在平行面（纵向）和垂直面（横向）的两个平面上分布不一样。其差异大小还与灯具等因素有关。如图 6-20 所示，其图（b）差异明显。

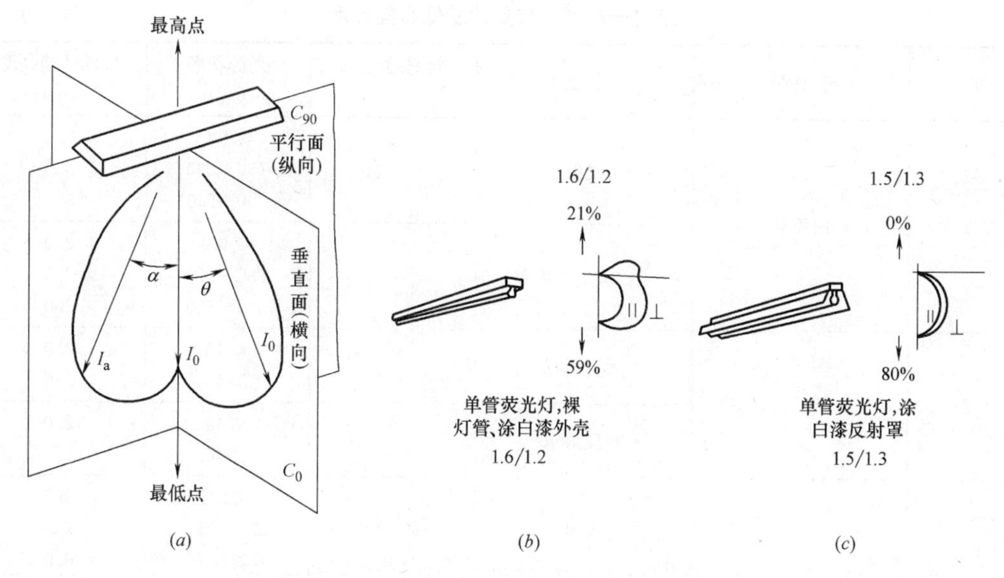

图 6-20　荧光灯在两个平面上的配光曲线

灯具的选择性布置是按工作面的安排和生产设备的分布确定灯具的位置。多用于工业建筑中。

二、距高比（S/h）

距高比是灯具之间的中心距离 S 和计算高度 h 之比。所谓计算高度 h 是指灯具与工作面的垂直距离。如图 6-21 所示。

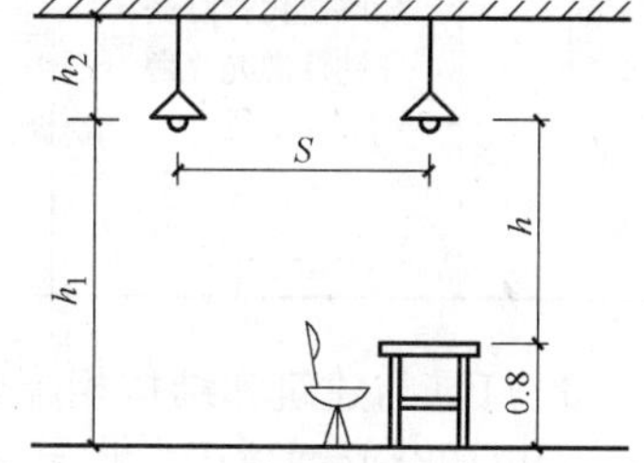

图 6-21　灯具悬挂高度示意图

灯具间的距离 S 在图 6-18、图 6-19 中已注出计算方法。应特别指出荧光灯要有横向和纵向两个灯距 S_1 和 S_2，所以也有两个方向的距高比。如图 6-20（b）中“1.6/1.2”表示“横向/纵向的最大允许距高比”。

距高比 S/h 值小，表示灯距 S 小或计算高度 h 大，照度均匀度好，但经济性差；反之，S/h 值过大，则不能保证规定的照度均匀度，照明质量则难保证。为此，常用的照明器均给出最大允许距高比 S/h 值。此值可从灯具制造厂的样本或说明书上查得。

三、灯具的竖向布置

1. 灯具的最低悬挂高度

灯具的悬挂高度是指灯具下沿至地面的垂直距离。如图 6-21 中的 h_1。此值低时，则工作面照度增加，但会引起直接眩光，而且安全性差。为了限制直接眩光，对室内各种照明灯具均规定了最低悬挂高度。如表 6-9 所示。

2. 灯具与顶棚和墙的距离

当采用上半球有光通量分布的均匀漫射配光灯具时，灯具与顶棚的距离和顶棚与工作面的距离之比宜在 0.2～0.5 范围内。

灯具与墙的距离应为 0.4～0.6S。当靠墙处有工作面时，靠墙的灯具距墙不大于 0.75m。

室内一般照明灯具的最低悬挂高度　表 6-9

序号	光源种类	灯具型式	灯具遮光角（°）	光源功率（W）	最低悬挂高度（m）
1	白炽灯	有反射罩	10～30	≤100	2.5
				150～200	3.0
				300～500	3.5
		乳白玻璃漫射罩		≤100	2.0
				150～200	2.5
				300～500	3.0
2	荧光灯	无反射罩		≤40	2.0
				＞40	3.0
		有反射罩		≤40	2.0
				＞40	2.0
3	荧光高压汞灯	有反射罩	10～30	＜125	3.5
				125～250	5.0
				≥400	6.0
		有反射罩带格栅	＞30	＜125	3.0
				125～250	4.0
				≥400	5.0
4	金属卤化物灯高压钠灯混光光源	有反射罩	10～30	＜150	4.5
				150～250	5.5
				250～400	6.5
				＞400	7.5
		有反射罩带格栅	＞30	＜150	4.0
				150～250	4.5
				250～400	5.5
				＞400	6.5

3. 灯具与建筑和结构相配合

在民用公共建筑中，灯具不仅具备照明功能，还要与建筑形式相协调，构成建筑化照明，成为建筑装饰的重要环节。

在高大厂房中，为了节能和提高垂直照度，也可采用顶灯与壁灯相结合的方式，但不能只装壁灯而不装顶灯。

6.6　电气照明计算

照度计算的目的是根据所需的照度值及其他已知条件（如布灯方案、照明方式、灯具类型、房间各个面的反射条件及灯具和房间的污染情况等）来决定灯泡的容量和灯的数量，也可以在灯具类型、容量及布置都已确定的情况下，计算某点的照度值。这就是说，无论是由已知灯泡功率求照度，或是由已定照度求灯泡功率，都需要进行照度计算。

照度计算的基本方法，有利用系数法和单位容量法两种。

后者的单位容量法常用于初步设计时的估算。

一、利用系数法

利用系数是指投射到被照面上的光通量与房间内全部灯具的总光通量的比值。以 U（K_u）表示。它与灯具型式、房间形状和室内表面反射情况等因素有关，因计算复杂，常按一定条件编制成表，供查阅。

1. 利用系数法计算平均照度的基本公式

$$E_{av}=\frac{\phi nUK}{A}$$

或

$$n=\frac{E_{av}A}{\phi_0 UK} \tag{6-6}$$

式中　E_{av}——工作面平均照度（lx）；

ϕ——每个照明器中光源的总光通量（lm）；

n——灯具数量；

A——工作面面积（m^2）；

K——维护系数，查表 6-10；

U——利用系数，或用 Ku 表示，见附录四，也可由灯具厂提供。

维护系数　**表 6-10**

环境污染特征		房间或场所举例	灯具最少擦拭次数（次/年）	维护系数值
室内	清洁	卧室、办公室、餐厅、阅览室、教室、病房、客房、仪器仪表装配间、电子元器件装配间、检验室等	2	0.80
	一般	商店营业厅、候车室、影剧院、机械加工车间、机械装配车间、体育馆等	2	0.70
	污染严重	厨房、锻工车间、铸工车间、水泥车间等	3	0.60
室外		雨篷、站台	2	0.65

2. 利用系数 U 的查取

附录四提供的表只是部分灯具的利用系数表。由该表查取利用系数时必须先知道室空间比 RCR、顶棚空间有效反射比 ρ_{cc} 和墙面平均反射比 ρ_{WM} 三个系数。

（1）室空间比（系数）RCR

$$RCR=\frac{5h(l+w)}{l\times w} \tag{6-7}$$

式中　h——室空间计算高度（m）；

w——室宽（m）；

l——室长（m）。

（2）顶棚空间（或地面空间）有效反射比（系数）ρ_{cc}（或 ρ_{fc}）

ρ_{cc} 是假想顶棚面（即顶棚空间底部与灯具处于同一水平面的开口面积）的等效反射系数，它反映了顶棚表面和顶棚空间周围墙壁多次反射的综合效果。ρ_{cc} 可用下式求出：

$$\rho_{cc}(或\ \rho_{fc})=\frac{\rho A_0}{A_s-(A_s-A_0)\rho} \tag{6-8}$$

式中　A_0——假想顶棚面的开口面积（m^2）；

A_s——A_0 的内表面积（m^2）；

ρ——A_s 的平均反射系数，由下式求出：

$$\rho=\frac{\rho_1 A_1+\rho_2 A_2+\cdots+\rho_i A_i}{A_1+A_2+\cdots+A_i}=\frac{\sum\rho_i A_i}{\sum A_i} \tag{6-9}$$

式中　ρ_i——第 i 个表面的反射系数；

A_i——第 i 个表面的面积（m^2）；

$\sum$——所有单元之和，即求和的意思。

（3）墙面平均反射比（系数）ρ_{WM}

ρ_{WM}由墙面和玻璃窗两部分的反射系数 ρ_W 和 ρ_P 组成，可用下式求出：

$$\rho_{WM}=\frac{(A_W-A_P)\rho_W+A_P\rho_P}{A_W} \tag{6-10}$$

式中　A_W——墙面总面积（m^2）；

A_P——玻璃窗的面积（m^2）；

ρ_W——墙壁表面的反射系数；

ρ_P——玻璃窗的反射系数。

例 6.1　图 6-23 所示教室的长、宽、高各为 8.4m、7.2m、3.3m。内墙面和顶棚面均喷白，试求 RCR、ρ_{cc}和 ρ_{WM}。如果使用涂白漆反射罩的单管荧光灯为教室照明，请查取利用系数 U。

解

（1）求室空间比 RCR

设荧光灯为吊链安装，距地 2.5m，书桌高 0.8m，所以室空间计算高度 $h=2.5-0.8=1.7$m，代入式（6-7）得：

$$RCR=\frac{5h(l+w)}{l\times w}=\frac{5\times1.7(8.4+7.2)}{8.4\times7.2}=2.19$$

（2）求顶棚空间有效反射比 ρ_{cc}

公式（6-8）中，假想顶棚面的开口面积 A_0：

$A_0=l\times w=8.4\times7.2=60.5m^2$；

A_0 的内表面积 A_s：设 h_2 为灯具到顶棚距离，$h_2=3.3-2.5=0.8$m。

$A_s=l\times w+2h_2(l+w)=8.4\times7.2+2\times0.8(8.4+7.2)=85.4m^2$。

A_s 的平均反射系数 ρ：

因为内墙面和顶棚面均喷白，所以其反射系数都一样，即 $\rho_w=\rho_c$ 可取 $\rho=\rho_w=\rho_c=0.5$。代入式（6-8）

$$\rho_{cc}=\frac{\rho A_0}{A_s-(A_s-A_0)\rho}=\frac{0.5\times60.5}{85.4-(85.4-60.5)\times0.5}=0.415$$

（3）求墙面平均反射比 ρ_{WM}

在公式（6-10）中，设墙面总面积为 A_W，玻璃窗面积 A_P 为 $0.5A_W$，取 $P_W=0.5$，$\rho_P=0.1$，则 P_{WM}为：

$$\rho_{WM}=\frac{(A_W-0.5A_W)\rho_W+0.5A_W\times\rho_P}{A_W}=\frac{(1-0.5)\times0.5+0.5\times0.1}{1}$$

$$=0.30$$

（4）查取利用系数 U

如果使用图 6-20（c）中的涂白漆反射罩的单管荧光灯照明时，则可按表 6-11 查取利用系数 U。

根据求出的 $RCR=2.19$，$\rho_{cc}=0.415$ 和 $\rho_{WM}=0.30$ 查表 6-11。

单管荧光灯，涂白漆反射罩的利用系数 U 表　　**表 6-11**

ρ_{cc}/%	70			50			30			10			0
ρ_{WM}	50	30	10	50	30	10	50	30	10	50	30	10	0
RCR	在有效地板反射比 $\rho_{fc}=20\%$ 时的利用系数												
0	0.92	0.92	0.92	0.88	0.88	0.88	0.86	0.86	0.86	0.82	0.82	0.82	0.80
1	0.81	0.78	0.75	0.77	0.75	0.73	0.75	0.73	0.71	0.72	0.70	0.68	0.66
2	0.72	0.66	0.63	0.68	0.65	0.61	0.66	0.63	0.59	0.64	0.61	0.59	0.56
3	0.64	0.57	0.53	0.61	0.55	0.52	0.59	0.55	0.51	0.56	0.53	0.50	0.48
4	0.55	0.49	0.44	0.53	0.48	0.44	0.52	0.47	0.43	0.50	0.46	0.43	0.41
5	0.50	0.43	0.38	0.48	0.42	0.37	0.46	0.41	0.37	0.46	0.40	0.36	0.35
6	0.45	0.38	0.33	0.44	0.37	0.33	0.42	0.36	0.33	0.41	0.36	0.32	0.31
7	0.40	0.34	0.29	0.39	0.33	0.28	0.38	0.33	0.28	0.36	0.32	0.28	0.26
8	0.36	0.30	0.25	0.35	0.29	0.25	0.34	0.29	0.25	0.33	0.28	0.25	0.23
9	0.33	0.26	0.22	0.32	0.26	0.22	0.31	0.25	0.22	0.30	0.25	0.22	0.20
10	0.29	0.23	0.18	0.28	0.22	0.18	0.27	0.22	0.18	0.26	0.22	0.18	0.16

但是 RCR、ρ_{cc} 和 ρ_{WM} 不是表中的整数，所以要用数字内插法求取。

查表 6-11 可知：

$$当 RCR=2，\rho_{WM}=30\%\left\{\begin{array}{l}\rho_{cc}=50\%查得 U'=0.65\\ \rho_{cc}=30\%查得 U''=0.63\end{array}\right\}\therefore 当 \rho_{cc}=41.5\%算得 U_1=0.64；$$

$$当 RCR'=3，\rho_{WM}=30\%\left\{\begin{array}{l}\rho_{cc}=50\%\\ \rho_{cc}=30\%\end{array}\right\}查得 U_2=0.55；$$

当 $RCR''=2.19$ 时，用内插法算得：

$$U=U_2+(RCR''-RCR)\times\frac{U_1-U_2}{RCR'-RCR}=0.55+(2.19-2)\times\frac{0.64-0.55}{3-2}$$
$$=0.567$$

表 6-11 中提到的地面（板）空间有效反射系数 ρ_{fc} 对利用系数的影响较小，一般都按 $\rho_{fc}=20\%$ 考虑。表 6-11 提供的数据都是按 $\rho_{fc}=20\%$ 编制的。

二、单位容量法

单位容量是指单位被照面积（m^2）所需的照明安装容量（W），也称为照明功率密度值（W/m^2）。

设 w 为照明功率密度值，当被照面的面积为 A 时，则总的安装功率为

$$P=wA \tag{6-11}$$

式中　P——全部灯的总安装功率（W）；

w——照明功率密度值，可从附录三中查到（W/m^2）；

A——被照面面积（m^2）。

例 6.2　为图 6-23 所示的教室计算全部灯的总安装功率。

解　为照明节能，在《建筑照明设计标准》GB 50034—2004 中给出了学校教室照明功率密度值的最低值，如附录三中所示，w 为 $11W/m^2$。

教室的面积 $A=8.4\times7.2=60.5m^2$。

教室全部灯的安装总功率为

$P=w\cdot A=11\times60.5=666W$。

如果教室使用 40W 荧光灯照明，则荧光灯的数量 n 为

$n=P/40=666/40=16$ 盏。

6.7　某学校教室电气照明设计实例

本节要讲述教室光源选择、照度计算、灯具选择、布置及插座、电扇等的设置。

一、光源的选择

从表 6-6、表 6-7 可看出直管荧光灯具有光效高、寿命长、选色性能好、表面亮度低等优点列为选择对象。

从目前各产品比较，T5 系列直管荧光灯因采用先进的光源系统、新型反光材料和缩小管径（Φ16mm）而使发光效率显著提高（达到 95lm/W）。与之相匹配的电子镇流器功率因数可达 0.9 以上。

T5 系列直管荧光灯技术数据如表 6-12 所示。

可选表 6-12 中 YZ28 或 YZ35。

T5 系列直管荧光灯技术数据　　**表 6-12**

灯的型号	功率(W)	灯两端电压(V)			灯电流(A)	显色指数	额定光通量(RR/RD)	外形尺寸(mm)			灯头型号	额定平均寿命(h)
		额定值	最大值	最小值	额定值	Ra	(lm)	C_{max}	A_{max}	ϕ_{max}		
YZ14	14	82	92	72	0.170	>80	1050/1220	563.2	549.0	16	G5	8000
YZ21	21	123	133	113	0.170	>80	1800/2100	863.2	849.0	16	G5	8000
YZ28	28	167	184	150	0.170	>80	2500/2760	1163.2	1149.0	16	G5	10000
YZ35	35	209	229	189	0.170	>80	3250/3450	1463.2	1449.0	16	G5	10000

注：RR 为日光色，RD 为三基色。

二、教室灯具的选择

蝙蝠翼配光灯具其最大发光强度位于与垂线成 30°方向，并具有相当的保护角，有利于学生的阅读和书写。所以教室灯具宜选用蝙蝠翼配光灯具。其光强分布如图 6-22 所示。

靠近外窗一侧及黑板的照明灯具，可考虑选择非对称配光灯具。

三、教室的照度计算

当教室照明选用表 6-12 中的 YZ35 直管荧光灯时，其额定光通量 $\Phi_0=3250lm$。

教室照度标准从附录一中可查到平均照度 $E_{av}=300lx$。

教室面积 $A=l\times w=8.4\times7.2=60.5m^2$。

按例 6.1 的步骤再改用附录四单管蝠翼式配光荧光灯利用系数表算出教室的利用系数

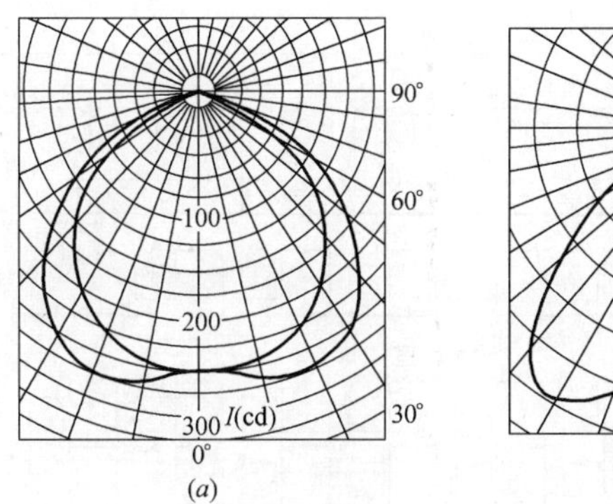

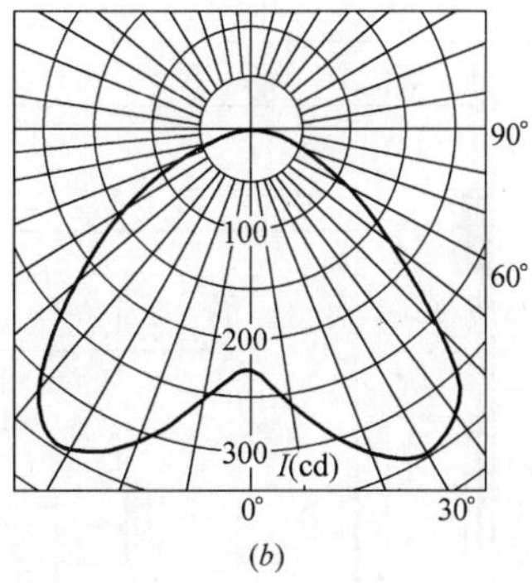

(a)　(b)

图 6-22　蝙蝠翼式光强分布特性灯具的光强分布

(a) 中宽光强分布；(b) 宽光强分布

U=0.631。

表 6-10 中可查得维护系数 K=0.7。

按公式（6-6）可直接算出 YZ35 直管荧光灯的数量 n

$$n=\frac{E_{av}A}{\Phi_0 UK}=\frac{300\times60.5}{3250\times0.631\times0.7}=12.6\text{ 盏（取 12 盏）。}$$

与例 6.2 的单位容量法计算比较，单位容量法计算简单，但没考虑到周围环境条件，所以准确性较差，只能应用于初步设计阶段的估算。

四、教室灯具的布置

1. 灯具的竖向布置

因为楼层高度为 3.3 米，书桌高 0.8 米。所以灯具距顶棚选择 0.8 米，吊链安装。这样灯具距地为 2.5 米，此值大于表 6-9 规定的最低悬挂高度。

2. 灯具的水平布置

教室灯具的水平布置如图 6-23 所示。

(1) 灯管的长轴垂直于黑板布置（纵向布置灯具）

从图中可看出，其最大特点是：灯管的长轴垂直于黑板布置。使学生的视线方向平行于灯管的长轴方向，这样布置引起的直接眩光和光帷反射都较小。而且光线方向与窗口一致，避免产生手的阴影。但是这样布置如果只用裸灯管而没使用灯具，或沿外窗一侧没使用非对称配光灯具，则会有较多的光通量透过玻璃窗跑向室外，造成浪费。

(2) 满足纵向和横向两个方向上的距高比

从图 6-23 中看出：灯具的横向和纵向距离分别为 S_1=2.4m 和 S_2=1.8m。

从灯具的竖向布置可计算出灯具的计算高度 h=3.3−0.8−0.8=1.7m。(符合要求)

灯具的横向距高比 S_1/h=2.4/1.7=1.4；

灯具的纵向距高比 S_2/h=1.8/1.7=1.06。

灯具两个方向的距高比（1.4/1.06）均小于附表四单管蝠翼式配光荧光灯中的最大距离比（1.8/1.3），均符合要求。

(3) 灯具与墙的距离

图 6-23 中灯具距墙分别为 1.2m 和 0.9m，与灯具间距之比为 1.2/2.4＝0.5 和 0.9/1.8=0.5。都在合理范围（0.4～0.6）之内，符合要求。

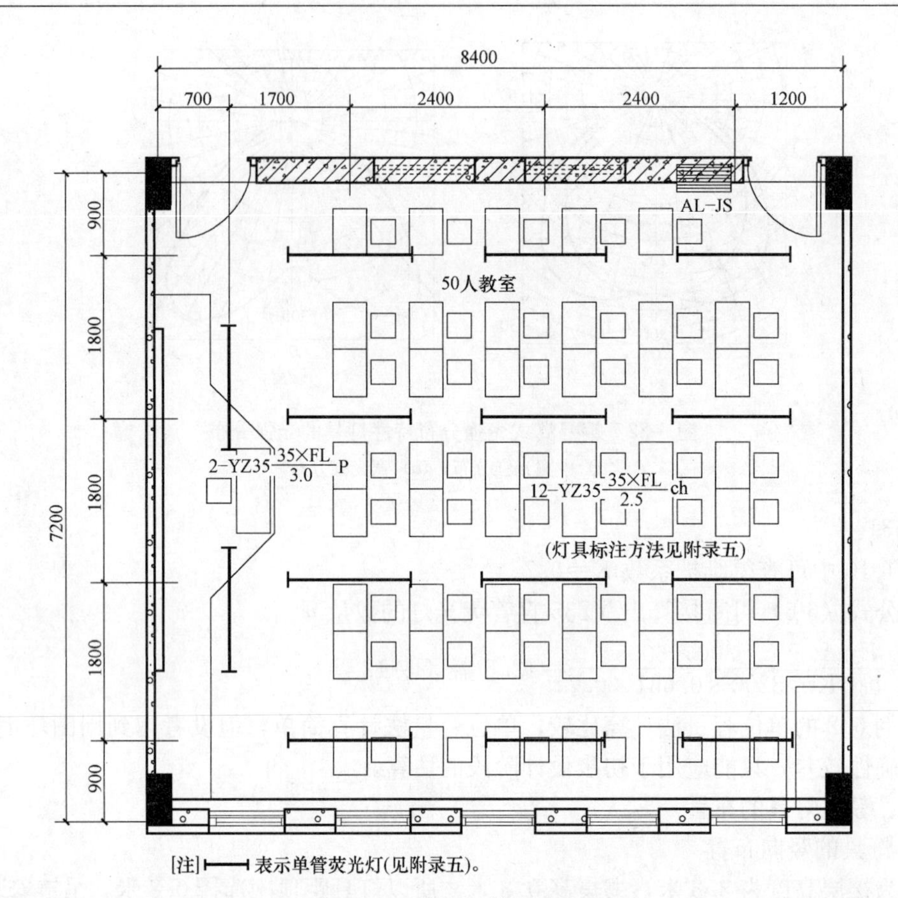

图 6-23　教室灯具布置图

3. 黑板照明灯具的布置

按教室黑板照度 500lx（见附录一），黑板面积 5～6m^2。可计算出采用 YZ35 单管荧光灯时的数量为两盏，并且选用非对称配光灯具。

两盏灯具安装于黑板上方，距墙水平距离 0.7m，管吊式安装，灯具距地为 2.6m。还可参考图 6-24，使灯具布置在图中 P 与 A 连接的虚线以上区域内。

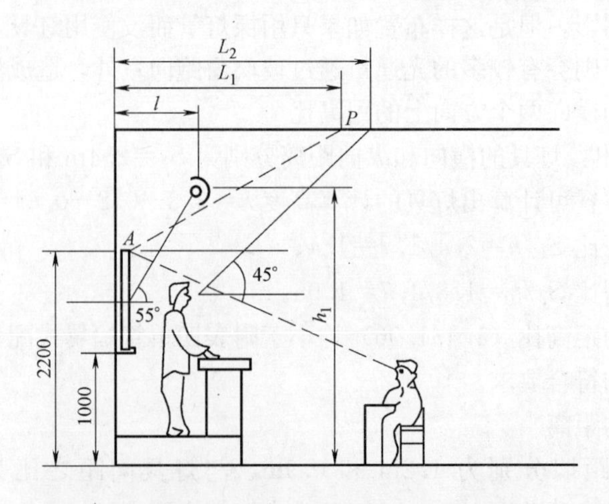

图 6-24　教室、学生、黑板与灯具之间的关系

五、开关的设置

从图 6-23 可看出，用一个开关控制一行的三盏灯较合理。全教室的 12 盏灯要用 4 个开关。为美观起见，每 2 个开关合用一个面板，称其为二位（双联）单极开关，只要两个二位单极开关即可。

黑板照明灯可使用一位（单联）单极开关。

灯具开关均安装于前门一侧，黑板照明开关排首位。

六、插座的设置（见图 6-29）

考虑到教师使用多媒体教学、为学生转播、学生用电等的需要，教室应设置下面几种插座：

1. 一般双眼和三眼插座共三组。布置在教室前面的黑板两侧及教室的后面。
2. 电视机用插座一个，置于黑板里侧。
3. 投影仪用插座一个，置于教室中间地面。
4. 空调机专用插座一个，置于后门一侧。

七、吊扇的设置（图 6-28）

考虑到夏季降温的需要，可在教室配备四组吊扇以辅助降温。电扇开关装于后门一侧。

6.8 教室照明供电及照明电气图的绘制

一、教室照明供电系统

教室照明电源来自教室的电源箱 AL-JS，其电气系统图如图 6-25 所示。

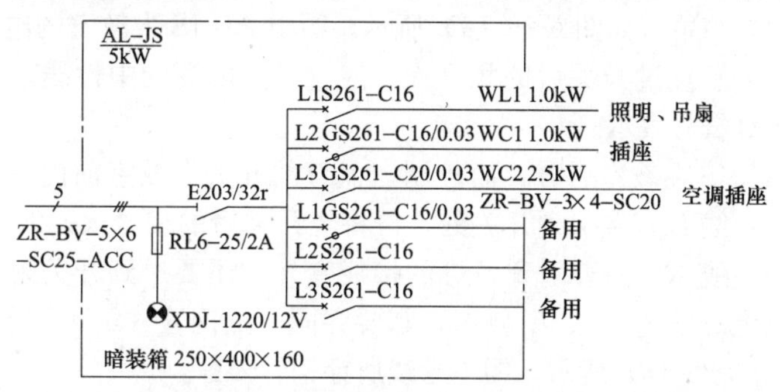

图 6-25 教室电源箱 AL-JS 电气系统图

电源箱 AL-JS 的进线来自本层楼的配电盘，标注的“ZR-BV-5×6-SC25-ACC”表示 5 根 $6mm^2$ 的阻燃型塑料绝缘铜线，穿直径为 25mm 的钢管，暗敷设在不能进入的吊顶内。此管线沿吊顶内的 100×100 金属线槽送到各教室后门上方。

图 6-25 中进线控制电器为三相断路器，脱扣电流 32A；引出线上标有去向和计算负荷或备用等。出线控制电器均为小型单相断路器，额定电流除空调支路为 20A 外，其余均为 16A。插座支路的控制电器是带漏电保护的，当漏电电流达 30mA 时就可断电。

二、关于导线的暗敷设

为本节内容的需要，先介绍导线的暗敷设。关于导线的敷设详见第九章。

导线的暗敷设是指将导线外面套上钢管或电线管、塑料管等埋在建筑物的楼板、墙壁、地面等内部。这些管线一般是看不到的，比较安全、美观。管内的导线通过预埋在建筑物内部的各种线管、配电箱、灯头盒、开关盒等可与电源、灯具、开关等相连接，形成完整的电路。

同一层照明电气图由于管线的走向和暗敷设的部位不同（沿楼板还是沿地面敷设）常分为照明图和电气图两种。

1. 照明图的管线大多暗敷设于楼板内

以教室照明为例，由于教室的灯具、吊扇等安装在教室上方或紧贴楼板，其开关安装于距地为 1.4m 的墙上，所以它们所用的管线大部分要暗敷设于教室上方的楼板内，在开关位置再用立管将导线引下来接开关。这样照明图所涉及的灯具、吊扇和开关等，其管线大部分是沿教室上方的楼板内敷设的。

2. 电气图（插座）的管线暗敷设于地面

教室内暗敷设的插座大部分安装于距地 0.3m 的墙上或直接安装在教室的地面内，所以其管线等均敷设于教室的地面内。

为施工中使用方便，照明图和电气图都分别绘制在不同的图纸上。而旧的图纸都绘制在同一张图纸上。

为防止暗敷设的管线影响楼板的质量，要求电线导管外径不能过粗，以不大于楼板厚度的 1/3 为准。同时，管线应尽量少，为此在一根导管内可穿入多根同类导线，但不允许超过 8 根。用于穿管的导线要求使用硬铜线，其截面积应≥1.5mm^2。

三、教室灯的布线及照明图的绘制

1. 一个开关控制一行（三盏）灯的照明图的绘制

为讲解清楚，选择图 6-23 中沿内墙第一行的三盏灯为例。

从原理分析比较简单，如图 6-26（*a*）所示。图中 AL-JS 为教室的电源箱，L 表示电源相（火）线，L'表示经过开关后的相（火）线，N 是电源的中性线。三盏灯都用带接线盒的荧（日）光灯符号表示。

由于电源箱 AL-JS 在教室后方，而控制三盏灯的开关在教室前门一侧，所以需要将电源箱中的相（火）线 L 直接引到开关处，再将经开关后的相（火）线 L'再引回到各灯的接线盒；电源中性线 N，除要引到各灯的接线盒外，还要送到开关附近，以便引往教室的其他灯具。以上三条线：L、L'和 N，都要穿同一根钢管（SC），沿教室楼板暗敷设（CC）。其布线如图 6-26（*b*）所示，图中导线所穿钢管未标。

用国家标准的图形、文字符号（见附录五）画出的照明图如图 6-26（*c*）所示。并标出使用三根截面积为 2.5mm^2 的塑料铜线（BV），穿在一根直径为 20mm 的钢管内（SC），沿楼板暗敷设（CC）。

2. 用二位（双联）单极开关控制两行灯的照明图的绘制

二位（双联）单极开关就是两个单极开关共用一个面板构成的。每个单极开关独立控制某一行的三盏灯。其布线如图 6-27（*a*）所示。由图可见，沿内墙的第一行三盏灯与图 6-26（*b*）相同，只是第三行的三盏灯的两条线有所不同：

① 经开关后的相（火）线 L''与第一行的 L'同穿一根钢管。这样，从开关到第一行的第一盏灯的这一段钢管内共穿入 L、L'、L''和 N 四条导线。

② 因为去往第三行灯的导线和钢管都经过第一行的第一盏灯，所以第三行所用的中

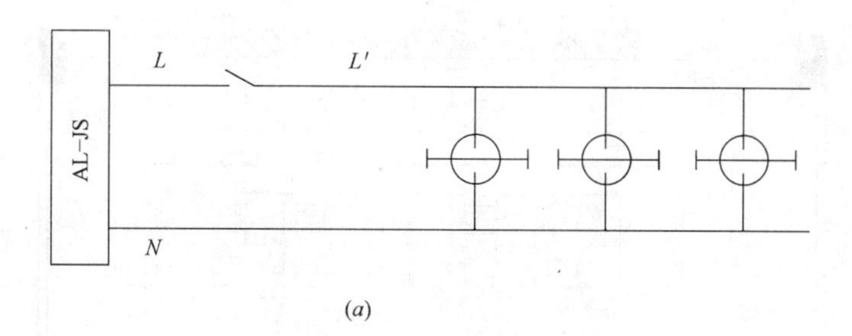

(a)

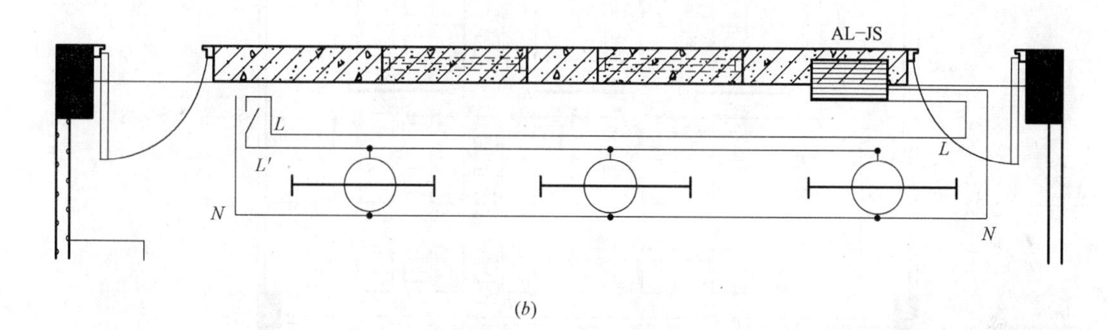

(b)

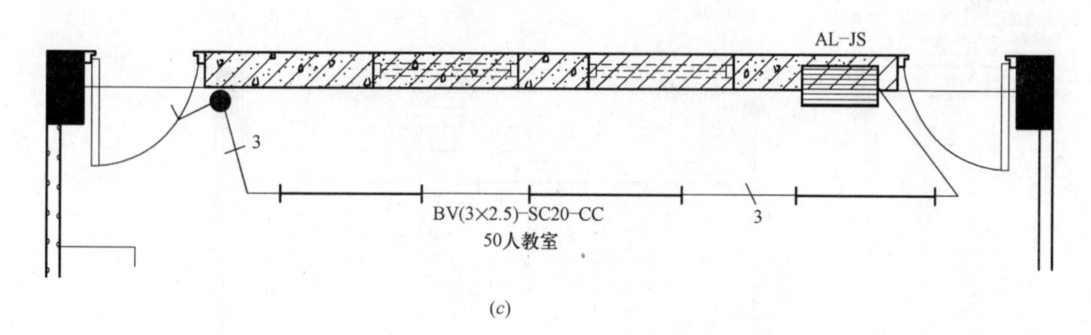

(c)

图 6-26　教室（部分）照明图的绘制过程

(a) 原理图；(b) 实际布线图；(c) 标准照明图

性线 N 可从第一行第一盏灯的接线盒中引出。

这是因为导线在管内严禁接线或接头。

图 6-27（b）为教室照明电气正规图的一部分。图中标的数字“3”或“4”表示管内穿入导线的根数；（不标注数字时，也可在线上画短线根数表示）无任何标注的表示管内只有二根导线。

四、教室标准照明图

按图 6-26 布线原则绘制出的教室照明电气图（含电动吊扇）如图 6-28 所示。图中的布线和走向并不是唯一的，读者可自行绘制出不同布线和走向的教室照明电气图。绘制的原则：经济合理，保证质量。

五、教室插座布置图（电气图）

教室的电气（插座布置）图如图 6-29 所示。其中空调插座的导线为 ZR-BV-3×4-SC20-FC，表示阻燃型塑料绝缘铜线，三根相（火）、中性线和 PE 线各一根，每根导线

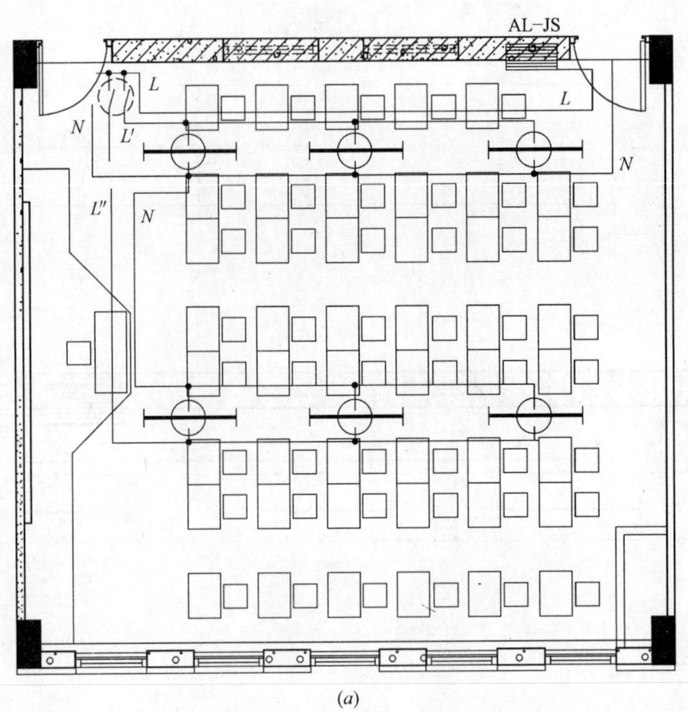

(a)

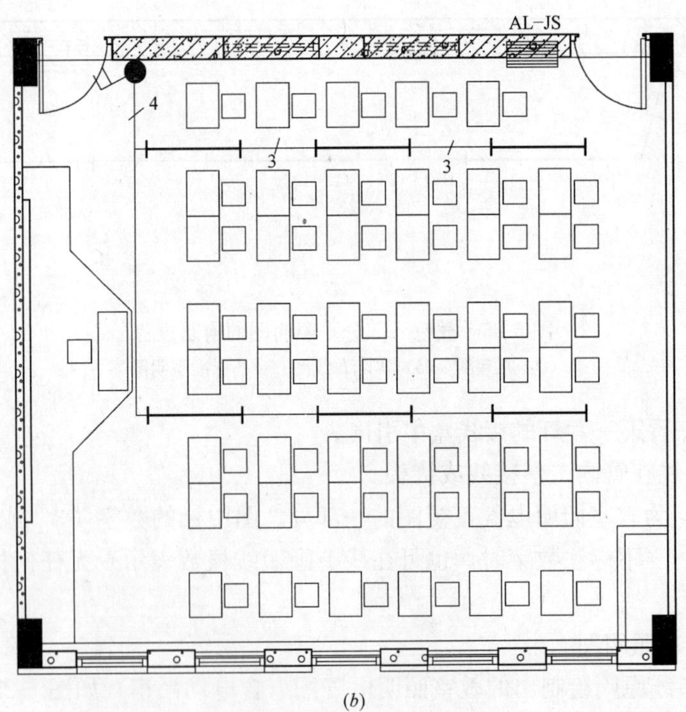

(b)

图 6-27　用二位单极开关控制教室（部分）灯的照明图

(a) 实际布线图；(b) 教室的部分照明图

截面积为 $4mm^2$，穿钢管，管径为 20mm，在地板内暗敷设。其余插座的导线截面积为 $2.5mm^2$，标注为：ZR-BV-3×2.5-SC20-FC。

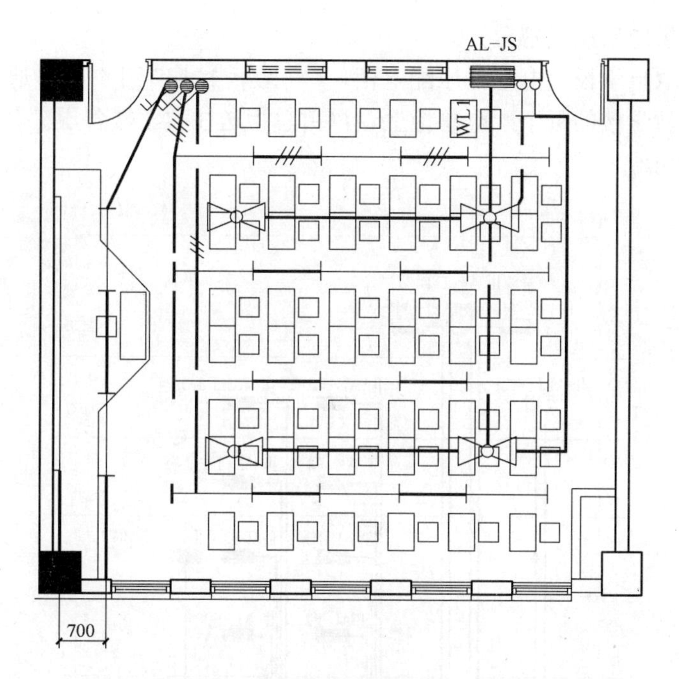

图 6-28　50 人教室照明图

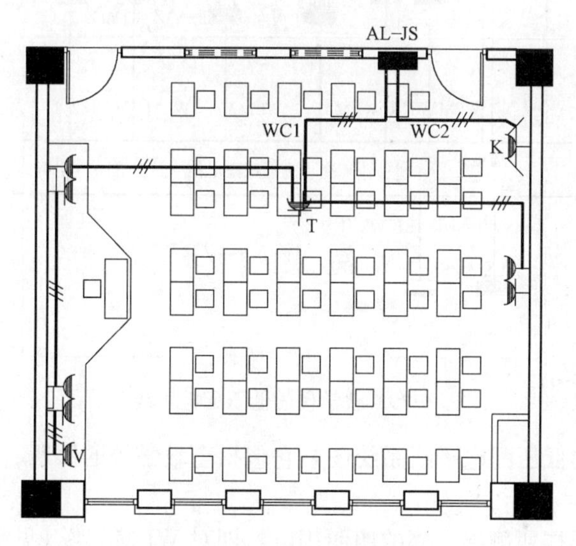

图 6-29　50 人教室电气插座图

6.9　某学校教学楼照明电气图实例（部分）

一、说明

某学校教学楼建筑总面积 1 万 m^2，地上五层，地下一层，其中地上各层层高 3.3m。建筑高度 17m。在五层设置校区网络机房，在首层设置校区广播室。

建筑结构形式为框架剪力墙结构体系。

本建筑为二类多层建筑，其中二级负荷为消防用电设备及应急照明及疏散指示等。

二、教学楼供电系统（部分）

教学楼电源取自学校变电室低压配电柜。（可见第 4.4 节图 4-17）通过电缆将低压三相电源直接送至教学楼的每个配电总柜上，再由总柜送往教学楼各层。其低压配电干线系统图如图 6-30 所示。

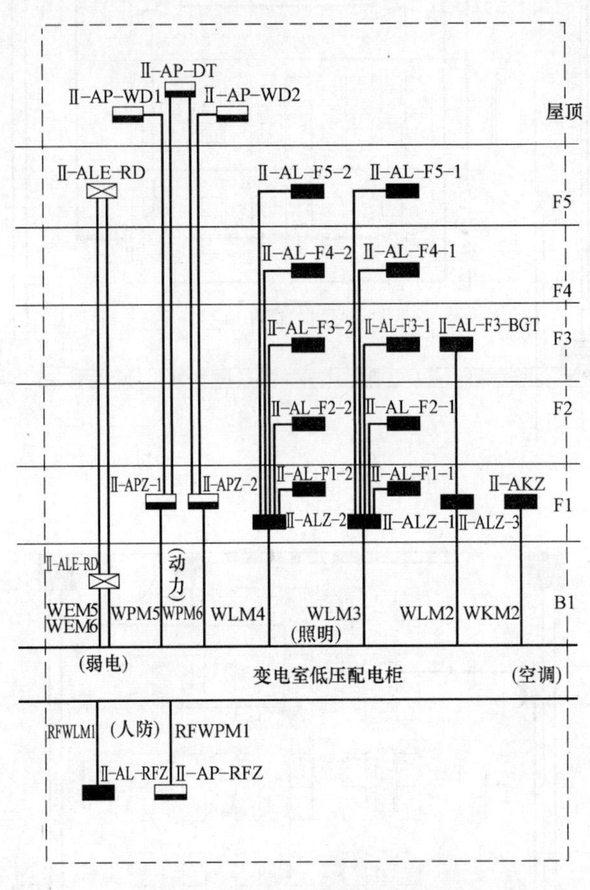

图 6-30　教学楼的低压配电干线图

这是教学楼总的低压配电干线系统图，它包括全教学楼的照明、动力、空调、弱电等各个方面。

在此仅涉及教学楼西侧半个楼的照明用电，即对 WLM3 路（见第 58 页）做较详细的介绍。

图中的 11-ALZ-1 是教学楼西侧照明用电总的配电柜，它控制全楼西侧各层楼的照明用电。总配电柜的系统图如图 6-31 所示。

图中编号为 WLM3 的电缆为 ZR-YJV-4×185＋1×95 的五芯电缆，进入教学楼时，原来的五芯进线电缆有一芯为 PE 线芯，截面积为 95mm²，已接在此楼的总等电位端子板上，并做重复接地；五芯电缆还有一芯为中性线，截面积也为 185mm²，因它不通过开关设备，所以只有三条相（火）线通过。

图 6-31 中进线用额定电流为 400A 的三相断路器控制；输出五路均用五芯电缆分别送到各层的配电箱；留有两路备用；每路均由三相断路器控制，其额定电流为 125A 或

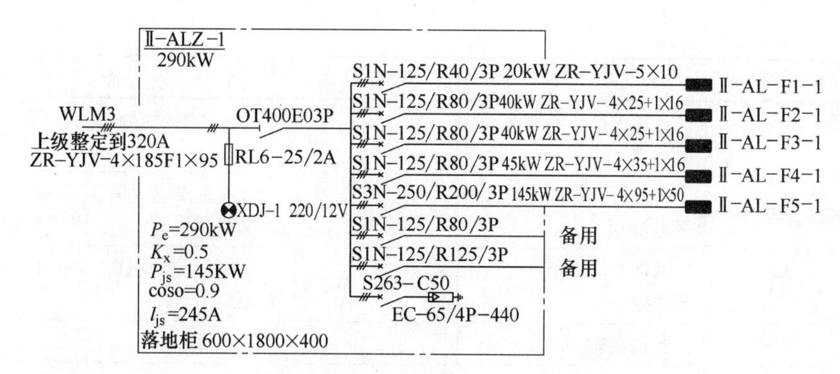

图 6-31　教学楼西侧的总配电柜系统图

250A，脱扣电流为 40A、80A、200A 等；还有一路接有避雷器，当有雷电或过电压延电缆侵入时，通过避雷器入地，保证楼内用电安全。

图 6-31 还标有设备总功率 P_e，从数值上看，P_e 为各分配电箱设备功率之和；P_{js} 为计算负荷，$P_{js}=K_x \cdot P_e=0.5\times290=145\text{kW}$；$I_{js}$ 为计算电流，$I_{js}=P_{js}/\sqrt{3}U_L\cos\varphi=\dfrac{145\times10^3/\sqrt{3}\times380\times0.9}{145\times10^3/\sqrt{3}\times380\times0.9}=245\text{A}$。各输出支路仅标注设备功率之和，如第一条支路为 20kW。

三、教学楼照明、电气平面图

1. 图例　如表 6-13 所示。

图例　**表 6-13**

序号	图　例	名　称	规格型号	备　注
01		电源配电柜		机房及竖井内安装
02		照明配电箱(柜)		暗装下皮距地　1.4m 暗装下皮距地　1.2m 柜为落地安装
03		动力配电箱(柜)		暗装下皮距地　1.4m 暗装下皮距地　1.2m 柜为落地安装
04		风机就地控制按钮箱		落地安装
05	②	潮湿场所灯具	1×12W　节能灯	嵌入式安装
06	Ⓔ	未定灯型事故照明灯具出线口	1×18W　节能灯	嵌入式安装
07		单管荧光灯	1×36W　节能灯	吸顶安装或距地 2.5m 壁装或吊链安装
08		双管荧光灯	2×36W　节能灯	吸顶安装或距地 2.5m 壁装或吊链安装
09		三管荧光灯	3×36W　节能灯	吸顶安装或距地 2.5m 壁装或吊链安装
10	Ⓗ	环型日光灯	1×22W　节能灯	吸顶安装
11	Ⓕ	室外防尘防水筒灯	1×22W　节能灯	吸顶安装
12		壁灯	1×18W　节能灯	距地 2.5m 壁装

续表

序号	图　　例	名　　称	规格型号	备　　注
13	E	疏散出口指示灯(自带蓄电池)	1×8W　节能灯	应急点燃时间＞30min　门上 0.2m 壁装
14		疏散方向指示灯(自带蓄电池)	1×8W　节能灯	应急点燃时间＞30min　距地 0.3m 壁装
15		疏散方向指示灯(自带蓄电池)	1×8W　节能灯	应急点燃时间＞30min　吊装　下皮距地 2.8m
16		风机盘管		详设备专业
17	©	风机盘管(风扇)控制器		距地 1.4m
18		单极单联开关	250V,10A	距地 1.4m
19		单极双联开关	250V,10A	距地 1.4m
20		单极三联开关	250V,10A	距地 1.4m
21		单极双控开关	250V,10A	距地 1.4m
22		单相五孔插座	250V,10A	距地 0.3m(安全型)
23	H	烘手器电源插座	250V,16A	距地 1.4m(安全型)(防溅型)
24	V	电视电源插座	250V,10A	距地 2.4m(安全型)
25	T	投影仪电源插座	250V,10A	吸顶安装
26	K	空调电源插座	250V,16A	距地 2.4m(安全型)
27	K	柜式空调机电源插座	250V,16A	距地 0.3m(安全型)
28		接地测试端子板		距地 0.3m
29	VP	有线电视器箱		弱电小间内明装　下皮距地 1.4m/吊顶内安装
30	VH	电视天线前端箱		明装下皮距地 1.4m
31	CP	信息点接线箱		下皮距地 0.3m 暗装或吊顶内安装
32	TV	电视终端出线口		距地 0.3m
33	TV	电视终端出线口		距地 2.4m(安全型)
34	TP	综合布线出线口(语音单出口)		距地 0.3m
35	PS	综合布线出线口(语音数据双出口)		距地 0.3m
36		云台式摄像头		吸顶安装
37		电铃		壁装距顶板 0.5m 自带熔断器

续表

序号	图　　例	名　　称	规格型号	备　　注
38		教室广播 3W		壁装距顶板 0.5m
39		电风扇 150W		吸顶安装
40		电风扇开关		距地 1.4m
41		固定式摄像头		吸顶安装或距地 2.5m 壁装
42		防爆荧光灯	1×36W　节能灯	吸顶安装并按照防爆要求施工
43		避雷器		
44		避雷带		不是唯一画法
45		有接地极的接地装置		不是唯一画法
46	SPD	电涌保护器 SPD		
47		无接地极的接地装置		不是唯一画法

2. 首层照明、电气平面图（部分）

图 6-32 为首层照明平面图（部分）。

图 6-33 为首层电气平面图（部分）。

图 6-32 和图 6-33 中教室照明和教室电气（插座）图均在前面已讲过，可见图 6-28 和图 6-29。

在这里主要介绍电源引入教学楼概况、首层配电箱系统图和走廊照明图三部分内容。

（1）电源引入教学楼概况

线电压为 380V 的低压电源通过五芯电缆先引到图 6-33 中左上部的强电缆井内，再通过预埋的直径为 100mm 的钢管（SC），从地下 1.4m 深处，将电缆引到教学楼首层的电气房间。电气房间分为强电及弱电两室，内设总等电位联接端子板 MEB 和首层弱电小间专用接地 LEB。其中进入强电间的各条五芯电缆中的 PE 芯线与 MEB 相联接，并通过 40×4 扁钢与室外环型接地体联接做重复接地。

编号为 WLM3 的五芯电缆送到总配电柜 11-ALZ-1 之中，再通过 ZR-YJV-5×10 五芯电缆引到首层总配电箱 11-AL-F1-1 上。

（2）首层配电箱系统图

如图 6-34 所示。进线开关为额定电流 63A 的三相断路器。输出共九路：上三路为教室电源箱 AL-JS 送电。从图 6-33 可知，标注为“ZR-BV-5×6-SC25”的三路管线，是通过图 6-32 的 100×100 金属线槽从强电室送往各教室的。金属线槽暗设在不能进人的吊顶内；WE1、WE2 为走廊应急照明灯和疏散指示灯供电（灯具自带蓄电池）；WL1、WL2、WL3 为走廊、卫生间、楼梯照明灯供电；WC1 为走廊的清扫用电源插座供电，此路采用带漏电保护的断路器控制。各路均为“ZR-BV-2×2.5-SC20”暗设 WC1 为 3×2.5。

（3）走廊照明

走廊、门厅、楼梯间、卫生间以及强、弱电室的照度标准、标准功率密度、灯具选用等见表 6-14。

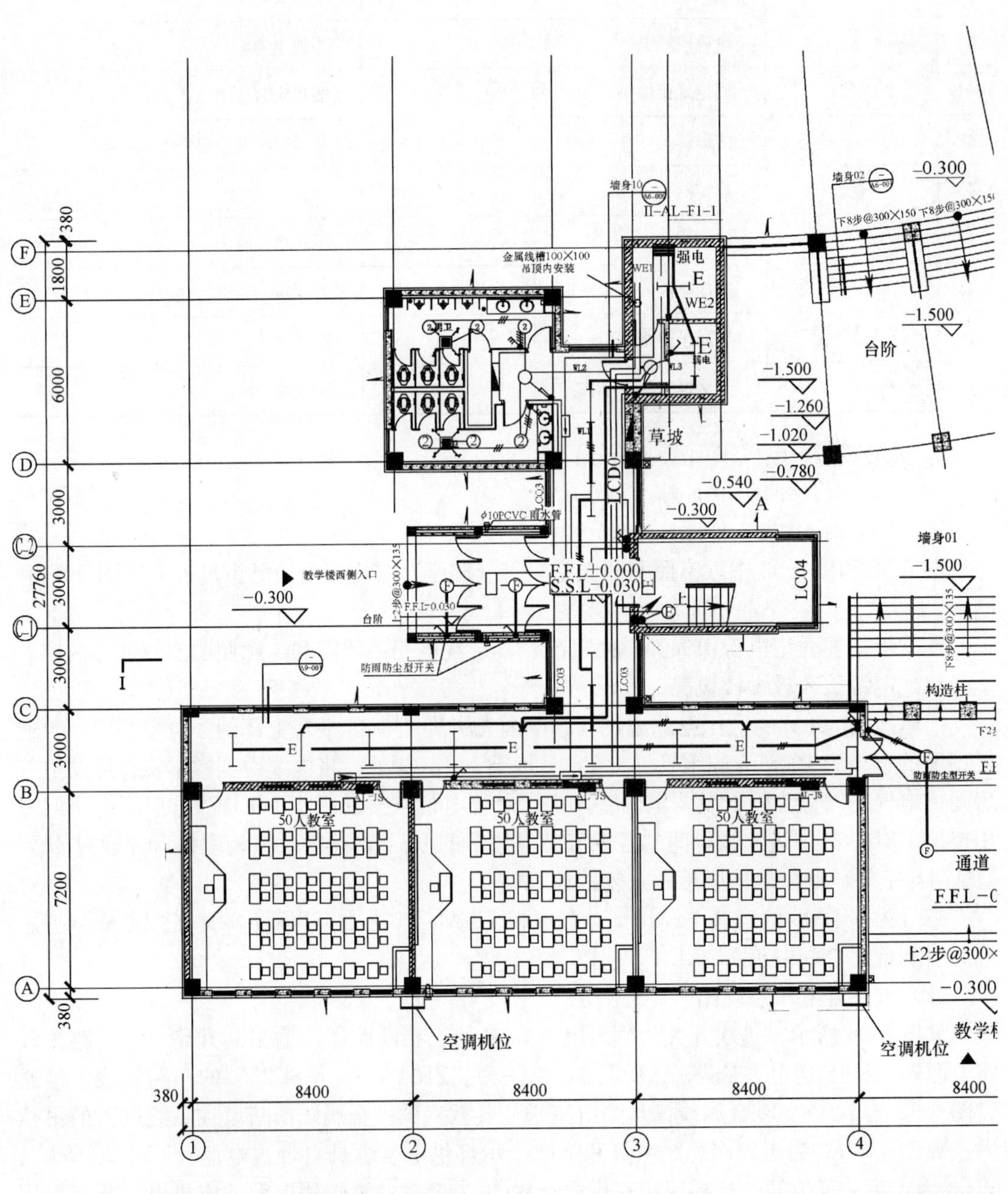

强电
弱电
草坡
台阶
50人教室
空调机位
教学楼西侧入口
防雨防尘型开关
金属线槽100×100
吊顶内安装
φ10PCVC 雨水管
F.F.L±0.000
S.S.L-0.030
构造柱
通道
墙身01
墙身02
墙身10
II-AL-F1-1
LC0
LC03
LC04
-0.300
-1.500
-1.260
-1.020
-0.780
-0.540
8400
380
27760
7200
3000
6000
1800

图 6-32　首层照

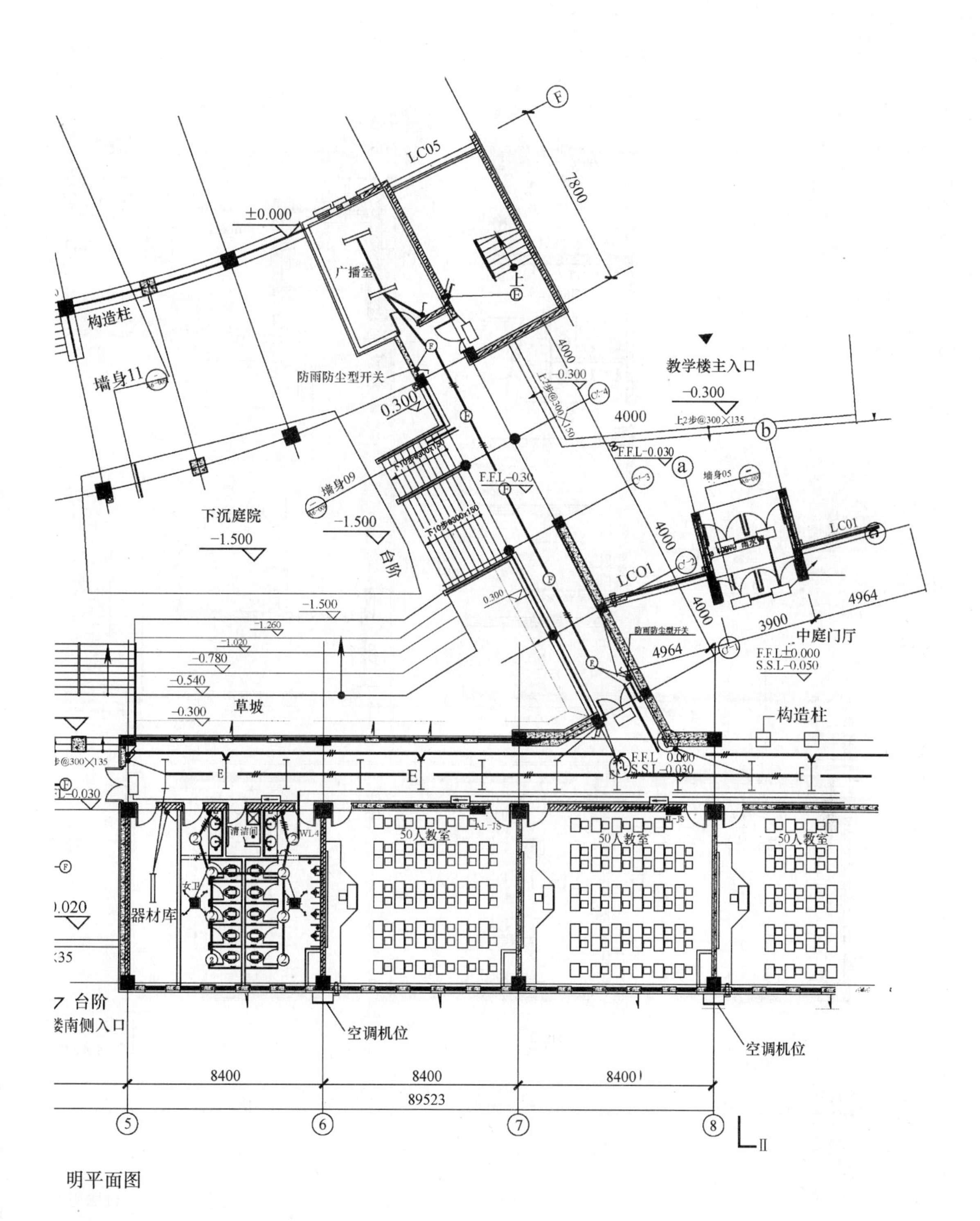
LC05
7800
±0.000
广播室
上
构造柱
墙身11
防雨防尘型开关
0.300
-0.300
4000
教学楼主入口
-0.300
上2步@300×135
F.F.L-0.030
墙身05
墙身09
下沉庭院
-1.500
-1.500
台阶
F.F.L-0.30
4000
LC01
LC01
4964
3900
4000
中庭门厅
4964
F.F.L±0.000
S.S.L-0.050
防雨防尘型开关
-1.500
-1.260
-1.020
-0.780
-0.540
-0.300
草坡
构造柱
F.F.L 0.000
S.S.L-0.030
清洁间
女卫
器材库
50人教室
50人教室
50人教室
AL-JS
台阶
楼南侧入口
空调机位
空调机位
8400
8400
8400
89523
5
6
7
8

明平面图

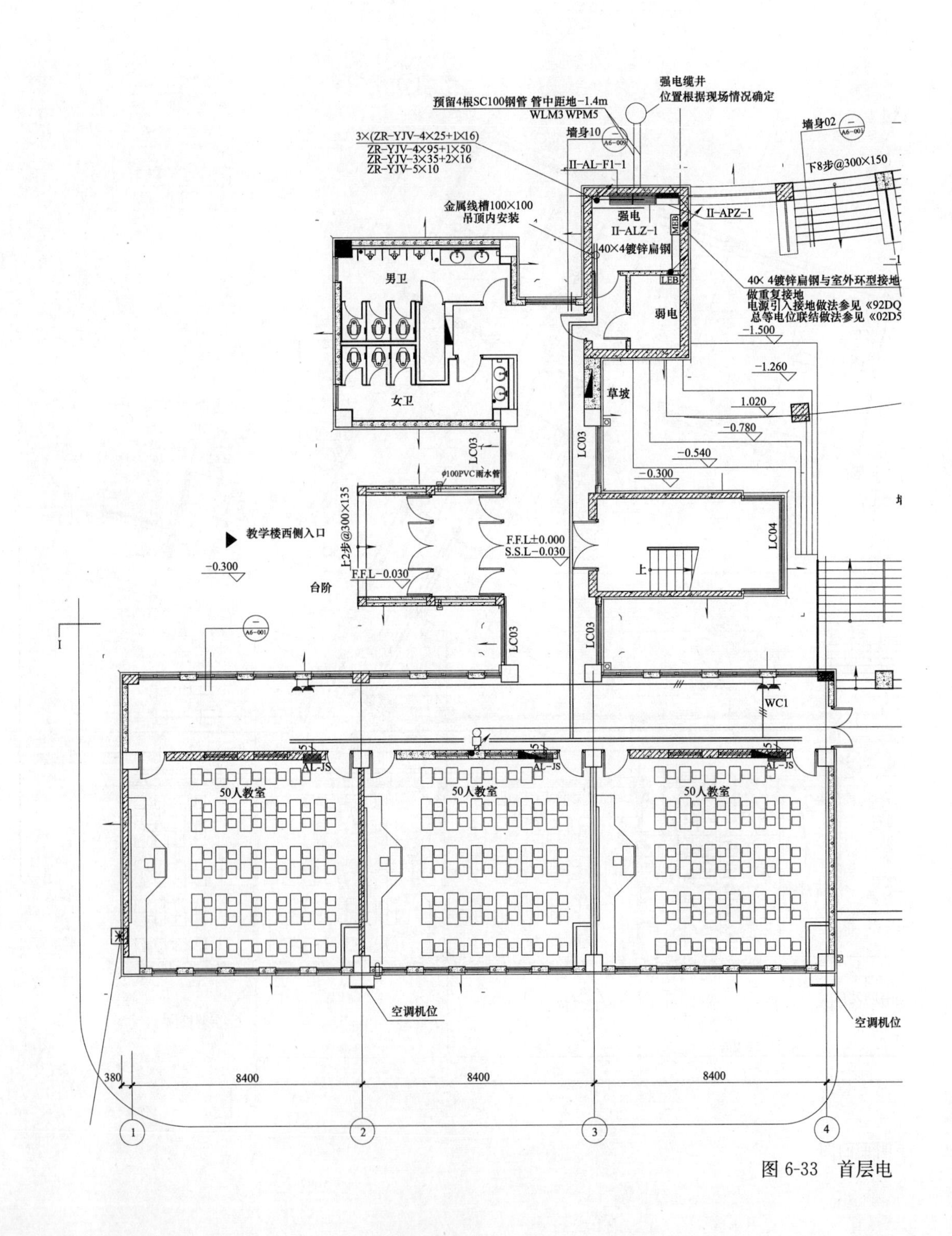
强电缆井
位置根据现场情况确定
预留4根SC100钢管 管中距地-1.4m
WLM3 WPM5
墙身10
3×(ZR-YJV-4×25+1×16)
ZR-YJV-4×95+1×50
ZR-YJV-3×35+2×16
ZR-YJV-5×10
II-AL-F1-1
墙身02
下8步@300×150
金属线槽100×100
吊顶内安装
强电
II-ALZ-1
II-APZ-1
MEB
40×4镀锌扁钢
LEB
40× 4镀锌扁钢与室外环型接地
做重复接地
电源引入接地做法参见《92DQ
总等电位联结做法参见《02D5
男卫
女卫
弱电
-1.500
-1.260
草坡
1.020
-0.780
-0.540
-0.300
LC03
φ100PVC雨水管
上2步@300×135
教学楼西侧入口
F.F.L±0.000
S.S.L-0.030
LC04
上
-0.300
F.F.L-0.030
台阶
WC1
AL-JS
50人教室
空调机位
380
8400
1
2
3
4

图 6-33 首层电

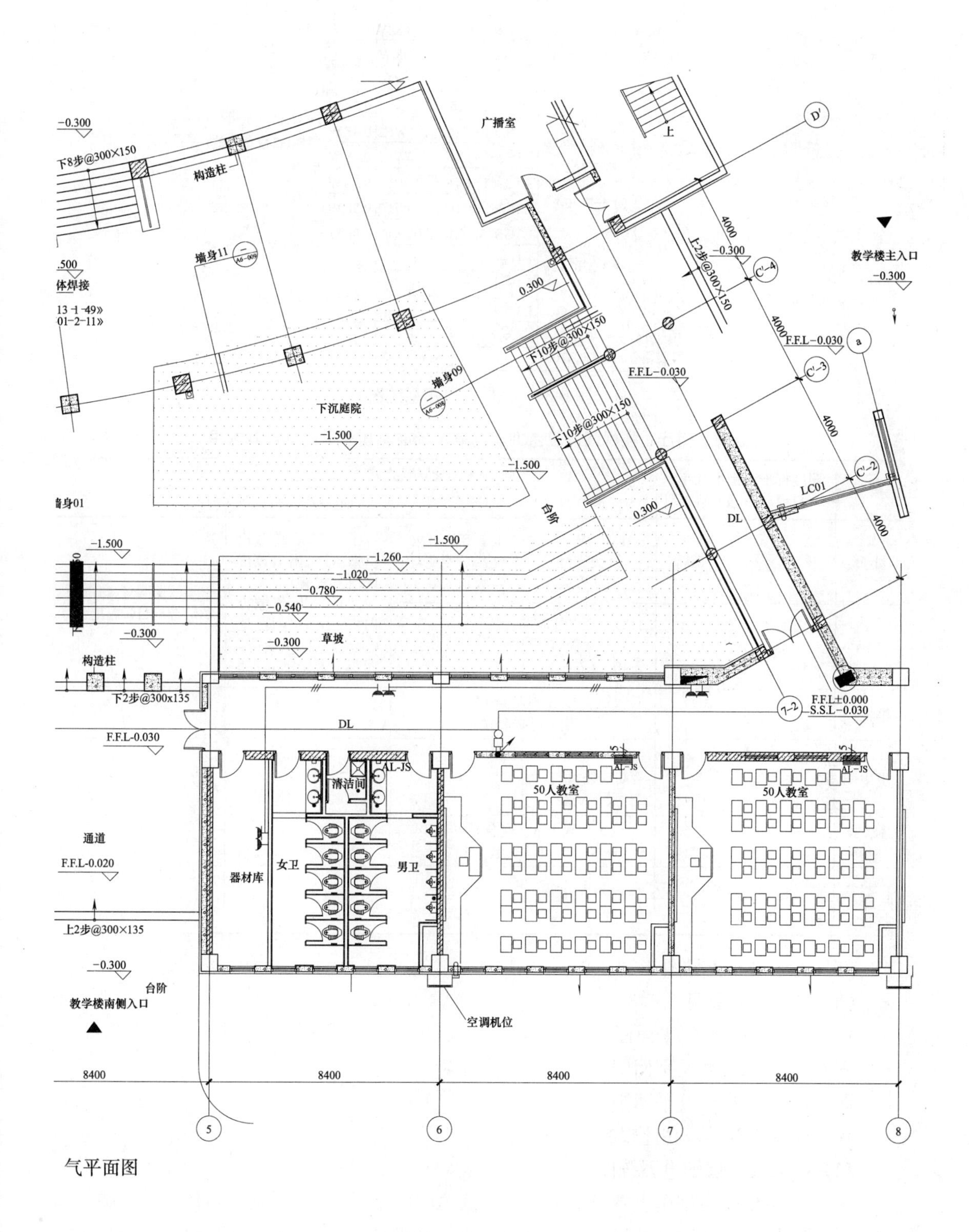
广播室
上
D′
-0.300
下8步@300×150
构造柱
4000
上2步@300×150
-0.300
C′-4
教学楼主入口
-0.300
墙身11
.500
体焊接
0.300
13-1-49》
01-2-11》
下10步@300×150
4000
F.F.L-0.030
a
F.F.L-0.030
墙身09
C′-3
下沉庭院
下10步@300×150
-1.500
4000
-1.500
C′-2
LC01
墙身01
台阶
0.300
DL
4000
-1.500
-1.500
-1.260
-1.020
-0.780
-0.540
-0.300
-0.300
草坡
构造柱
下2步@300x135
F.F.L±0.000
S.S.L-0.030
7-2
DL
F.F.L-0.030
AL-JS
清洁间
50人教室
AL-JS
50人教室
AL-JS
通道
F.F.L-0.020
器材库
女卫
男卫
上2步@300×135
-0.300
台阶
教学楼南侧入口
空调机位
8400
8400
8400
8400
5
6
7
8

气平面图

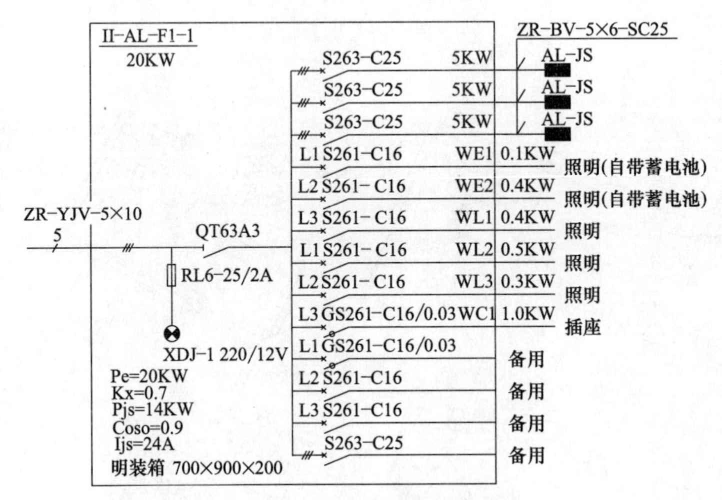

图 6-34　首层配电箱系统图

走廊、门厅、楼梯间、卫生间等的照度标准、功率密度及灯具选用　　　表 6-14

场所	照度标准(lx)	标准功率密度(W/m²)	灯具选用及安装方式			备　注
			照明灯具	应急灯具	疏散指示灯	
走廊	75	5	1×36W 单管荧光灯吸顶安装	1×18W 事故(应急)照明灯吸顶安装	①1×8W 疏散出口指示灯(出口顶部或门上安装) ②1×8W 疏散方向指示灯(距地0.5m以上的墙上，间距不大于15m)	事故照明灯、疏散指示灯等均自带蓄电池。
门厅	100	6	1×22W 室外防尘防水筒灯吸顶安装			
楼梯间	30		1×18W 事故(应急)照明灯墙壁上安装			
卫生间	100	5	1×12W 防水防潮灯吸顶安装			
强、弱电间			1×18W 事故(应急)照明灯吸顶安装			
教室、办公室、会议室	300	11	1×36W 单管荧光灯			

灯具的水平布置见图 6-32。

插座的水平布置见图 6-33。

3. 二层照明、电气平面图（部分）

图 6-36 为二层照明平面图（部分）。

图 6-37 为二层电气平面图（部分）。

为方便读者自学，在此仅起引领作用。

(1) 电源及二层配电系统图

从图 6-36 的强电间引上数条电缆，这是从总配电柜 11-ALZ-1 引到各楼层的电缆。其中包括 ZR-YJV-4×25+1×16，此根电缆是将三相低压电源送往二层配电箱 11-AL-F2-1 的。此配电箱系统图如图 6-35 所示。

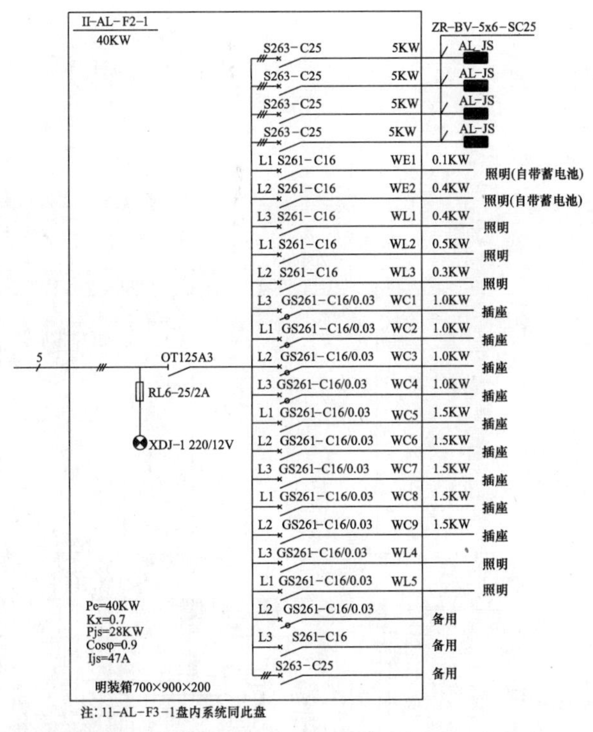

图 6-35　二层配电箱 11-AL-F2-1 系统图（部分）

（2）二层照明回路

将图 6-36 二层照明平面图和图 6-35 二层配电系统图对照可知，11-AL-F2-1 的照明供电回路如下：

① 四个教室的照明回路。每条回路沿走廊上的 200×100 金属线槽送到各教室的电源箱 AL-JS。

② 走廊、办公室等照明回路。

WL1——办公室、教员休息室照明回路。

WL2——北走廊及东走廊照明回路。

WL3——南走廊及西走廊照明回路。

WL4、WL5——两座卫生间照明回路，每条回路沿走廊上的 200×100 金属线槽送到各卫生间。

WE1、WE2——走廊、强弱电井应急照明、疏散指示灯等供电回路。

（3）二层走廊、办公室等插座回路

将图 6-36 和图 6-37 对照一起读图。

WC1～WC3——办公室等各房间的普通插座回路。

WC4——西走廊插座回路。

WC5～WC8——办公室等各房间的空调插座。

DL——电铃回路。

4. 五层照明、电气平面图（部分）

图 6-38 为五层照明平面图（部分）。

图 6-39 为五层电气平面图（部分）。

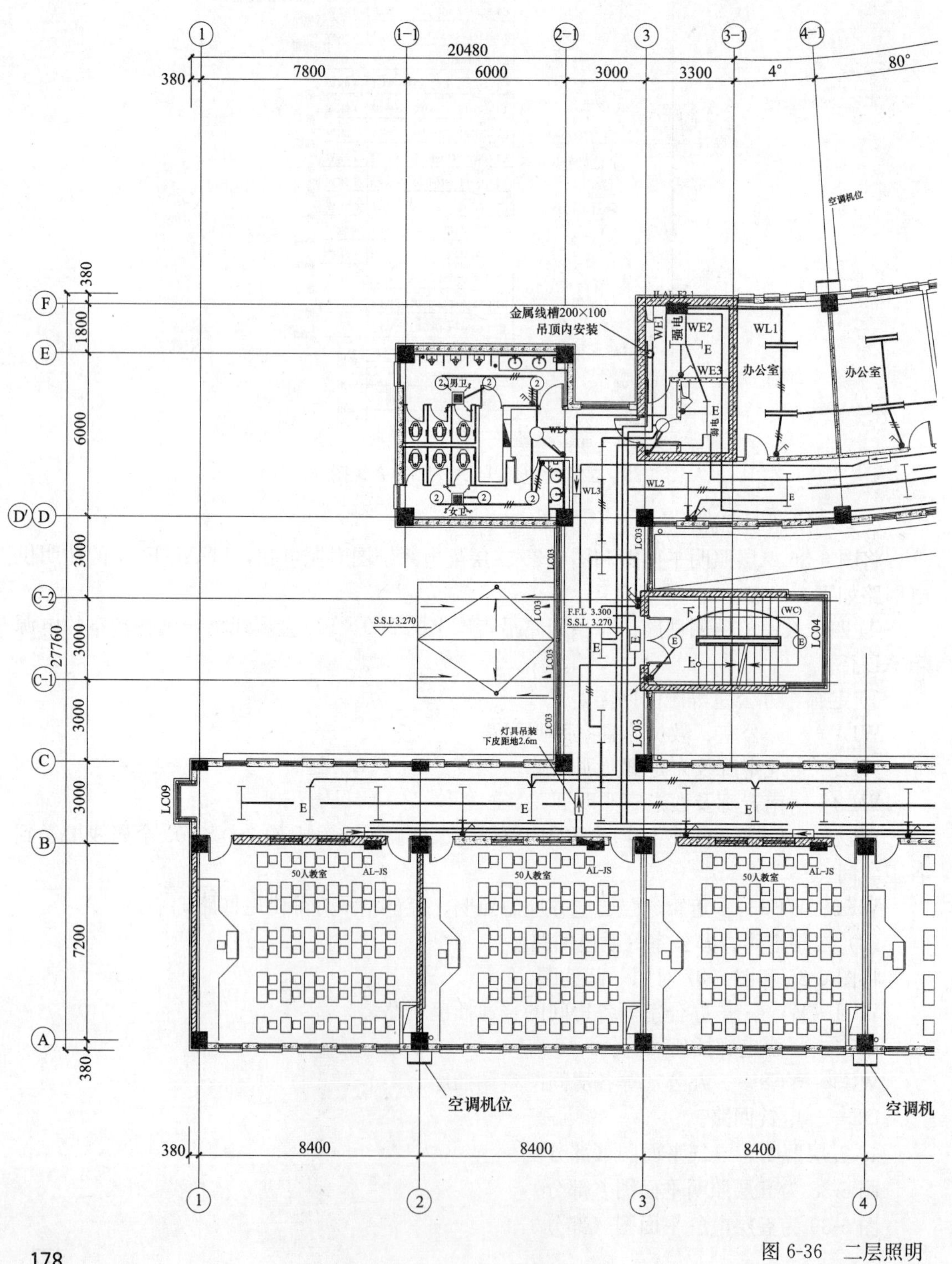
20480
7800
6000
3000
3300
4°
80°
380
空调机位
金属线槽200×100
吊顶内安装
强电
弱电
WE1
WE2
WE3
WL1
WL2
WL3
办公室
办公室
男卫
女卫
LC03
LC04
LC09
F.F.L 3.300
S.S.L 3.270
S.S.L 3.270
下
上
(WC)
灯具吊装
下皮距地2.6m
27760
1800
6000
3000
3000
3000
3000
7200
50人教室
AL-JS
50人教室
AL-JS
50人教室
AL-JS
空调机位
空调机
8400
8400
8400

图 6-36　二层照明

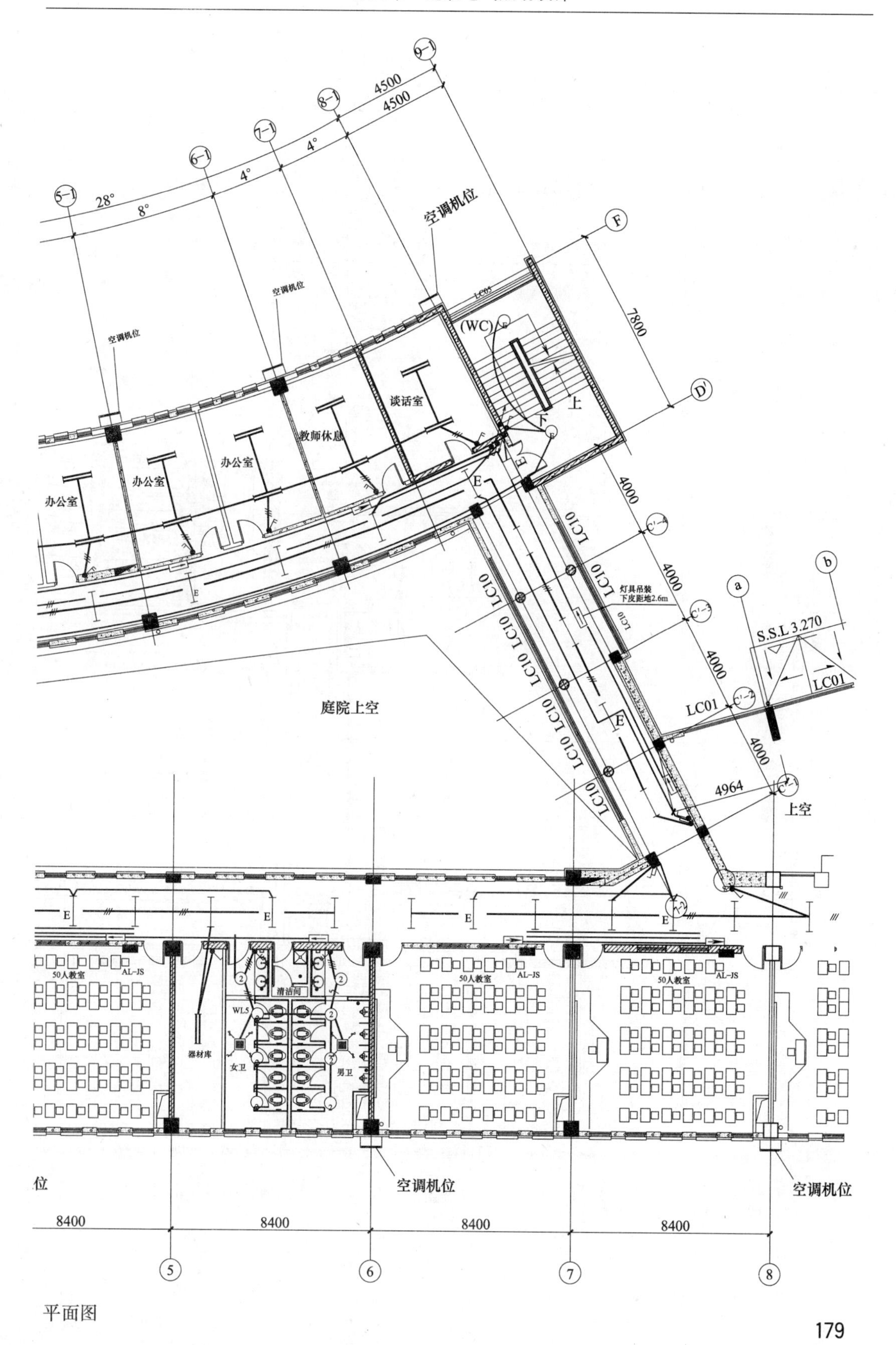

空调机位
办公室
教师休息
谈话室
(WC)
上
下
7800
4000
4000
4000
4000
4964
LC01
LC10
灯具吊装
下皮距地2.6m
S.S.L 3.270
上空
庭院上空
50人教室
AL-JS
清洁间
器材库
女卫
男卫
WL5
位
8400
8400
8400
8400

平面图

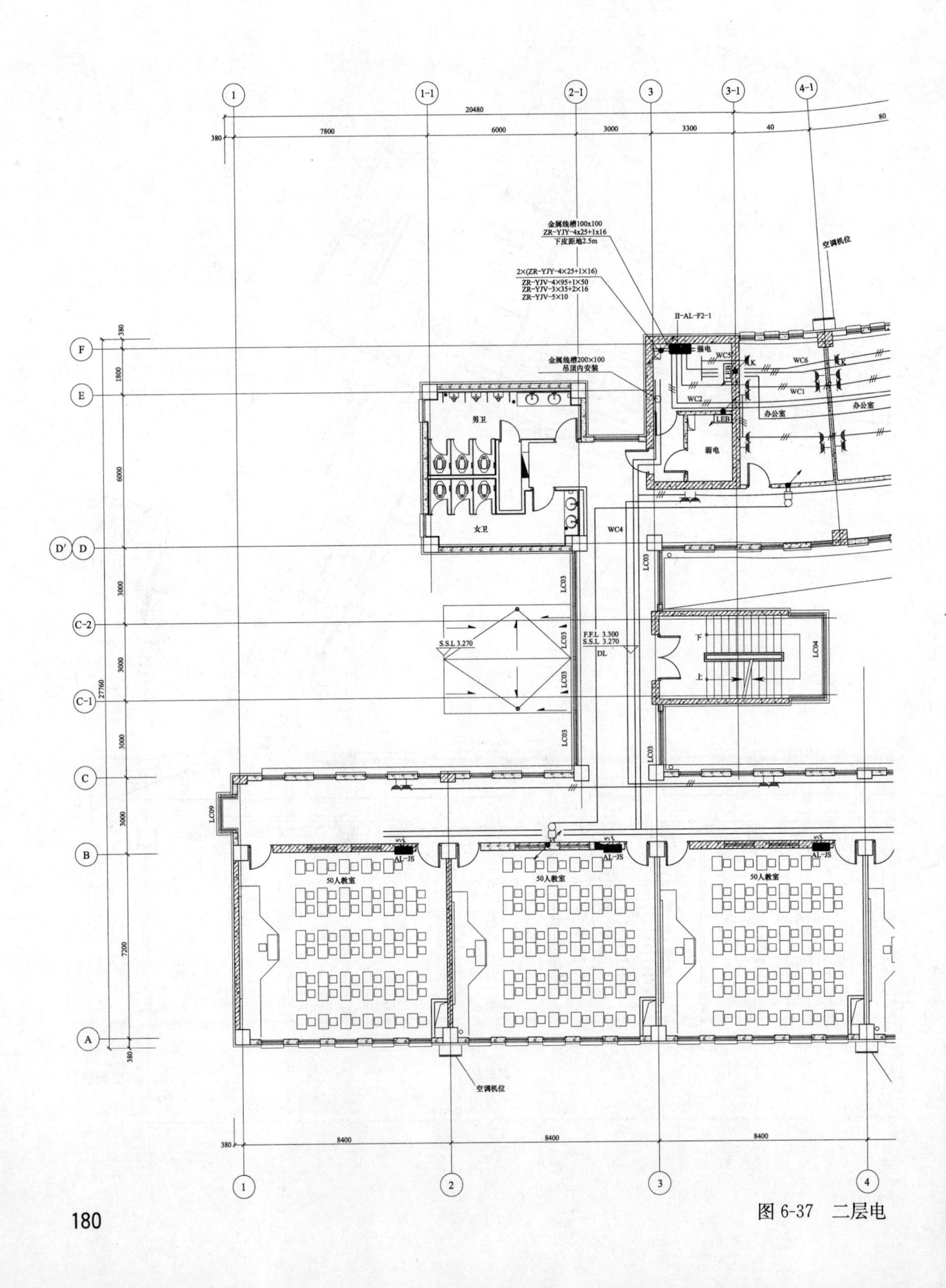

金属线槽100x100
ZR-YJY-4x25+1x16
下皮距地2.5m
2×(ZR-YJY-4×25+1×16)
ZR-YJV-4×95+1×50
ZR-YJV-3×35+2×16
ZR-YJV-5×10
II-AL-F2-1
金属线槽200×100
吊顶内安装
强电
弱电
男卫
女卫
办公室
空调机位
50人教室
AL-JS
S.S.L 3.270
F.F.L 3.300
S.S.L 3.270
WC1
WC2
WC4
WC5
WC6
LC03
LC04
LC09

图 6-37　二层电

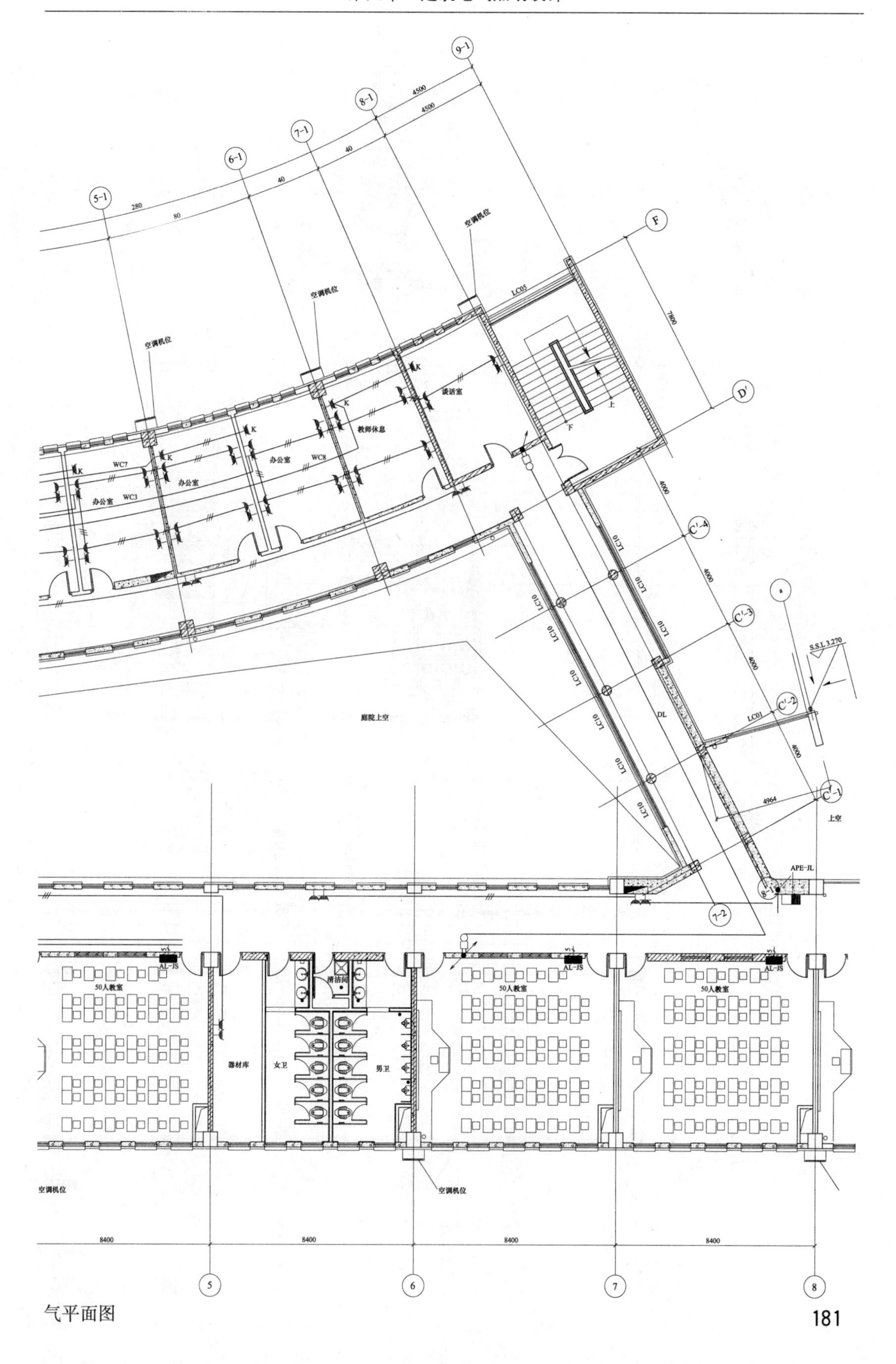
空调机位
谈话室
教师休息
办公室
WC7
WC8
WC3
庭院上空
LC05
LC01
DL
APE-JL
AL-JS
50人教室
器材库
女卫
男卫
清洁间
上空
S.S.L 3.270
8400
4964
4000
7800
4500

气平面图

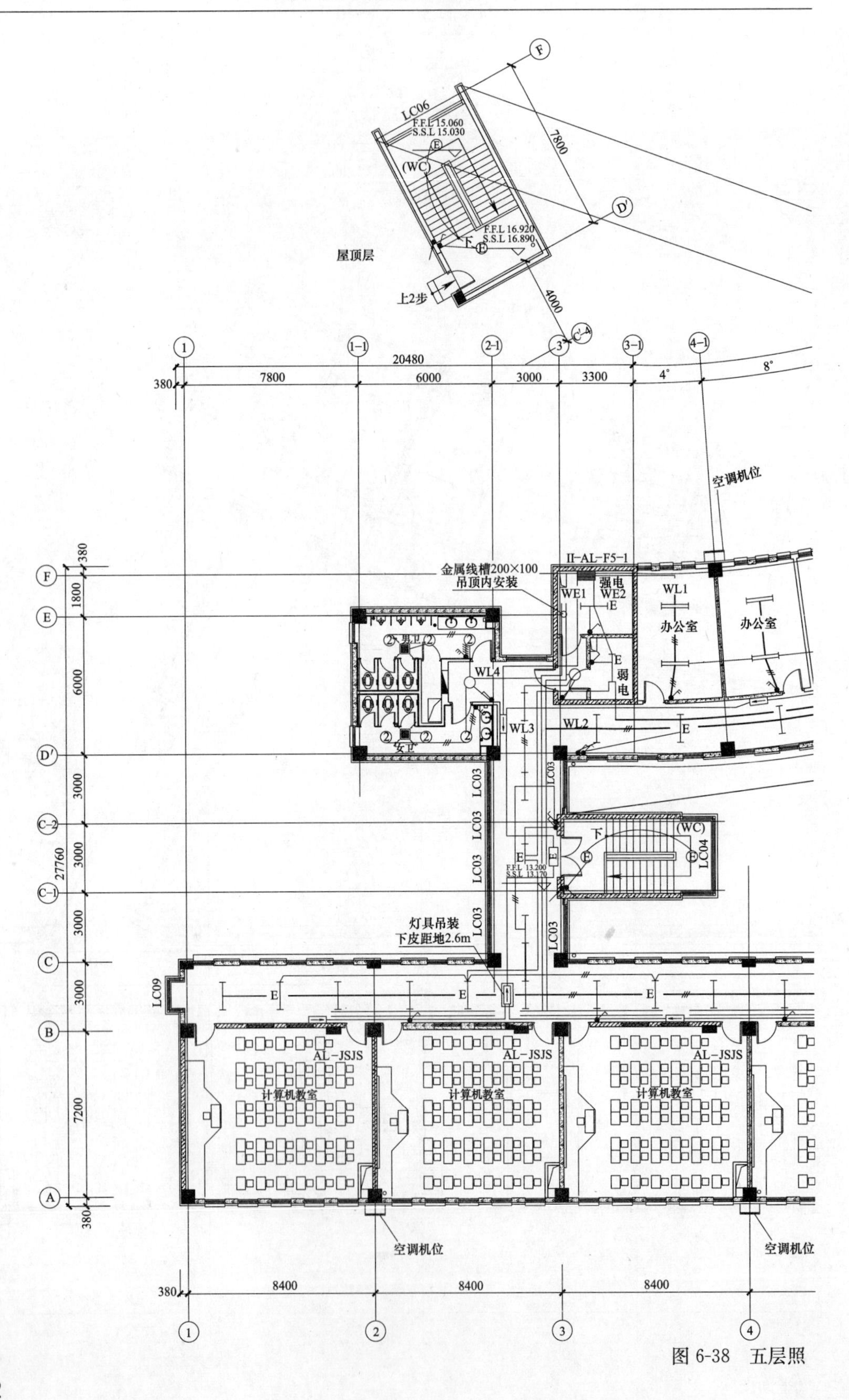
LC06
F.F.L 15.060
S.S.L 15.030
(WC)
F.F.L 16.920
S.S.L 16.890
屋顶层
上2步
7800
4000
20480
380
7800
6000
3000
3300
4°
8°
空调机位
II-AL-F5-1
金属线槽200×100
吊顶内安装
强电
WE1
WE2
WL1
办公室
办公室
弱电
WL4
男卫
女卫
WL3
WL2
LC03
LC04
(WC)
F.F.L 13.200
S.S.L 13.170
灯具吊装
下皮距地2.6m
LC09
AL-JSJS
计算机教室
空调机位
空调机位
8400
8400
8400
1800
6000
3000
27760
7200

图 6-38　五层照

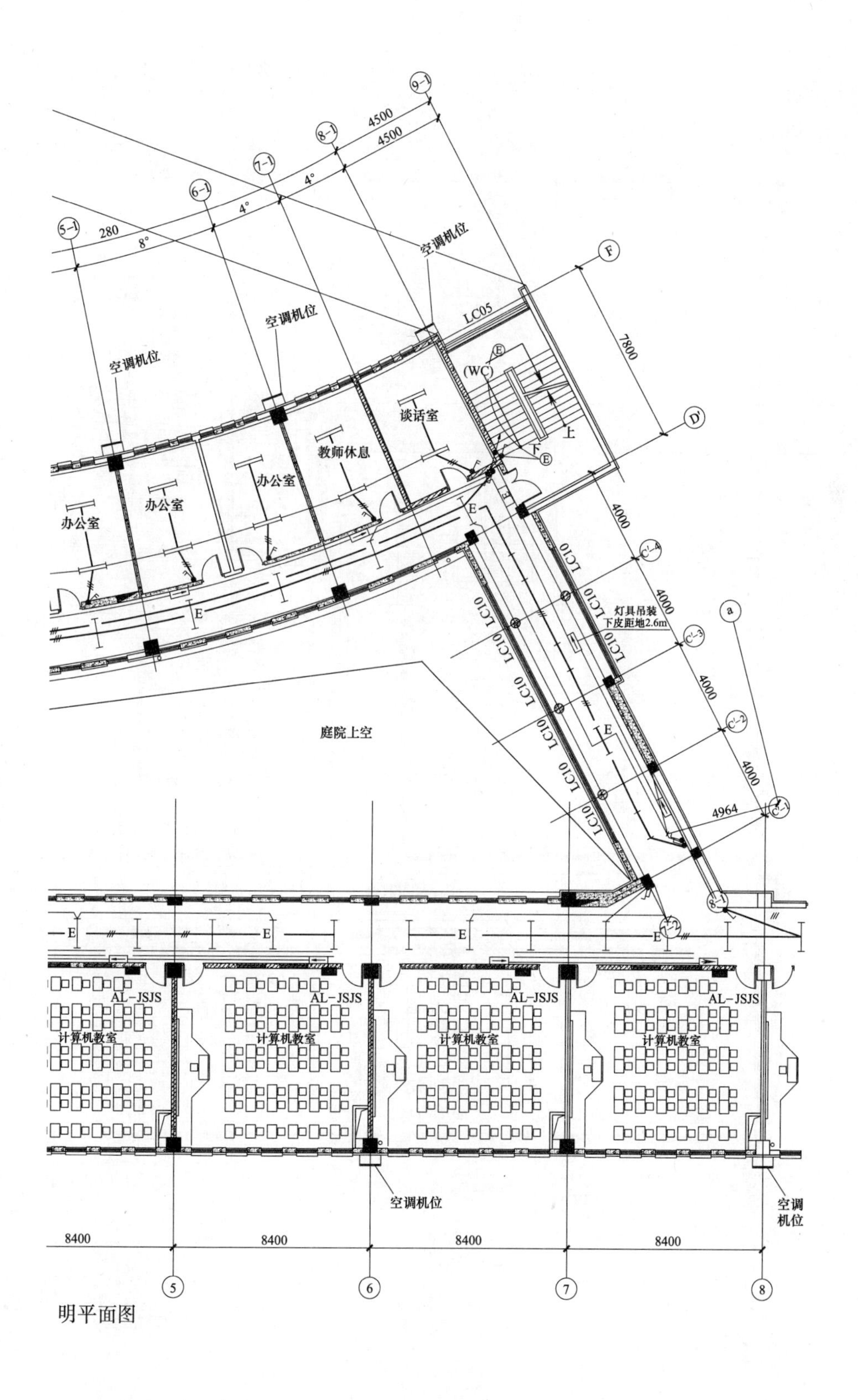
空调机位
空调机位
空调机位
空调机位
空调机位
空调
机位
LC05
(WC)
谈话室
教师休息
办公室
办公室
办公室
灯具吊装
下皮距地2.6m
庭院上空
AL-JSJS
计算机教室
8400
4500
4000
7800
4964

明平面图

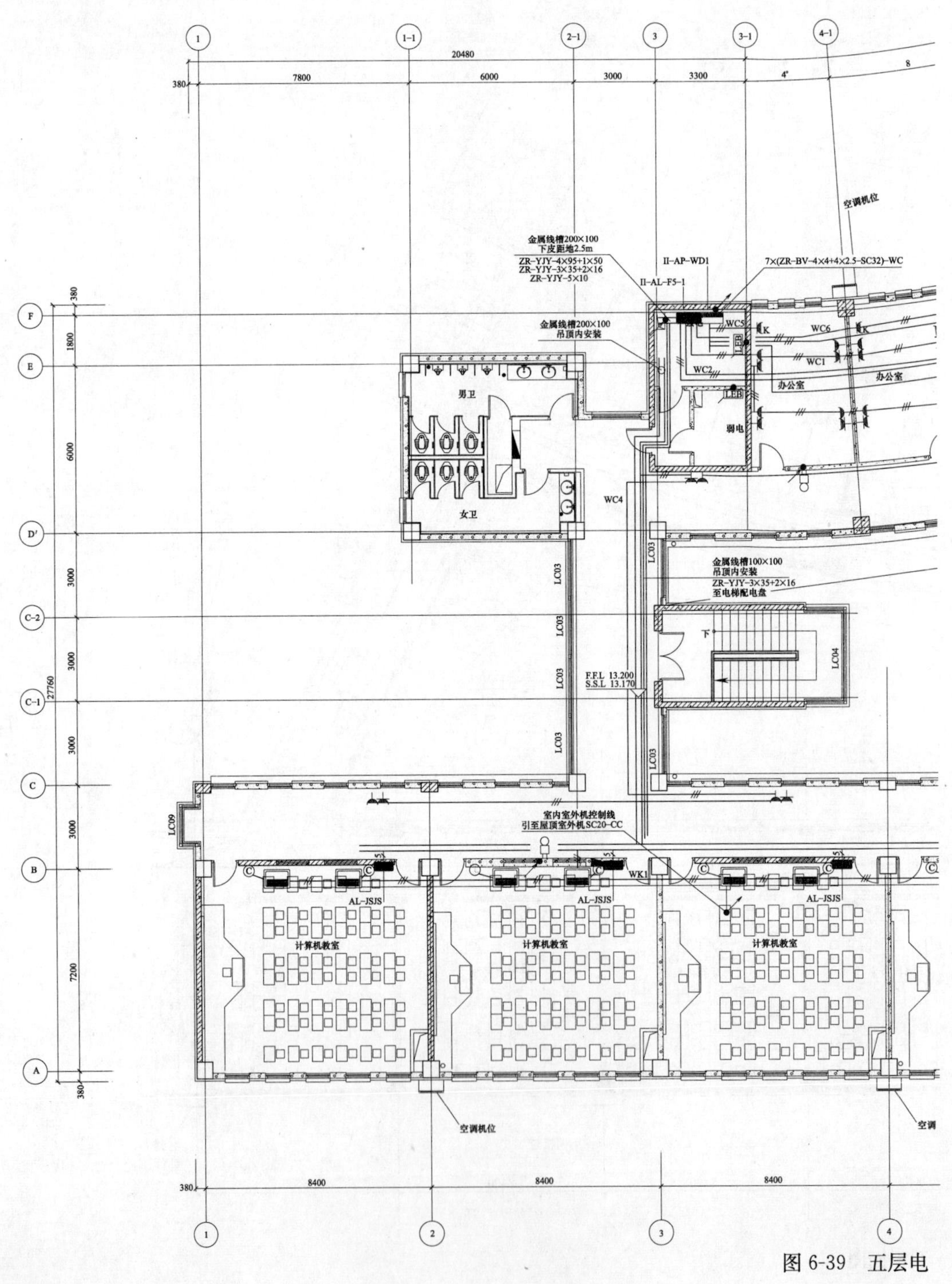
空调机位
金属线槽200×100
下皮距地2.5m
ZR-YJY-4×95+1×50
ZR-YJY-3×35+2×16
ZR-YJY-5×10
II-AP-WD1
II-AL-F5-1
7×(ZR-BV-4×4+4×2.5-SC32)-WC
金属线槽200×100
吊顶内安装
男卫
女卫
办公室
弱电
WC4
金属线槽100×100
吊顶内安装
ZR-YJY-3×35+2×16
至电梯配电盘
F.F.L 13.200
S.S.L 13.170
室内室外机控制线
引至屋顶室外机SC20-CC
AL-JSJS
计算机教室
空调机位

图 6-39　五层电

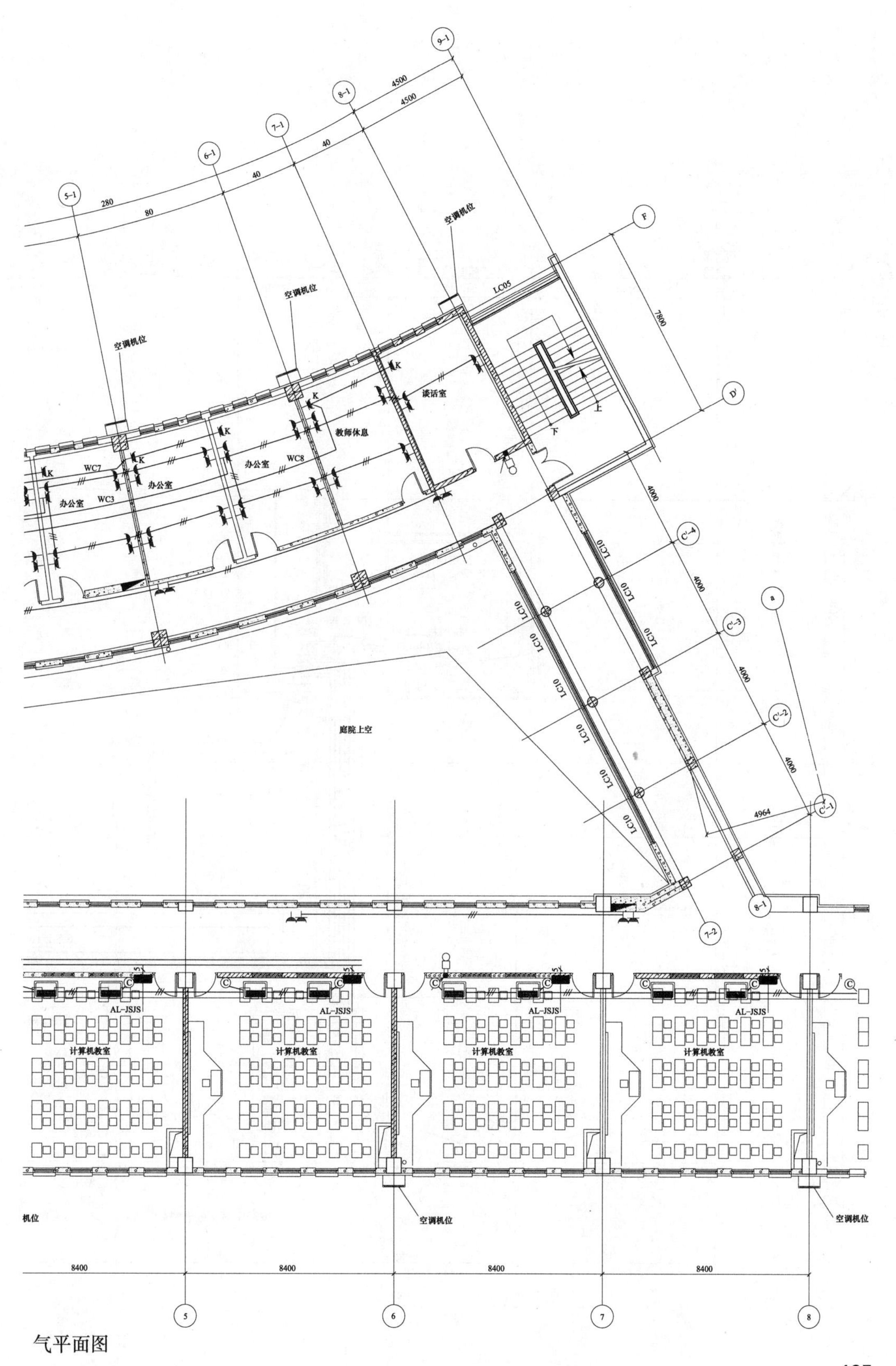

空调机位
LC05
7800
谈话室
教师休息
办公室
WC7
WC3
WC8
庭院上空
AL-JSJS
计算机教室
8400
4964
4000

气平面图

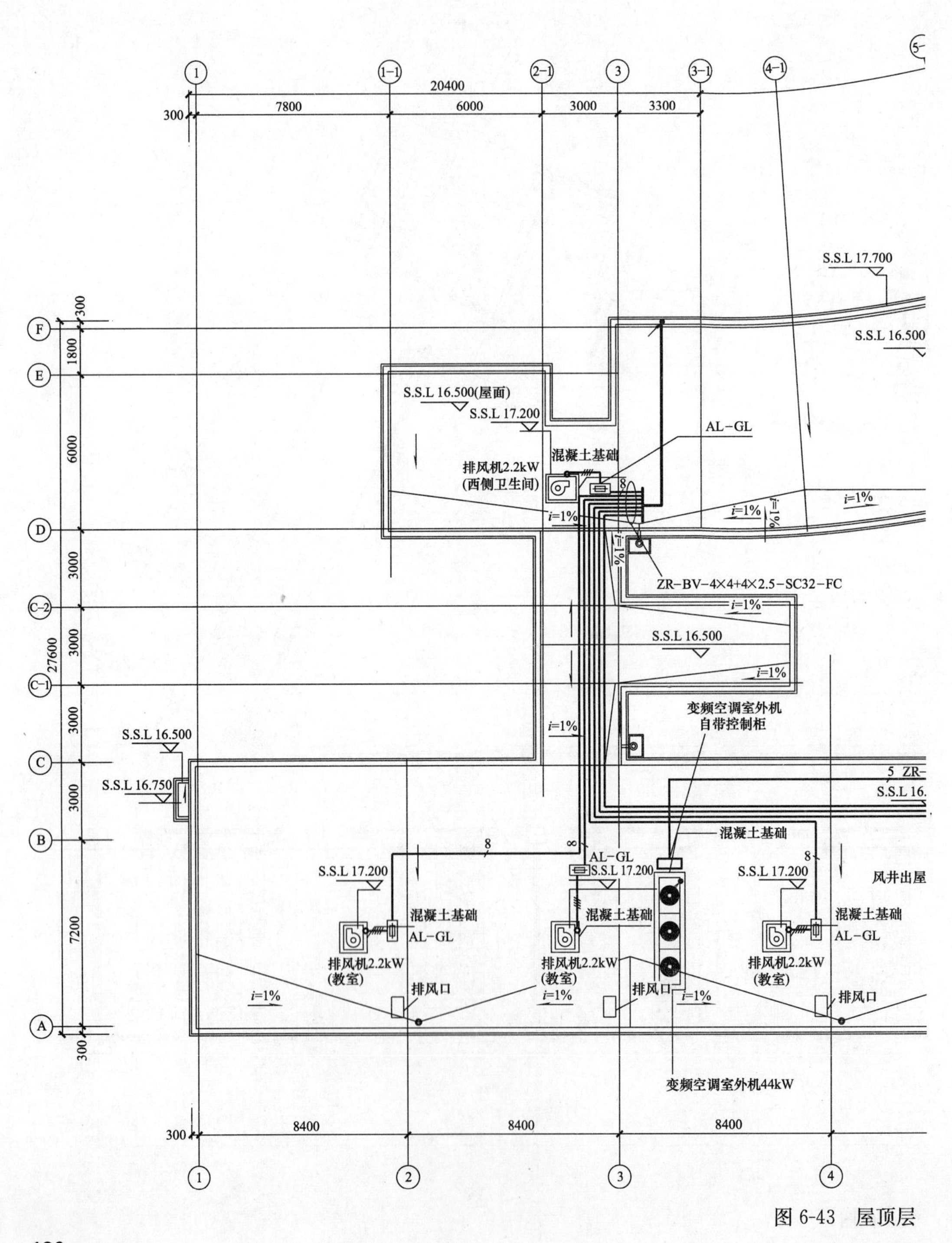
20400
7800
6000
3000
3300
300
S.S.L 17.700
S.S.L 16.500
S.S.L 16.500(屋面)
S.S.L 17.200
AL-GL
混凝土基础
排风机2.2kW
(西侧卫生间)
i=1%
ZR-BV-4×4+4×2.5-SC32-FC
S.S.L 16.500
变频空调室外机
自带控制柜
S.S.L 16.750
5 ZR-
混凝土基础
S.S.L 17.200
排风机2.2kW
(教室)
排风口
风井出屋
变频空调室外机44kW
8400
8400
8400
27600
7200

图 6-43　屋顶层

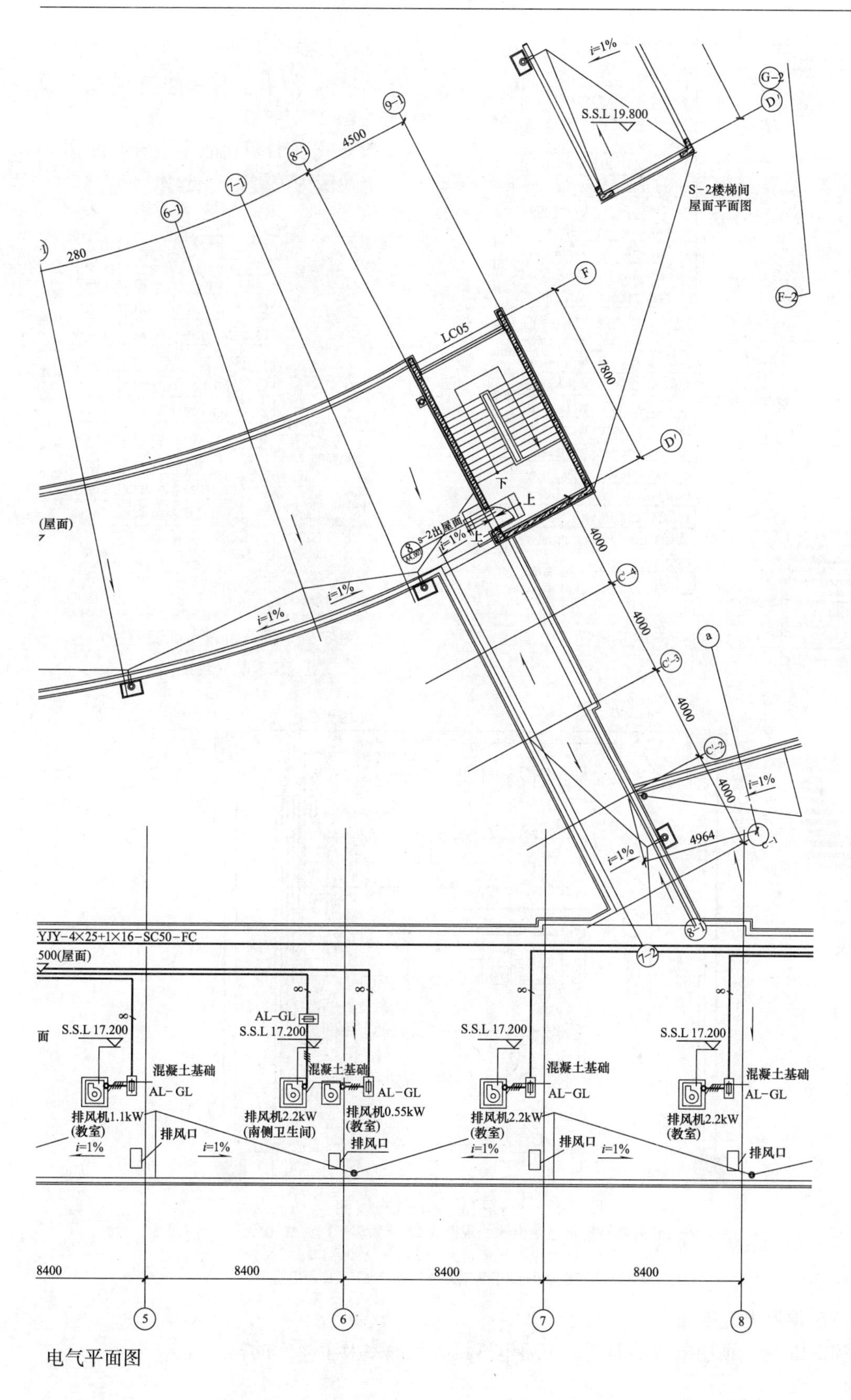

i=1%
G-2
D'
S.S.L 19.800
S-2楼梯间
屋面平面图
9-1
4500
8-1
7-1
6-1
280
F
F-2
LC05
7800
D'
下
上
(屋面)
S-2出屋面
4000
C'-4
4000
a
C'-3
4000
C'-2
4000
C'-1
4964
8-1
7-2
YJY-4×25+1×16-SC50-FC
500(屋面)
AL-GL
S.S.L 17.200
混凝土基础
AL-GL
排风机1.1kW
(教室)
排风口
排风机2.2kW
(南侧卫生间)
排风机0.55kW
(教室)
排风机2.2kW
(教室)
排风机2.2kW
(教室)
8400
5
6
7
8

电气平面图

图 6-40 为五层配电系统图（部分）。

图 6-41 为五层计算机教室电源箱 AL-JSJS 电气系统图。

图 6-42 为计算机教室电气布线图。

上述图为读者自学使用。

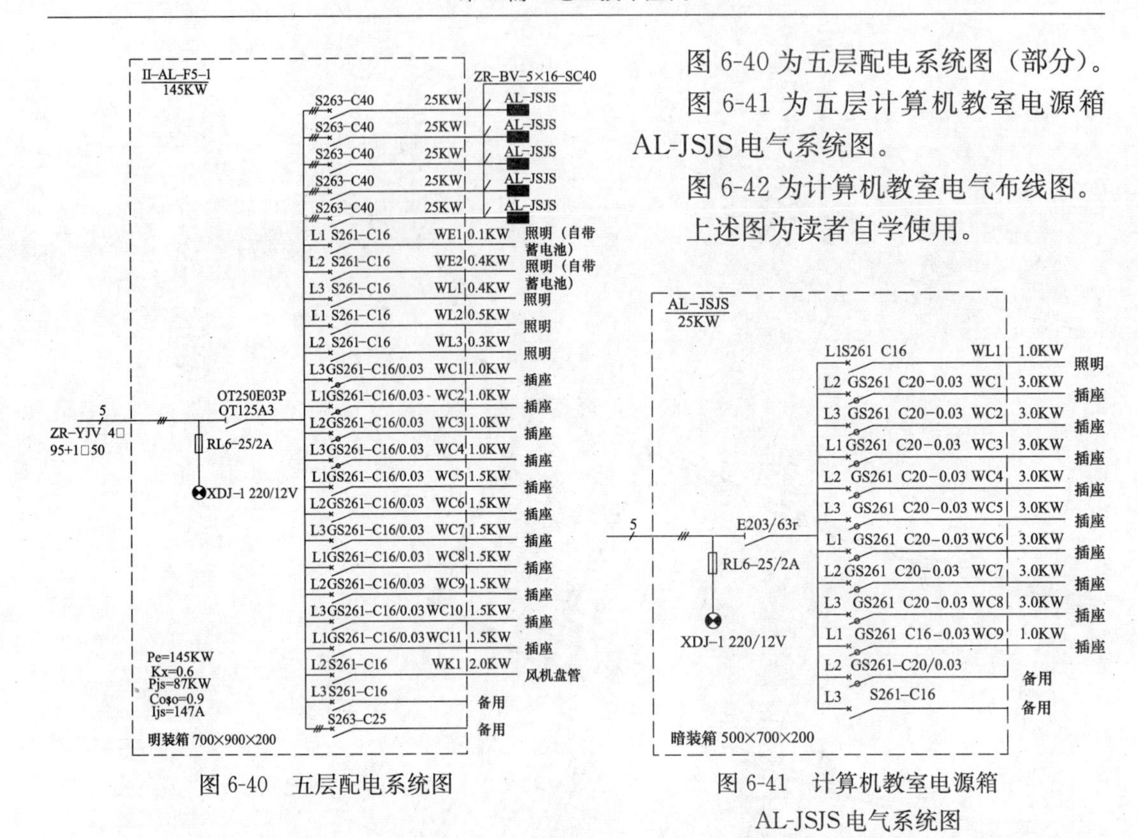

图 6-40　五层配电系统图

图 6-41　计算机教室电源箱 AL-JSJS 电气系统图

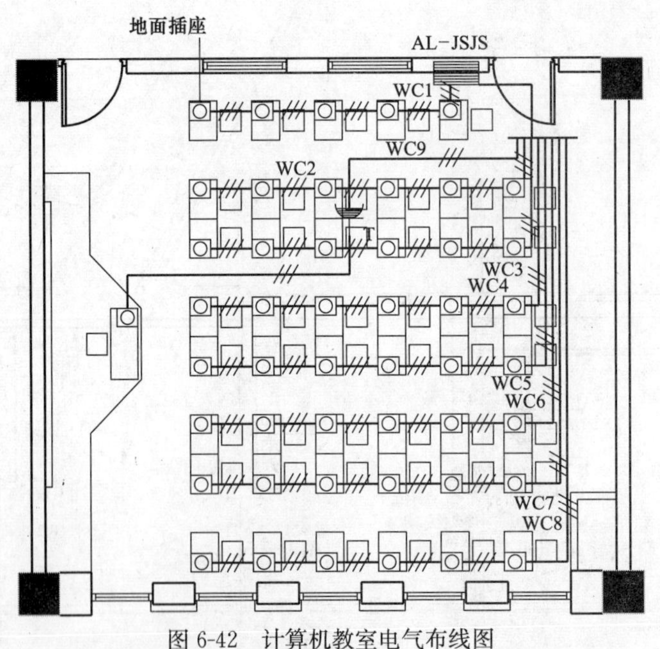

图 6-42　计算机教室电气布线图

注：计算机教室配电盘电源线规格为 ZR-BV-5×16-SC40-ACC

WC1-WC8 插座电源线规格为 ZR-BV-3×4-SC20-FC

WC9 插座电源线规格为 ZR-BV-3×2.5-SC15-FC

5. 屋顶层电气平面图

图 6-43 为屋顶层电气平面图。主要电气设备为教室及卫生间的排风机。

复习思考题

6-1　汽车雾灯是什么颜色？为什么？

6-2　照度和亮度有何区别？

6-3　冷色与暖色区别在哪？观察你所在的房间属于哪种？

6-4　对房间的照明质量有何要求？

6-5　限制眩光的方法？

6-6　利用图 6-7（*a*）说明荧光灯的工作原理。

6-7　利用表 6-6 分别选出光效高、平均寿命长、亮度大、显色性优的各种电光源。

6-8　图 6-20（*b*）中的荧光灯其光强是如何分布的（指上射与下射、平行与垂直的区别）？图中数字“1.6/1.2”表示什么？而图（*c*）与（*b*）比较，有何特色？

6-9　利用系数法与单位容量法在应用上有何区别？

6-10　为你所在的房间选择电光源、选择灯具，并对灯具妥善布置。（画出布置图）

习　　题

6-1　某教室长 9m，宽 6m，高为 3.6m。试为其进行照明电气设计。

（照明电气设计包括：选光源和灯具、计算灯具数量、布置灯具、计算两个方向都合适的距高比、黑板灯具选择和布置、开关的布置、电线与线管的走向、教室电源箱的设置及系统图等，最后画出设计图）

6-2　读图练习——利用图 6-32 分别绘制出 WE1、WE2、WL1 三条支路的走向以及支路上不同位置所带的各种灯具。并计算出各支路负荷与图 6-34 比较之。

6-3　画出你所住的单元宿舍电气系统图以及电气照明平面图。

第七章 建筑物的防雷、接地及等电位连接

7.1 建筑物防雷电的基本知识

一、雷电的形成

关于雷云起电的学说有许多，近年来较为常见的一种说法是：地面湿气受热上升，或空中不同冷、热气团相遇，凝成水滴或水晶，在其运动过程中水滴受气流碰撞而破碎分裂，在水滴破裂的过程中，形成微小的水滴带负电、而大水滴带正电，这种分裂过程可能在具有强烈涡流的气流中发生，上升气流将带负电的水滴集中在雷云的上部，或沿水平方向集中到相当远的地方，形成大块的带负电的雷云；带正电的水滴以雨的形式降落到地面，或者保持悬浮状态，形成带正电的雷云。

由于电荷的不断积累，不同极性的云块之间的电场强度不断增大，当某处的电场强度超过空气可能承受的击穿强度时，就形成了云间放电。不同极性的电荷通过一定的电离通道互相中和，产生强烈的光和热。放电通道所发出的这种强光，人们称之为“闪”，而通道所发出的热，使附近的空气突然膨胀，发出霹雳的轰鸣，人们称之为“雷”。

雷电放电大多数是重复性的，一次雷电平均包括 3～4 次放电，重复的放电都是沿着第一次放电的通路发展的，这是由于雷云的大量体积电荷不是一次放完，第一次放电是从雷云最低层发生的，随后的放电是从较高云层或相邻区域发生的。每次雷电放电的全部时间可达十分之几秒。雷云开始放电时雷电流急剧增大，在闪电到达地面的瞬间，雷电流最大值可达 200～300kA。如此强大的雷电流，其所到之处会引起热的、机械的和电磁的作用。

二、雷电活动与雷电日

雷电活动的强度是因地区而异的，某一地区的雷电活动强度，通常用年平均雷电日这一数字来表示。即一年四季所有发生雷电放电的天数。我国年平均雷电日分布大致可以划分为四个区域：西北地区年平均雷电日一般在 15 日以下，为少雷区。长江以北大部地区（包括东北）年平均雷电日在 15～40 日之间；长江以南地区年平均雷电日在 40 日以上，为多雷区。北纬 23°以南地区年平均雷电日均超过 80 日；海南岛及雷州半岛地区，是我国雷电活动最剧烈的地区，年平均雷电日超过 90 日，高达 120～130 日为强雷区。

全国一些重要城市的年平均雷电日如表 7-1 所示。

三、雷击的选择性

大量雷害事故的统计资料和实验研究证明，雷击的地点和建筑物遭受雷击的部位是有一定规律的，这些规律称为雷击的选择性。

1. 雷击通常受下列因素的影响：

（1）与地质构造有关　即与土壤电阻率有关。土壤电阻率小的地方易受雷击，在不同电阻率的土壤交界地段易受雷击。雷击经常发生在有金属矿床的地区，河岸、地下水出口

全国一些重要城市的年平均雷电日（d） 表 7-1

城　市	雷 电 日	城　市	雷 电 日
北京	36.7	武汉	37.8
天津	28.6	长沙	49.5
石家庄	31.5	广州	87.6
太原	36.4	南宁	88.6
呼和浩特	37.5	成都	36.9
沈阳	27.1	贵阳	48.9
长春	36.6	昆明	62.8
哈尔滨	30.9	拉萨	73.2
上海	32.2	西安	17.3
南京	35.1	兰州	23.6
杭州	40.0	西宁	32.9
合肥	30.1	银川	19.7
福州	57.6	乌鲁木齐	9.3
南昌	58.5	海口	113.8
济南	26.3	台北	27.9
郑州	22.6	香港	34.0

处，山坡与稻田接壤的地区。

（2）与地面上的设施情况有关　凡是有利于雷云与大地建立良好的放电通道者易受雷击，这是影响雷击选择性的重要因素。在旷野中，即使建筑物并不很高，但由于它比较孤立、突出，因此也比较容易遭受雷击。从烟囱中冒出的热气柱和烟气有时含有少量的导电质点和游离的气团，它们比一般空气易于导电，等于加高了烟囱的高度，这也是烟囱易于遭受雷击的原因之一。建筑物的结构、内部设备情况对雷电的发展也有关系。金属结构的建筑物或内部有大型金属物体的厂房，或内部经常潮湿的房屋，由于这些地方具有较好的导电性能，因此比较容易遭受雷击。此外，我们还应注意到：大树、枯老的树木、输电线、高架天线及其他高架金属管道等都容易遭受雷击。

（3）从地形来看，凡是有利于雷云的形成和相遇条件的易遭受雷击。我国大部分地区山的东坡、南坡较北坡、西北坡易受雷击，山中平地较狭谷易受雷击。

2. 建筑物易遭雷击部位如下：

（1）不同屋顶坡度（0°、15°、30°、45°）建筑物的雷击部位见图 7-1。

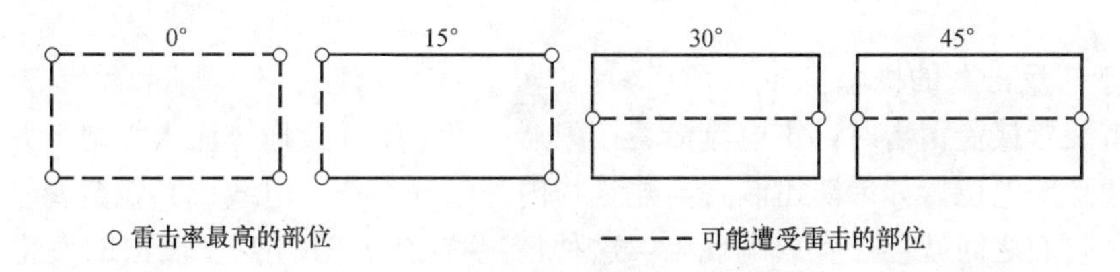

图 7-1　不同屋顶坡度建筑物的雷击部位

（2）屋角与檐角的雷击率最高；

（3）屋顶的坡度愈大，屋脊的雷击率也愈大；当坡度大于40°时，屋檐一般不会再受雷击；

（4）当屋面坡度小于27°，长度小于30米时，雷击点多发生在山墙，而屋脊和屋檐一般不再遭受雷击；

（5）雷击屋面的几率甚少。

设计时，可对易受雷击的部位，重点进行防雷保护。

四、雷电的危害及有关概念

雷电的破坏作用主要是雷电流引起的。它的危害基本上可分成三种类型：一是直击雷的作用，即雷电直接击在建筑物或设备上发生的热效应作用和电动力作用；二是雷电的二次作用，通常称为感应雷，即雷电流产生的静电感应作用和电磁感应作用；三是雷电对架空线路或金属管道的作用，所产生的雷电波可能沿着这些金属导体、管路，特别是沿天线或架空电线引入室内，形成所谓高电位引入，而造成火灾或触电伤亡事故。

雷电流的热效应主要表现在雷电流通过导体时产生出大量的热能，此热能能使金属熔化、飞溅，从而引起火灾或爆炸。

雷电流的机械力作用能使被击物体破坏，这是由于被击物缝隙中的气体在雷电流作用下剧烈膨胀、水分急剧蒸发而引起被击物爆裂。此外，静电斥力、电磁推力也有很强的破坏作用。前者是指被击物上同性电荷之间的斥力，后者是指雷电流在拐角处或雷电流相平行处的推力。

1. 静电感应过电压

当金属屋顶、输电线路或其他导体处于雷云和大地间所形成的电场中时，导体上就会感应出与雷云性质相反的大量的电荷（称为束缚电荷）。雷云放电后，云与大地间的电场突然消失，导体上的电荷来不及立即流散，因而产生很高的对地电位。这种对地电位称为“静电感应过电压”。此时，导体上的束缚电荷变为自由电荷，向导线两侧流动，形成感应过电压波。高压输电线上的感应过电压可达300～400kV，但一般配电线路，由于悬挂高度低，漏电大，感应过电压大致不超过100kV。为了防止静电感应电压的危害，应将建筑物的金属屋顶、房屋中的大型金属物品全部给以良好的接地处理。

2. 感应电流

由于雷电流具有极大的幅值和陡度（雷电流升高的速度），在它周围的空间里，会产生强大的变化的电磁场。处在这一电磁场中的导体会感应出很高的电动势，它可以使构成闭合回路的金属物体产生强大的感应电流。如果回路中有些地方接触不良，就会产生局部发热，若回路有间隙就会产生火花放电。这对于存放易燃或易爆物品的建筑物是危险的。为了防止感应电流引起的不良后果，应该将所有互相靠近的金属物体很好地连接起来形成等电位体。

3. 关于“反击”的概念

当防雷装置接受雷击时，雷电流沿着接闪器、引下线和接地体流入大地，并且在它们上面产生很高的电位。如果防雷装置与建筑物内外电气设备、电线或其他金属管线的绝缘距离不够，它们之间就会产生放电现象，这种情况称之为“反击”。反击的发生，可引起电气设备绝缘被破坏，金属管道被烧穿，甚至引起火灾、爆炸及人身事故。

为了防止反击及其他事故的发生，应使防雷装置与建筑物金属导体和其他设施之间，保持一定的距离。我国的建筑物防雷规范规定：对于第一类工业建筑物，防雷装置与被保护物之间的距离不应小于 3m；对于民用建筑物则不应小于 2m。

4. 跨步电压与接触电压

当雷电流经地面雷击点或接地体，流散入周围土壤时，在它的周围形成了电压降落。如果有人在接地体附近行走，就会受到雷电流所造成的“跨步电压”的危害。跨步电压对于赤脚或穿湿布鞋的人特别危险。

当雷电流流经引下线和接地装置时，由于引下线本身和接地装置都有阻抗，因而会产生较高的电位差，这种电压有时高达几万伏，甚至几十万伏。这时如果有人或牲畜接触引下线或接地装置，就会受到雷电流所产生的“接触电压”的危害。

必须注意，不仅仅是在引下线和接地装置上才发生接触电压，当某些金属导体与防雷装置连通，或者这些金属导体与防雷装置的绝缘距离不够，受到反击时，也会出现这种现象。

为了保证人和牲畜的安全，可将引下线和接地装置尽可能地安装在人畜不易接近的地方，并在可能条件下将引下线在人易接触到的部位，加以绝缘或隔离起来，以保证安全。

7.2　建筑物的防雷装置

建筑物的防雷装置，一般由三个基本部分组成。如图 7-2 所示。

（1）接闪器　接闪器也叫做受雷装置，是接受雷电流的金属导体，即通常所指的避雷针、避雷带或避雷网。当建筑物由于美观上的要求，不允许装设避雷针时，可采用避雷带或避雷网，利用直接敷设在屋顶和房屋突出部分的金属条（圆钢或扁钢）作为接闪器。

（2）引下线　引下线又称引流器，它是把雷电流由接闪器引到接地装置的导体，一般敷设在外墙面或暗敷于混凝土柱子内。

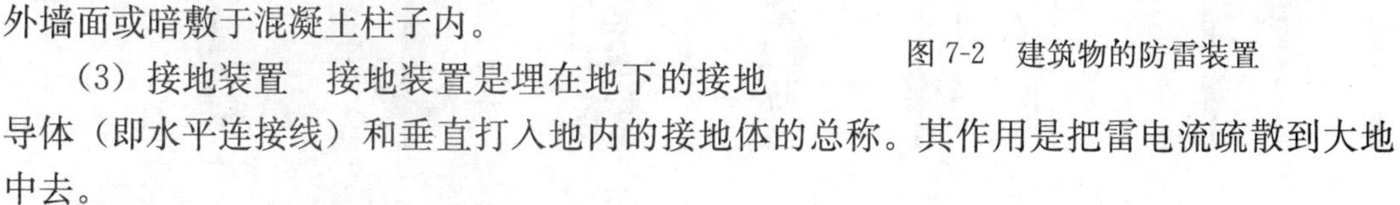

图 7-2　建筑物的防雷装置

（3）接地装置　接地装置是埋在地下的接地导体（即水平连接线）和垂直打入地内的接地体的总称。其作用是把雷电流疏散到大地中去。

这三部分是同样地重要，缺一不可。

一、接闪器

它包括避雷针、避雷带、避雷网，以及用作接闪的金属屋面等。

1. 避雷针

它主要保护露天变、配电设备以及细高的建筑物或构筑物，如烟囱和水塔等。

（1）避雷针的制作

避雷针一般用镀锌圆钢或焊接钢管制成，在顶部削尖，以利于尖端放电。圆钢截面不得小于 $100mm^2$，钢管厚度不得小于 3mm。其直径不应小于下列数值。

针长 1m 以下时：圆钢 12mm；钢管 20mm。

针长 1～2m 时：圆钢 16mm；钢管 25mm。

烟囱顶上的针：圆钢 20mm；钢管 40mm。

当避雷针较长时，针体则由针尖和不同管径的钢管组合焊接而成，如图 7-3 所示。

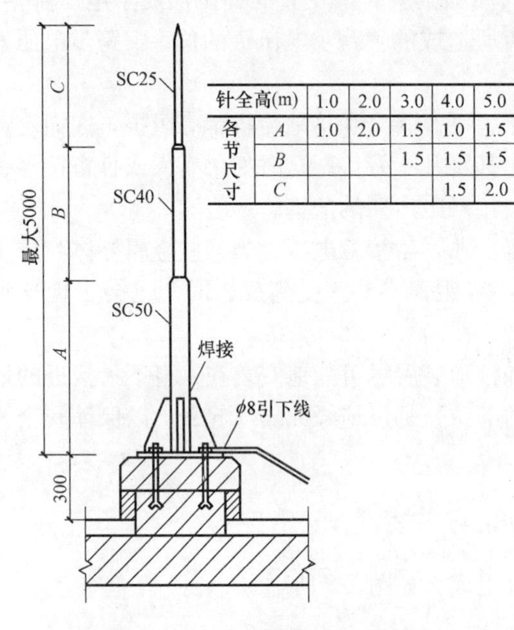

针全高(m)		1.0	2.0	3.0	4.0	5.0
各节尺寸	A	1.0	2.0	1.5	1.0	1.5
	B			1.5	1.5	1.5
	C				1.5	2.0

图 7-3　较长的避雷针结构图

避雷针的形状还可随使用环境和用途而变化，如图 7-4 所示。

（2）避雷针的保护范围

避雷针的保护范围如图 7-5 所示。

图 7-5 中所用符号的说明如下（单位均为米）：

h——避雷针的高度（从地面算起）；

h_x——被保护物的高度；

h_a——避雷针的有效高度，$h_a=h-h_x$（亦即避雷针高出建筑物的长度）；

r_x——避雷针在 h_x 高度的水平面上的保护半径；

r——避雷针在地面上的保护半径，$r=1.5h$。

① 单支避雷针的保护范围如图 7-5（*a*）所示。其保护范围是以避雷针为轴的折线圆锥体。圆锥体的具体作图法为：

a. 以 $h/2$ 为界，圆锥体的上半截是：以避雷针顶点为中心画一条与地面成 45°角的直线所围成的圆锥体；

b. 圆锥体的下半截是：在 45°斜线上的 $h/2$ 处，与在地平面 $r=1.5h$ 处连成一直线经旋转所形成的圆台。

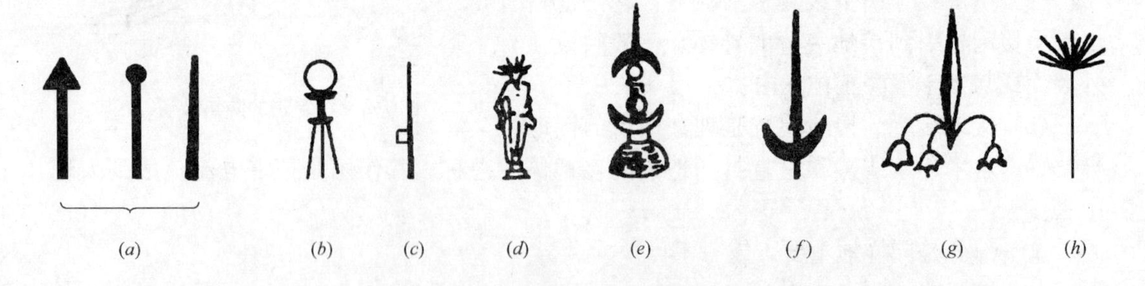

图 7-4　避雷针的其他形状

（*a*）曼哈顿区高层；（*b*）埃菲尔塔；（*c*）俄红场；（*d*）美国国会大厦；（*e*）应县塔；（*f*）石山大塔；（*g*）波斯宫遗址；（*h*）北京英东游泳馆—海胆式

在任一保护高度 h_x 的 xx' 平面上，保护半径由下式确定；

当 $h_x \geqslant \frac{h}{2}$ 时，
$$r_x=(h-h_x)P \tag{7-1}$$

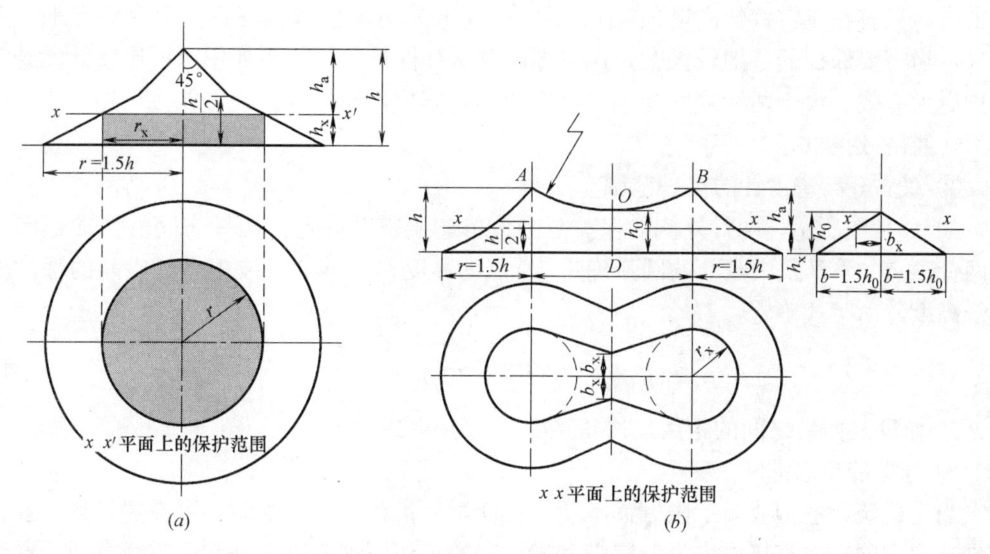

图 7-5　避雷针的保护范围

(a) 单支避雷针的保护范围；(b) 双支等高避雷针的保护范围

当 $h_x<\frac{h}{2}$ 时，

$$r_x=(1.5h-2h_x)P \tag{7-2}$$

式中，P 值是由运行经验确定的修正系数：

当 $h\leqslant 30$ 米时，$P=1$；

当 $h>30$ 米时，$P=\frac{5.5}{\sqrt{h}}$。

例 7.1　有一塔高 35m，最上部突出部分的半径为 14.5m，距地面高度为 28m。试计算若落顶装设避雷针的总高为距地面 36m 时，该塔是否全在其保护范围之内？

解　因避雷针的安装高度 $h=36$m，大于 30m，则修正系数 P 应为

$$P=\frac{5.5}{\sqrt{h}}=\frac{5.5}{\sqrt{36}}=0.917$$

又如 $h_x=28\text{m}>\frac{h}{2}=\frac{36}{2}=18\text{m}$，故应按（7-1）式计算保护半径 r_x：

$$r_x=(h-h_x)P=(36-28)\times 0.917=7.34\text{m}$$

由于塔身最上部突出部分的半径为 14.5m，而 36m 高的避雷针在 28m 高的保护半径只有 7.34m，所以该塔还远未被避雷针保护起来。

若将避雷针升高至 46m，那么，此时的修正系数为：

$$P=\frac{5.5}{\sqrt{h}}=\frac{5.5}{\sqrt{46}}=0.81$$

在 $h_x=28$m 处的保护半径 r_x 为：

$$r_x=(h-h_x)P=(46-28)\times 0.81=14.58\text{m}$$

这时塔身恰恰能处于保护范围之内。

由此例题看到，该塔的避雷针若伸出塔顶 1m（即 $h=36$m）时，并不能保证塔身不

受雷击。只有在避雷针伸出塔顶 11m（即 $h=46\text{m}$）时，才能将塔身全部保护起来。由此看来，当需要保护的范围较大时，用一根高避雷针保护，往往不如用两根比较低的避雷针保护更为有效。由于两针之间受到了良好的屏蔽作用，除受雷击的可能极少外，而且便于施工，经济效果也好。

② 双支等高避雷针的保护范围

如（*b*）图所示，两针外侧的保护范围按单支避雷针确定；两针之间的保护范围按连接两针顶点 A、B 及中点 0 的圆弧确定。0 点的高度 h_0（这是双支避雷针中间的保护范围最低高度）由下式确定

$$h_0=h-\frac{D}{7P} \tag{7-3}$$

式中 D 是两针之间的距离；修正系数 P 仍按上式确定。

2. 避雷带与避雷网

当受建筑物造型或施工限制而不便直接使用避雷针或避雷线时，可在建筑物上设置避雷带或避雷网来防直接雷击。避雷带和避雷网的工作原理与避雷针和避雷线类似。在许多情况下，采用避雷带或避雷网来保护建筑物既可以收到良好的效果，又能降低工程投资，因此在现代建筑物的防雷设计中得到了十分广泛的应用。

（1）避雷带

避雷带是用圆钢或扁钢做成的长条带状体，常装设在建筑物易受直接雷击的部位，如屋脊、屋檐（有坡面屋顶）、屋顶边缘及女儿墙或平屋面上，如图 7-6 所示。避雷带应保持与大地良好的电气连接。

用于构成避雷带的圆钢直径应不小于 8mm；扁钢的截面应不小于 48mm^2，且厚度不小于 4mm。为了能尽量对那些不易受到雷击的部位也提供一定的保护，避雷带一般要高出屋面 0.2m，其支点间距不应大于 1.5m。两条平行的避雷带之间的距离应不大于 10m。在采用避雷带对建筑物进行防雷保护时，如果遇到屋顶上有烟囱或其他突出物时，还需要另设避雷针或避雷带加以保护，如图 7-6（*a*）所示。

（2）避雷网

避雷网有明装和暗装两种形式。由于明装避雷网不美观，施工困难，投资大，已较少用。应用广泛的暗装避雷网一般为笼式结构，它是将避雷用的金属网、引下线和接地体等部分组合成一个立体的金属笼网，将整个建筑物罩住。

笼式避雷网（法拉第笼）通常是利用建筑物钢筋混凝土结构中的钢筋来构成的，即将建筑物屋面内原有的钢筋网格作接闪器使用，如图 7-7 所示。将梁、柱、楼板中的横向和纵向钢筋按防雷设计规范要求进行电气上的相互连接，这样就将整个建筑物构件中的所有钢筋连接成一个统一的导电系统，构成一个大的立体法拉第笼。其中的纵向钢筋兼作引下线使用，建筑物基础中的接地钢筋兼作接地体使用。由于暗装避雷网是以建筑物自身结构中现成的钢筋作为其组成构件的，所以它能节省投资，同时又能保持建筑物造型的完美性，还能够全方位地接闪受雷，这些都是它的显著优点。

笼式避雷网还具有均衡电压作用，当受到雷击后，由于整个笼网在电气上的连贯性，使其各个部位之间不会出现高的暂态电压，以防止建筑物中各金属构体之间发生雷电反击。

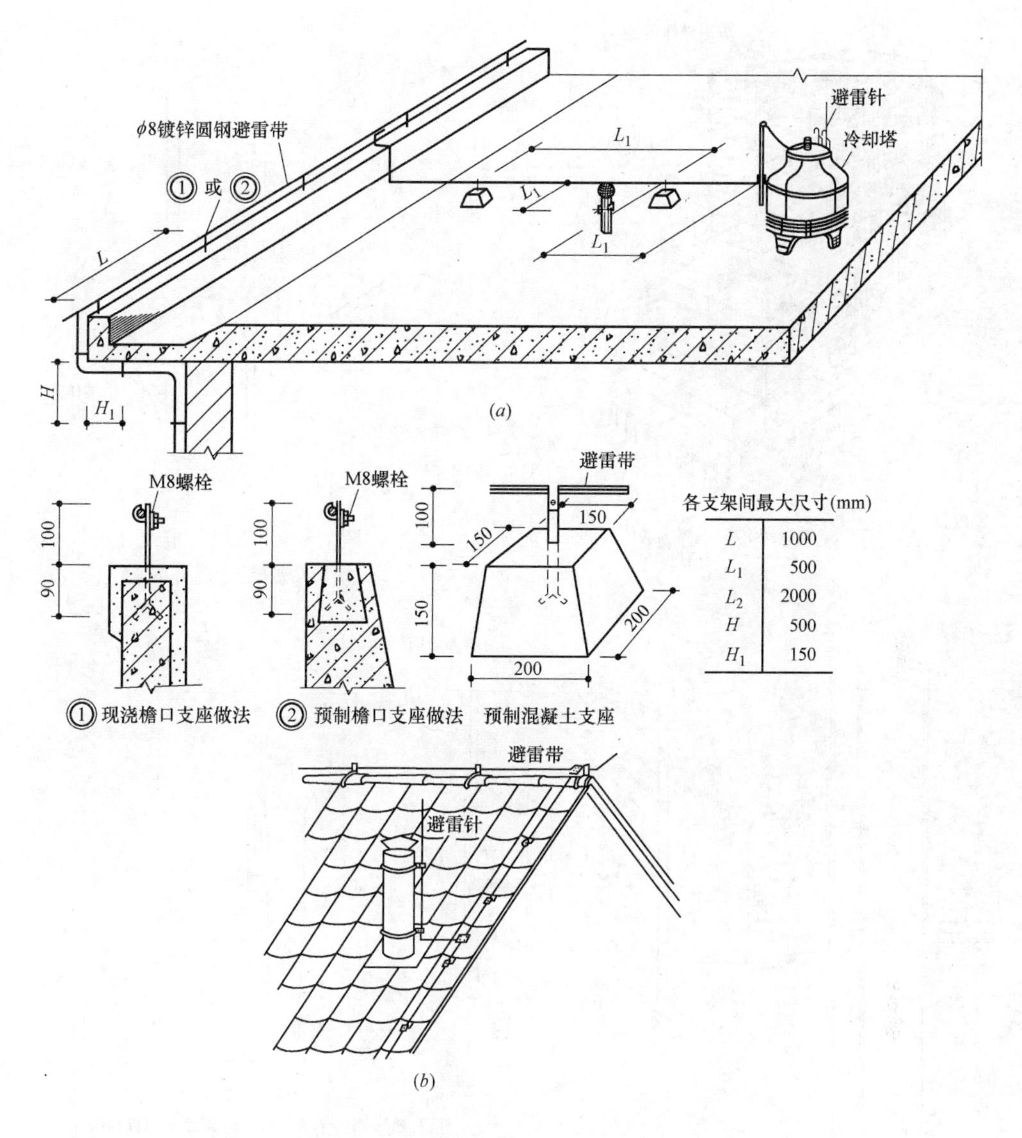

各支架间最大尺寸(mm)

L	1000
L_1	500
L_2	2000
H	500
H_1	150

图 7-6　避雷带的设置

（*a*）平屋顶现浇挑檐防雷装置做法示意；（*b*）坡屋顶的防雷做法示意

二、引下线

引下线是连接接闪器和接地装置的金属导线，其作用是将雷电流引入地下。

明装引下线沿建筑物外墙面敷设时，路径应尽可能短而直，如图 7-8 所示。

引下线一般使用圆钢或扁钢。圆钢直径 8mm，扁钢截面 48mm^2，扁钢厚度 4mm。

引下线不得少于两根，其间距不大于 30m。引下线的固定支点间距不应大于 2m。

引下线应躲开建筑物的出入口和行人较易接触的地点。在易受机械损伤的地方，地上约 1.7m 至地下 0.3m 的一段引下线应加保护措施，如用竹筒或其他绝缘材料包起来。

采用多根引下线时，宜在每条引下线距地面 0.5～1.8m 处设置断接卡子，如图 7-9 所示，以便于测量接地电阻。

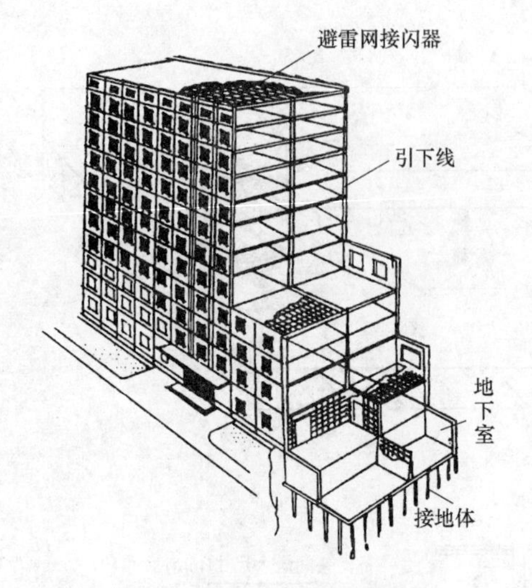

图 7-7　建筑物的笼式避雷网

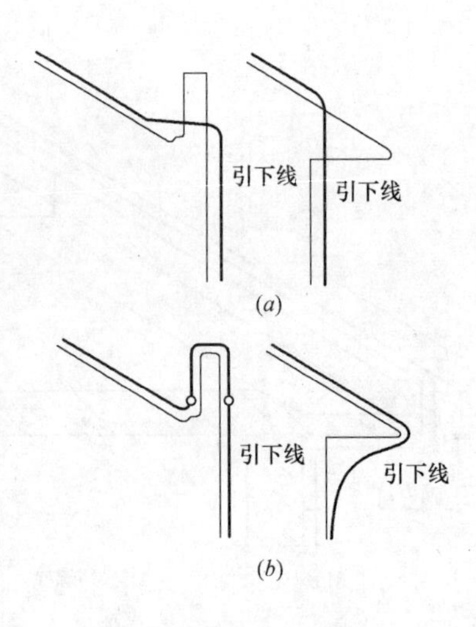

图 7-8　引下线的走线方式
(a) 正确；(b) 不正确

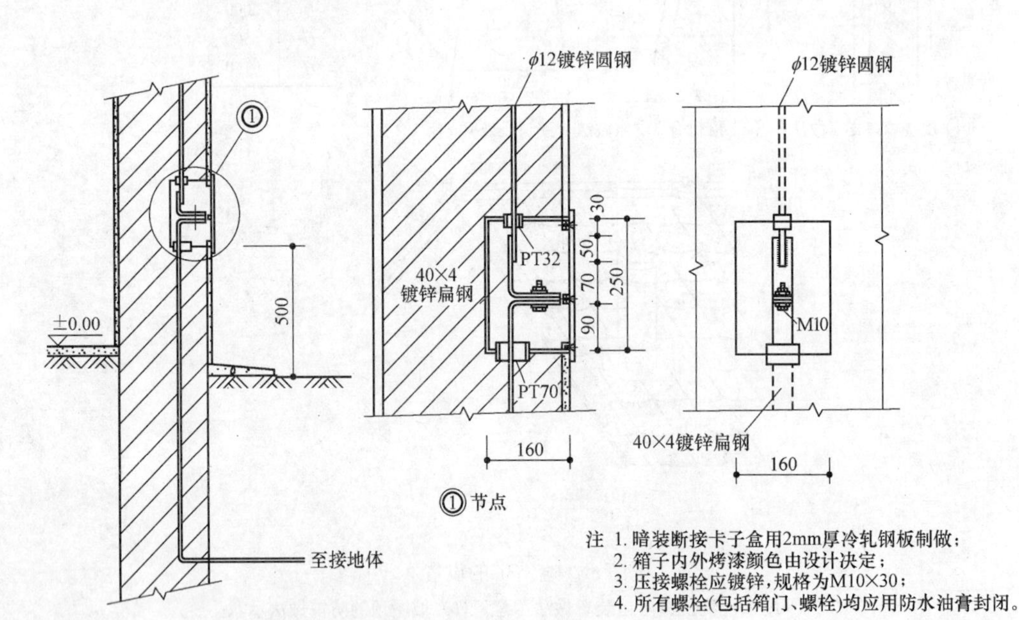

图 7-9　暗装断接卡子做法示意图

高层建筑中利用柱或剪刀墙中的钢筋作为引下线也是常用的做法。为了安全，应选用钢筋直径不小于 16mm 的主筋作为引下线。而且，宜采用两根钢筋同时作为引下线。

还可用建筑物的金属构件，如消防梯、烟囱的铁扒梯等作为引下线，只是所有金属部件之间均应连成电气通路。

三、接地装置

接地装置有人工接地装置和自然接地装置两大类。

1. 人工接地装置

人工接地体又分为垂直和水平两种接地体。接地体的设置常配合土建施工进行，在基础土方开挖时，也同时挖好接地沟，并将人工接地体按设计要求埋设好。

（1）垂直接地体设置

垂直接地体一般采用角钢、圆钢或钢管来制作，其长度通常不小于 2.5m，其截面尺寸应不小于：角钢厚 4mm、宽 40mm；钢管厚 3.5mm、直径 35mm；圆钢直径 19mm。圆钢或钢管的端部要锯成斜口或锻造成锥形，角钢的一端应加工成尖头状，如图 7-10 所示。在埋设接地体时，应将其尖端向下，放在接地沟的中心线上垂直打入地下，其顶端距地面应不小于 0.6m。对于多根接地体的埋设，其每两根接地体之间的间距一般不小于它们的长度之和，如果取接地体长为 2.5m，则两根接地体之间的间距应不小于 5m，如图 7-11 所示。如果受埋设场地限制，可以适当减小两根接地体之间的间距，但这一间距不能减小到单根接地体的长度。

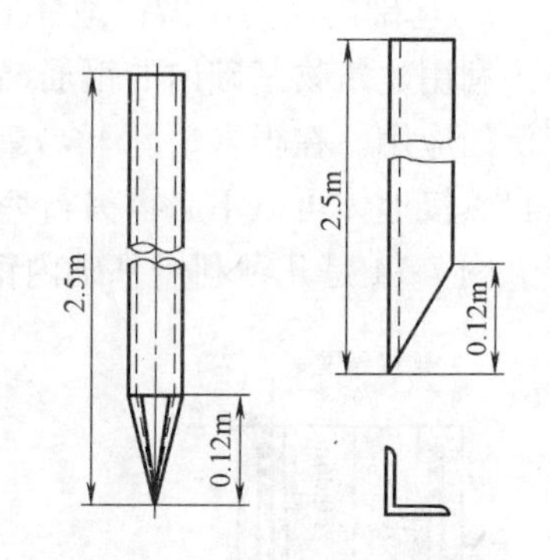

图 7-10　垂直接地体的端部处理

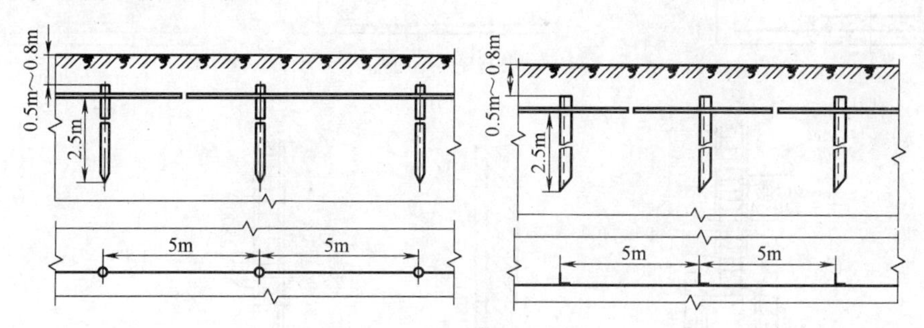

图 7-11　多根垂直接地体的设置

（2）水平接地体的设置

水平接地体常用 4mm×40mm 的镀锌扁钢，也可以用 10mm×10mm 的方钢和直径为 12mm 的圆钢，水平接地体的最小截面不应小于 100mm²，其厚度不小于 4mm。水平接地体一般有三种形式，即普通水平接地体、环建筑物四周的周圈接地体以及延长接地体。普通水平接地体的埋设方式如图 7-12 所示。在埋设时，接地连线与水平接地体之间要垂直，水平接地体距离地面的深度不应小于 0.5～0.8m。如果有多根水平接地体平行埋设，每两根之间的间距不应小于 5m。在环绕着建筑物四周设置周围式水平接地体时，可将接地体埋设在建筑物基础施工槽的最外边，如图 7-13 所示。当建筑物附近的土质差，难以埋设垂直接地体时，如果建筑物不远处有湖、河、池塘或沼泽时，可采用延长水平接地体，将接地体延伸到这些电阻率小的地方去，以降低接地电阻，但考虑到接地体的有效长度范围限制，接地体的延伸距离一般应控制在 50m 以内为宜，最长不超过 100m，否则将不利于雷电流的泄散。

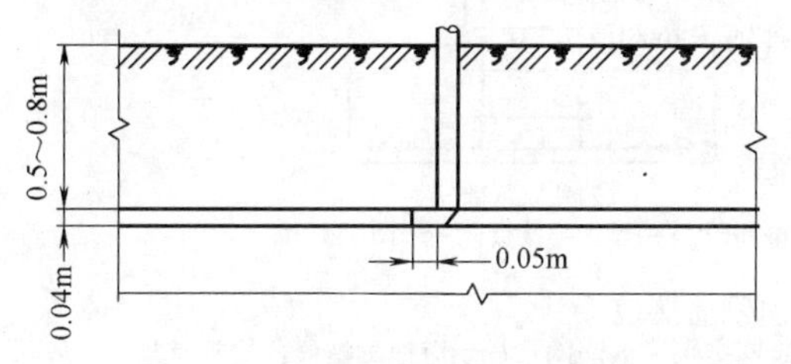

图 7-12　普通水平接地体的埋设

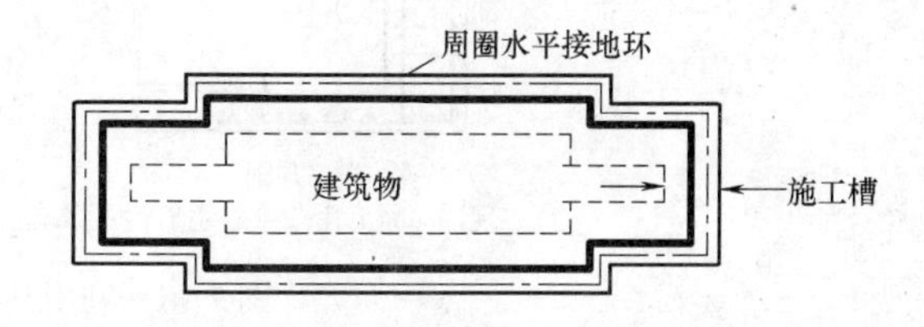

图 7-13　环建筑物四周的周圈式接地体

2. 基础内钢筋用做接地体的自然接地装置

利用建筑物基础内的钢筋结构来构成接地系统的做法，在建筑物接地工程中已获得了广泛的应用。在很多情况下，建筑物基础内的钢筋结构可看做是自然接地体，充分利用这些自然接地体可以不必再另行埋设接地体，这对于节省材料和减小工程造价都是有益的。

图 7-14 是几种利用基础内钢筋作为接地体的实例。在基础混凝土浇灌前，各钢筋之

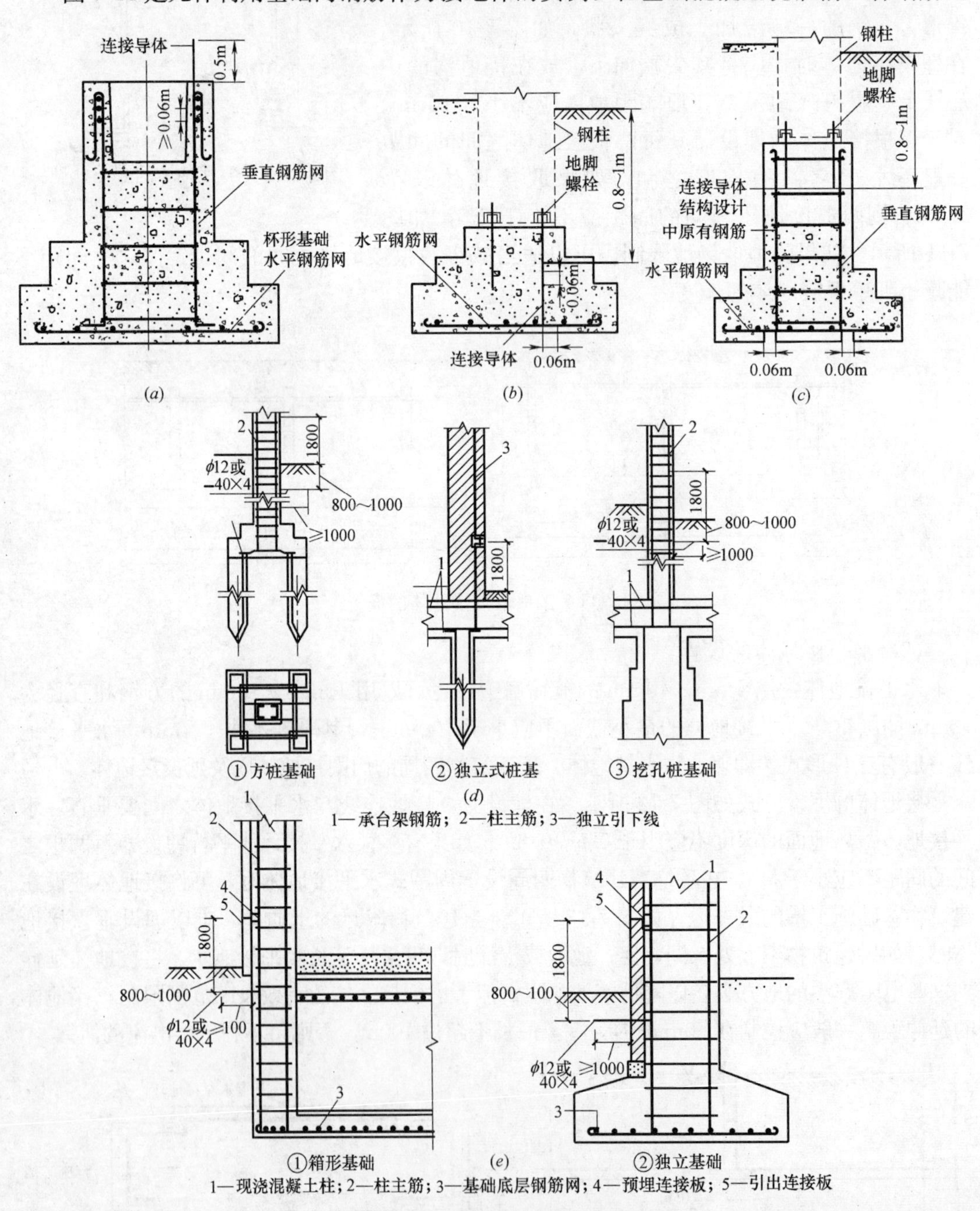

图 7-14　利用基础内钢筋接地

(*a*) 由连接导体连接垂直与水平钢筋网；(*b*) 由地脚螺栓连接水平钢筋网；(*c*) 由地脚螺栓连接垂直与水平钢筋网；(*d*) 桩基础；(*e*) 独立与箱形基础

间必须通过焊接以保持电气上的有效连接。应该指出不含水的干燥混凝土是绝缘体，对于那些采用防水水泥（铝酸盐水泥等）制成的钢筋混凝土基础，由于其导电性很差，泄散电流性能弱，不宜独立利用其中的钢筋结构作为接地系统。

7.3　某学校教学楼防雷平面图实例

本节内容包括某学校教学楼采用的法拉第笼式防雷体系和某工厂人工做法的防雷体系。

一、某学校教学楼的屋顶层防雷平面图实例

按现行国家标准《建筑物防雷设计规范》GB 50057—2000 的规定，民用建筑物应划分第二类和第三类防雷建筑物，其防雷措施详见附录二。

本建筑预计雷击次数为 0.07 次/年，故按照第二类防雷建筑物设防，采用法拉第笼式防雷体系。

某学校教学楼屋顶层防雷平面图如图 7-15 所示。此屋顶为有点坡度的平屋顶，西侧五层，东侧只有四层。屋顶周边砌有 1.2m 高的女儿墙。

1. 接闪器

从图 7-15 看出，教学楼的接闪器由两部分组成：其一：用 $\phi10$ 镀锌圆钢在四周女儿墙上围成环状避雷带；其二：在平屋面上也敷设有避雷带，与周边避雷带组成了网格，网格不大于 10m×10m 或 12m×8m，以防直击雷。避雷带在女儿墙上及平屋面上做法见图 7-6。

屋顶上所有凸起的金属构筑物或金属管道等，可视情况做成避雷带或避雷针，并且均与其他避雷带连接。包括高出屋面在混凝土基础上安装的排风扇、空调外机及穿电缆的钢管等。

2. 引下线

利用建筑物外侧的钢筋混凝土柱子的内部两根主钢筋作为防雷装置的引下线。引下线间距不大于 18m，作为防雷引下线的钢筋和钢柱上、下之间及与接地体应上下贯通。

建筑物每层楼板、墙、梁、柱内的水平或竖向钢筋，以及外墙上所有金属构件均应连接成一体，并与作为避雷引下线的柱内钢筋相连。

避雷引下线距地 0.5m 处做暗装断接卡子，以便测量接地电阻。

3. 接地装置

本建筑物利用结构基础内的钢筋作为接地装置。如图 7-14 所示。

二、某工厂厂房防雷平面图实例

本厂房的避雷体系均为人工做法。其防雷平面图如图 7-16 所示。

（1）本工程为三级防雷建筑。

（2）本建筑为金属屋面，将屋顶的金属屋面贯通连接，并与女儿墙四周的避雷带相接，共同作为接闪器。

（3）共做 10 根避雷引下线，引下线采用 $\phi8$ 镀锌圆钢，在距地 1.8m 以下做绝缘保护，上端与金属屋顶焊接或螺栓连接。

（4）人工接地极采用 6 组共计 12 根 50mm×50mm×5mm 镀锌角钢；水平连接采用 50mm×4mm 镀锌扁钢，与建筑物的墙体之间距离 3m。

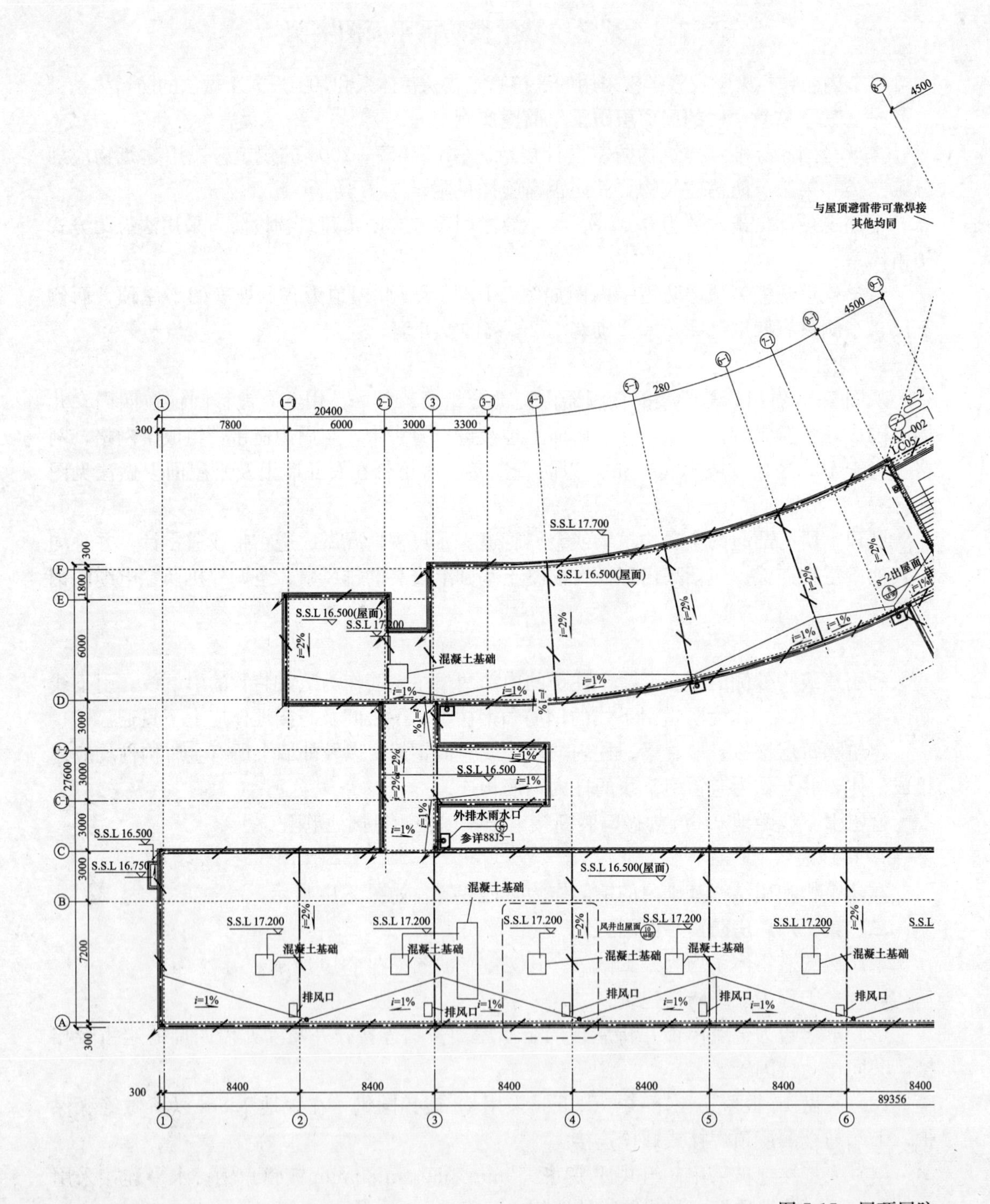
与屋顶避雷带可靠焊接
其他均同
S.S.L 17.700
S.S.L 16.500(屋面)
S.S.L 17.200
混凝土基础
外排水雨水口
参详88J5-1
S.S.L 16.500
S.S.L 16.750
排风口
风井出屋面
i=1%
i=2%
20400
7800
6000
3000
3300
4500
280
8400
89356
27600
300

图 7-15　屋顶层防

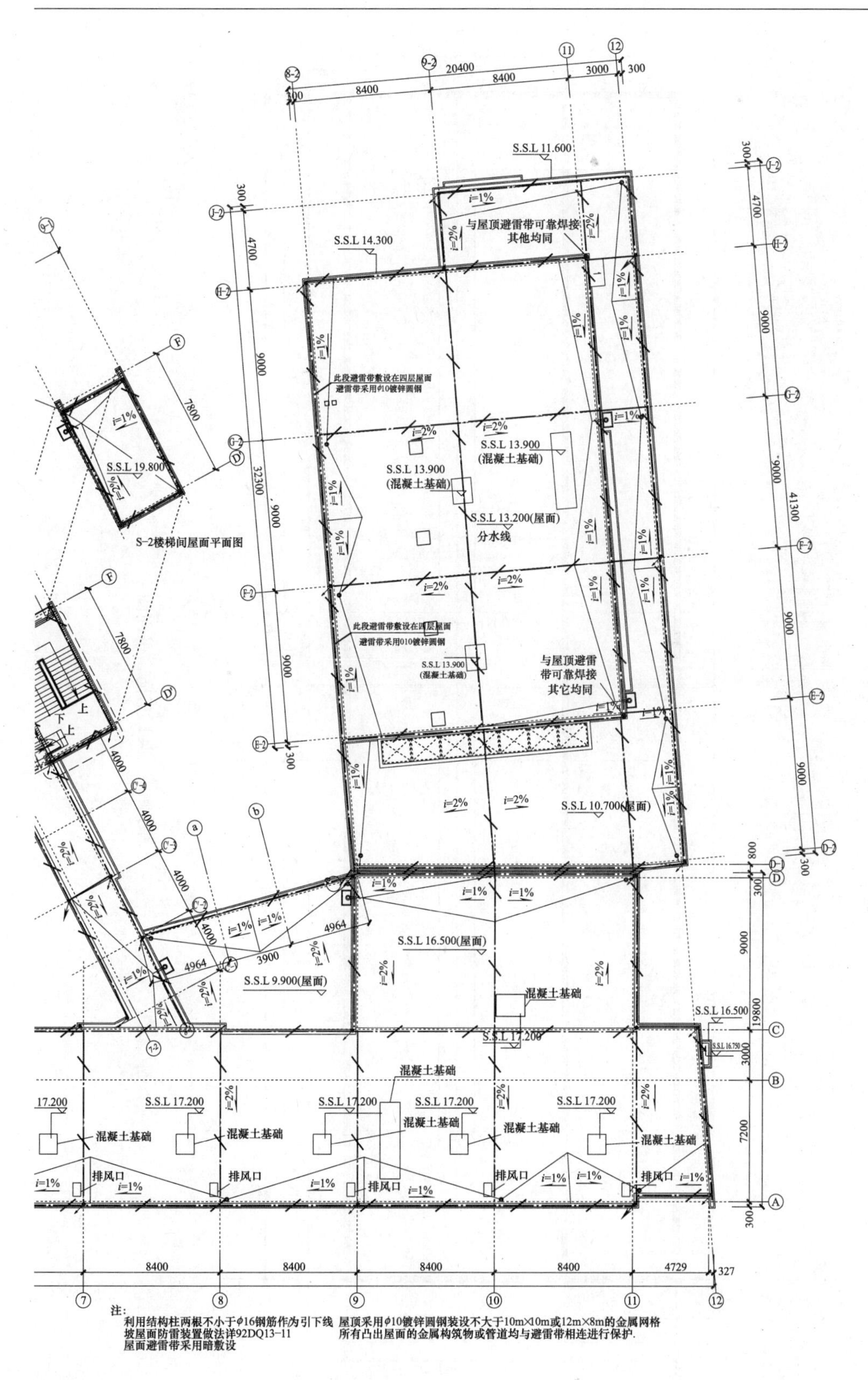
S.S.L 11.600
与屋顶避雷带可靠焊接
其他均同
S.S.L 14.300
此段避雷带敷设在四层屋面
避雷带采用φ10镀锌圆钢
S.S.L 19.800
S-2楼梯间屋面平面图
S.S.L 13.900
(混凝土基础)
S.S.L 13.200(屋面)
分水线
此段避雷带敷设在四层屋面
避雷带采用Φ10镀锌圆钢
与屋顶避雷
带可靠焊接
其它均同
S.S.L 10.700(屋面)
S.S.L 16.500(屋面)
S.S.L 9.900(屋面)
混凝土基础
S.S.L 16.500
S.S.L 17.200
排风口
注:
利用结构柱两根不小于φ16钢筋作为引下线
坡屋面防雷装置做法详92DQ13-11
屋面避雷带采用暗敷设
屋顶采用φ10镀锌圆钢装设不大于10m×10m或12m×8m的金属网格
所有凸出屋面的金属构筑物或管道均与避雷带相连进行保护.

雷平面图

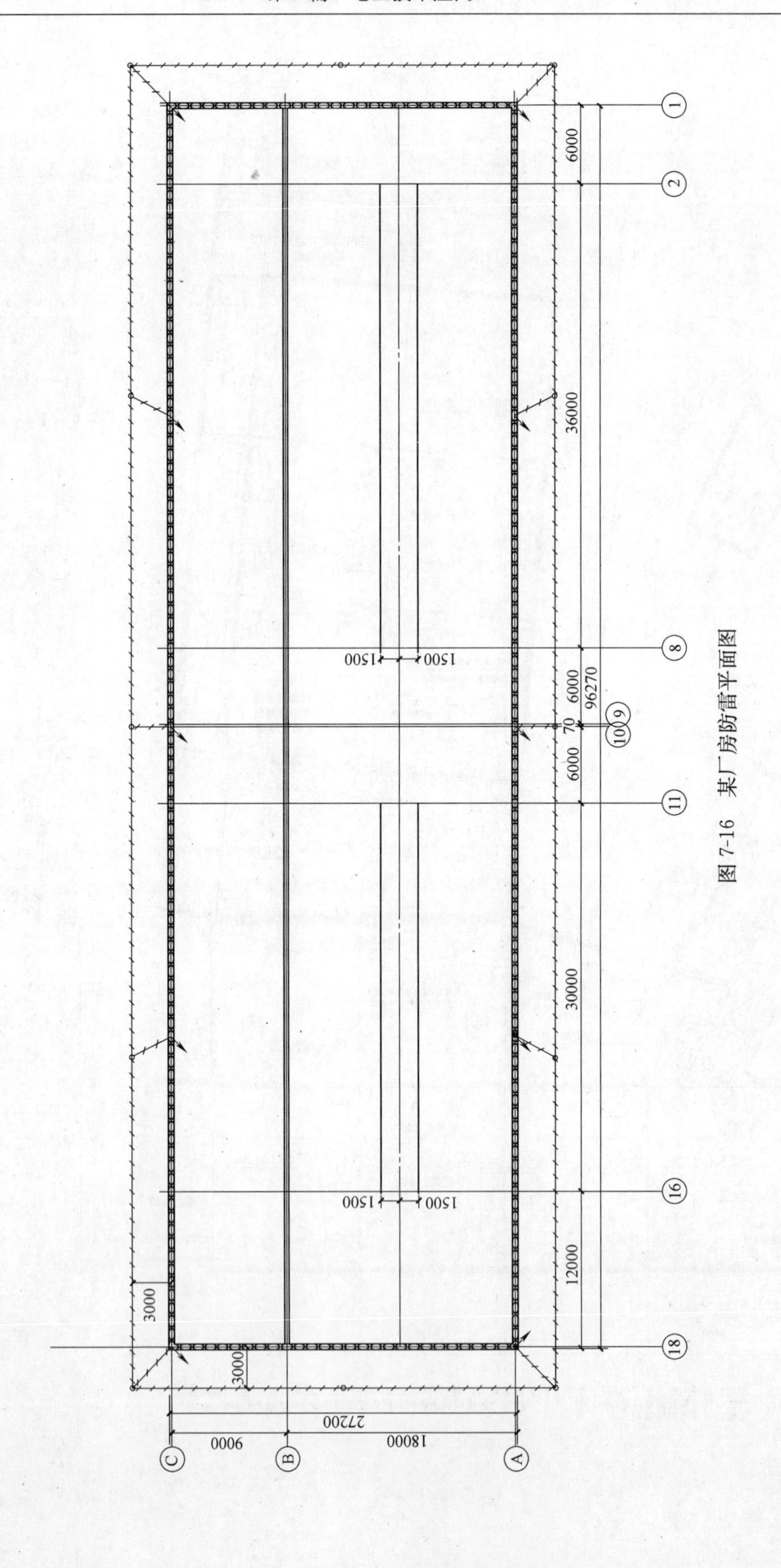

图 7-16　某厂房防雷平面图

（5）防雷接地共用综合接地装置，要求接地电阻不大于4Ω，实测达不到要求时，补打接地极。

（6）防雷接地的做法，参见《建筑电气通用图集》92DQ13。

7.4　等电位连接

一、等电位概念

1. 等电位

等电位是指某两点电位或两点以上各点电位均相等时，称这两点或两点以上的各点为等电位。此内容详见1.1节。

当人体触及的某两点电位不等时，两点电位差（电压）超过一定值时，比如50V，人体内就有大于10mA的电流流过，造成触电。

如果人触及的某两点或各个点的电位都相等，则就无触电危险。所以等电位是保障人的安全的重大措施。也是工作环境不出现火灾、爆炸的保障。

2. 等电位的应用

人在工作中有许多应用等电位的例子，以保证人身安全，如图7-17所示。其中（*a*）图表示人在高压线上工作时，利用人体周围的金属网或穿在身上的金属服，保证人所触及的各点电位U_a、U_b等均与高压线自身电位U_L相等；而（*b*）图则表示人体所能触及的各点电位均与大地的零电位相同。

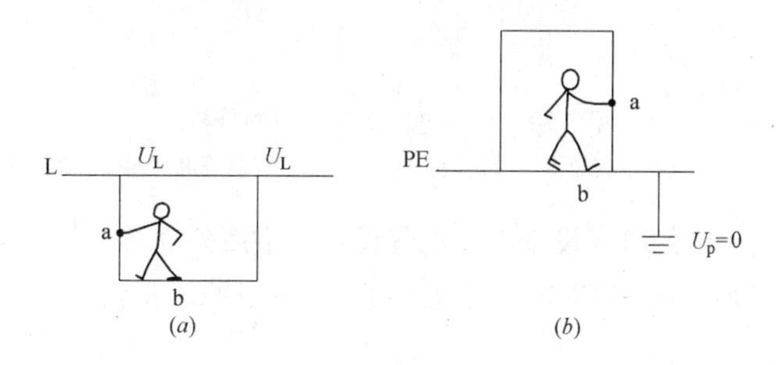

图7-17　等电位应用举例

3. 等电位的做法

为达到上述图7-17（*b*）图的效果，将工作空间内所有人体所能触及到的，能导电的金属件，均用铜导线连接成一个整体，并且与大地相接。以保证人体处于零电位的空间内。

二、总等电位连接（MEB）

总等电位连接就是一个总节点或称相互联通的网络。它是由建筑物内人所能触及的所有能导电的金属构件用导线连接在一起组成的。

总等电位连接要有良好的接地装置，以保证此节点时刻保持零电位。

1. 总等电位连接的作用

现通过实例讲解其作用。如图7-18所示。全图由（*a*）、（*b*）、（*c*）、（*d*）四图组成。其中（*a*）、（*c*）图中，L表示从电源引出的相（火）线，PEN是中性线和PE线合一的公

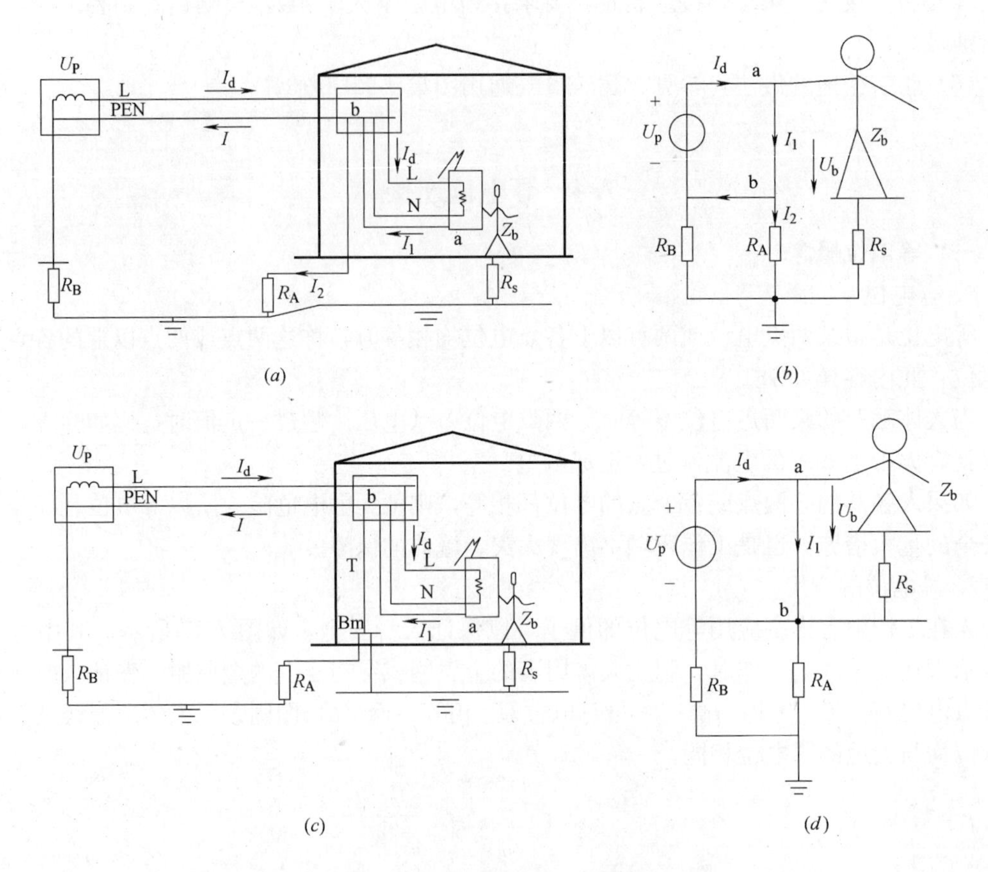

图 7-18 总等电位连接作用的分析

(*a*)、(*b*) 没有设置总等电位连接；(*c*)、(*d*) 设置总等电位连接后的状况

共线。两线接到建筑物内的电气设备上。电气设备的金属外壳接于 PEN 上。PEN 线在进入建筑物前做重复接地，R_A 为重复接地电阻。R_B 为电源的中性点接地（工作接地）的接地电阻。

当电气设备出现相（火）线碰壳事故时，如图（*a*）所示。如果电源保护设备齐全而且灵敏，则会自动切断电源；但是，如果因某种原因，没能切断故障电路，会使金属外壳带电，一旦人体触及，则人体可能触电。

人体触电的示意图如图 7-18（*b*）所示。设 Z_b 及 R_s 分别为人体阻抗及地板、鞋袜电阻。有两部分电压对人体构成威胁：① 故障电流 I_1 在 a—b 段 PE 线上的电压；② I_1 的分流 I_2 在 R_A 上的电压。人体电压 U_b 为两部电压之和在人体 Z_b 上的分压。可见此接触电压 U_b 很难保证人身安全。

如果引入总等电位连接，如图 7-18（*c*）所示，图中 B_m 为总等电位连接端子板或接地端子板，T 为金属管道、建筑物钢筋等组成的等电位连接。一旦出现上述事故，其等效电路示意图如图 7-18（*d*）所示，可看出人体接触电压 U_b 仅为故障电流 I_1 在 a—b 段 PE 线上的电压的分压。

由此看出采用了总等电位连接的保护措施后，降低了人体受到电击时的接触电压。提高了电气安全水平。为此要求每个建筑物都必须设置总等电位连接。

2. 总等电位连接（MEB）的做法

（1）总等电位连接（MEB）应包括的导电体

按《低压配电设计规范》GB 50054—2011 中的规定，总等电位连接应包括：

① PE、PEN 干线；

② 电气装置接地极的接地干线；

③ 建筑物内的水管、煤气管、采暖和空调管道等金属管道；

④ 条件许可的建筑物金属构件等导电体。

《规范》还指出：上述导电体宜在进入建筑物处接向总等电位连接端子板。等电位连接中金属管道连接处应可靠地连通导电。

总等电位连接（MEB）如图 7-19 所示。

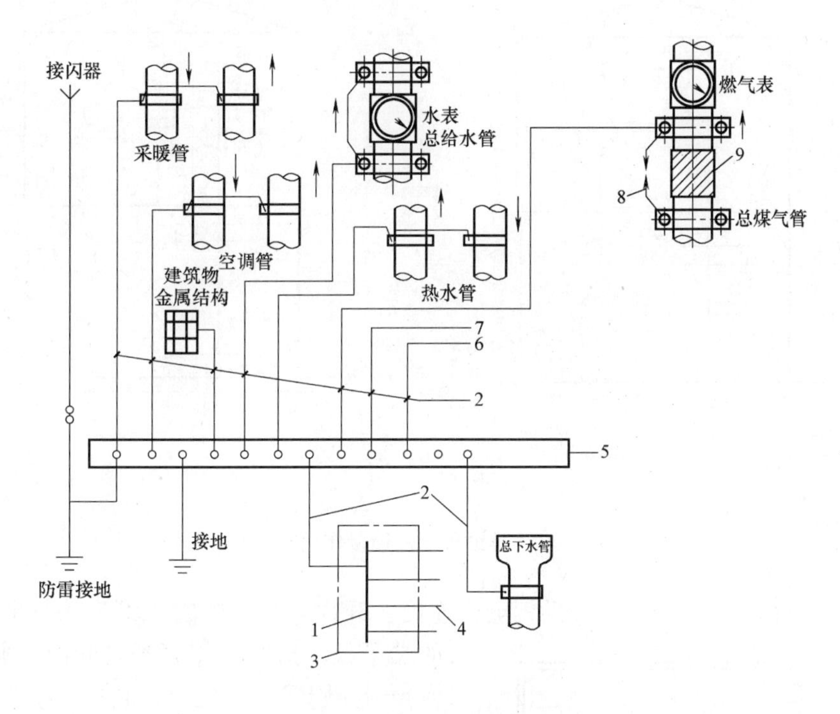

图 7-19　总等电位联接系统图

1—PE 母线；2—MEB 线；3—总进线配电箱；4—PE 线；5—MEB 端子板；6—电源进线；7—电子信息设备；8—火花放电间隙；9—绝缘段（煤气公司确定）

（2）总等电位连接（MEB）端子板的做法与要求

总等电位连接（MEB）端子板可选用 1000×100×10mm 的铜排。在铜排每隔 50mm 钻 12mm 孔以备做端子。

MEB 端子板宜设置在电源进线或进线配电盘处，并应加防护罩或装在端子箱内。

总等电位连接用导线应该使用铜线，其最小截面积应≥6mm^2。

MEB 端子板至少有三处与接地体可靠连接。三处含变压器中性点、附近接地体和内部接地网络。

MEB 端子板处接地电阻≤1Ω，以确保此处为零电位。

等电位连接线外皮颜色应用黄绿相间的色标。

等电位连接端子板上应刷黄色底漆并标以黑色记号，其符号为“▽”。

三、辅助等电位连接（SEB）和局部等电位连接（LEB）

1. 辅助等电位连接（SEB）

如果建筑物距电源较远或大型建筑物内线路过长除设置总等电位连接外，在各楼层还要设置辅助等电位连接。

辅助等电位连接（SEB）的作用如图 7-20 所示。图（*a*）为没有设置辅助等电位连接情况下，当电气设备 M 出现相（火）线碰壳事故时，人体双手承受的接触电压 U_c 为电气设备 M 与暖气片 R_a 之间的电压；其值为故障电流 I_d 在 PE 线的 a—b—c 段上产生的电压。由于此段线路较长，电压的数值可能超过 50V，对人形成威胁。

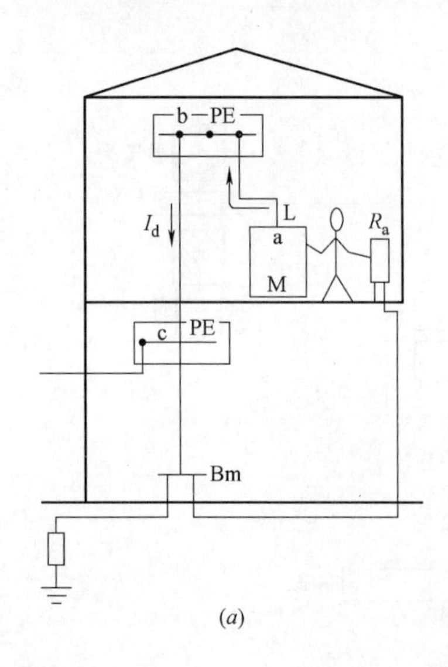

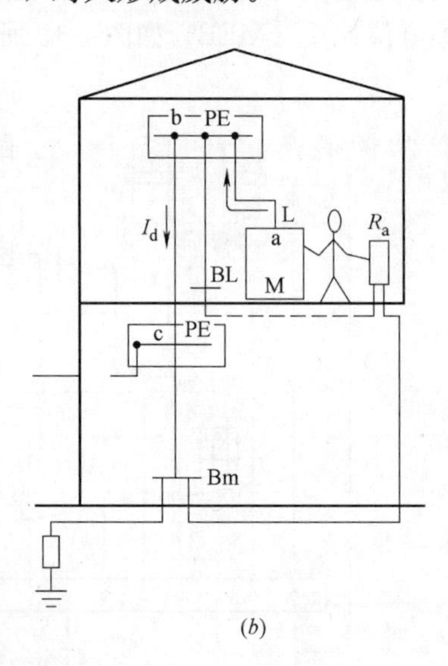

图 7-20　辅助等电位连接作用的分析

图 7-20（*b*），由于设置了辅助等电位连接（SEB），如图中的“BL”为辅助等电位连接的端子板。这时人体双手之间的接触电压 U_c 仅为 a—b 段 PE 上的电压，其数值小于安全电压极限值 50V。

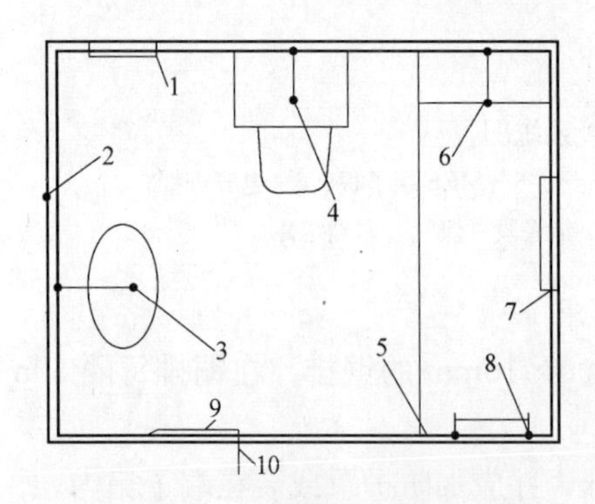

图 7-21　卫生间局部辅助等电位联接图
1—手巾架；2—建筑物钢筋；3—洗脸盆上下水管；4—厕所上下水管；5—浴缸杆；6—浴缸上下水管；7—扶手；8—毛巾架；9—局部等电位连接（LEB）端子板，埋地或埋墙暗敷；10—PE 线（电源）

2. 局部等电位连接（LEB）

建筑物内的特殊场所如潮湿场所或同一配电盘除供电给固定电气设备外，还要供电给移动式电气设备（TN 系统）的地方可设置局部等电位连接。

卫生间内局部辅助等电位连接如图 7-21 所示。从图中可见，卫生间内所有外露可导电部分，都用导体连接成一个整体，并与建筑物内钢筋、PE 保护线相接，还要通过局部等电位连接端子板接地干线与总等电位连接的端子板相接。

局部等电位连接线可使用25mm×4mm的扁钢，埋地或埋墙暗设。

图7-22较形象的展示建筑物内总等电位连接及局部辅助等电位连接的具体情况，读者可自行阅读。

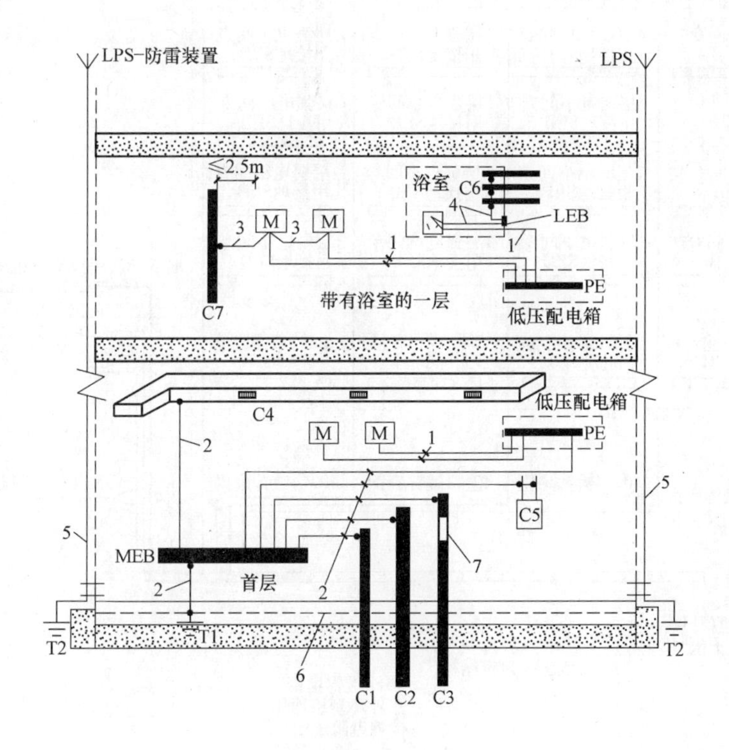

图7-22　等电位联接和接地

1—PE线（与供电线路共管敷设）；2—MEB联结线；3—辅助等电位联结线；4—局部等电位联结线；5—防雷引下线；6—基础钢筋；7—绝缘段；C1—进入建筑物的金属给水或排水管；C2—进入建筑物的金属暖气管；C3—进入建筑物带有绝缘段的金属燃气管；C4—空调管；C5—暖气片；C6—进入浴室的金属管道；C7—在外露可导电部分伸臂范围内的装置外可导电部分；MEB—总等电位联结端子板；LEB—局部等电位联结端子板；T1—基础接地板；T2—防雷及防静电接地极

四、某教学楼等电位连接实例

某教学楼等电位连接如图7-23所示。从图可看出，教学楼除设置总等电位连接（MEB）外，还在各楼层的强弱电小间、弱电机房、阶梯教室等地方设置了辅助等电位连接（SEB）。将可导电的金属外护套、设备或装置的金属外壳、敷设线路用的金属线槽、金属构件和结构钢筋等，均连成一体与辅助等电位端子板相接。

教学楼内带淋浴设备的卫生间、厨房等潮湿场所还要设置局部等电位连接（LEB），图7-23中没有标注。局部等电位连接线为25mm×4mm镀锌扁钢，并与该区域的结构内钢筋、金属构件等外露可导电体相接成一体。

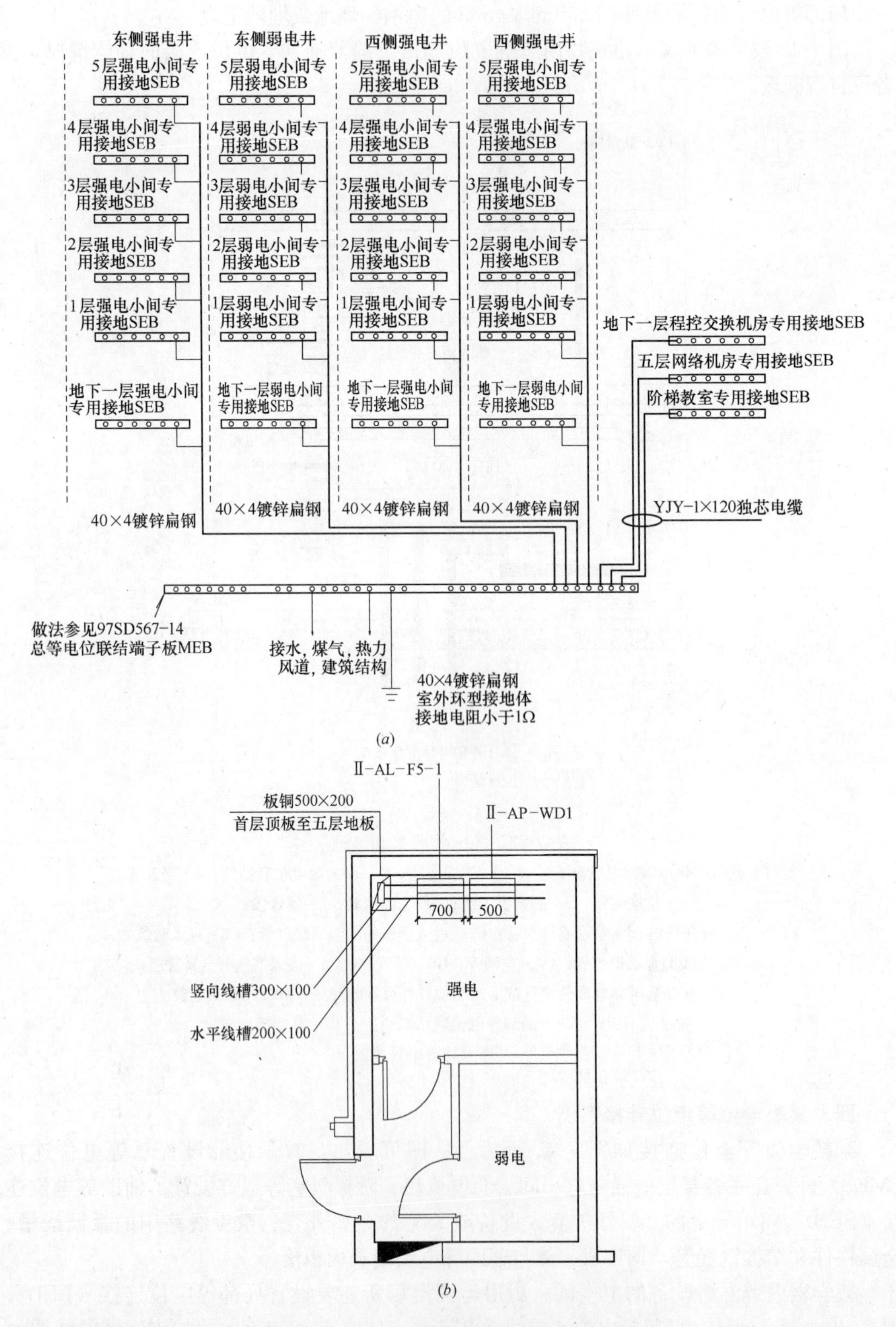

图 7-23　教学楼接地干线系统图

(a) 接地干线系统图；(b) 西侧五层强、弱电气小间大样图

7.5　低压配电系统接地形式

一、名词解释

1. 工作接地

为保证电力系统正常而稳定的工作而进行的接地称为工作接地。例如变压器中性点的接地就属于工作接地，一旦发生高压窜入低压时，中性点的对地电压不会超过 120V。

工作接地的接地电阻越小越好，一般不应超过 4Ω。

2. 保护接地

为保障人身安全，防止电气设备的外露可导电部分带电，而将其接地则称为保护接地。

保护接地的形式有两种：

(1) 将电气设备的外露可导电部分，如金属外壳直接接地，仍称其为保护接地。

(2) 将电气设备外露可导电部分通过 PE 或 PEN 线再接地，我国过去称其为保护接零，现在就是接 PE 线或接 PEN 线。

3. 重复接地

为防止 PE 或 PEN 意外断线，要求 PE、PEN 线每隔一定距离要再接地一次，称为重复接地。

一般在配电线路的最远端、配电线路进入建筑物处、分支线长度超过 200m 的分支处，配电线路中的 PE 或 PEN 线应做重复接地。

每处重复接地的接地电阻一般不得超过 10Ω。

二、低压配电系统接地型式

根据 IEC 标准和国家标准可分为 TN、TT 和 IT 三种。

其中第一个字母为"T"时表示电源的中性点与大地直通，即中性点直接接地；

若第一个字母为"I"则表示中性点与大地"绝缘"。

第二个字母为"N"时表示负载侧的用电设备，其外露可导电部分应与中性点 N 相接；

若第二个字母为"T"则表示负载侧的用电设备，其外露可导电部分直接接地。

(一) TN 系统

在 TN 系统中按照中性线 N 与保护线 PE 的组合情况又可分为 TN-S、TN-C-S 和 TN-C 三种型式，如图 7-24 (*a*)、(*b*) 和 (*c*) 所示。

其中 TN-S 中的"S"表示中性线 N 与保护线 PE 是"分开"的，如图 (*a*)。

TN-C 中的"C"表示中性线 N 与保护线 PE 是合二为一的公共线，如图 (*c*)。

图中 R_s 为工作接地的接地电阻；R_1 为重复接地的接地电阻。

在这种系统中，当某一相线直接碰到设备金属外壳时，即形成单相短路。短路电流促使线路上的短路保护装置迅速动作，在规定时间内将故障设备断开电源，消除电击危险。

1. TN-S 系统：如图 7-24 中 (*a*) 所示。从图可看出整个系统的中性线 *N* 与保护线 PE 是分开的。正常情况下 PE 保护线上无电流流过，用电设备的金属外壳对地没有电压。所以 TN-S 系统是最安全的。故应用在爆炸危险性较大或安全要求较高的场所。

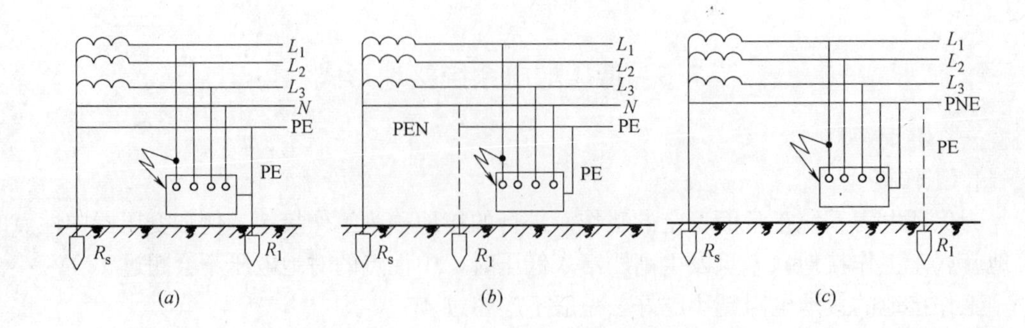

图 7-24　TN 系统

(*a*) TN-S 系统；(*b*) TN-C-S 系统；(*c*) TN-C 系统

2. TN-C-S 系统：如图 7-24 中（*b*）所示。从图看出系统前一部分线路的中性线 N 与保护线 PE 是合一的公共线 PEN。由于这段公共线 PEN 上正常工作时有电流，使系统的 PE 保护线上和接于 PE 的电气设备的金属外壳上对地有电压存在，只是因为这段公共线 PEN 多是系统的干线部分，其阻抗较小，对地电压亦较小。

TN-C-S 系统应用于施工现场规模较小，没有变电站的场所。由于使用的是附近电源，可能是 TN-C 的三相四线制供电系统，所以要求此电源进入施工现场后，在公共线 PEN 上另接专用保护线 PE 并使其分开成为三相五线制供电系统，即 TN-C-S 系统。两线分开后，不允许再相碰。

3. TN-C 系统：如图 7-24 中（*c*）所示，整个系统的中性线 N 与保护线 PE 是合一的 PEN 线。因为 PEN 线上电流的存在，所以 PEN 线和接于此线的金属壳上对地都有电压存在，有时此对地电压还较高，对人身构成威胁，所以 TN-C 系统已经停止推荐使用。

（二）TT 系统

低压配电中性点直接接地系统中，电气设备的外露可导电部分通过保护线直接接地。典型的 TT 系统如图 7-25 所示。

TT 系统存在问题：在这种系统中，当某一相线意外碰到设备金属外壳时（短路），其对地电压 U_E 为

$$U_E=\frac{R_A}{R_S+R_A}U \tag{7-4}$$

式中　U_E——设备金属外壳的对地电压（V）；

U——系统的相电压（V），一般为 230（V）；

R_S——工作接地的接地电阻（Ω）；

R_A——设备外壳接地装置的接地电阻（Ω）。

由于 R_A 与 R_S 同在一个数量级，差别不大，所以对地电压 $U_E<U$，但是 U_E 的数值不可能在安全范围以内，而且由于短路电流有限，对于一般的过电流保护装置不可能实现速断，使设备外壳对地的电压 U_E 会长期存在下去。

TT 系统应用于有大量单相负载的场所。为了使用安全，要求装设漏电保护装置或过电流保护装置，并优先采用前者。

（三）IT 系统

电力系统的带电部分与大地间无直接连接（或有一点经足够大的阻抗接地），或者理解为中性点不直接接地的电力系统，电气设备的外露可导电部分通过保护线直接接地。典型的IT系统如图7-26所示。在这种系统中，设备金属外壳的接地称为保护接地。

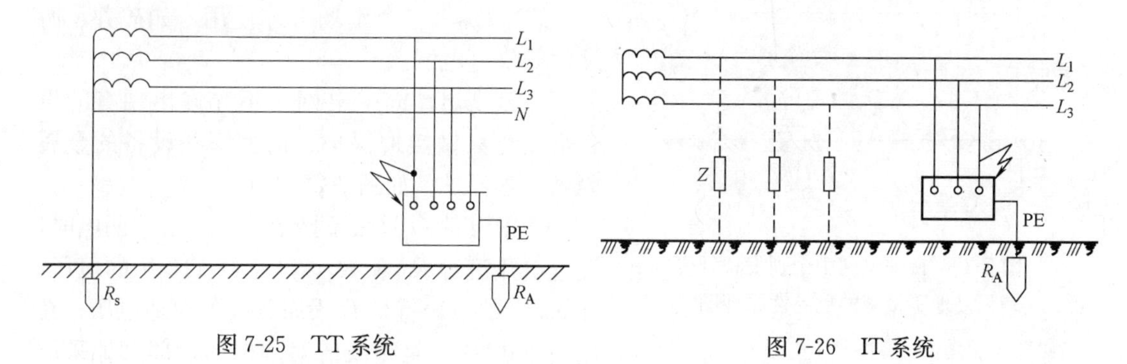

图7-25　TT系统　　　图7-26　IT系统

1. IT保护原理：在变压器副边中性点不接地的供电电网中，如果因种种原因发生电网中某一相与金属外壳相碰，造成金属外壳带电。这时人接触金属外壳时就有触电危险。触电电流通过人体和电网对地的绝缘阻抗已形成触电回路，如图7-27中（*a*）所示。图中阻抗Z是由电网对地分布电容和电网对地绝缘电阻两者并联组成。一般情况下，由于电网对地的阻抗Z较大，触电电流不大；但是当电网对地绝缘性较差时，使绝缘电阻变小；或者电网分布很广时，例如高压电网，这时电网对地分布电容较大，由分布电容形成的容抗较小时，则电网对地的绝缘阻抗Z明显下降，在这种情况下，触电电流对人则是相当危险的。

为了确保人身安全，将电气设备的金属外壳通过接地线与接地体相接，即保护接地，如图7-27中（*b*）所示。如果人体触及到带电的金属外壳时，形成人体与接地体两者并联，即人体电阻R_t和接地电阻R_d并联，而$R_t \gg R_d$，所以人体电流$I_t \ll I_d$。再加上$R_d \ll |Z|$，所以设备金属外壳对地电压很小。一般只要适当控制接地电阻R_d的大小，就可以使漏电设备对地电压都小于安全电压。

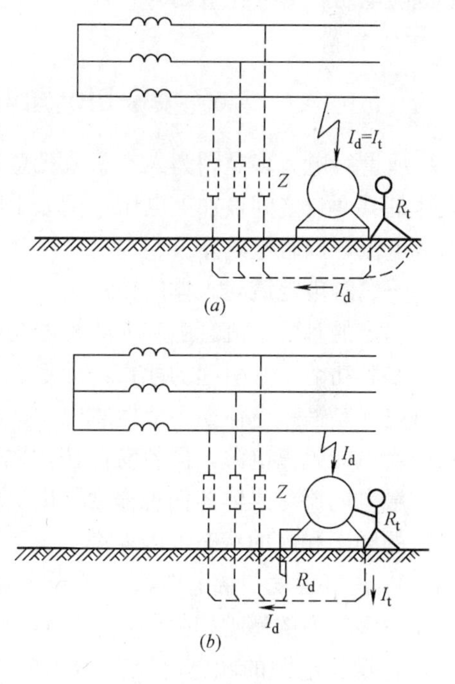

图7-27　保护接地原理示意图

（*a*）触电回路；（*b*）保护接地

2. 应用范围：保护接地适用于不接地（对地绝缘）电网中。在这种电网中，凡电气设备外露可导电部分均应直接接地。

但是，在干燥场所，交流额定电压50V及以下、直流额定电压110V及以下的电气设备金属外壳可不接地；以及在干燥且有木质、沥青等不良导电地面的场所，交流额定电压380V及以下，直流额定电压440V及以下的电气设备金属外壳，除另有规定外（在爆炸危险场所仍应接地），可不接地。

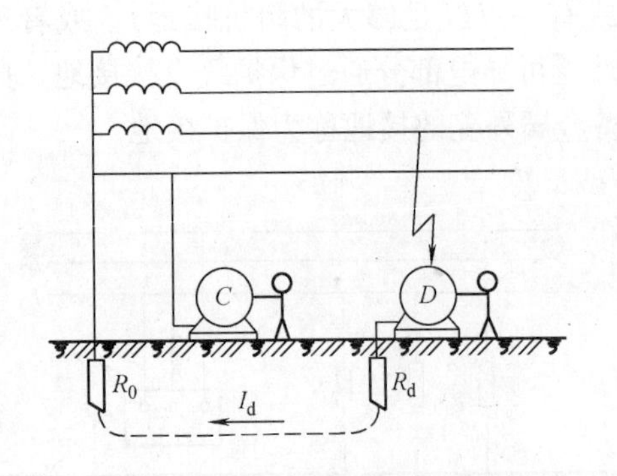

图 7-28　接地电网中个别设备外壳只接地不接零的危险性原理图

电气设备在高处时，不应采取保护接地措施。否则会把大地电位引向高处，反而增加触电的危险性。

IT 系统只有个别场合才使用，如矿井、游泳池等供电电网。

应该指出，同一电网中不允许出现有的设备金属壳只做接地保护，而另一些设备的金属壳做接零保护。如图 7-28 所示。

图中设备 D 只做了接地保护。当它漏电时，漏电电流流过 R_0 和 R_d，产生约 110 伏的电压。在 R_d 上的电压就是 D 设备外壳的对地电压；在 R_0 上的电压就是零线的对地电压，即其他采取了保护接零的设备（例如 C）外壳的对地电压。这样就形成整个电网的接零设备外壳带电，其对地电压远大于安全电压；而且因漏电电流小，不能使电网的保护装置动作，使这个危险电压长期存在下去。

7.6　安全用电知识及施工现场的电气防护措施

所谓触电，多是因为人有意或无意地与正常带电体接触或与漏电的金属外壳接触，使人体的某两点之间被加上电压，例如手与手的两点间或手与脚的两点间等，在这两点之间形成电流，即触电电流。

一、触电电流对人体的作用

一定的触电电流会引起人的神经功能和肌肉功能的紊乱，也能烧伤人体。其中最常见的是心脏功能紊乱引起的死亡，即室颤引起的死亡。有时肌肉功能的紊乱，例如肌肉收缩使触电者紧握带电体而不能摆脱电源，也会造成死亡；肌肉收缩也可能使触电者不自主的弹回，虽能脱离电源，但容易摔伤，尤其是在高空作业时。

触电电流对人体的伤害程度与电流的大小、触电时间的长短、电流流经人体的路径、电流的频率和人的状态等因素都有关系。

1. 伤害程度与触电电流的关系　触电电流大小不同时，引起人体不同的生理反应。电流越大，人的感觉越强烈，危险性越大。一般，人能感觉到的触电电流约为 1mA；人能自行摆脱电源的触电电流在 10mA 左右；在一定条件下触电电流达 30mA 时，就会引起室颤；而电流超过 100mA，人的心脏就会停止跳动或使人昏迷，导致死亡。

触电电流的大小又与人体电阻和所接触的电压大小有关系。

人体的电阻是由皮肤电阻和体内电阻两部分组成。其中皮肤电阻最大。当皮肤处于干燥、洁净和无损伤的状态下，人体电阻在 4kΩ 以上，而体内电阻仅 600Ω 左右。人体的皮肤电阻并不是固定不变的，当皮肤处于潮湿状态，则人体的电阻下降到约 1kΩ。当皮肤受到损伤、皮肤上带有导电的粉尘、皮肤触及带电部分的面积越大和接触的越紧密等都会使人体的电阻大幅度下降。同时人体电阻还与所接触的两点之间电压大小有关系。

触电者所触及的两点之间电压变化时，人体电阻及触电电流也发生变化，其变化规律是非线性的。有人把此规律列成表格，如表 7-2 所示，可供参考。

人体电阻 R_t 随电压 U 的变化（手-手之间）　　**表 7-2**

U(V)	12.5	31.3	62.5	125	220	250	380	500	1000
R_t(Ω)	16500	11000	6240	3530	2222	2000	1417	1130	640
$I=U/R_t$(mA)	0.8	2.84	10	35.2	99	125	268	443	1560

表中的人体电阻（R_t）是在干燥皮肤条件下的数值；表中的 $I=U/R_t$ 表示人体的触电电流。从表中可看出随着电压 U 的增高，人体电阻急剧下降，从而使触电电流迅速增大。这是因为随着电压的增高，人体表皮角质层有电解和类似介质击穿的现象所致。从表中还可看出 62.5V 及以上的电压都是危险电压，例如电压为 65V 的电焊设备，就曾多次发生触电伤亡事故。

2. 伤害程度与触电持续时间的关系　触电时间越短，危害越小。有人提出了引起触电昏迷并可能转为室颤的触电电流 I 与触电持续时间 T 的乘积等于 50mA·s，即

$$Q=I\cdot T=50\text{mA}\cdot\text{s} \tag{7-5}$$

比如当触电电流为 10mA 时，只要触电时间超过 50/10=5s，或当 50mA 时，只要超过 50/50=1s，都可使人造成伤害。

从上式还可看出，即便是小的安全电流，触电时间过久，也会对人构成伤害。这是因为时间增加，人体电阻变小，使触电电流变大的缘故。

3. 伤害程度与触电电流流经人体的途径的关系　触电电流的途径不同，伤害程度也不同。实践证明：触电电流从手到脚、从手到另一支手或流过心脏时，对人的伤害最为严重。但并不是说人体其他部位触电就没有危险，因为触电可能形成肌肉收缩，以及脉搏和呼吸神经中枢的急剧失调，造成触电伤亡事故。

4. 伤害程度与电源频率的关系　电源的频率对人的伤害程度有显著的影响，频率为 50～60Hz 的触电电流对人的伤害程度最大，即最危险。低于或高于这些频率时，它的伤害程度都会减轻。

二、触电的途径

直接与电气装置的带电部分接触、过高的接触电压和跨步电压都会使人触电。而与电气装置的带电部分因接触不同又分为两相触电和单相触电两种触电途径。

1. 两相触电　人体同时接触带电的两条相线（火线），这时人体会受到线电压的作用，如图 7-29 所示。

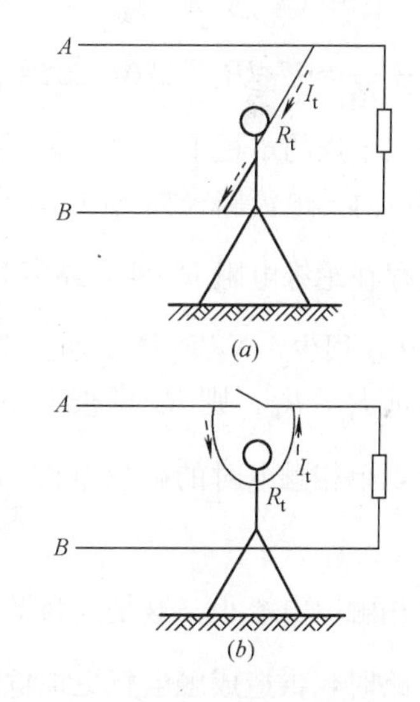

图 7-29　人体两相触电
(a) 第一种触电方式；
(b) 第二种触电方式

通常低压供电系统中，相线 A 和 B 之间的电压为 U_L=380V，如果人体电阻 R_t 按 1417Ω 计，按（a）图方式触电，则流过人体的电流 $I_t=\dfrac{U_L}{R_L}=380/1417=0.268\text{A}=268\text{mA}$，只需 $T=50/268=0.186\text{s}$ 就可致死，除非触电者自动弹回脱离电源。（b）图触电时，触电电流可能小一点

(取决于负载)，但仍是极其危险的。

2. 单相触电　人体只接触带电的一条相线，由于通过人体的电流路径不同，所以其大小不同，危险性也就不一样。如图 7-30 所示。

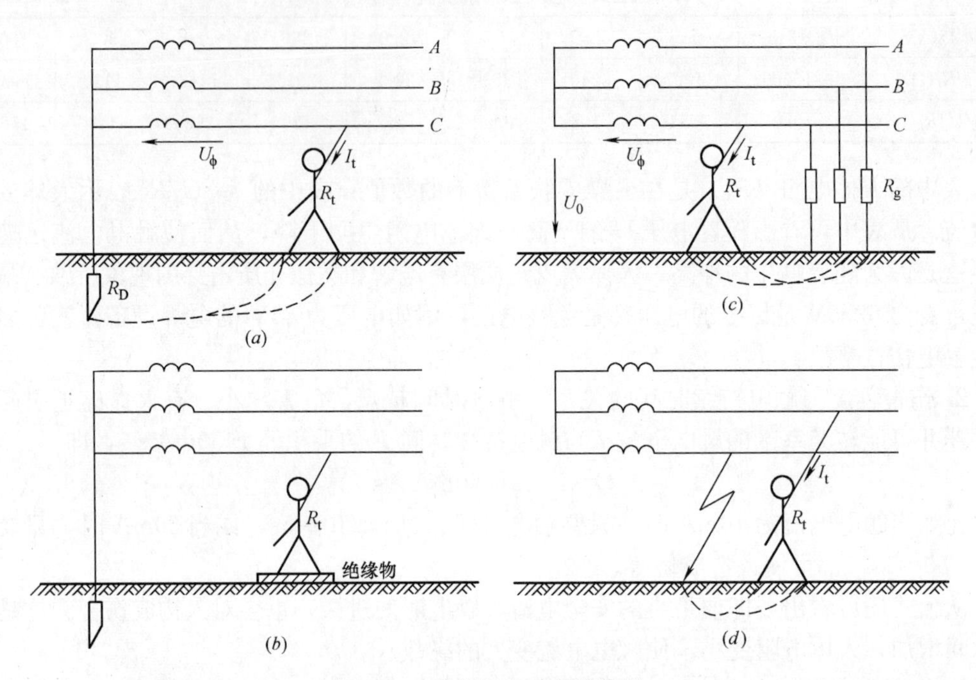

图 7-30　单相触电时电流路径

(a) 中性点接地时；(b) 中性点接地时人站在干燥木板上；(c) 中性点不接地；(d) 有一相已短路

图 (a) 为中性点接地的低压供电系统中，人体接触带电的一条相线时触电电流的路径。图中 U_ϕ 为相电压；R_D 为接地电阻，它远小于人体电阻 R_t。人体触电电流 $I_t=\frac{U_\phi}{R_t+R_D}\approx U_\phi/R_t=220/2222=0.099\text{A}=99\text{mA}$，这情形仍是很危险的。如果人穿绝缘鞋或站在干燥的木板上，则会安全些，如 (b) 图所示。在中性点不接地的供电系统中，单相触电时的电流路径如 (c) 图所示，图中 R_g 表示每条导线对地的绝缘电阻（每条导线对地除存在绝缘电阻 R_g 外，还有对地电容 C_D 形成的容抗 $X_c=\frac{1}{2\pi f\cdot C_D}$，由于低压架空线路中 C_D 很少，$X_c\gg R_g$，所以图中略去了 C_D 的影响；如果是用高压或电缆输电，则 C_D 影响远大于 R_g，则 R_g 可忽略)，U_0 是当三相不对称时出现的中性点对地的电压，根据推导发现单相触电时的触电电流 $I_t\approx\frac{U_\phi}{R_t+\frac{1}{3}R_g}$。由此可见，在中性点不接地的供电系统中，单相触电电流小，这是因为增加了绝缘电阻项 $\frac{1}{3}R_g$。但是当这个系统中有一相已经对地短路时，再造成触电就更加危险，如 (d) 图所示，这时，形成两相触电。实际上，中性点不接地的供电系统仅局限在游泳池和矿井等处应用，所以单相触电发生在中性点接地的供电系统中最多。

3. 过高的接触电压和跨步电压使人触电　电力系统和设备中的接地线与大地接地体

的连接，称为接地。接地线和接地体统称为接地装置。

在接地装置中，当有电流时，此电流流经埋设在土壤中的接地体向周围土壤中流散，使接地体附近的地表面任意两点之间都可能出现电压。如果以大地为零电位，即接地体以外 15～20m 处可认为是零电位，则接地体附近地表面各点的电位分布如图 7-31 所示。

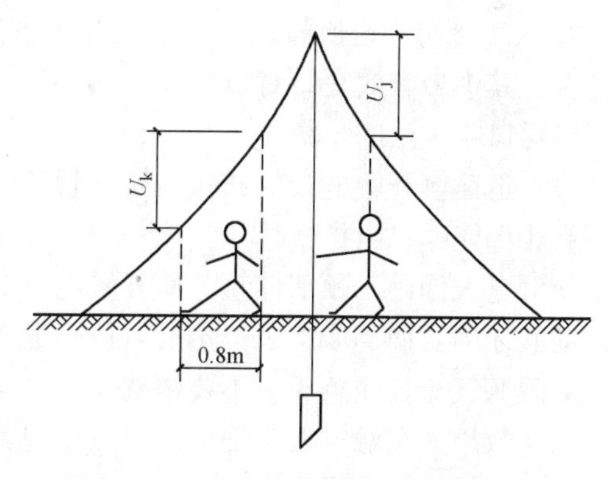

图 7-31　单一接地体附近的电位分布

当人站在接地体附近，以手接触接地装置时，则作用于人的手与脚之间就是图中的电压 U_f，称为接触电压。

当人走到接地体附近时，两脚之间（一般是 0.8m）的电压，即图中的 U_k 称为跨步电压。

当供电系统中出现对地短路时，或有雷电电流流经输电线入地时，都会在接地体上流过很大的电流，使接触电压 U_f 和跨步电压 U_k 都大大超过安全电压，造成触电伤亡。

为此接地体要做好，使接地电阻 R_D 尽量小。一般要求 R 为 1Ω。

接触电压 U_f 和跨步电压 U_k 还可能出现在被雷电击中的大树附近或带电的相线断落处附近人们应远离断线处 8m 以外。

三、触电急救

触电者能否获救，关键在于能否尽快脱离电源和施行正确的紧急救护。

1. 尽快使触电者脱离电源　抢救时必须注意，触电者身体已经带电，直接把他拖离电源，对抢救者来说极其危险。为此应立即断开就近的电源开关。如果距电源开关太远，抢救者可用干燥的、不导电的物件，如木棍、竹竿、绳索、衣服等拨开电线，或把触电者拉开。抢救者应穿绝缘鞋或站在干木凳上进行这项工作。如果触电者痉挛而紧握电线时，可用干燥的木柄斧、胶把钳等工具切断电线，或用干燥木板、干胶木板等绝缘物插入触电者身下，以切断触电电流。也可采用短路法使电源开关掉闸。

如果事故发生在高压设备上，则应通知有关部门停电；或者戴上绝缘手套、穿上绝缘靴，用相应等级的绝缘棒或绝缘钳进行上述的脱离电源工作。

使触电者脱离电源的办法，应根据具体情况以快为原则，选择采用。但应该注意：要防止触电者脱离电源后可能摔伤，尤其触电者在高处时，要有具体保护措施。

2. 脱离电源后的救护方法　触电者脱离电源后，应尽量在现场抢救。救护方法应根据伤害程度不同而不同。

（1）如触电者没有失去知觉，应让他就地静卧，并请医生前来诊治。

（2）如触电者失去知觉，但还有呼吸或心脏还在跳动，应让他舒适、安静地平卧。劝散围观者，使空气流通；解开他的衣服以利呼吸。如天气寒冷，还应注意保温。并迅速请医生诊治。如发现触电者呼吸困难、稀少，不时还发生抽筋现象，应准备在心脏跳动停止、呼吸停止后立即进行人工呼吸和心脏按压。

（3）如触电者呼吸、脉搏、心脏跳动均已停止，必须立即施行人工呼吸和心脏按压。

并迅速请医生诊治。千万不要认为已经死亡，就不去急救。

抢救触电人往往需要很长时间（有时要进行1～2h），必须连续进行，不得间断，直到触电人心跳和呼吸恢复正常，触电人面色好转，嘴唇红润，瞳孔缩小，才算抢救完毕。

3. 人工呼吸和心脏按压法　人工呼吸方法有俯卧压背法、俯卧牵臂法和口对口吹气法三种，其中最有效是口对口吹气法。

口对口吹气法的步骤：

（1）迅速解开触电人的衣扣，松开紧身的内衣、裤带（解不开时可剪开），使触电人胸部和腹部能够自由扩张。

使触电人仰卧，颈部伸直。掰开触电人的嘴，清除口腔中的呕吐物，使呼吸道畅通。有活动假牙的要摘下取出来。然后，使触电人头部尽量后仰，让鼻孔朝天，这样舌头根部就不会阻塞气流，注意头下不要垫枕头。

（2）救护人在触电人头部旁边，一手捏紧触电人的鼻孔（不要漏气），另一只手扶着触电人的下颌，使嘴张开触电人的嘴上可盖一块纱布或薄布。

（3）救护人做深呼吸后，紧贴触电人的嘴吹气，同时观察触电人胸部的膨胀情况，以胸部略有起伏为宜。胸部起伏过大，表示吹气太多，容易吹破肺泡；胸部无起状，表示吹气用力过小，作用不大。

（4）救护人吹气完毕准备换气时，应立即离开触电人的嘴，并且放开捏紧的鼻孔，让触电人自动向外呼气。这时应注意触电人胸部复原情况，观察有无呼吸道梗阻现象。

按以上步骤连续不断地进行，对成年人每分钟大约吹14～16次（大约每5s吹一次，吹气约2s，呼气约3s）。对儿童每分钟吹气18～24次，不必捏紧鼻子可任其自然漏气，并注意不要使儿童胸部过分膨胀，防止吹破肺泡。

如果触电人的嘴不易掰开，可捏紧嘴，往鼻孔里吹气。

心脏按压法又叫心脏按摩，是用人工的方法在胸外按压心脏，使触电人恢复心脏跳动，其具体方法如下：

（1）使触电人仰卧，保持呼吸道畅通（具体要求同吹气法）。背部着地处应平整稳固，以保证按压效果。不可躺在软的地方。

（2）选好正确的压点。救护人跪在触电者腰部一侧，或者跨腰跪在腰部，两手相叠，把下边那只手的掌根放在触电人心口窝稍高一点的地方，即两乳头间略下一点，胸骨下三分之一处。

（3）掌根适当用力向下按压。对成人，可压下3～4cm；对儿童应只用一只手，并且用力要小些，压下深度要浅些。

（4）按压后，掌根要迅速放松，让触电者胸廓自动复原。

对成年人，每分钟按压60次；对儿童每分钟大约90～100次左右。

触电人如果呼吸停止，应采用口对口人工呼吸法；如果心脏也停止跳动必须和胸外心脏按压同时进行，每心脏按压四次，吹一口气，操作比例为4：1，最好由两个人共同进行。

四、防止触电的主要措施

触电也有一定的规律性。例如在每年的6～8月份，天气多雨、潮湿，加上人体多汗，所以触电事故最多；发生在低压供电系统和低压电气设备上的触电事故较多；触电事故多发生在非专职电工人员身上；一般来说，冶金、建筑、矿业和机械行业触电事故较多；高温、潮湿、有导电灰尘，有腐蚀性气体的环境和临时设施多、用电设备多的部门触电事故多。

为防止触电事故，除思想上重视，认真贯彻执行合理的规章制度外，主要依靠健全组织措施和完善各种技术措施。

为防止触电事故或降低触电危害程度，需要作好以下几方面的工作：

1. 设立屏障，保证人与带电体的完全距离，并悬挂标示牌；

2. 有金属外壳的电气设备，要采取接地或接 PE 线保护；

3. 采用安全电压；

4. 采用联锁装置和继电保护装置，推广、使用漏电保安器；

5. 正确选用和安装导线、电缆、电气设备；对有故障的电气设备，及时进行修理；

6. 合理使用各种安全用具、工具和仪表，要经常检查，定期试验；

7. 建立健全各项安全规章制度，加强安全教育和对电气工作人员的培训。

有些与用电有关的事故隐患，也应引起重视，例如对电火花和电弧可能引起的火灾和爆炸事故，对雷电或其他原因可能引起的过电压事故，都应从电气角度采取一些必要的、预防性的安全措施。同时，对电工安装和检修中可能发生的高空坠落事故，对停电不当或事故停电可能造成的其他事故，对生产机械的电气故障可能引起的机械伤害事故，也都应给予足够的注意。

五、施工现场的其他电气危害及其防护措施

1. 施工现场的其他电气危害

在施工现场由于电气原因除触电危害外还有以下几种危害。

（1）热。大多数电气设备在运行时，都会产生不同程度的热量。如白炽灯、卤钨灯等，则能使局部区域内温度升高。温度过高除造成人体不适外，还会影响附近设备的运行工况和寿命，甚至引起附近可燃物燃烧。

（2）火。产生电火花和电弧的设备，都有着火的潜在危险，而电气设备中的绝缘体往往容易燃烧，伴随产生有害气体。

（3）臭氧。产生电火花和电晕的高压电气试验设备，以及紫外线发生器等设备，在运行时会产生相当浓度的臭氧，当臭氧浓度达到 1×10^{-6}时，就会造成人体危害。

（4）氢。酸性蓄电池充电、电解过程和加速器的低温磁铁运行时都会产生氢。当空气中含氢量达到 4%时，就有爆炸危险。

（5）有害气体。对于一些阻燃材料，如聚氯二苯类，遇到高温时会产生有害气体，容易被人的皮肤吸收，对人体造成危害。六氟化硫气体绝缘设备起弧时，产生的物体是有害的，而且有刺激性，其中固体残余物为细粉末，大部分是金属氟化物，吸收水蒸气后，产生氟化硫及氢氟酸，具有毒性和腐蚀性。

（6）噪声。球磨机、电动滚筒等用电设备运行时，发出的噪声可超过 100dB，长期工作在这种环境内，势必导致听力下降。电火花间隙突然点火和大量电容器突然放电所产生的噪声，会使工作人员受惊，影响工作。

（7）光。凡是产生激光、紫外线、耀眼白光和电弧的设备都对人的眼睛有害，严重时即使受到短时照射，也会对人眼造成伤害。激光束则伤害视网膜，还可造成烧伤。

(8) 冷却剂。电气设备的冷却剂有水、油及乙基二醇等。这些冷却剂的逸出或泄漏必将污染环境。水是电压放电的泄漏途径，容易造成短路或联锁失效。油及某些冷却剂泄漏时，造成地面润滑，以致人员滑跌而造成伤害。油在强烈电弧作用下，引起分解，造成容器爆炸。

(9) 储能设备。储能设备的储存能量较大时，当其突然放电所产生的强烈电弧和火花，能使附近的金属熔化或溅射，大能量的电弧将严重烧伤皮肤、肌肉及眼睛。当电容器放电能量为10J时，可能造成电击；超过50J，则有致命危险。

(10) 运动部件。未加保护的操作器、齿轮和滑轮等运动部件，当人触及时，可能产生机械损伤。

(11) 超导设备。超导设备一般采用氢作为冷却剂，具有潜在的爆炸危险。当低温电磁铁骤冷时，冷却介质由液体变为气体，压力突然增加，可能破坏容器，造成爆炸。

(12) X射线及电磁辐射。对X射线机，塑料热合机，微波加热炉，超声波焊接、清洗、检验及医疗设备，高频感应加热和溅射设备，超声波理疗仪，射频引燃的弧焊机，摄谱仪用的等离子电源设备，高频火花检漏仪等，在工作期间，不断向四周空间发射或泄漏电磁能量，污染环境，甚至引起人体中枢系统的机能障碍和植物神经功能紊乱等病症，且对眼睛危害最大。

大功率射频设备使附近的精密仪器、仪表、通信及自控系统不能正常工作。强大的射频辐射源可能使附近的金属器件相互撞击，产生火花，形成潜在的易燃易爆环境。

(13) 雷电。直接雷击将造成人、畜伤亡，设备损坏，建筑物受损，甚至倒塌。雷电感应和雷电波侵入建筑物内都能造成人、畜受害，甚至死亡。

2. 基本安全防护措施

(1) 电气线路的防火措施

一般电气线路在火灾时停止运行，只有在容易造成火灾蔓延的地方，才采用阻燃和难燃电缆。对于在火灾时仍需在一段时间内继续运行的重要消防用电设备的线路，则必须用耐火电缆。

1) 阻燃、难燃电缆和电线的采用：在高层建筑、大中型计算机房，以及一些火灾容易发生和蔓延的地方，宜采用添加无机阻燃剂的塑料电线和电缆。在人员密集和有精密仪器的地方，则采用低烟无毒阻燃电缆，以免燃烧时形成的有害气体危及人和精密仪器。在建筑物的顶棚内，可采用氧指数大于27的难燃型塑料电线，并穿钢管敷设。

2) 涂刷防火涂料或包扎阻燃包带：易燃地段的电缆和电线要涂刷改性氨基膨胀型防火涂料，涂刷在电线、电缆穿过楼板或孔洞前1～2m以内，水平转垂直处1～2m以内及接头两侧1～2m以内。对于充油电缆，可用氧指数大于55的阻燃包带包扎。

3) 耐火电缆的采用：耐火电缆采用矿物质作绝缘材料，外部用无缝铜管保护。其特点是防火、无烟、无毒，可在250℃温度下连续运行，在840℃温度下运行3h，在1000℃温度下短期运行，无老化现象，可重复使用。由于采用无缝铜管作护层，可以防爆、防水、防辐射和防电磁干扰，并可作为接地线。但价格贵，只用其在火灾中必须继续运行的线路。

4) 布线的防火措施：

a. 布线路径应尽可能避开预计到的高温区和可能发生火灾的地方，如烟囱、铁水沟、高炉的渣沟、热风管及热力管道附近，如果无法避免，则在电线、电缆外加绕厚度为20mm的石棉绳，或隔以20mm厚的石棉板。

b. 户内明敷及在电缆沟、电缆隧道和电缆竖井中敷设的电缆，不应有黄麻或类似保护层。

c. 电缆竖井与其他管道竖井分开设置，井壁为耐火极限不低于1h的非燃烧体，壁上采用三级以上防火门。

d. 电缆沟、电缆隧道进入建筑物处，应设防火墙。电缆隧道防火墙上的门用非燃烧或难燃烧材料制成并加锁。电缆竖井中每隔1～2层在穿过楼板处用相当于楼板耐火极限的非燃烧体作防火分隔。

e. 在电线、电缆进入高温区时，应设置接线端子箱，以便更换电缆，并且可防止高温区内的油或其他可燃液体流入正常工作区。在可燃气体可能喷出或窜出以致损害电缆的地方，应设置防火隔板。大型孔洞先用耐火隔板封住，再用堵料堵塞严密。电线、电缆穿管、楼板、墙及进入建筑物的防火墙处，都用堵料堵封，以免火灾时造成延燃。

(2) 照明防火措施

在存放可燃物的库房内，不应装设卤钨灯等高温光源。书库和资料室的照明器应装在书架过道及中转处。保存贵重资料的房间应选用适于防爆23区的灯具。照明器靠近可燃物时，应采用隔热措施。100W及以上的吸顶灯、槽型灯、嵌入式灯的引入线应采用瓷管、石棉管等非燃材料作隔热措施。超过60W的白炽灯、卤钨灯、高压荧光汞灯包括镇流器，不应直接安装在可燃装饰物或可燃构件上。照明器的反射面材料应采用非燃烧体。白炽灯的透光材料应采用非燃或难燃的有机材料。照明装置的辅助材料、器材及导线装在可燃材料上时，应用衬有石棉的钢板或石棉板进行防护。在可燃材料制成的吊顶上装设照明器时，紧贴吊顶结构的部分铺设厚度应用不小于3mm的石棉制品作为衬垫。

(3) 建筑物电气防火

建筑物的电气防火措施应具有以下功能：

1) 在发现火灾事故时，应及早报警，防患于未然。

2) 在火灾发生时，消防用电设备应有适当的电源，人员撤离火灾现场应有照明。

3) 对于重要建筑，还应有自动消防系统，及早扑灭火灾。

(4) 电气隔离措施

为了维护、测试和检查故障及修理的需要，必须进行电气隔离，以策安全。

1) 隔离电器的设置：隔离电器必须有效地将电源线路与有关回路或设备进行隔离，一般装在相线上。TN-C系统中的PEN线严禁装设隔离电器。TN-S和TN-C-S系统中的N线不需要装设隔离电器。对于切换电源用的隔离电器，则需同时断开相线和N线。在已配出N线的IT系统中，隔离电器应将所有的带电导线，包括N线在内同时断开。隔离电器的触头的断开后，必须有明显的断点；或在隔离电器每极触头的断开距离达到要求时，用可靠的“通”、“断”标志来明显地指示。隔离电器必须防止无意识的接通。无载的隔离电器也必须防止无意识断开。对多极或单极隔离器、隔离开关、插头和插座、熔断器或连接和不需要拆除导线的特殊端子，都可作为隔离电器。但半导体电器严禁作为隔离用，因其难以确保切断电源。

2) 机械维修时断电电器的设置：机械维修时，需要设置切断电源的用电设备有起重机、升降机、自动扶梯、运输机械、机床和泵等，以避免设备在维修时突然起动，造成伤亡事故。若还有其他动力源，如水、汽、气等，也应将这些动力源切断。断电电器必须能切断相应设备的满载电流。设置的断电标志必须明显，且便于操作。在维修期间必须采取安全措施，如挂警告牌，防止其他人员无意识地合闸造成事故。多极开关、断路器、操作接触器的控制开关、插头及插座组合等都可作为机械维修时的断电电器。

3）应急电器的设置：应急电器设置在自动扶梯、升降机、电梯、运输机械、电动门、机床、洗车设备等处，当发生紧急状态会引起危险时，切断电源。应急电器必须能断开回路的满载电流，包括电动机反馈电流，而且操作时只用一个动作就可切断电源。应急电器的操作器件，如手柄、按钮等必须清楚地加以标志，最好用红颜色衬以反差较强的底色。应急电器设置在不会发生危险的地方，且要便于操作，并能观察到所控制的用电设备。应急开关的操作器件必须能自锁，还应限制在“断”的位置上，只有断电的操作器件与重新通电的操作器件由同一操作人员掌握才可例外。

4）人体与导体要隔离。

（5）灼伤和过热保护

1）灼伤保护：对表面温度高的电气设备，在人伸臂范围以内的任何可接近部分，正常工作时的极限温度不应超过表7-3中的数值。同时还应设置警告牌或围栅等措施，防止意外接触造成灼伤。

在伸臂范围内，电气设备正常工作时可接近部分的极限温度　　**表7-3**

可接近部分	可接近表面的材料	极限温度(℃)
手握式操作工具	金属的	55
	非金属的	65
规定要接触的但非手握部分	金属的	70
	非金属的	80
正常操作时不需接触的部分	金属的	80
	非金属的	90

2）过热保护：过热保护包括电气加热的通风系统和产生热水和蒸汽的设备。

a. 为了防止通风管道中的温度超过极限值，对于强迫通风系统中的加热元件，在气流未建立前不应通电，气流停止时必须断电。为安全起见，还必须装置两个彼此独立的限温装置。加热元件的底座和外护物必须用非燃材料制成。

b. 在设计和安装采用电气加热产生热水或蒸汽的设备时，都必须保证在任何工作条件下，不超过极限温度。如果没有安全放散阀，还必须设置水压限制器。

（6）其他电气安全保护措施

除上述各种安全保护措施和电气消防外，还应采取以下基本安全措施：

1）给运行中发热的变配电设备和用电设备适当的通风，以免造成环境温度过高，而影响设备本身寿命或使邻近的设备受到影响。

2）在使用大量的酸或其他危险液体的用电设备附近，应设置洗眼及淋浴设备。

3）尽量减少电气设备所需冷却剂的泄漏。如确有困难，可以提供适当的泄漏途径，以防止造成电气回路短路或人员摔倒。

4）凡有运动部件的用电设备，如带轮、齿轮等，应采取罩壳等机械防护措施。

5）在大量可燃物附近，如有点火源，可设置火焰检测装置或采取隔离措施。

6）对于产生严重噪声的电气设备，应采用建筑隔离或消音设备，使噪声水平在居民区不高于 50dB，在工业区不高于 55dB。

7）在有毒物潜在危险的地方，如运行时产生有毒火焰、有毒化合物的用电设备附近和大量产生臭氧和氢的用电设备附近，应提供警告信号或采取防护措施。

8）对于产生强光的电气设备，可单独设在独立的房间内，人在户外操作。

9）对具有大量放电的设备，如电容器，要设置放电电阻。对于高、低压电容器，应在 5min、1min 内放电到 50V。

10）对具有潜在爆炸危险的电气设备，如超导设备、电气锅炉等，必须校验其容器的耐压强度，保证在正常运行及发生事故时不爆炸。

复习思考题

7-1　建筑物的什么部位容易遭雷击？

7-2　建筑物的防雷装置由哪几部分组成？

7-3　烟囱上安装有距地 36 米高的单支避雷针。距烟囱 36 米处有一 10 米高的建筑物。试问此建筑物是否在避雷针的保护范围之内？

7-4　图 7-9 所示的接线卡子有何用途？

7-5　图 7-14（*e*）中的 1～5，哪种钢筋可为接地体？

7-6　图 7-15 中哪些符号表示接闪器（避雷带）？

7-7　在图 7-16 中找出接闪器、引下线和接地体？

7-8　什么是等电位连接、总等电位连接和辅助等电位连接？

7-9　TN-C-S 表示什么？与 TN-S 比较如何？

7-10　TN、TT 及 IT 系统应用条件有何不同？

7-11　如何做才能尽快使触电者脱离电源？

第八章　建筑物的弱电系统

通常情况下，把电力、照明等用电称为“强电”；而把传播信号、进行信息交换等通称其为“弱电”。

以信息处理为主的建筑弱电系统是建筑电气的重要组成部分。由于弱电系统的引入，使建筑物的服务功能大大扩展，增强了建筑物与外界的信息交换能力。随着科学技术的发展，将有更多的尖端弱电技术进入建筑领域，扩展弱电系统的范围。

弱电系统包括火灾报警、通信广播、有线电视和卫星接收、安全防范、建筑设备自动化以及综合布线等系统。

8.1　火灾报警系统

一、火灾报警基本原理及灭火过程

火灾报警系统的基本原理及灭火过程如图 8-1 所示。

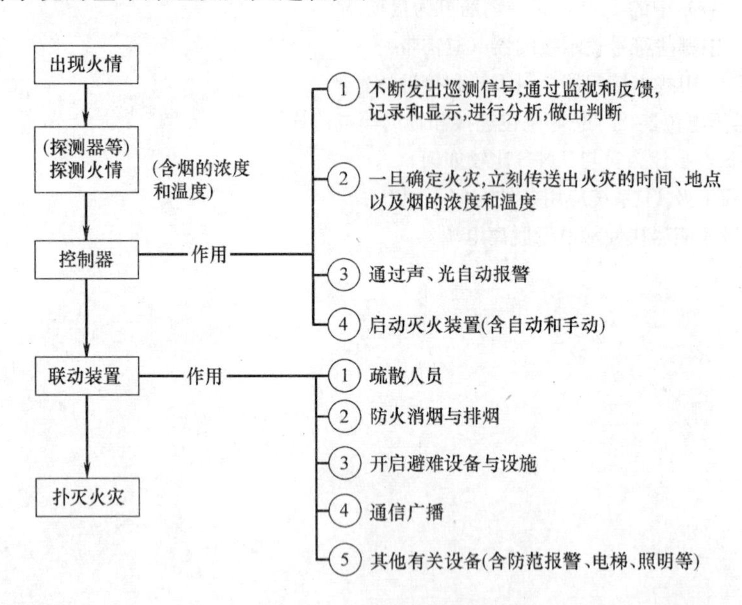

图 8-1　火灾报警系统

二、报警区域的划分与组成

目前，国内、外设置火灾自动报警系统建筑中，一般都是将整个保护对象划分为若干个报警区域，并设置相应的报警系统。

而报警区域的划分是以能迅速确定报警及火灾发生的部位为原则。

根据对联动功能要求有简单、较复杂和复杂之分，对报警系统的保护范围有小、中、大之分，《火灾自动报警系统设计规范》中规定了设置区域、集中、控制中心三种报警系统。

区域报警系统、集中报警系统、控制中心报警系统的系统结构、形式如图 8-2 所示。

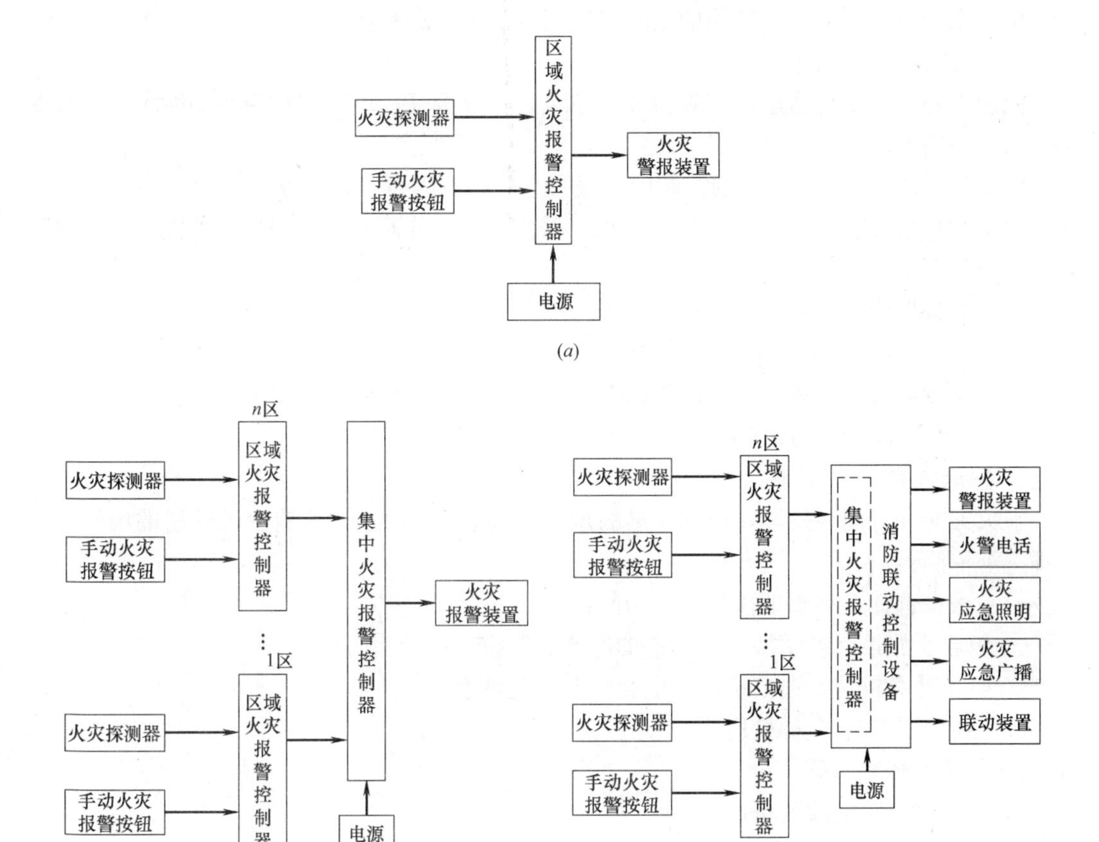

图 8-2　火灾报警系统图

(a) 区域报警系统；(b) 集中报警系统；(c) 控制中心报警系统

1. 区域报警系统

一般设置区域报警系统的建筑规模较小，火灾探测区域不多且保护范围不大，多为局部性保护的报警区域。如图 8-2（a）。图中的区域火灾报警控制器一般为壁挂式，可以直接安装在墙上，周围留出适当空间。

采用区域报警系统时，设置火灾报警控制器的总数不应超过两台；而且，若受建筑用房面积的限制，可以不专门设置消防值班室，而由有人值班的房间，如保卫部门值班室、配电室、传达室等代管。

当用一台区域火灾报警控制器或火灾报警控制器警戒多个楼层时，每个楼层各楼梯口或消防电梯等明显部位，都应装设识别火灾楼层的火警显示灯。以便于扑救火灾时，能正确引导有关人员寻找到着火楼层。

2. 集中报警系统

集中报警系统是由火灾探测器、区域火灾报警控制器和集中火灾报警控制器等组成。

如图 8-2（*b*）。图中的集中火灾报警控制器一般制成柜式，落地安装。柜下面有进出线地沟。

集中报警控制器应设在专用的消防控制室或消防值班室内。

3. 控制中心报警系统

控制中心报警系统适用建筑规模大，建筑防火等级高，消防联动控制功能多的一级保护对象。如图 8-2（*c*）。

图 8-3 是更为具体、形象的控制中心报警系统。读者可自行阅读。

由于此系统规模大，进出线多。为此，垂直方向的传输线应采用竖井敷设，在每层竖井分线处设端子箱。

三、火灾探测器

（一）火灾探测器的分类

火灾探测器有很多类型，为便于读者了解，现将其归纳分类如图 8-4 所示。

（二）火灾探测器的选择

1. 感烟探测器的应用

在火灾初期有阴燃阶段，产生大量的烟和少量的热，很少或没有火焰辐射的场所，应选择感烟探测器。

（1）适宜选择点型感烟探测器的场所：

① 饭店、旅馆、教学楼、办公楼的厅堂、卧室、办公室等；

② 电子计算机房、通信机房、电影或电视放映室等；

③ 楼梯、走道、电梯机房等；

④ 书库、档案库等；

⑤ 有电气火灾危险的场所。

不同烟粒径、烟的颜色和不同可燃物产生的烟对下列两种探测器适用性是不一样的。

（2）符合下列条件之一的场所，不宜选择离子感烟探测器：

① 相对湿度经常大于 95%；

② 气流速度大于 5m/s；

③ 有大量粉尘、水雾滞留；

④ 可能产生腐蚀性气体；

⑤ 在正常情况下有烟滞留；

⑥ 产生醇类、醚类、酮类等有机物质。

（3）符合下列条件之一的场所，不宜选择光电感烟探测器：

① 可能产生黑烟；

② 有大量粉尘、水雾滞留；

③ 可能产生蒸汽和油雾；

④ 在正常情况下有烟滞留。

2. 感温探测器的选用

感温探测器不如感烟探测器灵敏，它们对阴燃火不可能响应。因此感温探测器不适宜保护可能由小火造成不能允许损失的场所，例如计算机房等。

符合下列条件之一的场所，宜选择感温探测器：

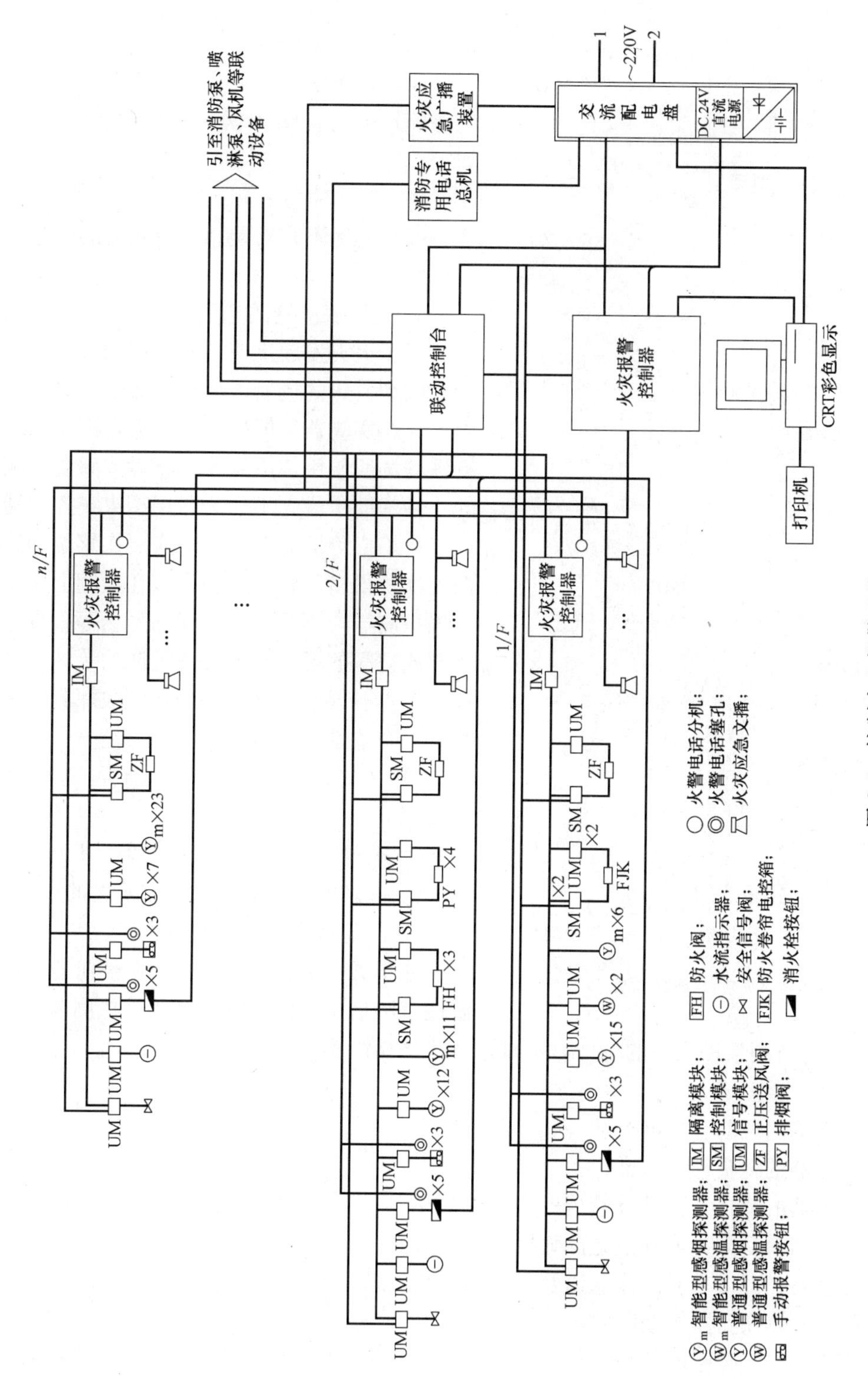

图 8-3　控制中心报警系统

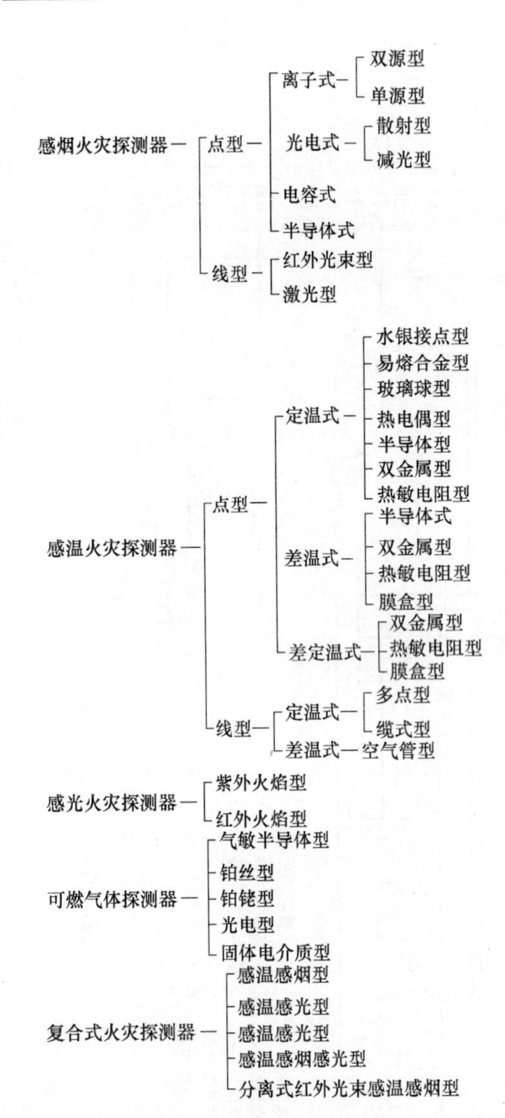

图 8-4　火灾探测器的分类

(1) 相对湿度经常大于 95%；

(2) 无烟火灾；

(3) 有大量粉尘；

(4) 在正常情况下有烟和蒸汽滞留；

(5) 厨房、锅炉房、发电机房、烘干车间等；

(6) 吸烟室等；

(7) 其他不宜安装感烟探测器的厅堂和公共场所。

3. 火焰探测器的选用

对于火灾发展迅速，有强烈的火焰辐射和少量的烟、热的场所，应选择火焰探测器。但由于火焰探测器不能探测阴燃火，因此只能在特殊的场所使用，或者作为感烟或感温探测器的一种辅助手段，不作为通用型火灾探测器。

火焰探测器对明火的响应要比感温和感烟探测器快得多，且又无须安装在顶棚上。所以火焰探测器特别适合仓库和储木场等，具有大的开阔空间的场所，如可燃气体的泵站、阀门和管道等。因此从火焰探测器到被探测区域必须有一个清楚的视野。

(1) 符合下列条件之一的场所，宜选择火焰探测器：

① 火灾时有强烈的火焰辐射；

② 液体燃烧火灾等无阴燃阶段的火灾；

③ 需要对火焰做出快速反应。

如果火灾可能有一个初期阴燃阶段，在此阶段有浓烟扩散则不宜选择火焰探测器。

(2) 符合下列条件之一的场所，不宜选择火焰探测器：

① 可能发生无焰火灾；

② 在火焰出现前有浓烟扩散；

③ 探测器的镜头易被污染；

④ 探测器的“视线”易被遮挡；

⑤ 探测器易受阳光或其他光源直接或间接照射；

⑥ 在正常情况下有明火作业以及 X 射线、弧光等影响。

4. 可燃气体探测器的选用

对使用、生产或聚集可燃气体或可燃液体蒸气的场所，应选用可燃气体探测器。

例如下列场所宜选择可燃气体探测器：

(1) 使用管道煤气或天然气的场所；

（2）煤气站和煤气表房以及存储液化石油气罐的场所；

（3）其他散发可燃气体和可燃蒸汽的场所；

（4）有可能产生一氧化碳气体的场所，宜选择一氧化碳气体探测器。

应该指出：①任何一种探测器对火灾的探测都有局限性，所以对联动或自动灭火等可靠性要求高的场所，选用感烟、感温、火焰探测器的组合是十分必要的。组合也包括同类型但不同灵敏度的探测器组合。

② 对火灾形成特征不可预料的场所，可根据模拟试验的结果选择探测器。

5. 线型火灾探测器的选择

（1）红外光束感烟探测器的适合场所：

① 大型库房、博物馆、档案馆、飞机库等经常是无遮挡的大空间的情形；

② 发电厂、变配电站、古建筑、文物保护建筑的厅堂馆所，有时也适合安装这种类型的探测器。

（2）下列场所或部位，宜选择缆式线型定温探测器：

① 电缆隧道、电缆竖井、电缆夹层、电缆桥架等；

② 配电装置、开关设备、变压器等；

③ 各种皮带输送装置；

④ 控制室、计算机室的闷顶内、地板下及重要设施隐蔽处等；

⑤ 其他环境恶劣不适合点型探测器安装的危险场所。

（3）下列场所宜选择空气管式线型差温探测器：

① 可能产生油类火灾且环境恶劣的场所；

② 不易安装点型探测器的夹层、闷顶。

（三）火灾探测器和手动火灾报警按钮的设置

1. 点型火灾探测器的设置

（1）在探测区域内，每个相对独立的房间，至少应设置一只火灾探测器。即使该房间的面积比一只探测器的保护面积小得多也如此。这样可避免在探测区域内几个独立房间共用一只探测器。

（2）感烟探测器、感温探测器的保护面积和保护半径，应按表 8-1 确定。

感烟探测器、感温探测器的保护面积和保护半径　　　　**表 8-1**

火灾探测器的种类	地面面积 $S(m^2)$	房间高度 $h(m)$	一只探测器的保护面积 A 和保护半径 R					
			屋顶坡度 θ					
			$\theta\leqslant15°$		$15°<\theta\leqslant30°$		$\theta>30°$	
			A (m^2)	R (m)	A (m^2)	R (m)	A (m^2)	R (m)
感烟探测器	$S\leqslant80$	$h\leqslant12$	80	6.7	80	7.2	80	8.0
	$S>80$	$6<h\leqslant12$	80	6.7	100	8.0	120	9.9
		$h\leqslant6$	80	5.8	80	7.2	100	9.0
感温探测器	$S\leqslant30$	$h\leqslant8$	30	4.4	30	4.9	30	5.5
	$S>30$	$h\leqslant8$	20	3.6	30	4.9	40	6.3

（3）一个探测区域内所需设置的探测器数量，不应小于式（8-1）的计算值

$$N=\frac{S}{K \cdot A} \tag{8-1}$$

式中　N——探测器数量，N 应取整数，只；

S——该探测区域面积，m^2；

A——探测器的保护面积，m^2；

K——修正系数，特级保护对象宜取 0.7～0.8，一级保护对象宜取 0.8～0.9，二级保护对象宜取 0.9～1.0。

（4）在有梁的顶棚上设置感烟探测器、感温探测器时，应符合下列规定：

① 当梁突出顶棚的高度小于 200mm 时，可不计梁对探测器保护面积的影响。

② 当梁突出顶棚的高度为 200mm～600mm 时，应按表 8-2 确定一只探测器能够保护的梁间区域的个数。

按梁间区域面积确定一只探测器保护的梁间区域的个数　　**表 8-2**

探测器的保护面积 A (m^2)		梁隔断的梁间区域面积 Q (m^2)	一只探测器保护的梁间区域的个数	探测器的保护面积 A (m^2)		梁隔断的梁间区域面积 Q (m^2)	一只探测器保护的梁间区域的个数
感温探测器	20	$Q>12$	1	感烟探测器	60	$Q>36$	1
		$8<Q\leqslant 12$	2			$24<Q\leqslant 36$	2
		$6<Q\leqslant 8$	3			$18<Q\leqslant 24$	3
		$4<Q\leqslant 6$	4			$12<Q\leqslant 18$	4
		$Q\leqslant 4$	5			$Q\leqslant 12$	5
	30	$Q>18$	1		80	$Q>48$	1
		$12<Q\leqslant 18$	2			$32<Q\leqslant 48$	2
		$9<Q\leqslant 12$	3			$24<Q\leqslant 32$	3
		$6<Q\leqslant 9$	4			$16<Q\leqslant 24$	4
		$Q\leqslant 6$	5			$Q\leqslant 16$	5

③ 当梁突出顶棚的高度超过 600mm 时，被梁隔断的每个梁间区域至少应设置一只探测器。

④ 当被梁隔断的区域面积超过一只探测器的保护面积时，被隔断的区域应按式（8-1）计算探测器的设置数量。

⑤ 当梁间净距小于 1m 时，可不计梁对探测器保护面积的影响。

（5）在宽度小于 3m 的内走道顶棚上设置探测器时，宜居中布置。感温探测器的安装间距不应超过 10m；感烟探测器的安装间距不应超过 15m；探测器至端墙的距离，不应大于探测器安装间距的一半。

（6）其他：

① 探测器至墙壁、梁边的水平距离，不应小于 0.5m。

② 探测器周围 0.5m 内，不应有遮挡物。

③ 房间被书架、设备或隔断等分隔，其顶部至顶棚或梁的距离小于房间净高的 5% 时，每个被隔开的部分至少应安装一只探测器。

④ 探测器至空调送风口边的水平距离不应小于 1.5m，并宜接近回风口安装。探测器至多孔送风顶棚孔口的水平距离不应小于 0.5m。

（7）探测器在顶棚上宜水平安装。当倾斜安装时，倾斜角 θ 不应大于 45°。当倾斜角 θ 大于 45°时，应加木台安装探测器。如图 8-5 所示。

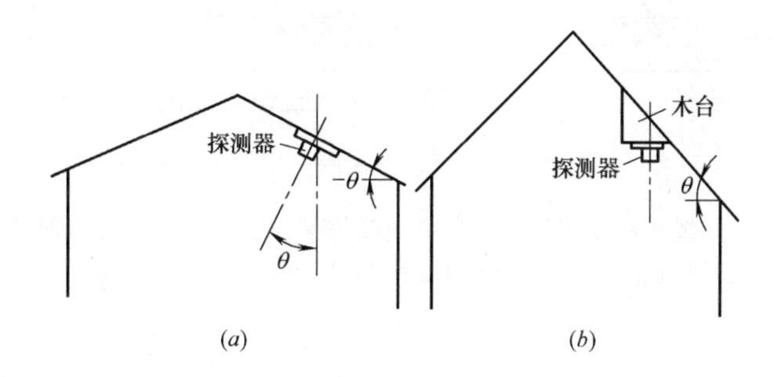

图 8-5　探测器的安装角度

(a) $\theta \leqslant 45°$时；(b) $\theta > 45°$时

θ—屋顶的法线与垂直方向的交角

2. 线型火灾探测器的设置

（1）红外光束感烟探测器

① 一般情况下，当顶棚高度不大于 5m 时，探测器的红外光束轴线至顶棚的垂直距离为 0.3m；当顶棚高度为 10m～20m 时，光束轴线至顶棚的垂直距离可为 1.0m。

② 相邻两组红外光束感烟探测器的水平距离不应大于 14m。探测器至侧墙水平距离不应大于 7m 且不应小于 0.5m。超过规定距离探测烟的效果很差。为有利于探测烟雾，探测器的发射器和接收器之间的距离不宜超过 100m，见图 8-6。

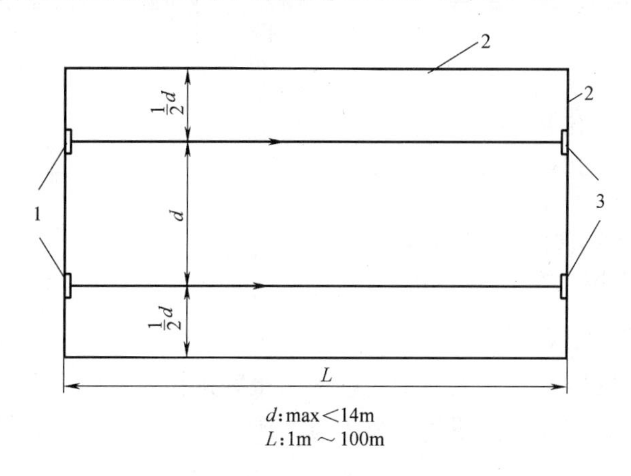

图 8-6　红外光束感烟探测器在相对两面墙壁上安装平面示意

1—发射器；2—墙壁；3—接收器

（2）缆式线型定温探测器

① 缆式线型定温探测器在电缆桥架或支架上设置时，宜采用接触式布置，即敷设于被保护电缆（表层电缆）外护套上面，如图 8-7 所示。

② 在各种皮带输送装置上设置时，在不影响平时运行和维护的情况下，应根据现场情况而定，宜将探测器设置在装置的过热点附近，如图 8-8 所示。

（3）空气管式线型差温探测器

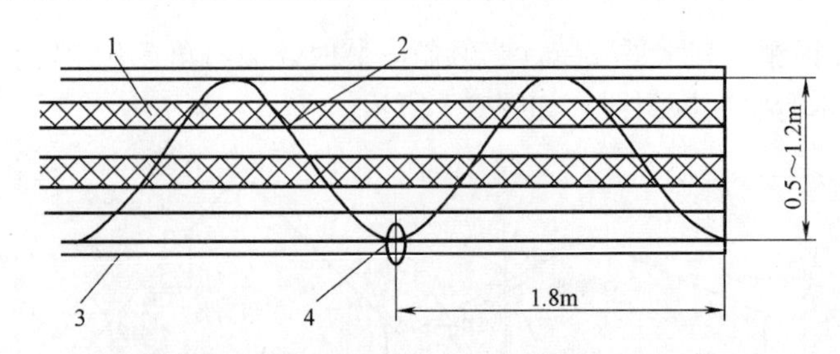

图 8-7　缆式线型定温探测器在电缆桥架或支架上接触式布置示意

1—动力电缆；2—探测器热敏电缆；3—电缆桥架；4—固定卡具

注：固定卡具宜选用阻燃塑料卡具。

设置在顶棚下方的空气管式线型差温探测器，至顶棚的距离宜为 0.1m。相邻管路之间的水平距离不宜大于 5m；管路至墙壁的距离宜为 1m～1.5m。如图 8-9 所示。

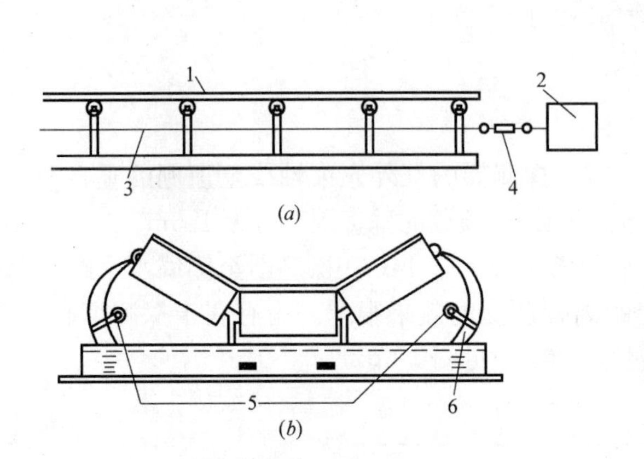

图 8-8　缆式线型定温探测器在皮带输送装置上设置示意

(a) 侧视；(b) 正视

1—传送带；2—探测器终端电阻；3、5—探测器热敏电缆；4—拉线螺旋；6—电缆支撑件

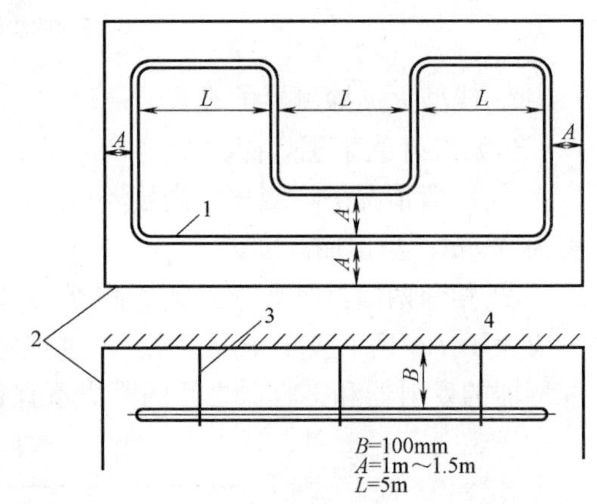

图 8-9　空气管式线型差温探测器在顶棚下方设置示意

1—空气管；2—墙壁；3—固定点；4—顶棚

3. 手动火灾报警按钮的设置

(1) 每个防火分区应至少设置一个手动火灾报警按钮。从一个防火分区内的任何位置到最邻近的一个手动火灾报警按钮的距离不应大于 30m。手动火灾报警按钮宜设置在公共活动场所的出入口处。

(2) 手动火灾报警按钮应设置在明显的和便于操作的部位。当安装在墙上时，其底边距地高度宜为 1.3m～1.5m，且应有明显的标志。

四、自动灭火系统

目前，火灾报警与自动灭火联动控制系统的应用愈来愈多。许多大型重要工程都不仅仅满足火灾自动报警的功能，而需要火灾能有效地自动熄灭，这就要求火灾报警系统与自动消防系统能进行联动控制。

前面所述的火灾报警装置，能给人们提供监视现场的火灾信号、地址和报警的联动开关量，我们可以利用这个开关量信号，通过电气控制设备实现自动灭火。火灾报警与自动灭火系统联动示意图如图 8-10 所示。

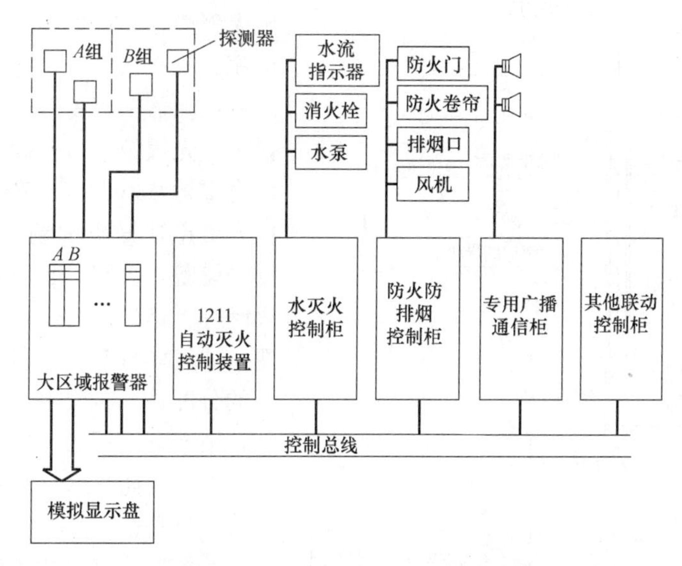

图 8-10 大区域报警、纵向联动控制

自动灭火系统通常有两种方式，一为湿式消防系统（即水灭火系统），一为干式消防系统。高层建筑常用的湿式消防系统主要包括消火栓消防系统和自动喷洒系统。但在高层建筑中的有些部位，不能采用水或泡沫灭火，否则不但效果不好，还有可能反而使火势更快蔓延和造成设备的破坏。例如，在油类发生火灾时，用水灭火效果就不好，因为油比水轻会浮在水面上继续燃烧，若水四处流散，将使受灾面蔓延；对于电子计算机房，如果采用水或泡沫灭火，将会损坏电子设备；而电器设备则更不可用水来灭火。

固定式干式消防系统又称气体自动灭火或固定式自动灭火系统。而移动式系统则主要包括各种手提或车载的气体灭火装置。在高层建筑中，采用气体灭火的地方主要有：柴油发电机房；高、低压配电室；中央控制室（包括电子计算机房）；变压器室（包括油浸变压器室、大容量的干式变压器室或设在地下室的干式变压器室）；通信机房；资料室、藏书室、档案室；贵重仪器室；可燃气体及易燃与可燃液体存放室等。

固定式气体自动灭火系统使用的气体划分有：卤代烷灭火设备、二氧化碳灭火设备、氮气灭火设备和蒸汽灭火设备等。

下面我们仅就高层建筑中最常用的固定式气体自动灭火系统与水灭火系统作概要的介绍。

1. 卤代烷 1211、1301 自动灭火系统

卤代烷 1211、1301 是具有很强灭火能力的灭火剂，其灭火效率高，对金属腐蚀作用小，不导电，长期存储不变质，不污损灭火对象等，所以广泛应用于计算机房、通信机房、变电室、文物库、资料库、档案库、图书馆以及存有贵重财产的特殊建筑物内。

以 1211 为例，1211 自动灭火系统按照配置方式可分为：有管网的全淹没系统；局部应用系统；无管网的固定灭火装置。在整个消防系统工程中，作为独立单元处理。也就是说，需要 1211 保护的场所的火灾报警装置，只把 1211 灭火的结果显示于消防控制中心。

有管网的 1211 灭火系统如图 8-11 所示。

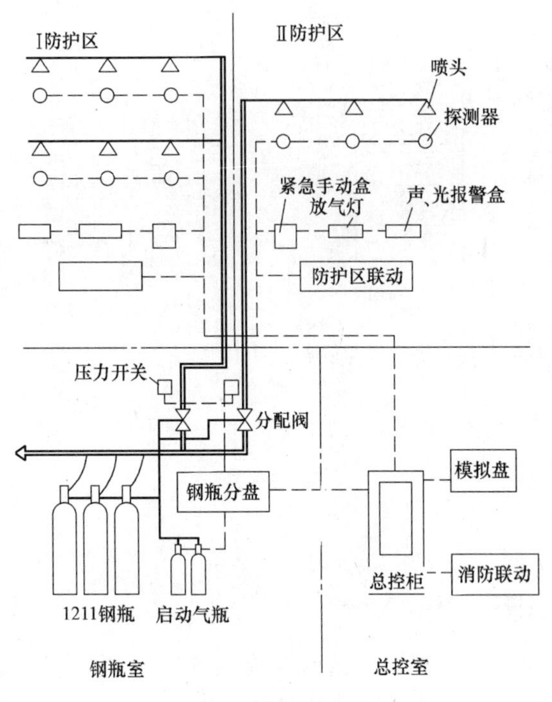

图 8-11 1211 有管网灭火系统图

当感烟探测器报警后，总控制柜发出火警声、光报警信号，但不启动灭火程序。只有当同一个防护区内的烟、温两种探测器都报警时，总控制柜发出火警声、光报警信号，同时，使保护区内声光报警盒发出声、光报警，以提醒工作人员迅速撤离现场，继而联动防火、排烟设备，关闭门、窗，关闭风门、防火阀等。延迟以后，由驱阀信号驱动气瓶，靠气体打开贮气瓶的瓶头阀和管网上的分配阀，向防护区喷洒 1211 灭火剂，由于管网压力变化，使压力开关动作，同时使防护区、总控制柜、钢瓶室的放气灯亮。

系统配置有紧急手动盒，无论是自动状态或是手动状态都可以手动启动灭火程序喷洒气体。在延迟过程中，还可以手动切断灭火驱动程序，中止驱动电磁阀，不让喷洒气体。

2. 水灭火系统

(1) 消火栓灭火系统

消火栓湿式消防系统是高层建筑中最基本、最常用的消防设施，本系统主要由消火栓泵（消防泵）、管网、高位水箱、室内消火栓箱、室外的露天消火栓以及水泵接合器等组成。室内消火栓的供水管网与高位水箱（一般在建筑物的屋顶上）相连，高位水箱的水量可供火灾初期消防泵投入前的 10min 消防用水，10min 后消防用水要靠消防泵从低位贮水池（或市区管网）把水注入消防管网。

由于最初消防用水量由屋顶高位水箱保证，在靠近屋顶的高层区的消火栓可能出水压力达不到消防规定要求，因此，有的建筑物在高层区装有消防加压泵，以维持最初 10min 内的高层区消火栓的消防水压力。

当消防泵误启动或者在水枪喷水前已投入消防泵时，消防管网压力的剧增可能引起消防管网爆裂，故除管网上装设安全阀处，往往还装有压力继电器，当水压达到一定值时，压力继电器动作，暂时停止消防泵运行。

室内一般都在各层的若干地点设有消火栓箱，箱内除装有消火栓外，还装有启动消防泵的按钮，箱子附近的墙上常设有火灾警铃。消防按钮应该选用打破玻璃启动的专用消防按钮，当打破按钮面板的玻璃后，受玻璃压迫而闭合的触点复位断开，发出启动消防泵的指令。消防按钮可能长期闲置，为了便于平时对断线或接触不良进行监视和线路检测，多只消防按钮应采用串联接法。

消防按钮动作后，消防泵应自动启动投入运行。消防控制室的信号盘上应有声光显示，表明火灾地点和消防泵的运行状态，以便值班人员迅速处理，也便于灾后提醒值班人员将动作的消防按钮复原。

消防按钮动作后应在建筑物内部发出声光报警通告住户。一般它是由消防泵启动接触器的辅助触点回馈信号给消防按钮，此时整个建筑物内的消防按钮上的指示灯均发光，表示有火情，并已启动消防泵。与此同时，另一对辅助触点亦可启动火灾警铃电路，以示报警。

消火栓主运行泵故障或需要强投时，应使备用消防泵自动投入运行。当强投信号不是来自管网压力等信号时，可手动强投。

消火栓泵的供电系统应按一级负荷对待，应采用双路电源或市电与自备应急电源在末级自动切换，应急电源应能可靠地启动消火栓泵。图 8-12 为消火栓灭火系统示意图。

以上介绍的是一种具有高位水箱的消火栓灭火系统，它在消防泵未投入运行之前，是靠高位水箱内水头的自重来保持消防管网内的水压的。图 8-13 是另外一种气压罐供水消火栓灭火系统示意图，它取消了高位水箱，省去了屋顶的水箱间，并减轻了屋面的载荷，取代它的是隔膜式自动气压罐。罐内有一个密封的气囊，其内充以一定气压的气体（一般充入氮气）。由补水泵（稳压泵）向罐内注水，因气囊在罐内占有一定体积，水充满罐后，气囊势必将施以一定的压力，当罐内水压达到一定值时，压力表的电接点会使补水泵停车；当罐内水压低于规定值时，补水泵会自动启动给气压罐补水，因此可以在消防泵未投入运行时，保持消防管网具有规定的水压。

（2）自动喷水灭火系统

一类高层建筑（教学楼和普通住宅、旅馆、办公楼以及建筑中不宜用水扑救的部位除外）的舞台、观众厅、展览厅、多功能厅、餐厅、厨房和商场营业厅等公共活动用房；办公室、每层无服务台的客房、走道以及停车库、可燃物品库房等，均应设置自动喷水灭火设备。

自动喷水灭火设备主要由自动喷水头、管路、控制声号阀和压力水源四个部分组成。

1）自动喷水头：可分为开放型和封闭型两大类，用于高层建筑中的喷水头多为封闭型，它平时处于密封状态，启动喷水由感温部件控制。常用的有以下三种类型：

a. 易熔合金式喷水头。其感温部件为低熔点合金控制器，当合金受热到达动作温度时，便失去固结力而使联锁装置打开，水即由管网中喷出灭火。在一般情况下它的性能比较稳定，但合金易受腐蚀性气体的影响。目前，这种喷水头已逐渐被取代。

b. 玻璃球式喷水头。其感温部件为充液的玻璃球，当球中液体达到动作温度时，则剧烈膨胀而使玻璃球爆裂，被球支撑而密封的喷水口即开放，水便由管路中喷到溅水盘上，而均匀洒下灭火。这种喷水头的优点是性能稳定而耐腐蚀性强，且利于系列化生产，目前在国际上使用最为广泛。

c. 双金属片式喷水头。其感温部件为两块相连且膨胀系数不同的金属片，当达到动作温度时，此部件即因膨胀而向外鼓出，与其连接的弹簧被拉长，阀门则打开而喷水灭火。当火势熄灭环境温度下降后，它又恢复原状，从而自动停止喷水。其优点是可以作到火灭水停，避免二次灾害——水浸的损失，但金属片易受腐蚀，所以耐久性较差。

2）管路：通常分为湿式和干式两种系统。湿式管路系统中平时充满具有一定压力的水，当封闭型喷水头一旦启动，水就能立即喷出灭火。其喷水迅速且控制火势较快，但在某些情况下可能漏水而污损室内装修。它适用于冬季室温高于 0℃的房间或部位。

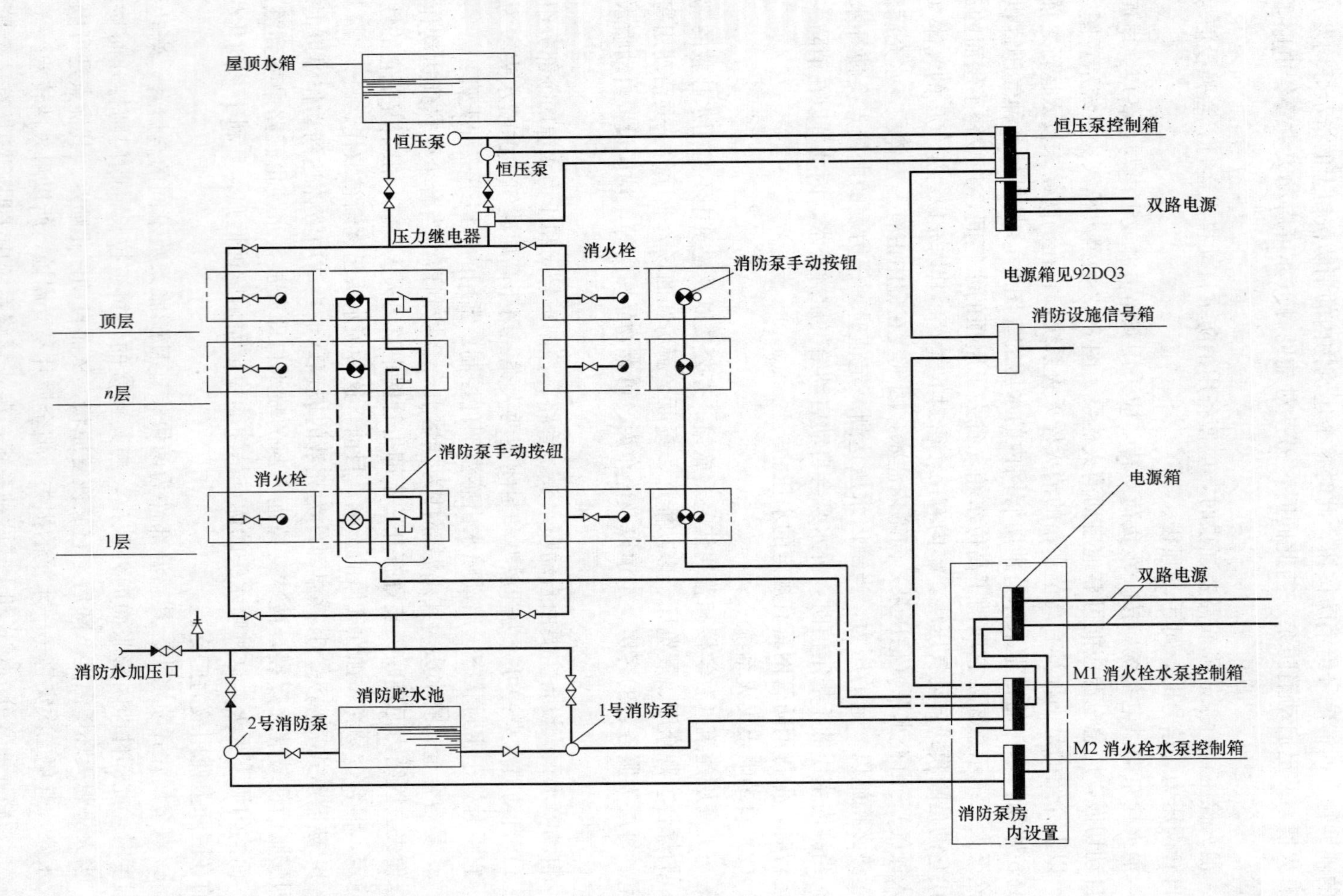

图 8-12　消火栓灭火系统示意图

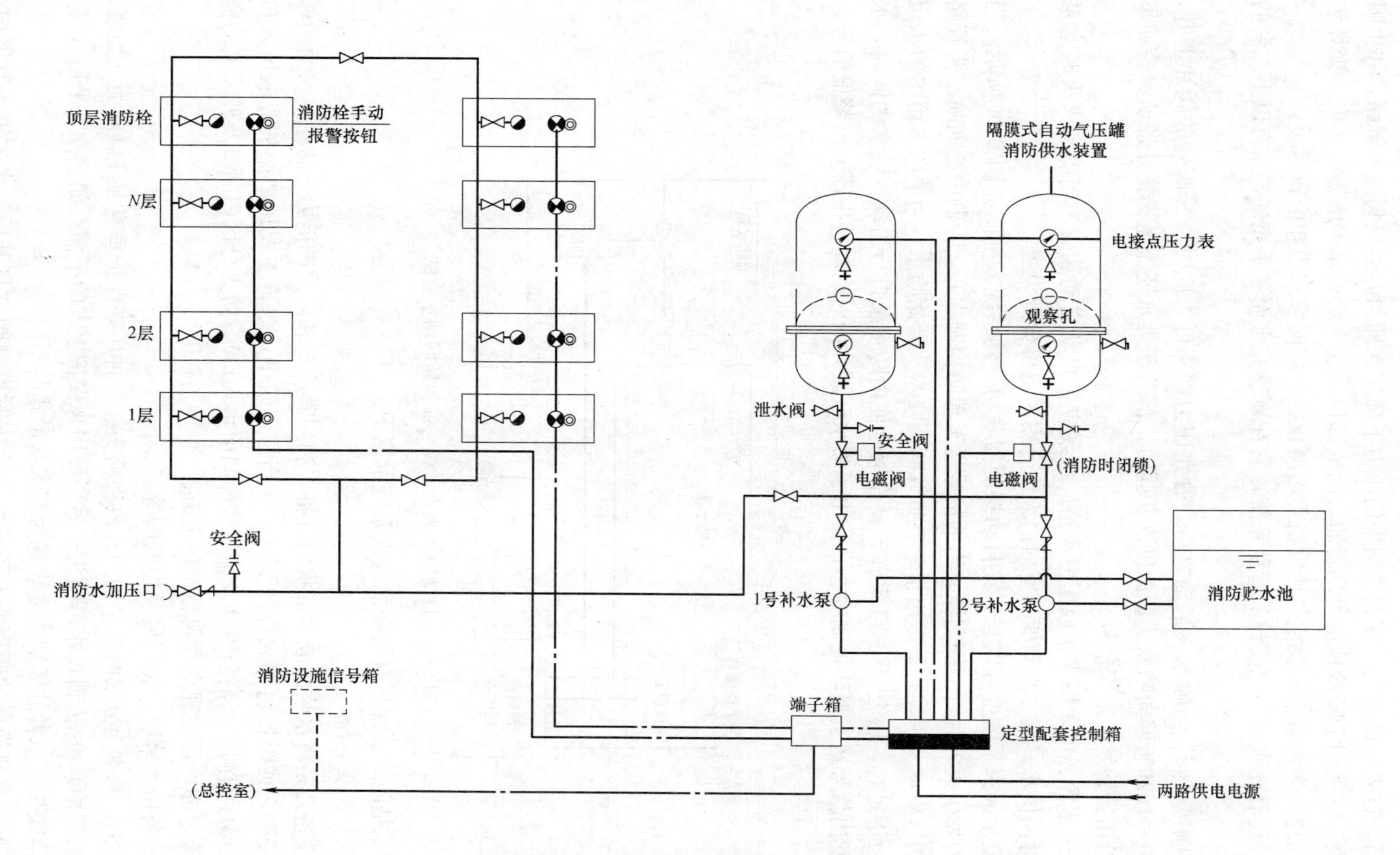

图8-13　气压罐供水消火栓灭火系统示意图

干式管路系统中平时充满压缩空气，使压力水源处的水不能流入。当火灾时封闭型喷水头启动后，首先喷出空气，随着管网中的压力下降，水即顶开空气阀流入管路，并由喷头喷出灭火。它适用于寒冷地区无采暖的房间或部位，还不会因水的渗漏而污染、损坏装修。但空气阀较为复杂且需要空气压缩机等附属设备，同时喷水也相应较迟缓。

此外，还有充水和充气交替的管路系统，它在夏季充水而冬季充气，兼有以上二者的特点。

3）控制声号阀：当喷水头启动之后，管路压力则降低，此时声号阀处的阀片上升，水即通过声号阀和管网向喷水头源源供水。同时，部分压力水还流经支管并带动涡轮和小锤旋转，敲击警铃发出报警信号。

4）压力水源：可采用水泵或压力水箱。水泵应有自动启动装置，当喷水灭火时水泵即启动向管网供水。压力水箱能与室内消火栓合用，也可分开设置。

自动喷水灭火系统也可以与火灾自动探测器联动。其系统方框图如图 8-14 所示。当某防火区内发生火灾时，由探测器发出的信号送至消防控制中心，控制中心向喷水头管路中的两用阀（电动及手动）F 送出指令，打开阀门喷水头开始喷水。当消防水箱内的水位下降，压力不足时，压力开关 YJ 动作，动作信号使消防水泵自行启动。喷水的同时，水流指示器发出信号送至消防控制中心，指出了喷水区域，同时启动警报器发出警报信号。

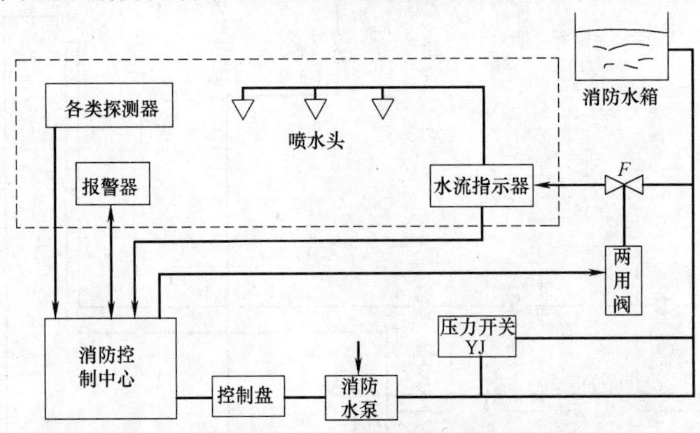

图 8-14　自动喷水灭火系统与探测器联动示意图

图 8-15 是闭式（湿）自动喷洒灭火系统示意图。

（3）水幕阻火系统

水幕设备乃是将水喷洒成水帘状的设备，利用其冷却和阻火的能力，防止建筑受到邻近火灾的侵袭，或阻挡内部火势的蔓延。在高层建筑中，水幕主要用来保护疏散出入口（如封闭电梯厅门洞口、消防电梯及疏散楼梯间前室入口）、防火分区门洞口及外墙上的窗口、洞口等，亦可设在观众厅舞台口的上方。

水幕设备由水幕喷头、管网及控制阀等组成。

1）喷头：基本上分成两种，均为开放型喷头。一种用来保护垂直面或倾斜面（如墙、门、窗及坡屋面），称为窗口水幕喷头；另一种用来保护上方的平面（如屋檐、吊顶），称为檐口水幕喷头。二者的区别主要表现为溅水盘形式的不同。

2）管网：水幕设备的管网平时不充水，火灾时控制阀被打开后，水才流入管网内。其管网可采用枝状管网（中央立管式），也可采用环状管网（两边立管式）。

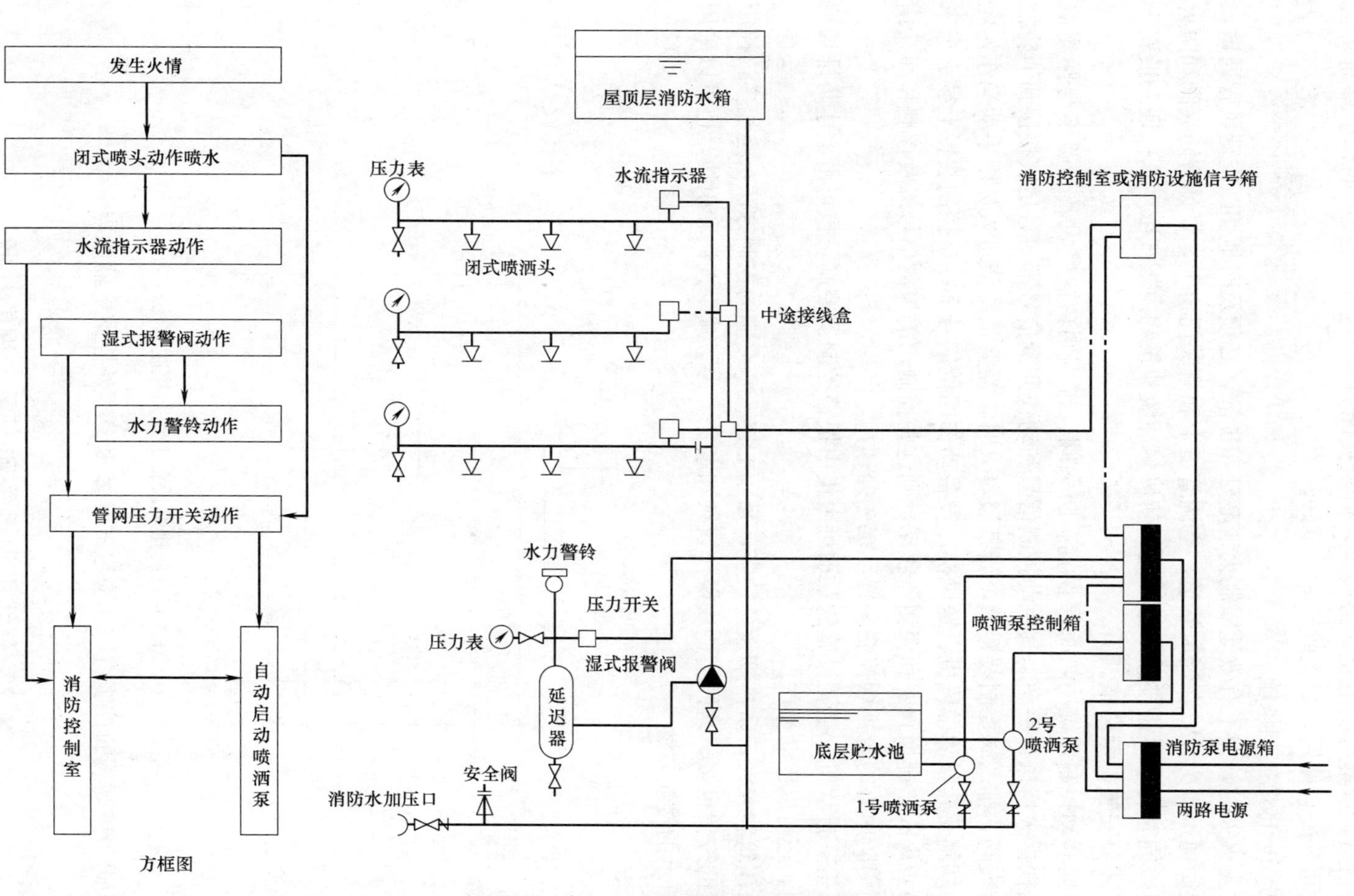

图 8-15　闭式（湿）自动喷洒灭火系统示意图

3）控制阀：一般采用人工控制阀，在无人看守或火势蔓延迅速的部位，应设自动控制装置，例如与自动报警器、易熔合金装置或封闭型自动喷水头等联动。

需要指出，水幕可以阻止火势蔓延，但阻火能力并不强，实践证明，水幕与防火卷帘、防火幕等配合使用，阻火效果才会更好。

3. 防烟、排烟控制系统

在发生火灾时，为了有效地限制火情蔓延和扩散，必须及时地切断空调风管通道，有关门窗走廊通道。为此，在通风管道、空调管道上和有关门窗上，设计有防火阀和防火门窗等措施，同时为了尽快排除烟雾，送入新风，冲淡建筑物内烟气浓度，保证人员安全疏散，所以还要安装排烟设施。

在纵向联动控制系统中，每层设置有防火阀、排烟阀。这些设备一般不与探测器联动，只是根据火情执行手动。其手动控制信号和动作回授信号都由各层直接接到消防控制中心的防火阀、排烟阀控制装置上，当某层着火时，需要消防值班人员用手动操作相应防火阀和排烟阀及其联动排风机、送风机。设备动作回授信号都在该控制装置上显示出来。

如果防火阀、排烟阀要和探测器联动，则这些控制用的探测信号以及控制和回馈信号都将送到消防中心的防排烟控制装置上统一处理。

送风机、排烟机及空调设施的联动可由集中报警控制器控制，也可由上述防排烟控制装置控制，还可以手动操作。

如果建筑物较大，防排烟设备较多，采用上述一一对应的控制方法，走线多，控制装置上布置的按钮也多。这样会造成操作繁杂和紊乱。为了减少按钮和引线，也可以采用如图 8-16 所示的接线方法。

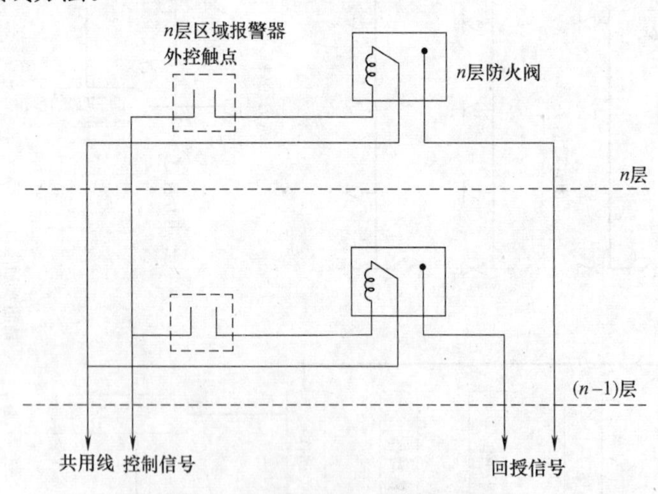

图 8-16　防排烟设备引线与控制方法

防火阀、排烟阀的控制可与相应层的区域报警器外控继电器触点联动。

8.2　有线电视系统和卫星电视的接收

一、有线电视系统的组成和规模

1. 有线电视系统的组成

有线电视系统的组成如图 8-17 所示。由图可知，有线电视系统大致由前端系统、光缆传输系统和用户分配系统三大块组成。

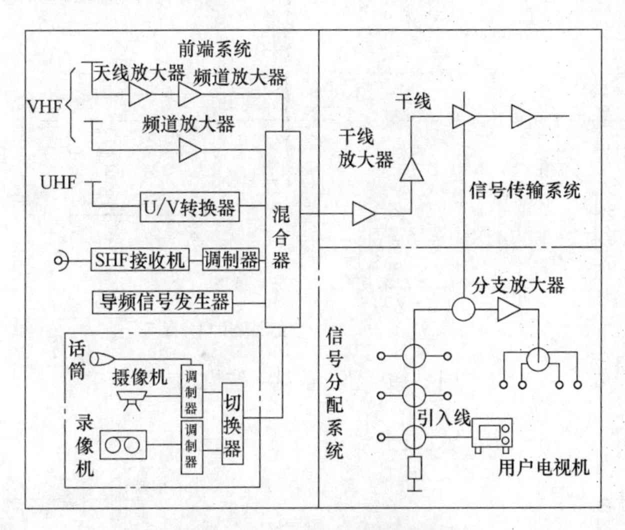

图 8-17　有线电视系统组成框图

2. 有线电视系统的规模

有线电视系统的规模与用户终端数量有关。用户终端按数量分为下述四类：

A 类：10000 户以上；

B 类：2001～10000 户；

C 类：301～2000 户；

D 类：300 户以下。

由于用户终端的数量不同，有线电视系统的规模分为无干线系统、独立前端系统、有中心前端系统和有远地前端系统四种基本模式。

（1）无干线系统模式

如图 8-18 所示。这是有线电视系统中规模最小的一种模式。它没有传输干线，是前端直接引至用户分配网络。只适宜 D 类的小系统。

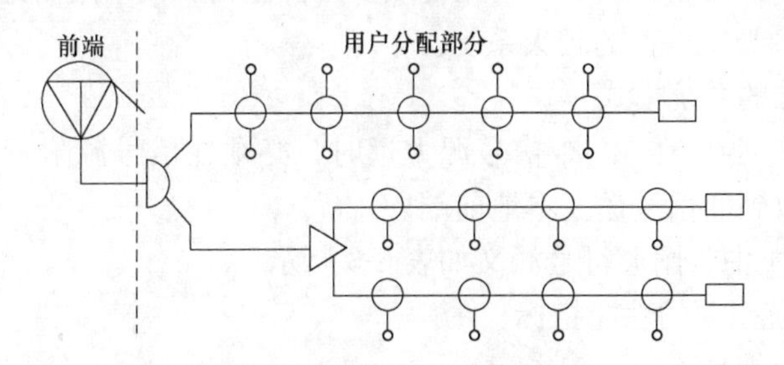

图 8-18　无干线系统模式

（2）独立前端系统模式

如图 8-19 所示。这是较典型的电缆传输分配系统。它是由前端、干线、支线和用户分配网络组成。适宜 C 类或干线长度不超过 1.5km 的系统。

（3）有中心前端的系统模式

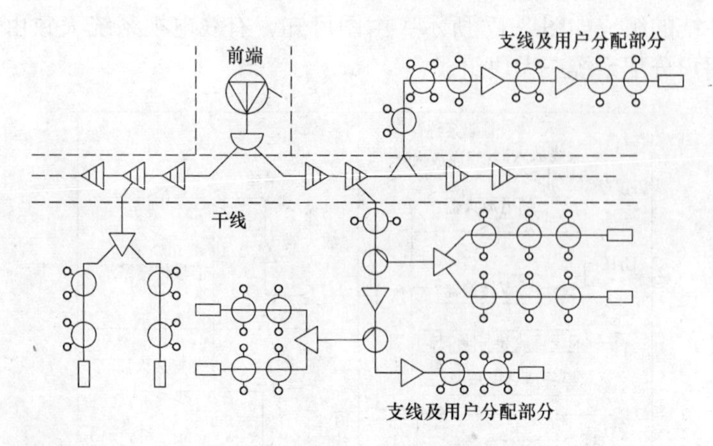

图 8-19　独立前端系统模式

如图 8-20 所示。

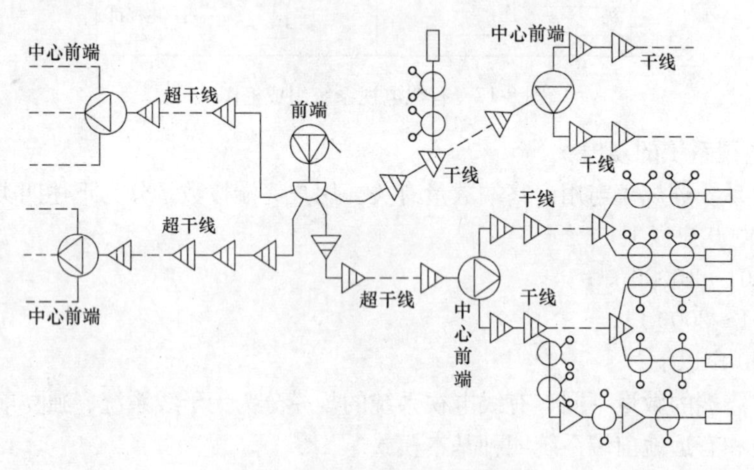

图 8-20　有中心前端的系统模式

有中心前端的系统模式规模较大，除具有本地前端外，还有分散的其他地域的中心前端。各前端之间用干线或超干线（采用光缆或多路微波构成的）进行连接。

此种模式适宜 B 类及以上的较大系统。

(4) 有远地前端的系统模式

如图 8-21 所示。当本地前端距信号源太远时，必须在信号源附近设置远地前端，经超干线将远地前端收到的信号送至本地前端。

图 8-17～图 8-21 中各图形符号涵义如表 8-3 所示。

3. 有线电视系统主要的性能指标

有线电视系统应满足下列性能指标：

(1) 载噪比（C/N）

载噪比是指载波功率（信号功率）C 与噪波（声）功率 N 的比值。

其中的“噪波”是指干扰波，是由许多彼此交替的复杂波形杂乱组合而成。由它形成的声音让人听起来烦燥，是一种噪声；由它在电视屏幕上呈现出来的是杂乱无章的图像，是一种噪波。

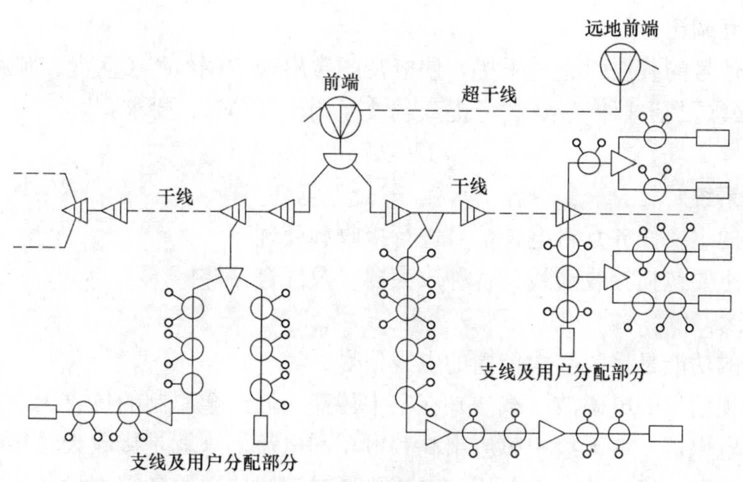

图 8-21 有远地前端的系统模式

系统基本模式中常用的图形符号 **表 8-3**

编号	图例	涵义	编号	图例	涵义
1		本地(远地)前端	7		分配放大器
2		中心前端	8		分配器
3		干线放大器	9		分支器
4		干线桥接放大器			
5		桥接放大器	10		定向耦合器
6		延长放大器	11		终端负载

总之，我们希望噪波功率 N 越小越好，即对载噪比（C/N）的要求为：

$$C/N \geqslant 44\text{dB}$$[1]

（2）交扰调制比（CM）

由于各频道之间的相互干扰，会造成“串台”，在屏幕中会出现移动的垂直或倾斜的图像。为此要求系统必须使交扰调制比 CM 提高到如下标准：

$$CM \geqslant 47\text{dB}$$

交扰调制比 CM 可按下式计算：

$$CM = 47 + 10\lg(N_o/N) \tag{8-3}$$

式中 N_o——系统设计满频道数；

N——系统实际传输频道数。

---

〔1〕 分贝（dB）

听觉能察觉出的声音强弱的最小改变量约为 1 分贝。因此，采用成对数关系的单位——分贝，作为区分声音强弱的尺度，能较好地适应听觉器官的主观性质。

在电视技术中常用对数单位——分贝（dB）来计量放大器的放大倍数。如图 8-22 所示。图中输出电压 u_o 与输入电压 u_i 的比值 U_o/U_i 就是放大器的电压放大倍数。

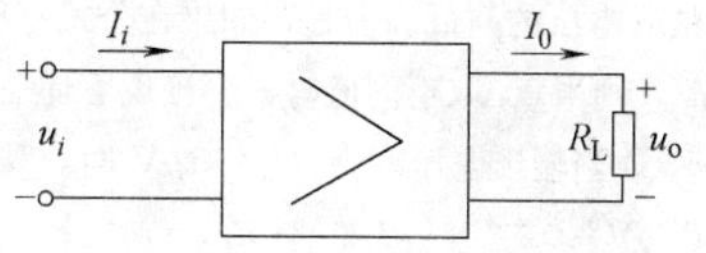

图 8-22 放大器的增益计算

若用对数表示时通常称其为放大器的电压增益（G_u），经推导应该是：

$$G_u = 20\lg U_o/U_i \tag{8-2}$$

式中 G_u 称为放大器的电压增益。

(3) 载波互调比（IM）

由于电视信号的载波引起的干扰，使电视图像出现“网纹”（垂直、倾斜或水平的条纹），为此，必须限制这种“网纹”，提高载波互调比（IM）。要求：

$$IM \geqslant 58\text{dB}$$

二、前端系统

前端系统的主要任务是对电视信号进行接收和处理。

前端设备主要包括接收天线、各种放大器以及混合器等。

1. 接收天线

接收天线的功能是接收空中传播的电视信号。

承载着电视信号的电磁波（载波）在空中传播，遇到金属制的接收天线时，利用电磁感应的磁动生电原理，在天线中感应出高频电压和电流。这就是接收天线接收到的承载着电视信号的电压和电流。此高频电压和电流再通过馈线传送给各前端设备进行处理。

(1) 接收天线的划分

接收天线从频带上可分为 VHF、UHF、SHF 等几种。

① VHF（甚高频）的频率范围是 30～300MHz，波长为米波（超短波）。（$1M=10^3K=10^6$）

VHF 采用频道天线接收，频带宽为 8MHz。

VHF 的信号经混合器后能直接送到用户。

② UHF（特高频）的频率范围 300～3000MHz，波长为分米波（微波）。

UHF 采用频段天线接收。

UHF 的信号需经 UHF→VHF 转换即 U/V 转换器转换后才能进入混合器→最终送到用户。

③ SHF（超高频）的频率范围 3G～30GHz，（$1G=10^3M=10^6k=10^9$），波长为厘米波（微波）。

此外还有频率范围是 30G～300G 的 EHF（极高频）。

SHF 和 EHF 都要用卫星天线才能接收。

由卫星接收天线或摄像机、录像机接收到的视频图像和伴音信号，必须调制在某一频道的高频载波上，成为高频全电视信号，这就是调制器的功能。

经调制器调制成的高频全电视信号再进入混合器→最终到用户。

(2) 接收天线的最小输出电平[1]

这样输出电压 U_o 的大小都可以用对应的“dBμV”值来表示，称“dBμV”为“电平”。

---

[1] 关于“电平”的概念

在前面的【注】中提及的分贝（dB）或放大器的电压增益 $Gu=20\lg U_o/U_i$ 都只是一个比值，它们都不能表示出电视信号电压的高低。但是，如果在公式（8-2）“$20\lg U_o/U_i$”中，将输入信号电压 U_i 设定为某一标准值，例如设 $U_i=1\mu V$，则当 U_o 取不同值时，会出现下述三种不同的结果：

① 当输出电压 $U_o=U_i=1\mu V$ 时，则 $U_o/U_i=1$，$\lg 1=0$，则电压增益 $Gu=0$，说明 Gu 不增不减，称此为“0dBμV”；

② 当 $U_o>1\mu V$ 时，$U_o/U_i>1$，$\lg U_o/U_i>0$，其“dBμV”为正，称此为正增益；

③ 当 $U_o<1\mu V$ 时，$U_o/U_i<1$，$\lg U_o/U_i<0$，其“dBμV”为负，称此为衰减、损耗或负增益。

应用“电平”的分贝数可直接进行加、减运算。以下述例题为例：

例 8.1　计算图 8-23 中用户插孔的信号电压值。

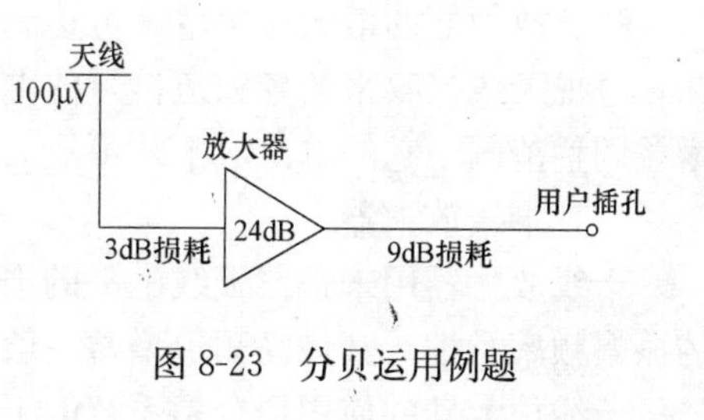

图 8-23　分贝运用例题

解

① 将天线接收到的信号输出电压 $U_o = 100\mu V$ 转换为电平值：

$$20\lg\frac{100\mu V}{1\mu V}=40dB\mu V$$

② 电视信号到达用户时的电平值为：

$$40dB-3dB+24dB-9dB=52dB\mu V$$

③ 将 $52dB\mu V$ 反折算成信号电压值为 $400\mu V$。

说明天线接收到信号电压 $100\mu V$ 经过传输时的损耗（衰减）和放大器的增益后，最后到达用户插孔的信号电压为 $400\mu V$。

接收天线最小输出电平 S_{min} 可按下式计算：

$$S_{min}\geqslant(C/N)_h+F_h+2.4(dB) \tag{8-4}$$

式中　S_{min}——接收天线的最小输出电平（dB）；

$(C/N)_h$——天线输出端的载噪比（dB）；

F_h——前端的噪声系数（dB）；

2.4——PAL-D 制成的热噪声电平（$dB\mu V$）。

当不能满足公式（8-4）要求时，应采用高增益天线感加装低噪声天线放大器。

2. 放大器

电视天线接收来的信号直接分配给用户电视机，这种办法只适用于强电场区的小型简易系统。

在远离电视台的地方，会因信号太弱而使信号电平不能满足要求；系统本身的损耗，包括电缆损耗、各部件插入损耗、分配分支损耗等，都要求对信号进行补偿和放大。放大器就是用来放大信号、保证用户端的信号电平在一定范围的一种部件。

放大器的自动增益控制有稳定输出信号电平的作用。信号在电缆里传输的损耗与频率的平方根成正比，放大器的自动斜率控制可以补偿由此而引起的幅频特性失真。

放大器是系统中各类放大器的总称，按其特性、用途和使用场合，可以分成下述若干类型。

(1) 天线放大器

天线放大器又叫低电平放大器或前置放大器，因为它是用来放大微弱信号的，其输入电平通常为 50～60$dB\mu V$，所以要求噪声系数很低（3～6dB）。天线放大器的外壳多为防雨型结构，可以将它直接装在天线杆上。

(2) 频道放大器

频道放大器即单频道放大器，它用在系统的前端，它的后面通常是混合器。

频道放大器的增益较高，它的自动增益控制一般是将输出信号的一部分由定向耦合器耦合起来，经过适当处理后去控制放大器的增益。

频道放大器的最大输出电平可达到 110dBμV 以上，为高电平输出。

电视天线接收来的各频道信号的电平可能是参差不齐的，只有当频道放大器有足够的增益调整范围，它的输出电平才可能大体相同。

(3) 干线放大器

干线放大器用来补偿干线电平的损耗，所以它的频率特性是指它与串接电缆加在一起的振幅频率特性。其最高频道增益一般为 22～25dB。

干线放大器的使用场合是系统的干线部分。在许多情况下，还有多个干线放大器与电缆相串接，所以干线放大器应具有自动增益控制和自动斜率控制的性能。

(4) 分配放大器

分配放大器用在干线的末端，提高信号电平以满足分配、分支部分的需要。它是宽频带高电平输出的一种线路放大器。通常为等电平的回路输出，其输出电平约 100dBμV。分配放大器的增益，定义为任何一个输出端的输出电平与输入电平之差。

(5) 线路延长放大器

线路延长放大器通常安装在支干线上，用来补偿分支器的插入损耗和电缆损耗，它的输出端不再有分配器，因而输出电平通常只有 103～105dBμV。

在结构上线路延长放大器只具有一个输入端和一个输出端，外形也比较小。

3. 混合器与分波器

混合器是将两路或两路以上不同频道的电视信号混合成一路的部件。对于采用滤波式电路的混合器来说，其输入输出互换使用就成为分波器。

如果不用混合器，将两路或两路以上不同频道的信号用同轴电缆直接与输出电缆并接在一起，那么系统的匹配状态将被破坏，系统内部信号的来回反射，一方面会使电视图像出现重影；另一方面，由于天线回路相互地作为陷波器而工作，因而电视信号中的某些频率成分就会被陷波器吸收，从而使电视图像产生失真，影响收看效果。

系统的前端采用组合天线时，必须采用混合器将天线接收来的信号先混合起来，然后再进入干线部分。

混合器按其频率范围可以分成频道混合器和频段混合器。将两个或两个以上的单一频道的电视信号混合成一路输出信号的部件叫频道混合器，它的电路通常由两个或两个以上频道的带通滤波电路组成。将某一频段的信号与另一频段的信号混合起来的部件称为频段混合器。它同样是由低通滤波器、高通滤波器、带通滤波器或带阻滤波器组成。

在系统中，除了采用滤波式混合器外，还可以将分配器的输入端和输出端互换作混合器用。由于分配器的输出端之间有 20dB 左右的隔离度，因而天线接收来的信号就不会相互干扰了。这种方式引入的插入损耗较大，其值与分配器的分配损耗相同。采用这种方式可以将邻近频道的两路信号或有多个频道的两路信号混合起来，这是它的优点。

混合器有有源与无源之分。前面讲的均属无源混合器，它的电路完全是线性的，因而，反过来可以作分波器用。有源混合器则是由混合、放大两部分组成的，是非线性的有源电路，因而不能反过来作分波器使用的。

4. 频道转换器

在系统中，常用 U-V、V-V、V-U 等频道转换器。

在离电视台较近、信号较强的地区，电视台发射的信号电波会直接穿过电视机外壳而进入它的内部。这种直接信号比系统送来的信号提前到达，而电视扫描又总是从屏幕的左面扫向右面，于是直接信号就在图像的左面造成重影。信号越强、系统传输距离越远，重影越明显。这种重影无法靠天线去解决。虽然加大系统的输出电平情况会有一些改善，但根本的办法是在前端进行频道变换处理。这时直接信号就会因其频道与转换后的接收频道不同，而被电视机的高放、中放等有关电路滤除掉。

在传输 300MHz 信号的大型系统中，前端常用 U-V 变换器将 UHF 信号转换成为 300MHz 内的某一频道信号，然后按转换后的信号进行处理。

三、传输系统

传输系统是将前端系统接收、处理、混合后的电视信号，传输给用户分配系统。

传输系统主要由各种类型的干线放大器和干线电缆组成。其中干线电缆可以采用同轴电缆，对于长距离传输的干线系统，还要采用光缆传输。

1. 同轴电缆传输方式

当有线电视系统规模小（C、D 类）、传输距离不超过 1.5km 时，宜采用同轴电缆传输方式。

（1）同轴电缆的结构与特性

同轴电缆是由同轴结构的内外导体构成的，见图 8-24 所示。

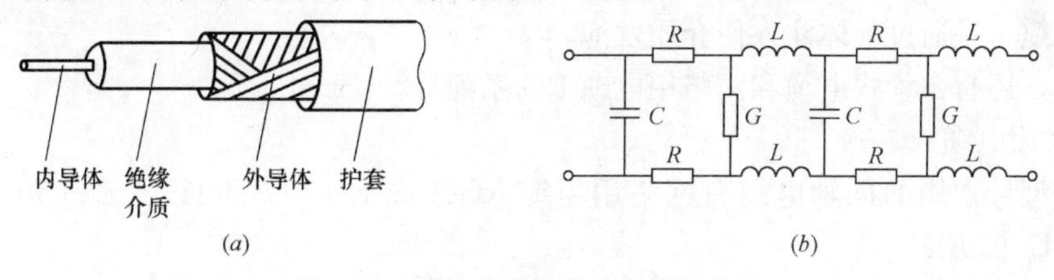

图 8-24　同轴电缆的结构与等效电路

同轴电缆有一个用金属导体制成的内导体（芯）并外包绝缘物。绝缘物外面是用金属丝编织网或用金属箔制成的外导体（皮）。最外面用塑料护套或其他特种护套保护。由于其结构的关系，内外导体之间存在着分布电容（C）和电导（G），及分布电感（L）和导体电阻（R），其等效电路如图 8-24（b）所示。高频信号电流在电缆中传输要受到 R、G、L、C 四个参量的共同作用，其特性阻抗 Z_0 为：

$$Z_0 = \sqrt{Z/Y} \tag{8-5}$$

其中，交流串联复阻抗 $Z=R+\mathrm{j}\omega L$，交流并联复导纳 $Y=G+\mathrm{j}\omega C$。

同轴电缆的特性阻抗（也称固有阻抗）与电缆本身的结构和所采用的材料性能有关，而与频率无关。有线电视系统用的同轴电缆终接阻抗，各国都规定为 75Ω。所以使用时必须和电路阻抗相匹配，否则会引起电波的反射。

同轴电缆另一个特性参数是传播常数 γ，它表明交流信号的传输特性，其表示式为：

$$\gamma = \sqrt{Z \cdot Y} = \sqrt{(R-\mathrm{j}\omega L)(G+\mathrm{j}\omega C)} \tag{8-6}$$

在交流信号下，传播常数是一个复数。其实部表示单位长度电缆对信号的衰减量，虚部表示经过单位长度电缆后，信号相位的改变。在频率极低或直流信号下，$\gamma=\sqrt{R \cdot G}$。当频率增加时，趋向一个近似值。因此，电缆对信号的衰减与电缆的内外导体$\frac{R}{2}\sqrt{C/L}$和中间介质$\frac{R}{2}\sqrt{L/C}$有关。由此可知：

① 电缆的内外导体半径越大，其衰减越小。所以，大系统长距离传输多采用内导体截面大的电缆。

② 在同一型号的同轴电缆中，绝缘物外径越大，对电波的损耗就越小。此外损耗还与绝缘材料和形状有关。

(2) 同轴电缆及配件

① 类型

按系统传输信号带宽分为基带同轴电缆和宽带同轴电缆。基带同轴电缆用于基带或数字传输，电缆的屏蔽层是铜网形状，特性阻抗为 50Ω，如 RC-8（粗缆）、RC-58（细缆）等。宽带同轴电缆既可以传输数字信号，也可以传输模拟信号，其屏蔽层通常是用铝冲压而成的，特性阻抗为 75Ω，如 RG-59。

按同轴电缆缆芯直径大小分为粗缆和细缆，如国产射频同轴电缆 SYWV-75-5（芯线绝缘外径为 5mm）就是一种细缆。

按屏蔽层数不同，可分为二屏蔽、四屏蔽等；按屏蔽材料和形状不同，可分为铜或铝以及网状、带状屏蔽；按绝缘材料不同，分为聚氯乙烯绝缘和物理发泡绝缘。聚乙烯物理高发泡电缆，是通过气体注入使介质发泡。

另外，还有自承式电缆和网络用电缆 RG 系列等。

② 常用电缆

国外型号常用的同轴电缆有网络用粗缆 RG-8 或 RG-11（50Ω）、细缆 RG-58/U 或 RG-58C/U（50Ω）。

国产射频同轴电缆有 SYV、SYWV（Y）、SYWLY（75Ω）等系列。

③ 连接器

连接器包括高频插头、插座和转换器等。

同轴电缆连接器接法如图 8-25 所示。

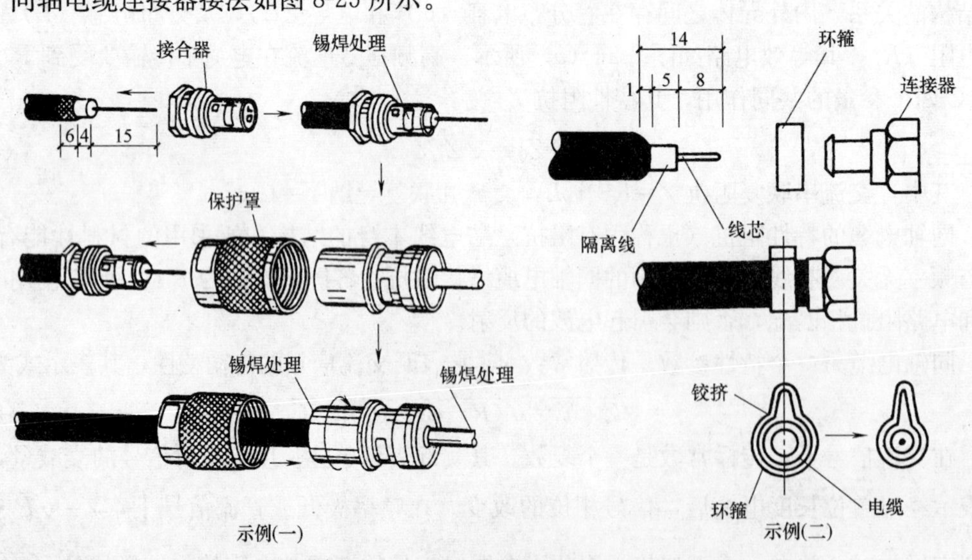

图 8-25　同轴电缆末端连接器接法示例图（单位：mm）

2. 光缆传输系统

当系统规模较大、传输距离较远时，宜采用光纤同轴电缆混合型（HFC）或全光缆传输系统，其中 FTTLA 表示光纤到最后一台放大器，而 FTTH 表示光纤到户。如图8-26所示。

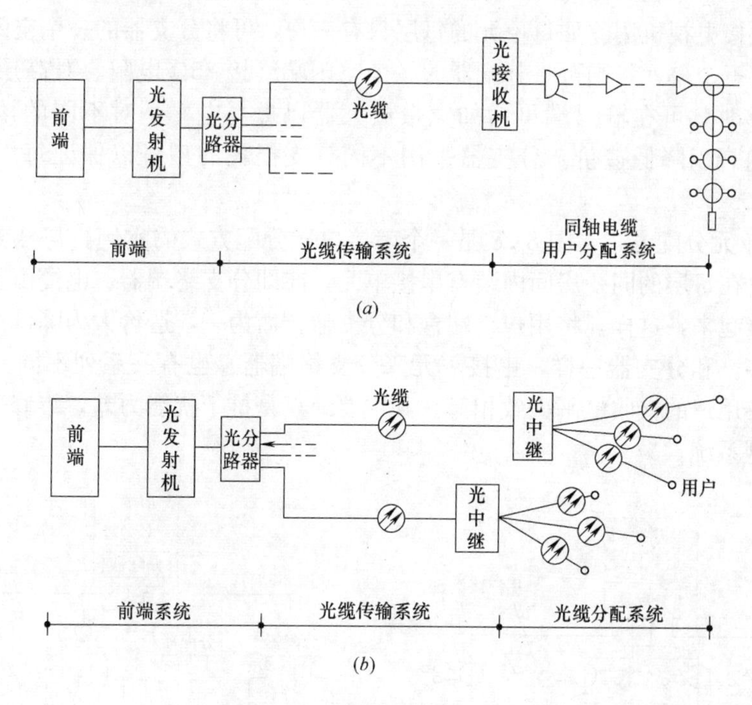

图 8-26　光缆传输系统的网型

(*a*) 光缆干线传输系统（混合型）；(*b*) 全光缆传输系统

图 8-26 中（*a*）图表示在用户分配系统中使用了同轴电缆，而（*b*）图则全部使用了光缆。

光纤传输及光缆有关内容详见“8.6”。

四、分配网络

分配网络的作用是使用成串的分支器或成串的串接单元，将信号均匀分给各用户接收机。由于这些分支器及串接单元都具有隔离作用，所以各用户之间相互不会有影响；即使有的用户输出端被意外地短路，也不会影响其他用户的收看。

(1) 用户电平

用户电平是用户分配网络计算的依据。用户电平合适，可使接收机工作在最佳状态。用户电平的范围，取决于电视接收机的性能。电平太高接收机会工作在非线性区，形成相互调制和交扰调制；电平太低又会使接收机的内部噪声起作用，形成“雪花”干扰。一般用户电平在 60～80dBμV 范围内最为适用。

在离电视台较近，场强很强，或有较大干扰源的一些地区，电缆和接收机中会直接串入电波，引起重影或干扰。在这种地区用户电平取高一些可减轻一些干扰，一般可控制在 70±5dBμV 的范围内；其他地区干扰较小，可将用户电平降低，使设备经济些，一般可控制在 65±5dBμV 的范围内。

(2) 分配方式

对于一幢楼房的分配可采用两大类方式：

① 分支器分配方式　图 8-27 是一个分支器分配方式的示例。用一四分配器分出四路，每路供给一个单元（楼门）。每层用一个四分支器将输出信号送给各用户，用户备有用户终端盒供接电视机用。如每单元的每层只有三户，可将分支器的一个空闲端终接 75Ω 电阻。如只有三个单元，则可将分配器的一个空闲端终接 75Ω 电阻。对高层建筑分配器输出电平不够时，可在输出端再增加宽带放大器以提高电平。对不同的楼房结构，可采用不同的组合以降低造价。分支器采用不同分支损耗的型号以保证每用户都有相同的电平。

② 串接单元分配方式　图 8-28 是一个串接单元分配方式的实例。与分支器分配方式不同的是，它在每层的同一房间内装有串接单元，亦即分支终端器。电缆由上到下将这些串接单元串接起来，这样，将用户终端盒和分支器合而为一，造价大为降低；对于建筑施工也方便得多。和分支器一样，串接单元（分支终端器）也有一系列不同分支损耗的型号，以保证各用户的接收电平大致相等。其主要缺点是抗干扰能力差，维修费用较高，故仅适用于小型系统。

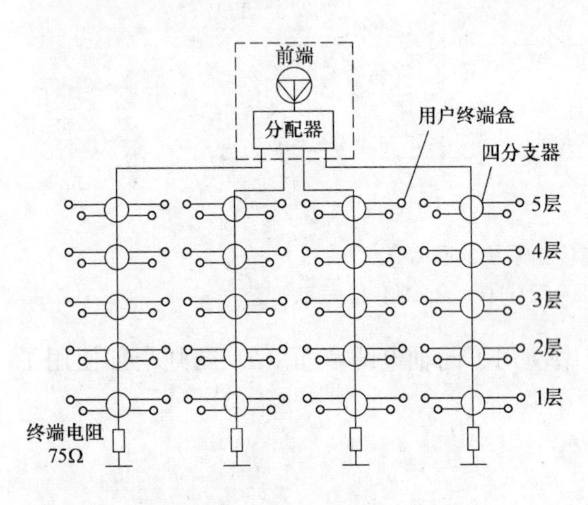

图 8-27　分支器分配方式

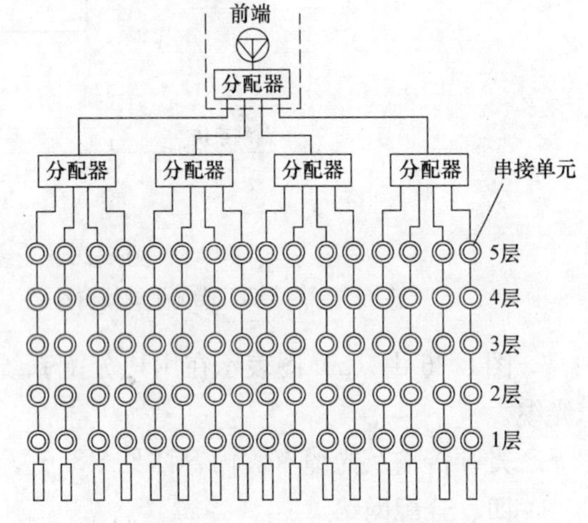

图 8-28　串接单元分配方式

(3) 分配器件

① 分配器：分配器是用来分配电视信号的部件，它将一路输入信号平均地等分成几路输出，每路输出都是主线。它由阻抗匹配变压器、隔离分配变压器组成。分配器具有阻抗匹配、功率分配及相互隔离的作用，分配器的输出端不能开路或短路，否则会造成输入端严重的不匹配。目前我国生产的有二分配器、三分配器与四分配器等规格，其输入、输出阻抗均为 75Ω。

图 8-29 是常用的变压器式二分配器的内部电路图和分配器符号。输入端的输入信号经自耦变压器 T_1 传到功率分配变压器的中心抽头上。T_2 属于传输线变压器，它由分布参数构成，与传输线有类似之处，但同时又是变压器。由于 T_2 结构完全对称，中心抽头为 C，有 $n_3=n_4$ 关系，所以 C 点输入的电流分为相等的两部分，分别从 A、B 两个输出端送出去。图中 R_5 为隔离电阻。

② 分支器：分支器是从干线上取出一部分电视信号，经衰减后馈送给电视机所用的部件。分支器和分配器不同，分配器是将一个信号分成几路输出，每路输出都是主线；而分支器则是以较小的插入损失从干线上取出部分信号经衰减后输送给各用户端，而其余的大部分信号，通过分支器的输出端再送入馈线中。

分支器由耦合器和分配器组成，具有单向传输特性。分支器的输入端至分支输出端之间具有反向隔离性能，正向传输时损耗小，反向时损耗大，从而保证了分支输出端在开路或短路现象时，均不会影响干线的输出。分支间的隔离好，使其相互间干扰小，保证接收信号互不影响。目前我国生产的有一分支器、二分支器和四分支器等规格。

分支器与分配器均有户外型和户内型之分，均可明装或暗装，其安装方法两者基本相同，可参见《92DQ11 建筑电气通用图集》。

图 8-30 是一个变压器式一分支器的内部电路图，它是由两个传输线变压器 T_1、T_2、隔离电阻 R、补偿电容 C 构成。在理想状态下，“1”端输入的功率只有很小的一部分传到“3”端（分支端），而大部分的功率传到“2”端（输出端），而“3”端输入的功率却不能反送到“1”端和“2”端，即分支器在信号传输过程中具有方向性，所以又称它为定向耦合器。

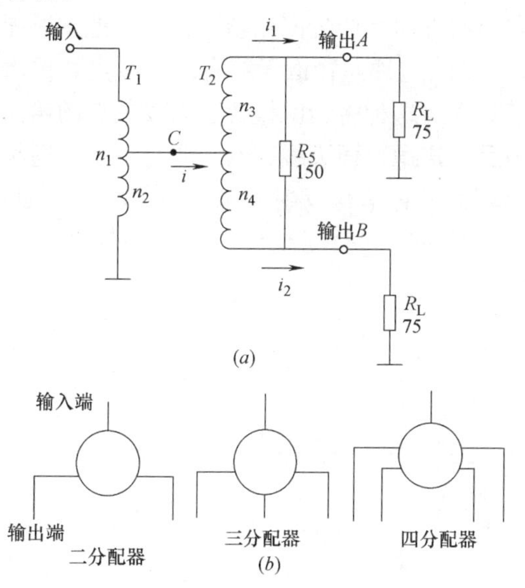

图 8-29　分配器

(a) 二分配器内部电路图；(b) 图形符号

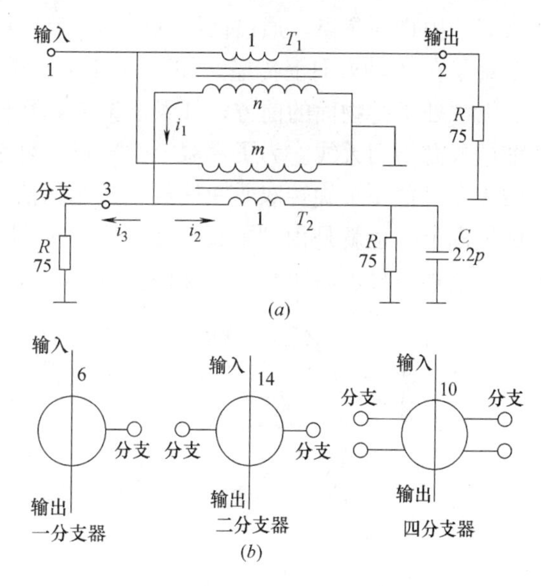

图 8-30　分支器

(a) 一分支器（串接单元）内部电路图；(b) 图形符号

③ 串接单元：串接单元又称分支终端器，它是将分配器和匹配器合二为一的部件，其功能是在分支线路传输中途，分出一路信号，供用户电视接收机使用，而主线路中的信号经过少量的损失（插入损耗）后继续传输下去。其优点是节省电缆和分支器，系统简单，造价较低，适合于楼层结构形式相同的建筑物共用天线电视系统之用。但由于串接单元存在一定的缺点，目前已较少采用。

④ 用户终端盒：用户终端盒又称终端盒、用户盒、用户端插座盒、墙壁插孔……等，它是将分支器来的信号和用户相连接的装置。它有两种形式，一种暗装的有三孔插座板和单孔插座板；另一种为明装的三孔终端盒和单孔终端盒。

五、卫星电视的接收

全世界卫星电视广播按规定分为三个区，我国属第三区，应使用12GHz频带的卫星广播波段，目前使用C频段（3.7～4.2GHz）和K_u频段（10.9～12.8GHz）进行卫星电视广播。

卫星电视的接收设备主要由接收天线（抛物面天线）、高频头（LNB）和卫星电视接收机等组成。

1. 抛物面接收天线

（1）天线原理

卫星电视广播发射的电波为GHz级频率，电磁波具有似光性，由于卫星远离接收天线，电磁波可近似看作一束平行光线，因而要求接收天线起反射镜作用，利用抛物面的聚光性，将卫星电磁波能量聚集在一点送入波导，获得较强的电视信号。抛物面天线口径越大，集中的能量越大，也就是增益越高，接收效果越好；但是造价随口径增大成倍上升。所以，适当选择接收天线的尺寸，是很必要的。

抛物线绕其轴旋转一周所围成的曲线叫抛物面，抛物面天线由一个抛物面和一个放置在抛物面焦点上的叫做馈源的初级辐射器组成，根据抛物面的光学性质，把卫星电视信号聚集于抛物面焦点，通过馈源的作用，使得所需要的方向上产生同相场，相当于把发射能量聚集在Z轴方向上传播。如图8-31（a）所示。虽然这种抛物面天线有许多优点，但由于馈源处于抛物面的前方，加长了馈线，降低了效率。这种将馈源设置在天线集点的叫做前馈式抛物面天线。为了克服上述缺点，可采用后馈式抛物面天线，其主要特点是在抛物线焦点设置一个旋转双曲面构成子天线的信号反射面，将信号反射在抛物面中心（后面）的馈源上，也就是由“前馈”变成了“后馈”，如图8-31（b）所示。高频头安装在馈源卜。电视信号由高频头引入室内。

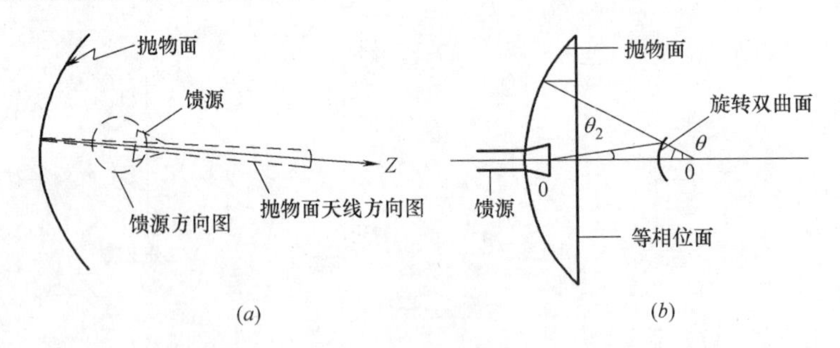

图8-31　抛物面天线

（a）馈源及抛物面天线的方向图（前馈式）；（b）后馈式抛物面天线

（2）抛物面天线的结构

抛物面天线一般由反射面、背架及馈源支撑件三部分组成。

卫星电视广播地面站用天线反射面板，一般分为两种形式，一种是板状，另一种是网状面板，对于C频段电视接收两种形式都可满足要求。相同口径的抛物面天线，板状要比网状接收效果好。网状防风能力强。

国内生产的直径3m以上抛物面天线，无论是板状还是网状的，都可分成不同的块数，有8块、12块、18块、24块不等。一般天线面板的分块是根据厂家各自所用材料的规格、加工能力、装配的效率以及包装、运输等各种因素自行设计决定。抛物面天线的结构，如图 8-32 所示。

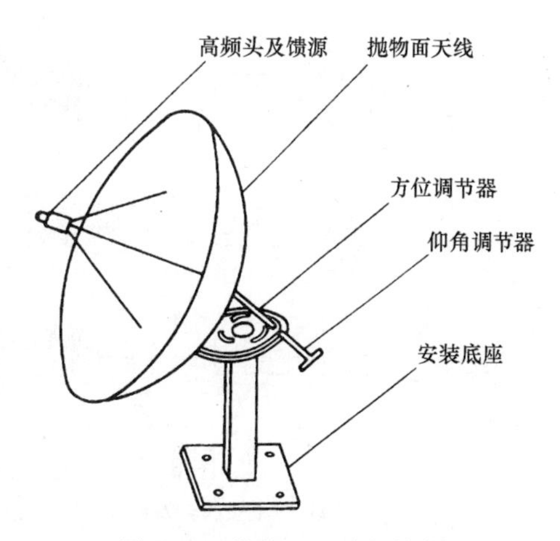

图 8-32　抛物面天线的结构

2. 高频头（LNB）

连接在极化波变换器输出端的低噪声放大器和下变频器，称为高频头。这部分都在室外，因而，称为室外单元。图 8-33 是卫星电视接收高频头的方框图。天线接收来的 12GHz 或 4MHz 信号经低噪声微波放大器放大后，送入第一次混频电路，混频后输出 0.9GHz～1.4GHz 的中频信号。

天线接收来的信号电平很低，高频头的性能如何，极大地影响接收图的质量。高频头的噪声系数要低，增益要高。另外，由于它所处的位置在室外，故结构应是防水型的。

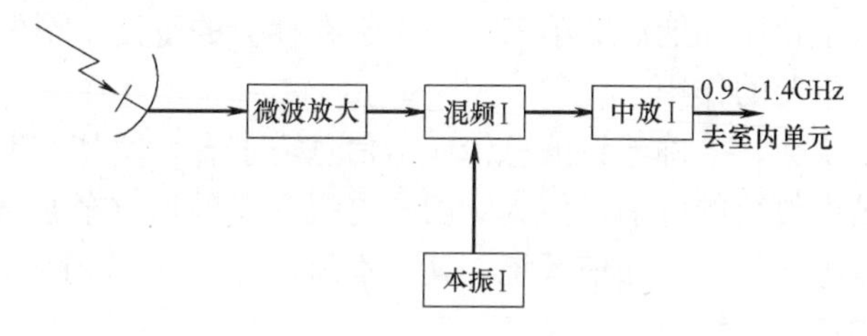

图 8-33　高频头（LNB）的组成

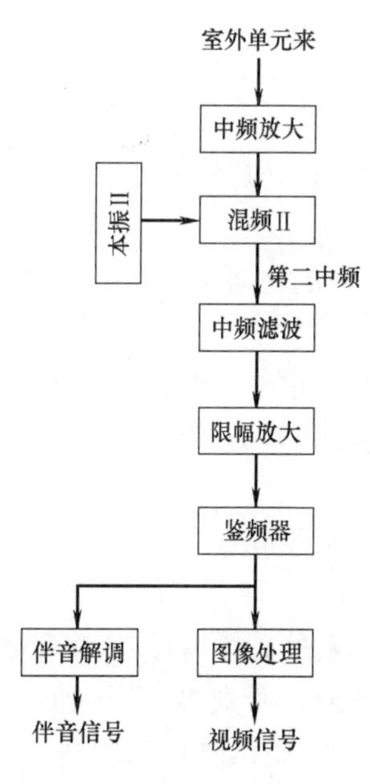

图 8-34　卫星接收机（室内单元）方框图

高频头所需的直流电源，由卫星电视接收机供给，由于两部分用 30m 左右同轴电缆连接，因而 15～24V 的直流电源在这段电缆上会有 0.3V 的电压降。

高频头安装在抛物面天线的焦点，用支撑杆支撑固定，高频头的方向要在天线的轴线上，引线在靠近高频头处应有一定的松弛度，不要使电缆对高频头施加拉力。

3. 卫星电视接收机（室内单元）

高频头来的 1GHz 频带的第一中频信号送到接收机的输入端，经再次放大，然后第二次变频，输出第二中频（130MHz 或 70MHz）信号。第二中频信号经滤波、限幅放大后到鉴频器进行频率解调，最后，将图像信号进行处理，输出视频信号，同时将伴音副载波解调，输出音频伴音信号。卫星接收机（室内单元）方框图 8-34 所示。

4. 卫星电视接收机与有线电视系统的连接

由于卫星接收机输出的是视频图像信号和音频伴音信号，因而必须用调制器将它们调制成某一电视频道的射频信号，才能送入有线电视系统或发射机。如图 8-35 所示。

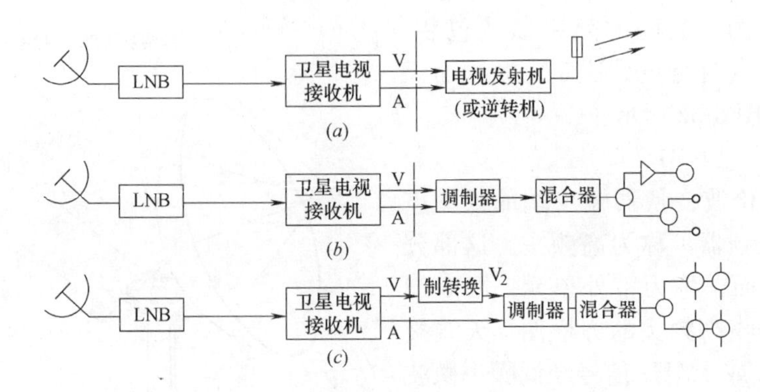

图 8-35　卫星接收机与地面电视网接口

(a) 卫星接收转发站；(b) 卫星接收电缆电视系统；(c) 若卫星电视节目的电视制式与电视机制式不同时，则加制式转换器

8.3　通信网络与广播音响系统

信息被看作仅次于物质和能源的第三资源，它在社会的政治、军事、经济和人民生活的各部门都起着十分重要的作用。

通信的本质就是快速、准确地将信息传递给信息需求者，使其产生应有的价值。

目前通信业务已由传统的电话、传真、用户电报等发展到数据通信、会议电视、卫星通信、移动通信、多媒体等多元通信系统。其基本组成如图 8-36 所示。

一、建筑物内的通信系统

建筑物内的通信系统由安装于中心机房的数字程控用户电话交换机系统、传输网络和用户终端等三大部分组成。

1. 数字程控用户电话交换机系统如图 8-37 所示。

2. 传输网络

建筑物中用户的通信设施除了采用数字微波通信和卫星通信外，还广泛采用了光缆传输方式。

光缆传输方式主要用于室外长距离的数字信息传输，以及室内的主要干线、分干线的传输。

对于一般电话通信的室内配线、数字线路终端装置到终端机之间的室内配线、光缆线路终端装置到终端机之间的室内配线等，仍然沿用传统的双绞电缆传输方式。

3. 用户终端

用户终端主要包括电话机、计算机和语言文字以及图像传真系统等。

二、广播音响系统

广播音响系统是指工业企业内部或某一建筑物（群）自成体系的独立有线广播系统，是一种宣传和通信工具。由于该系统的设备简单，维护和使用方便，听众多，影响面大，工程造价低，易普及，所以在工业企业中被普遍采用。通过有线广播系统播送报告、通知，报导生产活动和进行有关促进生产的宣传鼓动工作，有时还作应急广播，事故或火警疏散或抢险指挥。此外，还可以传播中央和当地广播电台节目、自办文娱节目和新闻节

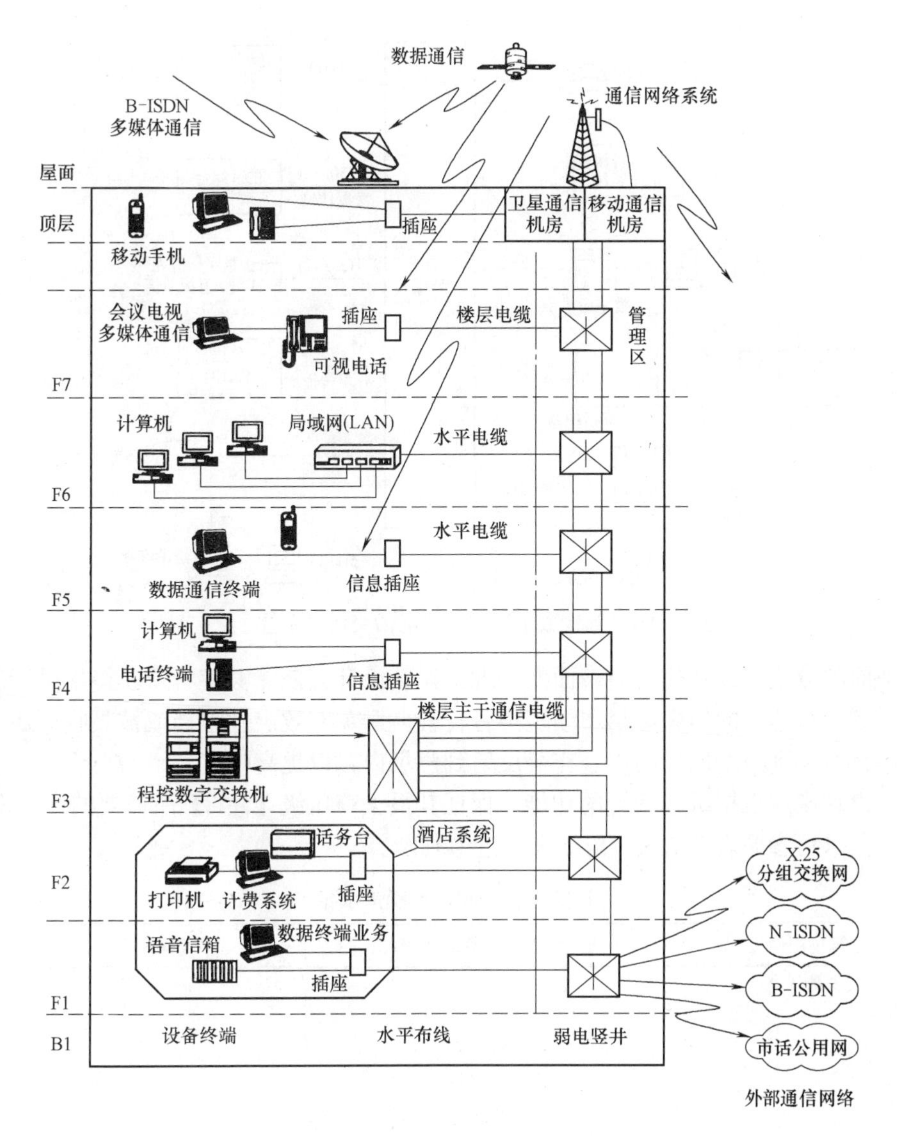

图 8-36　智能建筑通信系统的基本构架

目等。

在一些宾馆酒店，采用有线广播系统实现高保真立体音响空间，形成广播音响系统。

建筑物的广播系统，主要包括有线广播、背景音乐、客房音乐、舞台音乐、多功能厅的扩声系统、讲堂的扩声和收音系统以及会议厅的扩声和同声传译系统等。

1. 音质的评价标准

这里所说的音质系指听音质量，它主要取决于建筑声学和电声学所造成的声学条件。不同的听音场合由于功能不同，对音质的评价也就各有侧重。一般说来，听音质量可以从下列几个方面加以评判。

(1) 响度【注 1】

足够的响度是保证听闻的必要条件。它首先取决于建筑的声学设计，即建筑的造型，

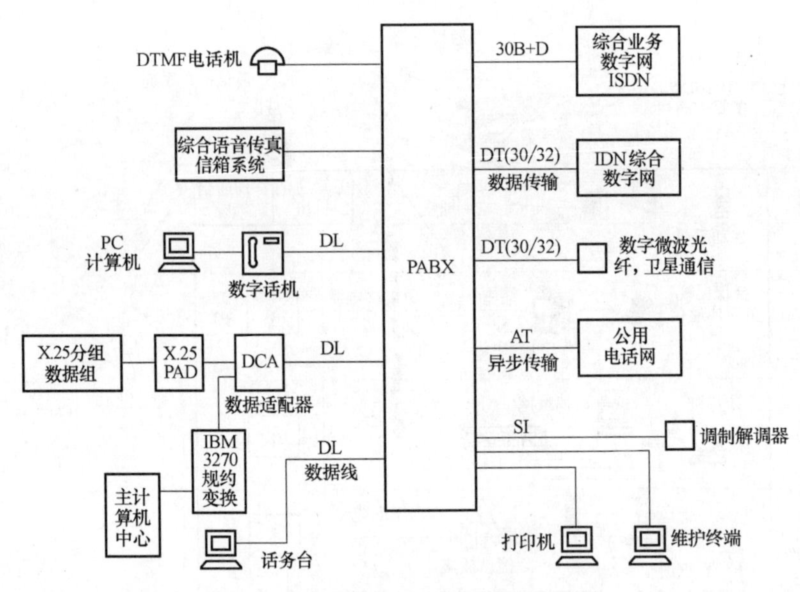

图 8-37　数字程控用户电话交换机系统

空间和平面的分割，以及建筑内表面的处理。建筑设计应该能够使听众获得尽可能多的有效声能，减少直达声的损失，尽量缩短声音行程，避免有效声被阻挡或被吸收。还可以采用反射面将散失到声场以外的声音充分反射到声场内，以提高响度。

电声设计则应根据听音场合的功能，保证其最大声压级【注 2】所需要的声功率。

响度需求可参照表 8-4 用声压级来作近似判断。

计算声压级和平均噪声水平　　**表 8-4**

建筑物用途	听众所需的计算声压级(dB)	平均噪声水平(dB(A))
播音、录音、电视播送室		30～35
旅馆客房	80～85	40～50
讲堂	80～85	40～50
办公室	～80	40～50
走廊，前厅	80～85	50
体育场	90	60～75
大中型会场(堂)	85	50～60

【注 1】 响度：表示声音的强弱亦即音量的大小，它是人耳对声音声压的生理感受的表征。一般地说，声压越大则响度越大，但响度并不正比于声压，它还与人的生理特性有关。人耳对声压相同而频率不同的声音的响度感知（灵敏度）是不同的，通常在 1～4kHz 之间最为灵敏，响度最响。在音频范围以外的次声或超声频段，即使声压很强，人耳也是听不见的，也即这些声音的响度为零。

【注 2】 声波传播过程中，在大气中因振动而形成的压强变化也即总压强与大气原始压强之差为声压，单位为帕（Pa）。

人耳的感知声压范围在 1kHz 时为 0.00002Pa 到 20Pa，其下限 0.00002Pa 称可闻阈，上限 20Pa 称痛阈，超过 20Pa，人耳将产生明显痛感。

为了便于实际应用，声压常以声压级来表示，

$$L_p = 20\lg\frac{P}{P_0}\quad(\text{dB}) \tag{8-7}$$

式中　L_p——声压级（dB）；

P——声压（Pa）；

P_0——参考基础声压，$P_0=0.00002$Pa。

因此，人耳的 1kHz 感知声压级范围即为 0dB（可闻阈）至 120dB 声压级（痛阈）。

人的声压级范围：人长时间用正常嗓子讲话时，其平均声功率约为 20μW，考虑到讲话声的方向性，故在讲话者前方 1m 处的平均声压级约为 66dB，如果大声叫喊则可达 85dB。距离每增加一倍，声压级减少 6dB。

乐器或歌唱家所能发出的声功率一般比讲话大些，在室内音乐平均声压级常比讲话声音高出若干分贝。大型乐队演出时，离声源 3m 处的平均声压级可达 105dB，峰值则可能超出 120dB。歌唱家歌唱时离其 1m 处的声压级峰值可达 95dB，大合唱时则可能超过 110dB。

（2）声场均匀度

建筑设计应该使得听音场所在不使用电声手段时就能获得比较均匀的声场分布，特别要消除回声、双重声、颤动回声以及声聚焦、轰鸣、沿边反射和声影区等建筑声学缺陷。

电声设计应根据声场的空间和平面，正确布置扬声设备；安装时，应利用各种不同型号的扬声设备的不同指向特性，并控制扬声设备的位置、悬点、俯角和它们的功率分配来组织声场，尽量使声场均匀。

校核声场分布的均匀度时应使观众席声场各点的声压级差值不大于 6～10dB。

（3）清晰度和混响时间【注】

保证足够的清晰度是听闻的必要条件，特别是诸如讲堂、会议室等语言听音场所，清晰度更是首要的评判指标。对于以语言为主的听音场所，清晰度应为 85％以上。

清晰度主要取决于建筑物的混响时间，混响时间越短，则清晰度越高。但是，混响时间过短，会使演员演唱时感到吃力，观众听起来感到声音单调干涩。适当的混响时间可以增强响度，使声音宏亮、圆润。因此，根据建筑功能的不同，选择并实现一定频率下听众认为最佳的混响时间则是建筑声学设计的重要课题。

【注】　混响与混响时间

人耳在接收到声源发出的直达声之后，还将陆续接收到从四面八方反射来的声音。在 50ms 内到达的反射声即所谓早期反射声是人耳不能区分的，它增加了直达声的响度，可视作直达声的一部分，同样它也增加了音节的清晰度，因而是有益的，称为有效反射声。而于 50ms 以后络绎不绝陆续到达的反射声使得声音在室内的传播产生延续，即所谓“交混回响”现象，简称“混响”，将对后到的直达声产生掩蔽，从而降低了音节的清晰度，这部分反射声称为无效反射声。

混响降低了音节的清晰度，恶化了语言的听闻条件，但它在听觉上可造成一种“余音不绝”的感觉，从而使得音乐更加浑厚悦耳，即增加了“丰满度”。

混响现象常以混响时间来表征。

从声源停止发声时刻算起，在室内可以继续听到声音的时间称为混响时间，一般将声源停止发声后平均声压级自发声的原始值衰减 60dB 所需的时间规定为混响时间 T_{60}。

表 8-5 给出了频率在 500Hz 下混响时间的推荐值。

混响时间推荐值（500Hz）　　**表 8-5**

建筑物用途	混响时间 T_{60}(s)	建筑物用途	混响时间 T_{60}(s)
电影院	1.0～1.2	多功能厅堂	～1.5
立体声宽银幕电影院	0.8～1.2	多功能体育场	<2
演讲、话剧、戏剧、小型歌舞	1.0～1.4	语言录音(播音)	0.4～0.5
音乐会、歌剧	1.5～1.8	音乐录音(播音)	1.2～1.5

（4）信噪比

要提高信噪比，应尽量降低噪声的干扰（掩蔽）程度。

$$信噪比=20\lg\frac{信号压强}{噪声压强}\quad(dB) \tag{8-8}$$

或　　信噪比(dB)=信号声压级(dB)−噪声声压级(dB)

为了提高信噪比，必须降低噪声。噪声的来源主要是环境噪声和电噪声。环境噪声可能来自声场附近的交通车辆声和机械运转声，乃至场内外的冰箱和空调设备的运转声和各种人为噪声。电噪声可能来自设备噪声和串音、低频交流哼声、扩音机的本底噪声、有线广播的外界线路噪声串人和可控硅的调压噪声干扰等。因此，首先应从规划设计和行政管理的角度来改善环境并在建筑设计中考虑吸声减噪、隔声防振乃至设置声锁等措施；在各种设备的选用时应选择低噪声产品或采取消声减噪手段，另一方面应该采用电声扩声技术，提高信号的声压级。一般要求信噪比为10～15dB。

（5）系统失真度

电声系统的失真度要小。这就要求电声系统应有相当的频率响应范围，频响特性要平滑，谐波失真要小。对于语言扩声，频率范围应在200Hz～7000Hz，对于音乐扩声，频率范围应为40Hz～15kHz，背景音乐系统，其频率范围可稍窄一些。电声系统非线性失真应不小于5%～10%。

（6）视听一致性

要有良好的声音真实感，要尽量使得视听一致，最好用立体声布置。

（7）功率储备

扩声设备应有足够的功率储备和动态变化范围，以满足音乐演奏和演唱中音量的起伏要求及表达剧情发展的高潮气氛。

（8）调音手段

对于级别较高的歌剧院和多功能厅，为了丰富音色、美化音质，电声系统应具备可调整的控制条件，如选择设置高低音提升网络、高低音滤波器、频率补偿均衡器、混响器、延时器、分频器以及噪声增益自动控制器等等调音设备。

对于规模较大的歌剧院和音乐厅还应具备适应演员纵深移动的声学处理手段。

2. 音响设备

（1）传声器（话筒）及其技术特性

① 灵敏度：在1000Hz的频率下，0.1Pa规定声压从正面0°主轴上输入时的开路输出电压，单位：10mV/Pa。灵敏度与输出阻抗有关。有时以分贝表示，并规定10V/Pa为0dB，因传声器输出为毫伏级，则其灵敏度的分贝值始终为负值。

② 频响特性：传声器0°主轴上灵敏度随频率而变化的特性。要求有合适的频响范围，且该范围内的特性曲线尽量平滑，以改善音质和抑制声反馈。

同样的声压，而频率不同的声音施加在膜片上时，传声器的灵敏度就不一样，频响特性通常用在通频带范围内灵敏度相差的分贝数来表示。通频带范围越宽，相差的分贝数越少，表示传声器的频响特性越好，也就是传声器的频率失真小。

③ 方向性：传声器对于不同方向来的声音其灵敏度不同，这称为传声器的方向性。方向性与频率有关，频率越高则指向性越强。为了保证音质，要求传声器在频响范围内应

有比较一致的方向性。方向性用传声器正面0°方向和背面180°方向上的灵敏度的差值来表示，差值大于15dB者称为强方向性传声器。

④ 输出阻抗：传声器的引线两端嵌进去的传声器本身的阻抗称为输出阻抗。目前常见的传声器有高阻抗与低阻抗之分。高阻抗的数值约1000～20000Ω，它可直接和放大器相联；而低阻抗约50～1000Ω，要经过变压器匹配后，才能和放大器相接。高阻抗的输出电压略高，但引线电容所起的旁路作用较大，使高频下降，同时也易受别的电磁场干扰，所以，传声器的引线不宜过长，一般以10～20m为宜。低阻抗输出无此缺陷，所以噪声水平较低，传声器引线可相应的加长，有的扩音设备所带的低阻抗传声器引线可达100m。如果距离更长，就应加前级放大器。传声器的输出阻抗，各国产品系列的规格不同，国产传声器按输出阻抗分有高、低阻抗两类，其规格如下：

高阻抗的输出阻抗规格：1kΩ，3kΩ，10kΩ，20kΩ，50kΩ；

低阻抗类的输出阻抗规格：150Ω，200Ω，250Ω，600Ω。

（2）电唱机

电唱机的用途是放送各种转速的唱片，并把机械振动变成电信号输入扩音机。装设电唱机应注意以下几点：

① 设计选型的电唱机应满足实际需要，一般广播站使用的唱机同时有78、45、33 $\frac{1}{2}$ r/min三个转速已足够。转速高的唱片音质较好，但唱完一张唱片的时间短，转速慢的唱片音质较差。

② 唱机的频率响应应适合扩音机通频带范围的需要，否则影响扩音机通频带范围的运用。

③ 唱机唱头的输出电压和输出阻抗应与扩音机唱机输入塞孔的输入阻抗相适应。

④ 工作时机械振动越小越好。

⑤ 机械结构要坚固耐用，安装要平稳。

（3）录音机

录音机的用途是录制语言和音乐，并将录制好的语言和音乐进行放送。选择录音机时，应注意录音机本身的质量和与其他设备配合的要求。录音机的频率响应要宽一些，而且高低音输出对中音输出的比值要小一些。录音机本身的失真度要小，而信号杂音比则希望大一些。输入和输出的电平和阻抗应能与广播站内其他有关设备相适应。

（4）扬声器

① 扬声器的类型

扬声器分有电动式、静电式、电磁式和离子式等数种，其中电动式扬声器应用最广。

电动式扬声器可分为纸盆扬声器和号筒扬声器。纸盆扬声器的口径尺寸约为ϕ40～ϕ400mm，有效频率范围约在40Hz～16kHz，标称功率为0.05～20W。体积较小，价格便宜，频响较宽，但发声效率低，一般在0.5%～2%左右。

号筒扬声器的常用功率为5～25W。发声效率可达5%～20%左右。其中折叠式号筒扬声器，高频响应差，高频端频率至5kHz左右。高频号筒扬声器的高频响应较好，可达10kHz以上，但这种扬声器不适合于800Hz以下的低频声音，输入低频信号时，将因振幅过大而损坏扬声器，因此高频号筒扬声器不能单独使用，必须通过分频器才能与低频扬声器联用。

② 扬声器的主要技术特性

a. 标称功率：长期工作时的功率（W 或 VA）。其短时过载能力为标称功率的 1.5～2 倍。

b. 阻抗：扬声器输入端的测量阻抗，它随输入信号的频率而变化。一般扬声器上标印的是 400Hz 时的测定阻抗。此值，在小口径扬声器时为音圈直流电阻的 1.05～1.1 倍，大口径时则为 1.1～1.5 倍。

c. 频率响应及有效频率范围：输入不同频率的规定电压时，扬声器发出的声压或声强的变化称为扬声器的频响特性。在频响曲线上，不均匀度 15dB 之间的频响宽度称为有效频率范围，它是扬声器重放工作时的主要频率范围。为了使重放声音的频率失真小，有效频率范围应宽，其间曲线越平滑，则重放声音的声调和音色就越接近原音的声调和音色。

d. 平均特性灵敏度$\overline{Ea}$：扬声器在规定功率输入时，在 0°轴 1m 处的声压值称为灵敏度 Ea。

Ea 与频率有关，通常取有效频率范围内的算术平均值，以平均声压（Pa）或平均声压级（dB）表示，即产品说明书给出的平均特性灵敏度$\overline{Ea}$。

e. 失真度：一般指非线性谐波失真，扬声器的标注失真度一般是指额定功率下的最大失真度，因为扬声器对声音的各种频率谐波的失真程度是不同的。一般，ϕ100mm 以上的纸盆扬声器的失真度≤7％，折叠式高音号筒扬声器的失真度≤15％。

f. 指向特性：扬声器发声时空间各点声压级与声音辐射方向的关系特性，亦称辐射指向性。指向特性是以辐射角的大小来标志的，辐射角是指在指向性曲线图案中，声压级比主轴降低 6dB 时的角度，即所谓 6dB 辐射角。

扬声器的指向特性与频率关系甚大，频率越高，辐射角越小，即指向性越强。一般小于 250～300Hz 时指向性就不明显了。

扬声器在各种频率下的辐射角取决于扬声器的直径。相同频率时，直径大的扬声器的指向性比直径小的扬声器的指向性更强。

(5) 声柱

声柱是多只扬声器经排列组合并同相连接而成的。由于纵向扬声器到达某点的相位差所引起的声波干涉效应，使得声柱轴线（0°声轴）能量比较集中，聚成主声束，其他方向上的较低能量的声束则称为副声束。声柱的指向特性在水平方向与单只扬声器差不多，但在垂直方向则有很大改善。它在水平方向像扇子那样铺开，但在垂直方向上出现较强的指向特性，形成近薄远厚的“盘子”状立体辐射效果。将声柱安装在镜框式台口附近，将这个“声盘”指向听众，主声束以很强的声能辐射至观众厅后排，前排则因扬声器的竖向距离不同引起的相位差而互相削弱，可能比起单只扬声器在此处的指向特性图案上的声压更低，这就使得声场的直达声分布趋于均匀。

由于声柱的总额定功率是单只扬声器的好几倍，同时由于声轴方向的聚焦作用，使灵敏度成倍提高，对远距离扩声更为有效。

声柱的低频辐射效率与单只扬声器相比大为提高，从而增加了低频响应，丰富了音色。

利用声柱的指向特性，将传声器放在主声束以外（即沿声柱两端的上下方向发声最轻），声压最弱的位置上，可以改善啸叫现象，提高了传声增益。

在混响时间较长的场所，使用声柱可以大大提高声音的清晰度。

（6）功率放大器（扩音机）

扩音机是广播系统的重要设备之一。它主要是将各种方式产生的弱音频输入电压加以放大，然后送至各用户设备。扩音机上除了设有各种控制设备和信号设备外，主要是由前级放大器和功率放大器两大部分组成。前级放大器是将输入的微弱音频信号进行初步放大，使放大的信号能满足功率放大对输入电平的要求。功率放大器是将前级放大器取得的信号更进一步放大，以达到有线广播线路上所需要功率。功率放大器的输出功率可以从几瓦一直到几千瓦。功率放大器的输出有定阻输出和定压输出两种。定阻输出的功率放大器输出阻抗较高，输入信号固定时，输出电压随负荷改变而变化很大。定压输出的功率放大器，由于放大器内采用了较深的负反馈装置，这种深负反馈量一般在 10～20dB，因而使输出阻抗较低，负荷在一定范围内变化时，其输出电压仍能保持一定值，音质也可保持一定质量。定压输出的扩音机常应用于有线广播系统，使用方便，能允许负荷在一定范围内增减。

（7）前级增音机

前级增音机又称调音台。在不少使用场合中，扩音机的输入信号源较多，其输出信号除供扩声部分外，还要分送录音和场外转播以及一些特殊的音质效果处理设备，所有这些都是功能单一的扩音机常常难以满足的。为此，常在功率放大器前设置前级增音机，并作为一个独立单元与扩音机配接。

一般通用型前级增音机，具有 4～6 路或以上的多路传声器输入，一路拾音输入，1～2 路线路输入和输出。通常配用 600Ω 或 200Ω 的低阻抗传声器，传声器馈线允许长度可达 50m（高阻抗时馈线长度不超过 10m）。

前级增音机具有如下功能：

① 将不同灵敏度、不同阻抗的各种传声器、录音机、电唱机、线路以及混响器等多种声频处理器的输入电压信号变换成相同的输出电压信号，并馈送给扩音机。

② 可实现各路输入信号回路的音量单独控制，因而可以弥补电声系统的可能缺陷，干预平衡各个声部的响度以提高音响效果。

③ 输出阻抗通常为 600Ω（或 150Ω），额定输出电平分有若干档，可以适应录音、扩音和线路传送等不同的需求。

④ 设有移频网络，可实现频率补偿，以抑制啸叫，改善重放品质。

⑤ 设有输出总音量控制器及输出电压表，可以监测输出音量并监听音质。

当传声器输入路数为 12 路以下时，一般采用的是通用型多路前级增音机或移频式前级增音机。

（8）转播接收机

广播系统中的转播接收机，是用来转播中央或地方广播电台的广播节目。转播接收机有调频转播接收机和调幅转播接收机两种。

（9）声频处理设备

声频处理设备包括频率均衡器、人工混响器、延时器、压缩器、限幅器以及噪声增益自动控制器等。

① 人工混响器

人工混响器是利用钢板、金箔和弹簧等各种振动体来产生混响声，以改变空间感觉、处理声音前后层次并制造特殊效果的一种电声装置。

② 延时器

用以将输入信号延时输出，且延迟时间可调。延时器种类较多，其中近代电子延时器可在几十微秒至几秒间调整，且失真度低，控制准确。

③ 频率均衡器

为了改善厅堂内的声学特性，利用频率均衡器来加以补偿，可利用原电声系统播放某种噪声，在厅堂内用实时频率分析器测量频响特性，通过调整系统中的频率均衡器直至响应曲线较为平滑，不均匀度在允许范围之内为止。

④ 噪声增益自动控制器

有些比赛场地，噪声声压变化很大，此时可设置噪声增益控制器。当设于观众场所的话筒启动后，可收采实时噪声输入至控制器，由控制器进行信噪比运算，自动调整扩音机增益，以维持适当的信噪比。

3. 广播音响系统的安装

(1) 系统联接器材

① 连接导线：为了减少噪声干扰，从传声器、录音机、电唱机等信号源送至前级增音机或扩音机的连线、前级增音机与扩音机之间的连线等零分贝以下的低电平线路都应该采用屏蔽线。屏蔽线可选用单芯、双芯或四芯屏蔽电缆。常用连接方式有非平衡式或平衡式（中心不接地或接地）以及四芯屏蔽电缆对角并联等方法。

扩音机至扬声设备之间的连线可不考虑屏蔽，常采用多股铜芯塑料护套软线。

② 线间变压器：定阻抗输出的扩音机与扬声器联接时，常在扩音机与扬声器之间接入线间变压器（输送变压器），以便扩音机能在较高的阻抗输出端输出。目前国内生产的定阻抗式输送变压器，其标称功率在1～25W之间。

定电压输出的扩音机与扬声器联接时，为了电压配合，也常在扩音机与扬声器之间接入线间变压器。定阻抗式输送变压器可以用于定电压式系统。目前国内生产的定电压式输送变压器，其标称功率约在5～60W之间。

线间变压器的传输效率一般约为80%。由于输送变压器线圈的电感量难以做得很大，限制了低频传输，而线圈的分布电容和漏磁则使得高频信号衰减，因此线间变压器不但使电声系统的增益降低，同时也使电声系统的频响特性变差。

(2) 前端配接

前端配接指传声器（话筒）、电唱机、收录机等信号源与前级增音机或扩音机之间的配接。

① 阻抗匹配：为了使传输获得高效率，为了保证频率响应及满足失真度指标的要求，信号源的输出阻抗应与前级增音机或扩音机的输入阻抗相匹配，其匹配原则是：信号源的输出阻抗应接近其负载阻抗，但不得高于负载阻抗。

传声器宜采用低阻抗型，线路的高频损失和电噪声干扰较小，传输线路的允许长度可较长。高阻抗传声器价格便宜，但感应电噪声较大，传输线路的允许长度较短，宜用于要求较低的场合。

② 电平配合：信号源输入时应按其输出电平等级接入前级增音机或扩音机的相应输入插孔，否则，如输入电压过低则音量不足，过高则严重过载失真。

(3) 末级配接

末级配接指扩音机与扬声设备之间的配接，按扩音机的输出形式不同可分为定阻抗式和定电压式两种配接方式。

① 定阻抗式配接：定阻抗输出的扩音机要求负载阻抗接近其输出阻抗，以实现阻抗匹配，提高传输效率。

一般认为阻抗相差不大于10%时，不致产生明显的不良影响，可视为配接正常。如果扬声设备的阻抗难以实现正常配接，可选用一定阻值的假负载电阻，使得总负载阻抗实现匹配。

定阻抗扩音机的输出端一般设有几个抽头，以供连接不同的扬声器及其组合之用。国产扩音机一般标有4、8、16、100、150Ω和250Ω等若干档。一般16Ω及以下诸档统称为低阻抗输出，16Ω以上诸档称为高阻抗输出，一般不宜超过150Ω。在实用中，为了减少线路阻抗的影响和便于匹配，常常改在扩音机的高阻抗端输出，而在扩音机与扬声器之间接入相应的线间变压器。线间变压器的初级与次级都各有若干不同的阻抗抽头，可以比较灵活方便地实现阻抗匹配。

在一些级别较高的剧院、会场和多功能厅等场合，由于考虑到声场均匀度，声反馈以及指向特性等因素，所选用的声柱和扬声器的标称功率总和常大大超过扩音机的额定输出功率。但只要扩音机与扬声设备之间的阻抗关系合适，从匹配条件来说是完全允许的，也是正常的。声场内的各只声柱或扬声器，其实得功率往往不是简单地平均分配，而是根据相应的供声区域分配不同的功率比例。

例如：有一台80W定阻抗式扩音机，要配接4只25W、16Ω的扬声器。

有图8-38 (*a*)、(*b*)、(*c*) 三种配接方式，其扩音机与扬声设备之间的阻抗是完全匹配的，接法对等，每只扬声器的实得功率均为$\frac{80}{4}=20$W，功率配接合适。图中 (*a*) 和 (*b*) 为低阻抗输出，(*c*) 为高阻抗输出，每只扬声器前面加接一只输送变压器。

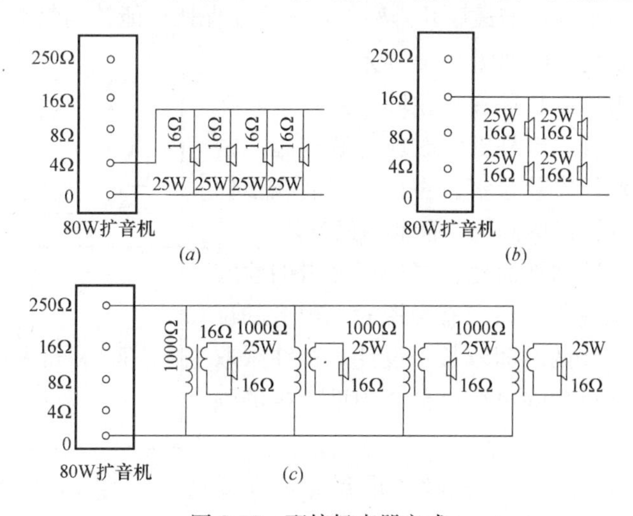

图8-38　配接扬声器方式

② 定电压式配接：定电压式扩音机都标明输出电压和输出功率。小功率扩音机，输出电压较低，一般可直接与扬声器连接。大功率扩音机，输出电压较高（如 120V，240V），与扬声器连接时须加输送变压器。

（4）扬声设备安装

① 扬声器安装：

a. 一般纸盆扬声器装于室内并应带有助声木箱，室外应装设号筒式高音扬声器。

b. 扬声器安装高度：办公室内一般距顶棚 20cm，或距地面 2.5m 左右；宾馆客房、大厅内安装在顶棚上，为吸顶式或嵌入式安装；车间内视具体情况而定，一般距地面约为 3～5m；室外一般安装高度为 4～5m；在食堂等处一般为 3～4m。

c. 扬声器的安装位置应考虑音响效果，扬声器一般均应向下倾斜，高音扬声器的轴线（号筒或纸盆几何圆心轴线）应对着播音范围内最远的听众。

② 声柱安装：声柱在垂直方向上有较强的方向性。如果声柱的垂直指向性一定，声柱离听众的距离以及声柱主轴和听众席所成的角度就决定了具有一定均匀度的声柱覆盖范围；具有均匀声场的覆盖范围要求越大，就需要采用垂直指向性越强的声柱，所需声柱的长度也就越长，悬挂的高度则应尽可能高一些。

一般主声柱的安装形式如图 8-39 所示。图中，主声柱安装高度 h 与建筑体型有关，声柱的俯角 ψ 一般为 8°～20°，声柱中心轴线的投射点 J 选在观众席长 L 的 2/3～3/4 处。当设有副声柱以覆盖前排（12 排之前）音场时，投射点可选在 $\frac{3}{4}L$ 处；大型或设有楼座的多功能厅，常在后排设有半分散式扬声器或扬声器组，此时投射点可选在 $\frac{2}{3}L$ 处。

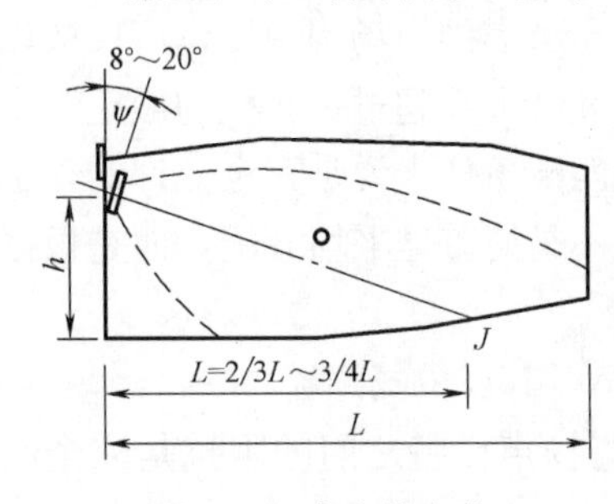

图 8-39 主声柱安装

声柱的布局和安装指向是否得当将对音响效果产生较大的影响，布置不当时，可能存在声影区或产生啸叫。声柱常采用集中式布置，一般布置在厅堂的镜框式台口附近以使听众视听保持一致。如大型厅堂，声柱的轴线对准最后几排座位，这样能保持声能较均匀地分布，使各点的响度差不多。其声柱安装方向如图 8-40 所示。为了减少厅堂后面墙上的反射回到话筒而产生啸叫声，最好在墙上作必要地吸声处理。声柱安装时应与装饰施工密切配合，选择最有利的安装位置。声柱可安装在镜框式台口的正中上方或台口两侧与眉幕上端相齐处。

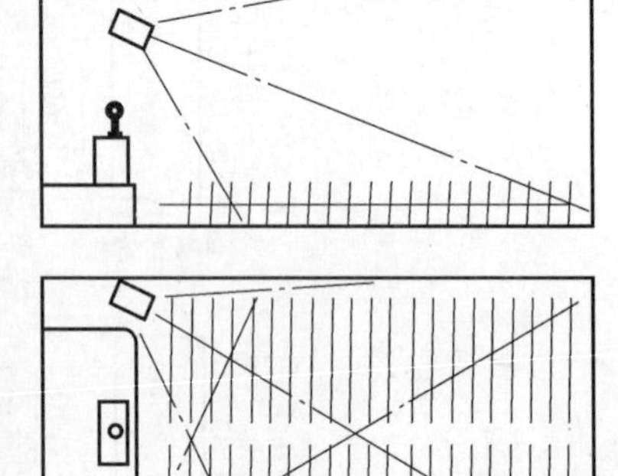
图 8-40 厅堂内集中式布置扬声器的示意

为了防止某些四壁和地面比较坚硬而光滑的建筑墙面引起的混响时间较长，即当有声源时，声音的反射较大且反射声音持续的时间较长，设计上往往采取分散式布置扬声器，以免除声源过分集中而产生的强反射。

分散式布置方法是将小声柱或扬声器安装在厅堂两侧，其角度向同一方向稍为倾斜向下，安装高度可在 3m 左右，扬声器的间隔按施工图所标尺寸进行，其扬声器安装方向如图 8-41 所示。

根据声柱的指向特性，声柱只能竖直安装，不能横放安装，如图 8-42（*a*）所示。因为这样安装声柱将使水平方向的方向性太强，会引起厅内声场不均匀，而且容易使声音射入讲台引起反馈。正确的安装方位如图 8-42（*b*）所示。

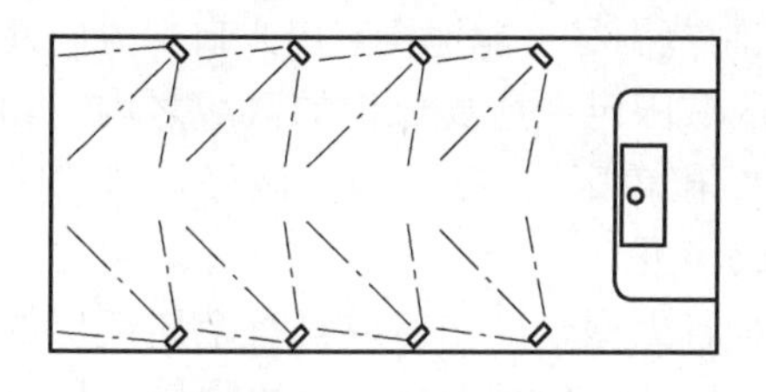

图 8-41　厅堂内分散式布置扬声器的示意

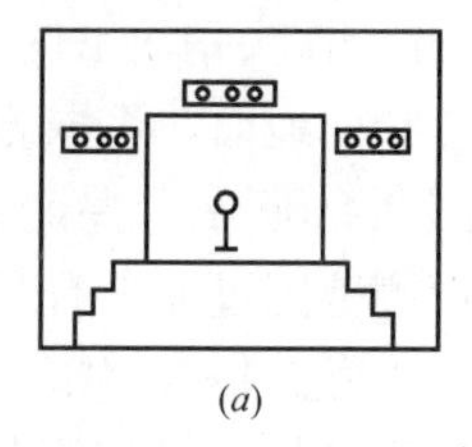

(*a*)

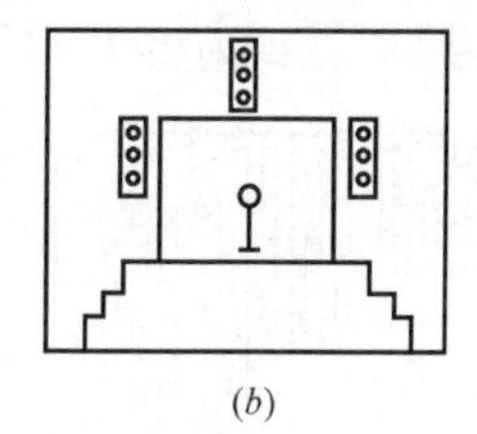

(*b*)

图 8-42　声柱布放的位置图

（*a*）声柱横放布置（错误的）；（*b*）声柱直放布置（正确的）

声柱安装时，应先根据声柱安装方向、倾斜度制作支架，支架的尺寸应根据声柱的外形尺寸，声柱的安装固定孔，声柱的安装墙、柱、梁的具体位置来确定，支架采用四只膨胀螺栓固定在墙、柱或梁上，也可将支架预埋固定，支架应作防腐处理，外涂黑色油漆。声柱应安装稳定、牢固，角度和方位正确。声柱的接线应牢固可靠。

8.4　安全技术防范系统

安全技术防范系统主要是保障人身财产安全。它包括入侵报警、视频安防监控、出入口控制、电子巡查以及停车库（场）管理等系统。

一、入侵报警系统

1. 设置目的及组成

入侵报警系统是根据建筑物的安全技术防范管理的需要，对设防域的非法入侵、盗窃、破坏和抢劫等，进行实时有效的探测和报警。并且应有报警复核功能。

入侵报警系统通常由报警探测装置、传输系统、报警系统控制主机和报警输出执行设备等部分组成。

如图 8-43 所示。

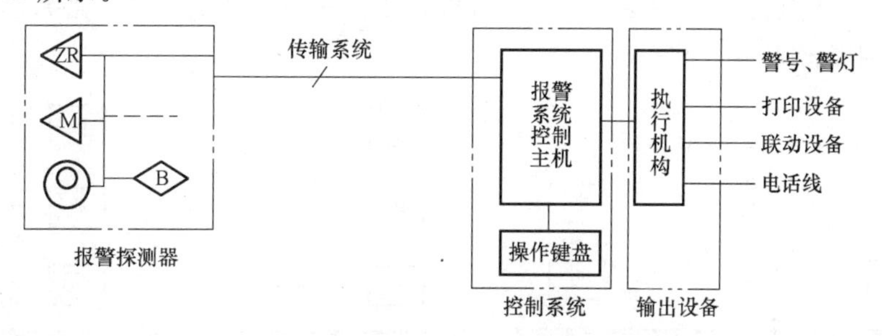

图 8-43　安全防范报警系统的基本组成

2. 报警探测器

入侵报警系统使用的报警探测器有微波报警器、红外报警器、开关式报警器、超声波报警器等。

(1) 雷达式微波报警器

① 雷达式微波报警器警戒范围是一个立体防范空间，其控制范围比较大，可以覆盖60°～95°的水平辐射角，控制面积可达几十到几百平方米。

雷达式微波报警器一般安装在室内，严禁对着被保护房间的外墙、外窗安装。通常报警传感器悬挂高度为1.5～2m，探头稍向下俯视，控制范围尽可能地覆盖出入口，方向性应指向地面，将探测覆盖区域限定在所要保护的区域之内，如图8-44所示。探测器"A"覆盖区比"B"覆盖区好，因"B"探测范围过大，有时会造成误报。

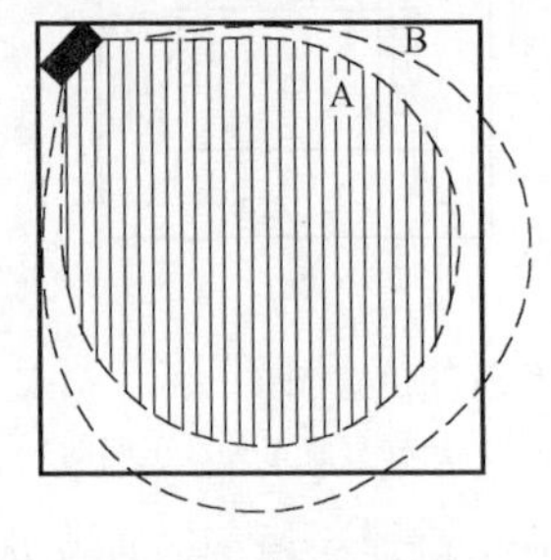

图8-44　雷达式微波探测器的安装

微波报警器探头不应对着大型金属物体或具有金属镀层的物体（如金属档案柜等），不应对准可能会活动的物体，如门帘、窗帘、电风扇、排气扇或门窗等可能会振动的部位，不应对准荧光灯、汞灯等气体放电灯光源等，否则有可能引起误报。

当在同一室内需要安装两台以上的微波报警器时，它们之间的微波发射频率应当有所差异，一般要相差25MHz以上，而且不要相对放置，以防止交叉干扰，产生误报警。

② 微波墙式报警器是由微波发射机与微波接收机组成的，两者之间存在的微波电磁场组成了一道长达几百米、宽度为2～4m、高度为3～4m的警戒线。主要安装在无任何障碍物和干扰源的宽度为10～20m带状区域范围内。

通常采用L形托架将微波收、发机安装在墙上或桩柱上，收、发机之间要有清晰的视线，如图8-45所示。

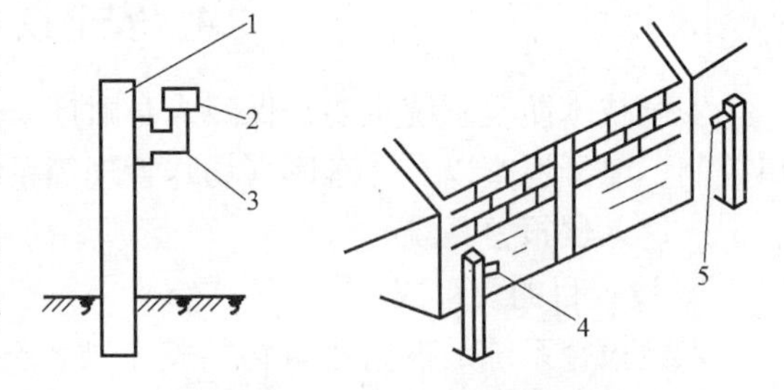

图8-45　微波墙式报警器的安装

1—墙；2—发射/接收机；3—L形托架；4—发射机；5—接收机

(2) 红外报警器

① 主动式红外报警器的红外发射机与红外接收机对向放置，一对收、发机之间可形成一道红外警戒线。图8-46 (*a*) 所示两对收、发装置分别相对，是为了消除交叉误射。多光路构成警戒面如图8-46 (*b*) 所示。

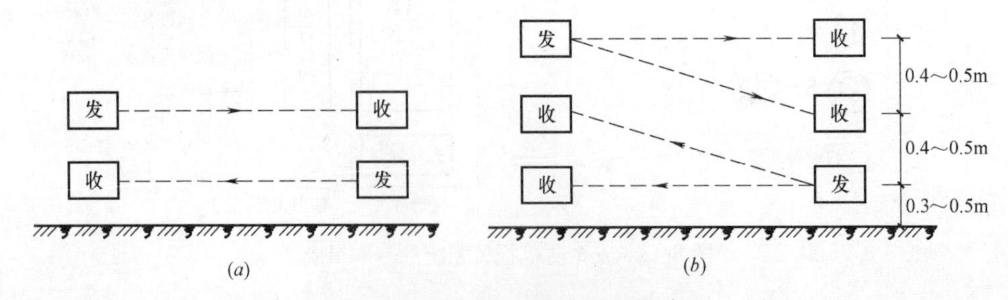

图8-46　两对收、发装置分别相对

(*a*) 相对布置的两对收、发装置；(*b*) 多光路构成警戒面反射型红外接收机并不是直接接收发射机发出的红外光束，而是接收反射回的红外光束，如图 8-47 所示。

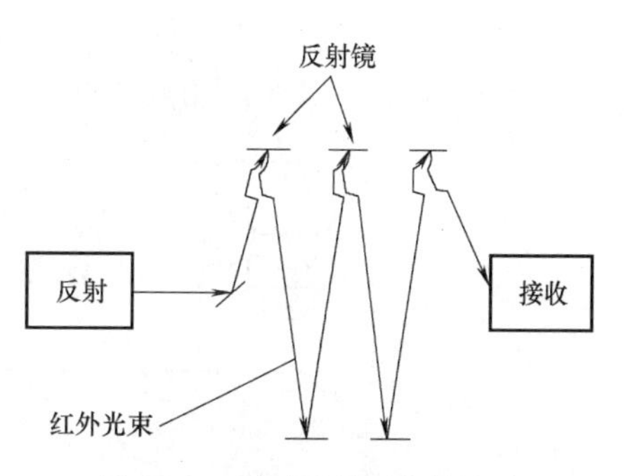

图 8-47　利用反射型安装方式所形成的红外警戒网

② 被动式红外探测器可直接安装在墙上、天花板上或墙角上。安装位置应使报警器具有最大的警戒范围，注意探测器的探测范围和水平视角，应使可能的入侵者横向穿越光束带区，从而处于红外警戒的光束范围之内，提高探测灵敏度。如图 8-48 所示，要注意探测器的窗口（透镜）与警戒的相对角度，防止“死角”。被动式红外报警器可以采用壁挂式安装在墙面或墙角上，墙角安装比墙面安装的感应效果好，安装高度为 2～4m，通常为 2～2.5m。

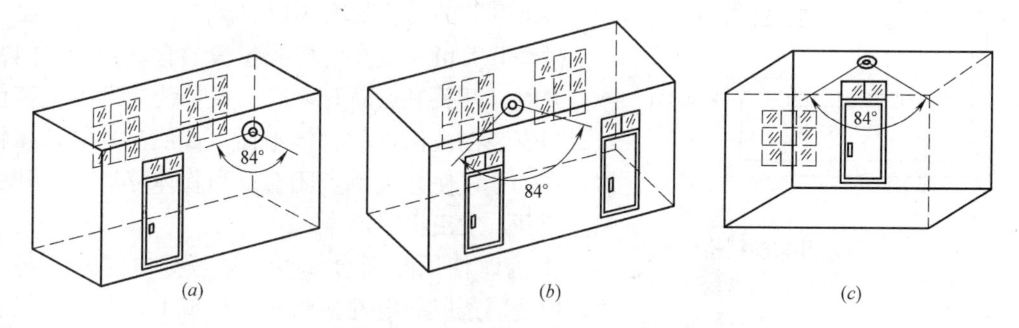

图 8-48　被动式红外报警器的布置

(a) 安装在墙角监视门窗户；(b) 安装在墙面监视门窗；(c) 安装在房顶监视门

为了防止误报警，不应将探头对准任何温度会快速改变的物体上。否则应与热源保持至少 1.5m 以上的间隔距离。警戒区内不要有高大的遮挡物遮挡和电风扇叶片的干扰，不要安装在强电处。

(3) 开关式报警器

① 磁控开关又称为磁控管开关或磁簧开关。它由永久磁铁及干簧管两部分所组成。将干簧管安装在固定的门框或窗框上，将磁铁安装在活动的门或窗上，如图 8-49 所示。

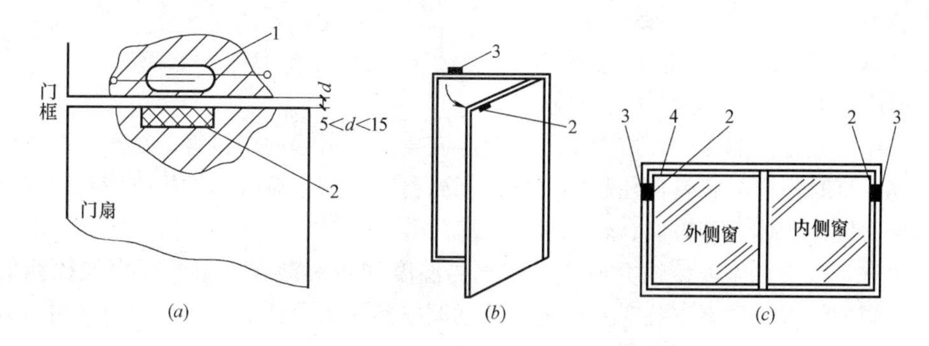

图 8-49　磁控开关的安装示意图

(a) 磁控开关安装示意图；(b) 门；(c) 拉窗

1—干簧管；2—磁铁；3—磁控开关（干簧管）；4—锁档

磁控开关可以多个串联使用，将多个干簧管的两端接线串接起来，再与报警控制器相连，组成一个报警体系，如图 8-50 所示。

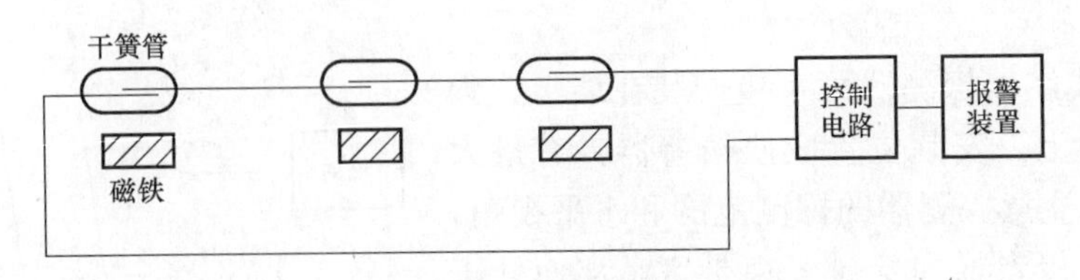

图 8-50　磁控开关的串联

磁控开关分为明装式和暗装式两种。固定方式可选择螺栓固定、双面胶贴固定、紧配合安装式或其他隐蔽方式。一般普通的磁控开关不宜在金属物体上直接安装，必须安装时，应采用钢门专用型磁控开关或改用微动开关及其他类型开关器件。

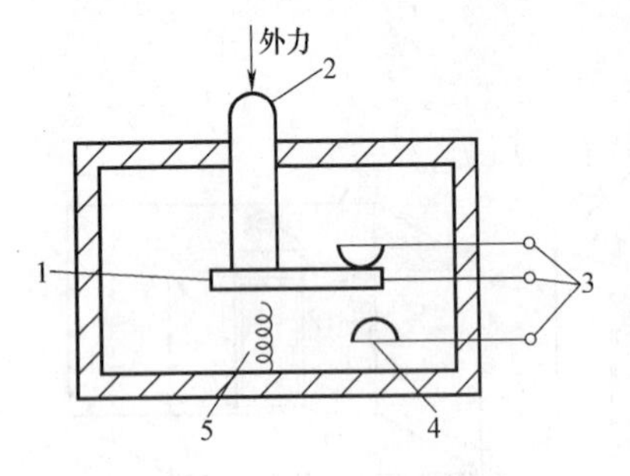

图 8-51　微动开关的结构
1—簧片；2—按钮；3—接线端子；4—触点；5—压簧

微动开关的结构如图 8-51 所示。

微动开关可安装在门框或窗框的合页处，当门窗被打开时，开关触点断开，启动报警装置发出报警信号。当安装在被保护的物体下面（如展品）时，靠物体本身的重量使开关触点闭合；当物体移动时，开关触点断开，发出报警信号。

② 有时使用易断金属丝、条等导电体来代替开关，把金属条或导电性薄膜粘在玻璃上，若有入侵者将玻璃打碎，金属条、导电膜或胶带断裂，发出报警信号。

③ 压力垫通常放在窗户、楼梯和保险柜周围的地毯下面，由两条平行放置的弹性金属带构成，如图 8-52 所示。中间有几处用很薄的绝缘材料（如泡沫塑料）支撑着两块金属条，使之绝缘，相当于一个触点断开的开关。

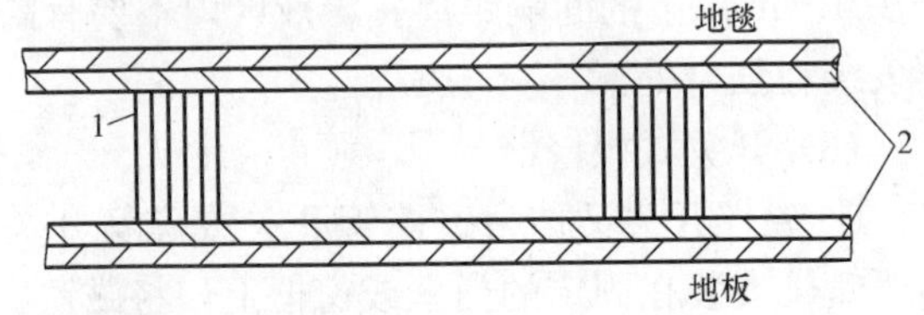

图 8-52　压力垫示意图
1—绝缘体；2—金属带

（4）超声波报警器

安装超声波报警器时，要注意使发射角对准入侵者最有可能进入的场所。收、发机应避开通风的设备及气体流动的场所。房间隔音性能要好，避免室外的超声波噪声所引起的误报警。超声波对物体没有穿透性能，有时室内的家具挡住超声波形成探测盲区。超声波收、发机不应对着对超声波的反射能力较差物体，如玻璃、软隔板墙、房门等。

超声波是以空气作为传输介质的，空气的温度和相对湿度会影响超声波探测的灵敏度。在不同的气候条件下安装时，应将灵敏度调整到一个合适的值，并留有裕量，以防止气候变化后误报警。

（5）振动报警器

电动式振动传感器主要用于室外掩埋式周界报警系统中。电动式振动传感器固定安装在墙壁或天花板等处时必须牢固，与振动源保持1～3m以上的距离。

（6）玻璃破碎报警器

玻璃破碎报警器是专门用来探测玻璃破碎功能的报警器。安装时应将声电传感器正对着警戒的主要方向，传感器部分可适当加以隐蔽，正面不应有遮挡物，要尽量靠近所要保护的玻璃，尽可能地远离噪声干扰源，以减少误报警。

不同种类的玻璃破碎报警器，根据其工作原理的不同，有的需要安装在窗框旁边（距离框50mm左右），有的安装在靠近玻璃附近的墙壁或天花板上，要求玻璃与墙壁或天花板之间的夹角不得大于90°，以免降低其探测力。当探测器安装在房间的天花板上时，一个玻璃破碎探测器可以保护多面玻璃窗，与几个被保护玻璃窗之间保持大致相同的探测距离，以使探测灵敏度均衡。探测器应安装在窗帘背面的门窗框架上或门窗的上方，不要安装在通风口或换气扇的前面，也不要靠近门铃，以确保工作的可靠性。

（7）其他周界防御报警器

① 泄露同轴电缆作为传感器组成周界防御报警系统由平行埋在地下的两根泄露电缆组成。一根泄露同轴电缆与发射机相连，向外发射能量；另一根与接收机相连，用来接收能量。发射机发射的高频电磁能（频率约为30～300MHz）经发射电缆向外辐射，一部分能量耦合到接收电缆。收发电缆之间的空间形成一个椭圆形的电磁场的探测区，如图8-53所示。

泄露同轴电缆一般埋于外侧周界的地下，也可安装在墙内。一般一对收、发电缆可保护约100～150m的周界。当警戒周界较长时，可将几对收发电缆与收、发机适当串接在一起，构成一道长长的警戒线。

在掩埋泄露电缆的地表面上，不能放置成堆的金属物体，以免影响电磁场耗测区的形成。报警器主机靠近泄露电缆的外侧安装，通过高频电缆与泄露电缆连接；而其交流电源线及报警信号输出线是用导线连到置于值班中心的报警控制器上。

② 驻极体振动电缆传感器的一端与报警控制电路相连，另一端与负荷电阻相连。当有入侵者翻越栅、网时，电缆因受到振动而产生模拟信号电压，即可触发报警。通常将驻极作电缆用塑料带固定在栅栏或钢丝网面的中心高度处，如图8-54所示。

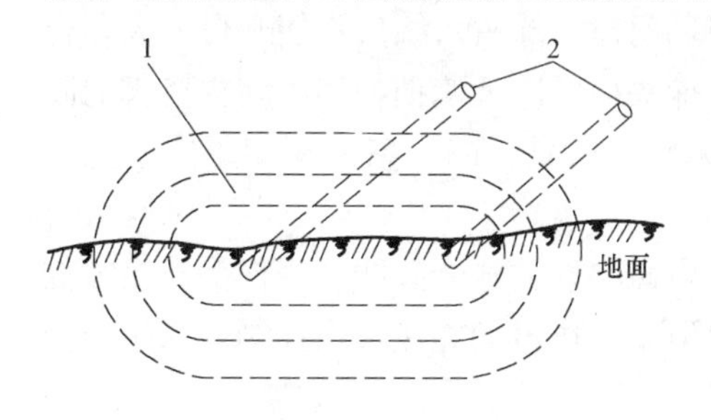

图8-53　泄露同轴电缆形成的探测区

1—探测区；2—两根平行的泄露同轴电缆

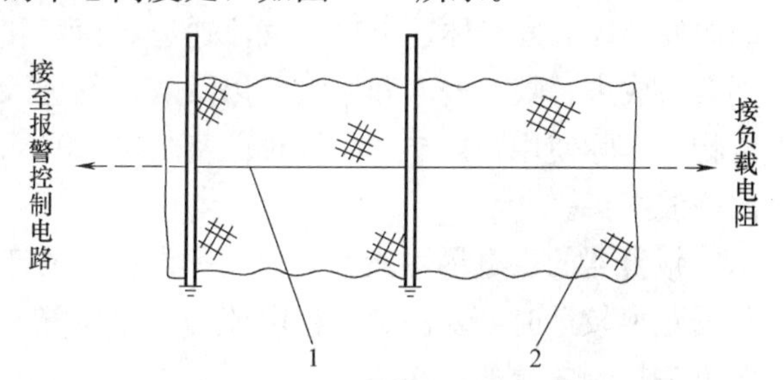

图8-54　驻极体电缆的安装示意图

1—振动电缆；2—钢丝网

③ 电场感应式传感器将两根或多根（如8～10根）高强度的带塑料绝缘层的导线通过绝缘子平行架设在一些支柱上，如图8-55（*a*）所示。

电场感应式传感器一般可保护300～500m的周界。将数组电场感应式传感器相连，组成更长的周界防御系统。通常安装在原有的钢丝网的中部或顶部，或围墙的顶部及侧面，也可单独安装在一端埋入土中的桩柱上。图8-55（*b*）所示是将电场感应式传感器安

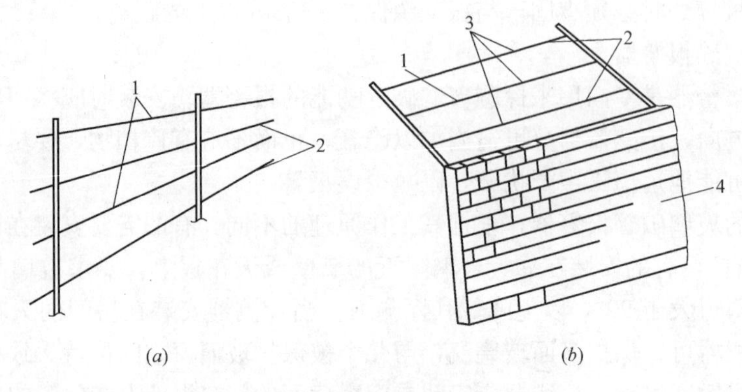

图 8-55 电场感应式传感器的安装

(a) 支柱上安装;(b) 围墙顶部安装

1—场线;2—感应线;3—电场传感器;4—围墙

装在围墙顶部的情况。场线与感应线之间必须尽量保持平行,线间距约为 250～1000mm。安装时一般要利用弹簧等物体来将各条导线拉紧。

④ 电容变化式传感报警器中平衡电桥伸出的感应线安装在建筑物的房顶和天窗的边缘、墙或栅网的顶部,室内使用时也可安装在门、窗附近及其他入侵者可能翻爬、靠近的场所。一般每隔 5m 安装一个支架,感应线应保持平直,与墙面距离为 500mm。一般在室外调整的灵敏度距离为 200mm,室内调整的灵敏度距离为 300mm。

3. 报警探测器的线路敷设及安装要求

建筑物内的有线传输系统,从传感器到控制报警器的信号线,选用双绞线,长度不超过 100m。信号线不与强电线路同管或平行敷设;若非要平行敷设,则两者间距不得小于 50mm。

探头信号线与避雷线平行间距不得小于 3m,垂直交叉间距不得小于 1.5m。与报警设备两端均要接上滤波电容。探头离荧光灯的距离至少在 1m 以上。不得靠近和直接近距离朝向发热体、发光体、风口、气流通道、窗口和玻璃门窗。探头入线口不能开得太大,否则会造成虫、蚁的侵入和风吹,以及灰尘的进入。探头周围应无遮挡物和小动物搭脚的固定物,实际使用距离与产品标称距离应有 20%～30%的裕量。同一室内不能用同一频率的微波探头。

报警器的供电尽可能不与大功率设备和易产生电磁辐射的电器共线。当探头离报警控制器距离较远时,要注意工作电流与线路压降。采取就近供电的方法,在控制室采用遥控的方法控制电源的通断。

在实际安装时,要求做到报警探测器之间应有 1/5 以上的交叉覆盖面进行交叉探测,不留盲区。在风险等级高的地方。还要加装三种不同种类的探测器的交叉保护。

二、视频安防(闭路电视)监控系统

民用设施中的闭路电视监控系统主要用于防盗、防灾、查询、访客、监视等的目的。

1. 组成

闭路监视电视系统的组成形式一般有下列几种:

(1) 单头单尾系统。在一处连续监视一个固定目标,由摄像机、传输电(光)缆和监视器组成。

（2）多头单尾系统。在一处集中监视多个分散目标，除由摄像机、传输电（光）缆和监视器三部分以外还要加上切换控制器共同组成。

（3）单头多尾系统。在多处分散监视同一个目标。除由摄像机、传输电（光）缆和监视器三部分外还要加上视频分配器共同组成。

（4）多头多尾系统。由摄像机、传输电（光）缆、监视器、切换控制器和视频分配器组成的在多处分散监视多个分散目标的闭路电视系统。

不论哪种形式都包括摄像、传输、显示及控制四个部分。

2. 摄像部分

摄像部分是整个系统的“眼睛”。它布置在被监视场所，其视场角能覆盖整个场所的各个部位。

在摄像机上加装电动可遥控的还可变焦距的镜头，使摄像机所能观察的距离更远、更清楚；有时还把摄像机安装在电动云台上，可以带动摄像机进行水平和垂直方向的转动，从而扩大覆盖的角度和面积。

在某些情况下，特别是在室外应对摄像机及其镜头、云台等要有相应的防护措施。

3. 传输部分

传输部分主要传输的内容是图像信号，要保证原始图像信号的清晰度。

目前均采用射频（同轴电缆）或光纤传输方式。

4. 控制部分

控制部分的主体是总控制台。其主要功能如下：

（1）视频信号的处理。包括信号的放大、分配、图像信号的校正和补偿。

（2）图像信号的切换、记录。

（3）摄像机及其辅助部件如镜头、云台等的遥控。

总控制台上设有“多画面分割器”，如四画面、九画面、十六画面等，这样可在一台监视器上同时显示出4个、9个、16个摄像机送来的各个图像画面。

目前生产的总控制台往往都做成积木式的，可以根据要求进行组合。另外，在总控制台上还设有时间、地址的字符发生器，可以把时间和被监视场所的地址、名称记录和显示下来。并应具有报警和图像复核功能。

5. 显示部分

它的功能是将传送来的图像显示出来。一般都是用几台摄像机传来的信号用一台监视器轮流切换显示或用“画面分割器”集中显示。目前常用摄像机与监视器的比例数为4∶1，有时摄像机很多时，也可8∶1或16∶1。

由于只监视目标形体的变化，运动量大小等亮度强弱的明暗信息，所以国内外一般多采用黑白电视系统，而不必采用造价较高的专用监视器等。

三、出入口控制系统

在安全技术防范系统中，有效地控制住建筑物或者建筑物群的各个出入口是最直接的安全防范手段，主要用于国家机关、企事业单位、宾馆、饭店、商场、办公楼、仓库等部门和场所。

出入口控制（门禁）系统就是为了保证授权人员能够自由出入、限制非授权人员进出的系统。它主要由控制中心设备、各种受控门、电子锁、身份鉴别装置（如读卡器、密码器、感应器或者生物识别装置等）等几部分构成。楼宇保安对讲、出入口自动控制商场电子防盗报警等系统是常见的出入口控制系统。

（一）楼宇保安对讲系统

1. 组成

楼宇保安对讲系统大多由楼宇电控防盗门附设电控（或者磁力）门锁、闭门器、门口机与电源、室内机和管理机构成。门口机是为来访者提供呼叫主人并与其通话的设备，室内机是用于住户接受呼叫、确认来访者身份并决定是否开门的装置，而管理人员能通过管理机监控、管理全楼或者整个辖区的安全，是确保小区和家庭安全的极其有效的手段。

楼宇保安对讲系统一般在一栋大楼的门口或者每个单元门洞的门口安装一套楼宇电控防盗门，附设电控（或者磁力）门锁、闭门器及相应的电源和编码型或者直接式含摄像头的可视对讲门口机；每家安装一台可视对讲室内机，并通过相应的电线电缆和适当的辅助设备连接起来，构成一个独立、完整的系统。最好是留有接口，便于以后组建一个完善的小区（楼群）联网保安对讲系统。

2. 类型

楼宇保安对讲系统分为普通楼宇保安对讲系统、可视楼宇保安对讲系统、小区（楼群）联网保安对讲系统。

普通楼宇保安对讲系统只能传送语音信号，来访者呼叫住户并与其交谈，适用于一般居民住宅。

可视楼宇保安对讲系统既能传递声音信息，又能传送动态图像信号，向住户提供实时的动态画面，适用于高档住宅区的安全防范系统。

住宅小区都是由若干栋住宅楼组成，在每栋住宅楼组建楼宇保安对讲系统的基础上，在值班（传达）室安装一套楼宇对讲管理机，并将各楼宇保安对讲系统与设在值班室的管理机相连接，便构成一个比较完善的小区（楼群）联网保安对讲系统。

3. 实例

一般可视对讲系统具有图像、语言对讲和防盗功能。如图 8-56 所示。由图可见，由主机、分机、不间断电源和电控锁等组成。主机上面带有摄像机、数位显示、话筒、扬声器和数位键盘；有红外线 LED 辅助，保证夜间视觉良好；采用数位式按键选择，门户可以扩展到 256。

（二）出入口自动控制系统

1. 系统的组成与功能

出入口自动控制管理系统主要由控制器、感应器（或者读卡器）、电源、电控锁、感应卡（或者 IC 卡）和管理主机、微机平台、控制管理软件等构成。

出入口控制系统的功能是有效地管理门的开启与关闭，限制未授权人员进入。同时可对出入人员与出入通道分类管理，对出入时段和出入区域分类管制，对出入人员代码、出入时间、出入门号码进行登录与存储。该类装置带有 CPU，有打印机接口。可以通过接口与计算机相连，对出入事件或人员进行有效的检索。

2. 控制类别

控制出入门的方法有卡片读出、密码输入和人体特征识别系统三大类。

（1）卡片读出式出入口控制系统根据卡片读出器判别决定是否允许出入。卡片分接触式（如 IC 卡）和感应卡两类。感应式出入口读卡系统利用射频感应辨识技术，其感应原理是利用读卡机产生的电磁场，激发识别卡内部的编程芯片发出一射频电波，此射频电波负载一组识别码传回读卡机，读卡机将其信号放大后传至解码器，经解码后，通过通信接口传输给 CPU，完成感应识别的功能。

（2）密码输入出入口控制系统是以输入密码作为出入凭证的系统，有电话面板固定式键盘和乱序键盘两种。乱序键盘亦即 0～9 共 10 个数字在显示键盘上的排列方式不是固定好的而是随机的，每次使用时，显示数字的顺序都不同，避免了被人窥视而泄露密码的可能。

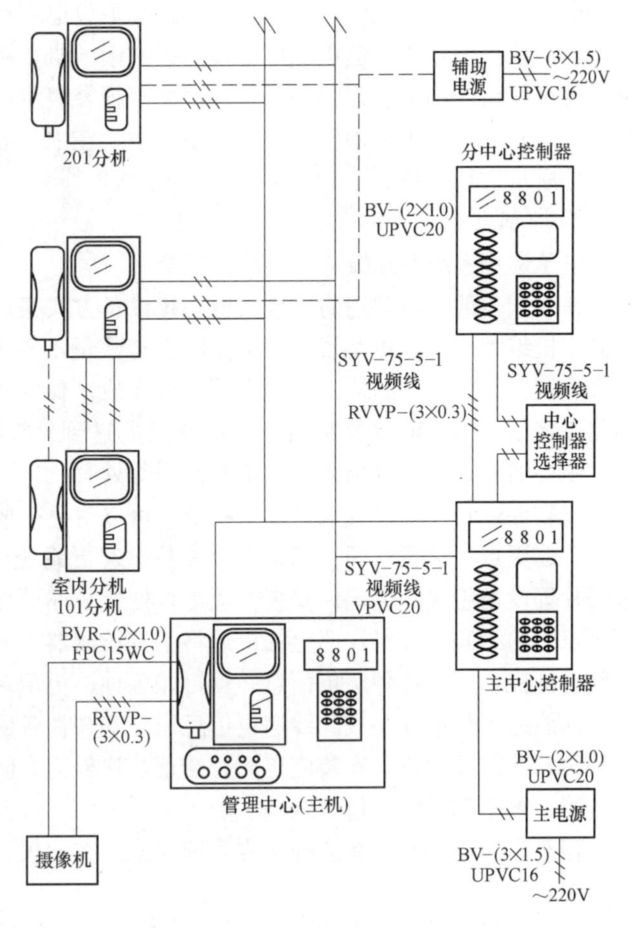

图 8-56　可视对讲系统接线图

（3）人体生物识别系统是以人体特征作为辨识条件。它由输入单元和控制单元构成单机型系统，若需附加防盗、监视、对讲、电脑控制、电锁和其他通信设备，则以周边应用设备来扩充其功能。输入单元接受各类输入者的身体特征当做辨识条件，经由光学（如指纹、掌型、视网膜、签名）或频率（声纹）感应设备的配合，将采集到的特征信息进行数字化处理和储存，然后传输给控制单元辨别对比和鉴别。控制单元中有电源供应、不停电系统、功能设定、通信接口、继电器接点模块等。

人体生物识别系统根据生物特征的种类分为指纹比对、掌型比对、视网膜比对、虹彩比对、声音比对、脸面比照、签名比照。

3. 设备安装

在读卡机可感应的范围，切勿靠近或接触高频或强磁场（如重载马达、监视器等），并需配合控制箱的接地方式。一般安装在室内，内外门都需有刷卡场合，在外门安装一台读卡机，让两边都可以感应到，感应距离与间隔的材质不可为金属板材。室外安装时，应考虑防水措施及防撞装置。在读卡机与控制器线路上设有监视功能，线路断路可由读卡机发出警报或传回控制器。

四、电子巡更系统

1. 组成

电子巡更系统是在保安人员规定的路线上设巡更点，在指定的时间，巡更点向中央控制室发回信号的系统。巡更点可以设门锁或读卡机，视作为一个防区，巡更人员到达巡更点后通过按钮、刷卡、开锁等手段，以无声报警表示该防区巡更信号，将巡更人员到达每个巡更点时间、巡更点动作等记录到系统中，在中央控制室，通过查阅巡更记录，就可以对巡更质量进行考核。

2. 控制方式

电子巡更系统有在线式和离线式两类。

在线式一般多以共用防入侵报警系统设备方式实现，可由防入侵报警系统中的接收与控制主机编程确定巡更路线，每条路线上有数量不等的巡更点。在线巡更系统由计算机、网络收发器、前端控制器、巡更点等设备组成。保安人员到达巡更点并触发巡更点开关，巡更点将信号通过前端控制器及网络收发器送到计算机。巡更点主要设置在各主要出入口、主要通道、各紧急出入口、主要部门等处。

以软件运行的离线式电子巡更系统，可以对已完成的巡更记录进行读取和查询，包括班次、巡更点、巡更时间、巡更人等参数。巡更系统由计算机、传送单元、手持读取器、编码片等设备组成。编码片安装在巡更点处代替巡更点；保安人员巡更时手持读取器读取巡更点上的编码片资料，巡更结束后将手持读取器插入传送单元，使其存储的所有信息输入到计算机，记录各种巡更信息并可打印各种巡更记录。

在线巡更信息开关或离线巡更信息钮应安装在各出入口或其他需要巡更的站点上，高度和位置按需要设置。安装应牢固、端正，户外应有防水措施。

五、停车库（场）管理系统

停车库（场）管理有多种多样管理模式。在此仅举“读卡进・自由出管理型”为例加以说明。

1. 读卡进・自由出管理型　如图 8-57 所示。它由读卡器、闸门机、环形线圈感应器等组成。图中车辆出入口只有一个。当车辆进库时，在读卡器检测到有效卡片后，闸门机开启，车辆进库；当车辆驶过复位线圈感应器时，闸门机关闭。

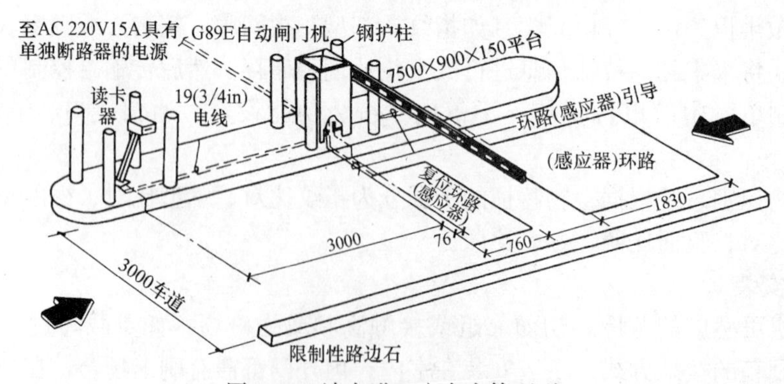

图 8-57　读卡进・自由出管理型

车辆出库时，车辆驶至环形线圈感应器时，闸门机开启；车辆驶过复位线圈感应器时，闸门自动关闭。

2. 车位和车满的显示与管理

车位和车满的显示是利用设备在车道的检测器统计出入的车辆数，或通过入口开票站和出口付款站的出入车库信号加减车辆数，当达到设定值时，就自动地在车数监视盘上显示“车位已满”等字样。

8.5　建筑设备监控系统

建筑物设备监控系统是将建筑物（或建筑群）内的电力、照明、空调、运输、防灾、保安、广播等设备进行集中监视、控制和管理的综合系统，使建筑物具有安全、健康、舒适、温馨的生活环境和高效的工作环境。

一、系统的构成

1. 系统设备的构成

建筑设备监控系统主要由传感器、现场控制器、中央管理计算机、网络构成。

传感器用以测量需要检测的各种物理量，并把这些物理量变为有规律的电信号传送给控制器。常用的有温度、湿度、水位、压力、流量、电流、电压、红外线、声音等传感器。

现场控制器接收传感器的电信号，配合内部的控制程序来控制水泵、风机阀门等设备，并完成相互之间的联锁控制。

中央管理计算机将现场所有传感器及控制器发送的所有数据信息集中管理记录，并将管理人员所需的数据信息提供给管理人员，根据管理人员手动下达的指令控制建筑物中各设备的运行状态。同时接至中控室的显示设备、记录设备、报警装置等。

网络是以上三种设备的连接介质。

2. 监控系统的构成

建筑设备监控系统的构成如图 8-58 所示。

二、建筑设备监控内容

1. 空调通风设备的监控

空调通风系统由进风、空气过滤、空气的热湿处理、空气的输送和分配及冷热源等几部分组成。

在此仅就以下内容进行介绍：

（1）对空调冷源系统的监控内容

① 对冷水机组和冷冻水泵的启停次数、工作状态、累计运行时间、冷冻水流状态与流量、定时检修提示和故障报警等进行监控。

② 对冷冻水和冷却水的供、回水水温、水压、水压差、电动平衡阀开度等进行监控。

（2）对新风机组的监控内容。

① 新风机的送风温湿度、运行状态、累计运行时间、发生定时检修报警信号、故障报警等。

② 过滤器阻塞状态和冷热源故障、防冻开关报警等。

（3）对热力系统监控内容

主要是对循环泵的启、停次数、工作状态、累计运行时间、定时检修提示和故障报警等进行监控。

（4）对排风机进行监控的内容

主要是对排风机运行状态、累计运行时间、定时检修和故障报警等方面。

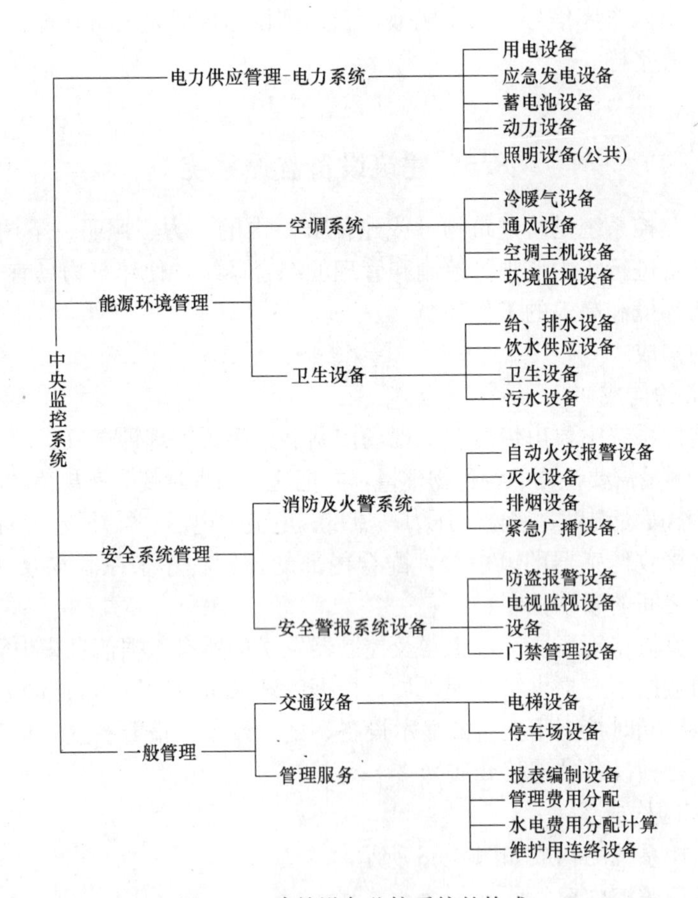

图 8-58　建筑设备监控系统的构成

2. 对给、排水系统的监控内容

① 给水系统的水位及水箱的液位报警等。

② 排污系统中的水泵启动、工作状态、故障报警等，还有集水坑，坡道排水坑的液位报警。

3. 对供配电系统的监测内容

① 自动记录高压进线电压、电流、频率、有功功率、无功功率、功率因数。

② 自动运算并打印高峰负荷电量、日用电量、日平均用电量、停复电记录。

③ 显示高压断路器离合状态及低压开关柜的运行状态。

④ 监视变压器温度、自备电站的启停及运行状态。

4. 照明系统监控

① 分区域控制照明用电。

② 控制事故照明、广告照明及节日照明。

5. 保安系统监控

① 安全监视。

② 侵入报警。

③ 出入门控制管理。

6. 建筑物自动抄表系统

① 实时抄表。

② 定期统计。

③ 历史记录。

④ 财务收费。

⑤ 实现分时复费率计费。

7. 车库管理系统

① 出入口管理。

② 泊车位管理。

③ IC 卡系统管理。

④ 计时收费系统。

⑤ 动态分配车库。

8. 火灾消防系统

① 火灾区域状态监视，故障报警。

② 自动喷洒等设备区域状态监视，故障报警。

③ 排烟设备区域状态监视，故障报警。

④ 各式消防水泵状态监视，故障报警。

⑤ 进风排烟机状态监视，故障报警。

⑥ 紧急广播。

⑦ 空调及相关系统自动停止。

⑧ 消防系统有关水管水压测量。

9. 电梯系统

① 电梯运转台数时间控制。

② 电梯运转状态监视，故障报警。

③ 定期通知维护及保养。

最后是以上子系统的联锁控制、优化控制、节能控制、自学习控制等。

8.6　综合布线与光纤技术

一、综合布线系统

对建筑物内或楼群之间的各弱电及计算机系统的连接线，进行统一规划和设计出的接线系统统称为综合布线系统。

综合布线是由线缆和相关连接件组成的信息传输通道。综合布线包括传输媒介（如铜线、光线）、连接件（如连接模块、插头、插座、配线架、适配器等）和有关电气保护装置等构成。

综合布线能够使建筑物内部的语音、数据、图像设备和交换设备与其他信息管理系统彼此相连，同时也能与建筑物外部通信系统相连。它的连接对象包括建筑物外部网络和电信线路的连线点以及应用系统设备之间的所有线缆及相关的连接件。

综合布线其优点主要是兼容性、开放性、灵活性、可靠性、先进性和经济性等。

智能建筑综合布线系统适用于建筑物跨度不超过 3000m，办公总面积不超过 100 万 m^2 的布线区域（或场所），主要应用在单独的建筑物内和由若干建筑物构成的建筑群小区内两种基本场合。综合布线的布线区域超出上述范围时，可参考国际标准的布线原则来实现。

智能建筑综合布线应支持建筑设备监控系统，办公自动化系统，通信系统在语音、数据、图像、多媒体等各种信号传输的需求，传输速率从几十 kbit/s 到 1000Mbit/s。（bit 为信息单位）

1. 综合布线的结构

综合布线系统的结构如图 8-59 所示。由图可见综合布线系统是由若干功能子系统组成的，如建筑群主干布线子系统、建筑物主干布线子系统、水平布线子系统等。此外还有建筑物和楼层配线架等配线设备。

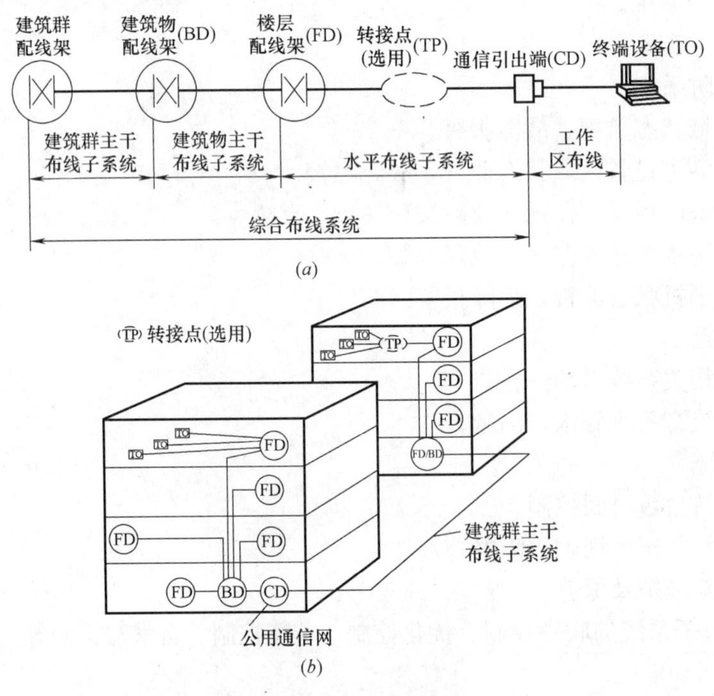

图 8-59　综合布线系统

(*a*) 综合布线系统结构；(*b*) 建筑及建筑群综合布线系统结构

(1) 建筑群主干布线子系统

建筑群由两个及两个以上建筑物组成。建筑群干线子系统由连接各建筑物之间的综合布线缆线、建筑明配线设备（CD）和跳线等组成。部件包括电缆、光缆和防止浪涌电压进入建筑物的电气保护设备。主干布线缆线进入建筑物时，都应设置引入设备，并在适当位置终端转换为室内电缆、光缆。

建筑群主干布线子系统是从建筑群配线架延伸到各建筑物配线架，它包括建筑物干线线缆、建筑群干线线缆在配线架上的机械终端（包括建筑群配线架和建筑物配线架的机械终端），以及在建筑物配线架上的交叉连接。建筑群干线线缆也可用于各建筑物配线架间的互连。

一般情况下，建筑群干线宜采用光缆，可用采直接连接两个建筑物配线架，用地下管道或电缆沟的敷设方法。

（2）建筑物主干布线子系统（干线子系统）

建筑物主干布线子系统由设备间的建筑物配线设备（BD）和跳线以及设备间至各楼层交接间的干线缆线组成，缆线一般为大对数双绞线或光缆。

建筑物干线布线子系统是从建筑物配线架延伸到各楼层配线架间的部分。该子系统包括建筑物干线线缆及建筑物干线线缆在配线架上，机械终端（包括在建筑物配线架和楼层配线架上的机械终端）以及在建筑物配线架上的交叉连接。建筑物干线线缆不包括转接点，电缆干线不包括接续。

该子系统缆线路由宜选择带门的封闭型综合布线专用通道敷设，也可与弱电竖井合用。

（3）水平布线（配线）子系统

水平布线子系统由工作区的信息插座至楼层配线设备（FD）的配线电缆或光缆、楼层配线设备和跳线等组成。

水平布线子系统多采用4对双绞电缆，在需要较高宽带时，可采用“光纤到桌面”的方案。该子系统应在交接间或设备间的配线设备上进行连接。水平布线子系统缆线长度应不超过90m。在能保证链路性能时，水平光缆距离可适当加长。

水平布线子系统是从一个楼层配线架延续至与之连接的信息插座的部分。该子系统包括水平线缆及其在楼层配线架的信息插座的机械端接以及在楼层配线架的交叉连接。

水平线缆应从楼层配线架不间断地引至信息插座，否则在一个楼层配线架与任意一个信息插座之间允许有一个转接点，接入和引出的线对和光缆在转接点的连接应保持对接。在转接点处的所有线缆部件都应进行机械端接。转接点不能成为交叉连接点，不应在此设置专用设备。转接点只可包括无源连接件。

转接点宜为永久性连接的转接点。这种转接点最多为12个工作区配线。当水平工作面积较大时，在这个区域可设置二级交接间。干线线缆端接在层配线间的配线架上时，水平线缆一端接在层配线间的配线架上，另一端要通过二级交接间的配线架连接后，再端接到信息插座上；或者干线线缆直接接至二级交接间的配线架上时，水平线缆一端接在二级交接间的配线架上，另一端接在信息插座上。

（4）工作区

工作区用于放置系统终端设备，工作区布线把信息终端连接到信息插座上。

工作区是由信息插座延伸到终端设备的连接电缆和适配器（或插头）组成。设备的连接插座应与连接电缆的插头匹配，不同的插座与插头之间应加适配器。一个工作区的服务面积对办公型的建筑一般可按5～10m^2估算。

（5）设备间

设备间是放置综合布线缆线和相关连接件及其应用系统设备的场所，是设置电信设备、计算机网络设备以及建筑物配线设备，并进行网络管理的场所。设备间主要安装建筑物设备（BD）。电话、计算机等各种主机设备及引入设备可合装在一起。设备间内的所有总配线设备应用色标区别各类用途的配线区。设备间还包括建筑物的入口区的设备或电气保护装置。

（6）管理

管理是对设备间、交接间和工作区的配线设备、缆线、信息插座等设施，按一定的模式进行标识和记录。

2. 对绞电缆

对绞线是由两根具有绝缘层的铜导线按一定密度螺旋状互相绞缠在一起绞合成的线对，外部包裹屏蔽层或塑料外皮而构成的绝缘铜线对。

对绞电缆是由若干双绞线组成的，各线对之间按一定密度反时针相应地绞合在一起，外面包裹绝缘材料制成的外皮而构成的电缆。

按照电缆铜线对数，分为 25 对或以上大对数对绞线电缆和 4 对 8 芯一般对绞线电缆。

对绞铜线的直径一般约为 0.1～1mm，绞距约为 3.81～14cm，相邻对绞线扭绞长度约为 1.27cm。对绞线的扭矩、扭绞方向、缠绕密度以及绝缘材料等直接影响它的特性参数。

图 8-60 是常用对绞电缆的类型。

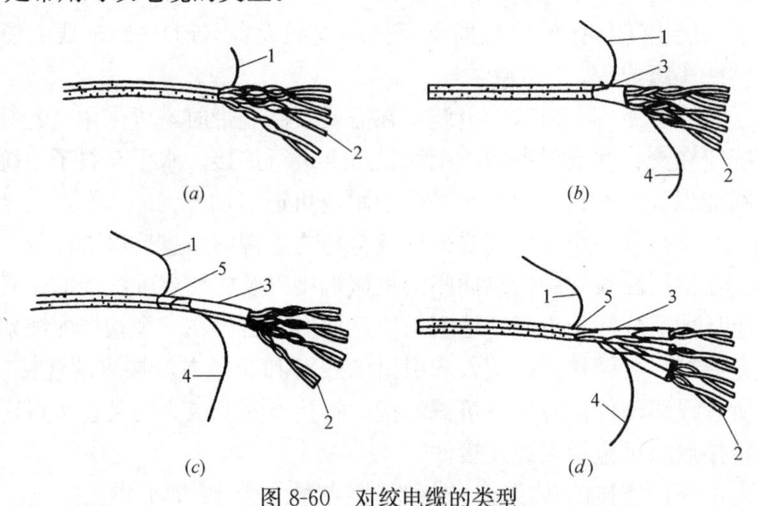

图 8-60　对绞电缆的类型

(*a*) UTP；(*b*) FTP；(*c*) SFTP；(*d*) STP

1—拉绳；2—对绞线；3—铝箔；4—漏电线；5—金属编织网

(1) 非屏蔽对绞电缆

非屏蔽对绞电缆是由多对对绞线和绝缘塑料护套等构成的。4 对非屏蔽对绞线电缆 (UTP) 如图 8-60 (*a*) 所示。

对绞线结构形成了平衡传输特性，减少近端串扰，有一定的抗电磁干扰能力。当综合布线区域内电磁干扰场强大于 3V/m 时，应采取防护措施。电缆对的非平衡性电容会产生容性效应，对信号在线对间传输产生干扰信号和噪声，要保证不同线对的不同扭绞长度处于标准范围之内。

(2) 屏蔽对绞电缆

屏蔽对绞电缆的结构除了在护套层内增加了金属屏蔽层之外，其他都与非屏蔽对绞电缆一样。按屏蔽层的区别，又分为铝箔屏蔽对绞电缆 (FTP)、独立双层屏蔽对绞电缆 (STP)、铝箔/金属网双层屏蔽对绞电缆 (SFTP)。

FTP 是由多对对绞线外纵包铝箔构成的，在屏蔽层外是电缆护套层。4 对对绞线电缆结构如图 8-60 (*b*) 所示。

SFTP 是由多对对绞线外纵包铝箔后再加铜编织网构成的。4 对对绞电缆结构如图 8-

60（c）所示。SFTP 提供了比 FTP 更好的电缆屏蔽特性。

STP 是由每对对绞线外纵包铝箔后，再将纵包铝箔的多对对绞线加铜编织网构成的。4 对对绞电缆结构如图 8-60（d）所示。这种结构可以减少电磁干扰和线对之间的综合串扰。

非屏蔽对绞线电缆和屏蔽对绞线电缆都有一根用来撕开电缆保护套的拉绳。屏蔽对绞电缆在铝箔屏蔽层和内层聚酯包皮之间还有一根漏电线，把它连接到接地装置上，可泄放金属屏蔽层的电荷，解除线对间的干扰。

屏蔽电缆具有很强的抗外界电磁干扰和防止向外辐射电磁波的能力，具有信息保密性，适用于强电磁干扰环境。在屏蔽对绞线系统中，必须实行全屏蔽措施，即缆线和连接硬件等都应屏蔽，并应有良好的接地。

（3）应用

我国综合布线常用对绞电缆特性阻抗有 100Ω 和 150Ω 两种，分为 3 类、5 类、超 5 类、6 类/E、7 类/F 级等。每一种电缆由不同数量的线对构成。

3 类对绞电缆，100Ω UTP，是一种 4 对非屏蔽双绞线，符合 EIA/TIA568 标准中的 100Ω 水平布线电缆要求，可用于 10Mbit/s 和 IEEE802.3 的话音和数据传输，如 10Base-T 4Mbit/s 令牌环、IBM3270、3x、AS/400 1SDN 话音。

5 类对绞电缆，100Ω 是 24AWG 的 4 对电缆，比 100Ω 低损耗电缆，具有更好的传输特性，适用于 16Mbit/s 以上的传输速率，最高可达到 100Mbit/s，可用于 10Base-T 16Mbit/s 令牌环，100Mbit/s 局域网。

超 5 类对绞电缆，150Ω STP，是高性能屏蔽式 22AWG 或 24AWG 的电缆，它的数据传输速率可达 100Mbit/s 或更高，并支持 600MHz 频带上的全息图像，可用于 16Mbit/s 令牌环、100Mbit/s 局域网全息图像。

6 类对绞电缆，它的数据传输速率可达 200Mbit/s，在 350MHz 范围内电气性能稳定。

7 类对绞电缆的每一线对都有金属箔包围，4 对金属箔包围的线对又由整体的编织屏蔽层包围，另有一根引流线可用于接地。7 类完全屏蔽电缆有时被称为 SSTP（双屏蔽对绞）或 PiMF（单独金属箔屏蔽线对）。

二、光纤技术与光缆

1. 光纤传输原理

光波在不同介质中传播时，其速度不同。光波在真空中的传播速度最快，而在其它介质中传播速度要比在真空中慢。光在真空中传播速度与在其他介质中传播速度之比，定义为介质中的折射率，用 n 来表示。

光纤纤芯的折射率 n_1 比包层的折射率 n_2 略高，即 $n_2<n_1$。根据物理学可知，当进入光纤的光线射入纤芯和包层界面的入射角为 θ 时，则在入射点 O 的光线可能分成两束。一束为折射光，另一束为反射光，如图 8-61 所示。根据折射定律和反射定律：

$$\theta=\theta''$$

$$n_1\sin\theta=n_2\sin\theta'$$

（反射定律）

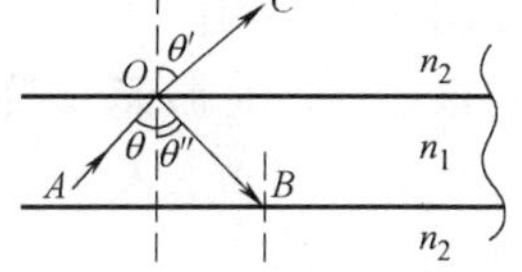

图 8-61　光在光纤中折射和反射

从上面两式可以看出，由于 $n_1>n_2$，则 $\theta'>\theta$。如果

逐渐增大光线对界面的入射角θ，当θ达到某一大小时，折射角θ'将达到90°，这意味着折射线不再进入包层，而是沿界面向前传播，此时的入射角称为全反射临界角，并用θ_c表示。如果继续增大光线的入射角，则光线将全部反射回纤芯中。根据反射定律，反射回纤芯中的光线，向另一侧界面入射时，入射角保持不变，也就是说，这种光线可以在纤芯中不断发生反射而不产生折射。我们把入射光全部返回纤芯中的反射现象称为“全反射”。

2. 光纤的结构

光纤是光导纤维的简称。为了使光线能在光纤中反复产生全反射，光纤通常有如图8-62的典型结构。图中自内向外为纤芯、包层及涂覆层。纤芯的折射率为n_1由高纯二氧化硅（SiO_2）制造，并有少量掺杂剂（如GeO_2等），以提高折射率。包层的折射率为n_2，通常也用高纯二氧化硅（SiO_2）制造，掺杂B_2O_3及F等以降低折射率。包层的外径一般为125μm。由于包层的折射率略小于纤芯的折射率，即$n_2<n_1$，按几何光学的全反射原理，光线被束缚在纤芯中传输。在包层外面是5～40μm的涂覆层，涂覆层的材料是环氧树脂或硅橡胶，其作用是增强光纤的机械强度，同时增加了柔韧性。最外面常有100μm厚的缓冲层或套塑层。套塑层的材料大都采用尼龙、聚乙烯或聚丙烯等塑料。

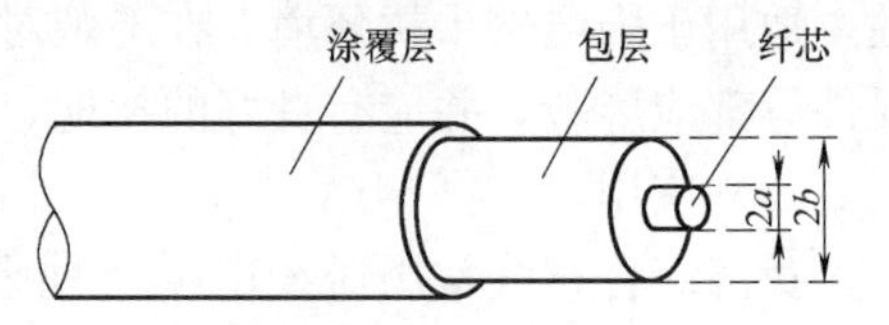

图8-62　光纤结构

我们平常谈到的62.5/125μm多模光纤，指的就是纤芯外径是62.5μm，加上包层后外径是125μm。50/125μm规格的光纤，也就是纤芯外径是50μm，加上包层后外径是125μm。而单模光纤的纤芯是8～10μm，外径依然是125μm。需要注意的是，纤芯和包层是不可分离的，纤芯与包层合起来组成裸光纤，光纤的光学及传输特性主要由它决定。用光纤工具剥去外皮和塑料层后，暴露在外面的是涂有包层的纤芯。实际上，我们是很难看到真正的纤芯的。

3. 光纤传输原理及光放大器

（1）光纤传输系统工作原理如图8-63所示。

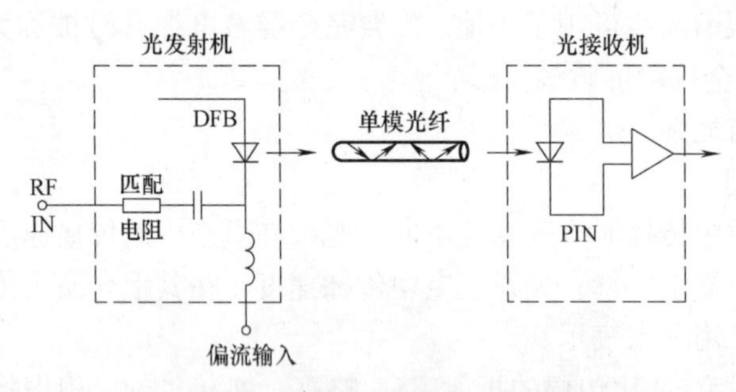

图8-63　光缆干线传输工作原理图

由图8-63看出，该光纤传输系统主要由光发射机、传输光缆和光接收机组成。光发射机的核心器件是激光二极管（LD），由前端来的射频信号对激光管的发光强度直接进行调制。目前AM光发射机一般采用分布反馈式（DFB）激光器。这是一种单模工作激光器，具有良好的噪声性能、线性和互调性能。因此，可用AM组合信号直接调制。AM光缆系统中均使用单模光缆做传输媒介，其传输损耗非常小。光接收机一般采用光电二极管（PIN-PD）作为光电转换器件。它有较好的灵敏度和较高的接收电平，输入光功率范围在 0dBmV～10dBmV 之间。整个 AM 光缆干线传输的带宽目前可做到 1GHz。

由于反射光及散射光的客观存在及影响，使光源工作不稳定，使光源的相对强度噪声增加。为此，在光路中要采取一系列措施，尽量减小反射光的影响，使系统传输信号的载噪比（C/N）达到规定的标准。

(2) 光纤传输中光放大器的应用

随着社会的发展，人们对有线电视提出了更高的要求，希望提供几百个频道彩色电视节目，并能够收看高清晰度电视（HDTV）和开展双向传输业务。为此，远距离、大规模的光缆传输，就必须使用光放大器。其应用实例如图 8-64 所示。

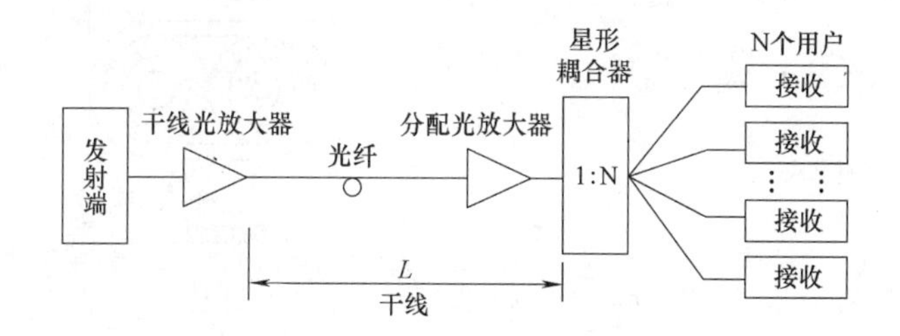

图 8-64　用光放大器的光缆传输系统

图 8-64 中应用了两个光放大器，一个是用于放大干线信号的干线光放大器，另一个是用于将电视信号分配到用户的分配光放大器。

4. 光缆

光纤（称为芯线）还不能在工程实际中使用，必须把若干根光纤疏松地置于特制的塑料绑带或铝皮内，再被涂覆塑料或用钢带铠装，加上护套成为光缆后才能使用。

根据光纤的特征和使用场合可分为室内、空外和（室内/室外）三种光缆。

(1) 室内光缆有建筑物光缆和互连光缆两种。

① 建筑物光缆（LGBC）

图 8-65 是多束的 LGBC 光缆。是由 6×6 根 62.5μm，多模光纤组成的。一共有 6 束用透明带缠绕起来的光纤束。每束上加有颜色编码的标识带（色标）。6 组光纤束围绕在一条中心加强构件周围，该中心加强构件是由塑料 PVC 外皮的 FRP 组成的。在 PVC 外护套中有两根拉绳。

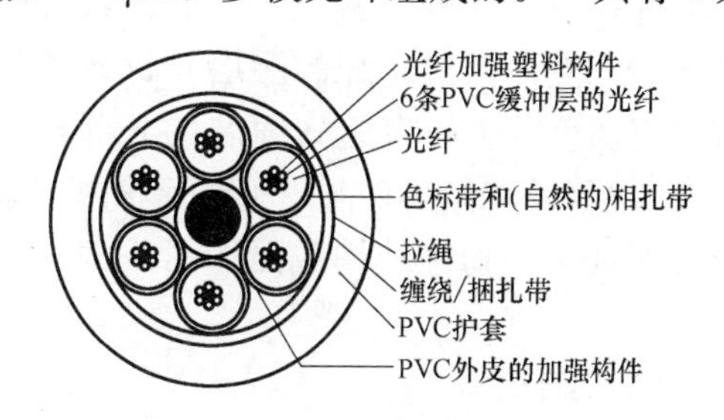

图 8-65　多束 LGBC 光缆

这些光缆的外层具有 UL 防火标志的 PVC 外护套（OFNR）。这种光缆可直接放在干线通道中，如管道、天花板、墙壁或地板上（非强制通风环境）。另一种建筑物光缆具有 UL 标志的含氟聚合物套管（OFNP），它们可放置于回风巷道（强制通风环境）。

由于建筑物光缆采用了增强型缓冲带和防火材料，故可用于建筑物内干线子系统和水平子系统。

② 互连光纤（光纤软线）

光纤接插线采用单光纤结构及双光纤结构两种。它们都放在一根阻燃的 PVC 复式护套内，如图 8-66 所示。

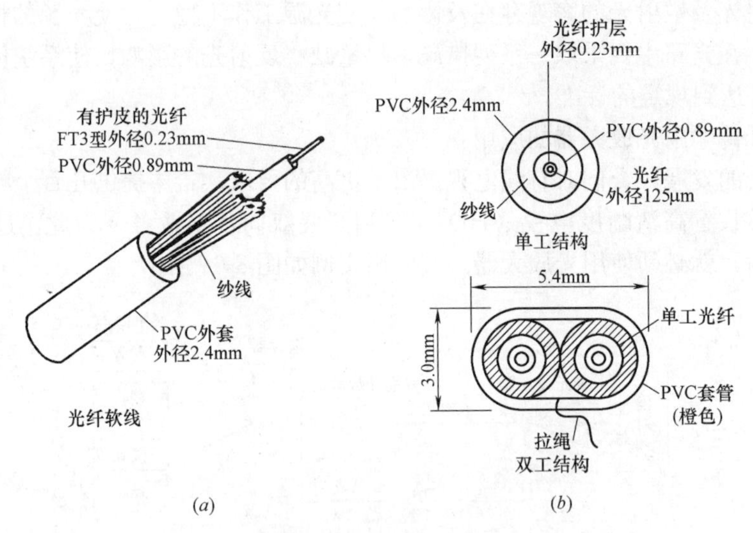

图 8-66　光纤软线的结构

(*a*) 多模光纤软线；(*b*) 光纤软线结构

(2) 室外光缆有带状的和束管式两种。

光缆的结构大体上分为缆芯和护层两大部分。

1) 光缆的缆芯

综合布线常用的室外光缆缆芯主要有两类：中心束管式和集合带式。

① 中心束管式

这种缆芯由装在塑料套管中的 1 束或最多到 8 束光纤单元束构成，简称“中心束管式”。每束光纤单元是由松绞在一起的 4，6，8，10 或 12（最多）根一次涂覆光纤构成，并在单元束外面松绕有一条纱线。为了区分方便，每根光纤的涂层及每条纱线都标有颜色。中心束管式缆芯的光纤数最少为 4 根，最多为 96 根；塑料套管内皆填充专用油膏，物理结构截面如图 8-67（*a*）所示。

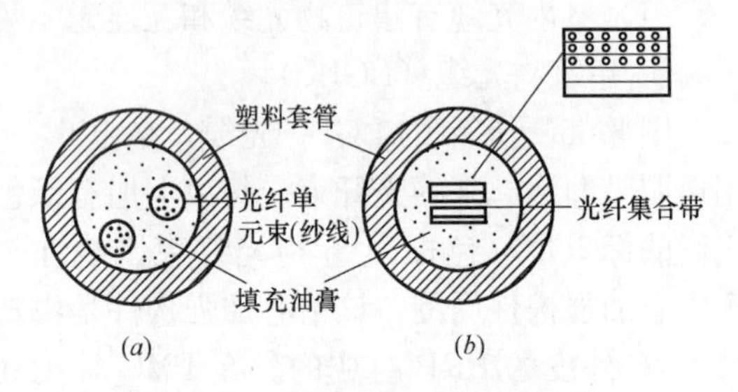

图 8-67　两种类型的缆芯结构截面

(*a*) 中心束管式；(*b*) 集合带式

② 集合带式

这种缆芯由装在塑料套管中的 1 条或最多到 18 条集合单元带构成，简称“集合带式”。每条集合单元带由 12 根一次涂覆光纤排列成一个平面的扁平带构成。塑料套管中有填充专用油膏，物理结构截面如图 8-67（*b*）所示。这种扁平带的接续方法，是采用 12 根光纤同时一次接续，快速简便。

2) 光缆的保护层

光缆的保护层大体上可分为交叠型和快速接入型两类。

① 交叠型

这种保护层是由两层相互反向绞合的外周加强构件再加上聚乙烯护套构成。当加强构件为两层钢丝时，就称为金属交叠型保护层。当加强构件由两层玻璃纤维构成时，则称为非金属交叠型。这类交叠型保护层外面还可加外保护层。

例如：为了防鼠咬或防雷，可在交叠型保护层外先纵向包一层铜带后再纵向包一层不锈钢带，最外面挤压一层聚氯乙烯护套。

再如，为了穿过河流，可在交叠保护层外面绞合 1～3 层不锈钢丝，使抗拉强度大大增加。

② 快速接入型（Lightguide eXpress Entry，LXE）

这种保护层外周加强构件只有两根钢丝（或两组玻璃纤维），彼此位于护套直径相对两侧。

由于护套内只有两根（组）加强构件，所以可在加强构件保持不断的情况下，在塑料外护套的其他部位剥开护套，即可迅速将缆芯塑料管中的光纤取出，进行接续操作。这种“接入”也可在架空光缆的杆档中间进行。

快速接入型保护层又可细分成：

a. 金属快速接入型保护层光缆（铠装层型光缆），如图 8-68（*a*）所示。

金属快速接入型（LXE-ME）光缆的最外层是高密度聚氯乙烯（HDPE）护套，沿轴向埋入两根对称的钢加强构件（钢筋），下层是电镀铬的钢（ECCS）波纹管，电镀铬的钢层的里层和外层各有一层防潮带，可防止渗水作用，电镀铬的钢层下方还有一根拉绳，便于拉动铠装层型的光缆进出管道。

b. 非金属快速接入型护套层光缆，如图 8-68（*b*）所示。

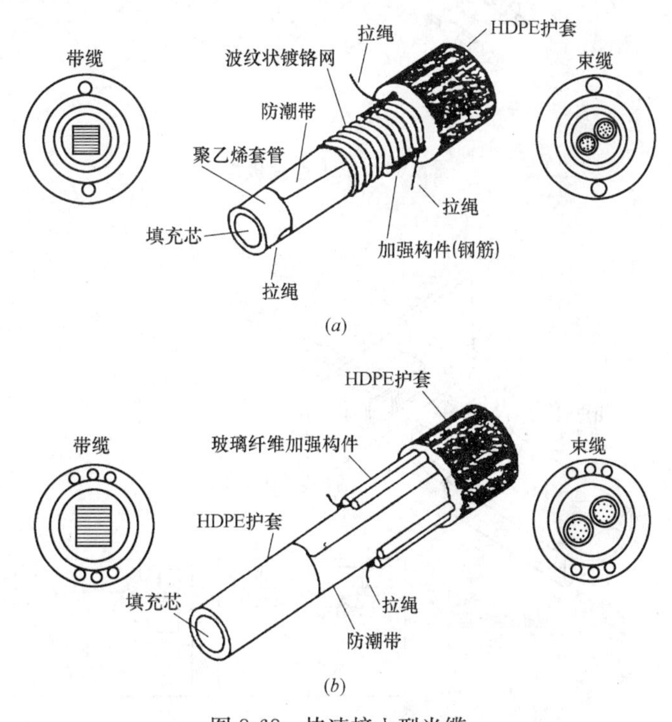

图 8-68　快速接入型光缆

（*a*）快速接入型金属保护层；（*b*）快速接入型非金属保护层

非金属快速接入型（LXE-DE）光缆没有铠装，最外层是高密度聚氯乙烯（HDPE）保护套，其中埋入两组玻璃纤维加强构件，加强构件沿光缆轴向排列，其下方是第一层防潮带。每一组加强构件配有一根拉绳，以便拉动快速接入型光缆进出管道，下一层防潮带的下方是聚氯乙烯套管，里面的填充芯中装有光纤。

快速接入型保护层还有防鼠咬（R）和防雷（L）的 LXE—RL 型、适用于有线电视网的轻型 LXE—LW 型和不锈钢带的 LXE—SS 型等光缆。

(3)（室内/室外）光缆是一种比较昂贵的光缆，它是由玻璃或聚纱和 LSHF 防套材料组成。

(4) 光缆的连接件

推荐选用的光纤连接器件（连接器和适配器）应适用不同类型的光纤的匹配。并使用色码来区分不同类型的光纤。

连接器件分为单工和双工两种连接方式。

建议水平光缆或主干光缆终接处的光缆侧采用单工连接器，如图 8-69 所示。用户侧采用双工连接器，以保证光纤连接的极性正确。如图 8-70 和图 8-71 所示。

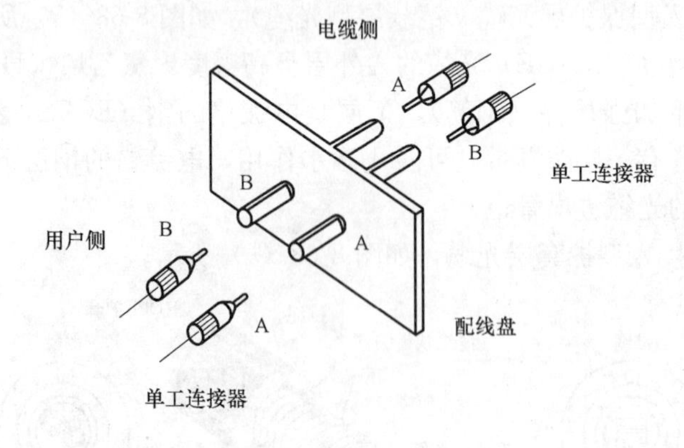

图 8-69　单工连接极性

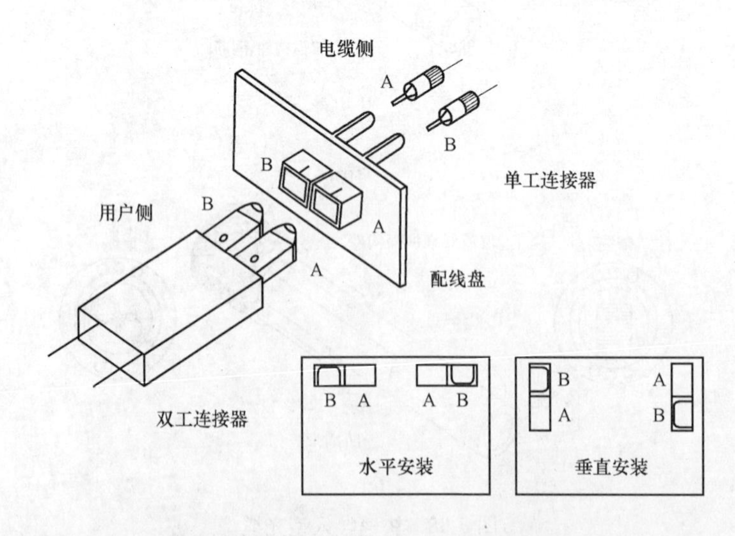

图 8-70　单工至双工（混合型）连接极性

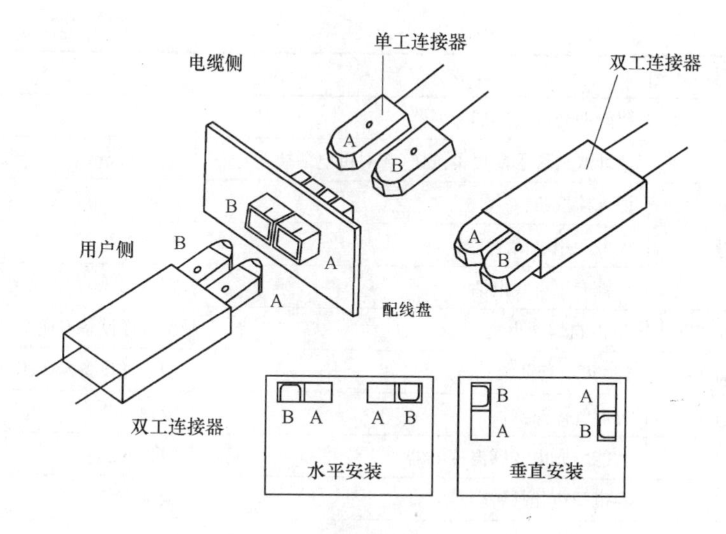

图 8-71　双工连接极性

8.7　某教学楼弱电系统图实例

教学楼工程概况可见“6.9”节。

教学楼地下一层面积 800 平方米，层高 4.5 米，局部为六级人防物资库，平时为自行车库。并于地下一层非人防区设置校区程控交换机房。在首层设置校区广播室，在五层设置校区网络机房。

一、教学楼的消防系统

本工程防护等级为二级，学校其他楼内设置有消防控制室，负责校区的消防监控。

消防控制室设报警控制主机、消防联动控制台等。

教学楼走道区域设有消火栓启泵系统。

教学楼消防系统图如图 8-72 所示。消防图例如表 8-6 所示。

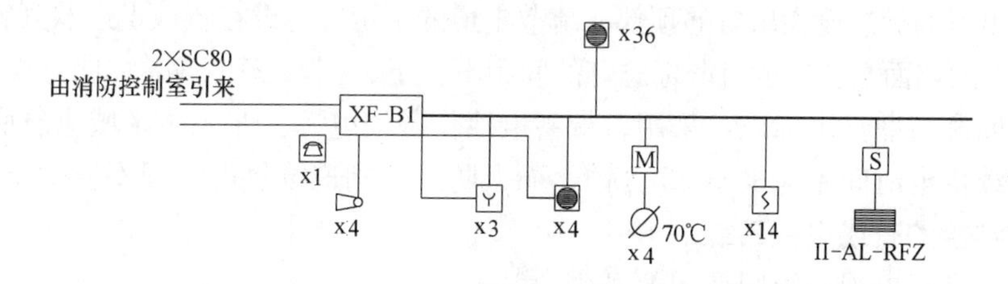

图 8-72　教学楼消防系统图

消防图例（部分）　　**表 8-6**

序号	符号	名　称	备　注
1	XF	消防端子箱	安装于弱电竖井内明装距地 1.2m
2	M	触点监视模块(编码单输入模块)	就近设备安装
3		火灾广播扬声器	3kW 嵌入式安装
4		火灾广播扬声器	5kW 吸顶安装

续表

序号	符号	名　称	备　注
5	S	智能型光电式感烟探测器	吸顶安装
6	Y	地址式火警手动报警按钮(含对讲电话插孔)	距地 1.5m
7		消火栓按钮	距地 1.5m
8		火警专用电话	距地 1.5m
9	119	火警专用直线电话	距地 1.5m
10	Ø70℃	70 度自熔防火阀	型号详设备专业图纸
11	Ø280℃	280 度自熔防火阀	型号详设备专业图纸
12		可燃气体探测器	吸顶安装
13		智能型光电式感温探测器	吸顶安装
14		卷帘门声光报警器	吸顶安装
15			
16			

从图 8-72 可看出，消防设施主要是消火栓按钮、手动报警按钮，此外还有感烟探测器、火警专用电话、广播扬声器等。

系统图中的 11—AL—RFZ 为消防控制室主电源，按二级负荷供电，双路电源末端自动互投。

消防线路中电源线路采用耐火型铜导体的电力电缆（NH—YJV）穿厚壁钢管敷设。分支线路采用铜导体的耐火型电线穿厚壁钢管，在电气小间内可明敷设；但在非燃烧体的建筑结构内要暗敷设，而且其保护层厚度不应小于 3 厘米；若在吊顶内敷设时还应外刷防火漆，其金属管材均应做防腐处理。

教学楼的楼梯间、强弱电间和疏散走道等处均有应急照明和疏散用应急照明指示标志。如第六章的图 6-32（首层照明）、图 6-35（二层照明）、图 6-38（五层照明）中的 WE1 和 WE2 供电支路所带的灯具。

其安全出口的标志设在出口的顶部；疏散走道的指示标志设在疏散走道及其转角处距地面 0.5 米以下的墙面上。走道疏散标志灯的间距不大于 15 米。疏散应急照明灯设在墙上。

应急照明和疏散指示标志，采用自带蓄电池作备用电源。非人防区域应急照明和疏散指示标志连续供电时间不应少于 30 分钟，而人防区域则连续供电时间不应少于 2 小时。

二、教学楼的有线电视系统

教学楼的有线电视系统图如图 8-73 所示。

图中的有线电视前端箱设在教学楼首层的广播室内，再配置相应设备以便输出综合节目。而有线电视箱和分支箱设在各层的弱电间内。系统出线口电平为 $64\pm4dB\mu V$，要求图像质量不低于四级。

有线电视系统信号传输网络采用 860M 宽带邻频传输网络。网络除可播放普通电视节目外，还可播放高清晰教学电视。网络为双向传播系统可进行交互型业务。

信号传输采用特性阻抗 75Ω 的同轴电缆。干线传输电缆需要阻燃型。线路穿钢管或在金属线槽内敷设。

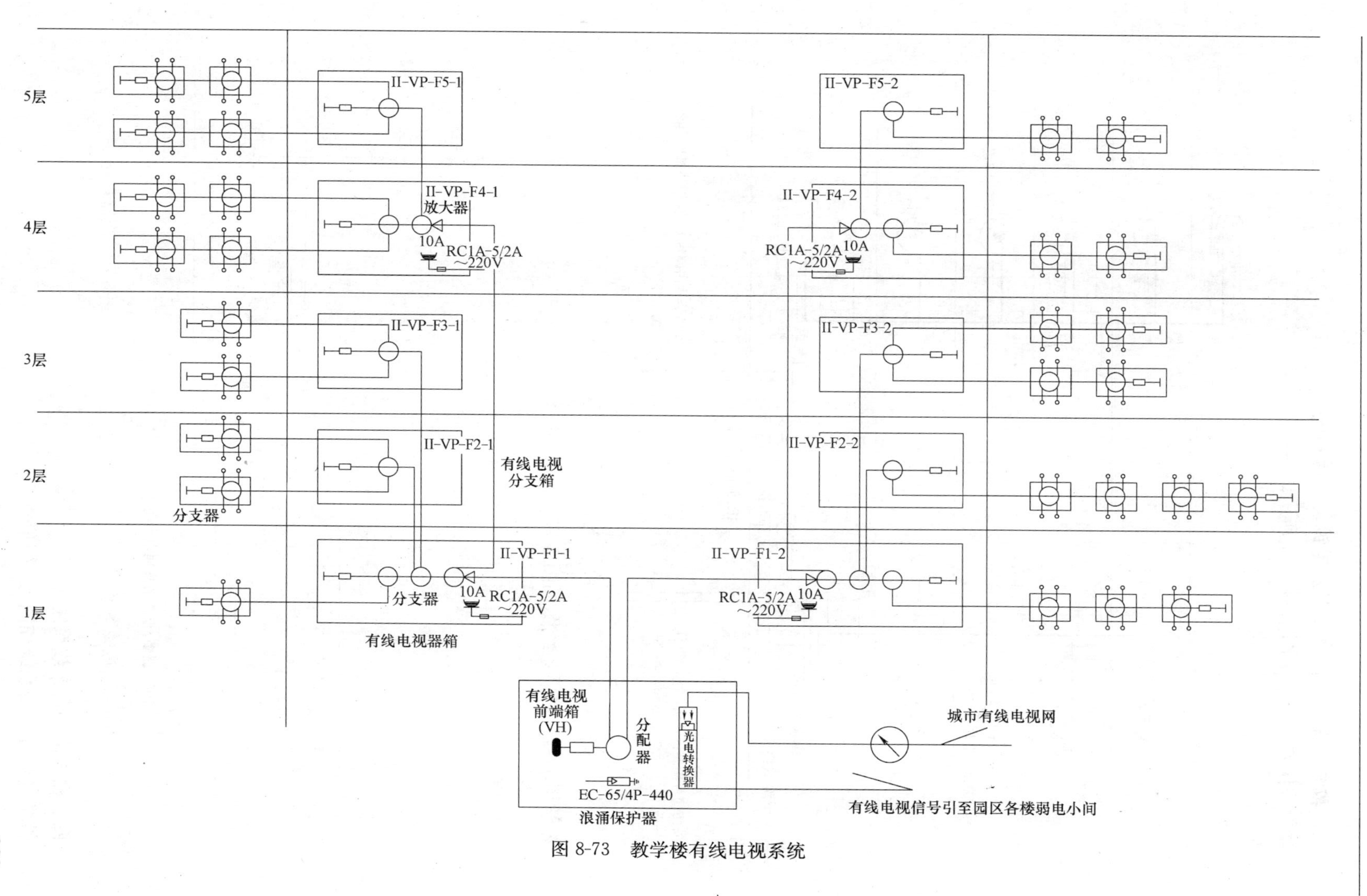

图 8-73　教学楼有线电视系统

三、教学楼保安监控系统以及电铃、广播系统

教学楼保安监控系统图如图 8-74 所示。

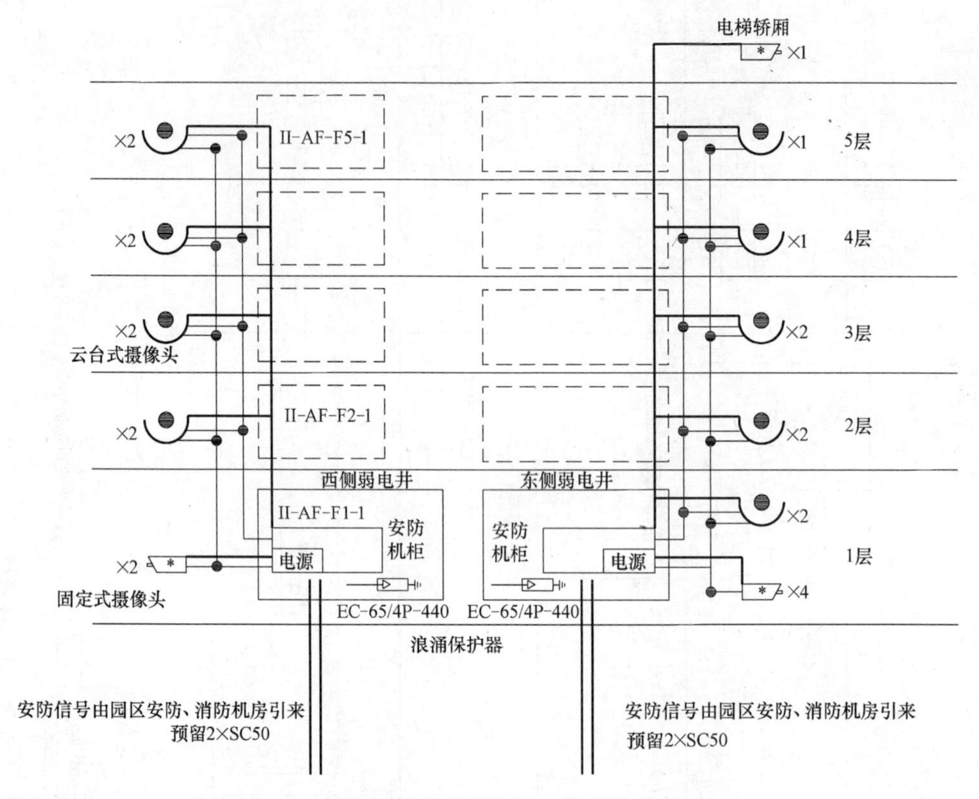

图 8-74　教学楼保安监控系统

教学楼电铃、广播系统图如图 8-75、图 8-76 所示。

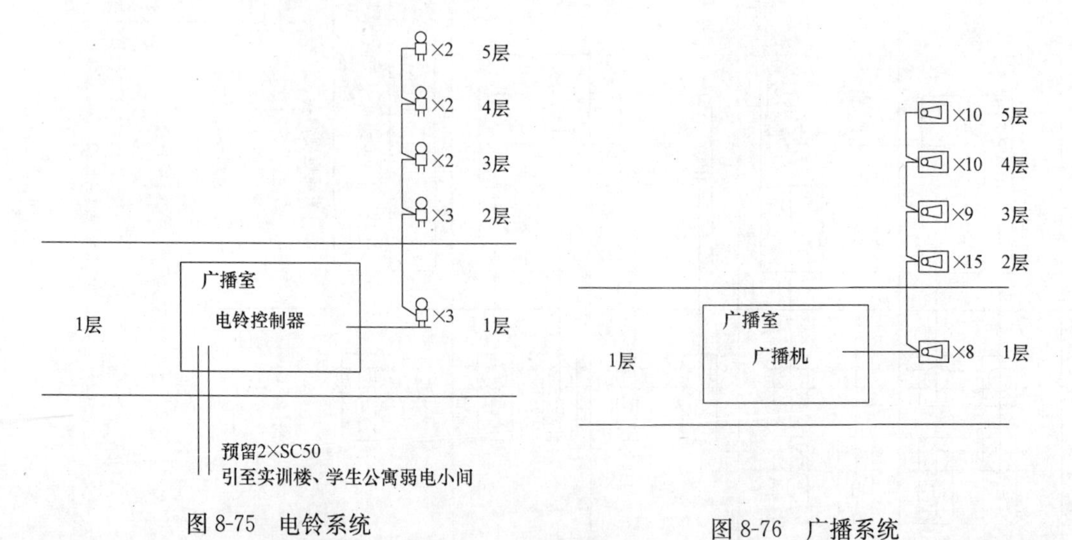

图 8-75　电铃系统

图 8-76　广播系统

四、教学楼综合布线系统

教学楼综合布线系统如图 8-77 所示。

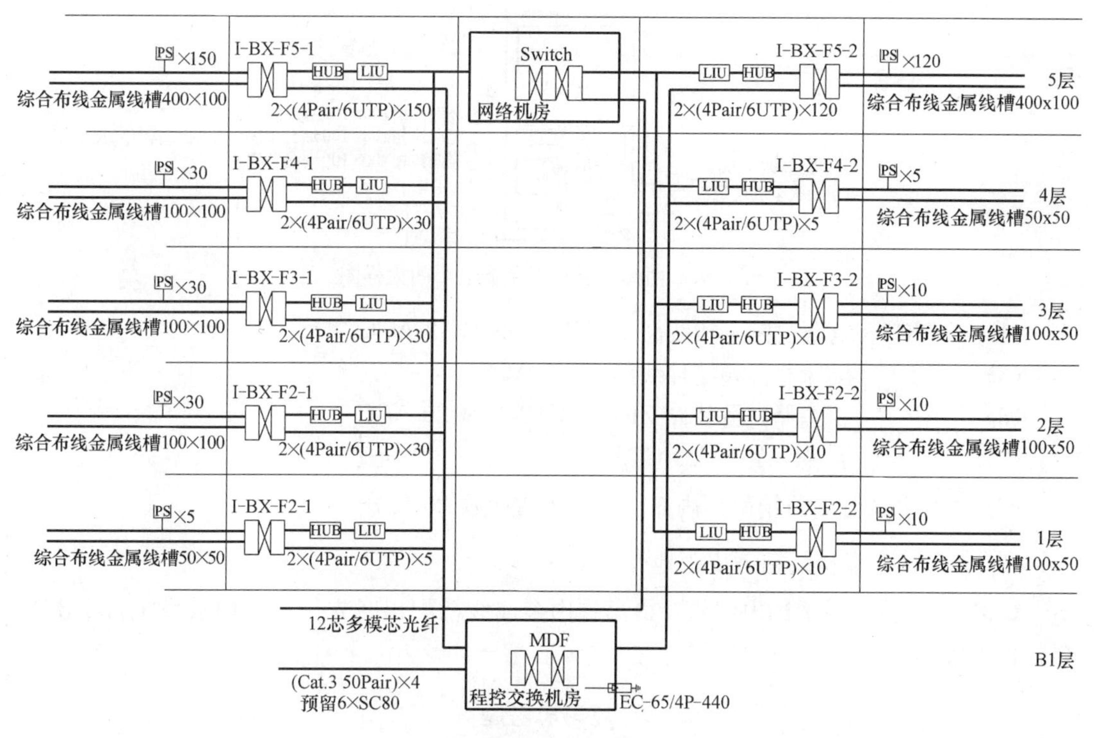

图 8-77　教学楼综合布线系统

图 8-77 中的图例含义如表 8-7 所示。

综合布线图例（部分）　　　　**表 8-7**

图例	名称含义	图例	名称含义
PS	综合布线出线口		浪涌保护器
	分配线架		主配线架
HUB	集线器	LIU	光纤连接盒
4Pair/6UTP	4 对六类非屏蔽对绞线电缆		

五、教学楼弱电平面图（西侧部分）

1. 教学楼首层弱电平面图（西侧部分）如图 8-78 所示（见插页）。
2. 教学楼二层弱电平面图（西侧部分）如图 8-79 所示（见插页）。
3. 教学楼五层弱电平面图（西侧部分）如图 8-80 所示（见插页）。
4. 教学楼西侧首层至五层弱电小间大样如图 8-81 所示。
5. 教学楼弱电平面图注：

（1）PS1，PS2 语音数据线路 SC20—FC 管空管带线（PSI 表示 2 条线缆，PS2 表示 4 条线缆）

（2）TV　电视视频线路 SKYV-75-5-SC20-CC

（3）2（TV）　电视视频线路 2×(SKYV-75-5)-SC20-CC

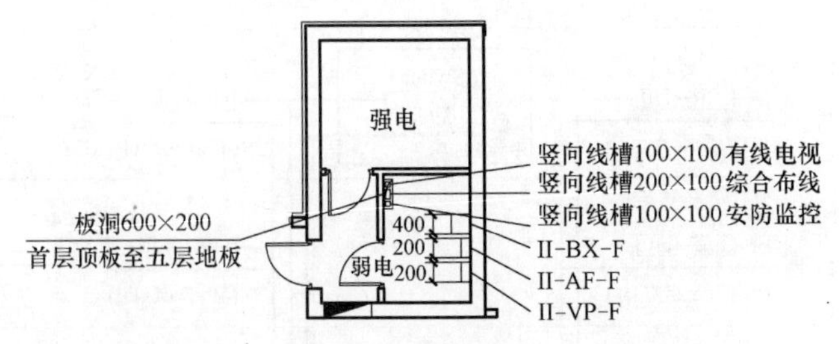

图 8-81　西侧首层至五层弱电小间大样图

(4) VP 电视视频干线线路 SKYV-75-9-SC32-ACC

(5) J 摄像器视频监控线路 SC25-ACC

(6) P 摄像器电源线路 ZRBV-3×2.5-SC20-ACC

(7) GB 广播线路 SC15-CC

(8) VP 电视分支器箱吊顶内靠墙安装上皮距顶 20 公分

(9) CP 信息点接线箱下皮距地 0.3m

(10) 语音数据线缆的电线管，由吊顶内金属线槽配出时先于吊顶内敷设至首个出线口处再于墙体内敷设到位

复习思考题

8-1　区域、集中与控制中心报警系统应用范围有何不同？各有何特点？

8-2　简单叙述感烟探测器、感温探测器、火焰探测器和可燃气体探测器等的应用场所。

8-3　在较窄（宽度小于 3m）的内走道顶棚上设置火灾探测器时有何具体要求？

8-4　你认识消防按钮吗？知道应该什么时候使用以及如何使用吗？

8-5　如图 8-17 所示的有线电视的前端系统有何用途？图中的 VHF、UHF、SHF 各表示什么？你能讲出图中各标注出的设备用途吗？

8-6　你知道“电平”的概念吗？

8-7　说明有线电视的传输系统中使用同轴电缆传输方式与使用光缆传输方式的使用条件有何区别？

8-8　有线电视的分配网络中使用的分配器与分支器有何区别？如何识别？

8-9　为什么抛物面天线能接收卫星传送的电视信号？

8-10　音质的评价标准都包括哪些？

8-11　通过图 8-38 说明什么是阻抗匹配？有何好处？

8-12　说明各种报警探测器的使用条件和要求？

8-13　建筑设备中有哪些应该监控？

8-14　说明光纤传输的原理。

8-15　光纤与光缆有何区别？

8-16　光缆通过什么与用户连接？

8-17　说明图 8-73 中各部件的用途？

8-18　说明图 8-74 中的各种摄像头的数量和安装位置？（对照图 8-78、图 8-79、图 8-80）

8-19　说明图 8-77 中各部件的名称、用途和数量？

第九章　建筑电气工程的施工

建筑电气施工，实质就是建筑电气设计的实施和实现过程。施工图是建筑电气施工的主要依据，施工及验收的有关规范，是施工技术的法律性文件。建筑电气安装工程，系统多而且复杂；施工周期较长，作业空间大，使用设备和材料品种多，有些设备不但是很精密，价格也十分昂贵，在系统中涉及计算机、通信、无线电、传感器件等多方面的专业，给调试工作增加了复杂性。建筑电气施工，目前主要以手工操作加电动工具和液压工具配合施工，施工质量要求要符合有关电气工程安装施工及验收规范标准。

建筑电气的施工过程可分为三个阶段进行，即施工准备阶段：阅读和熟悉施工图纸；编制施工预算；编写施工组织设计或施工方案；领取施工材料，对埋设件进行预制加工，开工前工具及设施的准备，劳动力的组织准备等。施工阶段：配合土建施工，预埋电缆电线保护管和支持固定件；固定接线箱、灯头盒及传感器底座等；随着土建工程的进展，逐步进行设备安装；线路敷设；单体检查试验。最后为竣工验收阶段：进行系统调试，并投入正常运行，填写有关交接试验表格；请建设单位、施工单位、工程监理和政府质量监督部门审查，现场验收；电话通信系统要请当地邮电部门检查、测试并验收。火灾报警及自动灭火系统还要请当地公安消防部门验收。最后由政府质量监督部门对工程作出质量等级评定。

怎样才能使建筑电气施工有条不紊地按一定顺序进行，还必须遵循一定程序，其中包括图纸会审、技术交底、工程变更、施工预算、施工配合、竣工验收等。

本章将讲述电缆工程、配管与配线、照明器具、配电盘以及架空电力线路工程的施工。

9.1　电缆工程的施工

电缆的种类很多。按其用途和使用范围，可分为电力电缆（用于输送和分配大功率电能）和控制电缆（用于配电装置中传输操作电流，连接仪器仪表、自动控制等回路）；按其电压等级来分，可分为高压电缆（60kV 以上）、中压电缆（3～35kV）和低压电缆（1kV 及以下）；按其导电线芯数来分，可分为单芯、二芯（单芯和二芯用于单相交、直流电路）、三芯（用于三相交流电）、四芯、五芯（用于低压配电、中性点接地的三相四相制）五种；按其绝缘材料来分，可分为普通绝缘电缆（塑料绝缘电缆、橡胶绝缘电缆）、阻燃（聚氯乙烯绝缘和交联聚乙烯绝缘）电缆，以及耐火型电缆（详见“4.8”）。

电力电缆的构造如图 9-1 所示。

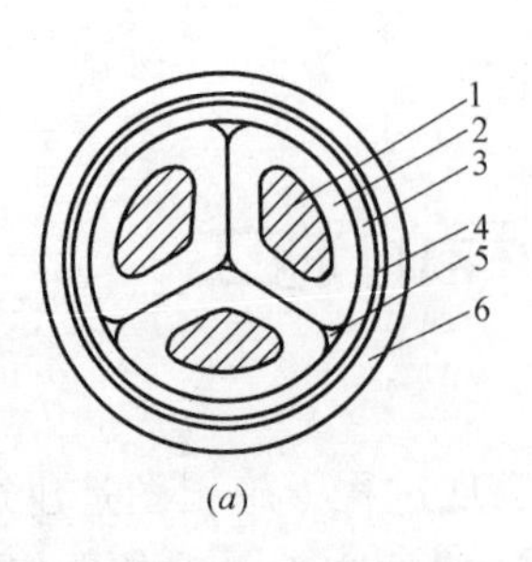

(a)

1—导线；2—聚氯乙烯绝缘；3—聚氯乙烯内护套；
4—铠装层；5—填料；6—聚氯乙烯外护套

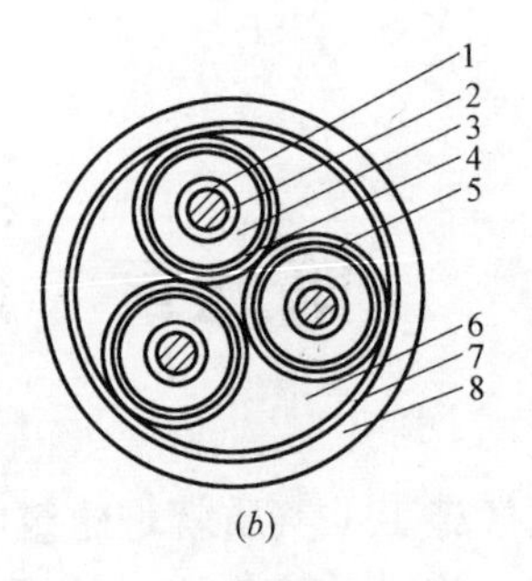

(b)

1—导线；2—导线屏蔽层；3—橡皮绝缘层；
4—半导体屏蔽层；5—铜带屏蔽层；6—填料；
7—涂橡皮布带；8—聚氯乙烯外护套

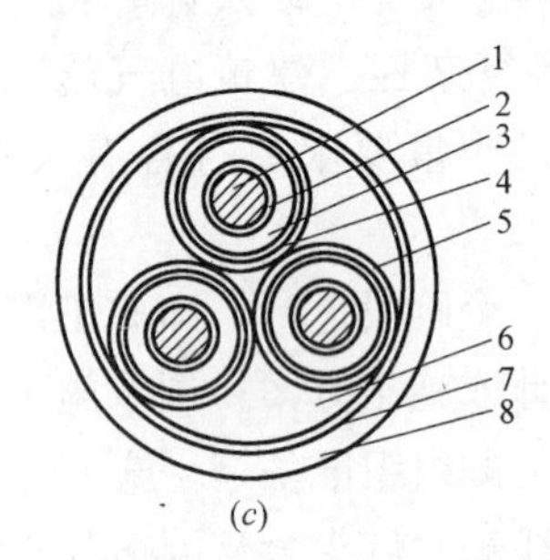

(c)

1—导线；2—导线屏蔽层；3—交联聚乙烯绝缘层；
4—半导电层；5—铜带；6—填料；7—扎紧布带；
8—聚氯乙烯外护套

图 9-1　电力电缆构造图

(a) 聚氯乙烯电缆；(b) 橡皮电缆；(c) 交联聚乙烯电缆

电力电缆的型号：

字　母	类　别	导　体	内 护 套	电缆特征	铠 装 层	外护套
ZR—阻燃型	V 塑料电缆	L 铝芯线	H 橡套	D 不滴流	1 麻被	0—裸
GZR—隔氧层阻燃型	X 橡皮电缆	T 铜芯线(免注)	L 铝包	P 不绝缘(贫油纸绝缘)	2 钢带	2—聚氯乙烯护套
DL—低烟低卤型	Z 纸绝缘电缆		Q 铅包	F 分相护套	20 裸钢带	3—聚乙烯护套
DW 或 WL—低烟无卤型	YJ 交联聚乙烯电缆		V 聚氯乙烯护套		3 细钢丝	
NH—耐火型					30 裸细钢丝	
FS—防水型					4 粗钢丝	
					40 裸粗钢丝	
					9 内钢带	

例如 NH-YJV22-4×120+1×70 表示交联聚乙烯钢带铠装聚氯乙烯护套（内、外）耐火电力电缆，四芯的截面积为 120mm^2，另有一芯为 70mm^2。

电缆敷设的方法有直埋敷设、排管内敷设、电缆沟内或隧道内敷设以及室内外的电缆桥架明敷设等。

一、电缆的直埋敷设

沿已选定的线路挖好沟道，把电缆埋在里面，这种敷设方法就是电缆直埋敷设。因施工简便，不需要其他设施，所以造价低，电缆散热好，适用于敷设距离较长，电缆根数较少的场合。

1. 埋设要求

(1) 电缆的埋置深度，在一般地区不应小于 0.7m，农田中和 66kV 及以上电力电缆不应小于 1m。在寒冷地带则要保证电缆埋在冻土层以下。如果因某种原因不能满足上述要求时，应对电缆采取保护措施。例如引入建筑物、与地下设施交叉时可穿金属管。无法在冻土层以下敷设时，应沿整个电缆线路的上下各铺 100～200mm 厚的砂层。

(2) 电缆之间、电缆与其他管道、道路、建筑物等之间平行和交叉时的最小距离，应符合表 9-1 的规定。严禁将电缆平行敷设于管道的上面或下面。

电缆之间，电缆与其他管道、道路、建筑物之间平行和交叉时的最小允许净距　表 9-1

<table>
<tr><th rowspan="2">序号</th><th rowspan="2" colspan="2">项　目</th><th colspan="2">最小允许净距(m)</th><th rowspan="2">备　注</th></tr>
<tr><th>平行</th><th>交叉</th></tr>
<tr><td rowspan="3">1</td><td colspan="2">电力电缆间及其与控制电缆间</td><td></td><td></td><td rowspan="5">① 控制电缆间平行敷设的间距不作规定；序号第“1”、“3”项，当电缆穿管或用隔板隔开时，平行净距可降低为 0.1m；
② 在交叉点前后 1m 范围内，如电缆穿入管中或用隔板隔开，交叉净距可降低为 0.25m</td></tr>
<tr><td colspan="2">(1)10kV 及以下</td><td>0.10</td><td>0.50</td></tr>
<tr><td colspan="2">(2)10kV 以上</td><td>0.25</td><td>0.50</td></tr>
<tr><td>2</td><td colspan="2">控制电缆间</td><td>—</td><td>0.50</td></tr>
<tr><td>3</td><td colspan="2">不同使用部门的电缆间</td><td>0.50</td><td>0.50</td></tr>
<tr><td>4</td><td colspan="2">热管道(管沟)及热力设备</td><td>2.00</td><td>0.50</td><td rowspan="4">①虽净距能满足要求，但检修管路可能伤及电缆时，在交叉点前后 1m 范围内，尚应采取保护措施；
② 当交叉净距不能满足要求时，应将电缆穿入管中，则其净距可减为 0.25m；
③对序号第 4 页，应采取隔热措施，使电缆周围土壤的温升不超过 10℃</td></tr>
<tr><td>5</td><td colspan="2">油管道(管沟)</td><td>1.00</td><td>0.50</td></tr>
<tr><td>6</td><td colspan="2">可燃气体及易燃液体管道(管沟)</td><td>1.00</td><td>0.50</td></tr>
<tr><td>7</td><td colspan="2">其他管道(管沟)</td><td>0.50</td><td>0.50</td></tr>
<tr><td>8</td><td colspan="2">铁路路轨</td><td>3.00</td><td>1.00</td><td></td></tr>
<tr><td rowspan="2">9</td><td rowspan="2">电气化铁路路轨</td><td>交流</td><td>3.00</td><td>1.00</td><td></td></tr>
<tr><td>直流</td><td>10.00</td><td>1.00</td><td>如不能满足要求，应采取适当防蚀措施</td></tr>
<tr><td>10</td><td colspan="2">公路</td><td>1.50</td><td>1.00</td><td rowspan="3">特殊情况，平行净距可酌减</td></tr>
<tr><td>11</td><td colspan="2">城市街道路面</td><td>1.00</td><td>0.70</td></tr>
<tr><td>12</td><td colspan="2">电杆基础(边线)</td><td>1.00</td><td></td></tr>
<tr><td>13</td><td colspan="2">建筑物基础(边线)</td><td>0.60</td><td></td><td rowspan="2"></td></tr>
<tr><td>14</td><td colspan="2">排水沟</td><td>1.00</td><td>0.50</td></tr>
</table>

注：当电缆穿管或者其他管道有防护设施（如管道的保温层等）时，表中净距应从管壁或防护设施的外壁算起。

(3) 电缆与铁路、公路、城市街道、厂区道路、排水沟交叉时，应敷设于坚固的保护管或隧道内。保护管的两端宜伸出道路路基两边各 2m，伸出排水沟 0.5m。

2. 直埋电缆敷设程序

(1) 先在设计的电缆线路上开挖试探样洞，以了解土壤和地下管线的情况，从而最后决定电缆的实际走向。样洞长为 0.4～0.5m，宽与深各 1m。在直线部分每隔 40m 开一个。在线路转弯处、交叉路口和有障碍物的地方均需开挖样洞。

(2) 开挖土方。开挖地点处于交通道路附近或较繁华的地方，其周围应设置遮栏和警告标志。开挖宽度为一根时为 0.4m，二根时为 0.6m。

(3) 在沟底上面铺约 100mm 厚筛过的软土或细砂层作为电缆的垫层，软土或细砂中不应有石头或其他坚硬杂物；在垫层上面敷设电缆。

敷设方法：先在沟内放置滚柱，每隔 3～5m 放置一个，以保证电缆不碰地为原则。用人力或机械设备展放电缆。展放中应按全长预留 1.0%～1.5%的裕量，并按波浪式敷设，电缆接头处也要留出 1～1.5m 的裕量。待电缆定位不再移动后，取出滚柱，将电缆放落到沟底。当检查电缆确无受损后，在电缆上面覆盖 100mm 厚的细砂或软土层，再盖上保护板或砖。板宽应超出电缆两侧各 50mm，板与板之间应紧靠连接。覆盖土要分层夯实。敷设时应在电缆引出端、中间接头、终端、直线段每隔 100m 处和走向有变化的处所挂标志牌，注明线路编号、电压等级、电缆型号、截面、起止地点、线路长度等内容。如图 9-2 所示。

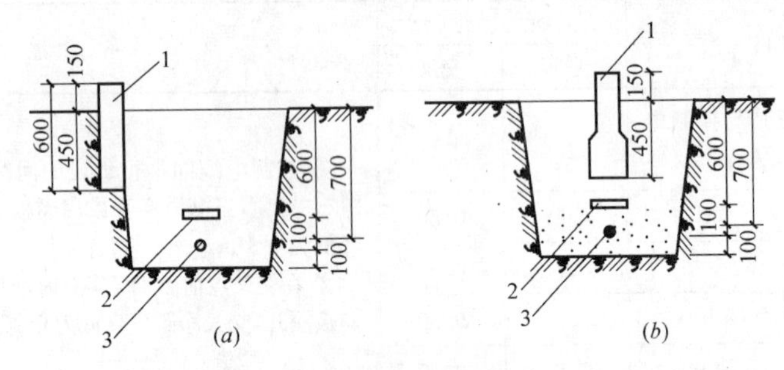

图 9-2　直埋电缆及其标志牌的装设

(a) 埋设于送电方向右侧；(b) 埋设于电缆沟中心

1—电缆标专牌；2—保护板；3—电缆

敷设完毕要做好电缆走向记录。

在含有酸、碱、矿渣、石灰等场所电缆不应直埋；否则要加缸瓦管、水泥管等保护措施。

直埋电缆引入建筑物内的做法如图 9-3 所示。图中法兰盘 6 与穿墙钢管焊接在一起，法兰盘 7 与 6 用螺栓紧固。最后在接口处再注以沥青或防水水泥。

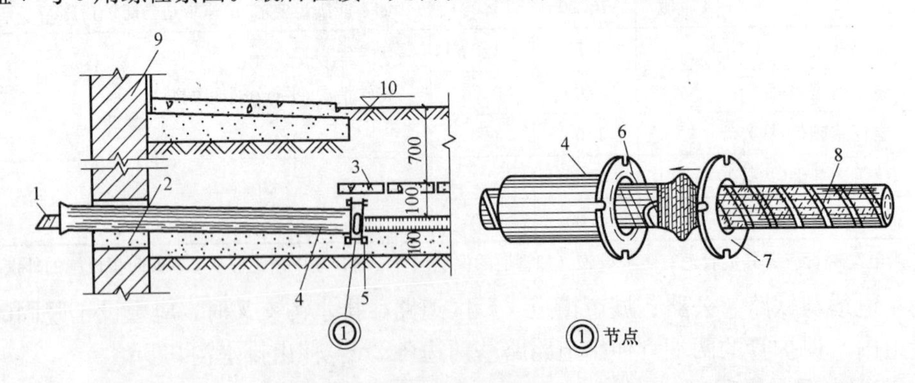

图 9-3　直埋电缆引入建筑物内的做法

1—电缆；2—防水砂浆；3—保护板；4—穿墙钢管；5—螺栓；6、7—法兰盘；8—油浸黄麻绳；9—建筑物外墙；10—室外地坪

二、电缆在排管内的敷设

用来敷设电缆的排管是用预制好的管块拼接起来的。每个管块和做法如图 9-4 所示。使用时按需要的孔数选用不同的管块，以一定的形式排列，再用水泥浇成一个整体。每个孔中都可以穿一根电力电缆，所以这种方法敷设电缆根数不受限制，适用于敷设塑料护套或裸铅包的电缆。

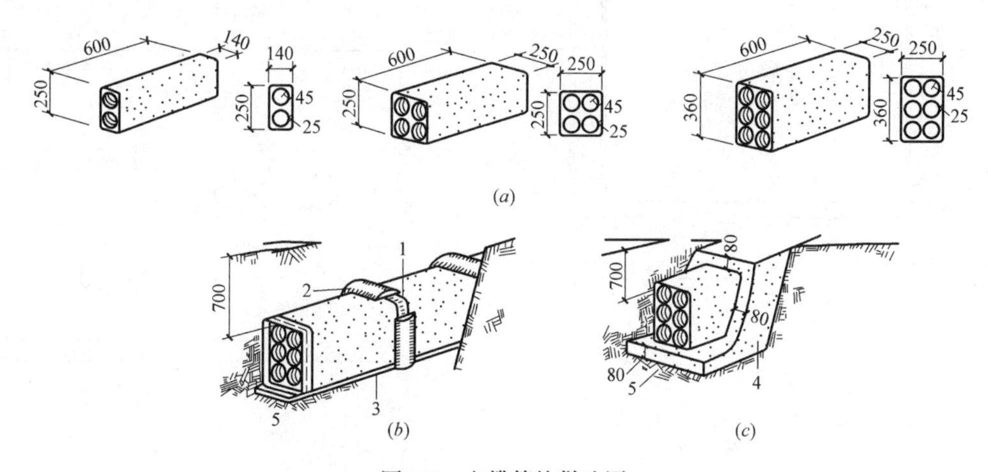

图 9-4　电缆管块做法图

(a) 电缆管块；(b) 普通型；(c) 加强型

1—纸条或塑料胶粘布；2—1∶3 水泥砂浆抱箍；3—1∶3 水泥砂浆垫层；4—100# 混凝土保护层；5—素土夯实

电缆在排管内的敷设方法需要在转弯处、直线段每隔 50～100m 处或排管的分支处开挖电缆人孔井。电缆人孔井的形状如表 9-2 所示。

电缆人孔井通用做法如图 9-5 所示。

电缆人孔井的类型、井号及井内最大规格尺寸图　　　　**表 9-2**

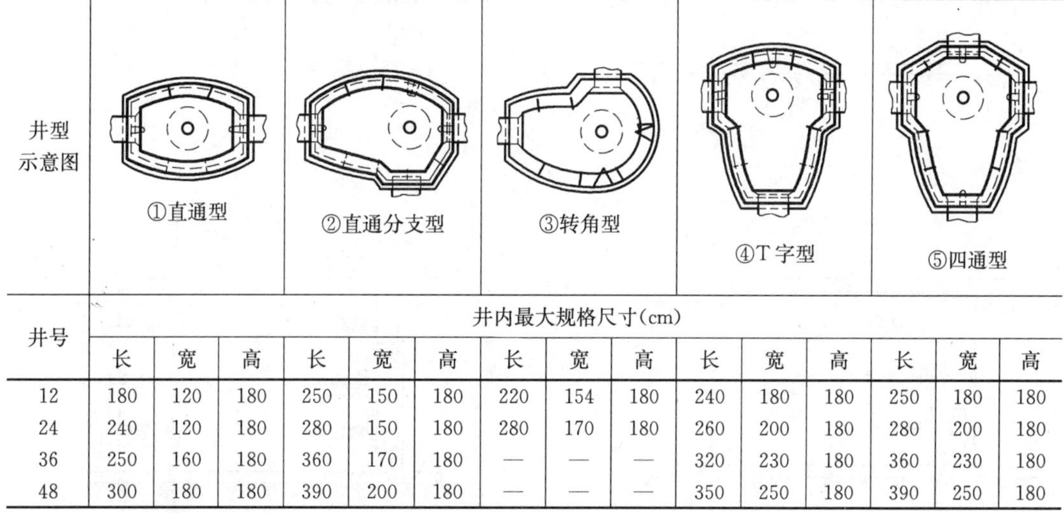

井型示意图	①直通型			②直通分支型			③转角型			④T 字型			⑤四通型		
井号	井内最大规格尺寸(cm)														
	长	宽	高	长	宽	高	长	宽	高	长	宽	高	长	宽	高
12	180	120	180	250	150	180	220	154	180	240	180	180	250	180	180
24	240	120	180	280	150	180	280	170	180	260	200	180	280	200	180
36	250	160	180	360	170	180	—	—	—	320	230	180	360	230	180
48	300	180	180	390	200	180	—	—	—	350	250	180	390	250	180

三、电缆在电缆沟内的敷设

将电缆敷设在电缆沟内常用于发电厂和变配电所、室等处。电缆沟一般由砖砌成或由混凝土浇灌而成。电缆沟设在地面以下，用钢筋混凝土盖板盖住。室内电缆沟盖应与地面

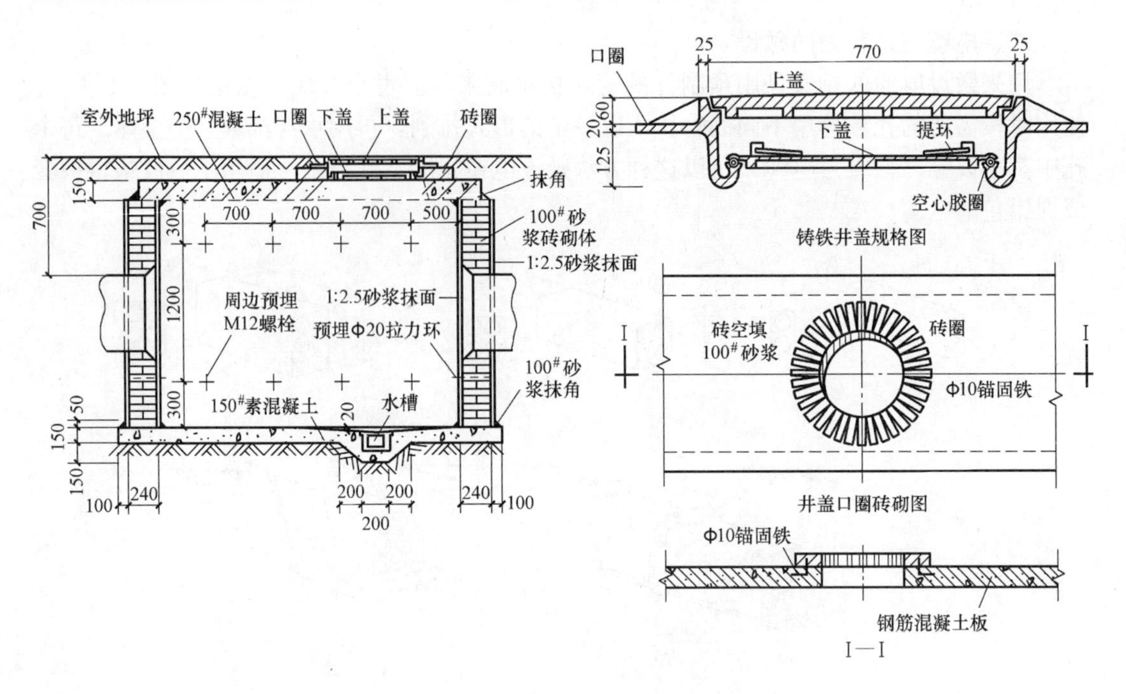

图 9-5　电缆人孔井通用做法图

相平，沟盖间的缝隙可用水泥砂浆填实。无覆盖层的室外电缆沟沟盖板应高出地面≥100mm；有覆盖层时，盖板在地面下 300mm，盖板搭接应有防水措施。电缆可以放在沟底，也可放在支架上，如图 9-6 所示。

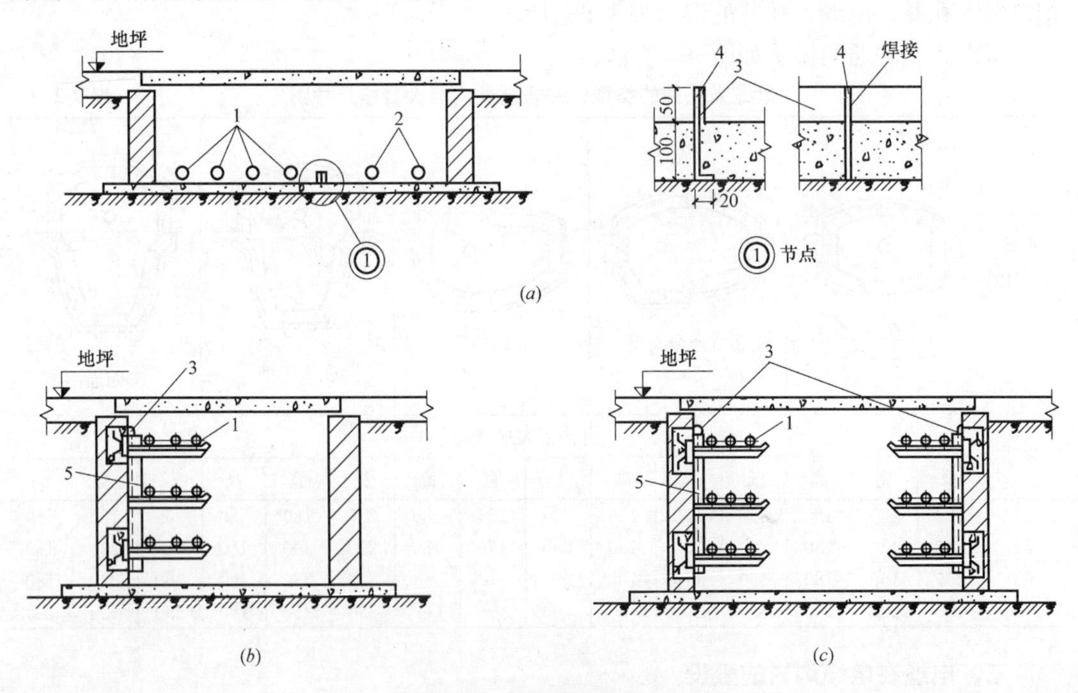

图 9-6　室内电缆沟

(a) 无支架；(b) 单侧支架；(c) 双侧支架

1—电力电缆；2—控制电缆；3—接地线；4—接地线支持件；5—支架

这种敷设方法要求电缆沟内平整、干燥，能防地下水侵入。沟底保持1%的坡度。沟内每隔50m应设一个0.4m×0.4m×0.4m的积水坑。

敷设在单侧支架上的电缆，应按电压等级分层排列，高压在上，低压在下，控制与通信电缆在最下面。双侧电缆支架时应将电力电缆和控制电缆分开排列。

电缆支架间的距离一般为1m。控制电缆为0.8m。

四、电缆在桥架上明敷设

桥架是一种托敷电缆的支持件，安装较简单，维修改造也很方便，应用十分普遍。

桥架由直线段、三通架、四通架、转角架、支架和吊杆等拼装而成，如图9-7所示。电缆固定于桥架上。

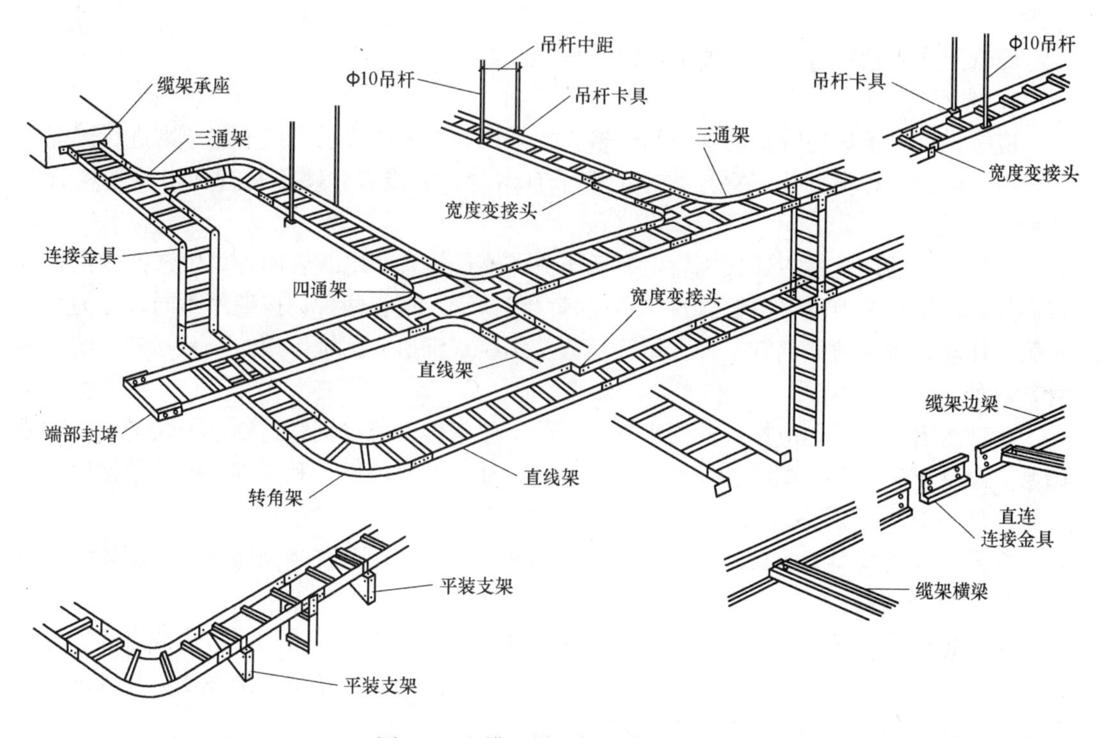

图9-7　电缆（桥）架组合示意图

此外电缆还可通过支架沿墙、柱、梁、楼板等进行明敷设。即按水平敷设时为1m，垂直敷设时为2m的间距沿墙、柱、梁、楼板等安装好电缆支架，再用电缆卡子将电缆固定在支架上。只是固定时，应在卡子处垫以软衬垫保护。

对单根电缆也可以采用简易方便的钢索敷设方法，即把电缆通过钢索挂钩吊在钢索上，就可以沿钢索敷设。

在伸缩缝处的电缆，应留有松弛部分，以防由于温度变化或建筑物沉降不匀时使电缆受到损坏。

9.2　配管配线工程施工

将绝缘导线或电缆穿在钢管或塑料管内的配线方式称为配管配线。由于线管的敷设方式不同，分为暗敷设和明敷设两种。

凡敷设在需要通过破坏装饰或结构后方可见到配管的为暗敷设。它是将线管预先埋设于墙内、楼板内、梁柱内或不能上人的固定封闭吊顶、轻钢龙骨板墙内、固定封闭的竖井及通道内等处，待土建主体工程结束后，再于管内穿入导线。

将绝缘导线或线管直接敷设在建筑物的墙面、柱、梁、顶棚表面或者敷设在可上人的吊顶内、不封闭的竖井通道内等均为明敷设。

本节最后还要介绍金属线槽配线。

一、配管工程的施工

配管工作总的要求是：明配管要横平竖直，整齐美观；暗配管要求管路短、畅通，拐弯少。

配管工作包括选管，管子加工、敷设和连接等。

1. 选管工作

应按设计要求选用管材的种类和规格。如果设计中无此要求可按下述原则进行选择：

（1）配管的种类选择：穿导线用的管子有钢管、电线管、硬塑料管和半硬塑料管等几种。

穿导线用的钢管是指焊接钢管，有低压流体输送钢管和电线管两种可供选择。钢管按表面处理不同分为镀锌（白铁管）和不镀锌（黑铁管）钢管两种；按壁厚不同，分为普通钢管、加厚钢管和薄壁钢管三种；钢管还分带螺纹（锥形或圆锥形螺纹）和不带螺纹（光管）两种。

为节约有色金属，应按不同要求选用不同壁厚钢管。薄壁钢管适用于干燥场所明敷或暗敷，厚壁钢管适用于潮湿、易燃、易爆或埋在地坪下等场所。利用钢管壁兼做接地线时要选壁厚不应小于2.5mm的厚壁钢管。

穿导线用的塑料管有聚氯乙烯硬塑料管和塑料电线管（又称半硬塑料管、流体管）以及波纹塑料管三种。

硬塑料管耐腐蚀，但易变形老化，且机械强度不如钢管好，常用于室内或有酸、碱等腐蚀介质的场所，不得在高温和易受机械损伤的场所敷设。如果埋在地下受力较大的地方时，宜使用比一般硬塑料管管壁厚的重型管。

半硬塑料管耐腐蚀，绝缘性好，不易破碎，质轻、刚柔结合易于施工，运输方便。适用于一般民用建筑的照明工程暗配敷设，不得在高温场所和顶棚内敷设。当敷设于现场捣制的混凝土结构中时，应有预防机械损伤的措施，由于制造时加了阻燃剂，所以防火性能较好。

配管附件包括灯头盒、接线盒和开关盒等，也分为明装式和暗装式两种，分别适用于明暗两种配管。同时金属配管应选用金属附件；塑料配管则选用塑料附件；严禁混用。

各种配线工程中采用塑料制品，包括塑料管、盒等，用氧指数大于21%的难燃型材质。当前工程中使用的高压聚乙烯和聚丙烯制品，都属于可燃型材料，应禁使用。

（2）配管的规格选择：配管的内孔截面积应为所穿导线的总面积（包括导线外皮）的2.5倍。并且管内径不应小于导线束直径的1.4～1.5倍。

配管的长度按方便穿线的原则考虑。根据规定，在管路长度超过下列数值时，中间应加装接线盒或拉线盒，其位置应便于穿线。

① 在直线无弯曲的敷设管线上，管子长度每超过 45m 时；

② 有一个弯的敷设管线上，管子长度每超过 30m 时；

③ 有两个弯的管线上，每超过 20m 时；

④ 有三个弯的管线上，每超过 12m 时。

如果管线较长，加装接线盒有困难时，应将管径加大一级或一级以上才行。

（3）选管应注意：凡有砂眼，裂缝和较大变形（管子椭圆度超过管子外径的 10%）的管子不能使用。

2. 管子的加工

管子加工包括管子切割、套丝、煨弯、清理毛刺、除锈、防腐刷漆等工作。

3. 管子的敷设

（1）钢管暗敷设　钢管暗敷设工作必须与土建施工密切配合。

以在楼板上敷设暗钢管和布置灯头盒为例，此项工作若在现浇的钢筋混凝土楼板施工中，应在支好混凝土模板后，而尚未绑扎钢筋和打混凝土之前进行。其暗敷设工作步骤如下：

① 按图纸要求确定灯头盒、接线盒、钢管的走向及其他设备的位置，并在模板上要标示出来。

② 测量钢管暗敷设线路的长度，并且按其长度和弯度配制钢管，包括弯、锯、套丝等。

③ 将钢管、灯头盒等按确定的位置固定在模板上。

为防止钢管外露，应在钢管和模板之间加垫块，垫高 15mm 以上。

④ 钢管之间以及钢管和铁盒之间的连接处，都应焊接，并焊接上跨接地线，使之形成一接地整体。如图 9-8 所示。

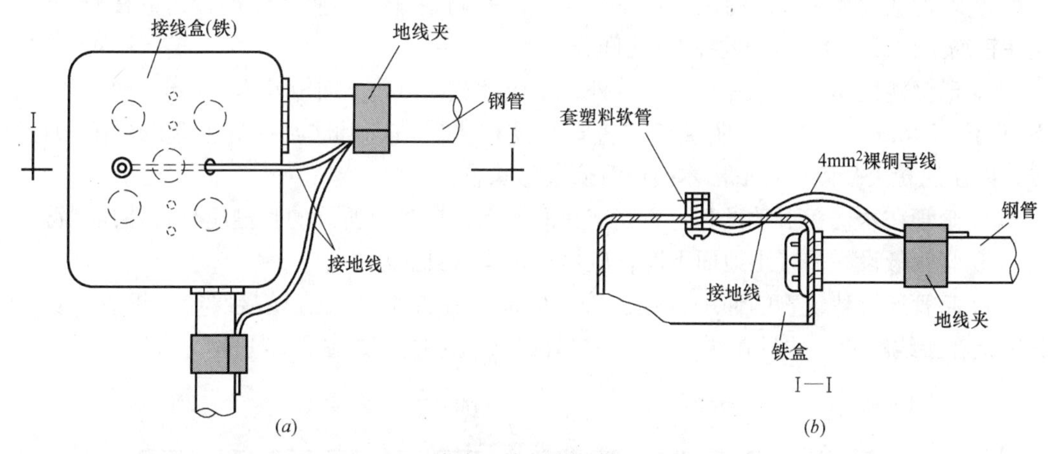

图 9-8　接线盒接地安装做法示意图

⑤ 在管内穿好铅（铁）丝，以备穿线时使用。

在管口和盒内填入填充物，以防在管内或盒内进入砂浆、杂物。

⑥ 按设计图纸检查，防止遗漏和出现错误。

暗敷设的钢管与灯头盒的连接在现浇钢筋混凝土中做法如图 9-9（*a*）所示。

图 9-9（*b*）为预制混凝土圆孔楼板上的做法。

图 9-9（*c*）为预制的槽形楼板上的做法。只是灯头盒的位置需要定位凿孔。从（*b*）、（*c*）可看出，暗管是被埋在垫层内。

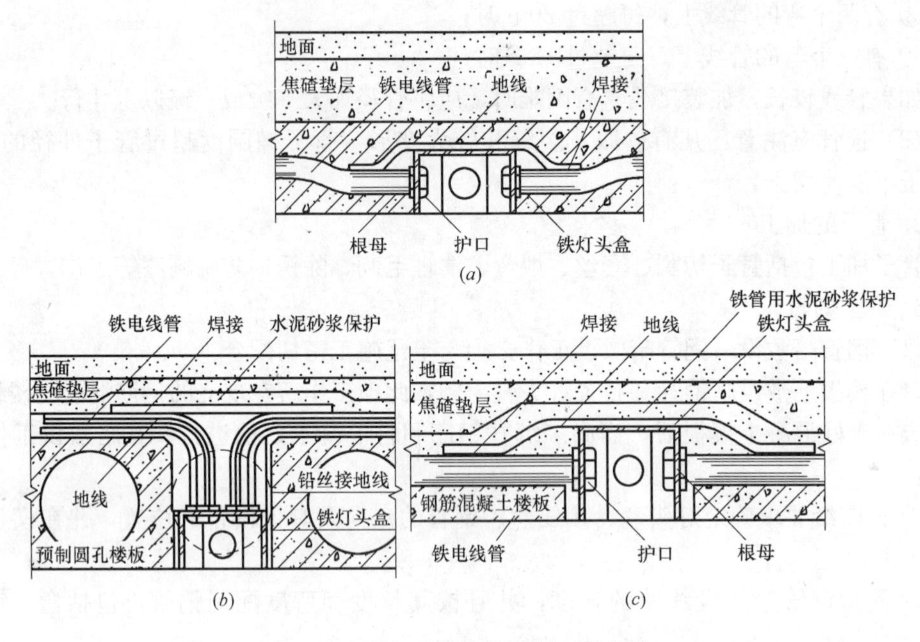

图 9-9 钢管、灯头盒在楼板上的敷设

（*a*）现浇钢筋混凝土楼板灯头盒安装做法；（*b*）圆孔楼板灯头盒安装做法；（*c*）槽形楼板灯头盒安装做法

（2）钢管暗敷设的注意事项：

① 不能穿越混凝土基础，否则应改为明管敷设，并以金属软管等作补偿装置；

② 暗管敷设在楼板内的位置应尽量与主筋平行，并且不使其受损。如重叠时，暗管应在钢筋上面或在上、下两层钢筋之间；

③ 现绕楼板厚度为 80mm 时，管外径不应超过 40mm；楼板厚为 120mm 时，管外径不应超过 50mm。否则改为明敷设或将管敷设在垫层内，但这时在灯头盒位置要预埋木砖，以便混凝土凝固后可取出木砖配管安装灯头盒。

④ 暗管在木楼板下敷设时，应固定在搁条上，搁条上所开的管槽应与管外径相符。

⑤ 暗管敷设在混凝土地面下时，应尽量不深入到土层中。

⑥ 暗管通过建筑物的伸缩（或沉降）缝时，在伸缩缝两边设接线箱，钢管要断开，分别接在接线箱上，并且在两管之间焊接好跨接软地线。如图 9-10 所示。

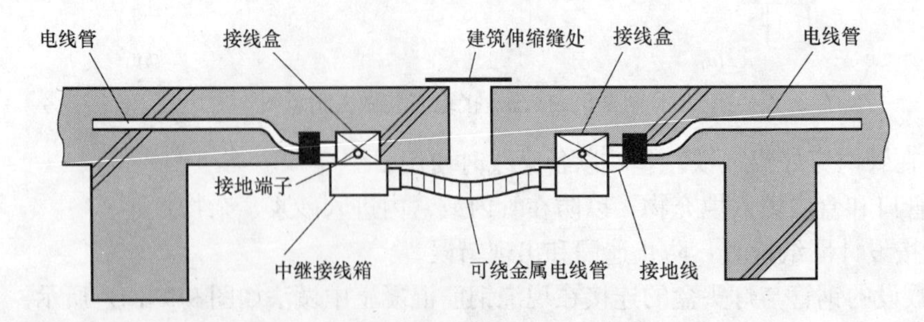

图 9-10 暗配管线遇建筑伸缩沉降缝时做法图

暗管敷设中还会遇到许多问题，如立管穿过现浇梁、钢模板施工中暗管配置，墙体为轻质隔墙的暗管配置等，都应根据具体情况，与有关人员制定出合理的技术措施才行。

暗敷设的竖直钢管、配电箱、开关盒等敷设工作要在墙体的施工中进行。

(3) 钢管的明敷设

明敷设的钢管要横平竖直、整齐美观。

明敷设的线路中，有时要在建筑物上安装支承明配管的支架、吊架等，如图 9-11 所示。

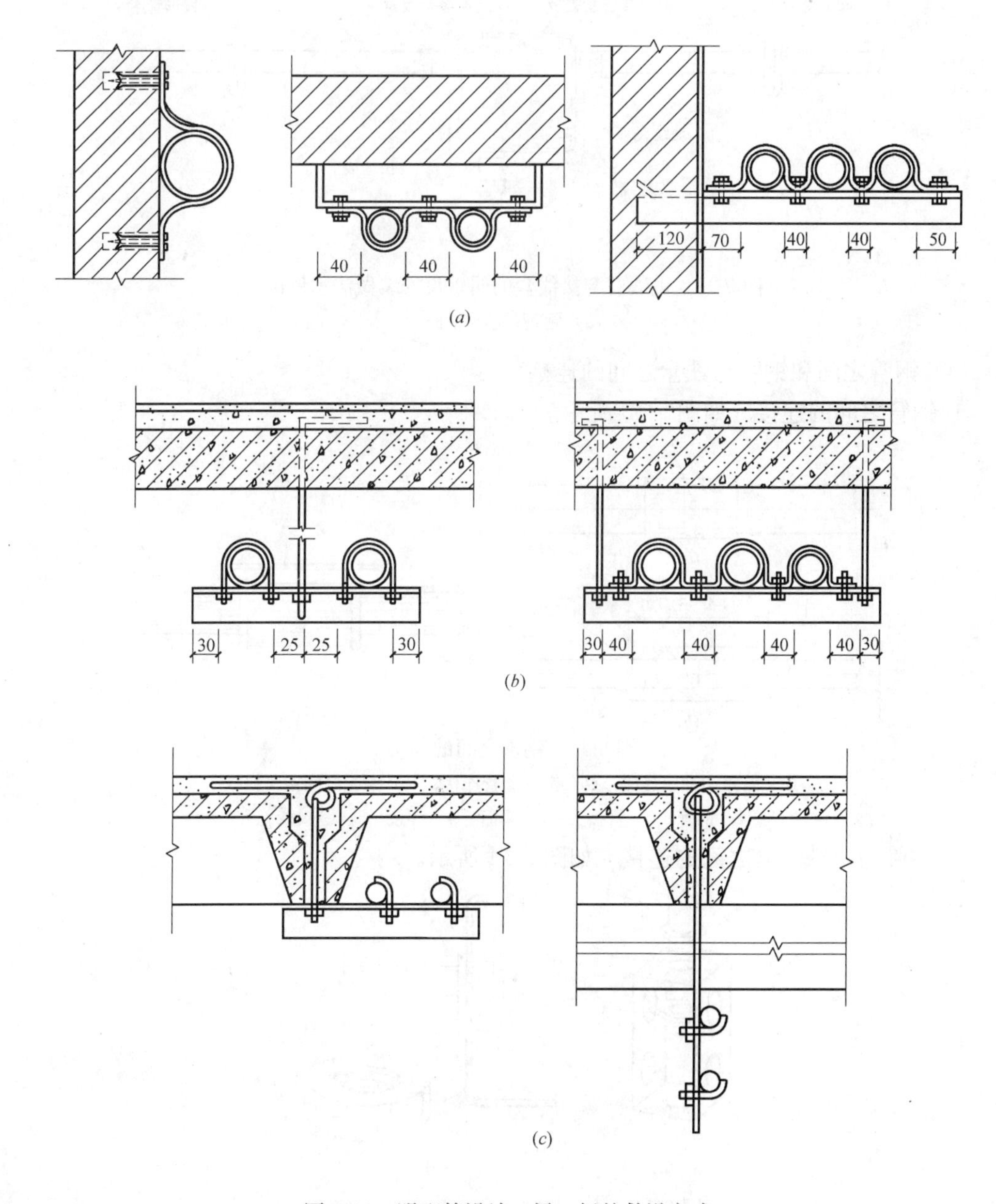

图 9-11　明配管沿墙、梁、板的敷设方式

(a) 沿墙的支架；(b) 沿现浇楼板的吊架；(c) 沿预制楼板的吊架

电线管与接线盒的明敷设安装做法，如图 9-12 所示。

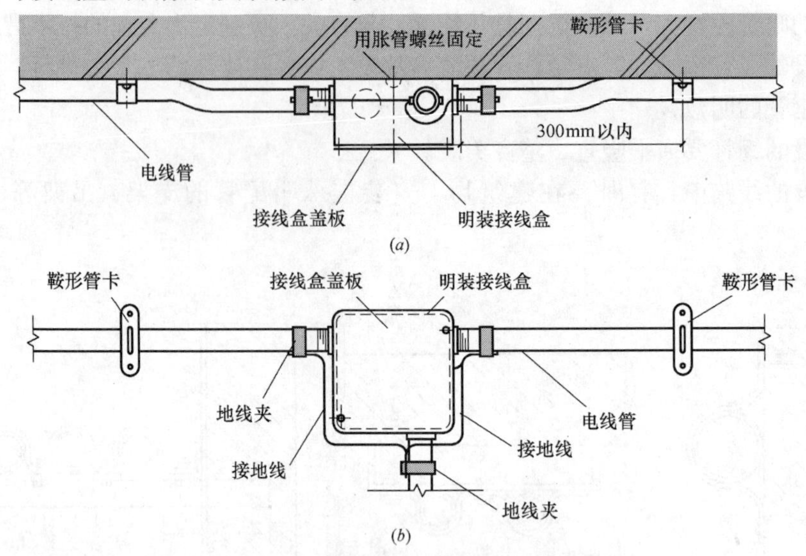

图 9-12　电线管与接线盒的明敷设安装做法示例图

(a) 侧面；(b) 平面

(4) 钢管之间和钢管与铁盒之间的连接

① 钢管之间的连接　如图 9-13 所示。

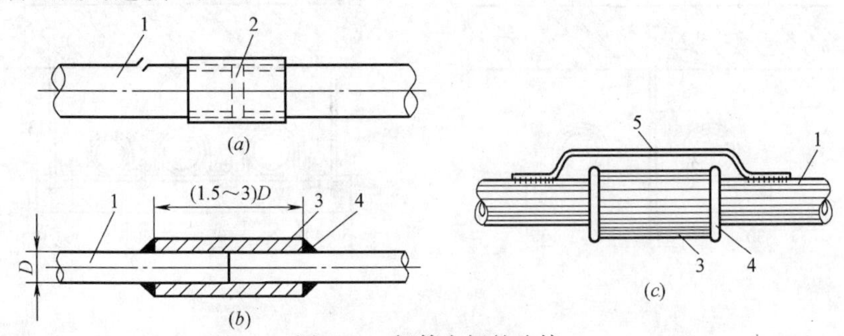

图 9-13　钢管之间的连接

(a) 管接头螺纹连接；(b) 钢管套管连接；(c) 钢管之间接跨接线

1—钢管；2—管接头；3—套管；4—焊接；5—跨接线

② 钢管与（铁）盒之间的连接　如图 9-14 所示。

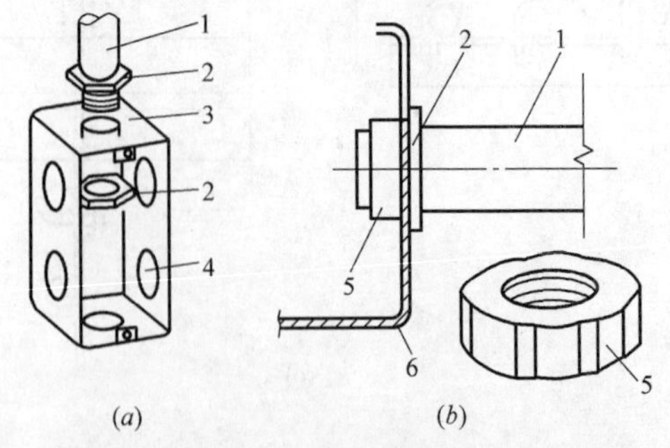

图 9-14　管子与电气盒、箱、盘的连接

(a) 用锁紧螺母连接；(b) 用管帽连接

1—电管（或钢管）；2—锁紧螺母；3—开关箱（或接线盒）；4—敲落孔；5—管帽；6—电缆托盒

③ 暗敷设的钢管与分线箱或接线盒等在吊顶内的安装做法如图 9-15 所示。

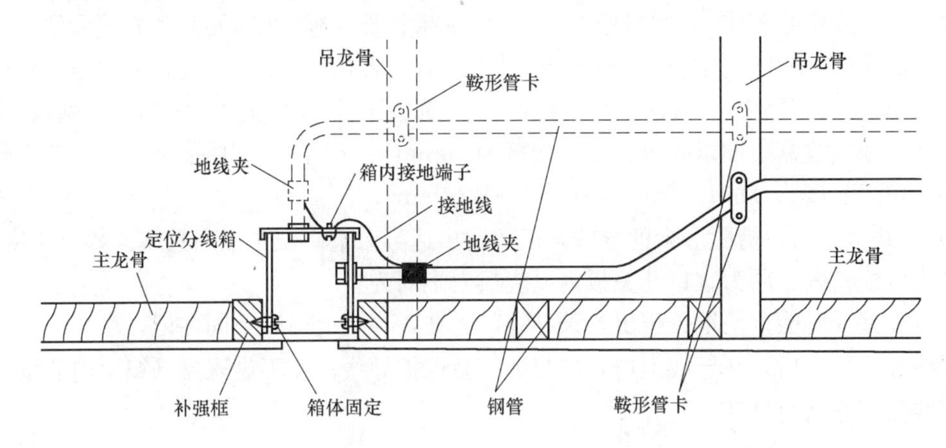

图 9-15　吊顶内电气配管与分线箱的安装做法示例图

二、配线工程施工

所谓配线，就是将绝缘电线由配电箱（盘）穿引至电气设备或传感器件，或从一接线盒到另一个接线盒。在钢管或塑料管内穿线工作一般是在土建粉刷工程结束后按下述步骤进行：

1）管子穿线前应用破布或采用空气压缩机的压缩空气，将管内的杂物、水分消除干净。

在管内穿入引线用的铅丝。当管内有异物或管长且弯多时，可采用两端同时穿入带弯头的铅丝，使之在管内能相互钩住。

对整盘绝缘导线在穿线前，要从内圈抽出线头进行放线。

2）将导线的铅丝一端与所穿的导线结牢。如所穿的导线束根数多且较粗时，可将导线束分段结扎，外面再包上包布。如图 9-16 所示。

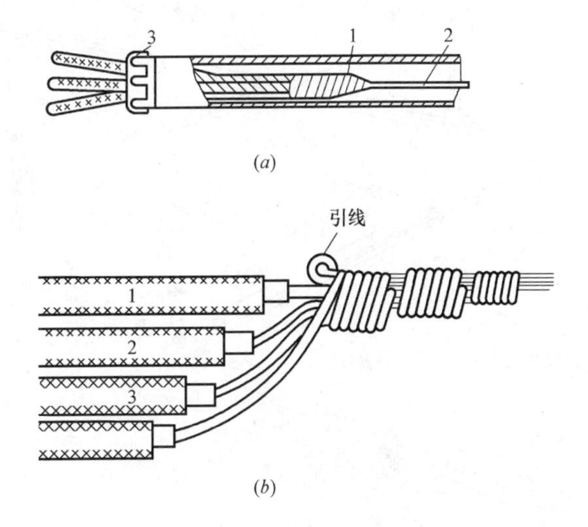

图 9-16　导线的绑扎

(a) 引线与电线绑完后的情况；(b) 多根导线的绑扎

1—包扎胶布；2—引线；3—护口

3）穿线前钢管或塑料管管口处应先装上管螺母或护口，以免穿线时损坏导线绝缘层。穿线时，管口两端要分别有人缓慢送入和拉出。如果管长且弯多时，可用滑石粉润滑，但不能使用油脂或石墨粉等，因为前者损坏导线绝缘层，后者是导电粉末，易造成短路事故。

4）在垂直的管路中，为减少管内导线本身重量所产生的下垂力，每超过下列长度时，应在管口处或接线盒中加以固定：①导线截面 $50mm^2$ 及以下，长度为30m；②导线截面 $70 \sim 95mm^2$，长度为20m；③导线截面 $120 \sim 240mm^2$，长18m。

5）导线穿好后，剪除多余的导线，但要留出适当余量，便于以后接线。预留长度为：接线盒内以绕盒内一周为宜；开关板内以绕板内半周为宜。

为了在接线时能方便地分辨出各条导线，可在各导线上标以不同标记。

导线穿入管内后，在导线出口处应装护线套保护导线；在不进入盒（箱）内的垂直管口，穿线后应作密封处理。

6）穿线时注意事项：

① 管内不允许有导线接头，导线接头必须放在接线盒内；

② 穿线时要避免导线相互缠绕；

③ 不同回路、不同电压的导线，不能穿入同一管内；

④ 管内所穿导线总面积（包括导线保护层），不应超过管孔面积的40%。

三、金属线槽配线

金属线槽配线是将多根导线放入金属线槽内的一种配线方式，是现代工业企业及民用建筑中常采用的方法。

由于具有槽盖的封闭式金属线槽，其耐火性能与钢管相当，所以可允许将其敷设在建筑物的顶棚内。但不适用于严重腐蚀的场所。

金属线槽槽口向上时各部件安装示意图如图9-17所示。

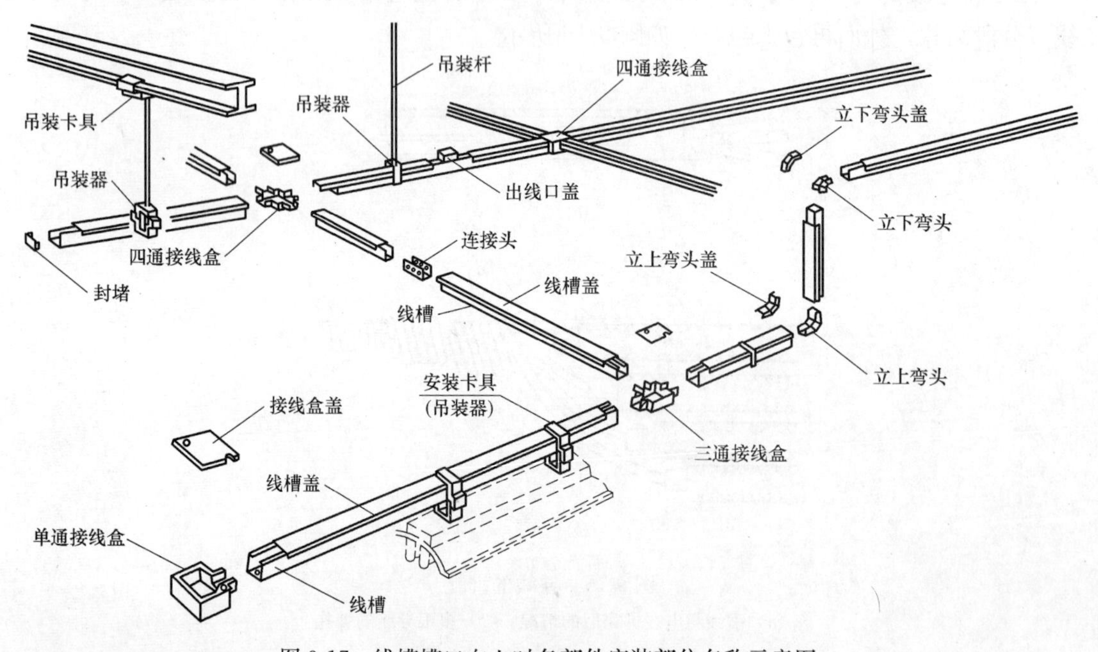

图9-17　线槽槽口向上时各部件安装部位名称示意图

金属线槽槽口向下的部分部件如图 9-18 所示。

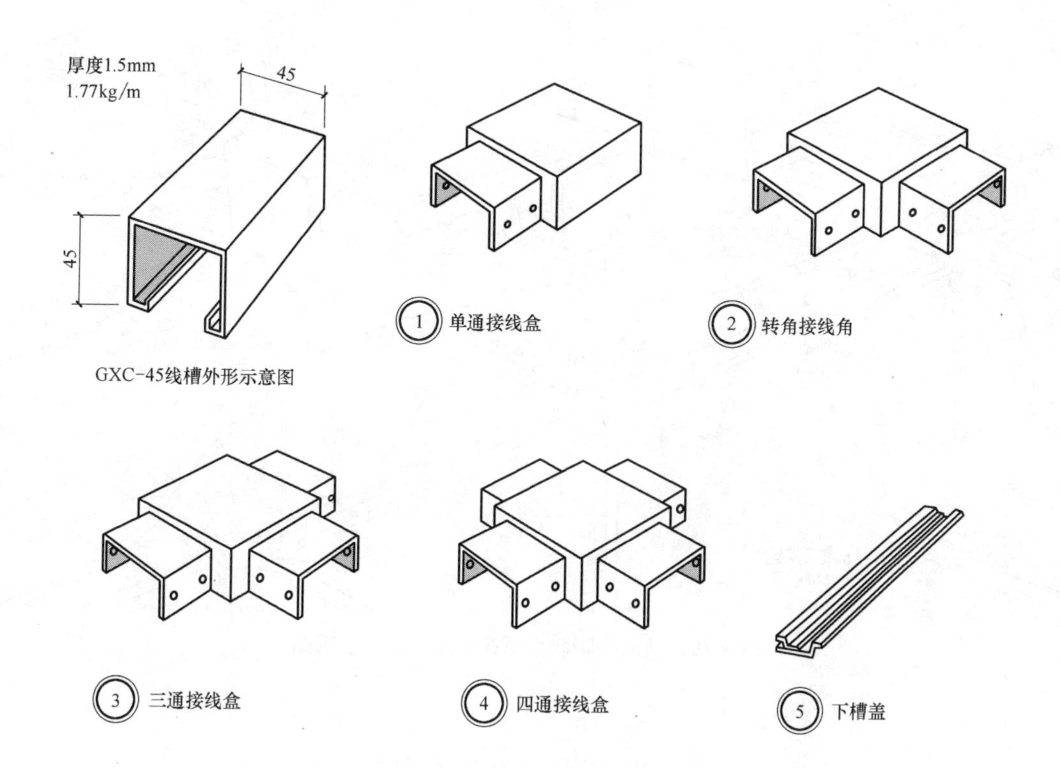

图 9-18 金属线槽槽口向下的部分部件图

金属线槽其槽口向下时容纳的导线数量不如槽口向上时多。以其中一种为例，如表 9-3 所示。

金属线槽在地面内总装示意图如图 9-19 所示。

金属线槽 GXC-45 容线根数表 **表 9-3**

线槽型号	导线型号	安装方式	500 伏单支绝缘导线规格(毫米^2)														电话电缆型号规格			
			1.0	1.5	2.5	4.0	6.0	10	16	25	35	50	70	95	120	150	RVB2×0.2	HYV 型电话电缆 2×0.5	SYU 同轴电缆 75-5	SYU 同轴电缆 75-9
			容纳导线根数														容纳导线对数或电缆(条数)			
GXC-45 线槽	BV-500 伏	槽口向上	103	58	52	41	31	16	11	7	6	4	3	2	2	—	$\frac{43}{26}$	(1)×300 对或 $\frac{(2)\times200\text{对}}{(1)\times200\text{对}}$	43	24
		槽口向下	63	35	29	23	18	9	7	4	3	2	2	—	—	—				
	BXF-500 伏	槽口向上	52	47	40	31	21	14	9	6	5	4	3	2	—	—				
		槽口向下	32	27	26	20	13	9	5	4	3	2	2	—	—	—				

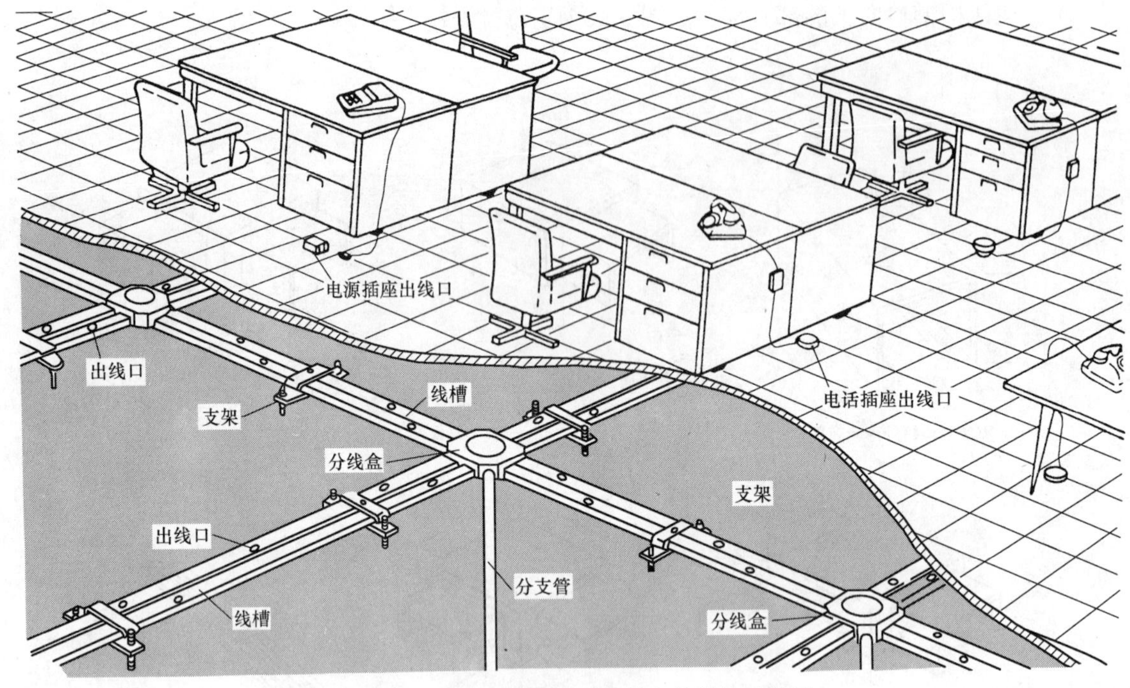

图 9-19　地面内暗装金属线槽配件总装示意图

9.3　照明器具等的安装

照明器具等的安装在这里指灯具、开关、插座及吊扇的安装。

一、灯具的安装

1. 安装灯具前的准备工作：

(1) 灯头盒与配管都已安装完毕如前述的图 9-8。并且管内穿线工作已完成；

(2) 对于重量在 3kg 以上的灯具，应预先在建筑结构中固定好吊钩或螺栓等承重件，如图 9-20 所示。[1]

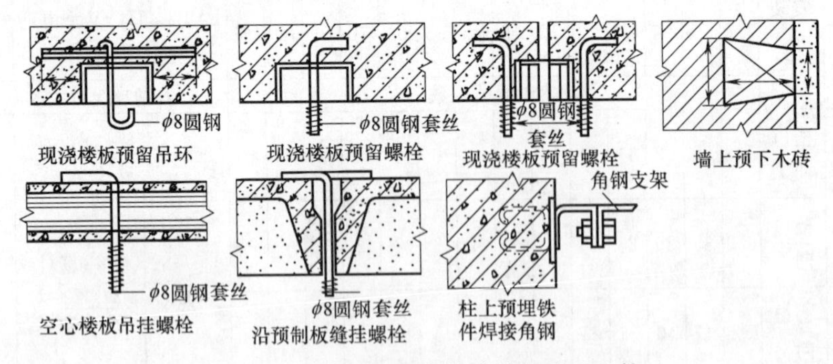

图 9-20　预埋于建筑结构中的灯具承重件

[1] 由于照明灯的灯线不允许受力，所示，重量在 1kg 及以下的灯具，靠护套线承受重量；重量大于 1kg 而小于或等于 3kg 的灯具，应增设吊链承重；大型灯具则应经结构专业核定。

2. 照明灯具的一般安装工序

以图 9-21 的吊顶中的吊灯为例。

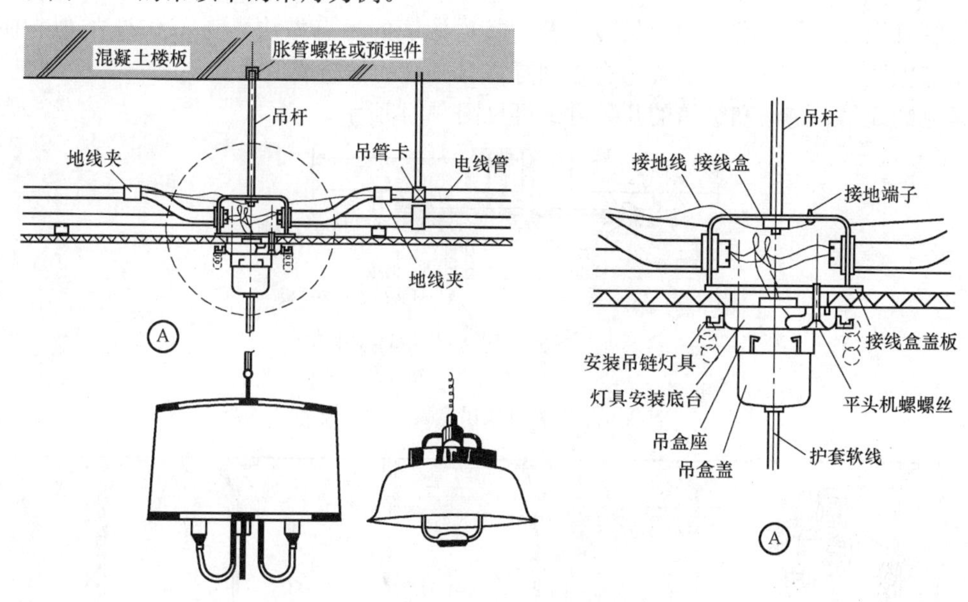

图 9-21　护套软线吊装安装做法

(1) 通往灯具的灯线，要换成软铜线或护套软铜线。线芯截面积应在 0.4～0.5mm² 范围内，室外的灯具应为 1.0mm²。

两根灯线要分清相（火）线和零线，都要有标识。

(2) 按下述顺序固定各零部件：(固定前要穿好灯具的两根灯线)

先固定图 9-21 中的接线盒盖板→再固定灯具安装底台→固定吊盒座。

(3) 在吊盒盖内的两根软灯线，先按图 9-22 (*a*) 的方法结成扣，再将护套外皮结扎成结，最后穿出吊盒盖，使盒内的灯线不会承受拉力。

(4) 也可使用软塑料套管，在盒内穿入两根灯线，软塑管结扎成结，穿出吊盒盖以代替护套灯线。

(5) 安装吊链，其长度（灯的距地高度）要满足设计要求，还要使护套线不受力。

(6) 按图 9-22 的方法，两根灯线在灯头内结扣和接线。

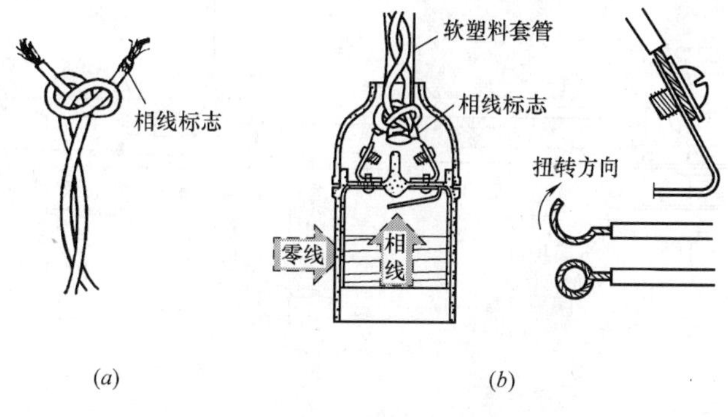

图 9-22　导线在灯头内的结扣和接线

(*a*) 导线结扣做法；(*b*) 灯头接线及导线连接

接线时注意相（火）线和零线应该接的位置。

3. 吊式日光灯的安装

长管日光灯安装时常有两个吊点。其中接电源线的吊点做法，与图 9-21 类似。而另一个吊点做法可参考图 9-23。在吊盒盖内穿入日光灯的吊链或吊线。

常见的线吊、链吊和管吊的几种方式可见图 9-24 所示。

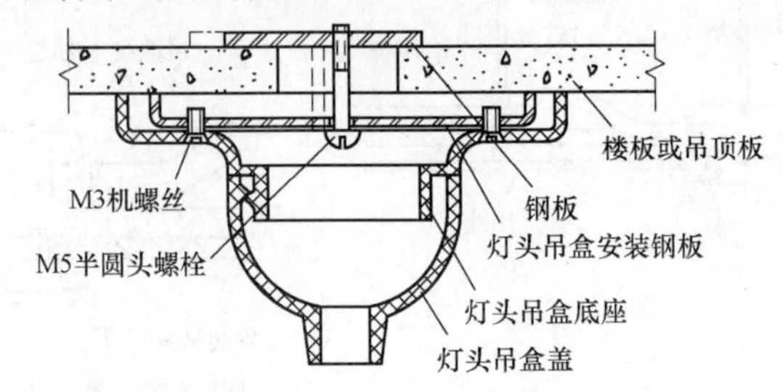

图 9-23　塑料灯头吊盒安装示意图

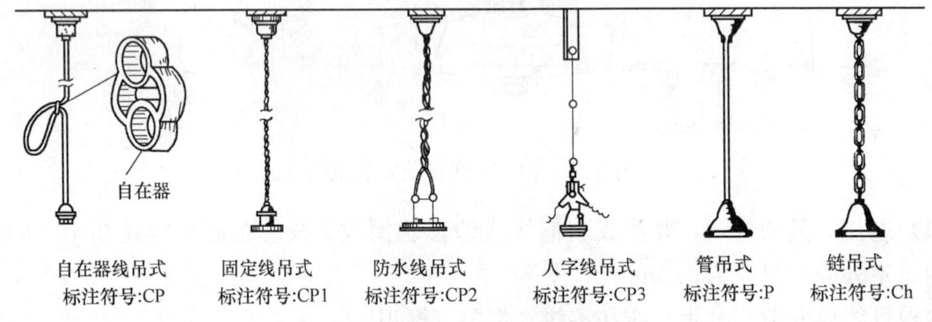

图 9-24　线吊、链吊和管吊的方式

图中的线吊式所使用的吊盒或灯架在一般房间用胶质，在潮湿房间用瓷质；链吊和管吊式则都应使用金属吊盒。

4. 吸顶灯的安装

以白炽灯和日光灯照明灯具为例，其做法如图 9-25（一）、（二）所示。

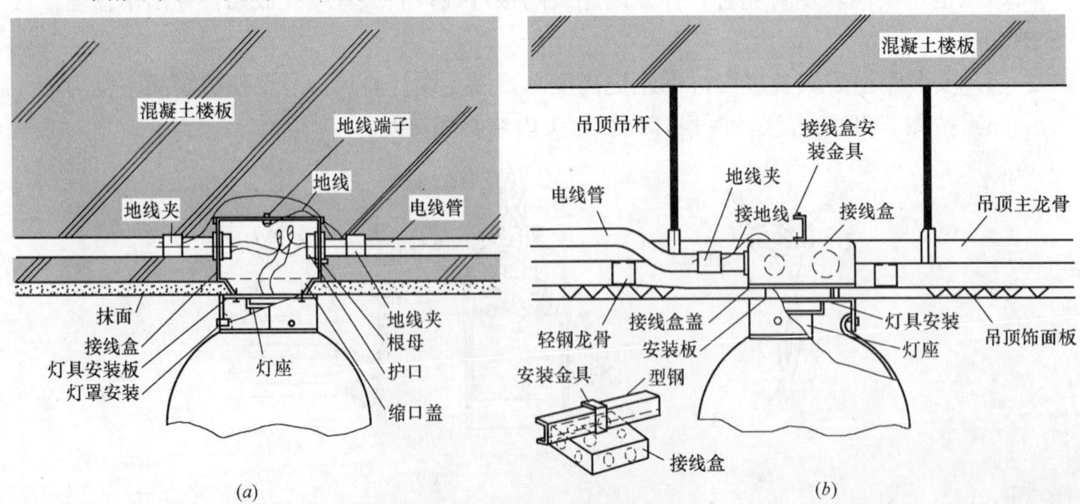

图 9-25　吸顶灯具安装做法图示（一）

(*a*) 楼板下吸顶安装做法；(*b*) 吊顶下吸顶安装做法

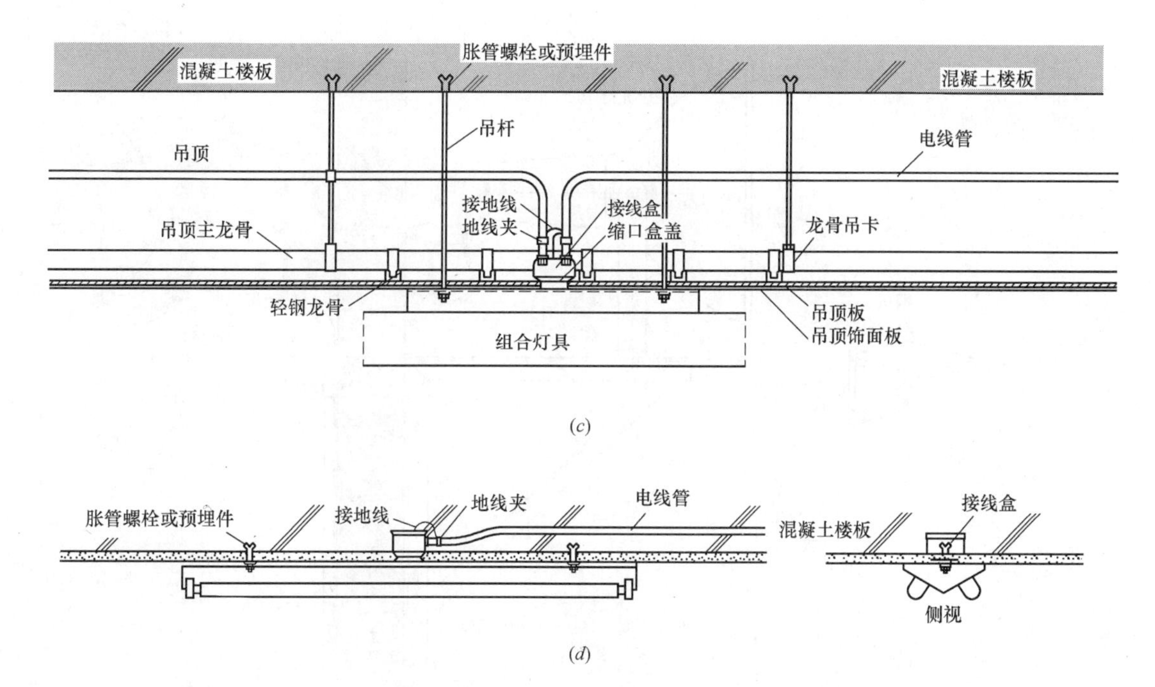

图 9-25　吸顶灯具安装做法图示（二）

（c）荧光灯灯具吊顶下吸顶安装做法；（d）荧光灯灯具楼板下吸顶安装做法

5. 其他灯具的安装

室内壁灯和户外投光灯的安装如图 9-26 和图 9-27 所示。

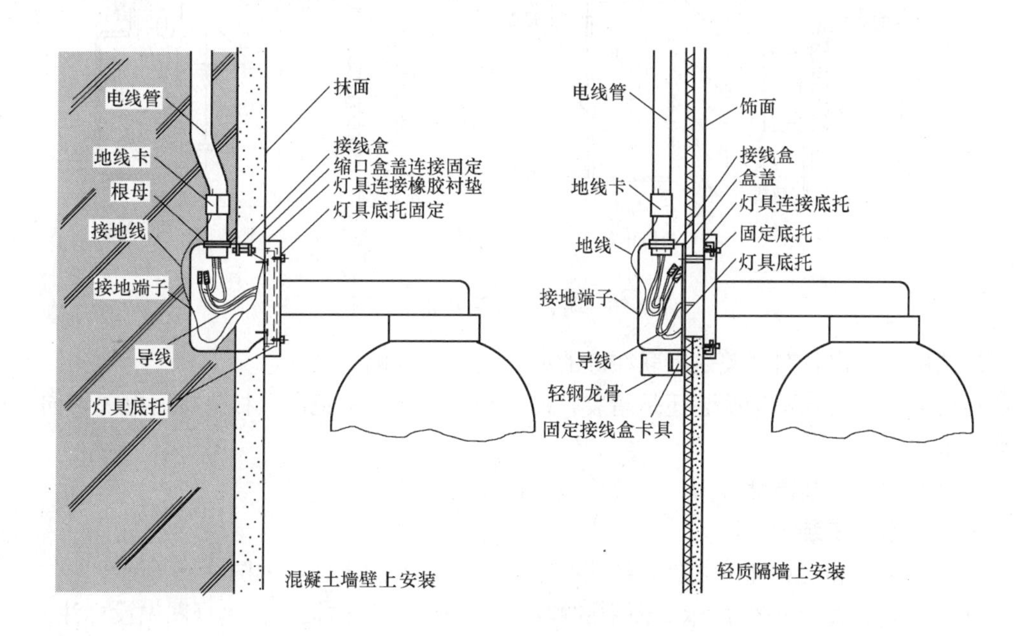

图 9-26　白炽灯照明器壁上安装做法图示

二、开关的安装

以暗装开关为例，其安装图如图 9-28 所示。

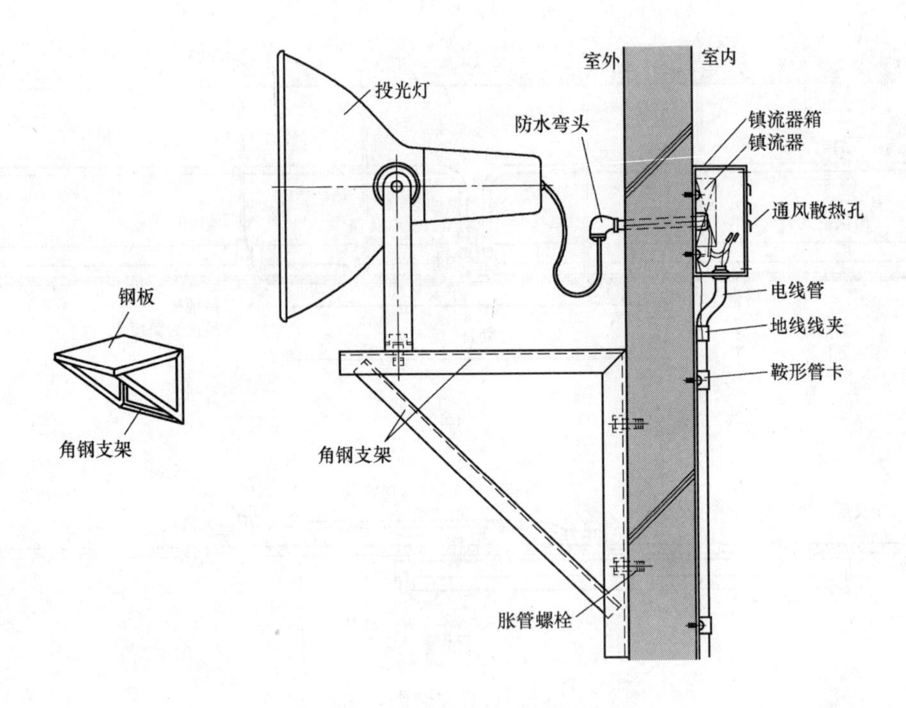

图 9-27　户外投光灯安装做法图示

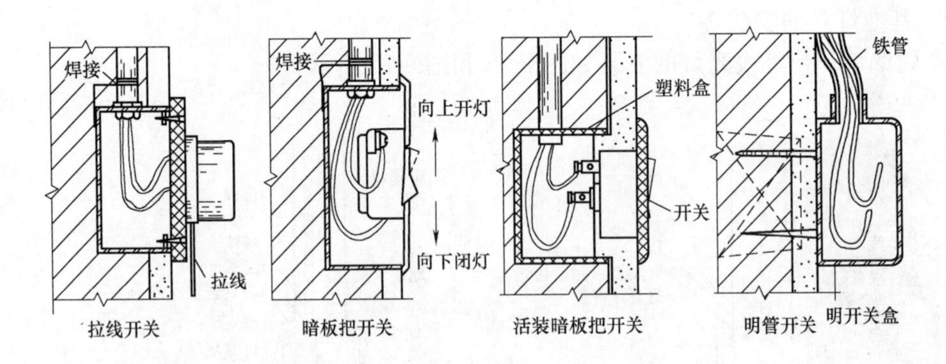

图 9-28　明、暗开关安装做法图

从图中可看出，其开关是串联在灯的相（火）线一侧。

在安装开关时，不论明装还是暗装，都必须保证开关板把向上板是接通电源、向下板是切断电路。

这种开关的安装高度应为：开关面板下沿距地 1.4m。

三、插座的安装

插座有单相和三相插座之分，接线时都应注意各孔的极性，如图 9-29 所示。

插座的安装如图 9-30 所示。图中的螺钉是固定在下面的接线盒上（图中没标注）。

暗装的插座下沿距地不应低于 30cm。

四、吊扇的安装

吊扇的重量应由图 9-20 中的预埋件承担。图 9-31 所示的只是其中一种。

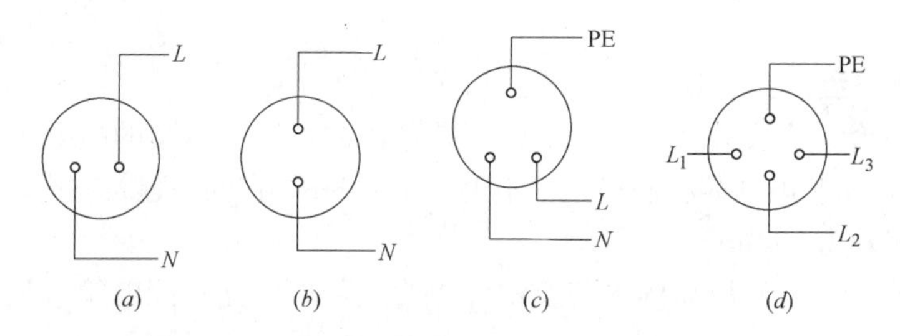

图 9-29　插座各孔的极性

（a）插座横装；（b）插座竖装；（c）平相三孔插座安装；（d）三相四孔插座安装

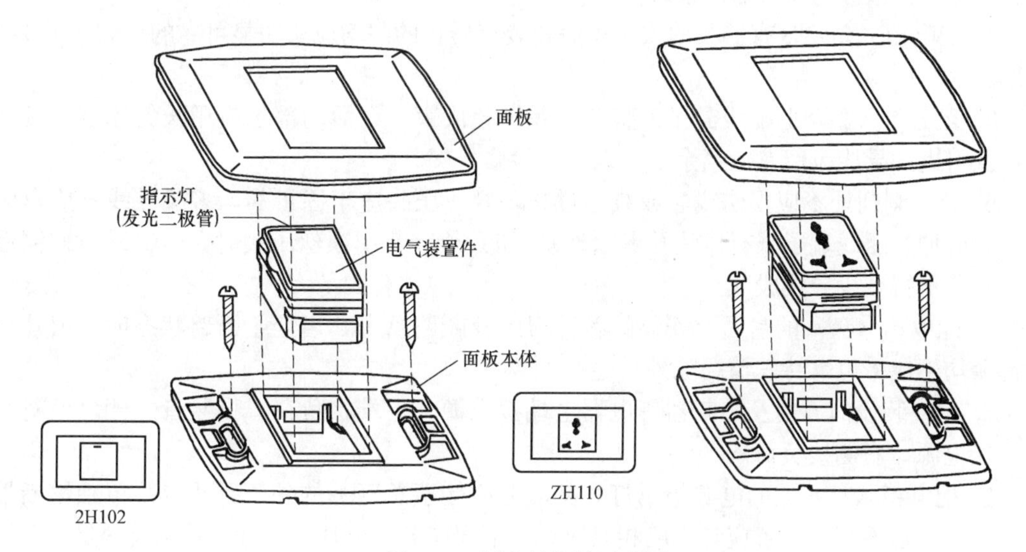

图 9-30　插座的组装示意图

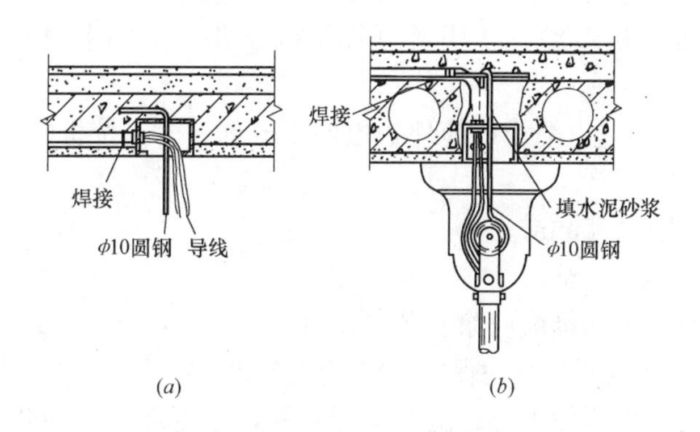

图 9-31　吊扇的安装示意图

（a）现制楼板吊扇安装示意图；（b）预制楼板吊扇安装示意图

9.4　配电箱（盘）的安装

配电箱（盘）有明装和暗装之分，本节是以暗装配电箱（盘）为主。

本节主要讲解配电箱（盘）安装要求、盘面加工组装工序、箱体的固定以及接线和绝缘测试等工作。

一、配电箱（盘）安装要求

1. 配电箱（盘）应安装在安全、干燥、易操作的场所，暗装的配电箱安装时底口距地一般为1.5m，明装电度表板底口距地不得小于1.8m。在同一建筑物内，同类盘的高度应一致，允许偏差为10mm。

2. 安装配电箱（盘）所需的木砖及铁件等均应预埋。挂式配电箱（盘）应采用金属膨胀螺栓固定。

3. 铁制配电箱（盘）均需先刷一遍防锈漆，再刷灰油漆二道。预埋的各种铁件均应刷防锈漆，并做好明显可靠的接地。

4. 配电箱（盘）带有器具的铁制盘面和装有器具的门均应有明显可靠的裸软铜PE线接地。

5. 配电箱（盘）上配线需排列整齐，并绑扎成束，在活动部位应用长钉固定。盘面引出及引进的导线应留有适当余度，以便于检修。

6. 导线剥削处不应损伤线芯或线芯过长，导线压头应牢固可靠，多股导线不应盘圈压接，应加装压线端子（有压线孔者除外）。如必须穿孔用顶丝压接时，多股线应刷锡后再压接，不得减少导线股数。

7. 配电箱（盘）的盘面上安装的各种刀闸及断路器等，当处于断路状态时，刀片可动部分均不应带电（特殊情况除外）。

8. 垂直装设的刀闸及熔断器等电器上端接电源，下端接负荷。横装者左侧（面对盘面）接电源，右侧接负荷。

9. 配电箱（盘）上的电源指示灯，其电源应接至总开关的外侧，并应装单独熔断器（电源侧）。盘面闸具位置应与支路相对应，其下面应装设卡片框，标明路别及容量。

10. FN-C中的零线应在箱体（盘面上）进户线处做好重复接地。

11. 零母线在配电箱（盘）上应用零线端子板分路，零线端子板分支路排列位置，应与熔断器相对应。

12. PE线若不是供电电缆或电缆外护层的组成部分时，按机械强度要求，截面铜线不应小于下列数值：

有机械性保护时为2.5mm^2；

无机械性保护时为4mm^2。

13. 配电箱（盘）上的母线应涂有黄（L_1相），绿（L_2相），红（L_3相），淡蓝（N零线）等颜色，黄绿相间双色线为保护地线（也称PE线）。

14. 配电箱（盘）面板较大时，应有加强衬铁，当宽度超过500mm时，箱门应做成双开门。

二、配电箱（盘）的加工

1. 配电箱（盘）的组成

以图9-32的暗装配电箱为例加以说明。

盘面可采用厚塑料板、包铁皮的木板或钢板。以采用钢板做盘面为例，将钢板按尺寸用方尺量好，画好切割线后进行切割，切割后用扁锉将棱角锉平。

2. 盘面的组装配线如下：

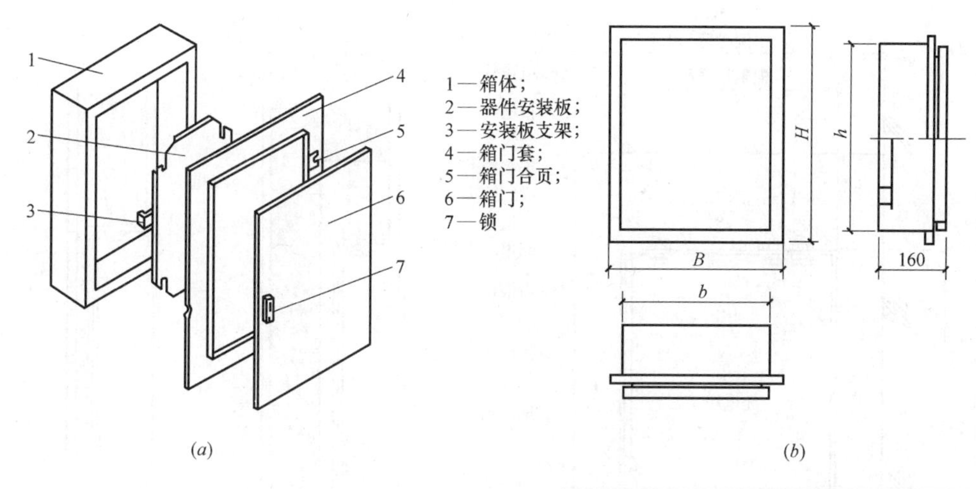

箱号	外形尺寸(mm)				构造选型
	B	H	b	h	
1	300	400	250	350	
2	400	500	350	450	
3	500	650	450	600	

图 9-32　暗装配电箱图

(a) 暗装箱外形图示；(b) 外形尺寸

（1）实物排列　将图 9-32 的“2”器件安装板放平，再将全部电具、仪表置于其上，进行实物排列。对照设计图及电具、仪表的规格和数量，选择最佳位置使之符合间距要求，并保证操作维修方便及外形美观。

（2）加工　位置确定后，用方尺找正，画出水平线，分均孔距。然后撤去电具、仪表，在图 9-32 的“2”上进行钻孔（孔径应与绝缘嘴吻合）。钻孔后除锈，刷防锈漆及灰油漆。

（3）固定电具　油漆干后装上绝缘嘴，并将全部电具、仪表摆平、找正，用螺丝固定牢固。

（4）电盘配线　根据电具、仪表的规格、容量和位置，选好导线的截面和长度，加以剪断进行组配。盘后导线应排列整齐，绑扎成束。压头时，将导线留出适当余量，削出线芯，逐个压牢，但是多股线需用压线端子。如立式盘，开孔后应首先固定盘面板，然后再进行配线。

三、配电箱（盘）的固定

暗装配电箱（盘）的固定工作是配合土建砌墙或打混凝土工作时进行的。

一般当土建主体工程砌至安装高度时，就可根据预留孔洞尺寸先将箱体找好标高及水平尺寸，并将箱体固定好，然后用水泥砂浆填实周边并抹平齐，待水泥砂浆凝固后再安装盘面和贴脸。如箱底与外墙平齐时，应在外墙固定金属网后再做墙面抹灰。不得在箱底板上抹灰。安装盘面要求平整，周边间隙均匀对称，贴脸（门）平正，不歪斜，螺丝垂直受力均匀。

固定好配电箱体的后期安装做法如图 9-33 所示。

明装配电箱安装做法如图 9-34 所示。

四、接线和绝缘摇测工作

配电箱安装完毕，管内穿线工作结束后，就可进行箱体内的接线工作。

先将导线理顺，分清支路和相序并做好标记；再将导线端头剥开，并逐个压在电器端子上。

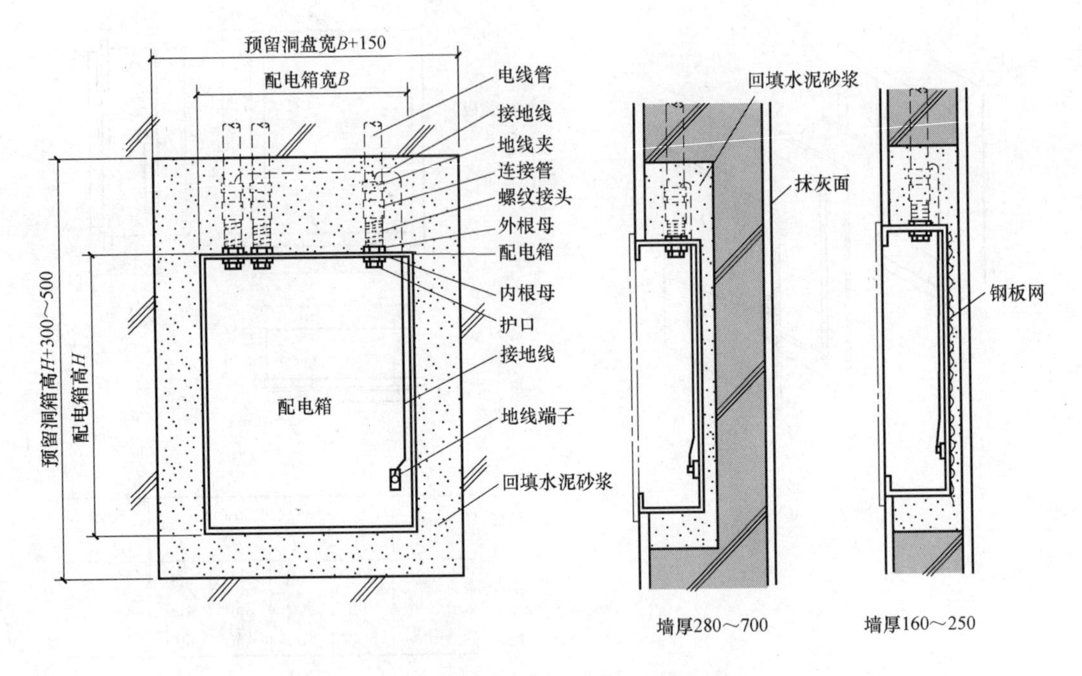

图 9-33　暗装配电箱后期安装做法图示（单位：mm）

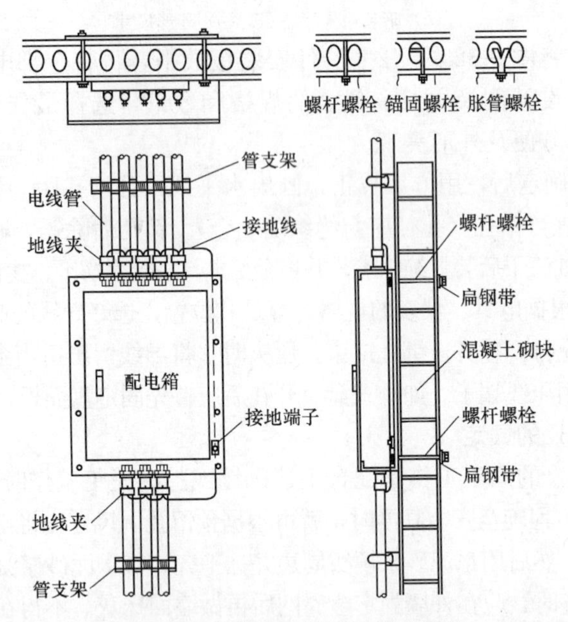

图 9-34　明装配电箱安装做法图示

在配电箱上应分别设置零线 N 和保护线 PE 线的汇流排，并与配电箱上各零线和保护线连接完好，编号。

用 500 伏的兆欧表对线路进行绝缘测量。测量项目包括相线之间、相线与零线 N 之间、零线 N 与保护线 PE 之间等。

对测量数据做好记录，以备存档。

最后，试送电无误后提交上一级进行质量检查和验收。

9.5　架空线路工程及施工

电力传输线路除电缆传输外还有造价便宜、施工容易、便于维修的架空传输线路。

一、架空线路的组成

架空电力线路由传输导线、电杆、横担、绝缘子、金具和拉线等组成。如图 9-35 所示。

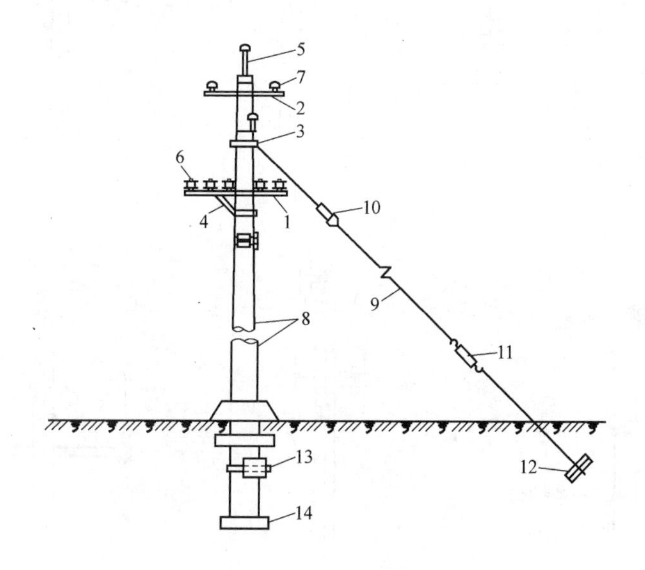

图 9-35　架空电力线路的组成

1—低压横担；2—高压横担；3—拉线抱箍；4—横担支撑；5—高压杆头；6—低压绝缘子；7—高压针式绝缘子；8—电杆；9—拉线；10—拉线绝缘子；11—花篮螺栓；12—地锚（拉线盒）；13—卡盘；14—底盘

1. 架空线路的传输导线

架空线路的传输导线应有高的电导率、足够的机械强度和耐振、耐腐蚀等性能。一般使用裸导线，但在低压架空线路中的导线要用绝缘导线。

常用导线有钢芯铝绞线、铜绞线、铝绞线等。

在超高压输电线路上，为了提高输送能力，降低电晕损失，多采用分裂导线，例如 500kV 输电线路中采用的四根分裂导线。

2. 电杆

电杆按其材质分为木电杆、金属电杆和混凝土电杆三种。其中木电杆重量轻，施工方便，但使用年限短。为节省木材现在较少使用。金属电杆机械强度大，使用年限长，且便于运输，但耗钢量大，价高，易生锈，常用于 35kV 以上架空线路的重要位置上或大跨越处所。钢筋混凝土电杆可节省钢材和木材，使用年限长，故使用较广泛，只是因重量大，运输不便，所以在交通不便的地区使用受到限制。

钢筋混凝土电杆的横截面形状有方形和环形两种，一般多采用环形电杆。环形电杆又有锥形（拔梢杆）和等径杆两种，前者使用最多。锥形电杆的锥度为 1∶75；电杆长度有

8、9、10、12和15m等几个等级。

电杆按其所处位置和作用又可分为直线杆、耐张杆、转角杆、终端杆和分支杆等几种。如图9-36所示。

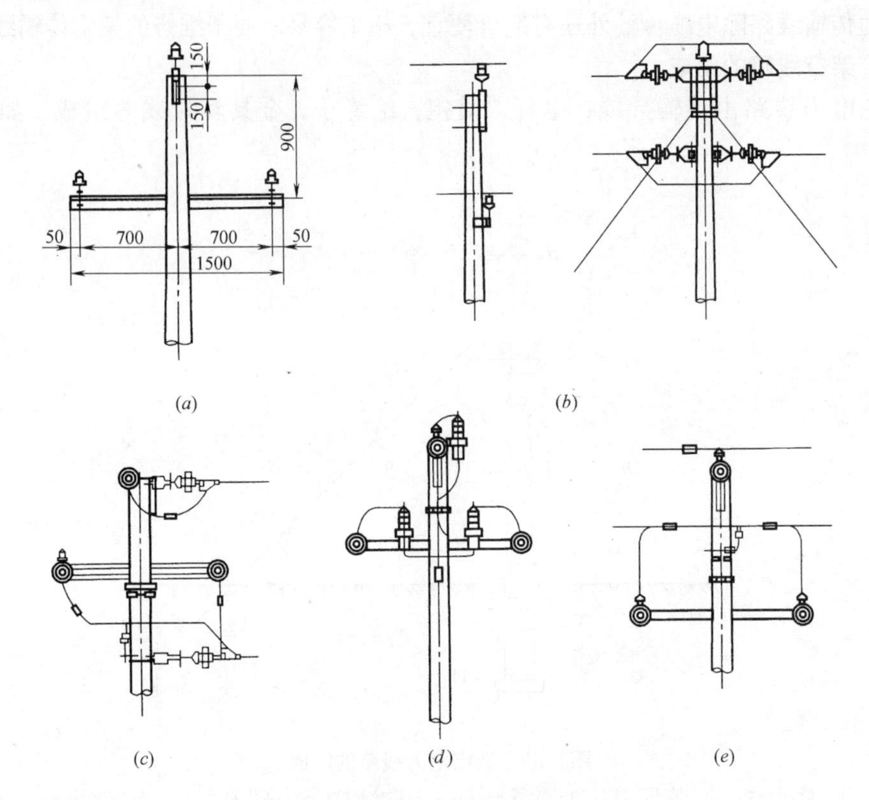

图9-36　杆塔的常用类型（单位：mm）
(a) 直线杆；(b) 耐张杆；(c) 转角杆；(d) 终端杆；(e) 分支杆

(1) 直线杆（中间杆）。位于线路的直线段上，只承受导线的垂直荷重和侧向的风力，不承受沿线路方向的拉力。线路中的电线杆大多数为直线杆，约占全部电杆数的80%。

(2) 耐张杆（承力杆）。位于线路直线段上的数根直线杆之间，或位于有特殊要求的地方（架空线路需分段架设处），这种电杆在断线事故和架线紧线时，能承受一侧导线的拉力，将断线故障限制在两个耐张杆之间，并且能够给分段施工紧线带来方便。所以耐张杆的机械强度（杆内铁筋）比直线杆要大得多。

(3) 转角杆。用于线路改变方向的地方，它的结构应根据转角的大小而定，转角的角度有15°、30°、60°、90°。转角杆可以是直线杆型的，也可以是耐张杆型的，要在拉线不平衡的反方向一面装设拉力。

(4) 终端杆。位于线路的终端与始端，在正常情况下，除了受到导线的自重和风力外，还要承受单方向的不平衡力。

(5) 跨越杆。用于铁道、河流、道路和电力线路等交叉跨越处的两侧。由于它比普通电线杆高，承受力较大，故一般要加人字或十字拉线补充加强。

(6) 分支杆。位于干线与分支线相连处，在主干线路方向上有直线杆和耐张杆型；在分支方向侧则为耐张杆型，能承受分支线路导线的全部拉力。

电杆间的间距应视情况而定，一般低压系统为40、50、60、70m。

3. 绝缘子

绝缘子用来固定导线，以保持导线对地的绝缘，还要承受导线的垂直荷重和水平拉力，所以它应有足够的电气绝缘能力和机械强度，还要有防水、防化学侵蚀和温度急剧变化时不受影响等性能。

绝缘子按用途可分为针式绝缘子、蝶式绝缘子、悬式绝缘子，其外形随电压不同而异，如图9-37所示。图中悬式绝缘子多使用在35kV及以上的线路上。它是一片一片的，使用时组成绝缘子串，每串片数是根据线路额定电压和电杆类型确定的。例如在35kV线路的直线杆上，（铁横担）为3片；而耐张杆上串的片数应比直线杆上多一片。

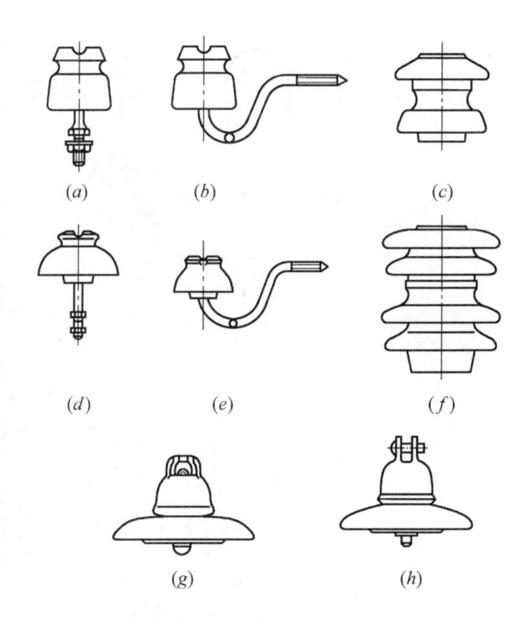

图9-37　绝缘子外形图

(*a*) 低压直脚针式绝缘子；(*b*) 低压弯脚针式绝缘子；(*c*) 低压蝶式绝缘子；(*d*) 10kV直脚针式绝缘子；(*e*) 10kV弯脚针式绝缘子；(*f*) 10kV蝶式绝缘子；(*g*)、(*h*) 悬式绝缘子

4. 铁横担和金具等

以低压五线制角钢横担为例，如图9-38所示。

横担主要作用是支撑绝缘子和导线。因此，要求横担具有足够的机械强度，坚固耐用，便于安装，并做到规格化和标准化。配电线路常用的横担有镀锌角铁横担和陶瓷担两种。陶瓷担在城市郊区和农村用得较多，其优点是绝缘水平高，耐雷及防污性能好，但机械强度较差。

直线杆的横担应安装在受电侧（负载侧）如图9-38所示。分支杆、90°转角杆、终端杆应装于拉线侧。

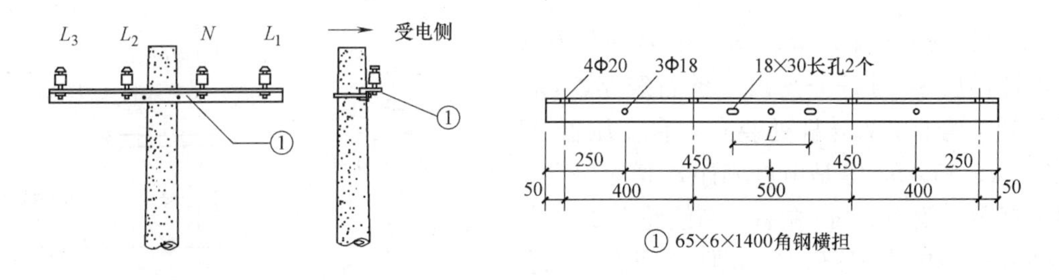

图9-38　低压四线制直线杆的角钢横担

低压线路四条线在横担上的相序排列顺序为：面向负载从左侧起先后为L_1、N、L_2、L_3。其中$L_{1\sim3}$表示三条相（火）线，N表示中性线。

架空线路上用的金属部件很多，统称为金具。如图9-39所示。图中（*a*）、（*b*）是安装铁横担用的抱箍和抱铁；（*c*）是分支、转角、断连、终端、95mm^{2}及以上的导线应采用的耐张线夹；（*d*）是在线路断线处改变导线截面采用的并沟线夹；（*e*）～（*h*）是连接悬

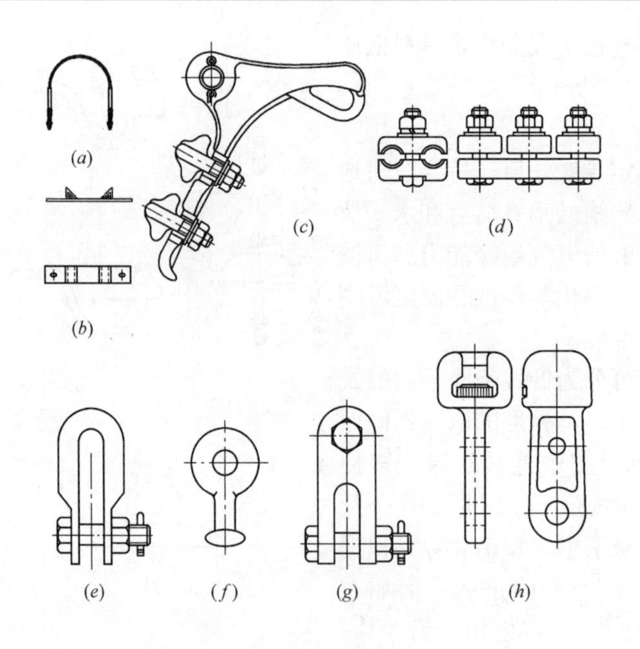

图 9-39 常用的金具

(*a*) 抱箍；(*b*) M形抱铁；(*c*) 耐张线夹；(*d*) 并沟线夹；(*e*) U形挂环；

(*f*) 球头挂环；(*g*) 直角挂板；(*h*) 碗头挂板

式绝缘子用的挂环、挂板等。

金具是与导线和绝缘子配套器材之一，选用时必须结合三者综合考虑进行。

此外，还有为了稳固电杆的各种拉线。

二、架空电力线路在平面图中的标识

如图 9-40 所示是一条 10kV 高压架空电力线路工程平面图。由于 10kV 高压线都是三条导线，所以图中只画单线，不需表示导线根数。

由图 9-40 可见，37、38、39 号为原有线路电杆，从 38 号杆分支出一条新线路，自 1 号杆到 7 号杆，7 号杆处装有一台变压器 T。数字 90、85、93 等是电杆间距，高压架空线路的杆距一般为 100m 左右。新线路上 2、3 杆之间有一条电力线路，4、5 杆之间有一条公路和路边的电话线路，跨越公路的两根电杆为跨越杆，杆上加双向拉线加固。5 号杆上安装的是高桩拉线。在分支杆 38 号杆、转角杆 3 号杆和终端杆 7 号杆上均装有普通拉线，其中转角杆 3 号杆在两边线路延长线方向装了一组拉线和一组撑杆。

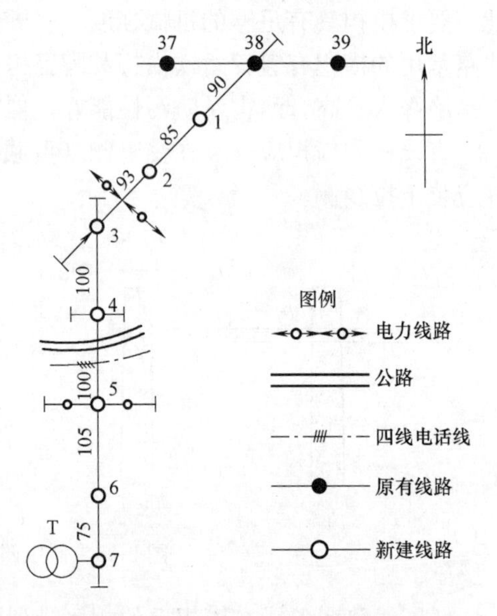

图 9-40 10kV 高压架空电力线路工程平面图

10kV 架空配电线路的导线，一般采用三角或水平排列；导线的排列顺序分在城镇和在野外两类，①在城镇，从造建筑物一侧向马路侧依次为 A 相、B 相、C 相；②在野外，一般面向负荷侧从左向右依次排列为A相、B相、C相。

三、架空线路的施工及施工顺序

1. 电杆定位

首先根据设计图纸确定线路走向，并确定线路的起点、转角点和终端点的电杆位置。

在地面上打入主、辅标桩，并在标桩上编号。转角和加强杆的杆位在标桩上要写明，以便挖拉线坑。

2. 挖坑

坑分为杆坑和拉线坑两种。杆坑又有圆形坑和梯形坑之分。后者选用于杆身较高较重及带有卡盘的电杆；当坑深在1.8m以上时要挖出有三阶的梯形坑。挖坑时，杆坑的马道要开在立杆方向。滑坡长度不应小于坑深。杆坑深度在设计作规定时，按表9-4所列数据。

电杆埋没深度表（m）　　表9-4

杆长	8.0	9.0	10.0	11.0	12.0	13.0	15.0
埋深	1.5	1.6	1.7	1.8	1.9	2.0	2.3

拉线坑的深度一般为1～1.2m。

终端杆、转角杆一般要装底盘，或就地取材，用岩石或碎石基础并夯实。当土壤含有流沙或地下水位高时，直线杆也要装底盘。

当土壤不好或较陡的斜坡上立杆时，为了减少电杆的埋深可在电杆上装设卡盘。如图9-41所示。从图中看出，卡盘应装设在自地面起至电杆埋设深度1/3处；卡盘要与线路平行，并且有顺序的在线路左、右两侧交替地埋设。承力杆的卡盘应埋设在承力侧。

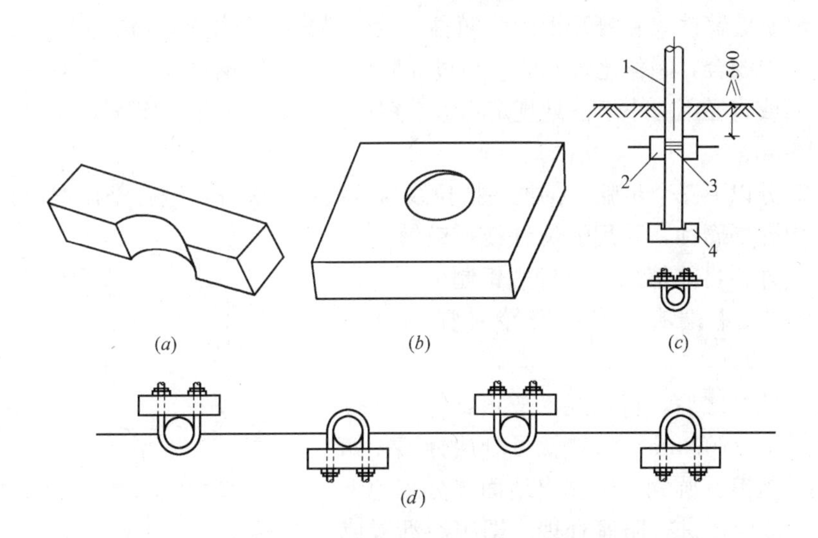

图9-41　卡盘与底盘的安装及要求示意图

(a) 卡盘；(b) 底盘；(c) 安装；(d) 直线杆卡盘的安装要求

1—电杆；2—卡盘；3—U形抱箍；4—底盘

3. 横担组装

为施工方便，一般都在地面上将横担、金具全部组装完毕，然后整体立杆。

4. 立杆

立杆的方法有很多，常用的是汽车起重机立杆、三脚架立杆、人字抱杆立杆和架杆立杆等。

(1) 使用汽车起重机立杆工效高，但只能在交通道路方便的场所。

(2) 三脚架立杆。它主要依靠装在三脚架上的小型卷扬机、滑轮组及钢丝绳等来吊立电杆。也可以用绞磨或手拉链条葫芦来代替卷扬机。所以此方法较为简便、灵活。

(3) 人字抱杆立杆方法。

这种方法适于山区交通不方便和无电源的地方。起吊时，当电杆头部离地面 0.5～1.0m 时，应停止起吊再进行一次检查，确认各部件、绳扣安全无误时再起吊。在整个立杆过程中，临时调整绳要用力均衡，以保证杆身稳定。

(4) 应用架杆立杆是最简单的方法。此方法使用的工具简单，但劳动强度大，所以只有在立杆少，又缺少机械的情况下采用，但只能竖立木电杆和低于 9m 的钢筋混凝土电杆。

电杆组立后，回填土时应将土块打碎，每回填 500mm 应夯实一次。回填土后的电杆坑应有防沉土盒，其培设高度应超出地面 300mm。沥青路面或砌有水泥花砖的路面不留防沉土台。滑坡回填土时必须夯实，并留防沉土盒。

当电杆设立在山坡或河道附近有可能受雨水冲刷地段，电杆周围应有防护措施，例如使用混凝土桩或水泥做成围栏。

5. 拉线和安装

拉线是由上把、中把和底把三部分组成的，如图 9-35 所示。图中的拉线绝缘子要在拉线从导线之间穿过时才装设。

拉线材料有镀锌铁线和镀锌钢绞线两种。镀锌铁线一般用 $\phi4$（俗称 8 号铝丝）一种规格，施工时要绞合，制作比较麻烦，超过 5 股最好用镀锌钢绞线。

拉线截面或直径不应小于下列规定：镀锌钢绞线为 $25mm^2$；镀锌铁线为 $3\times\phi4.0mm$；底把圆钢 $\phi16mm$。

拉线安装分以下三个步骤：①把底把拉线与拉线盘组装好，进行整体埋设。因为底把大部分在土中容易腐蚀，除用镀锌铁线或镀锌钢绞线做底把拉线外，目前都采用镀锌圆钢制成。它的下端套有丝扣，上端有拉环，安装时如图 9-42 所示。

底把拉线装好之后，将拉线盘放正，使底把拉环露出地面 500～700mm，随后就可分层夯实。如果底把使用的是镀锌圆钢，则露出地面部分和地下 200～300mm 部分要进行防腐处理，即缠涂沥青或缠卷 80mm 宽的浸透沥青的麻带。

② 做拉线上把，可用楔形线夹或套环将钢绞线一头固定好，然后用拉线抱箍固定在电杆的合力作用点上；或用缠绕法把镀锌铁线直接固定在电杆的合力作用点上。

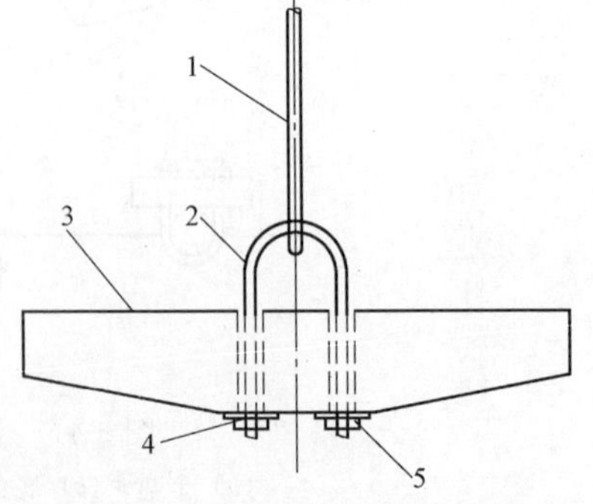

图 9-42　由底把和拉线盘组成的地锚
1—镀锌圆钢；2—U 形拉环；3—水泥拉线盘；4—垫板；5—双螺母

③ 做拉线中把，使上部拉线和下部拉线连接起来成为一个整体。

拉线安装好后可以用紧线钳收紧拉线。收紧到电杆达到规定的标准。

6. 架设导线

架线前，应检查导线。当导线损伤有下列情况之一者，应锯断重新：①在同一截面内，损坏面积超过导线的导电部分截面积的 17%；不超过 17%时可敷设补修；②钢芯铝绞线的钢芯断一股；③导线出“灯笼”，直径超过 1.5 倍导线直径而又无法修复；④金钩破股已形成无法修复的永久变形。

(1) 放线：把导线从线盘上放出来架设在电杆的横担上。放线有拖放法和展放法两种。拖放法是将线盘架设在放线架上拖放导线；展放法是将线盘架设在汽车上，行进中展放导线。

拖放导线前应沿线路清除障碍物，在石砾地区应铺垫或其他隔离物，以免磨伤导线。当需要跨越铁路、公路及其他不能停电的供电线路时，应搭设跨越架，并有专人负责看管。

放法通常是以一个耐张段为一单元进行。可以先放线，即把所有导线全部放完，再一根根的将导线架在电杆的横担上；也可以边放线边架线。放线时应使导线从线盘上方引出。放线过程中，线盘处要有人看守，保持放线速度均匀，同时检查导线质量，发现问题及时处理。

架线时，导线吊上电杆后，应放在事先装好的开口木质滑轮内，防止导线在横担上拖拉磨损。铝绞线也可使用铝质滑轮；钢绞线也可应用钢滑轮。

(2) 连接导线：由于导线的连接质量直接影响着导线的机械强度和电气性能。所以架空线路上的导线连接应按如下规定：①在每一档距内每条导线只允许有一个接头，导线接头位置与针式绝缘子固定处的净距不应小于 500mm；距耐张线夹之间的距离不应小于 15m；②在跨越铁路、河流、电力和通讯线路的档距内，导线不允许有接头；③不同金属、不同截面、不同捻绞方向的导线，只能在杆上跳线处连接。

导线连接前应清除表面污垢，清除长度应为连接部分的二倍。连接部分线股不应有缠绕不良、断股、松股等缺陷。

架空线路导线的主要连接方法是钳压连接或液压连接。即把要连接的两导线头放在专用的钳压接续管或液压管中按顺序压接。

当导线为钢芯铝绞线，且截面在 35mm^2 及以上时，可使用爆炸压接法，应用此法要特别注意安全，严格按照有关规定和操作规程办。

如果接头在杆上跳线处，则使用线夹连接，例如应用两个并沟线夹连接杆上分支线和跳线。当两导线截面不同时，可按大截面导线选择线夹，在小截面导线上用铝包带缠扎到与大截面导线直径相同时为止。

(3) 紧线：在做好耐张杆、转角杆和终端杆拉线后，就可以分段紧线。即先将导线的一端在绝缘子上固定好，然后在导线的另一端紧线。紧线方法有两种：一种是导线逐根均匀收紧；另一种是三根或二根同时收紧（两根同时收紧时应先紧两根边线）。当具有较大牵引力时可用后者。当线路较长、导线截面较大，三线或两线同时收紧时，应采用卷扬机或绞磨来牵引，并应加装临时拉线。紧线时，一般应每根电杆都有人负责看守。

当导线收紧到一定程度时，观测导线的弧垂，当弧垂达到设计要求时，停止收紧工作。此时将已拉紧的导线装上线夹，并与已组合好的绝缘子相连接，最后放开紧线装置，使导线处于自由拉紧状态。如果弧垂没变动，则紧线工作即告结束。

导线的弧垂（弛度）同线路架设地区的温度、风速、导线架设的档距、导线材料及截面积有关。例如，LJ-16（即 $16mm^2$ 的铝绞线）在环境温度为20℃，档距为40m时，弧度应为0.59m；当档距为60m时，弧度为0.9m；而LJ-50在同样条件下，在60m档距时为0.92m；当使钢芯铝绞线LJG-50在同样条件下，60m档距时为0.62m。安装架线时，可应用弧度测量尺测量每根导线的弧度，弧度误差不能超过±5%。一般同一档距内各相导线的弧度力求一致，水平排列的导线弧度其相互间差别不应大于50mm。导线紧好后，线上不应有杂物。

（4）导线的固定：导线在绝缘子上通常用绑扎方法来固定。

导线的固定应牢固、可靠且应符合下列规定：①对于直线杆，导线应安装在针式绝缘子或直立式瓷横担的顶槽内；水平式瓷横担的导线应安装在端部边槽上；②对于转角杆，导线应安装在转角外侧针式绝缘子的边槽内；③绑扎铝绞线或钢芯铝绞线时，应先在线上包缠两层铝包带，包缠长度应露出绑扎处两端15mm；④绑扎方式应符合设计要求规定。各股扎线要均匀受力，其材质与外层线股相同。

四、架空接户线

架空接户线又叫引入线，是指从架空线经电杆上引到建筑物第一支持点的这一段架空导线及其附属设施。建筑物第一支持物包括建筑物外墙、支持接户线的设施和用电单位自己装设的接户电杆等。

接户线按电压等级又有高、低压之分。

1. 低压接户线

（1）一般要求：

① 自电杆上引出点到建筑物第一支持点之间距离（即档距）不宜大于25m，当超过25m时应增设接户电杆；

② 接户线在入口处的最小对地距离，应不小于2.5m；跨越道路的接户线至路面中心应不小于6m；跨越人行道时为3.5m；接户线不宜跨越建筑物。如必须跨越时，在最大弧度情况下，对建筑物的垂直距离不应小于2.5m；

③ 接户线与建筑物下方窗户间的垂直距离为0.30m；与上方阳台或窗户间的垂直距离为0.80m；与窗户、阳台的水平距离为0.75m；与墙壁、构架之间为0.05m；

④ 接户线与其他架空线路及金属管道交叉或接近时的最小允许距离，应不小于下列数值：(*a*) 与架空管道、金属体交叉时为0.50m；(*b*) 接户线在最大风偏时，与烟囱、拉线、电杆的接近距离为0.20m；(*c*) 与弱电线路相接近时的水平距离为0.60m；(*d*) 与其他架空线或弱电线路交叉时，接户线应设在下方，其垂直距离为0.30m，如不能满足时，可用瓷管等隔离，在弱电线路上方时其垂直距离为0.60m；

⑤ 接户线不应使用裸导线，应该使用绝缘导线，其截面应按允许载流量选择，但不应小于下列数值：当档距大于或等于10m时，铜线为 $4.0mm^2$，铝线为 $6.0mm^2$；在档距小于10m时，铜线为 $2.5mm^2$，铝线为 $4.0mm^2$；

⑥ 接户线的线间距离，在设计未作规定时，不应小于下列规定数值：自电杆引下者为200mm；沿墙敷设者为150mm；

⑦ 不同规格、不同金属的接户线不应在档距内连接；跨越道路的接户线不宜有接头；绝缘导线的接头必须用绝缘布包扎；

⑧ 两个电源引入的接户线不宜同杆架设；

⑨ 接户线不应从 1～10kV 引下线间穿过，接户线不应跨越铁路。

(2) 低压接户线的做法，如图 9-43 所示。图中角钢支架尾端做成燕尾状，并一律随砌墙埋入。

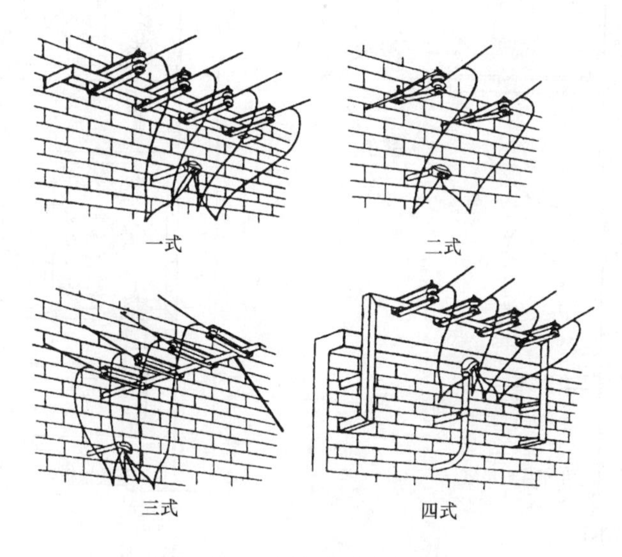

图 9-43　低压接户线的做法图

(3) 低压进户线的安装要求　从建筑物第一支持点到配电盘之间的一段线路称为进户线。

① 凡引入线直接与电度表相接时，由防水弯头“倒入字”起至配电盘间的一段导线，均用 500V 铜芯橡胶绝缘导线；如有电流互感器时，二次线应为铜线；

② 引入线进口点的安装高度，距地面不应低于 2.7m；

③ 引入线穿墙必须有穿墙套管保护。保护套管伸出户外的一端应做防水弯头，并且要安装成内高外低状，以防雨水流入；钢保持套管及其他铁件安装前均应做防锈处理，即镀锌或涂漆。钢管壁厚不小于 2.5mm；如果使用硬塑料管则壁厚不小于 2.0mm；

④ 接零系统的中性线在进户处应做好重复接地。

2. 高压接户线

(1) 一般要求

① 引入线导线的截面不应小于下列数值：铜绞线为 16mm^2；铝绞线为 25mm^2；

② 接户线的线间距离不小于 0.45m；

③ 接户线档距不宜大于 25m，且导线不允许有接头；

④ 接户线入口处，即穿墙套管的中心，对地距离不应小于 4m；安装避雷器时，其对地距离不低于 3.4m；

⑤ 不同金属、不同截面的接户线，在档距内不应连接；

⑥ 接户线与各种设施交叉接近时的要求，同低压架空线路中的一般要求；

⑦ 架空引入（出）线第一基电杆处，宜装明显的断路设备，如隔离开关或跌落式熔断器，以确保维修时的人身安全。

（2）高压接户线的做法　如图 9-44 所示。

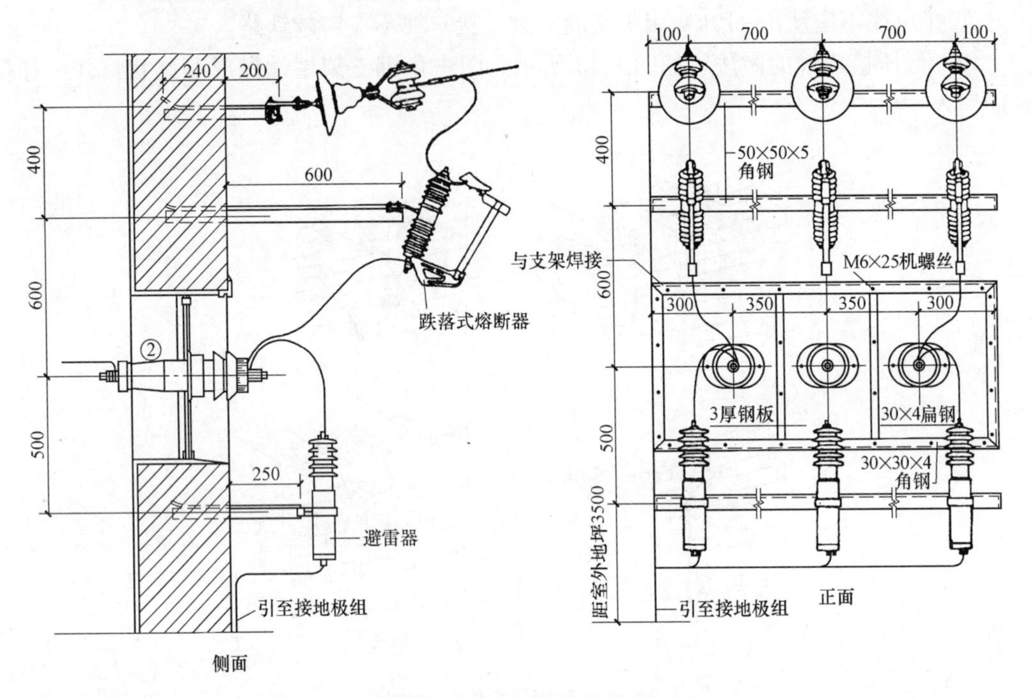

图 9-44　高压接户线做法

（3）高压进户线的安装要求

① 穿墙套管在安装前最好经过工频耐压试验，合格后再安装；

② 各种金属件均需做防锈处理，并做好接地；

③ 跌落式熔断器安装倾斜角为 25°～30°，相同距离不应小于 0.70m。

复习思考题

9-1　比较下列两种型号的电力电缆的相同与不同之处：

① YJV22-3×150（10kV）

② ZR-YJV22-4×185+1×95（0.6kV）。

9-2　详细说明直埋电缆引入建筑物外墙的做法（参阅图 9-3）？

9-3　比较电缆几种敷设方式的优、缺点和应用范围？

9-4　穿导线用的导管中除钢管外还有哪些？

9-5　说明钢管暗敷设在楼板上的施工过程及注意事项？

9-6　金属线槽配线比钢管配线有何优缺点？

9-7　从表 9-3 可看出，同型号规格的金属线槽，槽口向上时容纳导线根数比槽口向下时多，为什么？

9-8　详细说明吊式荧光灯的安装过程？

9-9　你安装过哪几种灯具、开关或插座？有何经验和教训？

9-10　说出配电箱（盘）暗装时的安装工序？

9-11　比较架空与地下电缆两种输电方式的优、缺点和应用条件？

9-12　说明架空线路的主要组成？

9-13　你能辨别电杆的几种类型吗？

9-14　你能读出图 9-40 中有哪几种类型的电杆？

9-15　说明架空线路的施工顺序？

9-16　说出图 9-44 中跌落式熔断器、避雷器和穿墙套管的作用？

第十章　建筑电气工程概预算

10.1　概　　述

一般大中型建设项目的设计工作是分两个阶段完成的。第一阶段为初步设计工作，根据初步设计计算出的各项费用和总费用称为设计概算。第二阶段为施工图设计工作，根据施工图设计编制出的各项费用和总费用称为施工图预算。

由于设计概算与施工图预算的编制单位和依据、深度和要求等的不同，因此差异较大。

一、设计概算和施工图预算的编制单位

设计概算的编制工作是由建设单位（甲方）或委托设计单位来做的。

施工图预算是由施工单位（乙方）来编制的。

二、设计概算在工程建设中的作用

1. 设计概算是国家控制工程建设投资额的依据。

经审查批准的工程建设概算投资额，是国家控制工程建设投资的最高限额。无论是年度建设计划的安排，还是建设银行的拨款与贷款，都不能突破这一限额。

2. 设计概算是编制工程建设招标标底的基础。

3. 设计概算是编制年度建设计划、确定和控制年度建设投资额的依据。

4. 设计概算是衡量设计方案是否经济合理的依据。

5. 设计概算经甲、乙双方审定后，也可作为签订承发包合同、办理工程拨款、贷款和竣工结算的依据。

三、施工图预算在工程建设中的作用

1. 施工图预算最主要的作用是为建筑安装产品定价。

依据施工图和有的定额、取费标准等价格资料，为每项工程确定出建设费用，即是工程造价或称建筑安装产品的计划价格。

2. 施工图预算是甲、乙双方进行经济核算的基础。

3. 施工图预算是编制工程进度计划和统计工作的基础，是设备、材料加工订货的依据。

4. 施工图预算是编制工程招标标底和工程投标报价的基础。

设计概算、施工图预算和竣工决算总称为“三算”。及时、精确地编制设计概算和施工图预算是本章的任务。

四、施工预算

在电气安装工程施工过程中，还要编制“施工预算”。它是在施工图预算的基础上，依据施工方案和施工定额编制的。作为与施工图预算的对比，以衡量工程成本的节余和亏损。

它还可以作为编制施工作业计划的依据和对班组实行经济核算的依据。

设计概算、施工图预算和施工预算的区分如表 10-1 所示。

设计概算、施工图预算和施工预算的区分　　表 10-1

	设计概算	施工图预算	施工预算
一、编制单位	设计单位 (受建设单位即甲方委托)	施工单位 (即乙方)(对外)	施工单位 (对内)
二、编制依据	1. 概算定额 2. 设计图	1. 预算定额(内容综合扩大—含更多的可变因素) 2. 施工图	施工定额(工程细目详细、具体,对质量要求、施工方案、所需劳动工日、材料品种、规格型号,都有比较详细的规定或要求)
三、内容	1. 建筑工程费用 2. 设备安装工程费用 3. 设备及工具、器具购置费 4. 其他基本建设(征用土地、拆迁、勘察、设计、监理费等)	1. 建筑工程费用 2. 设备安装工程费用	
四、审批过程	设计单位 ⇓ 建设单位 ⇓ 报主管部门审批	施工单位(乙方) ⇓ 建设单位(甲方)初审 ⇓ 建设银行经办行审查认定	

10.2　概预算中的费用组成

编制工程概预算的工作实质上就是计算工程的造价或称为工程的费用。

编制概、预算是一项政策性和技术性很强的工作，除应遵守国家现行的政策、法令、各省市自治区的文件规定和相应计量规则、定额单价、取费标准外，还要求编制人员具备一定的专业技术知识和较高的预算业务水平。

由于各地定额直接费所包含的内容不尽相同，安装工程费用的组成有一定的差异，现以 1996 年北京市城乡建设委员会编制的《北京市建设工程概算定额》为例加以说明。

安装费用由直接费（含其他直接费、现场管理费）、企业管理费、其他费用（含利润、税金、建筑行业劳保统筹基金）三个部分组成。如图 10-1 所示。

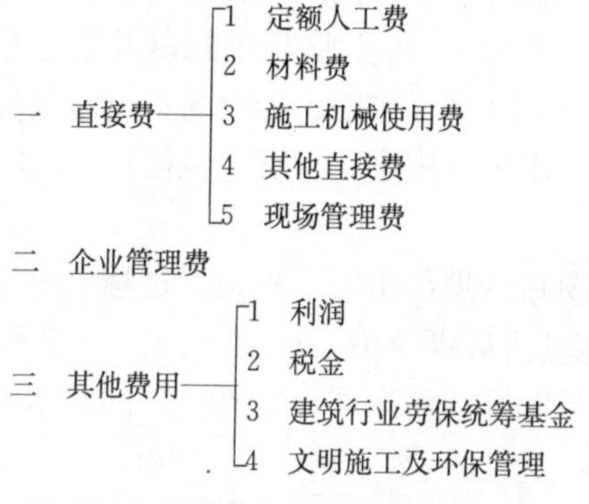

图 10-1　概预算中的费用组成

一、直接费

直接费由人工费、材料费、施工机械使用费、其他直接费和现场管理费组成。

1. 人工费：指列入概、预算定额的直接从事建筑安装市政工程施工的生产工人的基本工资、工资性质的津贴及属于生产工人工资范畴的其他开支。

(1) 生产工人的基本工资：工资性质的津贴（包括副食品补贴、冬煤津贴、流动施工津贴、合同工肉调补贴等）。

(2) 生产工人辅助工资：指开会和执行必要的社会义务时间的工资、职工学习、培训期间的工资、调动工作期间和探亲假期的工资、因气候影响停工的工资、女工哺乳时间的工资、由行政直接支付的病（六个月以内）、产、婚、丧假期的工资等。

(3) 生产工人教育经费：指按财政部有关规定在工资总额1.5%的范围内掌握开支的在职生产工人教育经费。

(4) 生产工人交通补助费：指生产工人上下班交通费补贴。

2. 材料费：指为完成安装工程所耗用的材料、构件、零件和半成品的费用及周转性材料的摊销费。其中材料费用应由材料原价、供销部门手续费、包装费、运输费和材料采购保管费构成。

3. 施工机械使用费：指安装工程施工中使用施工机械所支付的费用。它包括基本折旧和大修理折旧费，中、小修理费、替换设备、工具及附具费，润滑及擦拭材料费、安装、拆卸及辅助设施费，管理费，驾驶人员的基本工资、附加工资和工资性质的津贴、动力和燃料费以及施工运输机械的养路费、牌照税等。

4. 其他直接费：包括脚手架使用费、中小型机械使用费、材料二次搬运费、高层建筑超高费、冬雨冬施工增加费、生产工具使用费、材料检验试验费和点交及竣工清理费等内容。

施工过程中使用的水电、中小型机械中的电力消耗、垂直运输机械及排污费，已包括在1996年《北京市建设工程概算定额》建筑工程第一册土建其他直接费定额中，不得另行计算。

5. 现场管理费：指安装施工过程中，施工企业为了组织与管理施工所发生的各项经营管理费用。

(1) 临时设施费：指施工企业为进行建筑、安装、市政工程施工所必须的生活和生产的临时设施搭设费用。

临时设施费用包括：临时宿舍、文化福利公用事业房屋、构筑物、仓库、办公室、加工厂及塔式起重机路基（基础）、小型临时设施以及规定范围内的现场施工的临时道路、水、电管线等的临时搭设、维修、摊销、拆除的费用以及按规定缴纳的临时用地费、临时建设工程费。不包括施工用地面积小于首层建筑面积三倍时，由建设单位负责申办租用临时用地的租金。

(2) 现场经费：指项目经理部组织工程施工过程中所发生的费用。包括的内容有：

① 工作人员工资：包括从事政治、行政、经济、技术、试验、警卫消防、炊事和服务人员（不包括材料人员和行政汽车司机等人员）的基本工资、工资性质的津贴、流动施工津贴及工资附加费。

② 办公费：指办公用的文具、纸张、账表、印刷、邮电通讯、书报、水电等以及烧

水、现场办公用房、宿舍取暖用煤等费用。

③ 差旅交通费：是指工作人员因公出差的差旅费、住勤补贴费、误餐补助和工地转移等费用。

④ 低值易耗品摊销费：是指行政使用的不属于固定资产的工具、器具、家俱、交通工具（非机动车）和检验试验、测绘、消防用具的摊销和维修等费用。

⑤ 劳动保护费：指按国家有关部门规定标准发放给工作人员的劳动保护用品的购置费、修理费、保健费、防暑降温费。

⑥ 业务招待费：指施工过程中为保证工程工程、质量和经济等会议需要支付的合理招待费用。

⑦ 其他费用：包括民兵训练、临时工管理、诉讼、审计、咨询、文明施工、“门前三包”以及执行社会义务等费用。

⑧ 现场经费中的其他系指变配电、室外电缆、架空线路和路灯工程等。

⑨ 文明安全施工及环保管理增加费：指施工现场为控制和治理现场对环境造成污染所设立的围档、道路硬化处理以及炉灶使用清洁燃料等措施所增加的费用。执行《北京造价管理处》京选定［1999］4号文。

⑩ 工程量计算规则：

临时设施费和现场经费均以直接费（含其他直接费）中的人工费为基数计算。

二、企业管理费内容

企业管理费用是指企业行政管理部门为管理和组织经营活动而发生的各项费用；以及应由企业统一集中管理的费用和支出。

1. 干勤人员工资：指企业公司（含分公司）管理人员、服务人员的工资、各种津（补）贴。不包括材料采购保管费开支的材料人员及职工福利费开支的医务、幼教人员的工资等。

2. 职工福利基金、工会经费：指按财政部规定提取的企业全部职工福利基金及工会经费。

3. 职工教育经费、共青团经费：指企业为职工学习先进技术和提高文化水平按规定计提的费用，共青团经费指企业28岁以下青年组织学习和活动的经费。

4. 办公费：指企业公司（含分公司）管理人员办公用文具、纸张、微机软盘、色带等以及办公用品的修理费，书报、邮电、通讯、印刷、会议、水电、燃气燃料等费用。

5. 差旅交通费：指企业公司（含分公司）管理人员因公出差发生的交通费、住勤补助，公交月票补贴、误餐费等，自有交通工具的燃料、养路费、高速路通行费，劳动力招募、职工探亲路费、离退休一次性路费等费用。

6. 固定资产折旧、修理费：指企业全部非生产用的固定资产折旧、修理费。

7. 工具、用具摊销费：指企业公司（含分公司）使用的不属于固定资产的工具、用具等摊销费用。

8. 劳动保护费：指企业公司（含分公司）管理人员的劳动保护用品，公共的技术安全措施，保健及防暑降温费。

9. 劳动保险费：指企业支付职工六个月以上病假人员工资、职工退职金、职工死亡丧葬补助费、抚恤费及按规定支付给离休人员的各项经费。

10. 业务招待费：指企业为业务经营的合理需要而支付的招待费用。

11. 财务费用及税金：指企业经营期间发生的短期流动资金贷款利息等；以及按规定缴纳的房产税、车船使用税、印花税及土地使用税。

12. 其他：指上述费用以外的其他费用开支。包括上交北京市建设工程造价管理处的定额编制、测定费（按建筑、市政工程工作量0.2‰，安装工程工作量0.15‰）、工程投标、财产保险、职工取暖、民兵训练、社会义务、绿化、“门前三包”等费用。

13. 住房公积金：指根据北京市财政局京财建（95）1144号精神缴纳的住房公积金。

14. 大病统筹基金：指按北京市人民政府1995年第6号令规定企业由管理费用列支的医疗费用大病统筹基金。

15. 养老统筹基金：指企业按北京市劳动局规定给退休职工的退休金、价格补贴等。

16. 失业保险金：指企业按北京市人民政府1994年第7号令及有关规定应缴纳的失业保险金。

17. 残疾人保障金：指企业按北京市人民政府1994年第10号令规定应缴纳的残疾人保障金。

三、其他费用

1. 利润：按规定计入工程造价的利润。依据建设部、国家体改委、国务院经贸办《关于发布全民所有制建筑安装企业转移经营机制实施办法》精神，对不同工程类别实行差别利润率。

2. 税金：按规定计入建筑安装、市政工程造价的营业税、城市维护建设税、教育费附加。

3. 建筑行业劳保统筹基金：按市建委（91）京建法字第263号文件规定计取的基金，此项基金凡三级以上（含三级）施工企业均应计取，并上缴北京市建筑行业劳保统筹基金办公室，不得挪用。本项基金计取公式及标准为：

$$建筑行业劳保统筹基金=工程造价\times 1\%$$

建筑行业劳保统筹基金属于代收代缴费用，不报建筑、安装、市政工作量。

4. 文件施工及环保管理。

10.3 如何查阅和使用工程定额

一、定额

在生产过程中，为了完成一个合格的产品，就要消耗一定的人工、材料、机械设备和资金。由于这些消耗受技术水平、组织管理水平和其他客观条件的影响，所以其消耗水平是不相同的。因此，为了统一考核消耗水平，便于经营管理和经济核算，就需要有一个统一的平均消耗标准。这个统一的平均消耗标准就是“定额”。

所谓定额是指在正常的施工条件下，为完成一定计量单位的合格产品所必须的劳动力、机械台班、材料和资金消耗的数量标准。它是国家或各省市自治区根据各自的特点，从考察总体生产过程中的各生产因素，归结出社会平均必须的数量标准制订出来的。它反映一定时期的社会生产力水平。

定额是由政府主管部门或由他授权的机关统一编定的，一经颁发，便具有法令的性质。执行定额不能有随意性，任何单位都必须认真执行。有关主管部门对定额执行情况有权进行监督、检查，并有严明的定额纪律。定额不得任意修改，当定额项目不全或与施工条件不符而必须由施工单位临时补充时，应由主管机关审批后才能生效。

二、定额的种类

定额的种类很多，可分以下几类：

1. 按生产要素分为劳动定额、机械台班定额、材料消耗定额；

2. 按编制程序和用途分为工序定额、施工定额、预算定额、概算定额和概算指标；

3. 按定额的主编单位和适用范围分为全国统一定额、地区统一定额、企业定额等；

4. 按专业划分为建筑工程定额、安装工程定额（含电气安装工程）、市政工程定额、水利工程定额、铁路工程定额等；

5. 按费用划分为直接费定额、间接费定额等。

在此，重点讲解概算定额和预算定额。

三、概算定额

工程概算定额亦称扩大结构定额，它是以规定的计量单位、计算方法，计算出建筑安装工程中分部、分项工程，例如安装一台 630kVA 干式三相电力变压器，所需用的人工、材料、施工机械的需用量。由于安装变压器的工作内容包括变压器安装、变压器轨道（基础槽钢）制作安装、抗震加固、室内接地系统、变压器局部放电及空载试运行等，所以说概算定额是个综合性的定额。

概算定额是国家计划价格的基价，它作为初步设计阶段和扩大初步设计阶段，编制设计概算和修正设计概算的依据。也是编制标底、评标、决标的依据，是编制建筑安装工程主要材料申请计划的标准。

使用概算定额时，工程量计算的特点：

工程量计算可以归纳为“一点”、“三线”、“五面”的计算规则。

1. “一点”

“点”作为概算定额中某些工程量的计量单位，如个、套、付、组、间、座等。例如，电气工程中灯、插头、电视天线插头等是以“个”计算，内含户表以内的电线。

2. “三线”

概算定额中的“三线”是指：轴线、中心线、层高的垂直线。它作为概算定额基本的计量单位之一，如安装工程中轴线或中心线长度可以计算干管、干线的基本长度，层高垂直线作为计算立管长度和避雷线的引下线长度的基本依据等。

3. “五面”

“五面”是指建筑面积、轴线内包水平投影面积、轴线与层高的垂直线内包垂直投影面积、门窗外围面积和投影面积。

五方面的面积主要是用于土建工程计算工程量的依据。

四、预算定额

工程预算定额是确定一定计量单位的分项工程的人工、材料、施工机械台班消耗数量的标准。例如安装同样一台 630kVA 的干式变压器，其工作内容仅包括开箱、检查。本体就位、垫铁及止轮器制作安装、附件安装、补漆、配合电气试验等。比前述的概算定额工作内容少了许多。

1. 工程预算定额的内容

由于我国地域广阔，人口众多，除国家颁布有全国统一工程预算定额外，国家还授权各省市、自治区，在国家统一工程预算定额的原则和标准内，结合各地的具体条件，编制适应本地区的工程预算定额。各地区现行工程预算定额的组成形式和基本内容大同小异。一般包括四个部分：

(1) 总说明

总说明综合了定额的编制原则、指导思想、编制依据、适应范围和定额的作用，同时说明了编制定额时已经考虑和没有考虑的因素与有关规定和使用方法。所以在使用定额时，首先要认真学习和了解这部分内容。

(2) 工程量计算规则

各种分部、分项工程量的计算规则和方法，定额中均作了详细的规定，哪些分部、分项工程需考虑预留量，哪些不考虑，什么地方应按规定增加高空系数，以及定额中未计价材料的处理办法等。另外定额中又规定了各种材料的规定损失率。

(3) 定额项目表

定额项目表是预算定额的主要构成部分，占预算定额的绝大部分篇幅。在定额项目表中工程所用人工是以工种、工日数及合计工日的形式表现的。工资是按总平均等级编制的。材料栏内只列出主要材料和辅助材料的消耗量，而零星材料是以“其他材料”来表示的，不列出材料数量，只给出这些材料费的综合金额。在需要施工机械的分项工程中，定额项目表还列出所需机械台班数量，并分别计算出人工、材料、施工机械费用及其总成本的基价。定额项目表下部还列有附注，用以说明未计价的材料等问题。

(4) 附录、附件和附表

工程预算定额的最后一部分附录、附件和附表。它包括有各种材料的综合预算价格、施工机械台班费用定额表、各种材料长度、重量、容积的换算，以及有关材料、零部件的损耗系数等。

2. 工程预算定额的作用

工程预算定额的作用具体表现为以下几点：

(1) 预算定额是编制施工图预算、确定工程预算造价的依据

施工图预算是以工程预算定额为标准，计算出工程的直接费，再以此为基础计算出工程的各项间接费，并累计而算出工程的预算造价。预算定额在这里起着控制消耗、控制建筑安装工程价格的作用。

(2) 工程预算定额是对设计方案进行技术经济分析的依据

选择设计方案要以技术先行、经济合理为原则。因此，对不同的设计方案，必须进行技术、经济等各项指标的比较，而这些比较的标准就是工程预算定额。

(3) 工程预算定额是编制施工计划和施工组织设计的依据

在施工进度计划、劳动力需用计划、材料计划、机械需用计划的编制过程中，其人工、材料、机械的数量都是以预算定额为依据或主要参考数值而计算出来的。同时还要通过工程预算定额对施工组织设计中的各项技术经济指标进行计算，以便分析比较。

(4) 工程预算定额是工程结算的依据

工程竣工，建设单位与施工单位进行结算时，就是按施工图预算额扣除工程预付款，

再将施工中工程变更的增减部分考虑进去的方法而进行结算的。施工图预算及施工中工程变更部分的费用都是以预算定额为依据而编制和计算的。因此，预算定额是工程中间结算和竣工结算的主要依据。

（5）工程预算定额是施工企业贯彻经济核算制和进行经济活动分析的主要依据

由于预算定额决定着企业的收入和效益，施工单位就必然以预算定额作为评价工作的尺度，制定各项生产措施，努力降低消耗，提高劳动生产率，并争取达到或超过定额水平，取得较好的经济效果。施工企业还可以根据预算定额，对施工中的劳动力、材料和机械消耗情况进行分析，找出薄弱环节，减少浪费、提高企业的经营管理水平。

（6）工程预算定额是编制概算定额和概算指标的基础

五、概算定额与预算定额的区别

1. 两种定额的作用不同。

2. 两种定额的详略不同。概算定额是以主代次，子目少，概括性强；而预算定额子目多，比较接近实际工程的用量。

3. 两种定额的含量不同。概算定额各项子目所测定的材料用量不一定等于每一个实际工程的材料消耗量，它是按常规做法和一些典型的工程实例综合而成的，并包含有不可预见费用的成分；而预算定额的用量是按实际用量测算的。

以干式变压器 630～1250kVA 为例：

图 10-2 为北京市 2004 年编制的概算定额电气工程中干式变压器的部分内容。

工程内容： 变压器安装、变压器轨道（基础槽钢）制作安装、抗震加固、室内接地系统、变压器局部放电及空载试运行等。

单位： 台

额定编号					1-53	1-54	1-55	1-56	1-57
项目					容量(kVA 以内)				
					200	630	800	1000	1250
概算基价(元)					**1466.58**	**1814.08**	**1895.73**	**2154.70**	**2334.67**
其中	人工费(元)				808.92	1006.68	1076.46	1123.88	1133.97
	材料费(元)				551.91	630.09	639.76	657.84	681.69
	机械费(元)				105.75	177.31	179.51	372.98	419.01
名称			单位	单价(元)	消耗量				
人工	82000	综合工日	工日	—	22.428	27.895	29.824	31.135	31.414
	82013	其他人工费	元	—	6.450	8.600	9.360	9.870	9.980
材料	01014	圆钢 Φ10 以内	kg	3.400	1.233	1.480	1.562	1.562	1.726
	01016	角钢 63 以内	kg	3.400	29.120	29.120	29.120	29.120	29.120
	01020	槽钢 16 以内	kg	3.350	31.200	37.440	39.520	39.520	43.680
	01023	镀锌扁钢	kg	4.350	41.000	41.000	41.000	41.000	41.000
	11016	调合漆	kg	9.980	2.423	3.679	3.681	4.181	4.185
	11019	红丹防锈漆	kg	11.970	0.171	0.171	0.171	0.171	0.171
	11020	防锈漆	kg	13.170	0.250	0.500	0.500	1.000	1.000
	84004	其他材料费	元	—	136.320	176.930	179.330	185.840	195.150
机械	84016	机械费	元	—	60.190	116.790	116.790	308.990	348.320
	84023	其他机具费	元	—	45.560	60.520	62.720	63.990	70.690

图 10-2　干式变压器（选自北京市 2004 年概算定额）

图10-3为北京市2001年编制的预算定额电气工程中干式变压器的部分内容。

工作内容：开箱，检查，本体就位，垫铁及止轮器制作安装，附件安装，补漆，配合电气试验等。　　**单位**：台

定额编号					1-1	1-2	1-3	1-4	1-5	1-6
项目					容量(kVA以内)					
					630	800	1000	1250	1600	2000
基价(元)					**577.22**	**642.43**	**889.53**	**945.57**	**974.09**	**1031.41**
其中	人工费(元)				351.80	413.99	457.10	463.65	490.85	545.52
	材料费(元)				89.09	90.32	107.38	113.06	113.60	114.68
	机械费(元)				136.33	138.12	325.05	368.86	369.64	371.21
名称			单位	单价(元)	数量					
人工	82011	综合工日	工日	32.530	10.697	12.588	13.899	14.098	14.925	16.587
	82013	其他人工费	元	—	3.830	4.500	4.970	5.040	5.340	5.940
材料	01137	钢板垫板	kg	2.670	6.000	6.000	6.000	6.500	6.500	6.500
	09142	镀锌带母螺栓20×85～100	套	2.250	4.080	4.080	4.080	4.080	4.080	4.080
	09493	镀锌垫圈20	个	0.150	8.160	8.160	8.160	8.160	8.160	8.160
	09499	镀锌弹簧垫圈20	个	0.035	4.080	4.080	4.080	4.080	4.080	4.080
	15098	白布	kg	5.040	0.100	0.100	0.100	0.100	0.100	0.100
材料	12025	塑料布	m^2	4.990	2.000	2.000	2.500	2.500	2.500	2.500
	09290	电焊条(综合)	kg	4.900	0.300	0.300	0.300	0.300	0.300	0.300
	11173	汽油60$^{\#}$～70$^{\#}$	kg	2.900	1.000	1.000	1.000	1.500	1.500	1.500
	11016	调合漆	kg	9.500	2.500	2.500	3.000	3.000	3.000	3.000
	11020	防锈漆	kg	12.540	0.500	0.500	1.000	1.000	1.000	1.000
	11139	电力复合脂一级	kg	20.000	0.050	0.050	0.050	0.050	0.050	0.050
	09233	镀锌铁丝8$^{\#}$～12$^{\#}$	kg	3.850	1.500	1.500	2.000	2.650	2.650	2.650
	84004	其他材料费	元	—	10.870	12.100	13.720	14.120	14.660	15.740
机械	80001	汽车起重机5t	台班	388.880	0.150	0.150	—	—	—	—
	80002	汽车起重机8t	台班	492.380	—	—	0.400	0.450	0.450	0.450
	80007	载重汽车5t	台班	340.290	0.150	0.150	—	—	—	—
	80008	载重汽车8t	台班	446.020	—	—	0.220	0.250	0.250	0.250
	84023	其他机具费	元	—	26.950	28.740	29.970	35.780	36.560	38.130

图10-3　干式变压器安装（选自北京市2001年预算定额）

10.4　编制施工图预算

编制设计概算和施工图预算方法相似，但编制后者更为详尽、细致，计算出的工程费用更贴近实际，所以本节详细讲清编制施工图预算的方法步骤。

施工图预算是施工图设计预算的简称，又称设计预算。它是由设计单位在施工图设计完成后，根据施工设计图纸、现行预算定额、费用定额以及地区设备、材料、人工、施工机械台班等预算价格编制和确定的建筑安装工程造价的文件。

一、施工图预算编制的依据

1. 施工图纸和设计说明

编制施工图预算的图纸必须是经过建设单位、施工单位和设计部门三方共同会审后的

施工图纸。

图纸会审后，会审记录要及时送交预算部门和有关人员。编制施工图预算不但要有全套的施工图纸，而且要具备所需的一切标准图集、验收规范及有关的技术资料。

2. 材料预算价格表

这是确定工程所用材料价格的标准。有地区材料预算价格表时，必须按表中规定的材料价格计算。如当地没有材料预算价格表，可套用就近地区的材料预算价格表，再按地区的规定或甲、乙双方协商的规定进行调整。也可以建设单位与施工单位协商编制材料预算价格，但必须根据国家规定的编制原则，并需经主管部门审批。

3. 电气安装工程预算定额

它包括全国统一的电气安装工程预算定额，各专业部、委颁发的电气安装工程预算定额和地方主管部门颁发的电气安装工程预算定额等。地方定额所列项目不全时，可套用全国统一定额的相应章节和栏目，但应按规定进行调整。因地方定额和全国统一定额的标价不同，因此，必须按地区的规定调整。

4. 有关工程材料设备的产品目录和价格

对于材料预算价格表上未标出的材料或设备，可以用目录中所列出厂价格为原价，编制出预算价格，但需双方协商或经主管部门审批。

5. 施工组织设计或施工方案

每一种工程都有关不同的施工方法和组织方法，而每种方法的各项消耗不同，经济效益也不同。因此，经过批准的施工方案或施工组织设计，也是编制施工图预算的主要依据。

6. 施工管理费和各项独立费定额

施工管理费定额和各项独立费定额，统称工程间接费定额。目前各省、市、自治区都颁布有各自地区的间接费定额，地区不同，取费项目、计费基础和费率也不同。因此，必须认真学习所在地区的间接费定额的各项规定，并严格按要求计取工程的各项费用，准确地计算出工程的预算造价。

7. 工程承包合同或协议书

工程承包合同中的有关条款，规定了编制预算时的有关项目、内容的处理办法和费用计取的各项要求，所以说工程承包合同也是编制施工图预算不可缺少的依据。

二、施工图预算的编制方法

施工图预算的编制方法，大致可分为单价法和实物法。

1. 单价法

单价法编制施工图预算，就是根据地区统一单位估价表中的各项工程综合单价，乘以相应的各分项工程的工程量，并相加，得到单位工程人工费、材料费和机械使用费之和，再加上其他直接费、间接费、利润和税金，即可得到单位工程的施工图预算。

其中地区单位估价表是由地区造价管理部门根据地区统一预算定额或各专业部门的专业定额以及统一的单价，组织编制的。它是计算建筑安装工程造价的基础。

综合单价也叫预算定额基价，是单位估价表的主要构成部分。

单价法编制施工图预算步骤如下：

(1) 准备资料，熟悉施工图纸。

资料包括施工图纸、施工图集、施工组织设计、施工方案、先行的建筑安装预算定额、取费定额、统一的工程量计算规则和地区材料预算价格等。

编制施工图预算的关键是熟悉施工图纸。还要了解土建、水暖等有关施工图。特别是要了解管线的敷设方式、灯具的安装形式、设备的型号、容量、安装方法等，这些直接关系到工程量的计算。

(2) 计算工程量。计算工程量工作在整个预算编制过程中是最繁重、花费时间最长的一个环节，直接影响预算的及时性。工程量是预算的主要依据，它的准确与否又直接影响预算的准确性。因此，必须在工程量计算上要多下功夫，才能保证预算的质量。工程量计算一般按下列步骤进行：

1) 根据工程内容和定额项目的划分，列出分部、分项工程的细目。

2) 根据定额的编制顺序和工程量计算规则，依据图纸各部位尺寸，计算分部、分项工程数量。

3) 对计算结果的计算单位进行调整，使之与定额中相应的分部、分项工程的计算单位保持一致。

(3) 套定额，计算工程费用。工程量计算完毕并核对无误后，乘以单位估价表中的综合单价，并把各相乘的结果相加，求得单位工程的人工费、材料费、机械使用费之和，即工程的定额直接费。

(4) 计算其他直接费、管理费、利润、税金等。根据规定的费率乘以相应的计算基数，分别计算出来。

(5) 复核。预算编制完成后，由有关人员对编制的主要内容及计算情况进行核对检查，以便及时发现差错，及时修改，从而提高预算的准确性。复核的任务，主要是对工程量计算公式、计算结果、套用的单价、各项取费的费率等进行全面复核。

(6) 编制说明，填写封面。

编制说明应包括单位工程的编号和工程名称、工程内容、投资组成和编制依据等。其中编制依据应包括：

1) 施工图名称。

2) 预算定额名称和地区材料预算价格定额。

3) 其他费用定额名称。

4) 当地有关部门的现行调价文件名称。

5) 补充定额的编制依据等。

封面的填写：应写明工程编号、工程名称、建筑面积、结构形式、预算造价、单方造价指标以及编制单位名称、编制人员及负责人、编制日期，还应有审核单位名称、负责人和审核日期等。

单价法编制的施工图预算，主要采用了各地区、各部门统一编制的单位估价表和综合单价。因此，便于造价部门进行统一管理，适应集中的计划经济体制，计算简便，工作量小。但在市场价格波动较大的情况下，单价法计算的结果会偏离实际水平，往往需要利用一些系数或价差来弥补。

2. 实物法编制施工图预算

实物法，是先用计算出的各分项工程的实物工程量，分别套用预算定额，求出分项工程所需的人工、材料、机械台班的消耗量，并按类相加后，分别乘以当地当时的各种人工、材料、机械台班的实际单价，求得人工费、材料费、机械台班使用费，再汇总求和。对于其他直接费、间接费、利润、税金等费用的计算，则根据当地当时建筑市场的供求情况，随行就市予以具体确定。

实际法编制施工图预算的步骤

用实物法编制施工图预算的完整步骤如图 10-4 所示。

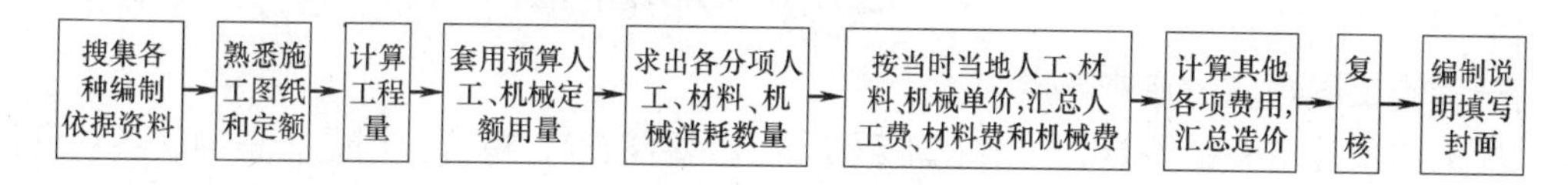

图 10-4　实物法编制施工图预算的步骤

(1) 准备资料，熟悉图纸。首先要搜集各种人工、材料、机械当时当地的实际价格，包括不同品种、不同规格的材料价格，不同工种的人工工资单价，不同种类、不同型号的机械台班单价等。其余与单价法相同。

(2) 计算工程量与单价法相同。

(3) 套预算人工、材料、机械台班定额。主要是使用定额的消耗量，定额消耗量由工程造价主管部门按照定额分工进行统一制定，在建材产品、标准、设计、施工技术及其相关规范和工艺水平等未有大的突破之前，定额消耗量具有相当的稳定性。

(4) 统计汇总单位工程所需的各类人工工日、材料、机械台班消耗量。

① 人工消耗量。根据预算人工定额所列的各类人工工日的数量，乘以各分项工程的工程量，然后统计汇总，获得单位工程所需的各类人工工日消耗量。

② 材料消耗量。根据材料预算定额所列的各种材料数量，乘以各分项工程的工程量，然后按类汇总，获得单位工程所需的各类材料消耗量。

③ 机械台班消耗量。根据预算机械台班定额所列的各种机械台班数量，乘以各分项工程的工程量，并按类统一汇总，获得单位工程所需的各类机械台班数量。

(5) 求人工费、材料费、机械台班使用费。根据当地当时人工、材料、机械台班单价，乘以人工、材料、机械台班消耗量，汇总得出。

现在各地工程造价主管部门已就当地的情况，定期发布人工、材料、机械台班单价，造价信息，供编制预算或签订合同时参考。有些企业也根据自己的情况，自行确定人工单价、材料价格、施工台班价格，以提高在市场的竞争能力。

(6) 计算其他各项费用，汇总造价。各项其他费用包括其他直接费、间接费、利润、税金等，一般来说，其他直接费、税金相对比较稳定，而间接费、利润可以根据企业的自身状况和建筑市场的供求状况，由企业身主解决。

(7) 复核。要求认真检查人工、材料、机械台班的消耗量计算是否准确，套用定额是否正确，采用的实际价格是否合理等。

(8) 编制说明，填写封面。与单价法的内容相同。

采用实物法编制施工图预算，由于采用的人工、材料、机械台班单价均为当地当时的实际价格，所以编制的预算比较准确地反映实际水平，误差越小。这种方法比较适合于市场经济条件下价格波动较大的情况，同时也适用于采用包干形式承包工程的造价。

由于采用这种方法需要统计人工、材料、机械台班消耗量，还需要搜集相应的实际价格，所以工作量较大，计算过程烦琐。然而，随着建筑市场的开放，价格信息系统的建立以及竞争机制的作用和计算机的普及，实物法将是一种与“统一量”、“市场价”、“竞争费率”工程造价管理机制相适应的预算编制方法。

10.5　施工图预算的审查

一、施工图预算的审查要点

施工图预算审查的重点，应放在工程量计算是否准确、单价套用是否正确、各项费用是否符合现行规定的标准等方面。

1. 审查工程量

(1) 灯具种类、型号、数量是否与设计图纸一致。

(2) 线路的敷设方法、线材品种等是否与设计图纸一致。

(3) 设备的种类、型号、数量是否与设计相符。

(4) 需要安装的设备与不需要安装的设备是否分开。

2. 对采用单价法编制的施工图预算要审查定额单价的套用

(1) 预算中所列各分项工程预算单价是否与预算定额的单价相符，其名称、规格、型号、计量单位和所包含的工程内容是否与单位估价表一致。

(2) 对称算的单价，首先要审查换算的分项工程是否为定额中允许换算的，其次审查换算是否正确。

(3) 对补充定额，要审查是否符合补充定额的编制原则。

3. 对采用实物法编制的施工图预算审查定额的套用

(1) 预算中各分项工程的人工、材料、机械台班的消耗量是否与定额消耗量一致。

(2) 工、料、机单价是否与当时当地发布的价格信息有较大的出入。

4. 审查其他有关费用

(1) 其他直接费包括的内容，各地不一，具体计算时，应根据当地的规定执行。审查时要注意是否符合规定和定额要求。

(2) 间接费计取，可从以下几个方面审查：

① 间接费的计取基数是否符合规定。

② 预算外增加的材料是否计取了间接费。直接费或人工费增减后，有关费用是否相应作了调整。

③ 有无将不需要安装的设备计取了间接费用。

④ 有无巧立名目，乱摊派费用现象。

(3) 利润、税金的审查重点为计取基数和费率是否符合当地有关部门的现行规定，有无多算或重复算的现象。

二、审查施工图预算的方法

对于不同类型的施工图预算，根据需要审查的预算量大小和审查时间长短的不同，应该选择适当且行之有效的审查方法，这样可以提高审查速度和审查质量。审查的方法有以下几种。

1. 逐项审查法

又称全面审查法，是按定额顺序或施工顺序，对各个分项工程中的工程从头到尾逐项详细审查的一种方法。

其优点是全面、细致、审查质量高、效果好；缺点是工作量大，时间长。这种方法适用于工程量较少、工艺比较简单的工程。

2. 标准审查法

针对使用标准图纸施工的工程，先集中力量编制标准预算，以此为基准的一种方法。

一般使用标准图纸施工的工程，上部结构和做法相同，只是由于施工现场施工条件和地质情况不同，而在基础部分作局部修改。

审查此类工程预算，就不需要逐一详细审查，凡采用标准图纸施的工部分，对照标准预算审查，局部修改的部分，单独审查即可。

这种方法的优点是时间短、效果好、易定案；其缺点是适用范围小，只适用于按标准图纸施工的工程。

3. 对比审查法

用已经建成的工程预算，对比审查拟建的同类工程预算的一种方法，采用这种方法，一般有以下几种情况：

(1) 新建工程和拟建工程采用同一个施工图，但基础部分和现场条件不同，则相同的部分可采用对比审查法。

(2) 两个工程的设计相同，但建筑面积不同，两个工程的建筑面积之比与两个工程各分项工程量之比基本是一致的。可按分项工程量的比例，审查新建工程各分项工程的工程量，或者用两个工程的每平方米建筑面积造价指标以及每平方米建筑面积的各分项工程量进行对比审查。

(3) 两个工程面积相同，但设计图纸不完全相同，则对相同的部分，可进行工程量对比审查；对不能对比的分部、分项工程可按图纸计算审查。采用对比审查法，要求对比的两个工程条件相同。

10.6　建筑电气工程概预算编制实例

设计概算和施工图预算的编制方法类似。而后者更为详细，计算出的工程费用更切合实际。在此，举例详细说明施工图预算的编制方法。

下面我们举两个实例，按前面讲过的“实物法”编制施工图预算。

在编制过程中最重要的工作就是列出工程项目和按工程项目查定额两项工作。而这两项工作都要熟悉定额。为此，我们选用了北京市建设委员会二〇〇一年编制的《北京市建设工程预算定额》第四册电气工程上、下两册（以后简称《定额》），作为实例的编制依据。

最后根据定额项目列表计算出工程总预算价格。

实例 A　某学校变配电室的施工图预算

学校的高、低压电气系统图在前面的第四章图 4-16 和图 4-17 已经介绍过。

学校的变配电室平面布置如图 10-5 所示。

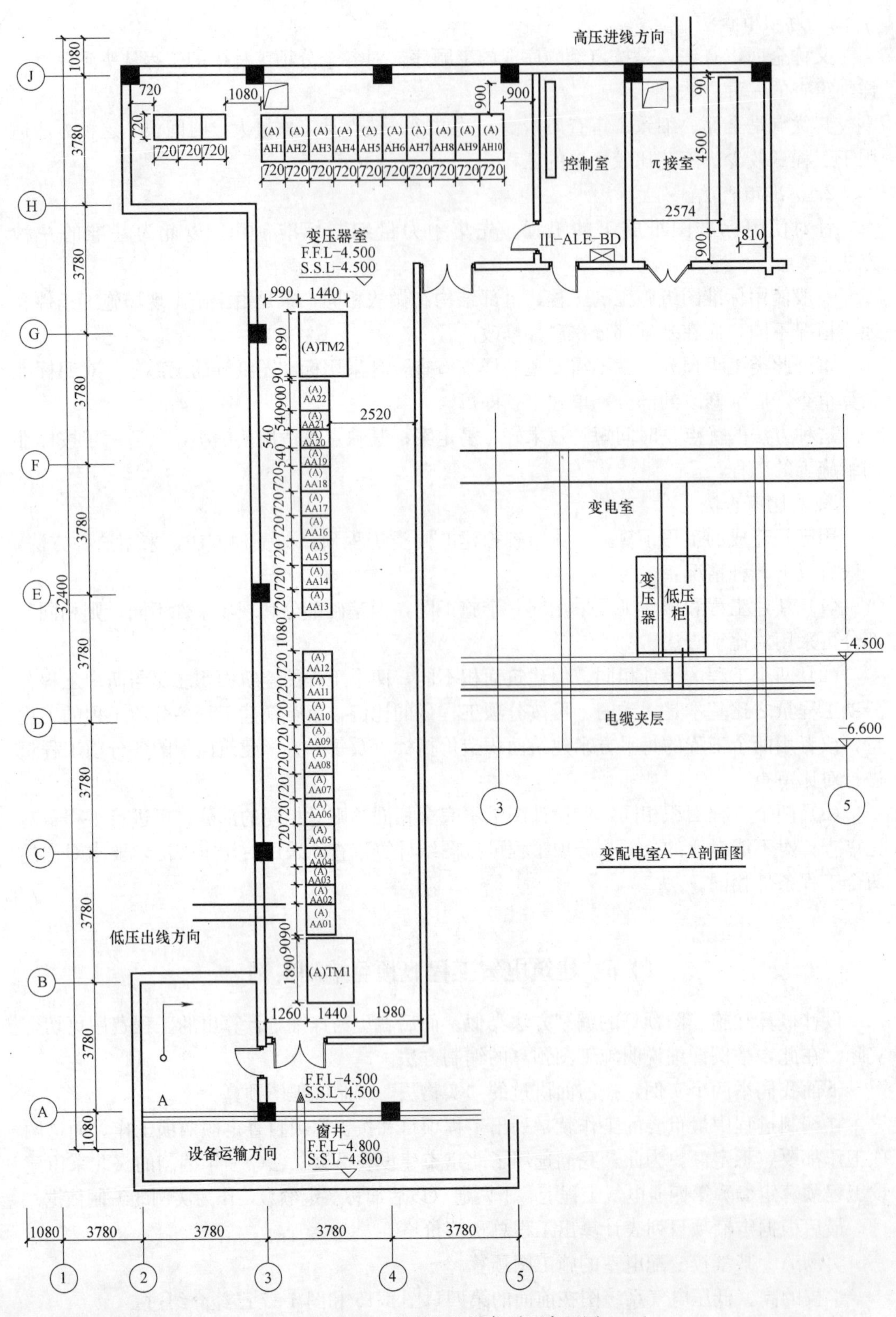

图 10-5　变配电室设备平面布置图

一、工程立项及查定额（含工程量统计）

为清楚起见，工程立项及查定额工作从高压（10kV）进线处开始，按如下顺序进行：

10kV 高压进线→π 接室→高压柜室→变压器室→低压柜室→电气设备试验调整工作。

1. 10kV 高压电缆进、出 π 接室——密封电缆保护管安装

（1）说明　两种 10kV 高压进线电缆型号为 YJV22，电缆为三芯，每芯截面积为 $300mm^2$。

电缆埋地敷设至 π 接室，从地下引入室内。电缆从地下穿墙引入做法在前面第九章讲过如图 9-3 所示。所以工程项目名称“密封电缆保护管安装”。

（2）密封保护管的数量　因为两路 YJV22—1（3×300）进入 π 接室后，除要各一路 YJV22—1（3×150）进入高压柜室外，还要各一路 YJV22—1（3×150）从外墙引出 π 接室。所以穿越 π 接室外墙的电缆密封保护管的数量应为：

① 穿电缆 YJV22—1（3×300）的保护管为两根，引入到 π 接室。

② 穿电缆 YJV22—1（3×150）的保护管为两根，从 π 接室引出至其他地方。

（3）密封管的规格：

① YJV22—1（3×300）对应的保护管最小直径为 150mm；

② YJV22—1（3×150）对应的保护管最小直径为 125mm。

（4）定额编号

按保护管最小直径 125mm 和 150mm 查《定额》（上）第二章电缆的第六节可知：

① 定额编号 2—34（对应 125mm 的管径）

其中基价：183.83 元
含人工费：33.44 元
含材料费：126.95 元
含机械费：23.44 元
综合工日：1.017 工日

}×2【注】

② 定额编号 2—35（对应 150mm 的管径）

基价：208.72 元
人工费：35.62 元
材料费：149.60 元
机械费：23.50 元
综合工日：1.083 工日

}×2

【注】后续的定额编号中的各价格将统一编入表 10-2 之中，不再重复。

2. 高压 π 接箱（柜）的安装及高压电缆头的制作安装

（1）高压 π 接箱（柜）的安装

高压 π 接箱（柜）其作用相当于高压环网柜，它可以将某一路高压传送到本单位和相邻的单位，以省去多路送电的成本。

由于每路环网柜应该有进线、出线和分界三面柜，所以两路高压共需六面环网柜。

高压 π 接箱（柜）的安装可查《定额》上的第一章变配电装置第九节高压开关柜安装

中的高压环网柜项目：

额定编号：1—54。

工程量：6 台。

(2) 高压电缆头制作安装

高压电缆进入 π 接室后必须先制作成电缆头，才能与电气设备相接。

高压电缆终端头通常按热缩式制作工艺制作安装。所以应查户内热缩式电缆终端头制作安装的项目。

定额编号：

① 对应电缆为 3×300 的定额编号：2—338。

工程量：因为是两路，所以户内热缩式电缆终端头共有 2 个。

主材：电缆终端头 10kV 以下，3×300mm²，单价：936.60 元/个。

② 对应 3×150 的定额编号：2—336。

工程量：因为是两路，同时每路进入高压柜室后还都要制作一个，所以共要 4 个。

主材：电缆终端头 10kV 以下，3×150mm²，单价：480 元/个。

3. 高压电缆从 π 接室至高压柜室在电缆沟内沿支架敷设（3×150mm²）

定额编号：2—219（对应 10kV 铜芯，每芯截面积为 150mm²）。应注意定额中的价格单位是 100m。

工程量：从图 10-3 中可知，两路电缆长度不同：

① 较长一根高压电缆穿越 π 接室、控制室和高压柜室，长约 3.78×3＋2.574×2＋2×1（两端余量）约 20m 长。

② 较短的约长 10m。

两路总长约 30m 的高压三芯电缆，（每芯截面积 150mm²）沿电缆沟内支架敷设。

主材：电缆 10kV 铜芯，截面积 3×150mm²。单价：389 元/m。

4. 高压柜室——高压开关柜的安装

(1) 带断路器的高压开关柜安装

额定编号：1—46。

工程量：从图 4-16 可知，应该是 5 台。

(2) 不带断路器的高压开关柜安装

定额编号：1—47。

工程量：1 台。

(3) 带电压互感器的高压开关柜安装

定额编号：1—48。

工程量：4 台。

设备：高压开关柜及高压、π 接柜，共 16 台，单价：61000.00 元。

(4) 高压电缆头制作安装（从高压柜室至变压器）

定额编号：2—336。

工程量：4 个。

主材：电缆终端头 10kV 以下，3×120mm²，单价：480 元/个

(5) 高压电缆沿电缆沟内支架敷设（从高压柜室至变压器）（3×120mm²）

定额编号：2—218。

工程量：从图 10-3 可看出，较长的一根穿过整个变压器室和低压配电柜室，约 26m；短的约 14m，总长约 40m。

主材：电缆 10kV 铜芯，截面积 3×120mm^2，单价：389 元/m

5. 变压器安装——含变压器本体和附属项目安装

(1) 变压器本体安装

变电室的两台 1600kVA SH12—M 型变压器是非晶体合金铁芯全密封配电变压器。变压器属于油变压器之列，采用真空注油，油箱为全密封膨胀式波纹油箱，油重 890kg。按油变压器安装项目，容量 1600kVA。

定额编号：1—15

设备：SH12-M 型电力变压器，1600kVA，共 2 台，单价：292000 元。

工程量：2 台

(2) 变压器室等附属项目安装

① 变压器的基础型钢制作安装（槽钢）

定额编号：1—76（单位：10m）

工程量：根据变压器的尺寸 2260×1440×1500mm，并且在两个方向都留有活动余量，所以槽钢总长按 15m 计。

② 配电间隔框架、母线桥、设备支架等制作安装

定额编号：1—75。

工程量：0.40 吨（t）。

③ 高压侧带形铜母线安装（8×80=640mm^2）（高压柜室）

定额编号：1—107

工程量：10×3=30m（单位：10m/相）。

④ 高压铜母线伸缩接头制作安装（高压柜室）

定额编号：1—123。

工程量：6 套。

⑤ 低压侧封闭式插接母线槽安装（3200A）（低压柜室）

定额编号：1—134（水平）。

工程量：25m（单位 10m）。

⑥ 低压侧封闭式插接母线槽（3200A）（垂直）

定额编号：1—139。

工程量：6m（单位 10m）。

主材：低压封闭式插接母线槽，L_1、L_2、L_3、N、PE 五芯，共 31m，单价：4530.00 元。

主材：接地编织铜线，10m，单价：25 元/m。

6. 低压柜室设备安装

(1) 带空气开关的低压屏安装

定额编号：1—55。

工程量：16 台。

设备：低压开关柜，共16台，单价：46000元/台。

(2) 电容器屏安装

定额编号：1—57。

工程量：6台。

设备：低压开关柜，电容器屏，共6台，单价40000元/台。

(3) 屏边安装

定额编号：1—58。

工程量：4台。

(4) 直流配电屏安装，带端电池调整器屏

定额编号：1—59。

工程量：4台。

设备：直流配电屏，共4台，单价：46000元。

7. 电气设备试验调整

(1) 电力变压器

① 电力变压器（本身）试验，容量1600kVA

定额编号：9—8（按6300kVA考虑）。

工程量：2台。

② 电力变压器系统试验调整，断路器操作，1600kVA。

定额编号：9—4（按3200kVA考虑）。

工程量：2台。

(2) 送配电装置系统试验调整，交流，10kV以下，断路器。

定额编号：9—26。

工程量：16台。

(3) 送配电装置系统试验调整，交流，1kV以下。

定额编号：9—24。

工程量：22台。

(4) 送配电装置系统试验调整，直流，0.5kV以下。

定额编号：9—27。

工程量：4台。

(5) 电力电缆试验

定额编号：9—52。

工程量：4根。

(6) 母线试验

定额编号：9—53。

工程量：6段。

8. 其他费用

其他费用含运输费和控制电缆部分等费用。详见表10-2中序号29、30等。

二、单位工程预算表

单位工程预算表如表10-2所示。

单位工程概预算表 **表 10-2**

项目文件：××学校——变配电工程

序号	定额编号	子目名称	工程量		价值(元)		其中(元)	
			单位	数量	单价	合价	人工费	材料费
1	1-15	电力变压器安装 1600kVA	台	2.00	1423.30	2846.60	1017.94	683.24
	补充设备 001	SH12-M 型三相电力变压器 1600kVA	台	2.00	292000.00	584000.00		
2	1-46	高压开关柜安装，带断路器	台	5.00	345.06	1725.30	1224.75	65.90
3	1-47	高压开关柜　不带断路器	台	1.00	209.85	209.85	122.47	3.97
4	1-48	高压开关柜，带电压互感器	台	4.00	279.09	1116.36	812.32	25.28
5	1-54	高压环网柜安装(高压Π接柜)	台	6.00	217.92	1307.52	763.02	139.44
	补充设备 002	高压开关柜及高压环网柜	台	16.00	61000.00	976000.00		
6	1-55	低压配电屏安装，带空气开关	台	16.00	135.81	2172.96	1224.96	105.76
	补充设备 003	低压开关柜	台	16.00	46000.00	736000.00		
7	1-57	低压配电屏，带电容器屏	台	6.00	147.26	883.56	524.88	40.98
8	1-58	低压配电屏，屏边	台	4.00	14.11	56.44	53.80	1.08
	补充设备 004	低压配电屏，带电容器屏	台	6.00	40000.00	240000.00		
9	1-59	直流配电屏安装，带端电池调整器屏	台	4.00	191.19	764.76	578.68	14.32
	补充设备 005	直流配电屏	台	4.00	35000.00	140000.00		
10	1-75	配电间隔框架、母线桥、设备支架等制作安装	吨(t)	0.40	5758.17	2303.27	1054.78	1106.40
11	1-76	变压器的基础型钢制做安装槽钢	10 米(m)	1.50	389.75	584.83	97.04	462.89
12	1-107	高压带铜母线安装 $800mm^2$	10m/相	3.00	192.93	578.79	239.94	119.82
	主材	铜母线 $800mm^2$	kg	700.00	30.00	21000.00		
13	1-123	铜母线伸缩接头制作安装 $800mm^2$	套	6.00	210.86	1265.16	303.66	935.52
14	1-134	封闭式插接母线槽安装 4000A 以下，水平	10m	2.50	508.18	1270.45	801.40	218.30
15	1-139	封闭式插接母线槽安装 4000A 以下，垂直	10m	0.60	935.37	561.22	384.67	56.20
	主材	封闭式插接母线槽五芯(低压)	m	31.00	4530.00	140430.00		
16	2-34	密封电缆保护管安装公称直径 125mm	根	2.00	183.83	367.66	66.88	253.90
17	2-35	密封电缆保护管安装公称直径 150mm	根	2.00	208.72	417.44	71.24	299.20

续表

序号	定额编号	子目名称	工程量		价值(元)		其中(元)	
			单位	数量	单价	合价	人工费	材料费
18	2-219	电缆沿内支架敷设 10kV 铜芯电力电缆 3×150mm^2	100m	0.30	601.45	180.44	72.55	14.18
	主材：	10kV 铜芯电力电缆 3×150mm^2	m	30.00	389.00	11670.00		
19	2-218	电缆沿内支架敷设 10kV 铜芯电力电缆 3×120mm^2	100m	0.40	317.55	127.02	86.62	17.50
	主材：	10kV 铜芯电力电缆 3×120mm^2	m	40.00	304.24	12169.60		
20	2-338	户内热缩式电缆终端头制作安装 10kV　3×300mm^2	个	2.00	317.68	635.36	196.86	432.86
	主材：	电缆终端头	个	2.00	936.60	1873.20		
21	2-336	户内热缩式电缆终端头制作安装 10kV　3×150mm^2	个	8.00	194.53	1556.24	549.92	990.56
	主材：	电缆终端头	个	8.00	480.00	3840.00		
	主材：	接地编织铜线	m	10.00	25.00	250.00		
22	9-8	变压器试验，电力变压器 6300kVA	台	2.00	246.03	492.06	244.94	16.96
23	9-4	电力变压器系统试验调整断路器操作 3200kVA	台	2.00	1987.80	3975.60	1979.00	137.02
24	9-26	送配电装置系统试验调整交流 10kV 以下断路器	台	16.00	742.53	11880.48	5913.92	409.44
25	9-24	送配电装置系统试验调整交流，1kV 以下	台	22.00	234.15	5151.30	2564.32	177.54
26	9-27	送配电装置系统试验调整直流，0.5kV 以上	台	4.00	247.29	989.16	492.40	34.08
27	9-52	电力电缆试验	次/根	4.00	84.11	336.44	167.48	11.60
28	9-53	母线试验	段	6.00	92.89	557.34	277.44	19.20
29		运输费		1.00	7000.00	7000.00	1000.00	
30		控制电缆部分	套	1.00	32560.00	32560.00	2560.00	30000.00
	合计					2951106.20	24429.93	36109.90

表 10-2 说明：

1. 表中均为前述各定额编号中所列各项费用。同时将设备及主材等价格列入。
2. 定额编号中各项费用均取自北京市 2001 年编的预算定额。
3. 实际费用均应根据当地的预算定额按当时的费率计算而成。
4. 表中的设备及主材等价格，均为暂估价。实际价格一律按当时、当地的价格计取。
5. 表中顺序依次为：变压器→高、低压板→母线→电缆→试验调整。
6. 表中费用不含变、配电室的照明工程等。

三、单位工程费用总表

单位工程费用总表如表10-3所示。它考虑了其他各项费用，最后计算出××学校的变配电工程总造价。

单位工程费用表　　**表10-3**

项目名称：××学校——变压电工程

工程名称：——变配电工程　　第1页　共1页

序号	费用名称	费率%	费用金额
一	定额直接费		2951106.20
	其中：1. 人工费		24429.93
	2. 设备(市场价)费用(不含主材费)		2676000.00
二	高层建筑增加费	0	
	其中：人工费	0	
三	脚手架使用费	2	488.6
	其中：人工费	20	97.72
四	调整费用	12.58	34608.36
五	零星工程费	3	89586.1
六	直接费		3075789.26
七	综合费用	121.975	29917.6
八	利润	7	217399.48
九	税金	3.4	112985.6156
	工程造价		3436091.956

编制人：　　审核人：　　日期2011年4月20日

实例B　××学校50人教室的照明工程预算

50人教室照明工程预算主要包括灯具、插座、风扇的安装及配管配线等项目。

50人教室照明、插座图见第六章的图6-28、图6-29。

一、荧光灯安装，吊链安装（有吊顶处）1×40W

定额编号：7—70

数量：14套。

补充设备：

1. 蝙蝠翼配光灯具1×40W共12套。
2. 黑板照明灯具1×40W共2套。

二、照明灯开关安装，跷板式暗开关，单控

1. 单联1个

定额编号：7—335（×1）。

2. 双联2个

定额编号：7—336（×2）

补充设备：

跷板式开关：单联1个。

双联 2 个。

三、插座安装

1. 单相暗装插座，双联，共 7 套。

定额编号：7—354（×7）。

2. 地面暗装插座，一套。

定额编号：7—360（×1）。

补充设备：

插座：共 8 套。

四、风扇安装，吊风扇，共 4 套

定额编号：7—369（×4）。

补充设备：

（1）吊扇 4 套；

（2）吊扇开关 4 套。

五、焊接钢管敷设，预制框架结构暗配，钢管管径 20mm 以内

定额编号：6—52（单位：100m）。

工程量：包含照明、插座和风扇所用的钢管。

以图 6-28 为例：

在图的水平方向，有 6 条钢管，每条钢管长度约 7.5m，共约 7.5×6＝45m；

在图的竖直方向，按有 5.4 条计，每条长度约 7.0m，共约 7.0×5.4≐38.0m；

屋顶至开关的沿墙距离按 1.0m 计，共有 5 条，约 5.0m。

所以图 6-28 所用钢管总长为：

45.0＋38.0＋5.0≐88≈90.0m。

按上述原则可计算出图 6-29 所用钢管总长约为 30m。

图 6-28 和图 6-29 所用 20mm 管径钢管总长为 120m。

六、管内穿铜线，照明线路，导线为 BV-2.5mm²

定额编号：6—266，（单位：100m）。

工程量：300m。

（其中插座和部分照明线路中的钢管内穿入 3 条 BV-2.5mm² 导线）

以上仅是××学校 50 人教室照明工程的立项、查阅定额和计算工程量等内容。其中重点讲述了配管的工程量计算方法。

虽然距离计算出全楼的照明工程预算还差很远，但方法基本相同，不再重复。

读者可按照类似方法，作出其他房间、楼道等的照明工程、弱电工程、防雷工程等的立项、查定额、计算工程量工作。

再按照实例 A 的方法步骤，列出工程预算表。

最后列出全楼的电气工程费用总预算表，从而计算出电气工程总预算价格。

复习思考题

10-1　设计概算和施工图预算有何区别？

10-2　工程费用都由哪几部分组成？

10-3　现场管理费应包括什么?

10-4　企业管理费应包括什么?

10-5　概算定额与工程预算定额的区别?

10-6　施工图预算的编制步骤?

习　题

10-1　请你为图 6-42 计算机教室电气布线图列出编制施工图预算的工程项目?

10-2　计算出上题中所用钢管的数量?(管径分别为 20 和 15mm 两种)

10-3　计算出习题 10-1 中使用 ZR-BV-3×4 和 ZR-BV-3×2.5 两种规格的导线的数量?

10-4　请你计算出图 6-32 首层照明平面图中从Ⅱ-AL-F1-1 配电箱引出的 WL1、WL3 两条支路所用的钢管数量、导线数量和各种灯具数量?

10-5　列出上题中由Ⅱ-AL-F1-1 配电箱供电的走廊部分各项的工程项目，以备查预算定额?(提示：含教室的配电箱 AL-JS 及 100×100 的金属线槽等)。

附录

附录一　建筑照明标准值（选自 GB 50034—2004）

1　居住建筑

居住建筑照明标准值宜符合表 1.1 的规定。

居住建筑照明标准值　　**表 1.1**

房间或场所		参考平面及其高度	照度标准值(lx)	Ra
起居室	一般活动	0.75m 水平面	100	80
	书写、阅读		300*	
卧室	一般活动	0.75m 水平面	75	80
	床头、阅读		150*	
餐厅		0.75m 餐桌面	150	80
厨房	一般活动	0.75m 水平面	100	80
	操作台	台面	150*	
卫生间		0.75m 水平面	100	80

注：* 宜用混合照明。

2　公共建筑

2.1　图书馆建筑照明标准值应符合表 2.1 的规定。

图书馆建筑照明标准值　　**表 2.1**

房间或场所	参考平面及其高度	照度标准值(lx)	UGR	Ra
一般阅览室	0.75m 水平面	300	19	80
国家、省市及其他重要图书馆的阅览室	0.75m 水平面	500	19	80
老年阅览室	0.75m 水平面	500	19	80
珍善本、舆图阅览室	0.75m 水平面	500	19	80
陈列室、目录厅（室）、出纳厅	0.75m 水平面	300	19	80
书库	0.25m 垂直面	50	—	80
工作间	0.75m 水平面	300	19	80

2.2　办公建筑照明标准值应符合表2.2的规定。

办公建筑照明标准值　　表2.2

房间或场所	参考平面及其高度	照度标准值(lx)	UGR	Ra
普通办公室	0.75m水平面	300	19	80
高档办公室	0.75m水平面	500	19	80
会议室	0.75m水平面	300	19	80
接待室、前台	0.75m水平面	300	—	80
营业厅	0.75m水平面	300	22	80
设计室	实际工作面	500	19	80
文件整理、复印、发行室	0.75m水平面	300	—	80
资料、档案室	0.75m水平面	200	—	80

2.3　商业建筑照明标准值应符合表2.3的规定。

商业建筑照明标准值　　表2.3

房间或场所	参考平面及其高度	照度标准值(lx)	UGR	Ra
一般商店营业厅	0.75m水平面	300	22	80
高档商店营业厅	0.75m水平面	500	22	80
一般超市营业厅	0.75m水平面	300	22	80
高档超市营业厅	0.75m水平面	500	22	80
收款台	台面	500	—	80

2.4　影剧院建筑照明标准值应符合表2.4的规定。

影剧院建筑照明标准值　　表2.4

房间或场所		参考平面及其高度	照度标准值(lx)	UGR	Ra
门厅		地面	200	—	80
观众厅	影院	0.75m水平面	100	22	80
	剧场	0.75m水平面	200	22	80
观众休息厅	影院	地面	150	22	80
	剧场	地面	200	22	80
排演厅		地面	300	22	80
化妆室	一般活动区	0.75m水平面	150	22	80
	化妆台	1.1m高处垂直面	500	—	80

2.5　旅馆建筑照明标准值应符合表2.5的规定。

旅馆建筑照明标准值　　表2.5

房间或场所		参考平面及其高度	照度标准值(lx)	UGR	Ra
客房	一般活动区	0.75m水平面	75	—	80
	床头	0.75m水平面	150	—	80

续表

房间或场所		参考平面及其高度	照度标准值(lx)	UGR	Ra
客房	写字台	台面	300	—	80
	卫生间	0.45m水平面	150	—	80
中餐厅		0.75m水平面	200	22	80
西餐厅、酒吧间、咖啡厅		0.75m水平面	100	—	80
多功能厅		0.75m水平面	300	22	80
门厅、总服务台		地面	300	—	80
休息厅		地面	200	22	80
客房层走廊		地面	50	—	80
厨房		台面	200	—	80
洗衣房		0.75m水平面	200	—	80

2.6　医院建筑照明标准值应符合表2.6的规定。

医院建筑照明标准值　　**表2.6**

房间或场所	参考平面及其高度	照度标准值(lx)	UGR	Ra
治疗室	0.75m水平面	300	19	80
化验室	0.75m水平面	500	19	80
手术室	0.75m水平面	750	19	90
诊室	0.75m水平面	300	19	80
候诊室、挂号厅	0.75m水平面	200	22	80
病房	地面	100	19	80
护士站	0.75m水平面	300	—	80
药房	0.75m水平面	500	19	80
重症监护室	0.75m水平面	300	19	80

2.7　学校建筑照明标准值应符合表2.7的规定。

学校建筑照明标准值　　**表2.7**

房间或场所	参考平面及其高度	照度标准值(lx)	UGR	Ra
教室	课桌面	300	19	80
实验室	实验桌面	300	19	80
美术教室	桌面	500	19	90
多媒体教室	0.75m水平面	300	19	80
教室黑板	黑板面	500	—	80

2.8　博物馆建筑陈列室展品照明标准值不应大于表2.8的规定。

2.9　展览馆展厅照明标准值应符合表2.9的规定。

博物馆建筑陈列室展品照明标准值　表 2.8

类　别	参考平面及其高度	照度标准值(lx)
对光特别敏感的展品：纺织品、织绣品、绘画、纸质物品、彩绘、陶(石)器、染色皮革、动物标本等	展品面	50
对光敏感的展品：油画、蛋清画、不染色皮革、角制品、骨制品、象牙制品、竹木制品和漆器等	展品画	150
对光不敏感的展品：金属制品、石质器物、陶瓷器、宝玉石器、岩矿标本、玻璃制品、搪瓷制品、珐琅器等	展品面	300

注：1　陈列室一般照明应按展品照度值的 20%～30%选取；
2　陈列室一般照明 UGR 不宜大于 19；
3　辨色要求一般的场所 Ra 不应低于 80，辩色要求高的场所，Ra 不应低于 90。

展览馆展厅照明标准值　表 2.9

房间或场所	参考平面及其高度	照度标准值(lx)	UGR	Ra
一般展厅	地面	200	22	80
高档展厅	地面	300	22	80

注：高于 6m 的展厅 Ra 可降低到 60。

附录二　第二类和第三类防雷建筑物及其防雷措施

一　建筑物的防雷分类

1. 建筑物应根据其重要性、使用性质、发生雷电事故的可能性及后果，按防雷要求进行分类。

2. 根据现行国家标准《建筑物防雷设计规范》GB 50057 的规定，民用建筑物应划分为第二类和第三类防雷建筑物。

在雷电活动频繁或强雷区，可适当提高建筑物的防雷保护措施。

3. 符合下列情况之一的建筑物，应划为第二类防雷建筑物：

(1) 高度超过 100m 的建筑物；

(2) 国家级重点文物保护建筑物；

(3) 国家级的会堂、办公建筑物、档案馆、大型博展建筑物；特大型、大型铁路旅客站；国际性的航空港、通信枢纽；国宾馆、大型旅游建筑物；国际港口客运站；

(4) 国家级计算中心、国家级通信枢纽等对国民经济有重要意义且装有大量电子设备的建筑物；

(5) 年预计雷击次数大于 0.06 的部、省级办公建筑物及其他重要或人员密集的公共建筑物；

(6) 年预计雷击次数大于 0.3 的住宅、办公楼等一般民用建筑物。

4. 符合下列情况之一的建筑物，应划为第三类防雷建筑物：

(1) 省级重点文物保护建筑物及省级档案馆；

（2）省级大型计算中心和装有重要电子设备的建筑物；

（3）19层及以上的住宅建筑和高度超过50m的其他民用筑物；

（4）年预计雷击次数大于或等于0.012且小于或等于0.06的部、省级办公建筑物及其他重要或人员密集的公共建筑物；

（5）年预计雷击次数大于或等于0.06且小于或等于0.3的住宅、办公楼等一般民用建筑物；

（6）建筑群中最高的建筑物或位于建筑群边缘高度超过20m的建筑物；

（7）通过调查确认当地遭受过雷击灾害的类似建筑物；历史上雷害事故严重地区或雷害事故较多地区的较重要建筑物；

（8）在平均雷暴日大于15d/a的地区，高度大于或等于15m的烟囱、水塔等孤立的高耸构筑物；在平均雷暴日小于或等于15d/a的地区，高度大于或等于20m的烟囱、水塔等孤立的高耸构筑物。

二　第二类防雷建筑物的防雷措施

1. 第二类防雷建筑物应采取防直击雷、防侧击和防雷电波侵入的措施。

2. 防直击雷的措施应符合下列规定：

（1）接闪器宜采用避雷带（网）、避雷针或由其混合组成。避雷带应装设在建筑物易受雷击的屋角、屋脊、女儿墙及屋檐等部位，并应在整个屋面上装设不大于10m×10m或12m×8m的网格。

（2）所有避雷针应采用避雷带或等效的环形导体相互连接。

（3）引出屋面的金属物体可不装接闪器，但应和屋面防雷装置相连。

（4）在屋面接闪器保护范围之外的非金属物体应装设接闪器，并应和屋面防雷装置相连。

（5）当利用金属物体或金属屋面作为接闪器时，应符合本规范第11.6.4条的要求。

（6）防直击雷的引下线应优先利用建筑物钢筋混凝土中的钢筋或钢结构柱，当利用建筑物钢筋混凝土中的钢筋作为引下线时，应符合本规范第11.7.7条的要求。

（7）防直击雷装置的引下线的数量和间距应符合下列规定。

1）专设引下线时，其根数不应少于2根，间距不应大于18m，每根引下线的冲击接地电阻不应大于10Ω；

2）当利用建筑物钢筋混凝土中的钢筋或钢结构柱作为防雷装置的引下线时，其根数可不限，间距不应大于18m，但建筑外廓易受雷击的各个角上的柱子的钢筋或钢柱应被利用，每根引下线的冲击接地电阻可不作规定。

（8）防直击雷的接地网应符合本规范第11.8节的规定。

3. 当建筑物高度超过45m时，应采取下列防侧击措施：

（1）建筑物内钢构架和钢筋混凝土的钢筋应相互连接。

（2）应利用钢柱或钢筋混凝土柱子内钢筋作为防雷装置引下线。结构圈梁中的钢筋应每三层连成闭合回路，并应同防雷装置引下线连接。

（3）应将45m及以上外墙上的栏杆、门窗等较大金属物直接或通过预埋件与防雷装置相连。

（4）垂直敷设的金属管道及类似金属物除应满足本规范此外，尚应在顶端和底端与防雷装置连接。

4. 防雷电波侵入的措施应符合下列规定：

（1）为防止雷电波的侵入，进入建筑物的各种线路及金属管道宜采用全线埋地引入，并应在入户端将电缆的金属外皮、钢导管及金属管道与接地网连接。当采用全线埋地电缆确有困难而无法实现时，可采用一段长度不小于 $2\sqrt{\rho}$（m）的铠装电缆或穿钢导管的全塑电缆直接埋地引入，电缆埋地长度不应小于 15m，其入户端电缆的金属外皮或钢导管应与接地网连通。

注：ρ 为埋地电缆处的土壤电阻率（Ω·m）。

（2）在电缆与架空线连接处，还应装设避雷器，并应与电缆的金属外皮或钢导管及绝缘子铁脚、金具连在一起接地，其冲击接地电阻不应大于 10Ω。

（3）年平均雷暴日在 30d/a 及以下地区的建筑物，可采用低压架空线直接引入建筑物，并应符合下列要求：

1）入户端应装设避雷器，并应与绝缘子铁脚、金具连在一起接到防雷接地网上，冲击接地电阻不应大于 5Ω；

2）入户端的三基电杆绝缘子铁脚、金具应接地，靠近建筑物的电杆的冲击接地电阻不应大于 10Ω，其余两基电杆不应大于 20Ω。

（4）进出建筑物的架空和直接埋地的各种金属管道应在进出建筑物处与防雷接地网连接。

（5）当低压电源采用全长电缆或架空线换电缆引入时，应在电源引入处的总配电箱装设浪涌保护器。

（6）设在建筑物内、外的配电变压器，宜在高、低压侧的各相装设避雷器。

5. 防止雷电流流经引下线和接地网时产生的高电位对附近金属物体、电气线路、电气设备和电子信息设备的反击的措施应符合下列规定：

（1）有条件时，宜将防雷装置的接闪器和引下线与建筑物内的金属物体隔开。金属物体至引下线的距离应符合公式（2-1）至（2-3）的要求，地下各种金属管道及其他各种接地网距防雷接地网的距离应符合公式（2-4）的要求，且不应小于 2m，达不到时应相互连接。

当 $L_x \geqslant 5R_i$ 时 $$S_{a1} \geqslant 0.075K_c(R_i + L_x) \tag{2-1}$$

当 $L_x < 5R_i$ 时 $$S_{a1} \geqslant 0.3K_c(R_i + 0.1L_x) \tag{2-2}$$

$$S_{a2} \geqslant 0.075K_cL_x \tag{2-3}$$

$$S_{ed} \geqslant 0.3K_cR_i \tag{2-4}$$

式中 S_{a1}——当金属管道的埋地部分未与防雷接地网连接时，引下线与金属物体之间的空气中距离（m）；

S_{a2}——当金属管道的埋地部分已与防雷接地网连接时，引下线与金属物体之间的空气中距离（m）；

R_i——防雷接地网的冲击接地电阻（Ω）；

L_x——引下线计算点到地面长度（m）；

S_{ed}——防雷接地网与各种接地网或埋地各种电缆和金属管道间的地下距离（m）；

K_c——分流系数，单根引下线应为 1，两根引下线及接闪器不成闭合环的多根引下线应为 0.66，接闪器成闭合环或网状的多根引下线应为 0.44。

（2）当利用建筑物的钢筋体或钢结构作为引下线，同时建筑物的大部分钢筋、钢结构等金属物与被利用的部分连成整体时，其距离可不受限制。

（3）当引下线与金属物或线路之间有自然接地或人工接地的钢筋混凝土构件、金属板、金属网等静电屏蔽物隔开时，其距离可不受限制。

（4）当引下线与金属物或线路之间有混凝土墙、砖墙隔开时，混凝土墙的击穿强度应与空气击穿强度相同，砖墙的击穿强度应为空气击穿强度的二分之一。当引下线与金属物或线路之间距离不能满足上述要求时，金属物或线路应与引下线直接相连或通过过电压保护器相连。

（5）对于设有大量电子信息设备的建筑物，其电气、电信竖井内的接地干线应每层楼板钢筋作等电位联结。一般建筑物的电气、电信竖井内的接地干线应每三层与楼板钢筋作等电位联结。

6. 当整个建筑物全部为钢筋混凝土结构或为砖混结构但有钢筋混凝土组合柱和圈梁时，应利用钢筋混凝土结构内的钢筋设置局部等电位联结端子板，并应将建筑物内的各种竖向金属管道每三层与局部等电位联结端子板连接一次。

7. 当防雷接地网符合本规范第 11.8.8 条的要求时，应优先利用建筑物钢筋混凝土基础内的钢筋作为接地网。当为专设接地网时，接地网应围绕建筑物敷设成一个闭合环路，其冲击接地电阻不应大于 10Ω。

三　第三类防雷建筑物的防雷措施

1. 第三类防雷建筑物应采取防直击雷、防侧击和防雷电波侵入的措施。

2. 防直击雷的措施应符合下列规定：

（1）接闪器宜采用避雷带（网）、避雷针或由其混合组成，所有避雷针应采用避雷带或等效的环形导体相互连接。

（2）避雷带应装设在屋角、屋脊、女儿墙及屋檐等建筑物易受雷击部位，并应在整个屋面上装设不大于 20m×20m 或 24m×16m 的网格。

（3）对于平屋面的建筑物，当其宽度不大于 20m 时，可仅沿周边敷设一圈避雷带。

（4）引出屋面的金属物体可不装接闪器，但应和屋面防雷装置相连。

（5）在屋面接闪器保护范围以外的非金属物体应装设接闪器，并应和屋面防雷装置相连。

（6）当利用金属物体或金属屋面作为接闪器时，应符合本规范第 11.6.4 条的要求。

（7）防直击雷装置的引下线应优先利用钢筋混凝土中的钢筋，但应符合本规范第 11.7.7 条的要求。

（8）防直击雷装置的引下线的数量和间距应符合下列规定：

1）为防雷装置专设引下线时，其引下线数量不应少于两根，间距不应大于 25m，每根引下线的冲击接地电阻不宜大于 30Ω；对第 11.2.4 条第 4 款所规定的建筑物则不宜大于 10Ω；

2）当利用建筑物钢筋混凝土中的钢筋作为防雷装置引下线时，其引下线数量可不受限制，间距不应大于 25m，建筑物外廓易受雷击的几个角上的柱筋宜被利用。每根引下线的冲击接地电阻值可不作规定。

（9）构筑物的防直击雷装置引下线可为一根，当其高度超过 40m 时，应在相对称的位置上装设两根。当符合本规范第 11.7.7 条的要求时，钢筋混凝土结构的构筑物中的钢筋可作为引下线。

（10）防直击雷装置的接地网宜和电气设备等接地网共用。进出建筑物的各种金属管道及电气设备的接地网，应在进出处与防雷接地网相连。

在共用接地网并与埋地金属管道相连的情况下，接地网宜围绕建筑物敷设成环形。当符合本规范第 11.8.8 条的要求时，应利用基础和地梁作为环形接地网。

3. 当建筑物高度超过 60m 时，应采取下列防侧击措施：

（1）建筑物内钢构架和钢筋混凝土中的钢筋及金属管道等的连接措施，应符合本规范第 11.3.3 条的规定；

（2）应将 60m 及以上外墙上的栏杆、门窗等较大的金属物直接或通过预埋件与防雷装置相连。

4. 防雷电波侵入的措施应符合下列规定：

（1）对电缆进出线，应在进出端将电缆的金属外皮、金属导管等与电气设备接地相连。架空线转换为电缆时，电缆长度不宜小于 15m，并应在转换处装设避雷器。避雷器、电缆金属外皮和绝缘子铁脚、金具应连在一起接地，其冲击接地电阻不宜大于 30Ω。

（2）对低压架空进出线，应在进出处装设避雷器，并应与绝缘子铁脚、金具连在一起接到电气设备的接地网上。当多回路进出线时，可仅在母线或总配电箱处装设避雷器或其他形式的浪涌保护器，但绝缘子铁脚、金具仍应接到接地网上。

（3）进出建筑物的架空金属管道，在进出处应就近接到防雷或电气设备的接地网上或独自接地，其冲击接地电阻不宜大于 30Ω。

5. 防止雷电流流经引下线和接地网时产生的高电位对附近金属物体、电气线路、电气设备和电子信息设备的反击的措施，应符合下列要求：

（1）有条件时，宜将防雷装置的接闪器和引下线与建筑物内的金属物体隔开。金属物体至引下线的距离应符合公式（3-1）或（3-2）的要求。地下各种金属管道及其他各种接地网距防雷接地网的距离应符合公式（2-4）的要求，但不应小于 2m。当达不到时，应相互连接。

当 $L_x \geqslant 5R_i$ 时　　$S_{al} \geqslant 0.05K_c(R_i + L_x)$　　(3-1)

当 $L_x < 5R_i$ 时　　$S_{al} \geqslant 0.2K_c(R_i + 0.1L_x)$　　(3-2)

式中 S_{al}——当金属管道的埋地部分未与防雷接地网连接时，引下线与金属物体之间的空气中距离（m）；

R_i——防雷接地网的冲击接地电阻（Ω）；

K_c——分流系数；

L_x——引下线计算点到地面长度（m）。

（2）在共用接地网并与埋地金属管道相连的情况下，其引下线与金属物之间的空气中距离应符合公式（2-3）的要求。

（3）当利用建筑物的钢筋体或钢结构作为引下线，同时建筑物的钢筋、钢结构等金属物与被利用的部分连成整体时，其距离可不受限制。

（4）当引下线与金属物或线路之间有自然地或人工地的钢筋混凝土构件、金属板、金属网等静电屏蔽物隔开时，其距离可不受限制。

(5) 电气、电信竖井内的接地干线与楼板钢筋的等电位联结应符合本规范第二.5 条的规定。

其他（如微波站、电视差转台等）防雷保护措施见《建筑物防雷设计规范》GB 50057 的规定。

附录三　照明节能的照明功率密度值（选自 GB 50034—2004）

1　居住建筑每户照明功率密度值不宜大于表 1 的规定。当房间或场所的照度值高于或低于本表规定的对应照度值时，其照明功率密度值应按比例提高或折减。

居住建筑每户照明功率密度值　　**表 1**

房间或场所	照明功率密度（W/m²）		对应照度值(lx)
	现行值	目标值	
起居室	7	6	100
卧室			75
餐厅			150
厨房			100
卫生间			100

2　办公建筑照明功率密度值不应大于表 2 的规定。当房间或场所的照度值高于或低于本表规定的对应照度值时，其照明功率密度值应按比例提高或折减。

办公建筑照明功率密度值　　**表 2**

房间或场所	照明功率密度（W/m²）		对应照度值(lx)
	现行值	目标值	
普通办公室	11	9	300
高档办公室、设计室	18	15	500
会议室	11	9	300
营业厅	13	11	300
文件整理、复印、发行室	11	9	300
档案室	8	7	200

3　商业建筑照明功率密度值不应大于表 3 的规定。当房间或场所的照度值高于或低于本表规定的对应照度值时，其照明功率密度值应按比例提高或折减。

商业建筑照明功率密度值　　**表 3**

房间或场所	照明功率密度（W/m²）		对应照度值(lx)
	现行值	目标值	
一般商店营业厅	12	10	300
高档商店营业厅	19	16	500
一般超市营业厅	13	11	300
高档超市营业厅	20	17	500

4　旅馆建筑照明功率密度值不应大于表4的规定。当房间或场所的照度值高于或低于本表规定的对应照度值时，其照明功率密度值应按比例提高或折减。

旅馆建筑照明功率密度值　　**表4**

房间或场所	照明功率密度(W/m²)		对应照度值(lx)
	现行值	目标值	
客房	15	13	—
中餐厅	13	11	200
多功能厅	18	15	300
客房层走廊	5	4	50
门厅	15	13	300

5　医院建筑照明功率密度值不应大于表5的规定。当房间或场所的照度值高于或低于本表规定的对应照度值时，其照明功率密度值应按比例提高或折减。

医院建筑照明功率密度值　　**表5**

房间或场所	照明功率密度(W/m²)		对应照度值(lx)
	现行值	目标值	
治疗室、诊室	11	9	300
化验室	18	15	500
手术室	30	25	750
候诊室、挂号厅	8	7	200
病房	6	5	100
护士站	11	9	300
药房	20	17	500
重症监护室	11	9	300

6　学校建筑照明功率密度值不应大于表6的规定。当房间或场所的照度值高于或低于本表规定的对应照度值时，其照明功率密度值应按比例提高或折减。

7　工业建筑照明功率密度值见GB 50034—2004的规定。

学校建筑照明功率密度值　　**表6**

房间或场所	照明功率密度(W/m²)		对应照度值(lx)
	现行值	目标值	
教室、阅监室	11	9	300
实验室	11	9	300
美术教室	18	15	500
多媒体教室	11	9	300

附录四　部分灯具的利用系数

一　单管蝠翼式配光荧光灯利用系数表

P_t%(P_{CC})	70				50				30				0
P_q%(P_{WM})	70	50	30	10	70	50	30	10	70	50	30	10	0
K_{rc}(RCR)	荧光灯 36W　距高比:0.7　最大允许距高比:1.8　效率:82%												
1	0.89	0.86	0.83	0.81	0.85	0.82	0.80	0.78	0.81	0.79	0.78	0.76	0.72
2	0.82	0.77	0.73	0.70	0.79	0.75	0.71	0.68	0.75	0.72	0.69	0.66	0.63
3	0.76	0.69	0.64	0.60	0.72	0.67	0.62	0.59	0.69	0.65	0.61	0.58	0.55
4	0.70	0.62	0.57	0.52	0.67	0.60	0.55	0.51	0.64	0.59	0.54	0.51	0.48
5	0.65	0.56	0.50	0.45	0.62	0.54	0.4	0.45	0.59	0.53	0.48	0.44	0.42
6	0.59	0.50	0.44	0.39	0.57	0.49	0.43	0.39	0.54	0.47	0.42	0.38	0.36
7	0.56	0.45	0.38	0.33	0.52	0.43	0.37	0.33	0.50	0.42	0.37	0.33	0.31
8	0.50	0.40	0.33	0.29	0.48	0.39	0.33	0.29	0.46	0.38	0.33	0.29	0.27
9	0.46	0.36	0.30	0.25	0.44	0.35	0.29	0.25	0.42	0.34	0.29	0.25	0.23
10	0.43	0.32	0.26	0.22	0.41	0.32	0.26	0.22	0.39	0.31	0.26	0.22	0.20

二　简易型控照荧光灯利用系数表

P_t%(P_{CC})	70				50				30				0
P_q%(P_{WM})	70	50	30	10	70	50	30	10	70	50	30	10	0
K_{rc}(RCR)	荧光灯 2×36W 距高比:1.0 最大允许距高比:1.42 效率:69.2%												
1	0.72	0.69	0.66	0.63	0.69	0.66	0.63	0.61	0.65	0.63	0.61	0.59	0.5
2	0.67	0.61	0.57	0.53	0.63	0.59	0.55	0.52	0.60	0.57	0.54	0.51	0.48
3	0.61	0.55	0.50	0.46	0.58	0.53	0.49	0.45	0.56	0.51	0.47	0.44	0.42
4	0.56	0.49	0.44	0.39	0.54	0.47	0.43	0.39	0.51	0.46	0.42	0.38	0.36
5	0.52	0.44	0.38	0.34	0.49	0.43	0.38	0.34	0.47	0.41	0.37	0.33	0.32
6	0.48	0.40	0.34	0.30	0.46	0.39	0.33	0.30	0.44	0.37	0.33	0.29	0.28
7	0.44	0.36	0.30	0.26	0.42	0.35	0.30	0.26	0.40	0.34	0.29	0.26	0.24
8	0.41	0.32	0.27	0.23	0.39	0.32	0.26	0.23	0.37	0.31	0.26	0.23	0.21
9	0.38	0.30	0.24	0.20	0.36	0.29	0.23	0.20	0.35	0.28	0.23	0.20	0.19
10	0.35	0.27	0.21	0.17	0.33	0.25	0.20	0.17	0.32	0.25	0.20	0.17	0.15

三　嵌入式荧光灯利用系数表

P_t%(P_{CC})	70				50				30				0
P_q%(P_{WM})	70	50	30	10	70	50	30	10	70	50	30	10	0
K_{rc}(RCR)	荧光灯 2×36W　距高比:0.7　最大允许距高比:1.55　效率:63.3%												
1	0.69	0.67	0.65	0.64	0.66	0.65	0.63	0.62	0.63	0.62	0.61	0.60	0.57
2	0.65	0.61	0.59	0.56	0.62	0.59	0.57	0.55	0.60	0.57	0.55	0.54	0.51

续表

P_t%(P_{CC})	70				50				30				0
P_q%(P_{WM})	70	50	30	10	70	50	30	10	70	50	30	10	0
K_{rc}(RCR)	荧光灯 2×36W　距高比:0.7　最大允许距高比:1.55　效率:63.3%												
3	0.61	0.56	0.52	0.49	0.58	0.54	0.51	0.49	0.56	0.53	0.50	0.48	0.46
4	0.57	0.51	0.47	0.44	0.54	0.50	0.46	0.44	0.52	0.48	0.45	0.43	0.41
5	0.53	0.47	0.42	0.39	0.51	0.45	0.42	0.39	0.49	0.44	0.41	0.38	0.37
6	0.49	0.43	0.38	0.35	0.47	0.42	0.38	0.35	0.45	0.41	0.37	0.34	0.33
7	0.45	0.39	0.34	0.31	0.44	0.38	0.34	0.31	0.42	0.37	0.33	0.30	0.29
8	0.42	0.35	0.31	0.28	0.41	0.34	0.30	0.27	0.39	0.34	0.30	0.27	0.26
9	0.39	0.32	0.27	0.24	0.38	0.31	0.27	0.24	0.36	0.31	0.27	0.24	0.23
10	0.36	0.29	0.25	0.22	0.35	0.29	0.25	0.22	0.34	0.28	0.24	0.22	0.21

四　筒灯利用系数表

P_t%(P_{CC})	70				50				30				0
P_q%(P_{WM})	70	50	30	10	70	50	30	10	70	50	30	10	0
K_{rc}(RCR)	节能灯 20W　距高比:1　最大允许距高比:2.33　效率:57.8%												
1	0.60	0.57	0.54	0.51	0.57	0.54	0.52	0.50	0.54	0.52	0.50	0.48	0.45
2	0.53	0.48	0.44	0.41	0.50	0.46	0.43	0.40	0.48	0.44	0.41	0.39	0.36
3	0.48	0.42	0.37	0.33	0.45	0.40	0.36	0.32	0.43	0.38	0.35	0.32	0.30
4	0.43	0.36	0.31	0.27	0.41	0.34	0.30	0.26	0.38	0.33	0.29	0.26	0.24
5	0.39	0.31	0.26	0.22	0.37	0.30	0.25	0.21	0.34	0.29	0.25	0.21	0.20
6	0.36	0.28	0.22	0.18	0.33	0.27	0.22	0.18	0.31	0.25	0.21	0.18	0.16
7	0.32	0.24	0.19	0.15	0.30	0.23	0.19	0.15	0.29	0.22	0.18	0.15	0.13
8	0.30	0.21	0.16	0.13	0.28	0.21	0.16	0.12	0.26	0.20	0.16	0.12	0.11
9	0.27	0.19	0.14	0.11	0.26	0.19	0.14	0.11	0.24	0.18	0.14	0.11	0.09
10	0.25	0.17	0.12	0.08	0.23	0.16	0.11	0.08	0.22	0.15	0.11	0.08	0.07

五　吸顶灯利用系数表

P_t%(P_{CC})	70				50				30				0
P_q%(P_{WM})	70	50	30	10	70	50	30	10	70	50	30	10	0
K_{rc}(RCR)	节能灯 2×11W　距高比:1　最大允许距高比:2.33　效率:57.8%												
1	0.64	0.61	0.59	0.57	0.61	0.58	0.56	0.54	0.57	0.56	0.54	0.52	0.49
2	0.58	0.54	0.50	0.47	0.55	0.51	0.48	0.45	0.52	0.49	0.46	0.44	0.41
3	0.53	0.47	0.43	0.39	0.50	0.45	0.41	0.38	0.47	0.43	0.40	0.37	0.35
4	0.49	0.42	0.37	0.34	0.46	0.41	0.36	0.33	0.44	0.39	0.35	0.32	0.30
5	0.45	0.38	0.33	0.29	0.42	0.36	0.32	0.28	0.40	0.35	0.31	0.28	0.26
6	0.44	0.34	0.29	0.25	0.39	0.33	0.28	0.25	0.37	0.31	0.27	0.24	0.23
7	0.38	0.30	0.25	0.22	0.36	0.29	0.25	0.21	0.34	0.28	0.24	0.21	0.20
8	0.35	0.28	0.23	0.19	0.33	0.27	0.22	0.19	0.32	0.26	0.22	0.19	0.17
9	0.33	0.25	0.20	0.17	0.31	0.24	0.20	0.17	0.29	0.23	0.19	0.16	0.15
10	0.31	0.23	0.18	0.15	0.29	0.22	0.18	0.15	0.27	0.21	0.17	0.15	0.13

附录五　电气图用图形符号

电气图用图形符号（1）

序号	旧图形符号	新图形符号	说明
1	(1) —	(1) — 或 ⎓ (2) ≂	(1)直流 (2)交直流
2	(1)∽	(1) ∼ (2) ≈ (3) ≋	(1)交流或低频(非 50Hz 时应注上频率) (2)中频 (3)高频
3	(1)N	(1)N (2)M (3)PE (4)PEN	(1)中性线或零线(黑) (2)中间线 (3)保护接零(地)线 (4)保护和中性共用线
4	(1)A (2)B (3)C	(1)L_1 (2)L_2 (3)L_3 (4)U (5)V (6)W	(1)交流电第一相(黄) (2)交流电第二相(绿) (3)交流电第三相(红) (4)交流系统设备端第一相 (5)交流系统设备端第二相 (6)交流系统设备端第三相
5	m～f (1)3～50Hz (2)3N～50Hz		m——相数，f——频率 (1)3 相 50Hz 的交流电 (2)3 相带中性线 50Hz 的交流电
6	2N—220V	2M—220/110V	二线带中间线 220V 直流电(各线与中性线间为 110V)
7	+		正极
8	—		负极
9	● 或 ○		电气连接的一般符号。新:端子
10	⊘		可拆卸的端子
11	(1) ⏚	(1) ⏚　(2) ⏚	(1)接地或重复接地 (2)保护接地
12	或	或 ⊥	旧:机壳接地 新:接机壳或接底板
13			旧:屏蔽接地 新:屏蔽幕(屏幕可画成任何方便的形状)
14			软电缆,软导线
15	或		双绕组变压器
16	或		自耦变压器
17			电感线圈

续表

序号	旧图形符号	新图形符号	说明
18	 (1)	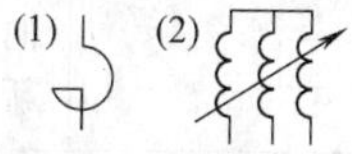 (1) (2)	(1)电抗器，新：扼流圈 (2)频敏变阻器
19	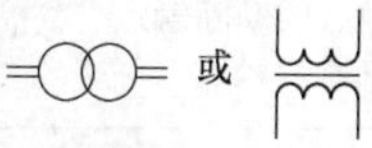 或		有铁芯的单相双绕组变压器
20	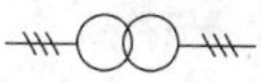		有铁芯的三相双绕组变压器 绕组连接：星形—三角形(Y—Δ)
21	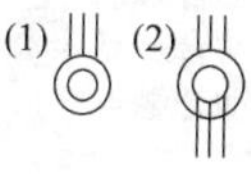 (1) (2)	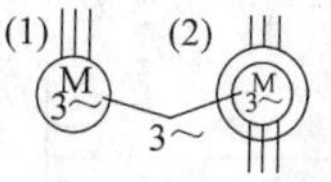 (1) M 3～ (2) M 3～	(1)三相鼠笼异步电动机 (2)三相滑环(绕线)异步电动机
22	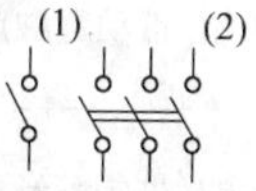 (1) (2)	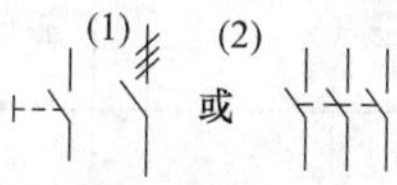 (1) (2) 或	(1)单极手动开关的一般符号 (2)多极开关(例如三极)
23			转换开关(两位置)
24	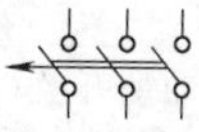		断路器(三极自动开关)
25	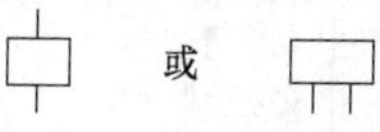 或		旧：继电器、接触器和磁力起动器的线圈 新：操作器件的线圈
26	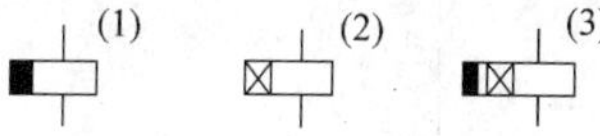 (1) (2) (3)		(1)缓慢释放(缓放)继电器的线圈 (2)缓慢吸合(缓吸)继电器的线圈 (3)缓吸和缓放继电器的线圈
27	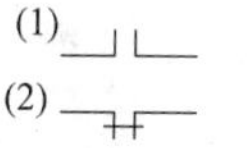 (1) (2)	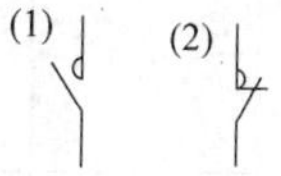 (1) (2)	接触器、起动器、电力控制器主触头 (1)动合触头常开 (2)动断触头(常闭) 注：本项电器的辅助触头应和该设备主触头符号一致
28	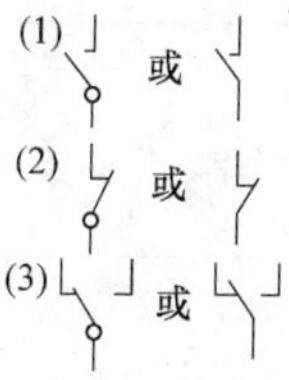 (1) 或 (2) 或 (3) 或	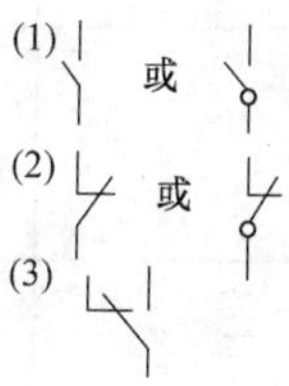 (1) 或 (2) 或 (3)	旧：继电器的触点　新：触点 (1)动合触点(常开) (2)动断触点(常闭) (3)切换触点(先断后合) 注：(1)符号可用作开关的一般符号
29	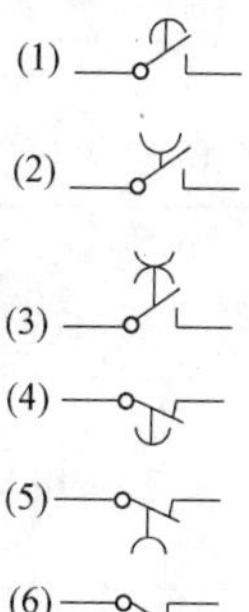 (1) (2) (3) (4) (5) (6)	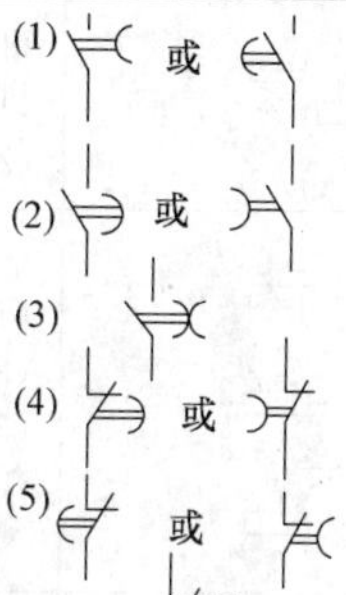 (1) 或 (2) 或 (3) (4) 或 (5) 或 (6)	旧：带时限的断电器的触点； 新：延时触头 (1)当操作器件被吸合时延时闭合的动合触点 (2)当操作器件被释放时延时断开的动合触点 (3)当操作器件被吸合时延时闭合与延时断开的动合触点 (4)当操作器件被释放时延时闭合的动断触点 (5)当操作器件被吸合时延时断开的动断触点 (6)当操作器件被释放时延时闭合与延时断开的动断触点

续表

序号	旧图形符号	新图形符号	说明
30			旧:热元件 新:热继电器的驱动元件
31	(1)	(2)	(1)保持触点的动断触点 (2)热继电器的触点
32	(1)	(2) (3) (4) (5)	(1)非电继电器(反映非电物理量变化的)触点一般符号 (2)温度控制动合触点 (3)压力控制动合触点 (4)液位控制动合触点 (5)接近开关动合触点
33			能自动返回按钮,带动合触点
34			能自动返回按钮,带动断触点
35			能自动返回按钮,带动合和动断触点
36	(1) (2)	(1) (2)	与工作机械联动的开关(如线路开关、极限开关、微动开关、连锁开关等) (1)动合触点 (2)动断触点
37	(1) (2)	(1) (2)	(1)双动合触点 (2)双动断触点
38			熔断器一般符号
39	(1)	(2)	(1)熔断器式开关 (2)跌落式熔断器
40		或	电阻的一般符号
41	(1)	(2)	可变电阻器 (1)一般符号 (2)滑线式变阻器
42		(1) (2) (3)	(1)热敏电阻器 (2)压敏电阻器 (3)光敏电阻 注:θ 可用 t° 代替,U 可用 V 代替
43			电容器的一般符号

续表

序号	旧图形符号	新图形符号	说明
44			(1)原电池或蓄电池 (2)原电池组或蓄电池组
45	(1)	(1) (2) (3)	(1)整流器的一般符号 (2)桥式全波整流 (3)逆变器
46		(1) V (2) A (3) Var (4) cisφ (5) Hz	旧:指示式测量仪表一般符号 新:(1)电压表 (2)电流表 (3)无功功率表 (4)功率因数表 (5)频率表
47		(1) wh (2) varh	旧:积算式仪表一般符号 新:(1)电度表(瓦特时计) (2)无功电度表
48		(1) (2)	旧:信号灯 新:(1)灯的一般符号(包括信号灯) (2)闪光型信号灯
49	(1) (2) (3) (4)		(1)蜂鸣器 (2)电铃一般符号 (3)电钟 (4)电喇叭
50	或		插座(内孔的)或插座的一个极
51	或		插头(凸头的)或插头的一个极
52	或		插头和插座(凸头和内孔的)
53			半导体二极管一般符号
54			PNP型半导体管
55			NPN型半导体管,集电极接管壳
56			集电环或换向器上的电刷
57	∗		电极一般符号 ∗:G—发电机;M—电动机; GS—同步发电机;MS—同步电动机

建筑电气图用图形符号(2)

序号	旧图形符号	新图形符号	说明
1		M	电动机的一般符号或鼠笼电动机
2		G	发电机的一般符号
3		G	直流发电机

续表

序号	旧图形符号	新图形符号	说明
4		M	直流电动机
5			变压器
6		规划的 / 运行的	配电所
7		V/V　V/V	变电所
8			杆上变电所
9			移动式变电所
10			地下变电所
11			配电屏、箱、柜和控制台的一般符号
12	(1)	(1) 或 (2)	(1)直流配电盘(屏、箱) (2)交流配电盘(屏、箱)
13			电力或照明配电箱 注:需要时符号内可标示电流种类符号
14			旧:工作照明分配电箱(屏) 新:照明配电箱(屏) 注:需要时允许涂红
15			事故照明分配电箱(屏)
16			多种电源配电箱(屏)
17			电源自动切换箱(屏)
18			自动开关箱
19			刀开关箱
20			熔断器式刀开关箱
21			熔断器箱(盒)
22			起动器一般符号
23			各种灯具的一般符号
24	$a\times b\times c\times d$		设光灯:a—灯泡瓦数;b—倾斜角度;c—安装高度;d—灯具型号
25			荧光灯一般符合
26	(1) (2) (3) (4) (5) (6) (7) (8) (9)		(1)深照型灯;(2)广照型灯;(3)安全灯;(4)聚光灯;(5)隔爆灯;(6)球型灯;(7)天棚灯;(8)壁灯;(9)花灯

续表

序号	旧图形符号	新图形符号	说明
27	(1) (2) (3) (4)	(1) (2) (3) (4)	单相插座：(1)一般；(2)保护或密闭(防水)；(3)防爆；(4)暗装
28	(1) (2) (3) (4)	(1) (2) (3) (4)	单相插座带接地插孔；(1)一般；(2)保护或密闭(防水)；(3)防爆；(4)暗装
29	(1) (2) (3) (4)	(1) (2) (3) (4)	三相插座带接地插孔：(1)一般；(2)保护或密闭(防水)；(3)防爆；(4)暗装
30	(1) (2) (3) (4) (5)		(1)开关的一般符号 单极开关：(2)明装；(3)暗装；(4)保护或密闭(防水)；(5)防爆
31	(1) (2)	(3)	拉线开关： (1)明装；(2)暗装；(3)单极拉线开关
32	(1) (2)	(3) (4)	双控开关(单极三线)：(1)明装；(2)暗装；(3)单极双控拉线开关；(4)具有指示灯的开关
33	(1)	(2) (3)	(1)风扇调速开关 (2)钥匙开关 (3)多拉开关(如用于不同照度)
34	(1) (2) (3)	(4)	(1)吊式风扇；(2)壁装台式风扇；(3)轴流风扇；(4)风扇一般符号(示出引线) 注：若一混淆，方框可省略不画
35	(1) (2) (3)		(1)电杆的一般符号 (2)引上杆(小黑点表示电缆) (3)带照明杆具的电杆一般画法
36	(1) (2) (3)		(1)带拉线的电杆一般符号 (2)带撑杆的电杆 (3)装设单横担的电杆
37	(1) (2) (3) (4) (5) kV (6)		(1)配电线路一般符号；(2)地下线路；(3)水下线路；(4)架空线路(画电杆时)；(5)架空线路，不画电杆，需要注明电压等级时，加注电压，单位(kV)如6kV；(6)管道线路
38	(1) (2) (3) (4)		(1)中性线；(2)保护线；(3)保护和中性共用线；(4)具有保护和中性线的三相配线
39	(1) (2)		(1)事故照明线路 (2)控制及信号线路
40			旧：36V及以下线路； 新：50V及以下电力照明线路
41			母线及干线一般符号(同一张图上母线要比干线粗)

续表

序号	旧图形符号	新图形符号	说明
42			接地或接零线路(包括避雷接地网)
43	(1) (2)		(1)有垂直接地体的接地装置 (2)无垂直接地体的接地装置
44	(1) (2) (3) (4) n	(1) (2) 或 2 (3) 或 3 (4) n	导线根数: (1)表示单根;(2)表示 2 根;(3)表示 3 根; (4)表示 n 根
45	(1) (2) (3) (4)		(1)导线引上(向上配线),导线引下(向下配线) (2)导线由上引来,导线由下引来 (3)导线引上并引下 (4)导线由上引来并引下,导线由下引来并引上
46	(1) (2)		(1)盒(箱)一般符号 (2)连接盒或接线盒
47	(1) (2) (3)		(1)电缆中间接线盒 (2)电缆分支接线盒 (3)电缆终端头
48			母线伸缩接头
49	a		电缆与其他设施交叉点 a—交叉点编号
50			电缆穿管保护
51	(1) (2)	(3) (4)	(1)电缆人(手)孔 (2)电缆隧道口 (3)人孔一般符号(需要时可按实际形状绘制) (4)手孔一般符号
52	(1)	(2) (3)	(1)避雷器 (2)阀型避雷器 (3)管型避雷器
53			避雷针
54	(1)	(2)	导线分支及相交: (1)分支;(2)相交不连接
55	(1) ±0.000	(2) ±0.000	安装或敷设标高(m): (1)用于室内平面,剖面图上 (2)用于总平面图上的室外地面
56	$\frac{a}{b}$或$\frac{a/c}{b/d}$		用电设备:a—设备编号;b—额定容量(kW);c—线路首端熔体或自动开关脱扣器的额定电流(A);d—标高(m)
57	$a\frac{b}{c}$或$a-b-c$		电力或照明配电设备 a—设备编号;b—型号;c—设备容量(kW)
58	$a\frac{b}{c/d}$或$a-b-c/I$		开关箱及熔断器: a—设备编号;b—型号;c—熔断器电流(A);I—熔体电流(A);d—导线牌号

续表

序号	旧图形符号	新图形符号	说明
59	$a/b-c$		照明变压器： a—一次电压(V)；b—二次电压(V)；c—额定容量(VA)
60	$a-b\frac{c\times d}{e}f$ $a-b\frac{c\times d}{-}$ (吸顶式)	$a-b\frac{c\times d\times L}{e}f$ $a-b\frac{c\times d\times L}{-}$ (吸顶式)	照明灯具：a—灯具数；b—型号或符号；c—每盏照明灯具的灯泡数(一个可以不标)；d—灯泡容量(W)；e—安装高度(m)；f—安装方式(例如)；cp—线吊式；ch—链吊式；P—管吊式；W—壁装式；S—吸顶式)；L—光源种类(例如：LN—白炽灯，FL—荧光灯，Na—钠灯，I—碘钨灯，RD—红色)
61	$a\frac{b-c/i}{n[d(e\times f)-gh]}$ 或 $an[d(e\times f)-gh]$ 或 $d(e\times f)-gh$		配电线路：a—线路编号；b—配电设备型号；c—保护线路熔断器电流(安)；d—导线型号；e—导线或电缆芯根数；f—截面积(mm^2)；g—线路敷设方式(管径)；h—线路敷设部位；i—保护线路熔体电流(A)；n—并列电缆或管线根数，(一根可以不标)注：本标注是推荐标注方法，允许在表示清楚前提下适当简化
62	 S CP CJ QD CB G DG VG* RVG* RC* BG* SPG*	 SR K PL SC TC PC EPC KPC 	线路敷设方式： 用钢索敷设 用瓷瓶或瓷珠敷设 用瓷夹或瓷卡敷设 用卡钉敷设 用木板槽、塑料槽板或金属线槽敷设 穿焊接钢管敷设 穿电线管敷设 穿硬塑料管敷设 穿软塑料管敷设 穿塑料电线管(半硬塑料管)敷设 穿波纹塑料管保护 穿蛇皮管保护
63	 YL;KL* YZ;KZ* YJ;KJ* Q D P PNM* PNA*	 BC(暗) CLE(明)；CLC(暗) BE WE(明)；WC(暗) FC CC ACE ACC	线路敷设部位： 沿梁；跨梁 沿柱；跨柱 沿屋架；跨屋架 敷在砖墙或其他墙上 敷在地下或本层地板内 敷在屋面或本层顶板(棚)内 在能进入的吊顶棚内敷设 暗设在不能进入的吊顶内
64	M A		明设 暗设

注：有 * 者为非国际符号。

电气系统图主要电气设备符号表 (3)

序号	电气设备名称和文字符号	图形符号	简化图形
1	电力变压器　TM	Y △　Y d	

续表

序号	电气设备名称和文字符号	图形符号	简化图形
2	断路器　QF	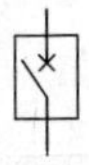	
3	负荷开关　QL	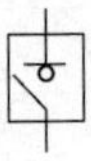	
4	隔离开关　QS		
5	跌落式熔断器　FF		
6	漏电流断路器　QR		
7	刀开关　QK		
8	刀熔开关　QFS		
9	母线及母线引出线　W	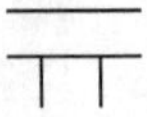	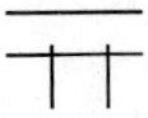
10	电流互感器　TA	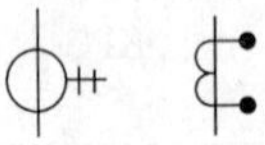	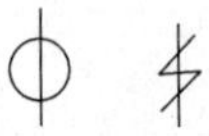
11	电压互感器　TV	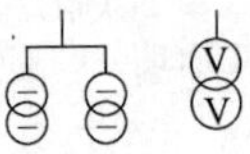 V V	
12	阀型避雷器　F		
13	电抗器　L		
14	电缆及其终端头		
15	接地开关		

附录六　常用电工及设备文字符号

符号	名称	符号	名称	符号	名称	符号	名称
I	电流	M	电动机	AO	扁钢母线	KRr	重合闸继电器
U	电压	TM	变压器	KM	控制母线	EL	灯
R	电阻	TV	电压互感器	XM	信号母线	HG	绿色信号灯
L	电感	TA	电流互感器	SM	事故母线	HR	红色信号灯
C	电容	KM	接触器	YM	电压母线	HL	指示灯
X	电抗	QS	起动器	L	线圈	U	整流器
Z	阻抗	QK	刀开关	TQ	跳闸线圈	F	避雷器
P	有功功率	QF	断路器	HQ	合闸线圈	TS	稳压器
S	视在功率	QL	负荷开关	KC	电流继电器	DT	电磁铁
Q	无功功率	QS	隔离开关	KV	电压继电器	N	中性线
T	周期	QT	转换开关	KA	中间断电器	OFF	断开
f	频率	FU	熔断器	KS	信号继电器	ON	闭合
$\cos\varphi$	功率因数	SB	起动按钮	KT	时间继电器	PE	保护线
max	最大值	SB	停止按钮	KE	接地继电器	PEN	保护线与中性线共用
min	最小值	TMY	硬铜母线	KB	瓦斯继电器		
GE	发电机	LMY	硬铝母线	KH	热继电器		

附录七　部分电力变压器技术数据

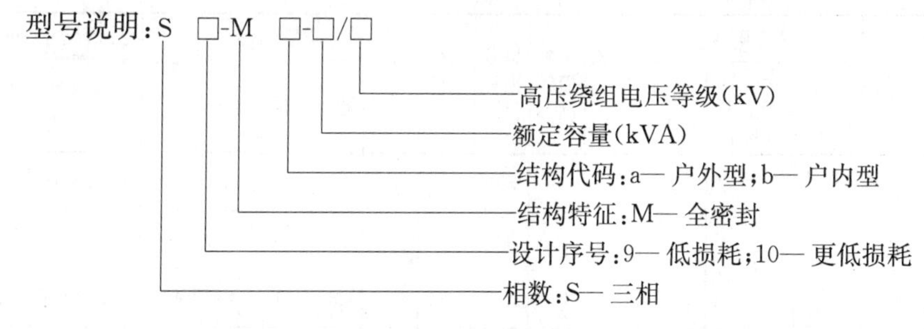

一　10kV 级 S10—M 系列低损耗全密闭电力变压器技术数据

型号	额定容量(kVA)	额定电压(kV)		连接组别	冷却方式	空载损耗(W)	负载损耗(W)	阻抗电压(%)	质量(kg)	
		高压	低压						油	总体
S10—M—315/10F	315	3 6.3 10 ±5%	0.4	Y,yn0 D,yn11	油浸 自冷	540	3460	4	300	1600
S10—M—400/10F	400					650	4080	4	365	1855
S10—M—500/10F	500					780	4840	4	400	2100
S10—M—630/10F	630					920	5890	4.5	435	2330
S10—M—800/10F	800					1120	7120	4.5	500	2770
S10—M—1000/10F	1000					1320	9780	4.5	520	3260
S10—M—1250/10F	1250					1560	11400	4.5	585	3585
S10—M—1600/10F	1600					1880	13770	4.5	665	4700
S10—M—2000/10F	2000					2240	16900	4.5	1210	6900
S10—M—2500/10F	2500					2640	19660	4.5	1420	7840

二　S10—M_a^b系列全密封膨胀散热器电力变压器技术数据

额定容量(kVA)	额定电压(kV)			连接组标号	阻抗电压(%)	空载电流(%)	空载损耗(W)	负载损耗(W)	绝缘质量(kg)	总体质量(kg)	
	高压	高压分接范围	低压							户内	户外
250	6 6.3 10	±5%	0.4	Y,yn0 D,yn11	4	1.2	450	3050	240	1195	1250
315						1.1	550	3600	255	1380	1440
400						1.0	660	4300	290	1580	1640
500						1.0	760	5100	325	1825	1885
630					4.5	0.9	910	6760	420	2390	2540
800						0.8	1080	8230	480	2570	2690
1000						0.7	1260	9600	520	2880	3000
1250						0.6	1540	11460	690	3530	3650
1600						0.6	1870	13720	870	4220	4340
2000					5.5	0.6	2250	16500	1070	4980	5100
2500						0.6	3400	19000	1080	5690	5810

三　S11—M·R系列卷铁芯全密封配电变压器技术数据

型号	额定容量(kVA)	额定电压			连接组标号	空载损耗(W)	负载损耗(W)	空载电流(%)	短路阻抗(%)	质量(kg)			轨距(mm)	外形尺寸(mm)
		高压(kV)	高压分接范围(%)	低压(kV)						器身	油	总体		长×宽×高 $a\times b\times c$
S11—M·R—30	30	6 6.3 10 10.5 11	±5	0.4	Y, yn0 D, yn11	96	590	1.1	4.0	170	85	335	400	1055×635×940
S11—M·R—50	50					130	860	1.0		230	100	430	400	1120×660×1000
S11—M·R—63	63					140	1030	0.95		265	110	495	400	1150×670×1010
S11—M·R—80	80					175	1240	0.88		310	120	550	400	1180×695×1120
S11—M·R—100	100					200	1480	0.85		335	135	590	500	1210×710×1150
S11—M·R—125	125					235	1780	0.8		400	150	700	550	1250×720×1175
S11—M·R—160	160					280	2180	0.76		480	170	810	550	1260×725×1205
S11—M·R—200	200					335	2580	0.72		585	190	960	550	1310×735×1225
S11—M·R—250	250					390	3030	0.7		690	220	1150	550	1390×770×1310
S11—M·R—315	315					470	3630	0.65		800	250	1325	550	1425×800×1350
S11—M·R—400	400					560	4280	0.6		960	320	1610	550	1470×860×1390
S11—M·R—500	500					670	5130	0.55		1120	335	1830	660	1500×880×1420
S11—M·R—630	630					805	6180	0.52	4.5	1380	450	2285	660	1540×900×1460

四　SH12—M系列非晶体合金铁芯全密封配电变压器技术数据

型号	额定电压			连接组标号	损耗(kV)		空载电流(%)	阻抗电压(%)	质量(kg)			外形尺寸(mm)			轨距(mm)
	高压(kV)	分接范围(%)	低压(kW)		空载	负载			器身	油	总重	长	宽	高	
SH12—M—100/10	6 6.3 10 10.5 11	±5 ±2×2.5	0.4	Y,gno D,yn11	0.075	1.50	0.9	4	450	140	760	1200	570	960	550×550
SH12—M—125/10					0.085	1.80	0.8		520	160	850	1260	610	1010	550×550
SH12—M—160/10					0.10	2.20	0.7		585	200	990	1270	670	1090	550×550
SH12—M—200/10					0.12	2.60	0.6		700	250	1160	1360	730	1100	550×550
SH12—M—250/10					0.14	3.05	0.6		805	270	1350	1460	790	1130	550×550
SH12—M—315/10					0.17	3.65	0.5		970	290	1570	1570	860	1180	660×660
SH12—M—400/10					0.20	4.30	0.5		1240	410	2030	1750	910	1240	660×660
SH12—M—500/10					0.24	5.10	0.4		1520	480	2330	1800	900	1290	660×660
SH12—M—630/10					0.30	6.20	0.4	4.5	1820	540	2800	1900	1060	1300	820×820
SH12—M—800/10					0.35	7.50	0.4		2025	590	2950	2020	1170	1320	820×820
SH12—M—1000/10					0.42	10.30	0.3		2190	685	3430	2110	1250	1420	820×820
SH12—M—1250/10					0.49	12.80	0.3		2290	770	3580	2200	1320	1460	820×820
SH12—M—1600/10					0.60	14.50	0.3		2750	890	3660	2260	1440	1500	820×820

五　SC9系列树脂浇注薄绝缘干式电力变压器技术数据

型号	额定容量(kVA)	额定电压(kV)		连接组标号	空载损耗(kV)	负载损耗(kW)	短路阻抗(%)	空载电流(%)	质量(kg)	外形尺寸(mm)		
		高压	低压							长	宽	高
SC9—315	315	35 38.5	0.4	Y,yn0 Y,d11 YN,d11 D,yn11	1.300	4.410	6	2.0	1710	1620	890	1495
SC9—400	400				1.510	5.670		2.0	1880	1710	890	1555
SC9—500	500				1.750	6.970		2.0	2500	1720	890	1605
SC9—630	630				1.980	8.120		1.8	2870	1840	890	1775
SC9—800	800				2.280	9.630		1.8	3350	1920	1140	1940
SC9—1000	1000				2.570	11.00		1.8	4100	1950	1140	1950
SC9—1250	1250				3.010	13.40		1.6	4500	2050	1140	2040
SC9—1600	1600				3.90	16.20		1.6	5560	2200	1140	2100
SC9—2000	2000				4.115	19.15		1.4	6120	2290	1140	2210
SC9—2500	2500				4.790	22.95		1.4	6580	2290	1140	2370
SC9—2000	2000		3.15 6 6.3 10 10.5 11		4.725	19.10	7	1.5	6540	2340	1140	2430
SC9—2500	2500				5.400	22.95		1.5	6980	2450	1140	2440
SC9—3150	3150				6.750	25.83	8	1.3	9100	2650	1580	2370
SC9—4000	4000				7.830	31.00		1.3	10120	2750	1580	2250
SC9—5000	5000				9.360	36.50		1.1	12250	2980	1580	2370
SC9—6300	6300				11.070	42.80		1.1	15670	3060	1580	2600
SC9—8000	8000				12.00	47.50	9	1.0	18150	3080	2240	2855
SC9—10000	10000				14.40	57.20		1.0	22340	3150	2240	2950

附录八　Y系列和YZR系列电动机技术数据

一、Y系列（LP44）电动机技术数据电动机额定电压为380V，额定频率为50Hz

型号	功率（kV）	电流(A)	转速（r/min）	效率（%）	功率因素（cosφ）	堵转转矩/额定转矩	堵转电流/额定电流	最大转矩/额定转矩
同步转速300r/min(2极)50Hz								
Y801-2	0.75	1.9	2825	73	0.84	2.2	7.0	2.2
Y802-2	11	2.6	2825	76	0.86	2.2	7.0	2.2
Y90S-2	1.5	3.4	2840	79	0.85	2.2	7.0	2.2
Y90L-2	2.2	4.7	2840	82	0.86	2.2	7.0	2.2
Y100L-2	3	6.4	2880	82	0.87	2.2	7.0	2.2
Y112M-2	4	8.2	2890	85.5	0.87	2.2	7.0	2.2
Y132S_1-2	5.5	11.1	2900	85.5	0.88	2.0	7.0	2.2
Y132S_2-2	7.5	15.0	2900	86.2	0.88	2.0	7.0	2.2
Y160M_1-2	11	21.8	2930	87.2	0.88	2.0	7.0	2.2
Y160M_2-2	15	29.4	2930	88.2	0.88	2.0	7.0	2.2
Y160L-2	18.5	35.5	2930	89	0.89	2.0	7.0	2.2
Y180M-2	22	42.2	2940	89	0.89	2.0	7.0	2.2
Y200L_1-2	30	56.9	2950	90	0.89	2.0	7.0	2.2
Y200L_2-2	37	69.8	2950	90.5	0.89	2.0	7.0	2.2
Y225M-2	45	83.9	2970	91.5	0.89	2.0	7.0	2.2
Y250M-2	55	102.7	2970	91.4	0.89	2.0	7.0	2.2
Y280S-2	75	140.1	2970	91.4	0.89	2.0	7.0	2.2
Y280M-2	90	167	2970	92	0.89	2.0	7.0	2.2
同步转速1500r/min(4极)50Hz								
Y801-4	0.55	1.6	1390	70.5	0.76	2.2	6.5	2.2
Y802-4	0.75	2.1	1390	72.5	0.76	2.2	6.5	2.2
Y90S-4	1.1	2.7	1400	79	0.78	2.2	6.5	2.2
Y90L-4	1.5	3.7	1400	79	0.79	2.2	6.5	2.2
Y100L_1-4	2.2	5.0	1400	81	0.82	2.2	7.0	2.2
Y100L_2-4	3	6.8	1420	82.5	0.81	2.2	7.0	2.2
Y112M-4	4	8.8	1440	84.5	0.82	2.2	7.0	2.2
Y132S-4	5.5	11.6	1440	85.5	0.84	2.2	7.0	2.2
Y132M-4	7.5	15.4	1440	87	0.85	2.2	7.0	2.2
Y160M-4	11	22.6	1460	88	0.84	2.2	7.0	2.2
Y160L-4	15	30.3	1460	88.5	0.85	2.2	7.0	2.2
Y180M-4	18.5	35.9	1470	91	0.86	2.0	7.0	2.2
Y180L-4	22	42.5	1470	91.5	0.86	2.0	7.0	2.2
Y200L-4	30	56.8	1470	92.2	0.87	2.0	7.0	2.2

续表

型号	功率(kV)	电流(A)	转速(r/min)	效率(%)	功率因素(cosφ)	堵转转矩/额定转矩	堵转电流/额定电流	最大转矩/额定转矩
同步转速 1500r/min(4 极)50Hz								
Y225S-4	37	69.8	1480	91.8	0.87	1.9	7.0	2.2
Y225M-4	45	84.2	1480	92.3	0.88	1.9	7.0	2.2
Y250M-4	55	102.5	1480	92.6	0.88	2.0	7.0	2.2
Y280S-4	75	139.7	1480	92.7	0.88	1.9	7.0	2.2
Y280M-4	90	164.3	1480	93.5	0.89	1.9	7.0	2.2
同步转速 1000r/min(6 极)50Hz								
Y90S-6	0.75	2.3	910	72.5	0.70	2.0	6.0	2.0
Y90L-6	1.1	3.2	910	73.5	0.72	2.0	6.0	2.0
Y100L-6	1.5	4.0	940	77.5	0.74	2.0	6.0	2.0
Y112M-6	2.2	5.6	940	80.5	0.74	2.0	6.0	2.0
Y132S-6	3	7.2	960	83	0.76	2.0	6.5	2.0
Y132M1-6	4	9.4	960	84	0.77	2.0	6.5	2.0
Y132M2-6	5.5	12.6	960	85.3	0.78	2.0	6.5	2.0
Y160M-6	7.5	17.0	970	86	0.78	2.0	6.5	2.0
Y160L-6	11	24.6	970	87	0.78	2.8	6.5	2.0
Y180L-6	15	31.6	970	89.5	0.81	1.8	6.5	2.0
Y200L_1-6	18.5	37.7	970	89.8	0.83	1.8	6.5	2.0
Y200L_2-6	22	44.6	970	90.2	0.83	1.7	6.5	2.0
Y225M-6	30	59.5	980	90.2	0.85	1.8	6.5	2.0
Y250M-6	37	72	980	90.8	0.86	1.8	6.5	2.0
Y280S-6	45	85.4	980	92	0.87	1.8	6.5	2.0
Y280M-6	55	104.9	980	91.6	0.87	1.8	6.5	2.0
同步转速 750r/min(8 极)50Hz								
Y132S-8	2.2	5.8	710	81	0.71	2.0	5.5	2.0
Y132M-8	3	7.7	710	82	0.72	2.0	5.5	2.0
Y160M1-8	4	9.9	720	84	0.73	2.0	6.0	2.0
Y160M2-8	5.5	13.3	720	85	0.74	2.0	6.0	2.0
Y160L-8	7.5	17.7	720	86	0.75	2.0	5.5	2.0
Y180L-8	11	25.1	730	86.5	0.77	1.7	6.0	2.0
Y200L-8	15	34.1	730	88	0.76	1.8	6.0	2.0
Y225S-8	18.5	41.3	730	89.5	0.76	1.7	6.0	2.0
Y225M-8	22	47.6	730	90	0.78	1.8	6.0	2.0
Y250M-8	30	63	730	90.5	0.80	1.8	6.0	2.0
Y280S-8	37	78.7	740	91	0.79	1.8	6.0	2.0
Y280M-8	45	93.2	740	91.7	0.80	1.8	6.0	2.0

二 YZR（起重专用滑环式）系列电动机技术数据

额定电压 380V 额定频率 50Hz

工作方式 / FC / 项目 / 机座号	S_2（短时工作）								S_3（重复短时工作） 6次/时								转子电压（V）	电机 $GD2_M$（KG-M^2）	重量（kg）
	30min				60min				40%（工作时间/周期）										
	kW	I_1	I_2	n	kW	I_1	I_2	n	kW	L_1（定子）	I_2（转子）	$\frac{T_{max}}{T_N}$	I_0（空）	n	μ%（效率）	cosφ			
1000r/min																			
YZR112M	1.8	5.3	13.4	815	1.5	4.63	12.5	866	1.5	4.63	12.5	2.19	3.37	866	62.9	0.789	100	0.105	73.5
132MA	2.5	6.5	12.9	892	2.2	6.05	12.6	908	2.2	6.05	12.6	2.86	4.04	908	72.5	0.76	132	0.178	96.5
132MB	4.0	9.7	14.2	900	3.7	9.2	14.5	908	3.7	9.2	14.5	3.51	5.58	908	77	0.798	187	0.244	107.5
160MA	6.3	16.4	29.4	921	5.5	15	25.7	930	5.5	15	25.7	2.56	7.95	930	75.7	0.736	139	0.459	153.5
160MB	8.5	19.6	29.8	930	7.5	18	26.5	940	7.5	18	26.5	2.78	11.2	940	79.4	0.797	185	0.564	159.5
160L	13	28.6	31.6	942	11	24.5	27.6	957	11	24.9	27.6	2.47	13	945	83.7	0.817	252	0.75	174
180L	17	36.7	49.8	955	15	33.8	46.5	962	15	33.8	46.5	3.2	8.8	962	85.7	0.806	218	1.47	230
200L					22				22								199	2.49	
225M	34	70	85	957	30	62	74.4	962	30	62	74.4	3.3	29.9	962	88.3	0.933	251	3.08	398
250MA	42	80	103	960	37	70.5	91.5	965	37	70.5	91.5	3.13	26.5	960	89.2	0.900	250	5.72	512
250MB	52	97	110	958	45	84.5	95	965	45	84.5	95	3.48	28.2	965	90.6	0.899	292	6.59	559
280S	63	118	142	966	55	101.5	129.8	969	55	101.5	119.8	3.0	34	969	91.0	0.904	278	8.89	746.5
280M	88				75				75								370	10.7	
750r/min																			
YZR160L	9	22.4	28.1	694	7.5	19.1	23	705	7.5	19.1	23	2.73	12.7	705	79.8	0.746	210	0.75	172
180L	13	29.1	47.8	700	11	27	44	700	11	27	44	2.72	14.8	700	81.05	0.773	173	1.47	230
200L	18.5	40	67.2	701	15	33.5	53.5	712	15	33.5	53.5	2.94	17.75	712	86.2	0.789	178	2.49	317
225M	26	55	71.2	708	22	46.9	59.1	715	22	46.9	59.1	2.96	24.17	715	87.4	0.822	234	3.07	390
250MA	35	64	80	715	30	63.4	67.7	720	30	63.4	68.8	2.64	31.4	720	87.8	0.819	275	5.70	515
250MB	42	86	79	716	37	78	70	720	37	78.1	70	2.73	36.9	720	89	0.83	330	6.92	563
280S					45				45								305	8.89	
280M	63	126	110	722	55	110.5	92.5	725	55	110.5	92.5	2.85	52.3	725	89.5	0.84	361	10.8	847.5
315S					75				75								295	27.0	
315M	100	190	183.5	715	90	172	160.9	720	90	172	160.9	3.13	57.7	720	90.2	0.881	345	33.1	1170
600r/min																			
YZR280S	42	92	177.1	571	37	84.8	153.2	560	37	84.8	153.2	2.80	44.2	572	87	0.763	151	13.9	766.5
280M	55	127	207	556	45	103.8	165	560	45	103.8	165	3.16	63.6	560	85.6	0.782	173	15.6	840
315S	63	132	161.9	580	55	118.3	138.3	580	55	118.3	138.7	3.11	62.5	580	89.3	0.793	244	26.9	1026
315M	85	179	171	576	75	160	149.3	579	75	160	149.3	3.45	85.3	579	89.7	0.794	313	32.9	1156
355M	110	218	207	581	90	180	166.6	585	90	180	166.6	3.33	83	589	92.1	0.825	330	53.7	1520
355LA	132	257	213	576	110	217	172	582	110	217	172	3.1	90	582	92.2	0.84	389	64.6	1764
355LB	150	275	194	588	132	262	167.5	588	132	262	167.5	3.48	126	588	92.4	0.816	476	72.8	1810
400LA					160				160								394	93	
400LB																	460	106.3	

附录九　部分绝缘导线的载流量

一　BV 绝缘电线明敷及穿管时持续载流量

型号	BV														
额定电压(kV)	0.45/0.75														
导体工作温度(℃)	70														
环境温度(℃)	30	35	40	30				35				40			
导线排列	○ ←S→ ○ ←S→ ○														
导线根数				2～4	5～8	9～12	12以上	2～4	5～8	9～12	12以上	2～4	5～8	9～12	12以上
标称截面(mm²)	明敷载流量(A)			导线穿管敷设载流量(A)											
1.5	23	22	20	13	9	8	7	12	9	7	6	11	8	7	6
2.5	31	29	27	17	13	11	10	16	12	10	9	15	11	9	8
4	41	39	36	24	18	15	13	22	17	14	12	21	15	13	11
6	53	50	46	31	23	19	17	29	21	18	16	20	20	16	15
10	74	69	64	44	33	28	25	41	31	26	23	38	29	24	21
16	99	93	86	60	45	38	34	57	42	35	32	52	39	32	29
25	132	124	115	83	62	52	47	77	57	48	43	70	53	44	39
35	161	151	140	103	77	64	58	96	72	60	54	88	66	55	49
50	201	189	175	127	95	79	71	117	88	73	66	108	81	67	60
70	259	243	225	165	123	103	92	152	114	95	85	140	105	87	78
95	316	297	275	207	155	129	116	192	144	120	108	176	132	110	99
120	374	351	325	245	184	153	138	226	170	141	127	208	156	130	117
150	426	400	370	288	216	180	162	265	199	166	149	244	183	152	137
185	495	464	430	335	251	209	188	309	232	193	174	284	213	177	159
240	592	556	515	396	297	247	222	366	275	229	206	336	252	210	189

注：明敷载流量值系根据 $S>2De$（De—电线外径）计算。

二　BX 绝缘电线明敷及穿管时持续载流量

型号	BX														
额定电压(kV)	0.45/0.75														
导体工作温度(℃)	65														
环境温度(℃)	30	35	40	30				35				40			
导线排列	○ ←S→ ○ ←S→ ○														
导线根数				2～4	5～8	9～12	12以上	2～4	5～8	9～12	12以上	2～4	5～8	9～12	12以上
标称截面(mm²)				导线穿管敷设载流量(A)											
1.5	24	22	20	13	9	8	7	12	9	7	6	11	8	7	6
2.5	31	28	26	17	13	11	10	16	12	10	9	15	11	9	8
4	41	38	35	23	17	14	13	21	16	13	12	20	15	12	11
6	53	49	45	29	22	18	16	28	21	17	15	25	19	16	14
10	73	68	62	43	32	27	24	40	30	25	22	37	27	23	20
16	98	90	83	58	44	36	33	53	40	33	30	49	37	31	28
25	130	120	110	80	60	50	45	73	55	46	40	68	51	42	38
35	165	153	140	99	74	62	56	91	68	57	51	84	63	52	47
50	201	185	170	122	92	76	69	112	84	70	63	104	78	65	58
70	215	254	215	155	116	97	87	144	108	90	81	132	99	82	74
95	313	289	265	198	149	124	111	193	144	120	108	168	126	105	94
120	366	338	310	231	173	144	130	213	160	133	120	196	147	122	110
150	419	387	355	269	201	168	151	248	186	155	139	228	171	142	128
185	484	447	410	311	233	194	175	287	215	179	161	264	198	165	148
240	584	540	495	373	279	233	209	344	258	215	193	316	237	197	177

注：明敷载流量值系根据 $S>2D_e$（D_e—电线外经）计算

三（a）交联聚乙烯及乙丙橡胶绝缘电线穿管载流量及管径

$\theta_n = 90℃$

敷设方式B1		每管二线靠墙								每管三线靠墙							
线芯截面（mm^2）		不同环境温度的载流量（A）				管径1（mm）		管径2（mm）		不同环境温度的载流量（A）				管径1（mm）		管径2（mm）	
		25℃	30℃	35℃	40℃	SC	MT	SC	MT	25℃	30℃	35℃	40℃	SC	MT	SC	MT
铜芯	1.0																
	1.5	24	23	22	21	15	16	15	16	21	20	19	18	15	16	15	16
	2.5	32	31	30	28	15	16	15	16	29	28	27	25	15	16	15	16
	4	44	42	40	38	15	19	15	16	38	37	36	34	15	19	15	19
	6	56	54	52	47	20	25	15	16	50	48	46	44	20	25	15	19
	10	78	75	72	68	20	25	20	25	69	66	63	60	25	32	25	32
	16	104	100	96	91	25	32	20	25	92	88	84	80	25	32	25	32
	25	138	133	128	121	32	38	25	32	122	117	112	106	32	38	32	38
	35	171	164	157	149	32	38	32	38	150	144	138	131	32	(51)	40	(51)
	50	206	198	190	180	40	(51)	40	(51)	182	175	168	159	40	(51)	50	(51)
	70	263	253	242	230	50	(51)	50	(51)	231	222	213	202	50	(51)	70	
	95	318	306	294	278	50		50	(51)	280	269	258	245	65		70	
	120	368	354	340	322	65		70		324	312	300	284	65		80	
	150					65		70						65		80	
	185					65		80						80		100	

敷设方式B1		每管四线靠墙								每管五线靠墙							
线芯截面（mm^2）		不同环境温度的载流量（A）				管径1（mm）		管径2（mm）		不同环境温度的载流量（A）				管径1（mm）		管径2（mm）	
		25℃	30℃	35℃	40℃	SC	MT	SC	MT	25℃	30℃	35℃	40℃	SC	MT	SC	MT
铜芯	1.0																
	1.5	19	18	17	16	15	16	15	16	21	20	19	18	15	19	15	19
	2.5	26	25	24	23	15	19	15	19	29	28	27	25	15	19	15	19
	4	34	33	32	30	20	25	15	19	38	37	36	34	20	25	20	25
	6	45	43	41	39	20	25	20	25	50	48	46	44	20	25	20	25
	10	61	59	57	54	25	32	25	32	69	66	63	60	32	38	32	38
	16	82	79	76	72	32	38	32	38	92	88	84	80	32	38	32	38
	25	109	105	101	96	32	(51)	40	(51)	122	117	112	106	40	(51)	50	(51)
	35	135	130	125	118	50	(51)	50	(51)	150	144	138	131	50	(51)	50	(51)
	50	164	158	152	144	50	(51)	50	(51)	182	175	168	159	50		70	
	70	208	200	192	182	65		70		231	222	213	202	65		80	
	95	252	242	232	220	65		80		280	269	258	245	80		100	
	120	292	281	270	256	65		100		324	312	300	284	80		100	
	150					80		100						100		100	
	185					100		100						100		100	

注：1. SC为焊接钢管或KBG管，MT为黑铁电线管；
2. 表中数据适用于人不能触及处，若在人可触及处应放大一级截面。

三（b）交联聚乙烯及乙丙橡胶绝缘电线明敷载流量　$\theta_n=90℃$

敷设方式G

线芯截面（mm²）		不同环境温度的载流量(A)				线芯截面（mm²）	不同环境温度的载流量(A)			
		25℃	30℃	35℃	40℃		25℃	30℃	35℃	40℃
铜芯						70	367	353	339	321
	1.5	31	30	29	27	95	447	430	413	391
	2.5	42	40	38	36	120	520	500	480	455
	4	55	53	51	48	150	600	577	554	525
	6	72	69	66	63	185	687	661	635	602
	10	98	94	90	86	240	812	781	750	711
	16	136	131	126	119	300	938	902	866	821
	25	189	182	175	166	400	1128	1085	1042	987
	35	235	226	217	206	500	1303	1253	1203	1140
	50	286	275	264	250	630	1512	1454	1396	1323

注：1. 当导线垂直排列时表中载流量乘以0.9；
2. 表中数据适用于人不能触及处，若在人可触及处应放大一级截面。